Circuitos eléctricos auxiliares del vehículo

Circuitos eléctricos auxiliares del vehículo

M.ª José Llanos López

Paraninfo

Paraninfo

Circuitos eléctricos auxiliares del vehículo

M.ª José Llanos López

Gerente Editorial
María José López Raso

Equipo Técnico Editorial
Paola Paz Otero
Sofía Durán Tamayo

Editora de Adquisiciones
Carmen Lara Carmona

Producción
Nacho Cabal Ramos

Diseño de Cubierta
Ediciones Nobel

Preimpresión
Alejandra García Blázquez

3.ª edición, 2022. 1.ª reimpresión, 2025

C/ Sierra de Guadarrama 35. Naves 2, 3, 4 y 5
Polígono Industrial San Fernando II
Teléfono: 914 463 350 / Fax: 914 456 218
clientes@paraninfo.es / www.paraninfo.es

ISBN: 978-84-1366-151-3
Depósito legal: M-14647-2022

(32523)

Impreso en España /Printed in Spain

Tórculo Comunicación Gráfica, S.A.

Presentación

El libro desarrolla los contenidos del módulo profesional de **Circuitos Eléctricos Auxiliares del Vehículo,** del Ciclo Formativo de grado medio en Electromecánica de Vehículos Automóviles, perteneciente a la familia profesional de Transporte y Mantenimiento de Vehículos.

Las unidades del libro se acompañan de multitud de **recursos didácticos** que ayudarán al futuro profesional a comprender la materia y acercarlo a su inminente realidad laboral:

- Definición de los conceptos más importantes.
- Multitud de ilustraciones, fotografías y esquemas con alto nivel de detalle que facilitarán el aprendizaje.
- Numerosos recuadros de texto con información complementaria.
- Actividades propuestas y resueltas intercaladas con la teoría.
- Prácticas de taller paso a paso de los procesos más relevantes.
- Mapas conceptuales en todas las unidades para repasar.
- Gran cantidad de actividades (propuestas, resueltas, cuestiones de tipo test, Responde, Razona y Realiza) al final de cada unidad.

Este libro dispone de los siguientes **materiales y recursos** disponibles en línea para el **profesorado** que **confirme su adopción** como libro de texto para impartir la materia:

- **Programación didáctica.**
- **Solucionario.**
- **Presentación en PowerPoint.**
- **Examina.**
- **LDP (Libro Digital Proyectable).**

Contenido

3. Arquitecturas de redes en el vehículo. CAN Bus 80

4. Arquitecturas de redes en el vehículo. FlexRay, VAN Bus, LIN Bus, MOST Bus, Ethernet y redes inalámbricas 126

5. Elementos y sistemas de iluminación en el vehículo 168

6. Circuitos de alumbrado y señalización 248

7. Circuitos eléctricos auxiliares del vehículo 300

9. Sistemas avanzados de ayuda a la conducción (ADAS) 424

10. Vehículos eléctricos 476

Agradecimientos

Quiero agradecer a las empresas del sector detalladas a continuación, el asesoramiento técnico y la documentación facilitada, así como su compromiso con la formación de futuros profesionales:

- BMW.
- CENTRO ZARAGOZA.
- CITROËN.
- DAIMLER-CHRYSLER.
- FORD.
- FIAT.
- HELLA.
- HYUNDAI.
- LEXUS.
- MERCEDES-BENZ.
- NAGARES.
- OPEL.
- OSRAM.
- PHILIPS.
- R. BOSCH.
- RENAULT.
- SEAT.
- TOYOTA.
- VALEO.
- VOLKSWAGEN-AUDI.

Mi agradecimiento también a todos los compañeros que me han animado en este proyecto y de los que tanto he aprendido, y muy especialmente a Eduardo Águeda Casado por su inestimable ayuda, sin la que este libro no habría sido posible.

1 Prevención de riesgos laborales en el mantenimiento de circuitos eléctricos del vehículo

La prevención de riesgos laborales se sostiene en una legislación clara y completa, que contempla las obligaciones y los derechos del empresario, el trabajador y las autoridades correspondientes en materia de seguridad y salud.

Pero además existen tres pilares básicos de la prevención de riesgos laborales:

- La formación.
- La información.
- La participación.

Estos tres factores hacen partícipes del proceso de implantar una cultura de prevención a la empresa, los trabajadores y la sociedad en general.

Los riesgos existentes en las actividades realizadas en circuitos eléctricos auxiliares del vehículo son, en realidad, los riesgos propios de un taller de electromecánica. Aunque de todos ellos, el más común es el riesgo eléctrico, que tratamos con más detenimiento en esta unidad.

1 Prevención de riesgos laborales en el mantenimiento de circuitos eléctricos del vehículo

¿Sabes ...

...la normativa aplicable en materia de prevención de riesgos laborales?

...la importancia de la formación y la información para la seguridad laboral y protección medioambiental?

...qué normas de seguridad laboral y protección medioambiental debemos seguir en trabajos eléctricos en un taller de electromecánica?

...cómo evitar y actuar ante un accidente eléctrico?

Contenidos

Objetivos

- Estudiar la normativa de prevención de riesgos laborales.
- Aprender las normas de seguridad laboral y protección medioambiental en el taller de electromecánica: formación, información y participación, lugar de trabajo y sus características, herramientas y equipos de trabajo, equipos de protección, señalización en el lugar de trabajo.
- Determinar los riesgos asociados a los trabajos eléctricos del taller de electromecánica.
- Conocer las causas, consecuencias y actuaciones en caso de accidente eléctrico.
- Identificar los riesgos en la manipulación de baterías.
- Reconocer los riesgos en los trabajos con corriente continua y corriente alterna.

1.1. Conceptos básicos sobre prevención de riesgos laborales

Para comprender los riesgos asociados a los trabajos de mantenimiento eléctricos en el vehículo, y para actuar ante un accidente eléctrico, es necesario conocer primero la legislación existente en materia de prevención y los riesgos laborales en el taller de electromecánica.

Sabías que...?

La Constitución Española de 1978 dice que los poderes públicos velarán por la seguridad e higiene en el trabajo, manteniendo un régimen público de Seguridad Social para todos los ciudadanos y reconociendo el derecho a la protección de la salud.

1.1.1. Legislación en materia de prevención de riesgos laborales

En la Unión Europea la promoción de la seguridad y salud en el trabajo es un objetivo desde hace años, para cuya consecución se ha ido desarrollando un trabajo legislativo considerable. España ha transpuesto al Derecho Español dicha legislación europea, aunque ya en la Constitución Española de 1978 y en el Estatuto de los Trabajadores se trata el tema de la seguridad y salud del trabajador.

Aunque la legislación en materia de prevención es muy extensa, los documentos más importantes de aplicación en España son los siguientes:

- **Constitución Española de 1978:** se define el derecho a la protección de la salud y las obligaciones de los poderes públicos para con los trabajadores.
- **Estatuto de los Trabajadores:** determina los derechos y las obligaciones de los trabajadores en lo referente al cuidado de su salud.
- **Ley 31 de Prevención de Riesgos Laborales de 1995:** recoge lo mencionado anteriormente y adapta la normativa europea existente a la Legislación Española.
- **Reglamento de los Servicios de Prevención de 1997 y otras normativas específicas** sobre agentes cancerígenos, agentes biológicos, reglamento en lugares de trabajo, etcétera.

A nivel europeo existe normativa aplicable a todos los países comunitarios, entre la que cabe destacar:

- **Acta Única:** compromete a los estados miembros a promover la mejora del medio de trabajo y proteger la salud de sus trabajadores.
- **Directiva Marco 89/381/CEE:** recoge obligaciones del empresario en materia de seguridad.

Sabías que...?

El Estatuto de los Trabajadores habla del derecho de los mismos a una protección eficaz en materia de seguridad e higiene y a recibir una formación adecuada por parte de la empresa. Asimismo, destaca la obligación de los trabajadores de observar las medidas legales de seguridad e higiene y de participar de dichas medidas a través de sus representantes.

1.1.2. Riesgos y medidas de seguridad y salud en el taller de electromecánica

La Ley de Prevención de Riesgos Laborales define el riesgo laboral como la posibilidad de que un trabajador sufra un determinado daño derivado del trabajo.

En el taller de electromecánica existen multitud de riesgos, por tratarse de una actividad con maquinaria, herramientas, vehículos en movimiento, etc. Pero los riesgos más comunes son los siguientes:

- Cortes con herramientas.
- Sobreesfuerzos posturales.
- Golpes y contusiones.

- Atrapamientos.
- Ruidos.
- Proyección de cuerpos sólidos.
- Quemaduras por contacto con altas temperaturas.
- Quemaduras por ácidos.
- Quemaduras frías.
- Inhalación de productos tóxicos.
- Quemaduras por descargas eléctricas.
- Irritaciones de la piel.
- Irritaciones de las vías respiratorias.
- Irritaciones oculares.

Algunas de las **medidas de prevención** utilizadas en los talleres de electromecánica son las mostradas a continuación:

- Formación del operario en la manipulación de herramientas y el movimiento de piezas.
- Mantenimiento de las herramientas limpias, especialmente de grasas y aceites, y en buen estado de funcionamiento.
- Todo equipo o herramienta defectuosa debe retirarse del puesto de trabajo.
- No utilizar nunca herramientas o equipos para fines para los que no han sido diseñados.
- Mantenimiento de los equipos, como elevadores, compresores, etcétera.
- Correcta ventilación para eliminar los gases de escape.
- Limpieza y orden en el puesto de trabajo.
- Correcta iluminación del puesto de trabajo. Esta debe ser lo más similar posible a la luz natural.
- Empleo de elevadores para disminuir posturas forzadas.
- Puesto de trabajo libre de obstáculos. Para ello se debe disponer de carros de herramientas, enganches para cables y lámparas de trabajo, brazos aéreos para acceder a la instalación de aire comprimido y electricidad.
- Utilización de mesas de trabajo para actividades que requieren de una superficie plana y un apoyo.
- Suelo libre de sustancias deslizantes y conductoras de la electricidad.
- Suelo enrejillado o bandeja de recogida de líquidos para el vaciado de circuitos.
- Correcta señalización de los riesgos y de la ubicación de equipos de trabajo.

Figura 1.1. Una parte importante de la formación es la correcta utilización de las medidas antiincendios.

1.1.3. La formación, la información y la participación

La **participación** es la implicación y el compromiso con la tarea que se está desarrollando, y por ello debe considerarse como algo inherente a la actividad preventiva. Participar es tener algo que decir y, por tanto, no siempre se ha de estar de acuerdo. De esta forma el trabajador puede hacer patentes problemas que las leyes o los técnicos de prevención no han podido detectar por no ocupar ese puesto de trabajo.

Las barreras con las que se encuentra la participación son, principalmente, la ausencia de formación en materia de prevención, la política de la empresa cuando no es participativa, el comportamiento del jefe inmediato y, en ocasiones, la forma de ser de las personas. Para superar estas barreras la empresa debe fomentar la comunicación, ya que esta es una forma de canalizar la participación, bien sea mediante un buzón de sugerencias, reuniones periódicas con representantes de los trabajadores, etcétera.

Para que la participación sea efectiva debe existir **formación e información.** La formación de los trabajadores es esencial a la hora de prevenir accidentes laborales, y esta se debe diseñar en dos modalidades:

- Formación en materia de prevención.
- Formación específica del puesto de trabajo que ocupa.

Figura 1.2. La formación en materia de prevención es fundamental para implantar la cultura de prevención.

Figura 1.3. La formación debe ser específica para cada puesto de trabajo.

La **formación** en materia de prevención aporta herramientas al trabajador para evitar accidentes y actuar en caso de que estos sean inevitables. Además es indispensable para instaurar en un centro de trabajo la cultura de la prevención, haciendo consciente al trabajador de los riesgos que debe evitar en su quehacer diario.

La formación específica de su puesto de trabajo consiste en formación para la utilización de máquinas, herramientas, etc. Si un trabajador conoce a la perfección el equipo de trabajo y el entorno será más difícil que ocurra un accidente por una negligencia.

Figura 1.4. La participación depende de varios factores, entre ellos de una buena comunicación con los superiores.

Como ejemplo imaginemos un trabajador en un taller de electromecánica sin una formación suficiente en electricidad. Es posible que manipule circuitos eléctricos sin quitar la fuente de tensión (borne de la batería), o que no sustituya correctamente una lámpara de xenón y sufra una descarga o una explosión de la misma, etcétera.

La **información** en el puesto de trabajo es indispensable en la prevención de riesgos laborales, y consiste en que los trabajadores estén informados del estado de las máquinas y herramientas, así como de su obligación de informar en el caso de que ellos detecten algún desperfecto o avería de un equipo de trabajo.

1.1.4. Lugar de trabajo

Se considera lugar de trabajo a las zonas en las que el trabajador debe permanecer o a las que puede acceder para realizar su trabajo.

El Real Decreto 486/1997 establece las disposiciones mínimas que debe cumplir cualquier lugar de trabajo, refiriéndose a sus condiciones constructivas, orden y limpieza, mantenimiento, señalización, locales de descanso e higiene y locales de primeros auxilios.

Los riesgos más comunes en el lugar de trabajo respecto a las infraestructuras son los siguientes:

- Caídas.
- Pisadas de objetos.
- Atropello de vehículos.
- Caídas de objetos.
- Choques contra objetos.

Para minimizar estos riesgos los lugares de trabajo deben contar con barandillas, puertas y pasillos con una anchura mínima, unas garantías mínimas de seguridad estructural, dimensiones adecuadas, iluminación suficiente para la labor desempeñada, etcétera.

Figura 1.5. Banco de trabajo para facilitar las labores que requieren de una superficie y propiciar el orden en el taller.

Figura 1.6. Las herramientas deben ser almacenadas en lugares específicos para favorecer la limpieza y el orden en el lugar de trabajo.

Sabías que...?

Las zonas de tránsito también se consideran lugares de trabajo. Esas zonas de tránsito son las empleadas para acceder al puesto de trabajo desde casa y desde otras zonas de trabajo.

En el taller de electromecánica también existen estos riesgos. La siguiente tabla muestra los riesgos más comunes y las actuaciones para minimizarlos.

Tabla 1.1. Riesgos y actuaciones en el taller de electromecánica

Riesgos	Actuaciones
Caídas y pisadas de objetos.	Por falta de orden y limpieza. Se deben evitar situaciones como las siguientes: herramientas en el suelo, un bidón de aceite que se cae y se derrama por no estar en el lugar destinado a su almacenamiento, una batería que se queda en el suelo, cables que no son recogidos, etcétera.
Choques contra objetos.	Por choque contra un elevador a media altura, contra un carro portapiezas situado en medio de una vía de acceso, etcétera.
Caídas de objetos.	Debido a, por ejemplo, herramientas que quedan en el elevador después de su uso, de forma que cuando otro trabajador manipula el elevador sufre el golpe de la herramienta.
Atrapamiento con alguna pieza en movimiento durante el mantenimiento o reparación de un vehículo.	Por falta de visibilidad. Se debe aumentar la luz natural o similar, emplear lámparas de trabajo, etcétera.
Atropello.	Se requiere una correcta señalización de las vías por las que está permitida la circulación de vehículos, espejos en zonas de baja visibilidad, límites de velocidad, etcétera.

1.1.5. Herramientas y equipos de trabajo

Cualquier máquina o herramienta empleada para realizar un trabajo debe cumplir unos requisitos mínimos, que comienzan por su diseño y fabricación.

Las normas básicas de utilización de cualquier herramienta o equipo son las siguientes:

- Emplear la herramienta o equipo para aquella función para la que fue diseñado.
- Comprobar que está en perfecto estado.
- Guardar las herramientas o los equipos en un lugar apropiado después de su uso.
- Transportarlas de forma adecuada (protegiendo filos y puntas).
- Contar con la formación adecuada para su utilización.
- Emplear equipos de protección si fuese necesario.

Figura 1.8. Las herramientas se deben emplear para aquella función para la que fueron diseñadas.

Figura 1.7. Persiana de herramientas de un taller.

Algunos ejemplos del uso adecuado de herramientas y equipos de trabajo en el taller de electromecánica son:

- Guardar las herramientas en carros portaherramientas, cajas de herramientas, maletines o armarios específicos. De esta forma se evitan los accidentes provocados por herramientas que han quedado en el suelo o en cualquier sitio del taller, y además se ahorra tiempo, encontrando la herramienta que necesitamos sin tener que buscarla.
- No utilizar destornilladores planos para tornillos en estrella, porque tanto el tornillo como la herramienta pueden deteriorarse.
- No emplear destornilladores o cualquier otra herramienta para golpear.
- No someter las herramientas a sobreesfuerzos para los que no han sido diseñadas.

Figura 1.9. Las herramientas se deben almacenar en un lugar específico y destinado a tal fin.

ACTIVIDAD **Propuesta 1.1**

¿Cuáles son los riesgos más comunes en el lugar de trabajo? Indica dos ejemplos en el taller de electromecánica

ACTIVIDAD **Propuesta 1.2**

Explica la importancia de la formación del trabajador en materia de seguridad y salud.

ACTIVIDAD **Propuesta 1.3**

Completa la siguiente tabla con los accidentes que pueden derivar de las siguientes acciones erróneas en un taller y las medidas de seguridad que tomarías.

Acción errónea	Accidente	Medidas de seguridad
Empleo de un martillo con la cabeza un poco suelta.		
Empleo de un destornillador como palanca.		
Caída por tropiezo con una herramienta en el suelo.		

Figura 1.10. La ventilación del taller es una medida de protección colectiva.

1.1.6. Equipos de protección

Los equipos de protección se clasifican en colectivos e individuales. Los equipos de protección colectivos son aquellos que actúan sobre el foco y sirven, por tanto, para todos los trabajadores o personas expuestos al riesgo eléctrico.

Los equipos de protección individual (EPI) son empleados por cada trabajador individualmente, y se deben utilizar para proteger de aquellos peligros que no se hayan podido evitar o limitar suficientemente con los equipos de protección colectiva.

Equipos de protección colectiva

Algunos ejemplos de equipos de protección colectiva son las barandillas, las redes de seguridad, los resguardos en máquinas, la señalización, etc. La razón por la que se deben tomar en primer lugar medidas de protección colectiva es que resultan más eficaces, además de no suponer una molestia física durante el desarrollo de su actividad, ya que el trabajador está más cómodo.

Al mismo tiempo se garantiza la seguridad de cualquier persona que, por diferentes circunstancias (como por ejemplo una visita, un cliente, etc.), se encuentre en el lugar de trabajo, no siendo necesaria la restricción del paso a dicho lugar.

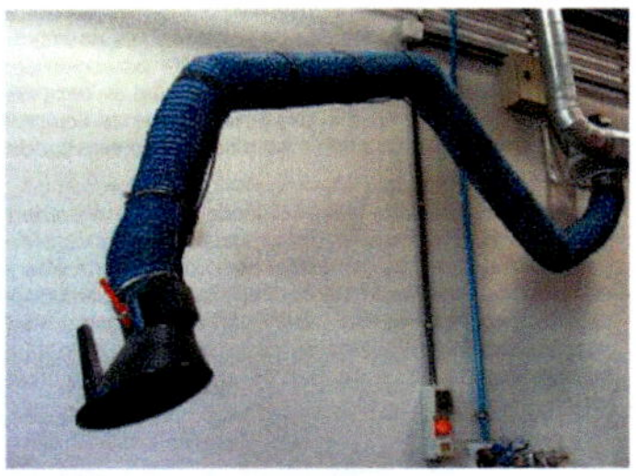

Figura 1.11. Brazo aéreo de extracción de gases.

Figura 1.12. Manguera antiincendios correctamente señalizada.

Equipos de protección individual

Los equipos de protección individual (EPI) están regulados por el RD 773/1997. Su uso debe ser personal, y en caso de ser necesaria su utilización por diferentes trabajadores se adoptarán medidas para garantizar la salud e higiene de los usuarios.

Deben ser concebidos de forma que el usuario pueda ponérselos de la manera más fácil posible, que sean cómodos, pesen poco, estén libres de aristas o asperezas, y le permitan realizar su actividad de forma normal.

El empresario está obligado, según la Ley de Prevención de Riesgos Laborales, a cumplir las siguientes normas en relación con los EPI:

- Analizar exhaustivamente los riesgos presentes en cada puesto de trabajo.
- Garantizar que los EPI cumplen con la normativa y homologación pertinente (marcado CE, que vayan acompañados de la ficha técnica correspondiente, que cuenten con instrucciones de uso y mantenimiento).
- Realizar una consulta a los usuarios del EPI para conocer su opinión y permitir su participación en la elección de los mismos.
- Proporcionar los EPI gratuitamente.
- Ofrecer los medios físicos y técnicos necesarios para el correcto mantenimiento de los EPI.
- Dar formación e información a los trabajadores acerca del empleo de los equipos y de la importancia de su correcta utilización.
- Marcar unas normas de utilización de los EPI que incluyan la obligatoriedad del empleo de los mismos.

- Vigilar el cumplimiento de dichas normas, estableciendo las sanciones correspondientes.

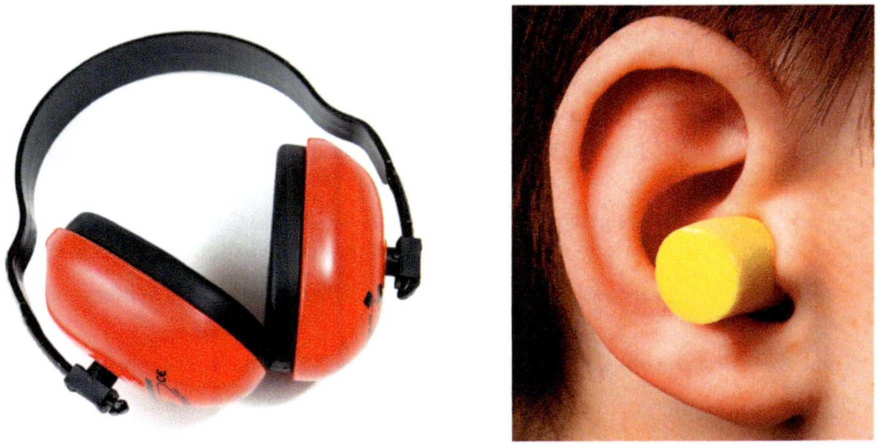

Figura 1.13. Los protectores auditivos son equipos de protección individual cuya función principal es atenuar el ruido molesto presente en el entorno de trabajo.

Figura 1.14. Guantes con protección.

Figura 1.15. Mascarilla y gafas de protección.

Sabías que...

Según el artículo 4 del capítulo 1 de la Ley de Prevención de Riesgos Laborales «se entenderá como **equipo de trabajo** cualquier máquina, aparato, instrumento o instalación utilizada en el trabajo. Se entenderá, además, por **equipo de protección individual** cualquier equipo destinado a ser llevado o sujetado por el trabajador para que le proteja de uno o varios riesgos que puedan amenazar su seguridad o su salud en el trabajo, así como cualquier complemento o accesorio destinado a tal fin».

El usuario del EPI, a su vez, está obligado a:

- Utilizar el EPI correctamente y para el fin para el que se fabricó.
- Guardar el EPI en el lugar destinado a tal fin.
- Cuidar y mantener el EPI.
- Informar de inmediato a un superior de cualquier defecto o daño detectado en el EPI.

ACTIVIDAD **Resuelta 1.1**

Indica qué pasos debe seguir el responsable de prevención de un taller de electromecánica para seleccionar los EPI para todos los trabajadores.

Solución

- Analizar los riesgos existentes para seleccionar los EPI más adecuados.
- Analizar los EPI presentes en el mercado para saber cuáles se ajustan a las características y los precios que interesan a la empresa. Comprobar que cuentan con homologación y marcado CE, así como con libro de instrucciones y datos del fabricante.
- Hacer partícipes a los trabajadores del proceso de elección de EPI escuchando sus opiniones, ya que en definitiva ellos van a usarlos y deben sentirse cómodos.
- Habilitar un lugar adecuado para almacenar los EPI y llevar a cabo el mantenimiento que requieran.
- Establecer unas normas de uso que incluyan la obligatoriedad del empleo de EPI.
- Vigilar el cumplimiento de dichas normas.

A continuación se muestra un ejemplo del primer paso de análisis de los riesgos existentes para seleccionar los EPI:

- Riesgos eléctricos: guantes aislantes, botas con suela aislante, esterillas aislantes y señalización del riesgo eléctrico.
- Posible caída de objetos: botas con refuerzo en la punta y señalización del peligro.
- Riesgos derivados de la soldadura: máscaras adecuadas al tipo de soldadura, gafas de soldadura, cubre brazos y piernas de cuero, delantal de cuero, guantes para evitar quemaduras.
- Atrapamientos: guantes gruesos de cuero y, si fuese necesario, de malla metálica. Ropa de trabajo de la talla adecuada.
- Salpicaduras de metal en los ojos y en la cara: gafas protectoras.
- Riesgo en la manipulación de baterías: guantes y ropa resistente al ácido, botas con refuerzo metálico en la punta y gafas de protección contra salpicaduras.

Sabías que...?

Según el artículo 4 del capítulo 1 de la Ley de Prevención de Riesgos Laborales «se entenderá como riesgo laboral la posibilidad de que un trabajador sufra un determinado daño derivado del trabajo. Para calificar un riesgo desde el punto de vista de su gravedad, se valorarán conjuntamente la probabilidad de que se produzca el daño y la severidad del mismo».

1.1.7. Señalización del lugar de trabajo

La señalización de riesgo eléctrico es, en realidad, un complemento a los equipos de protección colectiva y nunca se debe emplear como sustitución de los mismos. La señalización no evita riesgos en sí misma, sino que advierte sobre el peligro cuando este no ha podido ser evitado por equipos de protección colectiva.

El RD 485/1997 regula el empleo de señalización en los lugares de trabajo. Los objetivos que debe cumplir la señalización son los siguientes:

- Alertar sobre el riesgo.
- Alertar sobre situaciones de emergencia que requieren medidas urgentes de protección y evacuación.
- Ayudar a localizar los medios e instalaciones de protección, evacuación, emergencia y primeros auxilios.
- Guiar a los trabajadores durante el desempeño de una actividad que suponga una tarea peligrosa.

Figura 1.16. Ejemplo de señalización de material inflamable.

Las señales pueden ser:

- En forma de gráficos.
- Luminosas y acústicas.
- Gestuales.

Las señales en forma gráfica se clasifican según la Tabla 1.2.

Figura 1.17. Las señales acústicas deben tener un nivel sonoro superior al ruido ambiente.

Tabla 1.2. Tipos de señales

Tipo	Forma	Pictograma	Fondo	Borde	Y además...
Advertencia	Triangulares	Negro	Amarillo	Negro	El fondo de la señal sobre materias nocivas o irritantes es de color naranja.
Prohibición	Redondas	Negro	Blanco	Rojo	Banda transversal de color rojo descendente de izquierda a derecha atravesando el pictograma.
Obligación	Redondas	Blanco	Azul	—	—
Contra incendios	Cuadradas o rectangulares	Blanco	Rojo	—	Una señal con pictograma puede ir acompañada de una señal con texto, pero nunca una señal con texto puede no ir acompañada de una señal con pictograma.
Salvamento o socorro	Cuadradas o rectangulares	Blanco	Verde	—	

Señales de advertencia

Señales de prohibición

Prohibido a los vehículos de manutención · Prohibido fumar y encender fuego · Prohibido pasar a los peatones · Prohibido apagar con agua · Entrada prohibida a personas no autorizadas · Agua no potable · Prohibido fumar · No tocar

Señales de obligación

Vía obligatoria para peatones · Obligación general · Protección obligatoria de la cabeza · Protección obligatoria del oído · Protección obligatoria para las vías respiratorias · Protección obligatoria de la vista · Protección obligatoria de las manos · Protección obligatoria del cuerpo

Señales de salvamento o socorro

Primeros auxilios · Teléfono de salvamento y primeros auxilios · Ducha de seguridad · Camilla · Lavado de los ojos · Dirección que debe seguirse · Salida en caso de emergencia

Señales relativas a los equipos de lucha contra incendios

Manguera contra incendios · Escalera de mano · Teléfono para la lucha contra incendios · Extintor · Dirección que debe seguirse

Las señales acústicas deben cumplir los siguientes requisitos:

- Nivel sonoro superior al nivel de ruido ambiental.
- Tono y duración, así como la agrupación de impulsos cuando sea intermitente; debe distinguirse claramente de otras señales acústicas o ruidos ambientales.
- No se pueden emplear dos señales acústicas a la vez.
- En el caso de evacuación el sonido será continuo.

Las señales luminosas deben cumplir los siguientes requisitos:

- Contraste luminoso suficiente con su entorno.
- Puede llevar un pictograma.

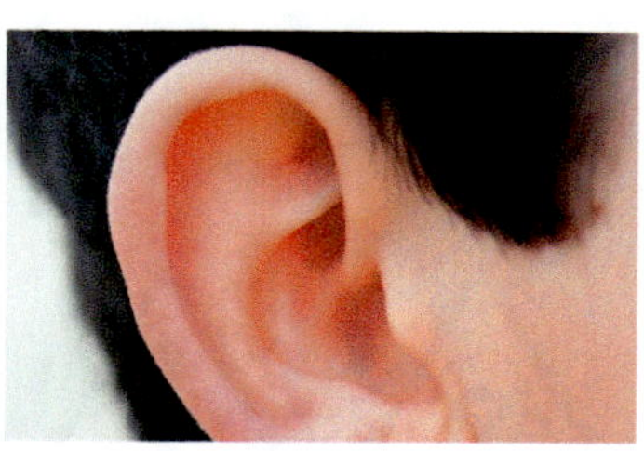

Figura 1.18. Las señales acústicas deben distinguirse de otros ruidos y sonidos.

- No se pueden emplear dos señales luminosas a la vez.
- En una señal luminosa intermitente, la duración y la frecuencia de la señal permitirán identificar el mensaje.

Tanto en señales acústicas como luminosas, cuando el dispositivo puede emitir la señal continua o intermitente, la señal intermitente se emplea para indicar mayor peligrosidad que la continua.

ACTIVIDAD **Propuesta 1.4**

¿Qué objetivos debe cumplir una correcta señalización?

ACTIVIDAD **Propuesta 1.5**

¿De qué color y forma son las señales de advertencia y de salvamento?

1.2. Riesgos eléctricos

Figura 1.19. El riesgo eléctrico puede tener graves consecuencias en nuestro organismo.

El riesgo eléctrico supone el paso de la corriente eléctrica a través del cuerpo humano. Sus consecuencias pueden ser de gran gravedad hasta, incluso, ocasionar la muerte. El peligro reside en que la corriente eléctrica atraviesa órganos vitales, como corazón pulmones y cerebro.

En el vehículo hay, en la mayoría de los circuitos, corriente continua; por tanto, el riesgo durante las labores de mantenimiento y reparación son menores. Sin embargo, existen algunos circuitos que sí emplean corriente alterna, como el alternador, el circuito de encendido de un vehículo de gasolina, o la alimentación de una lámpara de xenón. Además se emplean en el taller aparatos conectados a la red eléctrica, que es alterna y monofásica la mayoría de las veces, pudiendo ser trifásica en naves industriales, etc. En este caso sí existe mayor riesgo por tratarse de intensidades más altas.

1.2.1. Consecuencias de un accidente eléctrico

Los efectos o las consecuencias de una descarga eléctrica sobre el organismo son diversos, pero los más graves se pueden agrupar en:

- Quemaduras.
- Paro cardíaco.
- Paro respiratorio.
- Asfixia.
- Agarrotamiento muscular.

Figura 1.20. Señal de riesgo eléctrico.

A continuación analizamos detalladamente cada una de ellas:

- **Quemaduras:** son producidas por el efecto Joule, que dice que una corriente eléctrica a través de un conductor desprende una energía calorífica. Estas quemaduras ayudan a determinar la trayectoria seguida por una corriente a través del organismo (órganos externos e internos).

  Las quemaduras se clasifican según la profundidad del tejido dañado y según la extensión del área afectada.

  – Quemaduras de primer grado: son superficiales y afectan solo a la epidermis o capa externa de la piel.

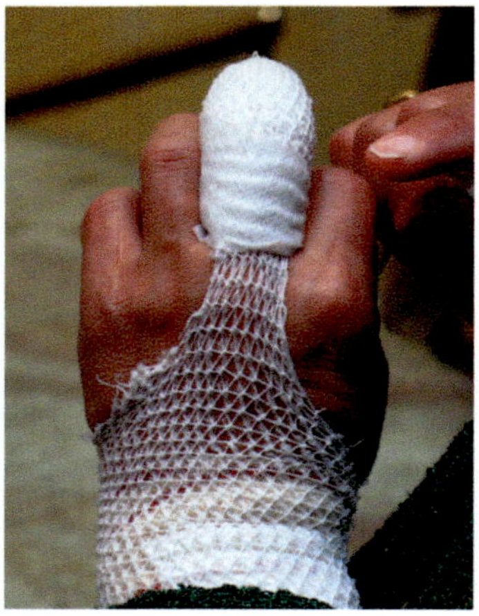

Figura 1.21. Las quemaduras son una consecuencia de una descarga eléctrica.

- Quemaduras de segundo grado: afectan a la epidermis y parte de la dermis.
- Quemaduras de tercer grado: destruyen la epidermis y la dermis. Este tipo de quemaduras también pueden dañar los huesos, los músculos y los tendones.

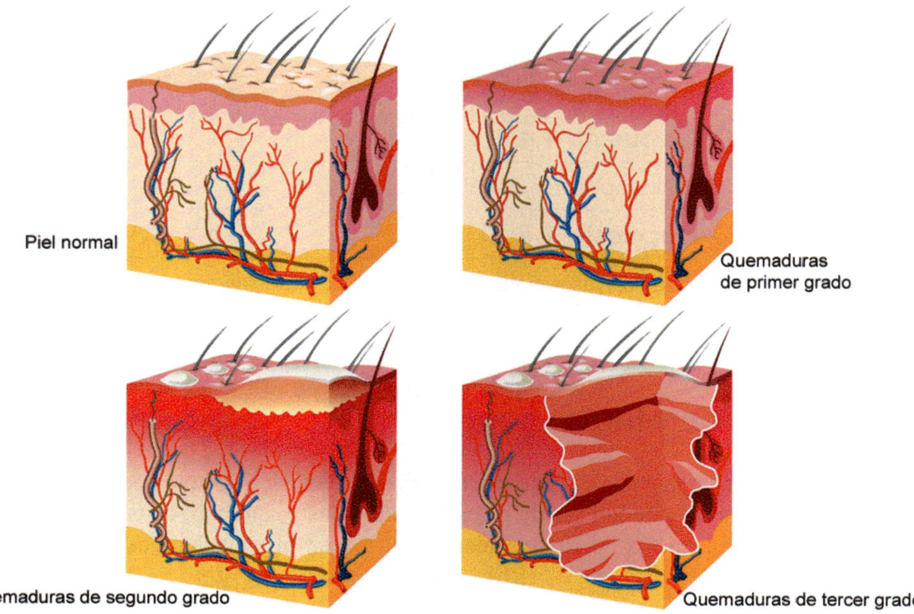

Figura 1.22. Clasificación de las quemaduras según su grado.

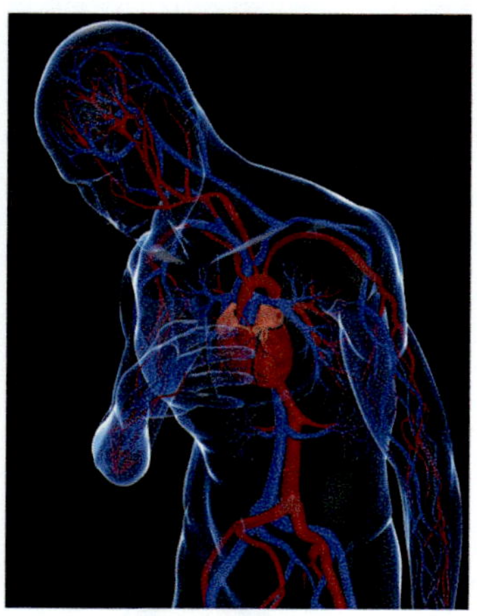

Figura 1.23. Paro cardíaco.

- **Paro cardíaco:** ocurre cuando la corriente atraviesa el corazón. Se produce una contracción que impide el bombeo de sangre. Se debe tratar inmediatamente con un masaje cardíaco o una desfibrilación.
- **Paro respiratorio:** tiene lugar cuando la corriente atraviesa algún centro nervioso respiratorio. Se debe aplicar inmediatamente respiración asistida.
- **Asfixia:** se produce cuando el paso de una corriente eléctrica agarrota los músculos del tórax y evita que se relaje. El aire no sale de los pulmones y se produce la asfixia. Se debe tratar inmediatamente con respiración asistida.
- **Agarrotamiento muscular:** es consecuencia de una estimulación excesiva de los músculos, normalmente estimulados por pequeños impulsos enviados por el cerebro.

Recuerda que...

El efecto Joule es el fenómeno por el cual, si un conductor es atravesado por una corriente, parte de la energía se convierte en calor.

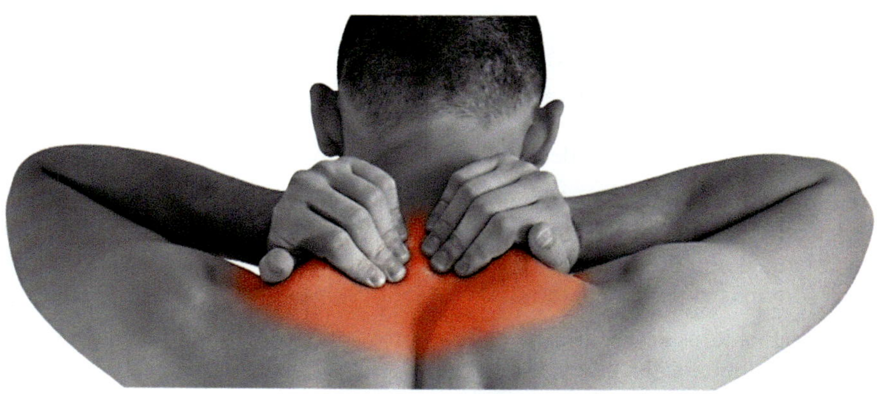

Figura 1.24. El agarrotamiento es un efecto del paso de la corriente por nuestro cuerpo.

1.2.2. Materiales conductores y aislantes de la electricidad

Para evitar accidentes eléctricos y saber cómo actuar ante ellos es importante conocer qué elementos y materiales son aislantes, es decir, no conducen la electricidad.

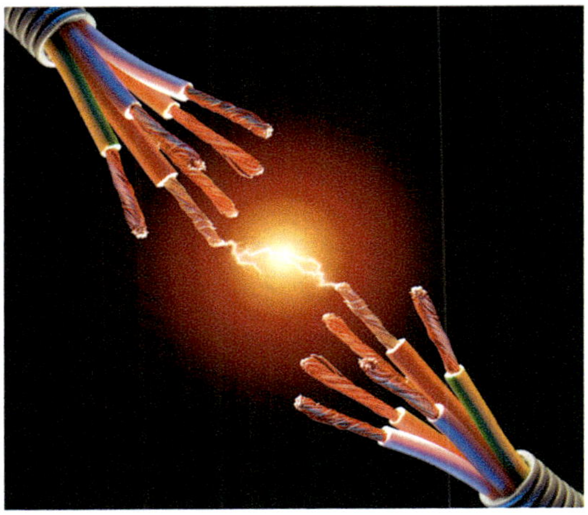

Figura 1.25. Debemos conocer los materiales conductores de la electricidad.

La mayoría de los no metales son materiales aislantes pues tienen resistividades muy grandes. Esto se debe a la ausencia de electrones libres en sus últimas capas y a que dichos electrones están muy unidos al núcleo, siendo muy difícil arrancarlos del átomo. Por este motivo se requiere una diferencia de potencial muy alta para separar algunos electrones del átomo, y la corriente que se obtiene es prácticamente nula, además de ser su resistencia muy elevada.

Algunos ejemplos de materiales aislantes son: la ebonita, el plástico, la mica, la baquelita, el azufre, los aceites, el vidrio, la seda, el papel, el algodón, etcétera.

En la fabricación de equipos de protección individual y colectiva para evitar o minimizar riesgos eléctricos se emplean, principalmente, materiales plásticos como goma o caucho, así como madera.

ACTIVIDAD **Propuesta 1.6**

¿Por qué puede producir asfixia una descarga eléctrica? ¿Y agarrotamiento muscular?

ACTIVIDAD **Propuesta 1.7**

Nombra cinco materiales aislantes y cinco conductores de la electricidad. ¿Se encuentran en el vehículo o en el taller de electromecánica algunos de ellos?

1.2.3. Factores eléctricos que influyen en la gravedad de un accidente eléctrico

Cualquier cuerpo atravesado por una corriente eléctrica se comporta según la ley de Ohm:

$$V = I \times R$$

Recuerda que...

La **fibrilación** es una contracción o temblor incontrolable de fibras musculares. Cuando ocurre en las cámaras bajas del corazón, se denomina fibrilación ventricular. Durante la fibrilación ventricular, la sangre no sale del corazón, dando como resultado la muerte cardíaca súbita.

Recuerda que...

La **resistividad** de un material es el grado de dificultad que encuentran los electrones en un material a su paso. Cada material posee una constante de resistividad.

Además de la intensidad y la resistencia que ofrezca un cuerpo hay otros factores que hacen que un accidente eléctrico sea más o menos grave, como el tiempo de exposición y la frecuencia.

Intensidad

Mayor intensidad de corriente es siempre sinónimo de mayor riesgo, pues la gravedad del accidente será también mayor.

Tabla 1.3. Efectos de la corriente eléctrica en el organismo

Corriente	Efectos
0,05 mA	Sin efectos.
1-10 mA	Calambres, movimientos reflejos musculares.
10-25 mA	Contracciones musculares, dificultad respiratoria.
25-50 mA	Tetanización, irregularidades cardíacas, quemaduras, asfixia.
Hasta 1 A	Fibrilación ventricular y paro, inconsciencia, marcas visibles, alto riesgo de muerte.
1-5 A	Paro cardíaco, inconsciencia, marcas visibles, quemaduras graves.

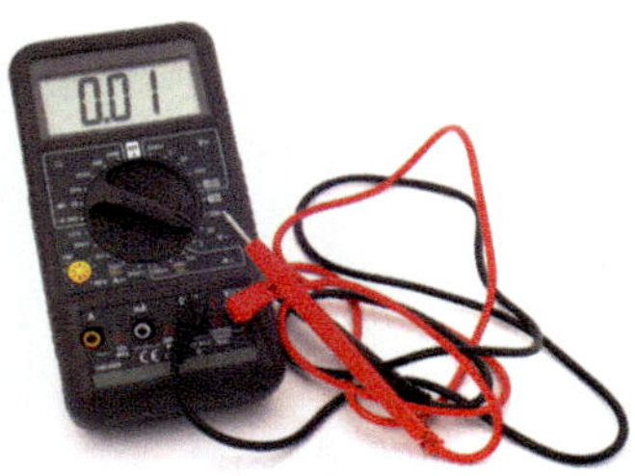

Figura 1.26. Podemos comprobar en el taller cómo la resistencia que ofrece un cuerpo varía según sus características.

Resistencia

La resistencia que ofrece un cuerpo al paso de la corriente hace que el valor de la misma varíe, por lo que el hecho de que esta resistencia sea mayor o menor varía la gravedad del accidente y, por tanto, la magnitud del riesgo. Si nuestro cuerpo ofrece más resistencia al paso de la intensidad el valor de esta disminuye y, por tanto, también la gravedad de sus efectos.

La resistencia que ofrece un cuerpo al paso de la corriente depende de los siguientes factores:

- Punto o superficie de contacto.
- Dureza de la piel.
- Presión de contacto.
- Salida de la corriente (normalmente por los pies).

El **punto de contacto** con la piel puede ser más o menos completo, ofreciendo en el segundo caso más resistencia y, por tanto, dificultando el paso de la corriente. Al igual que ocurre con el tornillo del borne de una batería, el cual cuando no está bien apretado y el contacto no es completo ofrece una resistencia por la que la corriente suministrada por la batería se debilita, y esto se traduce en pequeños fallos como, por ejemplo, el encendido discontinuo del alumbrado.

Figura 1.27. La dureza de la piel varía la resistencia que ofrece nuestro cuerpo al paso de la corriente.

La **dureza de la piel** depende de la persona (su edad, estado físico, etc.). Una piel más dura ofrece mayor resistencia que una piel más fina.

La **presión de contacto** está muy relacionada con el punto de contacto, puesto que si la presión es alta el contacto será completo.

El **punto de salida de la corriente** de nuestro cuerpo es normalmente por los pies, aunque si contamos con una debida protección aislante en la suela del zapato podemos evitar o minimizar dicha salida, evitando el paso de corriente por nuestro cuerpo.

Por tanto, es importante emplear materiales aislantes en dos puntos concretos: el punto de contacto con la corriente (entrada de la misma en nuestro cuerpo) y el punto de salida. Para ello se emplean guantes de material aislante que debilitan el punto de contacto de la corriente eléctrica con nuestro cuerpo ofreciendo una resistencia muy alta.

Para el punto de salida se emplean zapatos con suela de material aislante o se forra el suelo con dichos materiales, para que a la intensidad le resulte más difícil atravesarlos en busca del camino más corto y fácil a tierra.

Tiempo de exposición

El tiempo de exposición a la corriente eléctrica es el tiempo que dicha corriente está atravesando un cuerpo. Un tiempo de exposición prolongado puede provocar quemaduras, fibrilación ventricular o asfixia.

Frecuencia

La frecuencia es el número de ciclos por unidad de tiempo, es decir, el número de veces que se repite un mismo ciclo en un segundo. Su unidad es el hercio (Hz) que equivale a 1 ciclo por segundo.

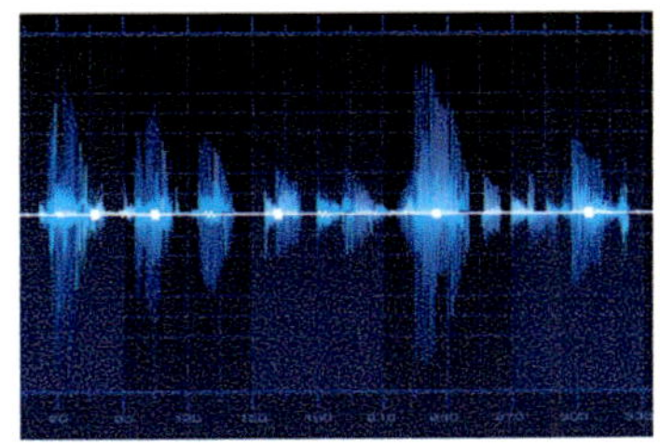

Figura 1.28. Las frecuencias menores son más peligrosas para el cuerpo humano.

En el vehículo todos los elementos son alimentados con corriente continua, por lo que no existe un valor de frecuencia.

Sin embargo, en el taller se utilizan aparatos y circuitos conectados a la red eléctrica general, que es corriente alterna. En corriente alterna las corrientes pueden ser de alta o baja frecuencia, siendo sus efectos sobre el organismo muy diferentes. Los efectos de las corrientes de alta frecuencia son menores que las de baja frecuencia.

Pero las corrientes empleadas en el suministro eléctrico cuando hablamos de corriente alterna son de baja frecuencia, concretamente de 50 Hz. El riesgo de dichas corrientes es que producen arritmias, sacudidas y espasmos, debido a que se solapan con la frecuencia del ritmo cardíaco.

ACTIVIDAD **Propuesta 1.8**

¿Cómo afecta una intensidad de 35 mA a un trabajador?

ACTIVIDAD **Propuesta 1.9**

¿En qué partes del cuerpo emplearemos materiales aislantes para evitar sufrir una descarga eléctrica?

ACTIVIDAD **Propuesta 1.10**

¿Por qué afecta de diferente forma una misma descarga eléctrica a dos personas con distinta constitución física?

1.2.4. Cómo actuar ante un accidente eléctrico

En caso de presenciar un accidente eléctrico de otro trabajador, los pasos a seguir son siempre los siguientes:

- Cortar el suministro de corriente.
- Separar a la persona del contacto eléctrico sin tocarla, para que la intensidad no nos atraviese también a nosotros. Para ello se debe emplear algún elemento fabricado con un material aislante, como un palo de madera, una pieza de plástico, etcétera.
- Practicar primeros auxilios y evacuar al afectado en caso necesario.

Si somos nosotros los que sufrimos el accidente eléctrico debemos intentar cortar el suministro de corriente lo antes posible.

Para evitar los accidentes por contactos directos se deben tomar las siguientes precauciones:

- No realizar tareas de reparación o mantenimiento si el vehículo no está parado. Si es posible, desconectar el borne negativo de la batería.
- Prestar una especial atención a las zonas próximas al alternador y su cableado, ya que si estos están en malas condiciones existe riesgo de cortocircuito.

1.2.5. Equipos de protección para riesgos eléctricos

Equipos de protección colectiva

En lo referente a la protección colectiva ante riesgos eléctricos cabe destacar el empleo de interruptores diferenciales y la señalización de riesgos eléctricos.

Los interruptores diferenciales son dispositivos que se introducen en las instalaciones eléctricas y cuya función es interrumpir el paso de la corriente cuando se produzca una derivación. El interruptor detecta esa derivación gracias a un aumento de la intensidad en el circuito.

En las tareas de mantenimiento y reparación de vehículos se puede hablar de dos tipos de interruptores diferenciales:

- Fusibles del vehículo.
- Diferenciales de la instalación eléctrica del taller.

Los fusibles empleados en el vehículo están formados por un hilo de cobre o plomo conectado en serie en algún punto de la instalación. Cuando la intensidad que atraviesa a la instalación correspondiente es demasiado alta el hilo se quema y se rompe, abriendo el circuito. El hilo está diseñado con una sección adecuada para la intensidad que debe soportar, y será distinto para cada circuito del vehículo. Las razones por las que la intensidad de un circuito aumenta son diversas, pero siempre implican una derivación. Esta puede ser por un contacto a masa de un cable al que se le ha roto parte del aislante o por una formación de óxido en algún circuito, etcétera.

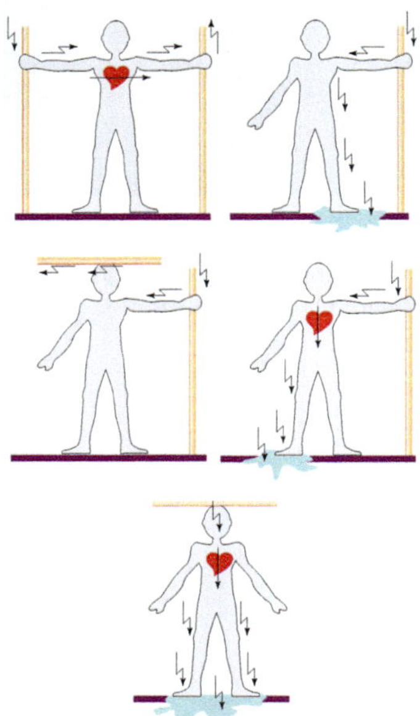

Figura 1.29. Recorrido de la corriente a través del cuerpo.

Equipos de protección individual

A la hora de elegir el EPI de protección eléctrica, se debe tener en cuenta que el recorrido de la corriente eléctrica a través del cuerpo humano puede tener diferentes trayectorias:

- Mano-mano.
- Mano-pie (sin pasar por el corazón).
- Mano-pie (pasando por el corazón).
- Mano-cabeza.
- Cabeza-pies.

Figura 1.30. Utilización de guantes de protección.

Los equipos de protección individual para evitar o minimizar los efectos de un accidente eléctrico son principalmente los siguientes:

- Calzado de trabajo con suela aislante.
- Guantes de material aislante.
- Materiales aislantes, como banquetas, alfombras o pértigas.

1.2.6. Riesgos en la manipulación de baterías

Las baterías son generadores de corriente continua que funcionan mediante reacciones químicas. En esas reacciones se producen gases explosivos (hidrógeno), por lo que requieren un lugar dedicado exclusivamente a su almacenamiento, con un sistema de ventilación encargado de airear las concentraciones de estos vapores y a una temperatura adecuada.

Figura 1.31. Deben tenerse en cuenta las precauciones correspondientes para la manipulación de baterías.

Los riesgos derivados de la manipulación de baterías son debidos a su peso, al ácido sulfúrico disuelto en agua destilada de su electrolito, y al posible arco eléctrico que se crea si entran en contacto sus dos bornes. El ácido sulfúrico es una sustancia irritante y corrosiva para piel, ojos, nariz y garganta. Produce quemaduras y destruye cualquier tipo de prenda u organismo. Por tanto, los riesgos derivados de la manipulación de baterías son los siguientes:

- Golpes y contusiones.
- Salpicaduras del electrolito sobre la piel o los ojos.
- Quemaduras por contacto con el ácido sulfúrico.
- Explosiones por inflamación de los gases.

Para reducir estos riesgos se deben tener las siguientes precauciones:

- Almacenar las baterías en un lugar bien ventilado.
- No someter las baterías a altas temperaturas ni realizar cerca trabajos de soldadura.
- Aflojar o quitar los tapones durante el proceso de carga.
- No dejar sobre las baterías piezas metálicas o herramientas.
- No cambiar la polaridad de la batería.
- Emplear los EPI adecuados.
- Las baterías fuera de servicio serán recogidas por una empresa de gestión y tratamiento de residuos.

Figura 1.32. No cambiar la polaridad de la batería.

Los equipos de protección individual empleados durante la manipulación de baterías son los siguientes:

- Gafas, para evitar las proyecciones del electrolito en los ojos.
- Guantes, para evitar el contacto del electrolito con la piel.
- Ropa impermeable, para evitar que el electrolito entre en contacto con la ropa del operario.
- Calzado de seguridad, para evitar golpes y contusiones en los pies.

Mapa conceptual

LEGISLACIÓN

Española

- Constitución Española
- Estatuto de los Trabajadores
- Ley 31 de Prevención de Riesgos Laborales
- Reglamento de Servicios de Prevención

Europea

- Acta Única
- Directiva Marco 89/381/CEE

EN EL TALLER DE ELECTROMECÁNICA

- Riesgos más comunes
- Medidas de prevención generales
- Formación, información y participación
- Características y condiciones del lugar de trabajo
- Normas básicas de utilización de herramientas y equipos de trabajo
- Equipos de protección
- Señalización

RIESGOS ELÉCTRICOS

Consecuencias

- Quemaduras
- Paro cardíaco
- Paro respiratorio
- Asfixia
- Agarrotamiento muscular

Factores

- Intensidad de corriente
- Resistencia
- Tiempo de exposición
- Frecuencia de la corriente

Equipos de protección

- Colectiva
- Individual (EPI)

Manipulación de baterías

Actividades finales

Cuestiones

1.1. ¿Cuál de estos documentos tiene aplicación a nivel europeo en materia de prevención?

a) El Acta Única.

b) El Estatuto de los Trabajadores.

c) La Ley de Prevención de Riesgos Laborales.

1.2. Las barreras con las que se encuentra la participación son:

a) Ausencia de formación en materia de prevención, una política de empresa excesivamente participativa, el comportamiento del jefe inmediato y la forma de ser de las personas.

b) Ausencia de formación en materia de prevención, una política de empresa poco participativa, el comportamiento del jefe inmediato y la forma de ser de las personas.

c) Ausencia de formación en materia de prevención, además de una política de empresa poco participativa.

1.3. En lo relacionado con la formación en materia de prevención y la formación específica de cada puesto de trabajo:

a) Es más importante la formación específica.

b) Es más importante la formación en materia de prevención.

c) Ambas son igualmente importantes.

1.4. Las disposiciones mínimas que debe cumplir cualquier lugar de trabajo se refieren a:

a) Sus condiciones constructivas, señalización, locales de descanso e higiene y locales de primeros auxilios.

b) Sus condiciones constructivas, orden y limpieza, mantenimiento, señalización.

c) Sus condiciones constructivas, orden y limpieza, mantenimiento, señalización, locales de descanso e higiene y locales de primeros auxilios.

1.5. ¿Cuál de los siguientes elementos no es un equipo de protección colectiva?

a) Resguardo de una máquina.

b) Orejeras.

c) Dique de contención.

1.6. ¿Cuál de las siguientes acciones son obligaciones del trabajador según la legislación vigente?

a) Comprar los EPI que va a necesitar.

b) Utilizar los EPI para lo que fueron fabricados.

c) Conservar y mantener el EPI.

1.7. Las señales de advertencia son:

a) Triangulares.

b) Cuadradas.

c) Redondas.

1.8. ¿Cuál de las siguientes afirmaciones es falsa acerca de las señales acústicas?

a) Nivel sonoro superior al nivel de ruido ambiental.

b) Se pueden emplear dos señales a la vez.

c) En caso de evacuación el sonido será continuo.

1.9. ¿Cuál de las siguientes acciones no se debe realizar en caso de accidente eléctrico?

a) Coger a la persona que está sufriendo el accidente y tirar de ella para separarla del contacto eléctrico.

b) Cortar el suministro de corriente.

c) Evacuar al afectado si fuese necesario.

1.10. ¿Cuál de las siguientes magnitudes no tiene un efecto perjudicial en sí misma para el ser humano?

a) La intensidad.

b) La frecuencia.

c) El voltaje.

Responde

1.1. Nombra la legislación existente en materia de prevención de riesgos laborales.

1.2. Explica la importancia de la información en el puesto de trabajo para prevenir accidentes laborales.

1.3. ¿Qué relación existe entre la participación y la prevención de riesgos laborales?

1.4. Define qué es el «lugar de trabajo».

1.5. Escribe las normas básicas de utilización de cualquier herramienta.

1.6. ¿Qué es un equipo de protección colectiva?

1.7. ¿Qué obligaciones tiene el usuario de un EPI?

1.8. ¿Qué debe cumplir el empresario a la hora de elegir los EPI de su empresa?

1.9. ¿De qué cinco tipos pueden ser las señales gráficas empleadas en la señalización del lugar de trabajo?

1.10. ¿Qué tipos de señales existen aparte de las señales gráficas?

1.11. ¿Qué características deben cumplir las señales acústicas?

1.12. Nombra cuatro posibles efectos de una descarga eléctrica.

1.13. Indica los tipos de quemaduras según la profundidad y la extensión del área dañada. Explícalas brevemente.

1.14. Nombra cuatro materiales aislantes al paso de la corriente. ¿Por qué son aislantes?

1.15. ¿De qué depende la resistencia que ofrece un cuerpo al paso de la corriente?

1.16. ¿Por qué la frecuencia es un factor a tener en cuenta a la hora de evaluar los riesgos eléctricos de un taller de electromecánica si el vehículo trabaja con corriente continua?

10.17. Haz una tabla con los efectos de la corriente eléctrica cuando esta tiene los siguientes valores: 1-10 mA; 20-25 mA; 1-5 A.

10.18. Indica las tres acciones a realizar en caso de presenciar una descarga eléctrica en otro trabajador.

10.19. ¿Qué precauciones debes tomar para evitar accidentes derivados del uso de baterías?

10.20. ¿Qué EPI se emplean en los trabajos eléctricos?

Realiza

1.1. Analiza los siguientes textos de la Ley de Prevención de Riesgos Laborales:

a) «Corresponde a cada trabajador velar, según sus posibilidades y mediante el cumplimiento de las medidas de prevención que en cada caso sean adoptadas, por su propia seguridad y salud en el trabajo y por la de aquellas otras personas a las que pueda afectar su actividad profesional, a causa de sus actos y omisiones en el trabajo, de conformidad con su formación y las instrucciones del empresario.»

b) «Los trabajadores, con arreglo a su formación y siguiendo las instrucciones del empresario, deberán en particular:

- Usar adecuadamente, de acuerdo con su naturaleza y los riesgos previsibles, las máquinas, aparatos, herramientas, sustancias peligrosas, equipos de transporte y, en general, cualesquiera otros medios con los que desarrollen su actividad.
- Utilizar correctamente los medios y equipos de protección facilitados por el empresario, de acuerdo con las instrucciones recibidas de este.
- No poner fuera de funcionamiento y utilizar correctamente los dispositivos de seguridad existentes o que se instalen en los medios relacionados con su actividad o en los lugares de trabajo en los que esta tenga lugar.
- Informar de inmediato a su superior jerárquico directo y a los trabajadores designados para realizar actividades de protección y de prevención o, en su caso, al servicio de prevención, acerca de cualquier situación que, a su juicio entrañe, por motivos razonables un riesgo para la seguridad y la salud de los trabajadores.
- Contribuir al cumplimiento de las obligaciones establecidas por la autoridad competente con el fin de proteger la seguridad y la salud de los trabajadores en el trabajo.

- Cooperar con el empresario para que este pueda garantizar unas condiciones de trabajo que sean seguras y no entrañen riesgos para la seguridad y la salud de los trabajadores.»

c) «En cumplimiento del deber de protección, el empresario deberá garantizar que cada trabajador reciba una formación teórica y práctica, suficiente y adecuada, en materia preventiva, tanto en el momento de su contratación, cualquiera que sea la modalidad o duración de esta, como cuando se produzcan cambios en las funciones que desempeñe o se introduzcan nuevas tecnologías o cambios en los equipos de trabajo. La formación deberá estar centrada específicamente en el puesto de trabajo o función de cada trabajador, adaptarse a la evolución de los riesgos y a la aparición de otros nuevos y repetirse periódicamente, si fuera necesario.»

1.2. ¿Qué significan las siguientes señales?

1.3. ¿Qué señalización emplearías en los siguientes lugares de trabajo?

a) Un taller de carrocería.
b) Un instituto.
c) Un edificio de oficinas.

1.4. Clasifica los siguientes equipos de protección en individuales y colectivos:

a) Arnés.
b) Extractor de humos.
c) Puerta antiincendios.
d) Gafas de seguridad.
e) Botas de seguridad.
f) Guantes aislantes de la electricidad.

1.5. Elige la opción más adecuada:

a) Las zonas de tránsito sí/no se consideran lugar de trabajo.
b) Las normas básicas de utilización de herramientas sí/no incluyen contar con la formación adecuada para su utilización.
c) Los equipos de protección individual sí/no deben resultar cómodos al usuario, por lo que este debe ser consultado.
d) Las señales con texto sí/no deben ir acompañadas, obligatoriamente, de una señal con un pictograma que indique lo mismo que la anterior.

1.6. Une los siguientes accidentes en el lugar de trabajo con su correspondiente causa:

Caídas y pisadas de objetos	Elevador se queda a media altura
Choque contra un objeto	Falta de visibilidad
Caídas de objetos	Falta de orden y limpieza
Atrapamiento con piezas en movimiento	Falta de señalización en una vía
Atropello	Herramientas dejadas en un elevador después de su uso

1.7. Une las siguientes columnas:

Ebonita	
Fundición	Materiales aislantes
Acero	Materiales conductores
Vidrio	

2 Interpretación de esquemas eléctricos

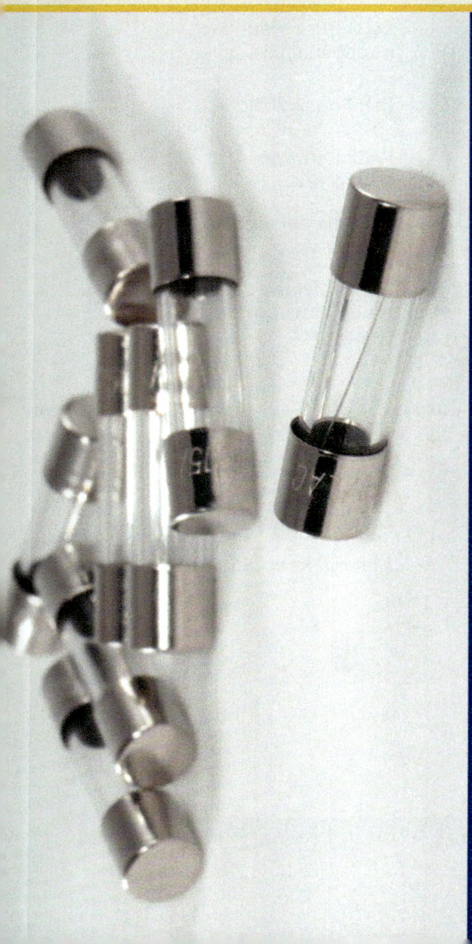

Conocer la simbología y los métodos seguidos por cada fabricante para realizar sus esquemas eléctricos es imprescindible para la interpretación de los mismos y, por tanto, para la reparación y diagnosis de averías. Debe tenerse en cuenta que los esquemas eléctricos ayudan a localizar componentes y las conexiones entre ellos y que, dada la complejidad de las instalaciones eléctricas de los automóviles hoy día, sería imposible trabajar sobre ellas sin un conjunto de esquemas eléctricos que se correspondan con la realidad del vehículo en cuestión.

2 Interpretación de esquemas eléctricos

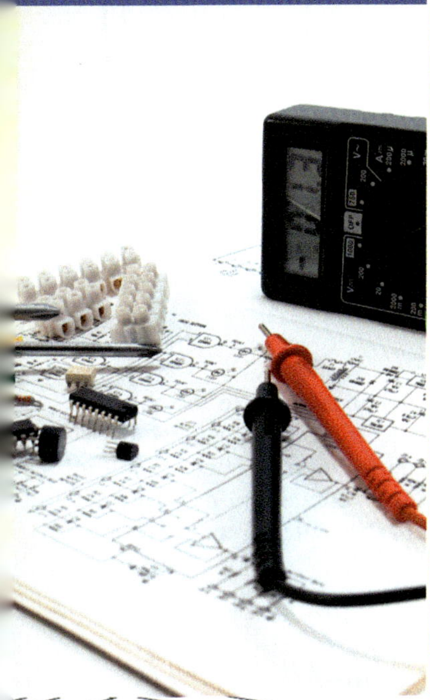

¿Sabes ...

...interpretar esquemas eléctricos de vehículos de diferentes fabricantes?

...identificar componentes en un esquema eléctrico a través de su ubicación y simbología?

...diferenciar los distintos tipos de esquemas eléctricos empleados por los fabricantes de vehículos?

...localizar en un esquema eléctrico los puntos de medición para la comprobación y verificación de componentes y sistemas del vehículo?

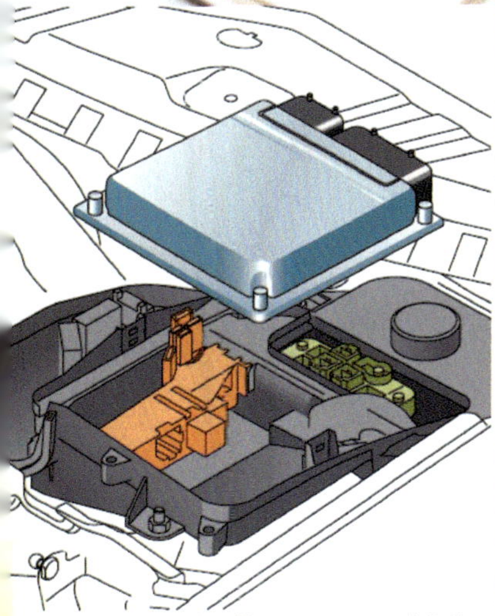

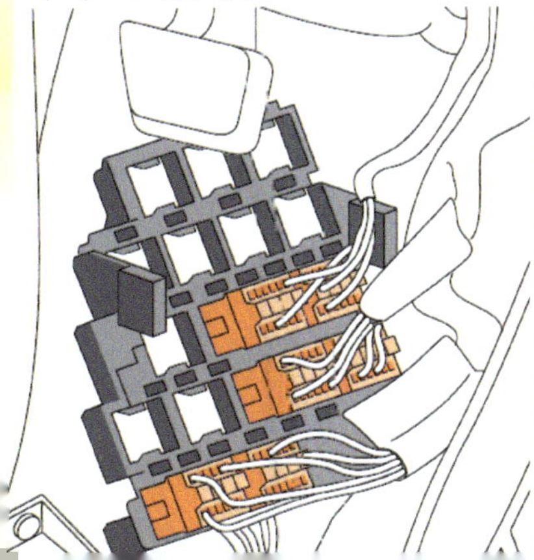

Contenidos

Objetivos

- Interpretar documentación técnica de diferentes fabricantes.
- Conocer la simbología eléctrica empleada por la mayoría de los fabricantes.
- Representar y denominar en los esquemas eléctricos componentes, cableado, conectores y conexiones eléctricas diversas.
- Localizar los componentes en el vehículo empleando un esquema de situación de componentes o esquemas de detalle.
- Identificar los puntos de medición para la diagnosis de averías en el vehículo empleando documentación técnica del fabricante del mismo.

2.1. Fundamentos básicos para la interpretación de esquemas eléctricos

Aunque existen múltiples programas específicos para la diagnosis de averías, es muy usual tener que recurrir a los esquemas eléctricos siguiendo la avería hasta su origen.

Cada fabricante utiliza el método de interpretación de esquemas que considera más adecuado, pero siempre ofrecen un esquema en el que localizar los componentes y conectores, un esquema general donde se muestra la conexión entre los diferentes circuitos, y un esquema más detallado de cada circuito en concreto.

En definitiva, los esquemas eléctricos de vehículos pueden ser:

- Esquemas de situación de componentes.
- Esquemas generales.
- Esquemas detallados.

Gracias al esquema eléctrico de un vehículo se pueden localizar en este los componentes, los conectores y el cableado de cualquier sistema eléctrico, y así seguir un orden lógico en su diagnosis. Los **esquemas de situación de componentes** pueden incluir el cableado o mostrar únicamente la ubicación de cada componente en un dibujo tridimensional del vehículo. Cuando no incluyen el cableado el fabricante ofrece un esquema de cableado aparte.

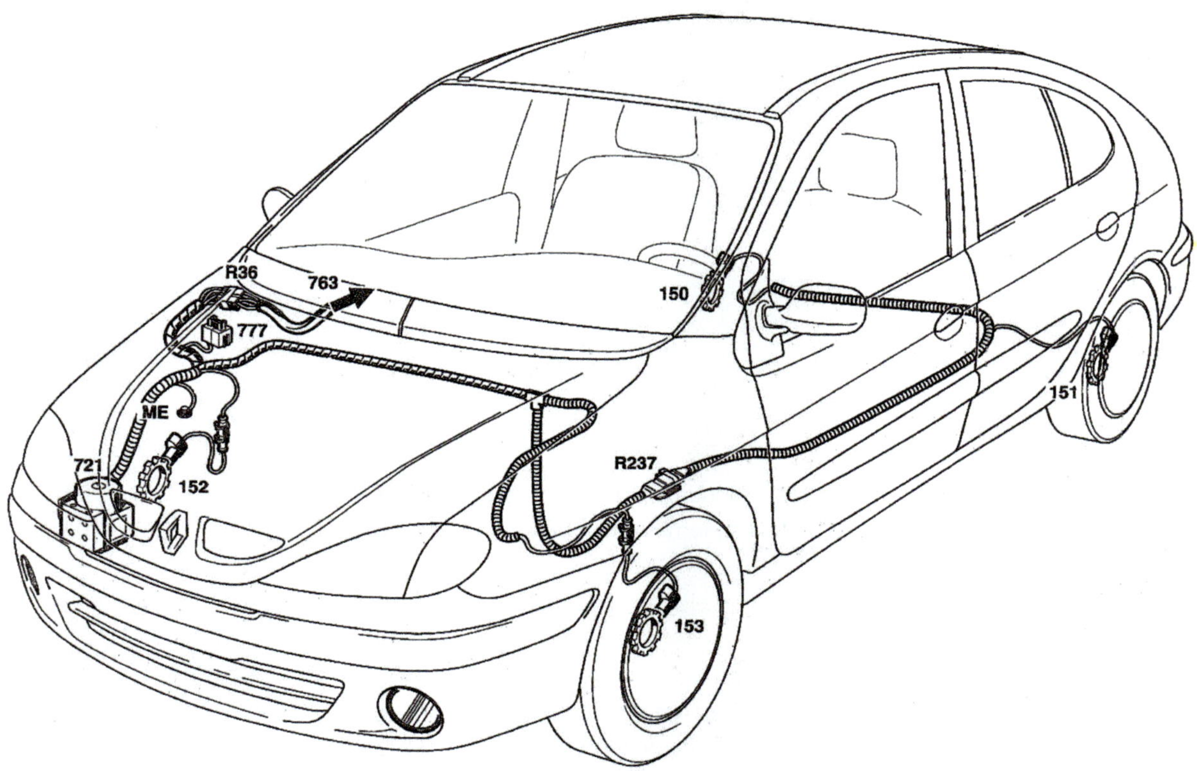

Figura 2.1. Esquema de situación de componentes de un sistema ABS de un Renault Megane berlina.

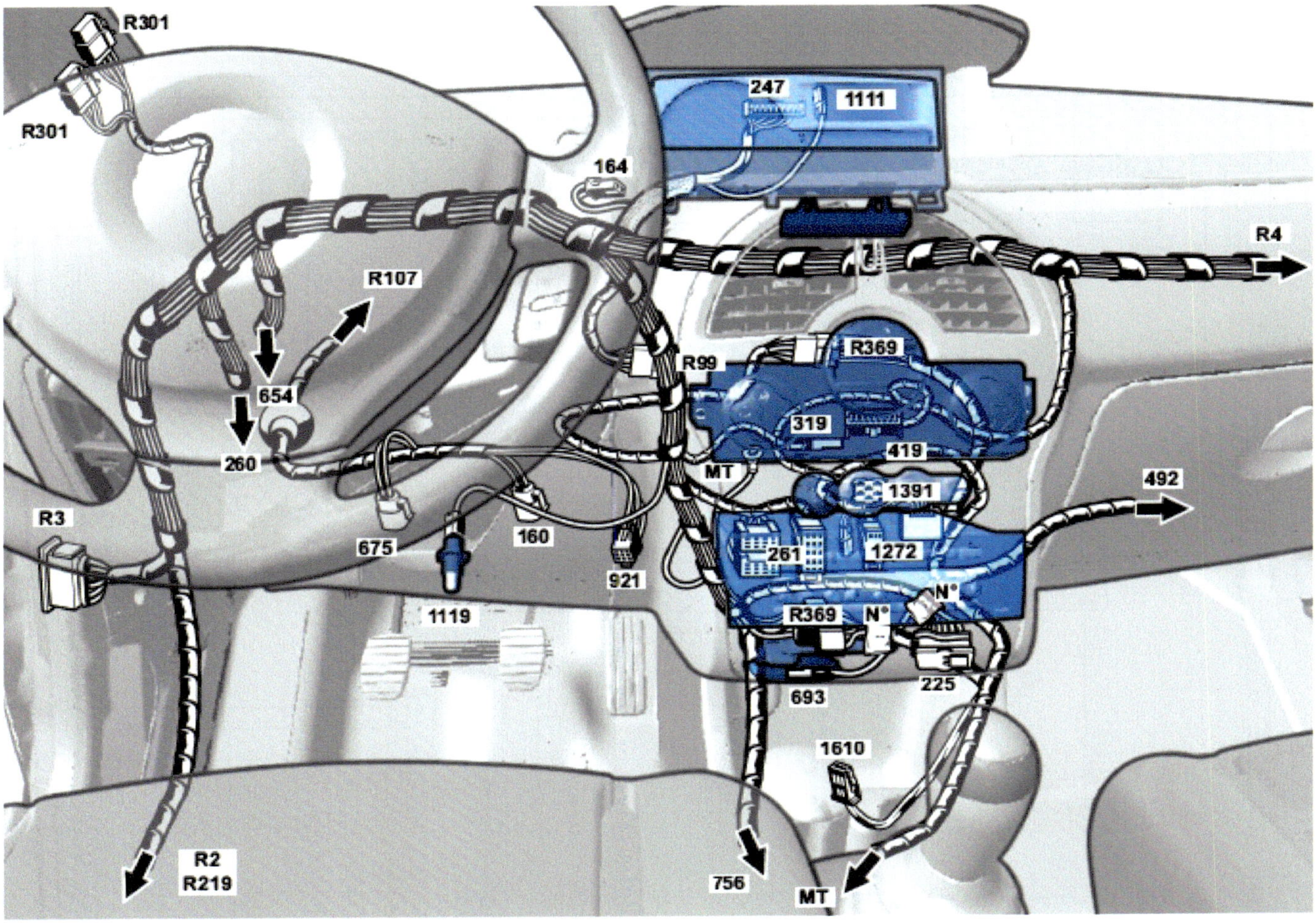

Figura 2.2. Cableado del salpicadero de un Renault.

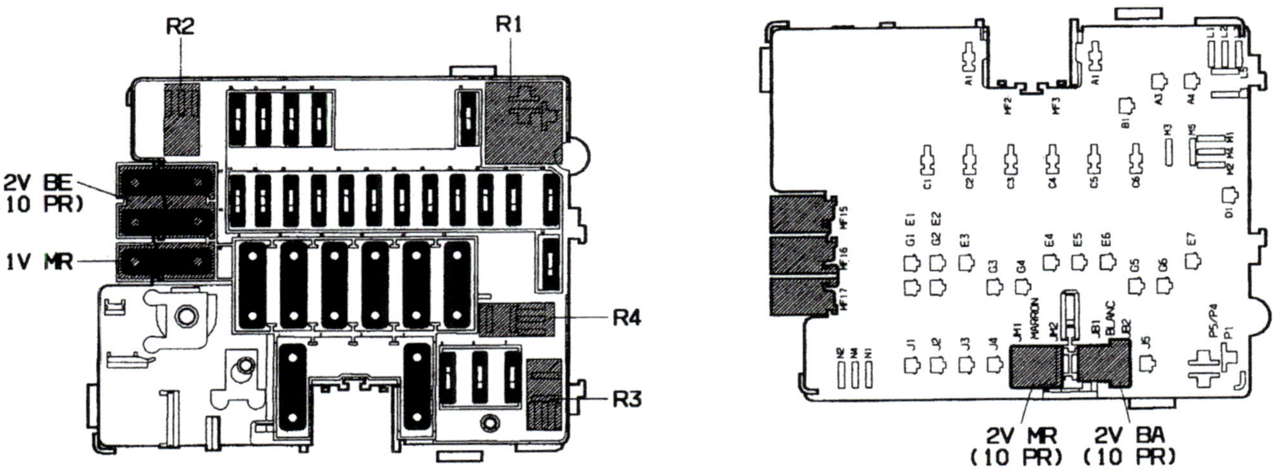

Figura 2.3. Esquema de ubicación de fusibles de un Citroën Xara.

Los **esquemas generales** muestran los diferentes circuitos del vehículo y la unión entre ellos, pero no profundizan en cada esquema eléctrico.

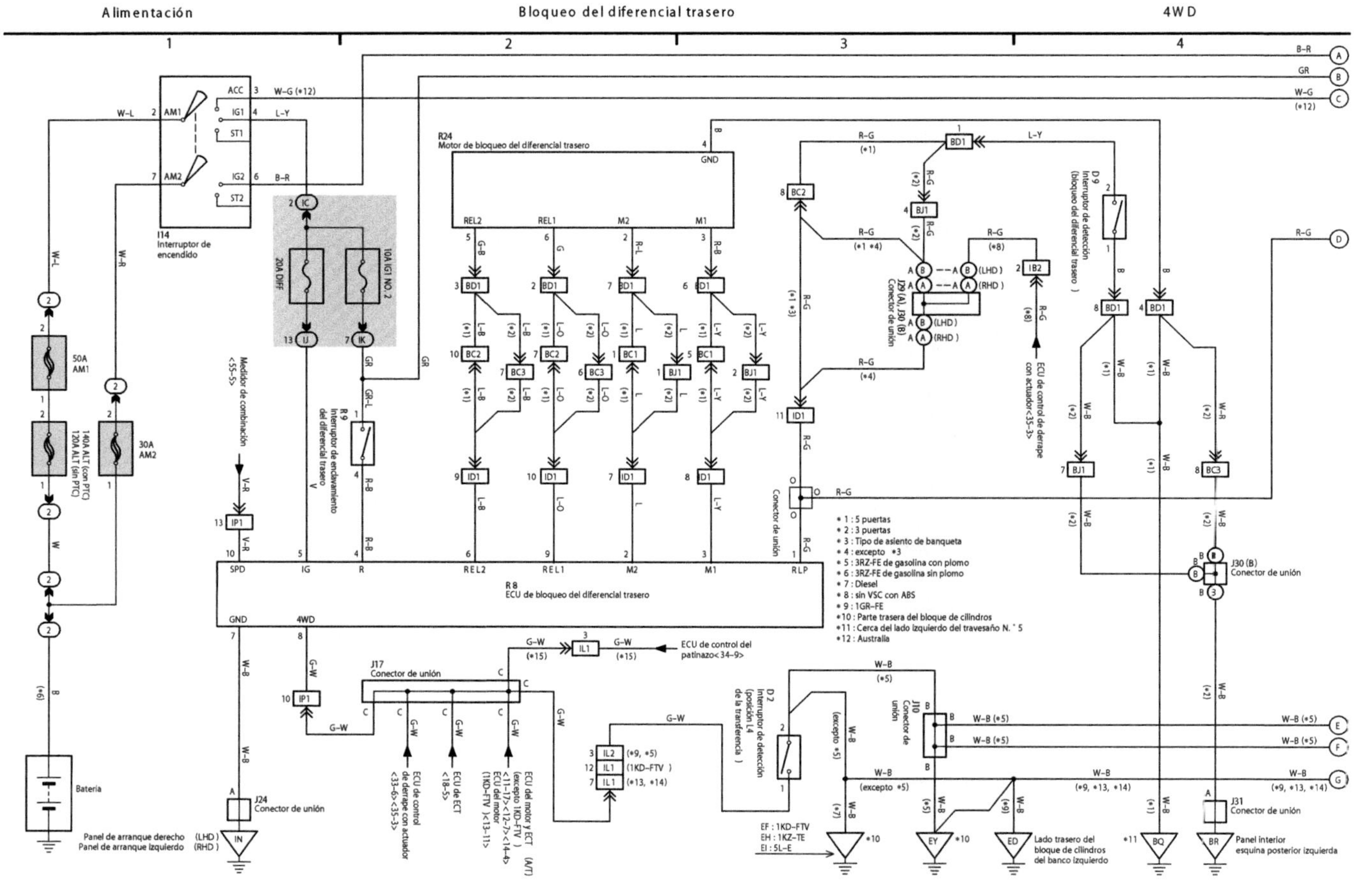

Figura 2.4. Parte de un esquema eléctrico general de un Toyota Land Cruiser Prado.

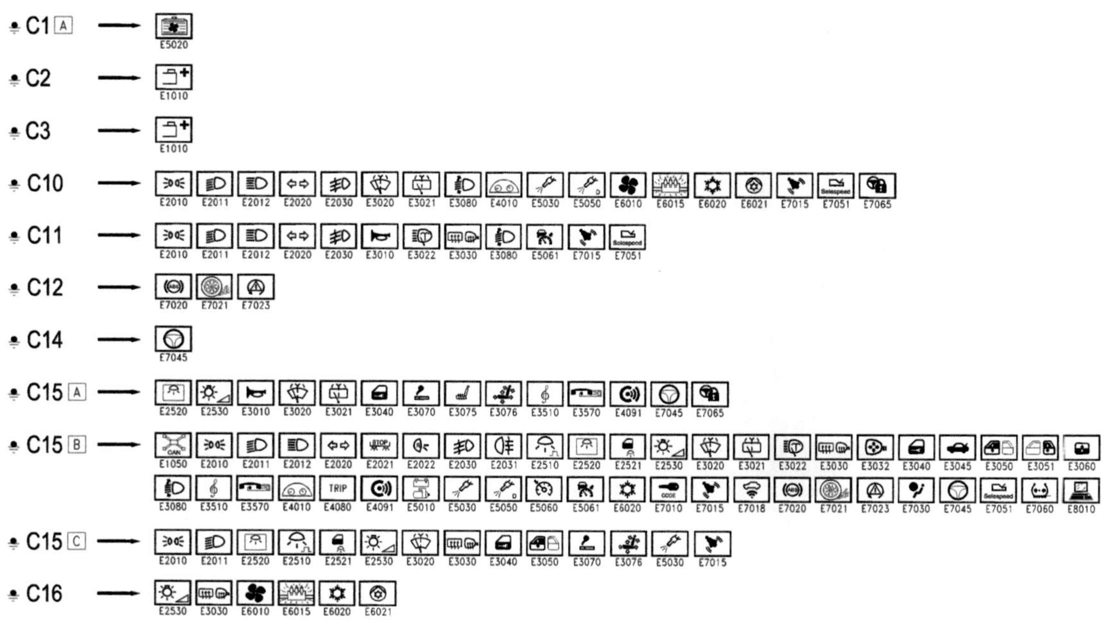

Figura 2.5. Esquema general de masas de un Fiat Stilo.

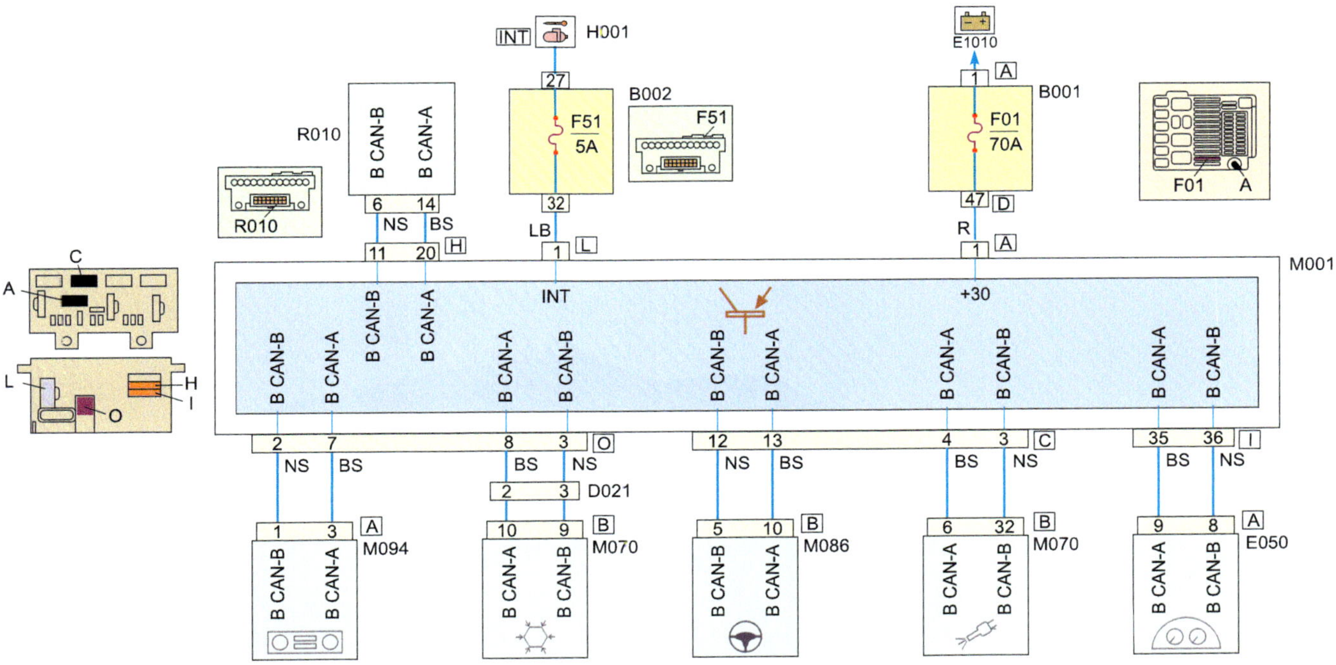

Figura 2.6. Esquema general de una red CAN de un Fiat Panda.

Los **esquemas detallados** muestran las conexiones de un circuito determinado, indicando sus componentes. Muchos de estos esquemas detallados se realizan por tramos, es decir, uno detrás de otro en hojas sucesivas.

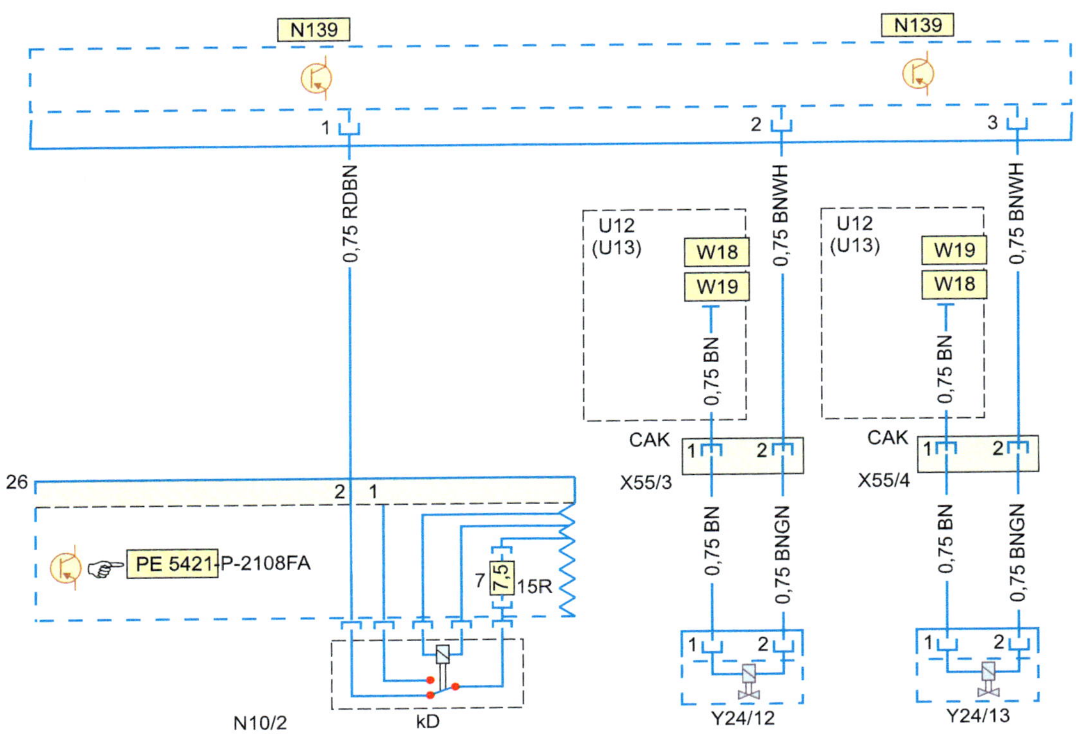

Figura 2.7. Ejemplo del esquema eléctrico de un reposacabezas de Mercedes.

Los fabricantes, en la elaboración de los esquemas eléctricos, utilizan diferentes códigos de letras, números o imágenes para la identificación de componentes, cables y conectores, así como para indicar el circuito al que se refiere el esquema eléctrico. Para poder interpretar dichos códigos, los esquemas eléctricos van siempre acompañados de una leyenda de símbolos y códigos.

Aunque muchos fabricantes emplean una simbología propia para sus esquemas eléctricos, existe una simbología regulada. Esta sirve para denominar a los componentes, tipos de señales y terminales de conectores, además de determinar el color de los cables.

Figura 2.8. Representación de cables y componentes de un Volkswagen Touareg.

Los símbolos utilizados por la mayoría de los fabricantes para representar el tipo de señal que llega a un componente o que atraviesa a un cable son los indicados en la norma DIN. Estos son los mostrados a continuación:

Figura 2.9. Detalle de un mazo de cables.

- +30: positivo directo desde batería (alimentación permanente).
- +15: positivo pasando por llave de contacto.
- −31: conexión a negativo.
- +50: señal de circuito de arranque (positivo en posición de arranque).
- 1: negativo de bobina.

En lo referente al cableado debe tenerse en cuenta que el tamaño mostrado en el esquema eléctrico no suele ser fiel a la realidad, por lo que dos cables representados con igual longitud no tienen por qué medir lo mismo en el vehículo. Sí son reales siempre las conexiones entre componentes.

Los cables pueden ser de diferentes colores y secciones, especificados en los esquemas eléctricos para que su localización en el vehículo sea más sencilla. En la Tabla 2.1 se muestra la denominación que se emplea en los esquemas eléctricos de diferentes fabricantes para indicar los colores de los cables.

Tabla 2.1. **Denominación de los colores de los cables para diferentes marcas**

Color cables	Marca									
	Ford	PSA	Opel Autodata	Honda	Nissan	Renault	VW	BMW	Rover	Fiat
Negro	BK	NR	SW-BK	BLK	B	NO	SW	SW	B	N
Marrón	BN	MR	BR-BN	BRN	BR	MA	BR	BR	N	M
Azul	BU	BE	BL-BU	BLU	L	BE	BL	BL	U	A
Verde	GN	VE	GN	GRN	G	VE	GN	GN	G	V
Gris	GY	GR	GR-GY	GRY	GY	GR	GR	GR	S	H
Verde claro	LG		HGN	LTGRN	LG				LG	
Natural	NA		NF							
Naranja	OG	OR	OG	ORN	OR	OR		OR	O	C
Rosa	PK	RS	RS-PK	PNK	P			RS	K	S
Rojo	RD	RG	RT-RD	RED	R	RG	RO	RT	R	R
Plateado	SR									
Violeta	VT	VI	VI-VT			VI		VI		Z
Blanco	WH	BA	WS-WH	WHT	W	BA	WS	WS	W	B
Amarillo	YE	JN	GE-YE	YEL	Y	JA	GE	GE	Y	G
Verde-amarillo		VJ								
Lila			PU				LI			
Beige			BG			BJ				
Cristal						CY				
Salmón						SA				
Transparente								TR		
Púrpura					PV				P	
Azul cielo			LBU		SB					
Marrón oscuro					CH					
Verde oscuro			DGN		DG					
Azul oscuro			DBU							L

Otras consideraciones que deben tenerse en cuenta por ser seguidas por la mayoría de los fabricantes en la realización de sus esquemas eléctricos son las siguientes:

- Los esquemas eléctricos cuentan, en la parte superior, con el componente que alimenta al circuito (fusible o interruptor de encendido). La alimentación positiva se representa en la parte superior de la página y la conexión a masa en la parte inferior.
- Cuando dos cables se cruzan y existe contacto eléctrico entre ellos se representa con un punto dibujado sobre la intersección entre ambos.
- Cuando en un esquema aparecen componentes sin conectar es debido a que no todas las versiones de ese mismo vehículo cuentan con esos componentes.
- Los componentes se representan en posición de reposo (relés, interruptores, etcétera).

Figura 2.10. Diferentes ejemplos de fusibles para el vehículo.

Los símbolos más empleados para representar componentes son los mostrados en la Tabla 2.2, pero cada fabricante tiene, además, sus propios símbolos.

Tabla 2.2. Símbolos empleados en los esquemas eléctricos

Símbolo	Denominación	Símbolo	Denominación
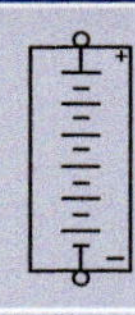	Batería		Diodo
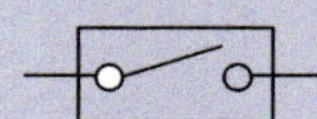	Interruptor		Lámpara
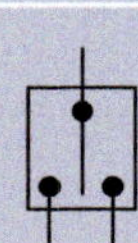	Conmutador		Led
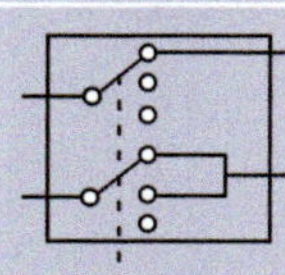	Conmutador múltiple		Motor de imanes permanentes
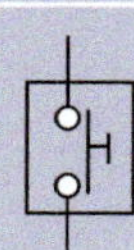	Pulsador		Motor de imanes permanentes y dos velocidades
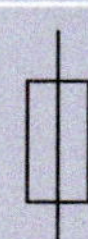	Fusible	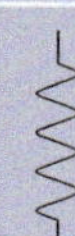	Resistencia
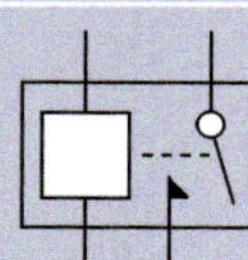	Relé	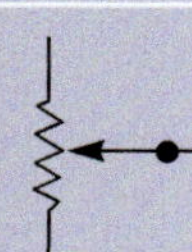	Potenciómetro
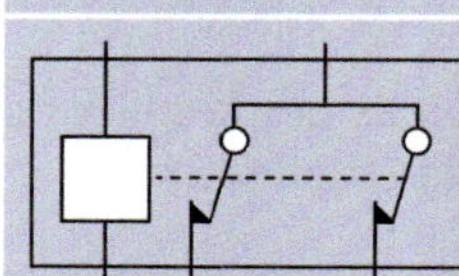	Relé doble	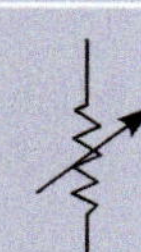	Resistencia variable
	Bobina	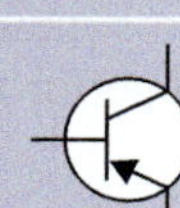	Transistor
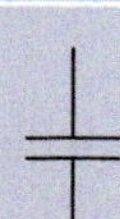	Condensador	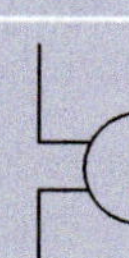	Avisador acústico-zumbador

2.2. Esquemas eléctricos según los fabricantes

Precisamente porque no todos los fabricantes siguen la misma simbología y nomenclatura en sus esquemas eléctricos, es importante conocer las directrices que sigue cada uno de ellos. A continuación se muestran ejemplos de interpretación de esquemas eléctricos de algunos fabricantes.

Figura 2.11. Representación de cables, conexiones y componentes de un Volkswagen Polo.

2.2.1. Mercedes-Benz

Los esquemas generales o de función de Mercedes se emplean para la descripción del funcionamiento del sistema, situando en el esquema y relacionando entre sí todos los componentes del mismo. A continuación se detallan en diversos esquemas amperimétricos de cada componente del esquema general, mucho más minuciosos, los cables, los conectores y las señales.

En los esquemas de detalle de Mercedes, así como en los generales, se pueden encontrar esquemas por tramos en hojas sucesivas, fáciles de seguir gracias a las letras con que se designa el fin de un tramo y el comienzo del siguiente (Figura 2.12).

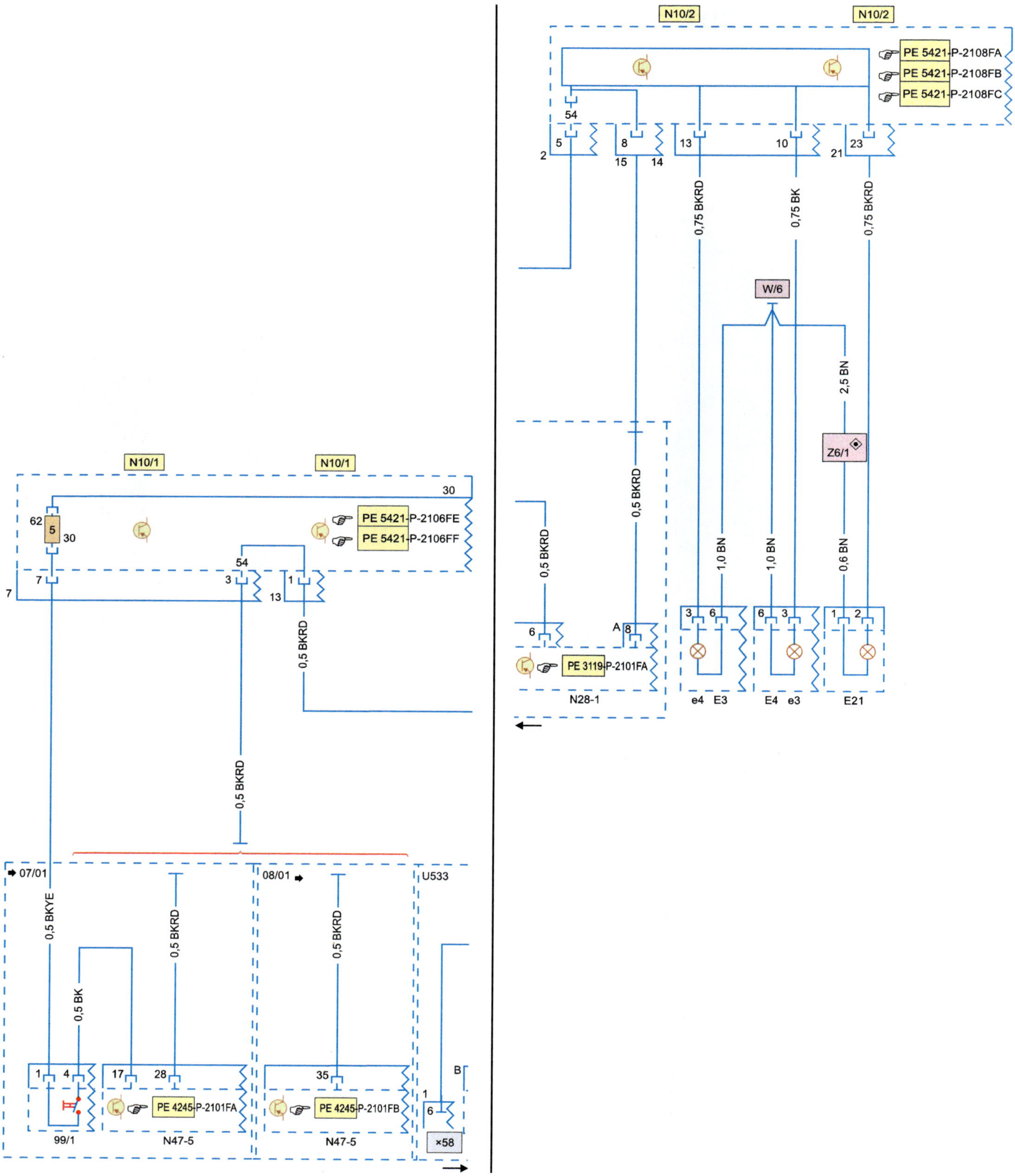

Figura 2.12. Esquema detallado por tramos de luces de freno de un Mercedes clase C.

Leyenda

Para la denominación de componentes, circuitos, señales, conectores y cables de los esquemas eléctricos de Mercedes se emplean un conjunto de letras y números que se detallan a continuación.

Componentes

El listado de componentes es muy extenso, y se puede encontrar en el índice de componentes o leyenda que debe acompañar al esquema eléctrico. Se muestra a continuación una representación de algunos de ellos:

- A1e17: testigo de control de ABS.
- A2/42: sintonizador de TV.
- A42: unidad de captadores de ayuda al estacionamiento.
- A42b1: captador exterior izquierdo.
- M21/1r1: calefacción del retrovisor.
- S1s7: contactor de lavafaros.

Figura 2.13. Distintos ejemplos de conectores, en este caso de un sistema de audio del vehículo.

Circuitos

Para designar a los diferentes circuitos se utilizan abreviaturas, como por ejemplo AB para el sistema de airbag, AG para la caja de velocidades automática, EFH para los elevalunas eléctricos, o TSG para el calculador de puerta.

Señales

Las señales recibidas por un componente o transmitidas por un cable son representadas siguiendo la normativa DIN, pero con algunas variaciones. La Tabla 2.3 muestra algunos ejemplos de leyendas de señales.

Tabla 2.3. Diferentes leyendas de señales

(+)	Polo positivo.	53	Motor de limpia-luna, entrada (+).
(−)	Polo negativo.	53b	Motor de limpia-luna, bobinado puente.
15	Positivo conmutado.	54	Luz de *stop*.
15R	Positivo conmutado, en posición de contacto 1, 2 y 3.	55	Faros antiniebla.
15X	Positivo conmutado, en posición de contacto 2.	56	Iluminación de los faros.
30	Tensión de batería, positivo (permanente).	56a	Iluminación carretera y testigo iluminación carretera, iluminación cruce.
30z	Terminal 30 primera entrada.	58	Luces de gálibo, luces traseras, luces de matrícula e iluminación de instrumentos.
31	Línea retorno directo hacia negativo batería o masa.	58d	Iluminación ajustable de instrumentos/contactores.
31b	Línea retorno hacia negativo batería o masa, a través de contactor o relé, negativo conmutado.	58L	Luz de posición izquierda.
49	Central intermitente entrada.	58R	Luz de posición derecha.
49a	Central intermitente salida.	61	Alternador, control de carga.
49L	Intermitente izquierdo.	85	Extremidad bobinado negativo o masa.
49R	Intermitente derecho.	86	Comienzo de bobinado.
50	Mando motor de arranque (directo).	AB	Airbag.

Conectores

Los conectores en los esquemas de Mercedes van representados por una letra (Z, X, W) y un número. La Figura 2.14 muestra los pines del conector de una unidad de control de inyección. Cada uno de ellos recibe la señal de un sensor o envía una orden a un actuador.

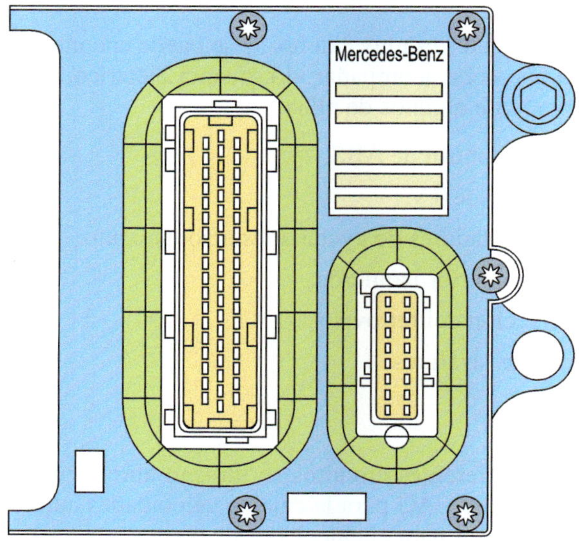

Figura 2.14. Conector de una UCE de inyección de Mercedes.

Cables

Los cables vienen representados por su sección en milímetros cuadrados (mm^2) y su color o colores. La representación de colores de los cables sigue esta nomenclatura:

Figura 2.15. Ejemplo de mazo de cables.

- BK: negro.
- BN: marrón.
- BU: azul.
- GN: verde.
- GY: gris.
- PK: rosa.
- RD: rojo.
- TR: transparente.
- VT: violeta.
- WH: blanco.
- YE: amarillo.

Ejemplos de esquemas de Mercedes

Esquemas de situación

Estos esquemas pueden ser de dos tipos: el primer tipo ofrece una representación mediante dibujos o gráficos de cada componente. El segundo tipo muestra una fotografía del lugar exacto en el que se encuentra el componente, masa o conector, como se observa en la Figura 2.16.

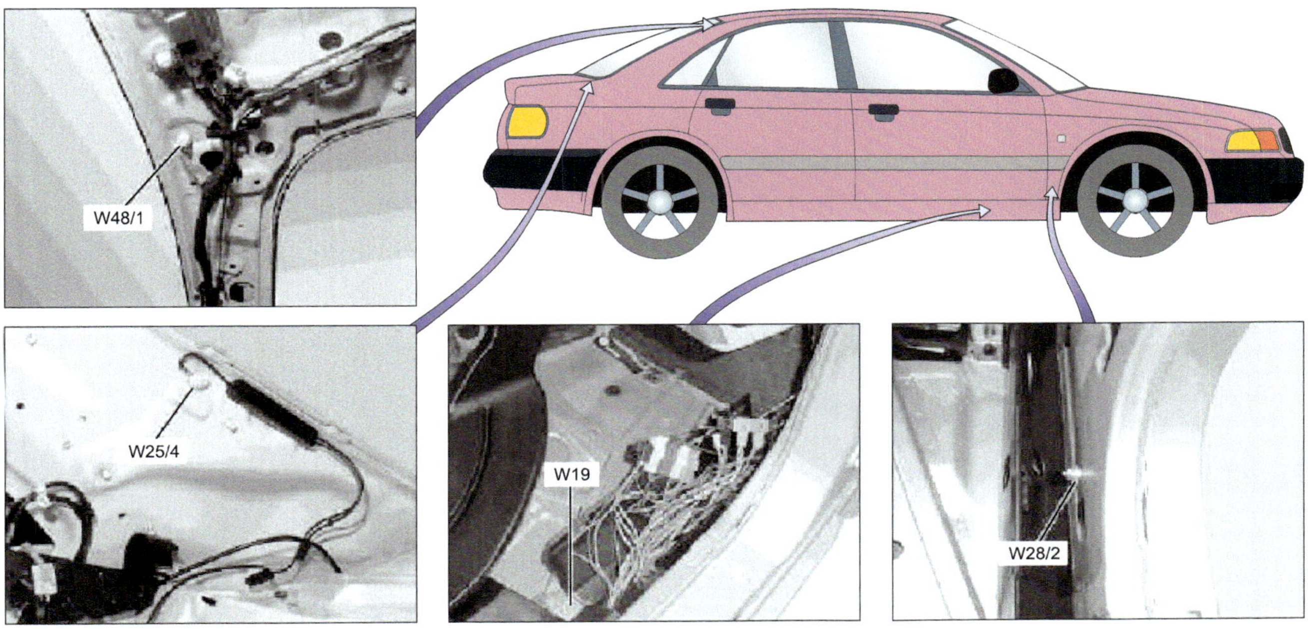

Figura 2.16. Esquema de situación de masas del salpicadero.

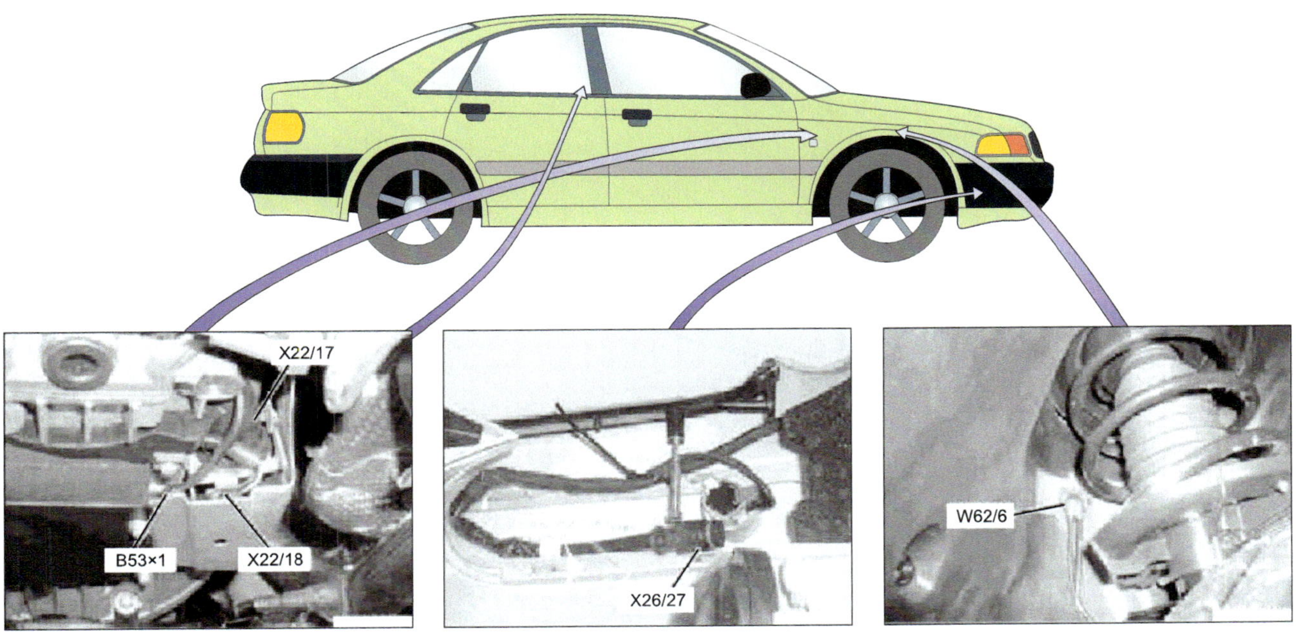

Figura 2.17. Esquema de situación de los conectores del compartimento motor.

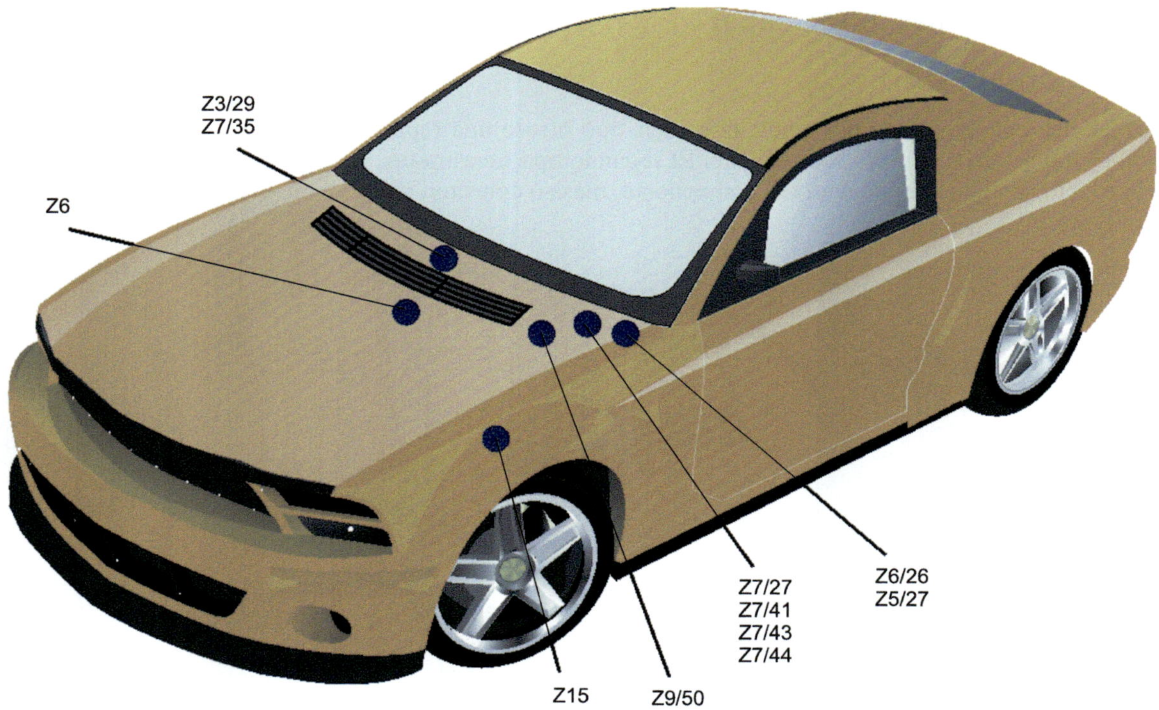

Figura 2.18. Esquema de situación de conectores del cableado.

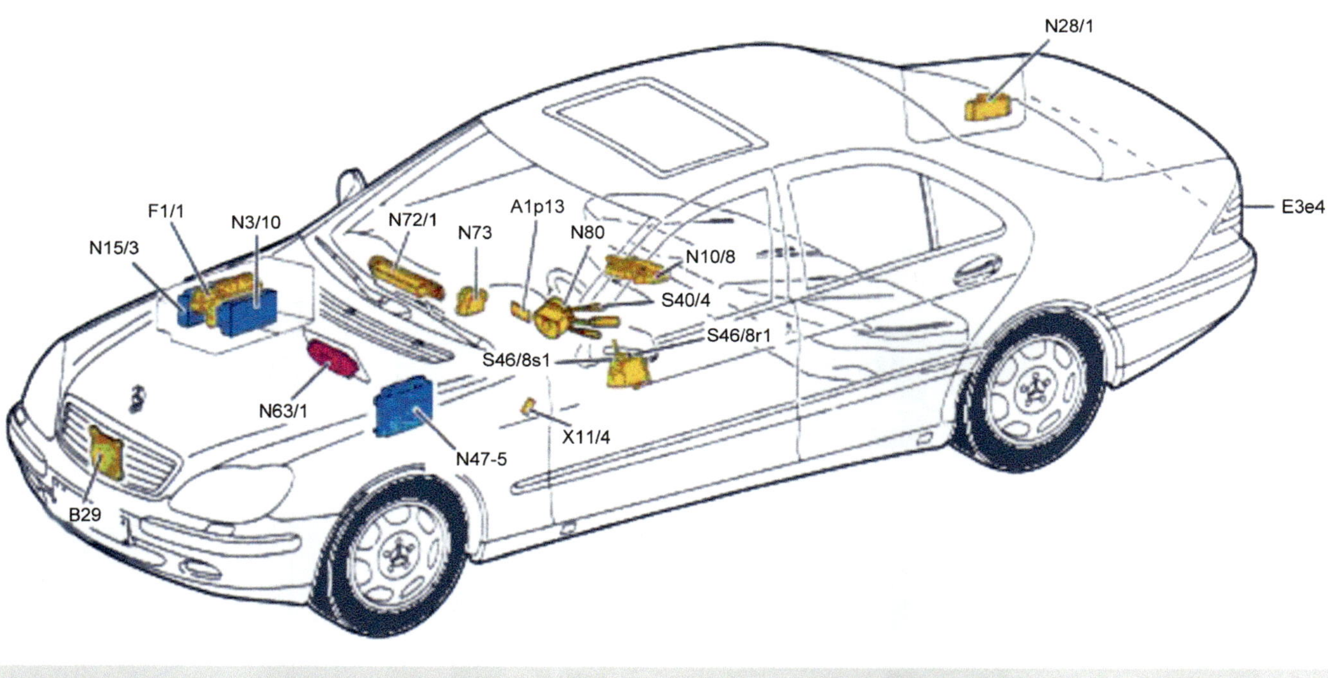

Figura 2.19. Esquema de situación de componentes.

Esquemas de detalle

Para comprender mejor cómo interpretar un esquema eléctrico detallado de Mercedes se observan, en la Figura 2.20, algunos esquemas con indicaciones de gran utilidad.

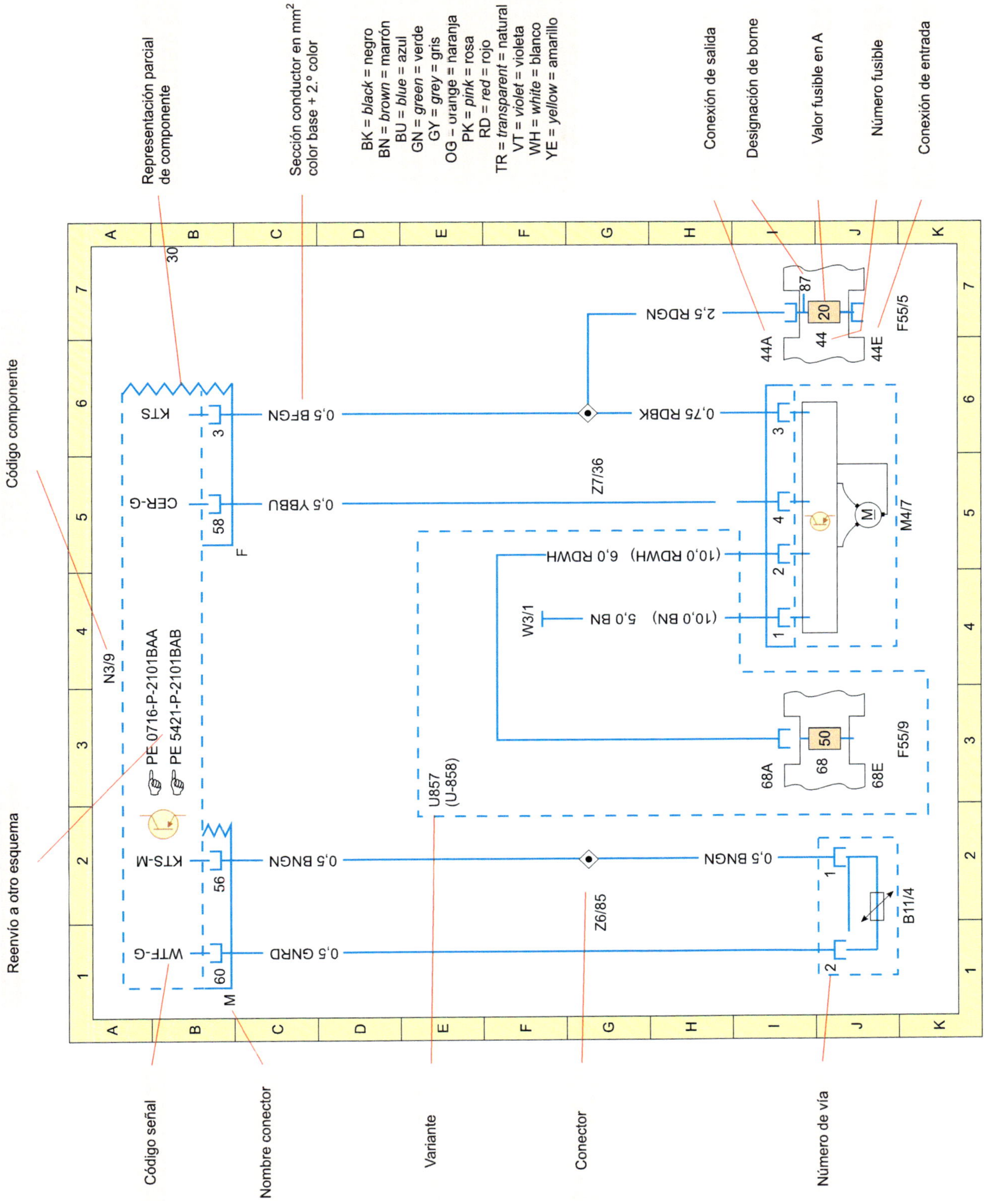

Figura 2.20. Esquemas eléctricos de Mercedes con algunas anotaciones de interés que pueden ayudar a comprender la interpretación del esquema. *(Continúa ▸)*

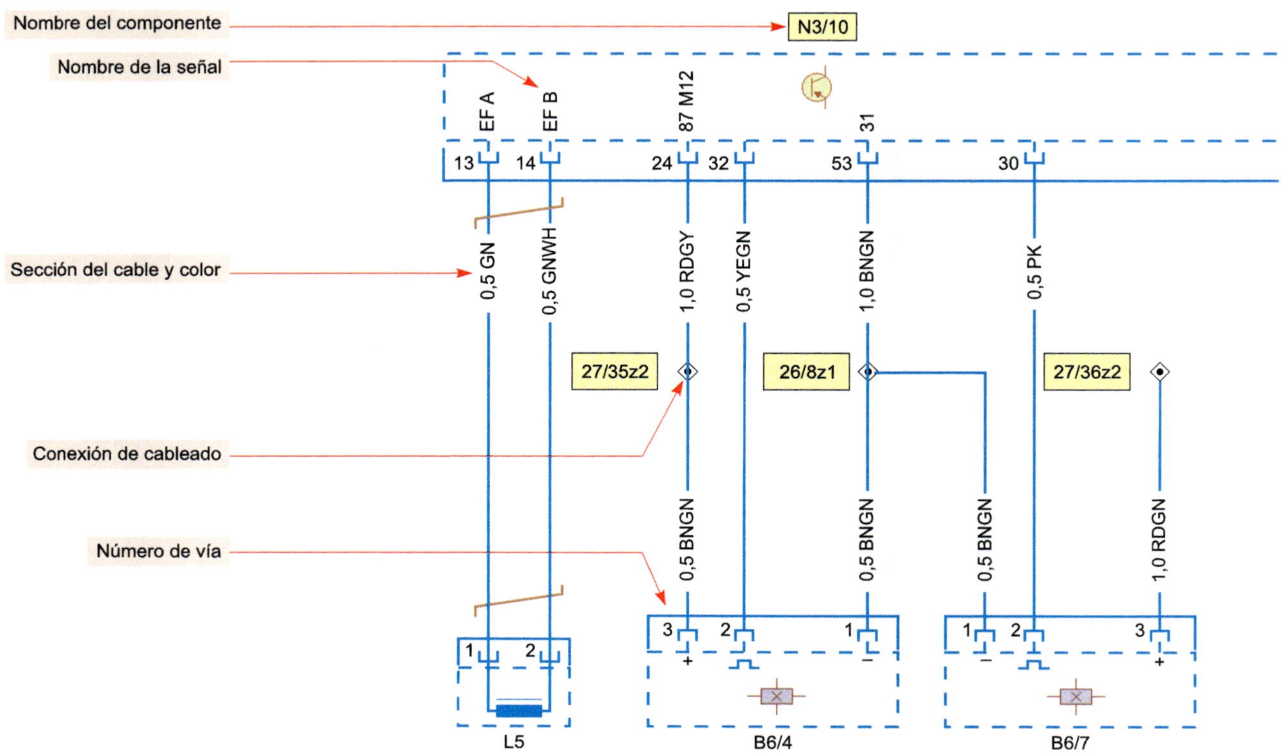

Figura 2.20. Esquemas eléctricos de Mercedes con algunas anotaciones de interés que pueden ayudar a comprender la interpretación del esquema.

La simbología de la Figura 2.21 corresponde a los siguientes componentes, conectores, fusibles y cables:

Componentes:

- N18: teclado calefacción automática.
- W28/1: masa talonera interior izquierda.
- W28/2: masa talonera interior derecha.
- A32: unidad de aire reciclado del sistema de calefacción.
- X30/6: conector distribuidor de potencia (CAN), cuadro de instrumentos.
- M2/5, M2/6, M2/7, M2/15, M2/16, M2/21: motores trampillas climatizador.

Fusibles:

- F34: caja de fusibles del habitáculo.

Cables:

- 0,35 WHPK: sección de 0,35 cm^2. Colores blanco y rosa.
- 0,5 BNRD: sección de 0,5 cm^2. Colores marrón y rojo.
- 0,75 RDBU: sección de 0,75 cm^2. Colores rojo y azul.

Señales:

- 30: tensión de batería directo.
- 31: retorno directo a negativo.
- CAN-BH: cable CAN *High* de CAN Bus de habitáculo.
- CAN-BL: cable CAN *Low* de CAN Bus de habitáculo.

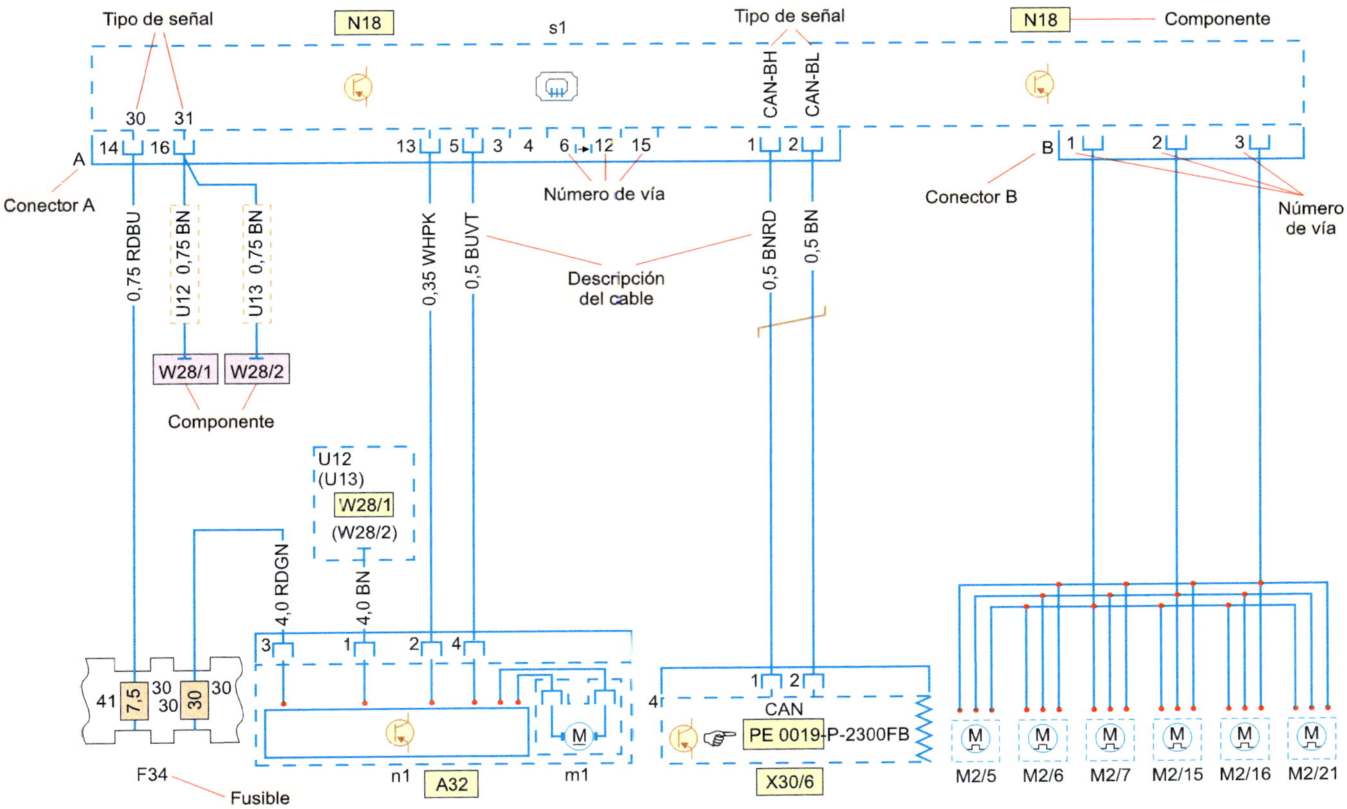

Figura 2.21. Esquema de climatización automática de un Mercedes clase C.

La simbología de la Figura 2.22 define los siguientes componentes, conectores y fusibles:

Componentes:

- N10/1: calculador SAM con módulo de fusibles y relé delanteros.
- W10: masa de la batería.
- N73: calculador de antiarranque.
- A1: cuadro de instrumentos.
- G1: batería.
- M1: motor de arranque.

Fusibles:

- F32: caja de fusibles delantera.

Señales:

- 15: positivo conmutado.
- 30: tensión de batería directo.
- 50: mando del motor de arranque directo.

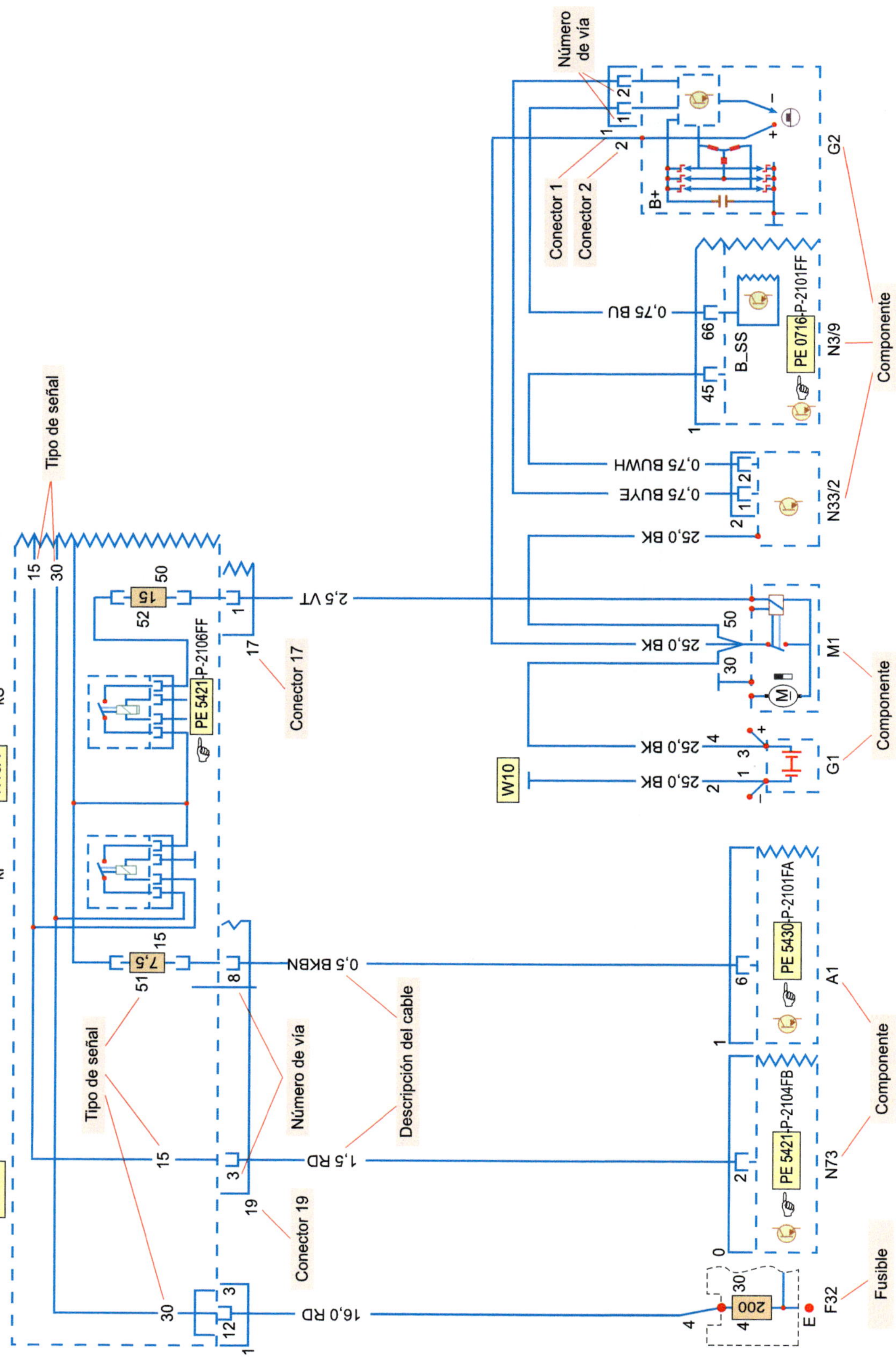

Figura 2.22. Esquema de generación de corriente de un vehículo con motor diésel.

Representación de cajas de fusibles

Los fusibles van numerados en la caja de fusibles, y el esquema va acompañado de una leyenda que indica a qué circuito corresponde cada fusible. También se puede ver qué fusible pertenece a cada circuito en los esquemas de detalle.

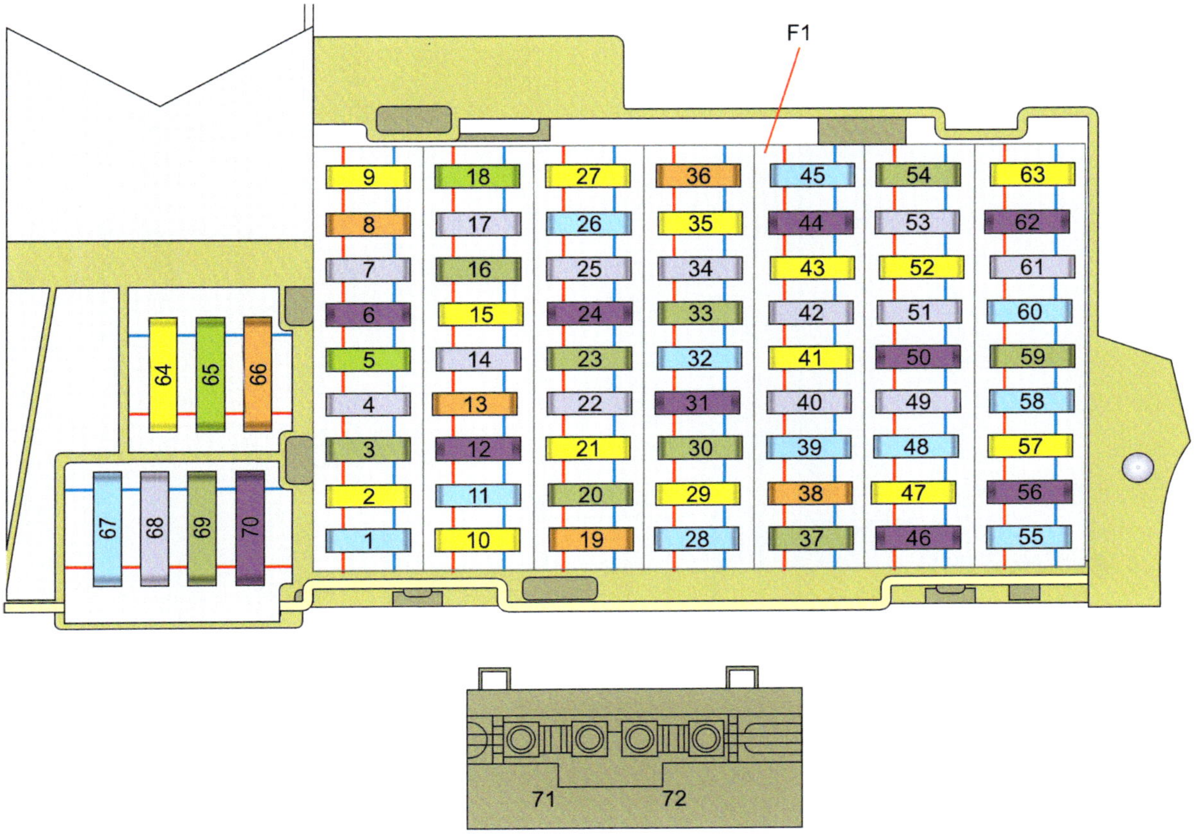

Figura 2.23. Representación de la caja de fusibles de un Mercedes clase C.

ACTIVIDAD **Propuesta 2.1**

En el esquema de la Figura 2.22 identifica todas las descripciones de cables y detalla su sección y colores en cada caso.

ACTIVIDAD **Propuesta 2.2**

En el siguiente esquema de Mercedes señala en colores diferentes:

a) Componentes.

b) Conectores.

c) Señales.

d) Fusibles.

e) Designación de cables.

f) Número de vías.

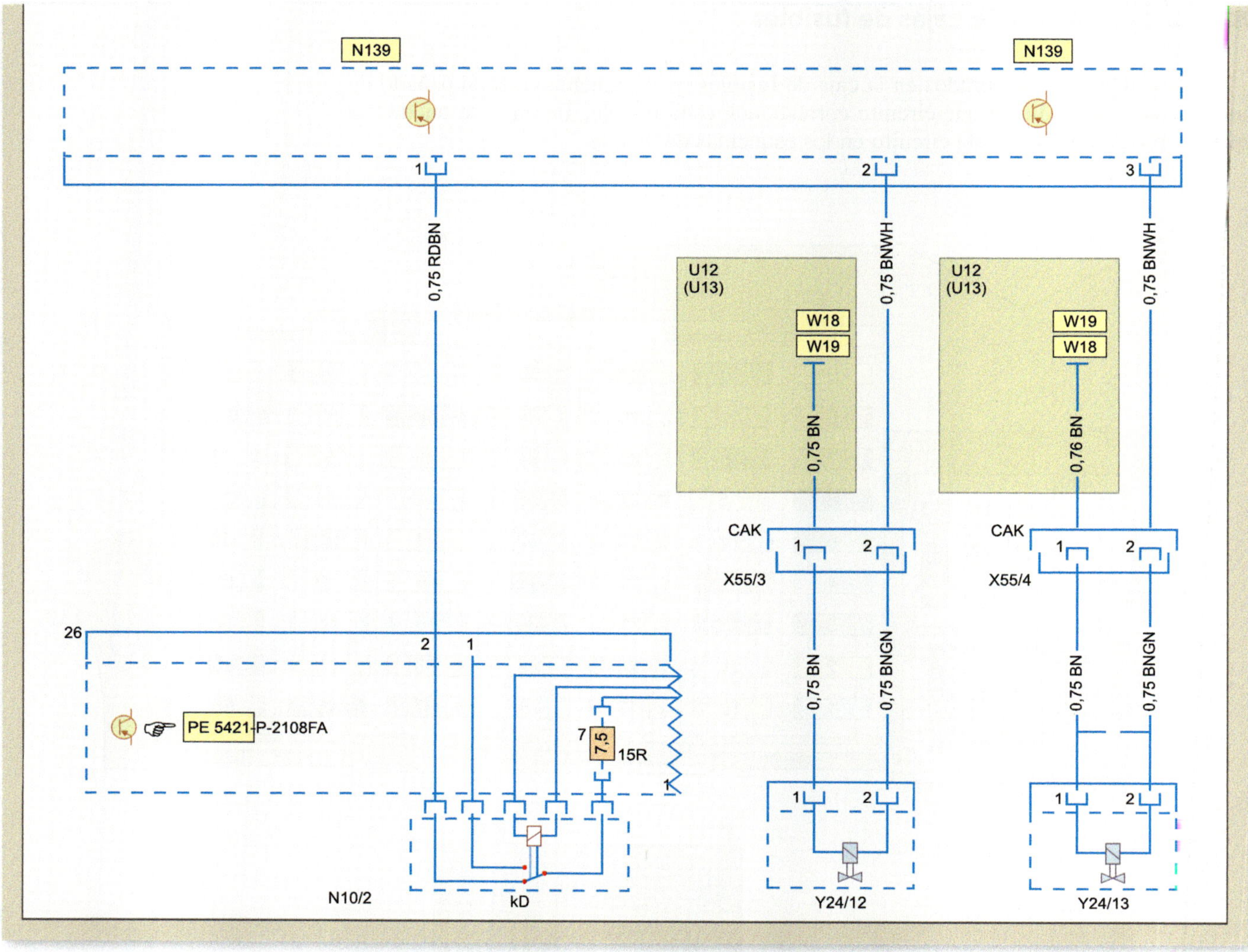

2.2.2. Renault

Los esquemas de situación de Renault muestran la ubicación de los componentes de los sistemas eléctricos mediante figuras dibujadas sobre el vehículo. A su vez, los esquemas de detalle ofrecen más información acerca de cada uno de los sistemas que conforman un esquema general, al igual que ocurre en los esquemas de Mercedes.

■ Leyenda

Los esquemas eléctricos de Renault tienen cuatro tipos de leyendas: de componentes, de conectores, de masas y de cables.

■■ Componentes

La leyenda de componentes de Renault es un código formado por un número de 3 o 4 cifras.

■■ Conectores

Consiste en la letra R y un número o una letra. En un conector las diferentes vías de conexión se identifican con una letra seguida de un número, como por ejemplo, E19. Dicha leyenda está inscrita en el propio conector.

Masas

La leyenda de masas de los circuitos eléctricos de Renault consiste en la letra M o N seguida de un número, una o dos letras.

Cables

Indica el color del cable siguiendo las denominaciones mostradas a continuación:

- BA: blanco.
- BE: azul.
- BJ: beige.
- CY: cristal.
- GR: gris.
- JA: amarillo.
- MA: marrón.
- NO: negro.
- OR: naranja.
- RG: rojo.
- SA: salmón.
- VE: verde.
- VI: violeta.

Ejemplos de esquemas eléctricos de Renault

A continuación se muestran diferentes tipos de esquemas eléctricos de Renault.

Esquema de situación

Muestra la ubicación de los componentes, cables y conectores.

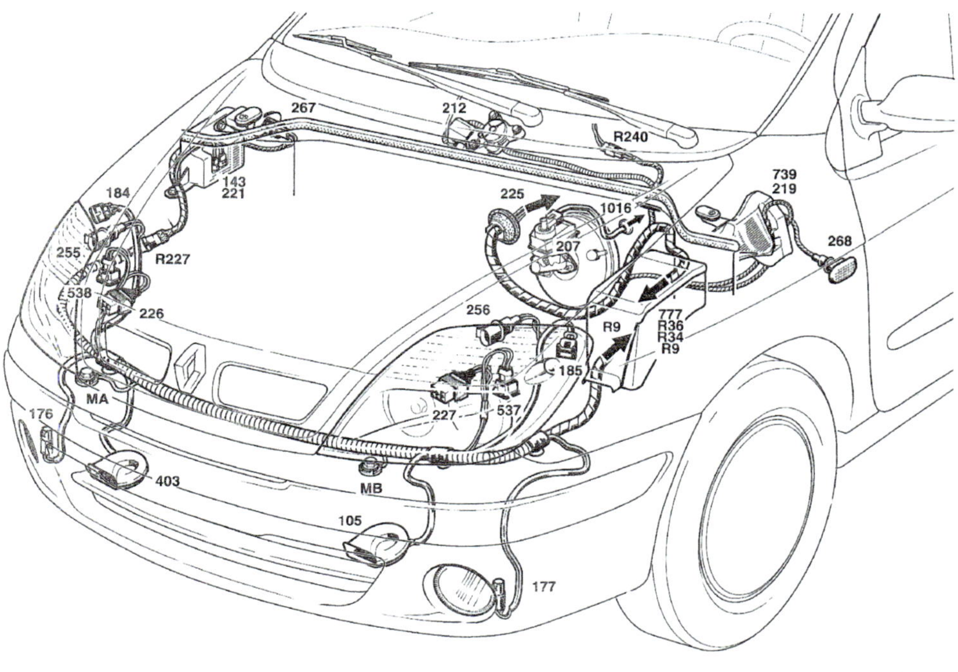

Figura 2.24. Esquema de situación de un Renault Megane.

Algunas de las leyendas de la Figura 2.24 son las siguientes:

- 176: piloto antiniebla delantero derecho.
- 403: bocina secundaria.
- 255: intermitente delantero derecho.
- 538: motor corrección faro derecho.
- 226: faro derecho.
- 221: bomba lavaparabrisas.
- 143: captador falta líquido lavaparabrisas.

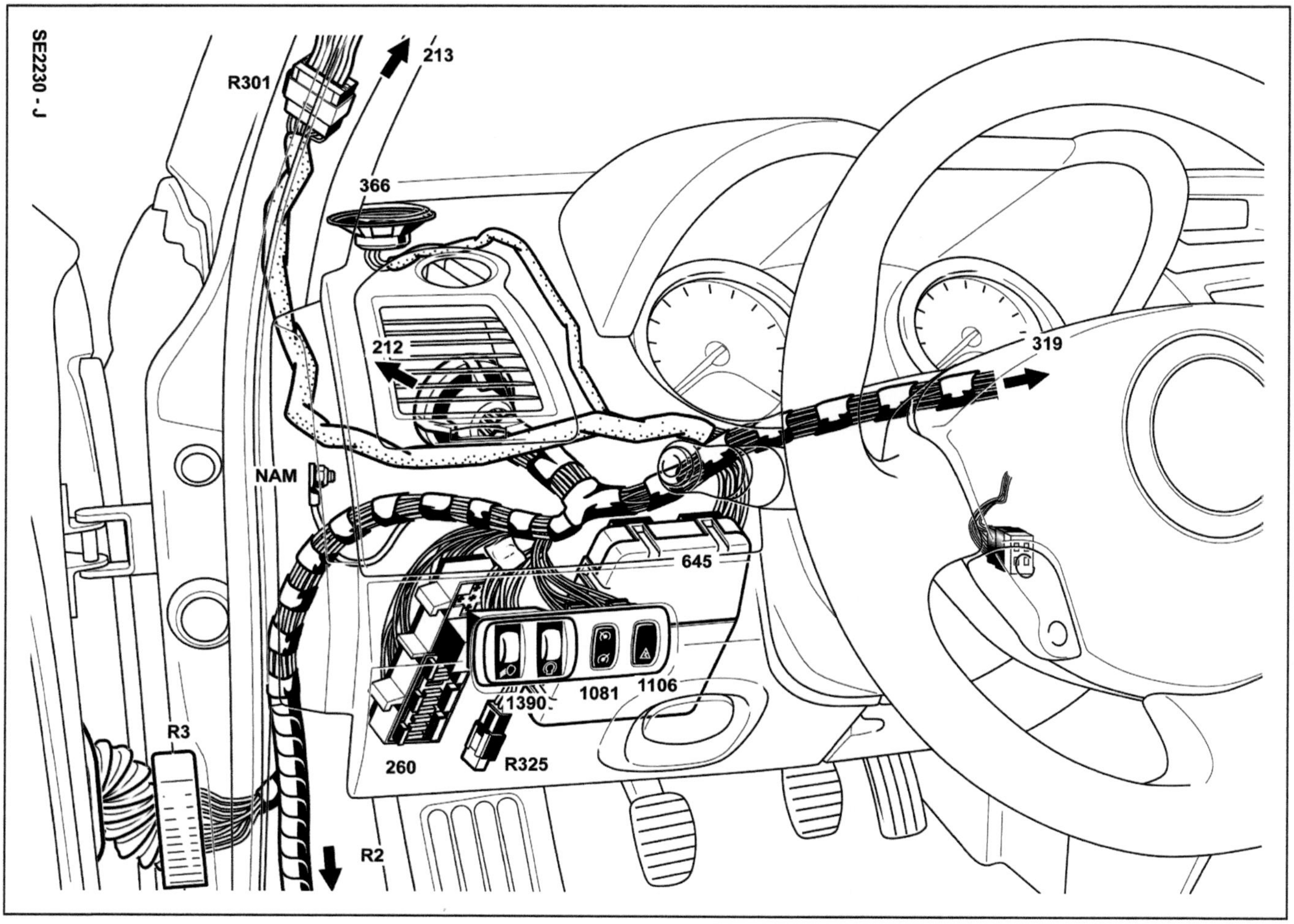

Figura 2.25. Esquema de situación con cableado de Renault.

Esquema general

A continuación se muestran dos esquemas de fusibles y de masas de un Clio y un Megane, en los que se hace referencia a múltiples componentes de otros esquemas. Por eso se denominan **esquemas generales** y no de detalle.

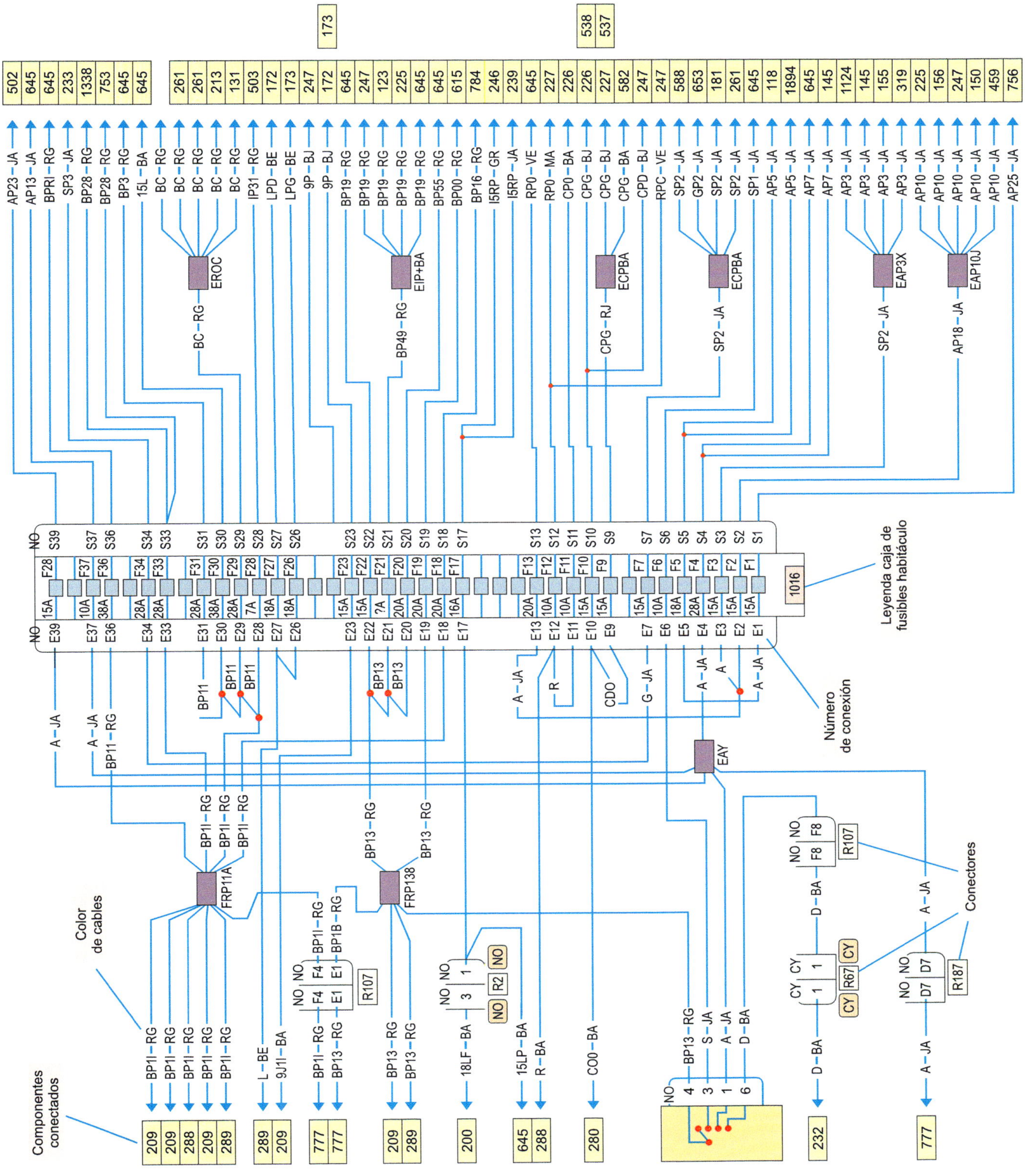

Figura 2.26. Esquema de conexiones de la caja de fusibles del habitáculo (1016) de un Renault Clio.

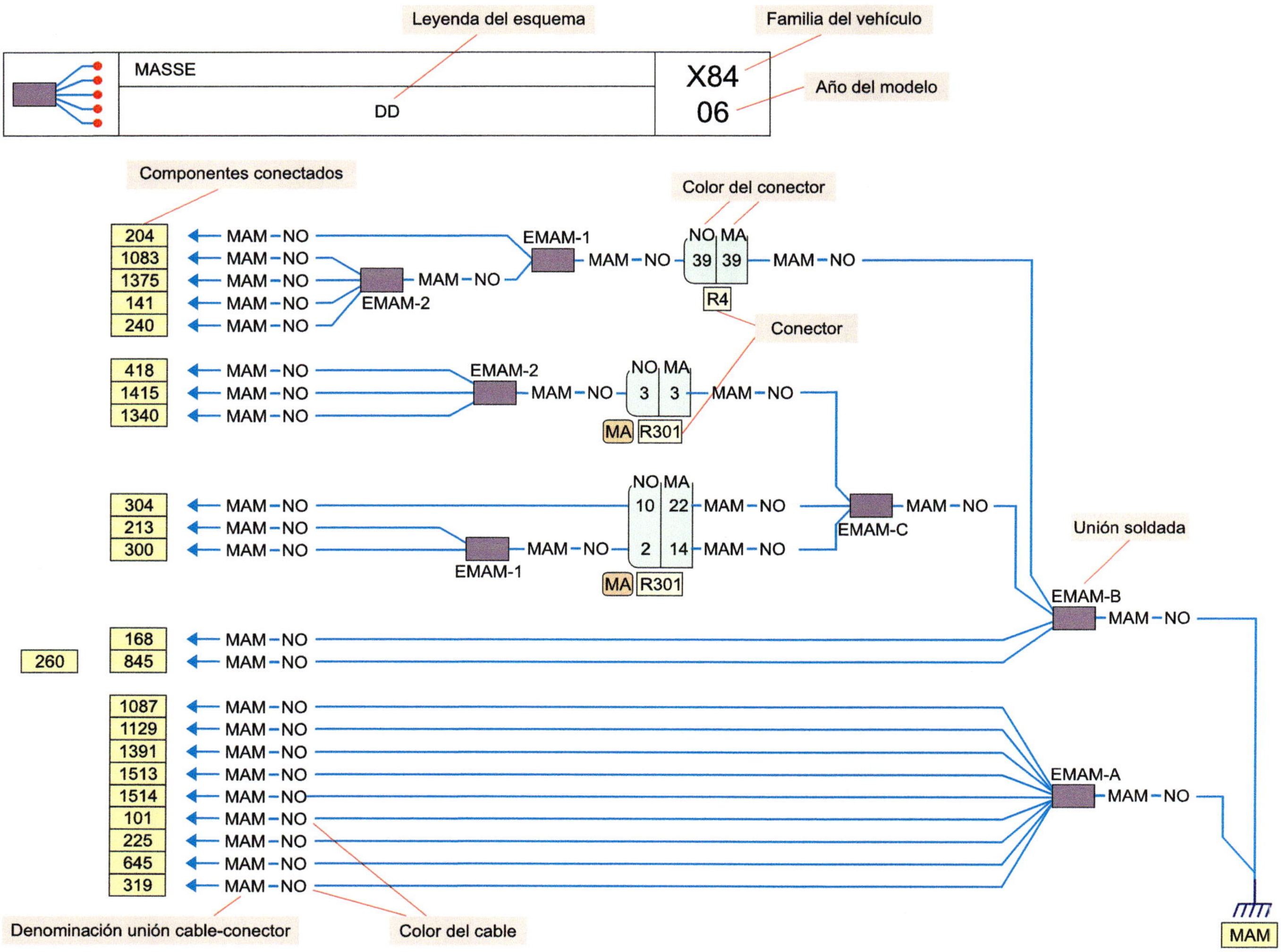

Figura 2.27. Esquema de masas de un Renault Megane.

Esquemas de detalle

En los esquemas de detalle de Renault cabe destacar que se utiliza una leyenda para designar la unión de un cable y un conector. Se indica, además, en los esquemas el color de los conectores, y la denominación de sus vías no siempre es mediante un número sino también, en ocasiones, mediante una combinación de números y letras.

En los esquemas de detalle se ofrece una información más extensa de cada uno de los componentes de los esquemas generales anteriores.

En el esquema de la Figura 2.26 el componente 319 representa el cuadro de mandos de aire acondicionado, detallado en el esquema de la Figura 2.28 del sistema de aire acondicionado.

El significado de algunas leyendas que pueden ser de utilidad para la interpretación del esquema de la Figura 2.29 es el siguiente:

- 1016: caja de fusibles del habitáculo.
- 1081: mando marcha-paro limitador del regulador de velocidad.

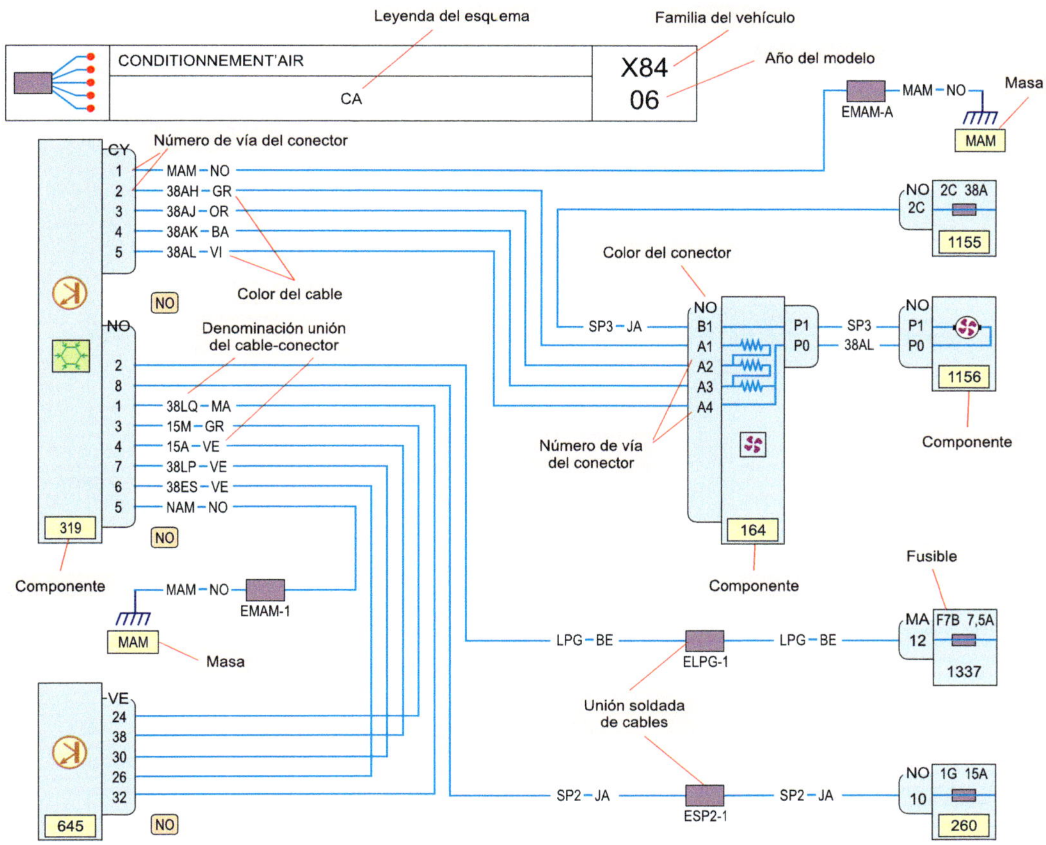

Figura 2.28. Esquema de un sistema de aire acondicionado de Renault.

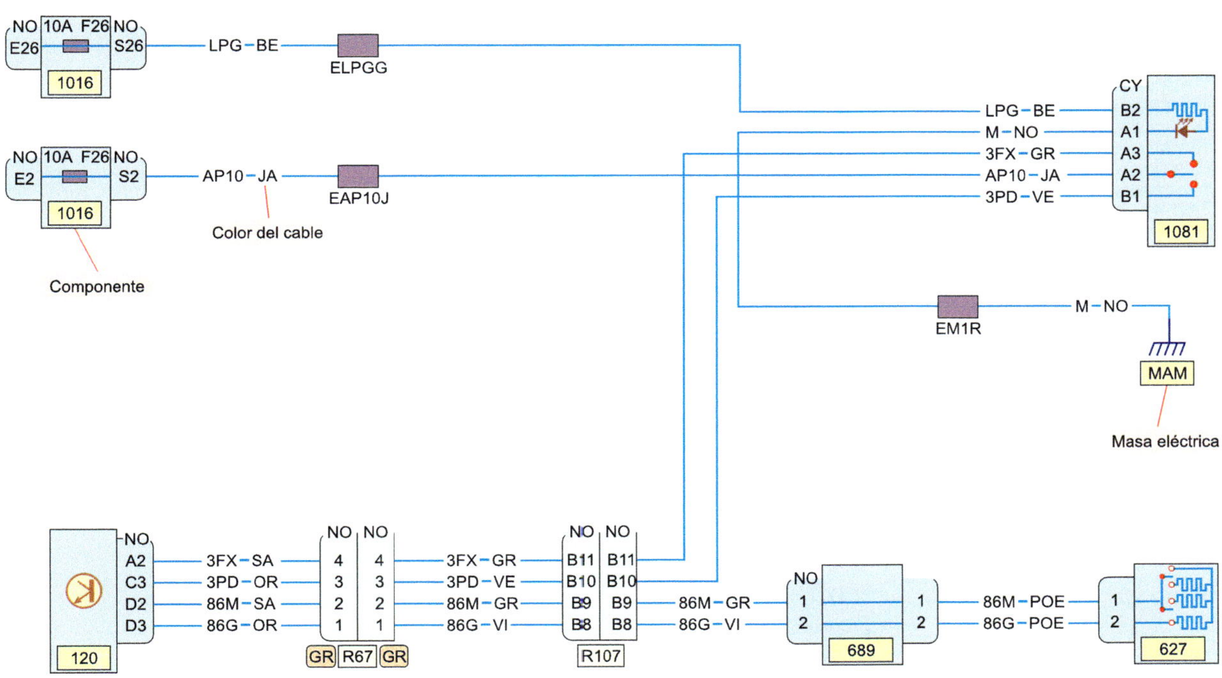

Figura 2.29. Esquema eléctrico del regulador de velocidad de un Renault Clio.

- MAM: masa eléctrica del travesaño del salpicadero izquierdo.
- 627: mando regulador de velocidad.
- R107: conector salpicadero/delantero del motor.
- R67: conector delantero del motor.
- 689: mando regulador de velocidad y airbag.
- 120: calculador de inyección.

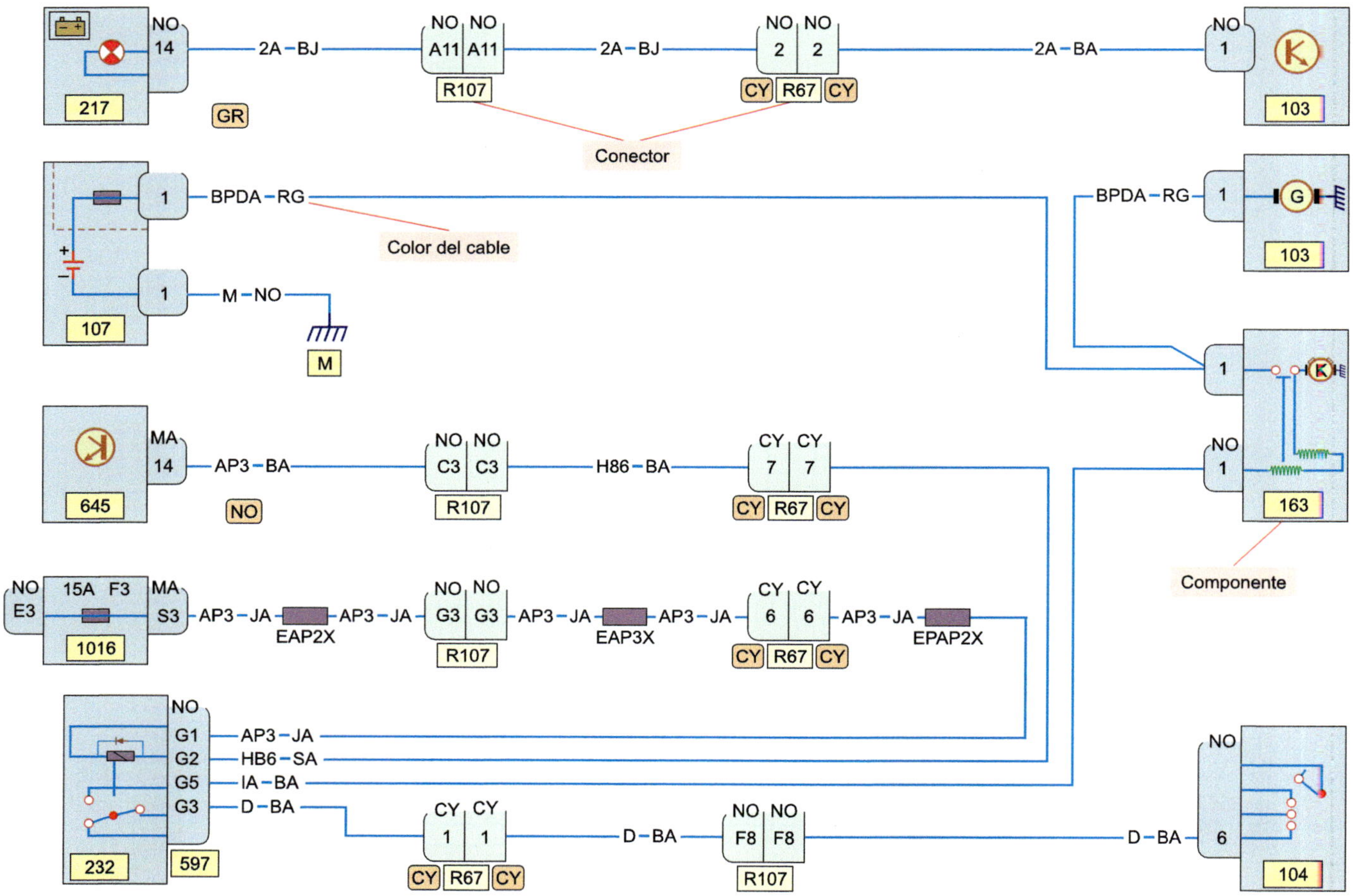

Figura 2.30. Esquema del sistema de carga de un Renault Clio.

La leyenda de componentes de la Figura 2.30 se muestra a continuación:

- 103: alternador.
- 104: contactor de arranque.
- 163: motor de arranque.
- 217: pastilla de freno delantera izquierda.
- 107: batería.
- 645: calculador del habitáculo.
- 597: caja de fusibles y relés del motor.
- 232: relé de arranque.

Representación de módulos electrónicos y conectores

La Figura 2.31 muestra la representación de los conectores de la unidad de control electrónica del habitáculo de un Renault Megane, situada en la parte inferior izquierda del tablero de a bordo.

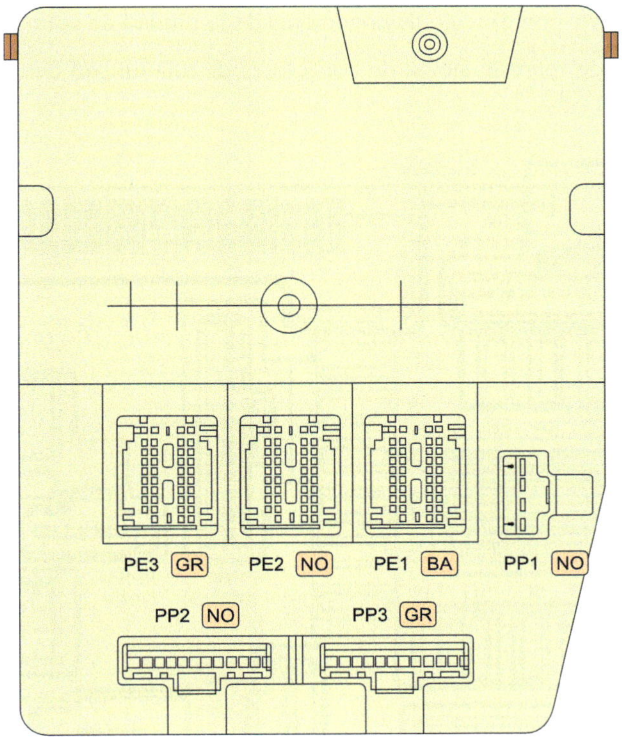

Figura 2.31. Módulo del habitáculo de un Renault Megane.

Tabla 2.4. Denominación de vías del conector PE1

Vías marrones		
Número de vía	**Unión**	**Designación**
1	26J	Mando-captador Hall.
2	47Z	Señal de la temperatura exterior.
3	64F	Mando y testigo de la luz de precaución.
4	26BC	Mando led de localización de la tarjeta identificativa.
5	26X	Señal de embrague.
Vías verdes		
Número de vía	**Unión**	**Designación**
21	39G	Mando y relé del lavafaros 1.
22	39H	Mando y relé del lavafaros 2.
23	20J	Mando de apertura de motor luneta.
24	20AH	Señal de estado de la luneta abriente.
25	20U	Supercondensación de la puerta trasera izquierda.

Los conectores tienen una denominación (PE1, PE2, PE3, PP1, PP2, PP3) y un color diferente (BA, GR, NO).

En cada conector hay una serie de vías que, aunque no estén señalizadas en la figura, se agrupan en diferentes colores, tal y como muestra la leyenda que acompaña al esquema. Un pequeño resumen a modo de ejemplo de esta leyenda se observa en la Tabla 2.4, correspondiente a un conector blanco PE1 formado por 40 vías, de las cuales 20 son marrones y 20 son verdes.

Lo mismo ocurre con el resto de conectores de la unidad de control.

Otro ejemplo de representación de conectores de una unidad de control es el mostrado en la Figura 2.32.

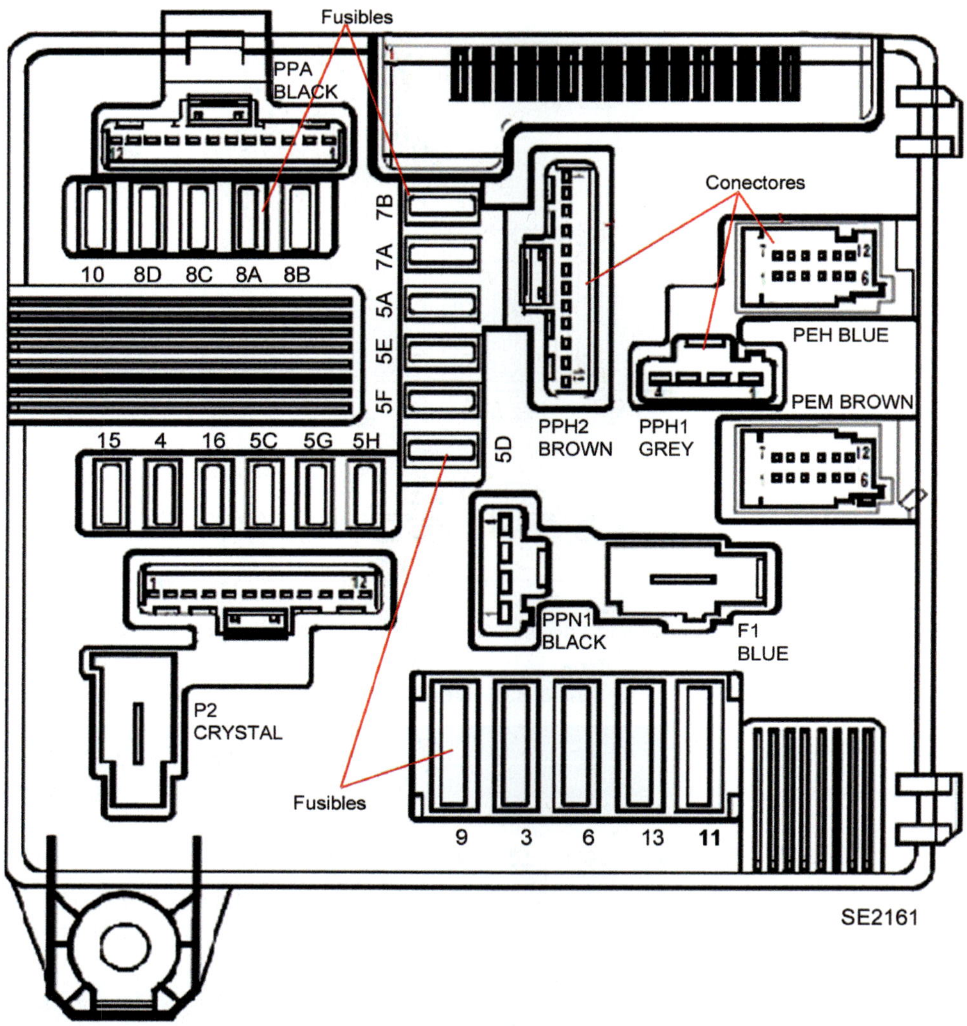

Figura 2.32. Caja de interconexiones del compartimento motor de un Renault Megane.

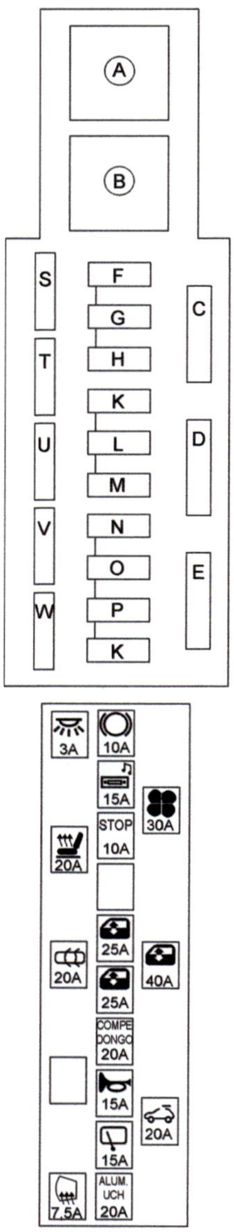

Figura 2.33. Representación de la caja de fusibles y relés de un Renault ubicada en la parte inferior del tablero de a bordo.

Representación de caja de fusibles

Las cajas de fusibles y relés se representan con un dibujo, aunque en la tapa de la caja de fusibles en el propio vehículo suele haber otra representación esquemática para localizar los fusibles con más rapidez.

En la Tabla 2.5 se muestra la designación de los fusibles y relés de la Figura 2.33.

Tabla 2.5. Designación de los fusibles y relés de la caja representada en la Figura 2.33

N.°	Símbolo	Amperios	Unión	Designación
C		30 A	SP3	**Fusible** ventilación del habitáculo.
D		40 A	BP87 O BP48	**Fusible** elevalunas trasero o relé elevalunas eléctricos.
E		20 A	BP93	**Fusible** techo solar eléctrico.
F		10 A	SP15	**Fusible** calculador ABS o control de trayectoria.
G		15 A	SP2	**Fusible** radio; pantalla multifunciones; relé bomba lavafaros; relé bomba lavafaros 2; encendedor primera fila; asiento calefactante conductor y pasajero; bomba lavacristales bidireccional adelante y atrás; relé calentador de gasóleo; cuadro de mando de climatización; caja del control del acondicionador de aire; calculador techo escamoteable rígido; retrovisor interior; unidad central de comunicación; unidad central de alarma.
H		15 A	SP17	**Fusible** luces de *stop*.
K		—	—	No utilizado.
L		25 A	BP55	**Fusible** elevalunas del conductor.
M		25 A	BP70	**Fusible** elevalunas del pasajero; relé elevalunas eléctricos.
N	COUPE	20 A	BCP3	**Fusible** cortaconsumidores: • Cuadro de instrumentos. • Radio. • Visualizador multifunciones. • Mando retrovisor eléctrico. • Unidad de control de alarma.
O		15 A	BP32	**Fusible** bocina electromagnética principal; toma de diagnóstico; relé bomba lavafaros; relé bomba lavafaros 2; calculador techo escamoteable rígido; mando monitor autoescuela.
P		15 A	BP25	**Fusible** motor limpialuneta.
R	ALIM UCH	20 A	BP77	**Fusible** unidad de control del habitáculo; cajetín de control del acondicionador de aire; relé de servicios 1 (en platina 260 letra B).
S		3 A	AP1A	**Fusible** ventilador sonda temperatura habitáculo; retrovisor interior; captador lluvia y luz.
T		20 A	BPR1	**Fusible** asiento calefactante conductor y pasajero.
U		20 A	BP3	**Fusible** condenación o supercondenación eléctrica de las puertas.
V		—	—	No utilizado.
W		7,5 A	15 RP	**Fusible** deshielo retrovisores conductor y pasajero.
A		40 A		**Relé** elevalunas eléctrico.
B		40 A		**Relé** servicios 1.

ACTIVIDAD **Propuesta 2.3**

En el siguiente esquema de Renault señala en colores diferentes:

a) Componentes.

b) Conectores.

c) Señales.

d) Fusibles.

e) Designación de cables.

f) Número de vías.

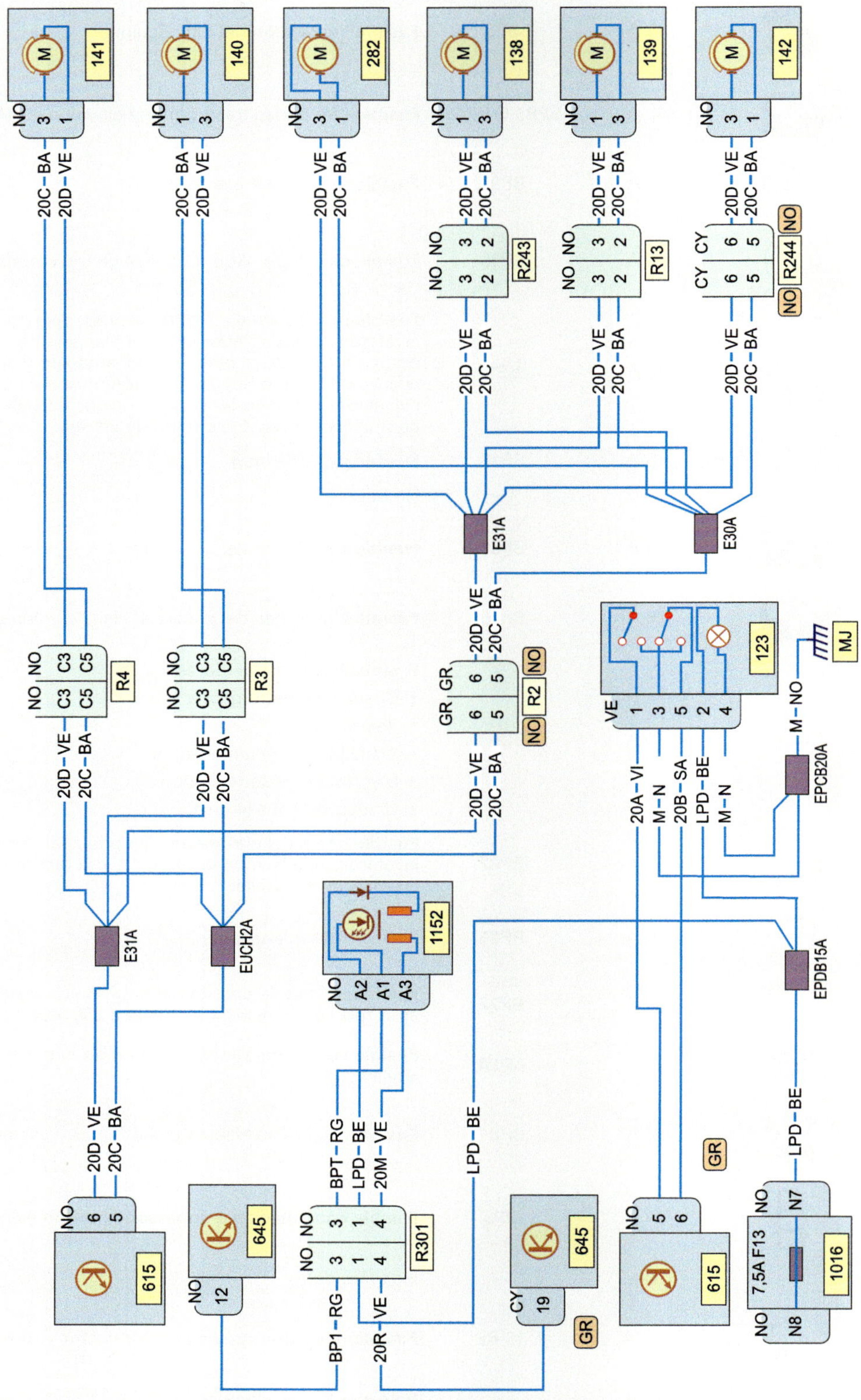

2.2.3. Ford

En los esquemas de Ford los componentes van acompañados de su denominación según la leyenda, de su nombre completo y, en ocasiones, de una pequeña aclaración sobre la posición del relé, componentes internos, etcétera.

Para la interpretación de los esquemas eléctricos de Ford se debe tener en cuenta:

- La alimentación positiva está siempre en la parte superior y la negativa en la inferior.
- Cuando un componente está delimitado por una línea de puntos significa que está representado solo parcialmente.
- Algunas opciones que aparecen en los esquemas eléctricos solo están disponibles en algunos países, los cuales tienen adjudicada una o dos letras. Algunos ejemplos son España (E), Francia (F) o Finlandia (FIN).

Leyenda

Código del circuito

Los esquemas eléctricos de Ford se identifican por un código formado por dos letras. Algunos ejemplos son los siguientes:

- AA: cierre centralizado.
- CF: ABS.
- DF: caja de derivación.
- LB: iluminación interior.
- MD: autorradio y altavoces.

Cables

Los cables de un esquema eléctrico cumplen una función, representada en los esquemas de Ford por un número. Cada función está asociada a un color, de forma que el primer color de la leyenda de un cable indica su función.

En la Tabla 2.6 se observan las funciones de un circuito de Ford.

Tabla 2.6. Denominación de la función de un cable en un esquema eléctrico de Ford

Número	Función	Color
1	Señal audio positivo.	Blanco
2	Señal audio negativo.	Gris
3	Señal audio de referencia (retorno/blindaje).	Marrón
4	Unión de datos bus positivo.	Gris
5	Unión de datos bus positivo.	Azul
6	Conector de unión de datos (blindaje de bus).	Natural
7	Positivo constante, diferente de batería.	Amarillo
8	Señal de captador (eje horizontal X, hacia adelante, hacia atrás, hacia abajo).	Blanco

Número	Función	Color
9	Retorno señal captador (referencia masa).	Marrón
10	Señal de captador (eje vertical, hacia atrás, hacia abajo).	Gris
15	Positivo por contacto y por arranque.	Verde
20	Positivo por contacto.	Rosa
29	Positivo permanente (protegido por fusible secundario).	Naranja
30	Positivo permanente (protegido por fusible primario).	Rojo
31	Masa.	Negro
32	Conmutado entre: tensión de batería, masa o círculo abierto (alimentación positiva para: delante bajar, abrir, retrovisor a izquierda, desbloqueo, marcha, etcétera).	Blanco
33	Conmutado entre: tensión de batería, masa o círculo abierto (alimentación positiva para: delante subir, cerrar, retrovisor a derecha, bloqueo, parada, etcétera).	Amarillo
34	Conmutado entre: tensión de batería, masa o círculo abierto (alimentación positiva para: levantar atrás asiento, inclinar retrovisores hacia arriba, avanzar asiento o reglajes memorizados).	Azul
35	Conmutado entre: tensión de batería, masa o círculo abierto (alimentación positiva para: bajar atrás asiento, inclinar retrovisores hacia abajo, retrasar asiento o para tensión de salida del captador de posición).	Violeta
48	Cable de descarga.	Natural
49	Alimentación eléctrica pulsante.	Azul
50	Tensión de batería presente al arrancar.	Gris
59	Alimentación tensión alterna.	Gris
64	Positivo con motor en marcha.	Azul
75	Positivo por contacto y en ACC.	Amarillo
91	Masa.	Marrón

Los cables están representados por un número, que indica la sección del cable en mm^2, y por uno o varios colores. La leyenda de colores es la que se especifica en la Tabla 2.7.

Tabla 2.7. Denominación de los colores de los cables de Ford

BK	Negro	OG	Naranja
BN	Marrón	PK	Rosa
BU	Azul	RD	Rojo
GN	Verde	SR	Plata
GY	Gris	VT	Violeta
LG	Verde claro	WH	Blanco
NA	Natural	YE	Amarillo

Componentes y conectores

Los componentes y conectores en los esquemas eléctricos de Ford son designados por una letra y uno o varios números. En la leyenda que acompaña al esquema eléctrico se encuentra el significado de esta combinación de letras y números.

Figura 2.34. Ejemplo de numeración de cables de un conector. Además, el conector cuenta con una numeración de pines o terminales mostrada en su correspondiente esquema eléctrico.

Figura 2.35. En los esquemas eléctricos de Ford los cables indican la sección del cable y el color del mismo.

Ejemplos de esquemas eléctricos de Ford

Esquemas de situación

La Figura 2.36 representa un esquema de situación de componentes de un Ford Fiesta. En este esquema se observan el cableado y los componentes, con su correspondiente denominación y la de sus conectores.

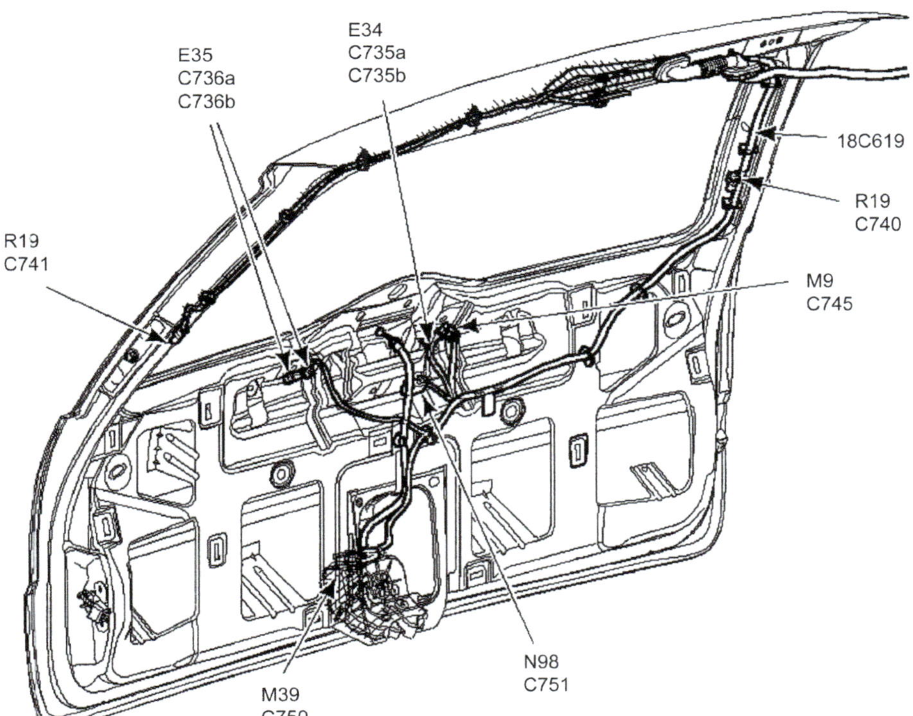

Figura 2.36. Esquema de situación de componentes mostrando el cableado.

Los esquemas de las Figuras 2.37 y 2.38 están dentro de un sistema de coordenadas de letras y números que ayuda a localizar con mayor facilidad cada componente.

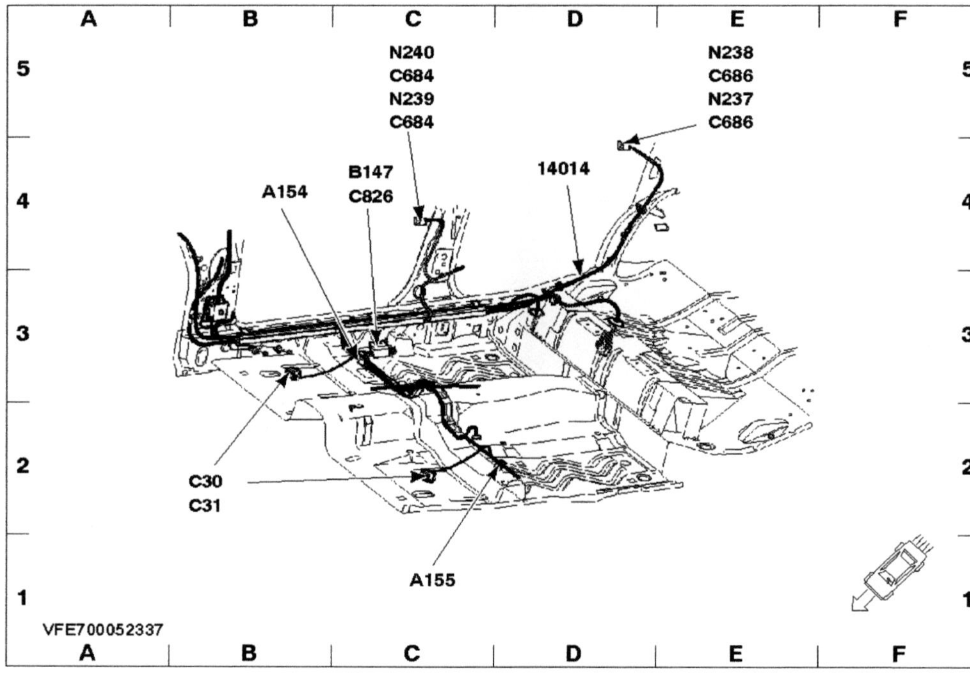

Figura 2.37. Esquema de situación del suelo del habitáculo derecho de un Ford Focus.

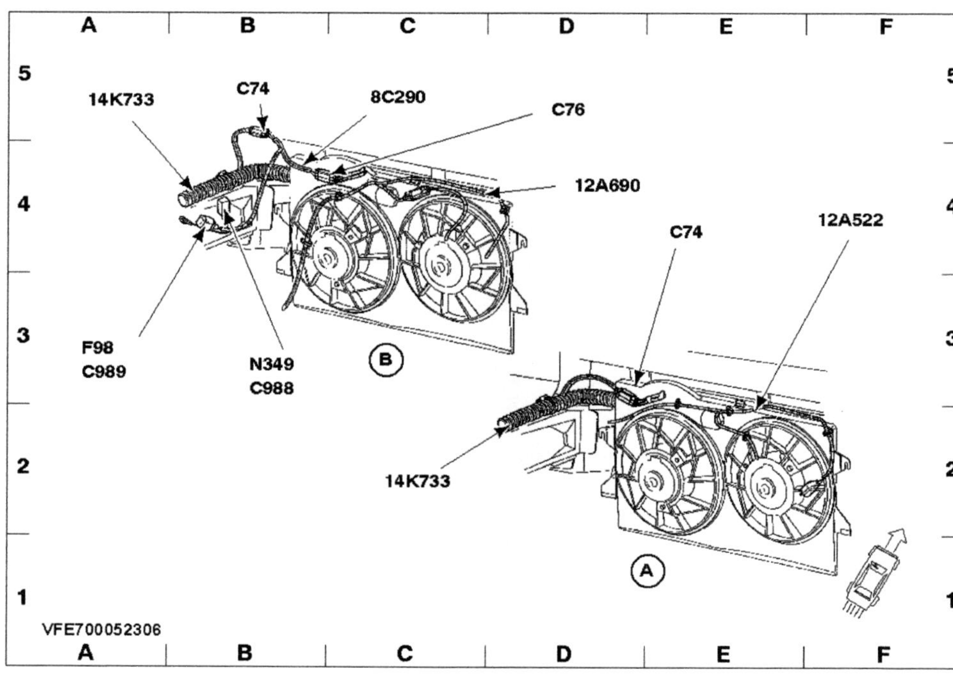

Figura 2.38. Esquema de situación con cableado de los ventiladores de un Ford Focus.

Esquemas generales y de detalle

Algunos datos de interés para interpretar los esquemas eléctricos de Ford son los plasmados en las siguientes figuras.

El corchete indica diferencias de cableado entre distintos modelos, opciones o países.

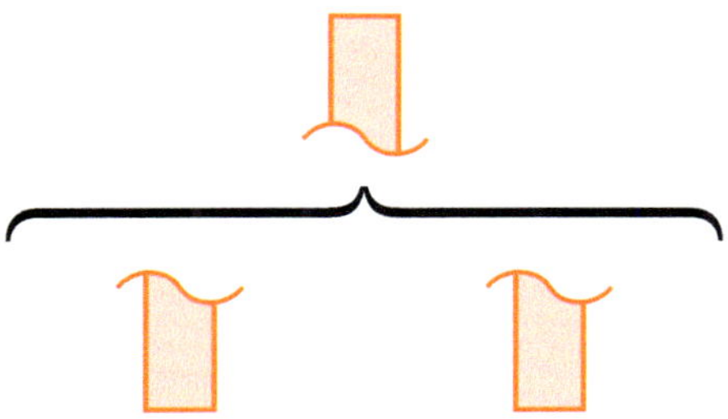

Figura 2.39. Corchete.

En la Figura 2.40, la línea discontinua indica que otros circuitos comparten el fusible F18 con el componente A11. Para saber cuáles son, debemos acudir al esquema de detalle de fusibles.

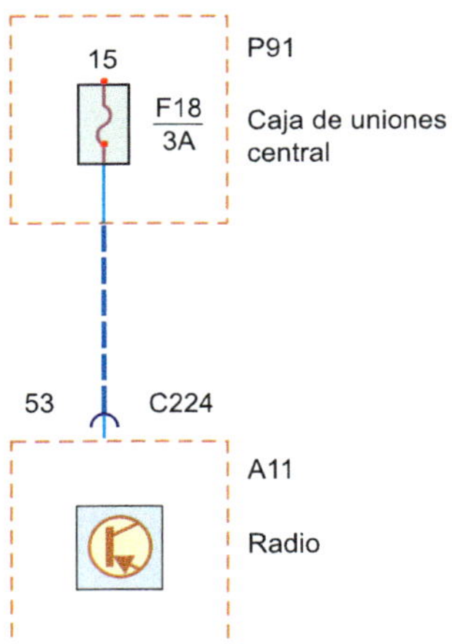

Figura 2.40. Detalle de un esquema eléctrico de Ford.

En la Figura 2.41, la línea discontinua indica que 3 y 4 son vías (terminales) de un mismo conector.

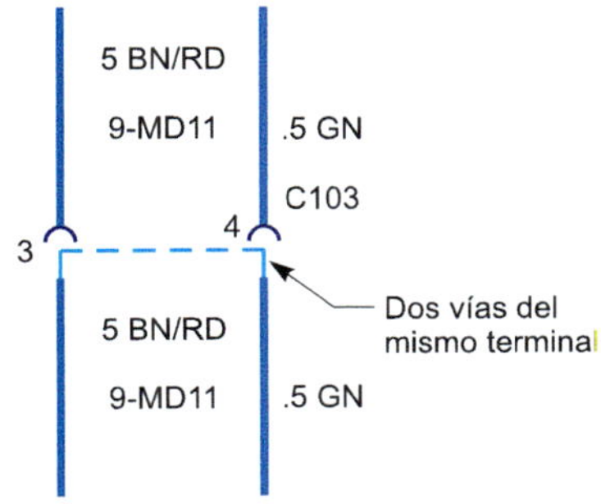

Figura 2.41. Detalle de un esquema eléctrico de Ford.

En el esquema de la Figura 2.42 se muestra el significado de las leyendas más importantes para la correcta interpretación de un esquema eléctrico de Ford.

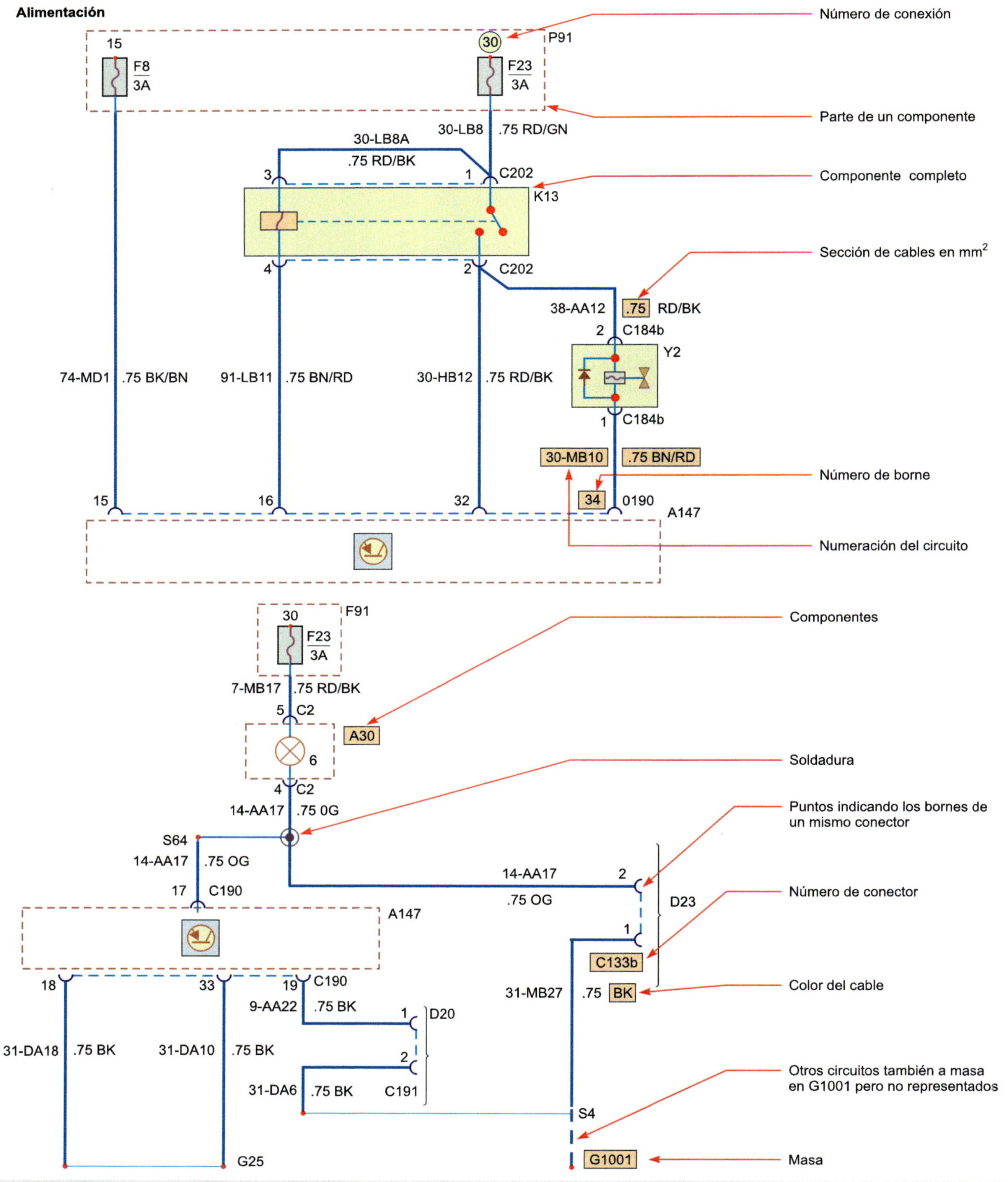

Figura 2.42. Esquema general de un vehículo Ford. *(Continúa ▸)*

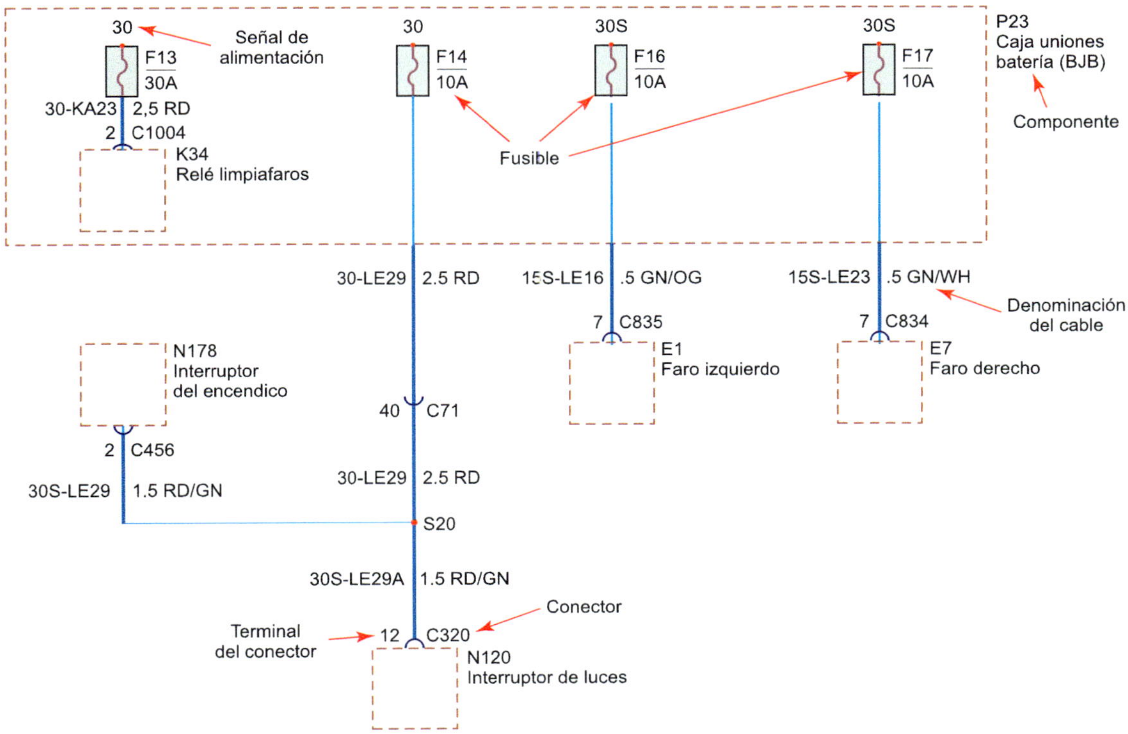

Figura 2.42. Esquema general de un vehículo Ford.

Las figuras siguientes representan algunos ejemplos de esquemas eléctricos de Ford.

Las diferentes leyendas de la Figura 2.43 indican:

- P93: caja de fusibles de la batería.
- P13: contactor giratorio.
- N54: contactor de la bocina.
- H1: bocina.
- H4: bocina 2.

Cables:

Por ejemplo, la denominación 91-PG30A.75BK/WH se interpreta como sigue:

- 91-PG30A: numeración del circuito. 91 es el número y PG el código de circuito, que corresponde con «velocidad del vehículo y régimen motor».
- 75: sección del cable en mm^2.
- BK: color negro. Indica el color de la función del cable.
- WH: color blanco.

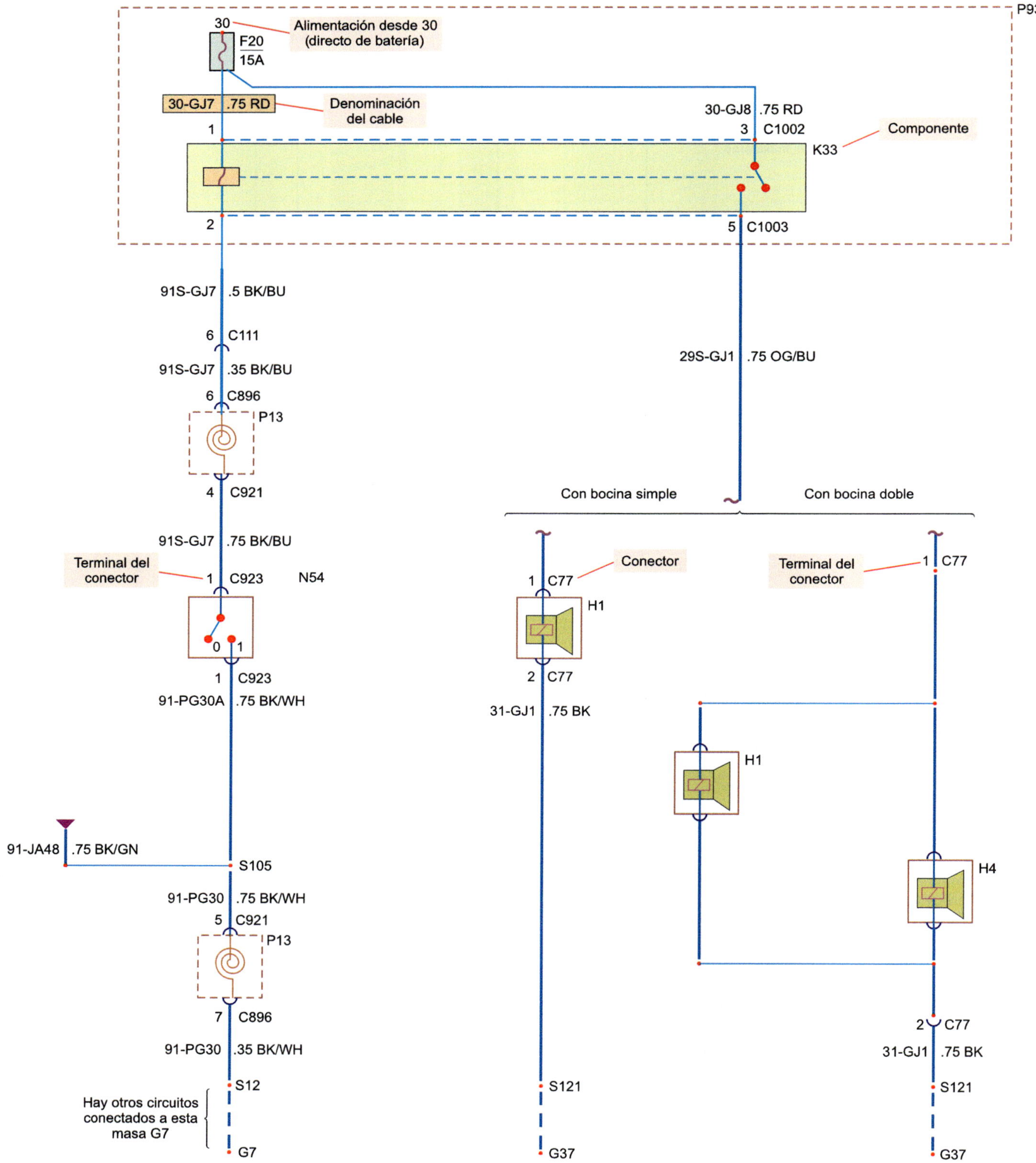

Figura 2.43. Esquema de bocinas de un Ford Focus CMAX.

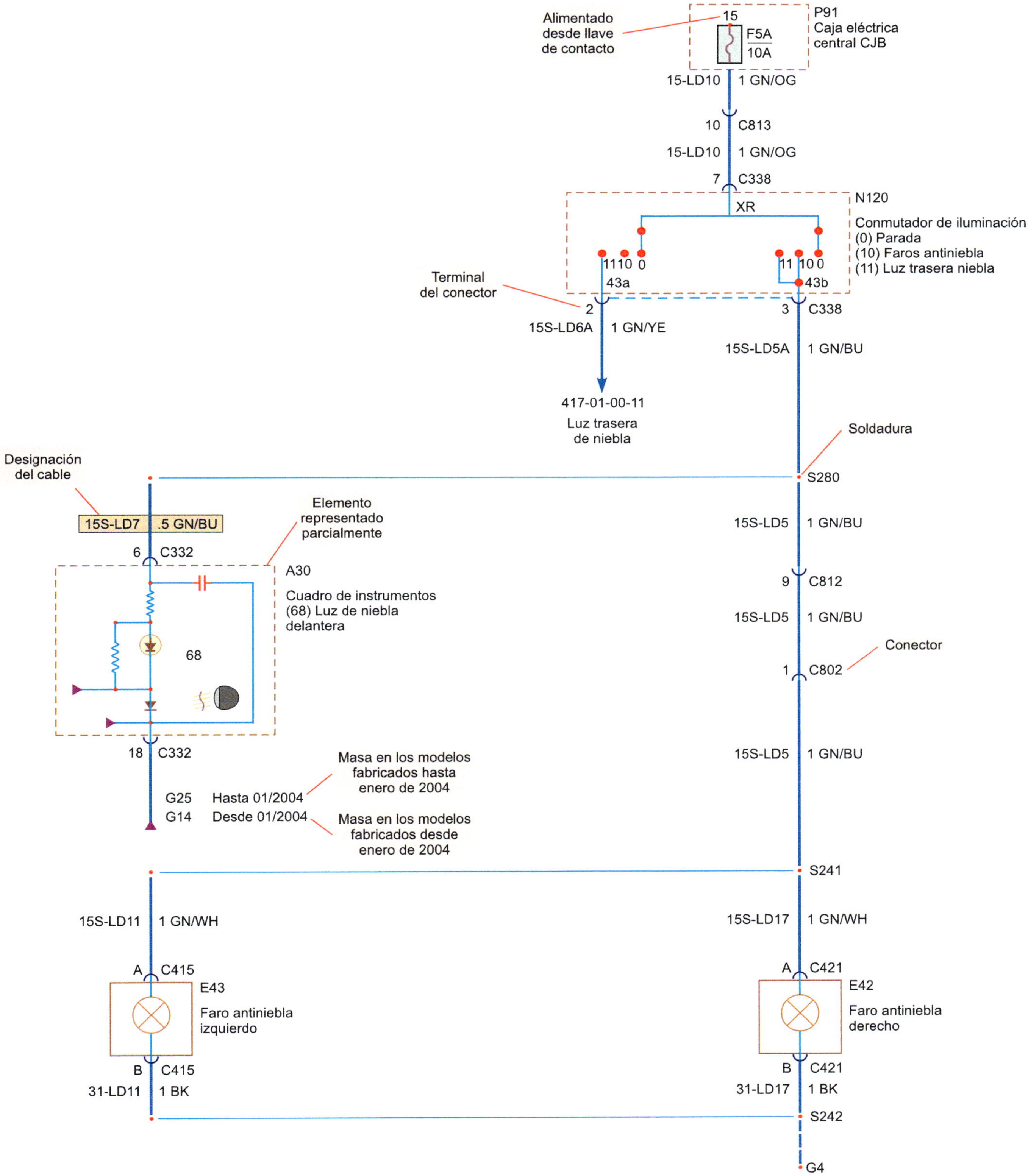

Figura 2.44. Esquema eléctrico de los faros antiniebla de un Ford Fiesta.

Representación de fusibles y masas

Como todos los esquemas de Ford, los esquemas de fusibles comienzan mostrando la alimentación del conjunto de fusibles en la parte superior de la figura. No existen conexiones a masa ya que el circuito queda abierto. Para saber a qué esquema de detalle corresponde cada fusible debe acudirse a la leyenda de fusibles.

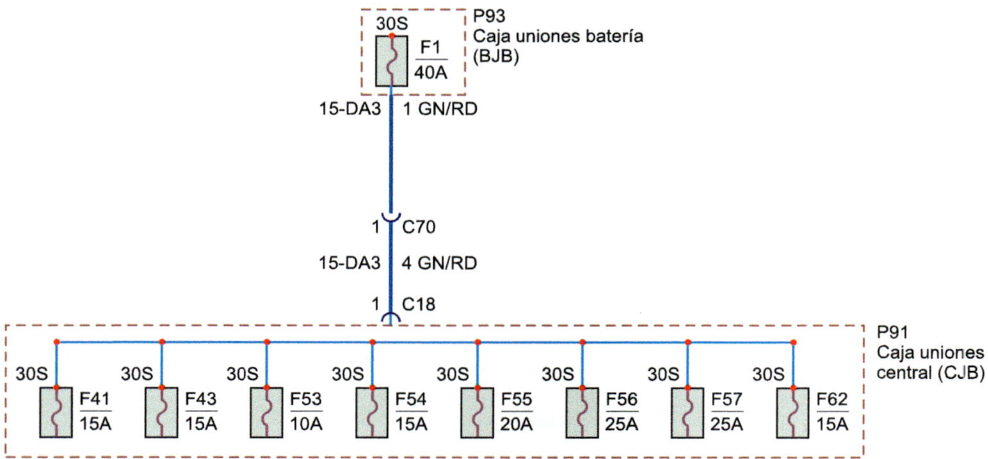

Figura 2.45. Esquema de fusibles de un Ford Focus.

Los esquemas de masas indican qué circuitos del vehículo van conectados a las masas indicadas, como muestra la Figura 2.46.

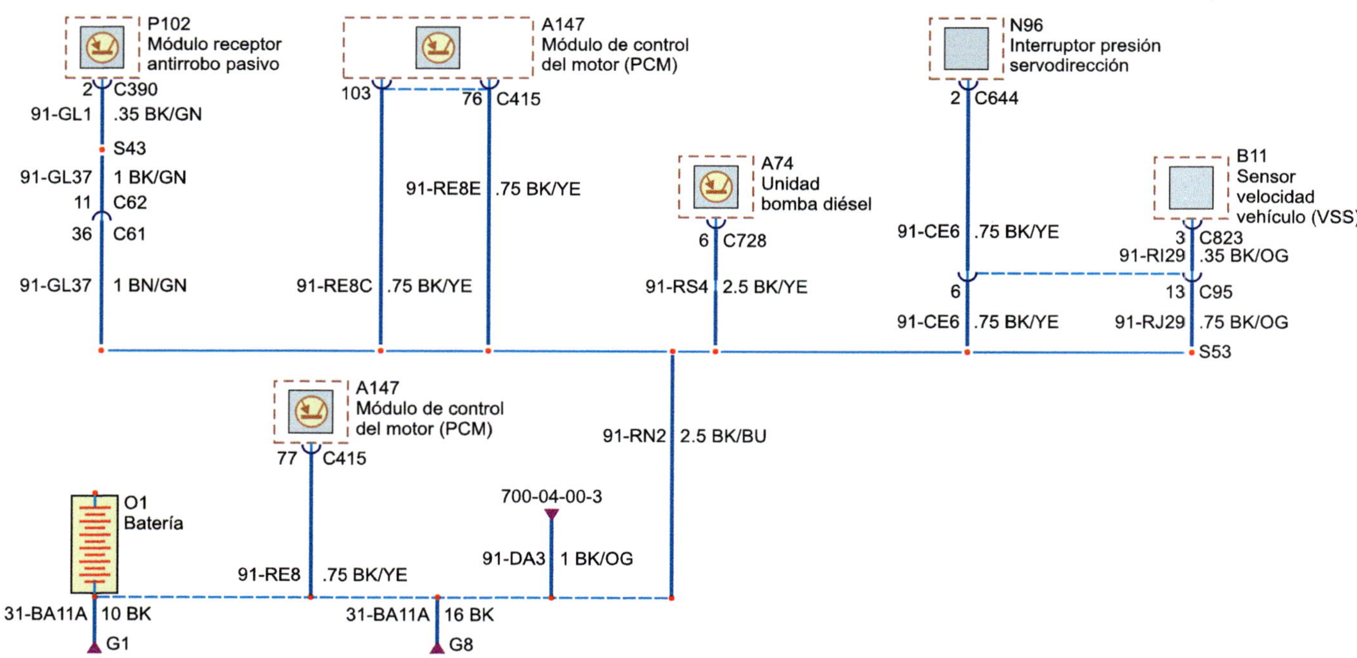

Figura 2.46. Esquema de representación de masas de un Ford Focus.

ACTIVIDAD **Resuelta 2.1**

Interpreta las siguientes leyendas de cables de vehículos Ford:

15S-LD5 1 GN/BU

31-GJ1 75 BK

15-DK20 35 GN/OG

Solución

15S-LD5 1 GN/BU: LD es el código de un circuito de antiniebla/luz de carretera. La sección del cable es de 1 mm^2. El color que indica la función del cable es el GN (verde) y el color del cable es el BU (azul).

31-GJ1 75 BK: GJ es el código de un circuito de bocina. La sección del cable es de 75 mm^2 y el color es BK (negro).

15-DK20 35 GN/OG: DK es el código de un circuito de componentes integrados. La sección del cable es de 35 mm^2 y el color que indica la función del cable es GN (verde). El color del cable es OG (naranja).

2.2.4. BMW

Los esquemas eléctricos de BMW comienzan indicando la alimentación del circuito en la parte superior de la página, a través de los componentes que corresponda (normalmente fusibles o relés) e indican el tipo de alimentación (+30, +15, procedente de algún otro circuito, etcétera).

Para facilitar su comprensión los componentes van acompañados de su nombre completo, además de su denominación según la leyenda.

Leyenda

Componentes

La leyenda de componentes de BMW consiste, como en el resto de las marcas, en una combinación de letras y números, con la diferencia de que en este caso están clasificados según sean módulos electrónicos, bobinas de encendido, etc., tal y como indican los siguientes ejemplos:

- A: cajas electrónicas y módulos.
  - A11a: calefacción-climatizador.
  - A60233: dirección con asistencia electrónica.
- E: lámparas y dispositivos de calefacción eléctricos.
  - E34a: luz de techo.
  - E127: proyector derecho.
- T: bobinas de encendido.
  - T6151: bobina de encendido del cilindro 1.
  - T6152: bobina de encendido del cilindro 2.

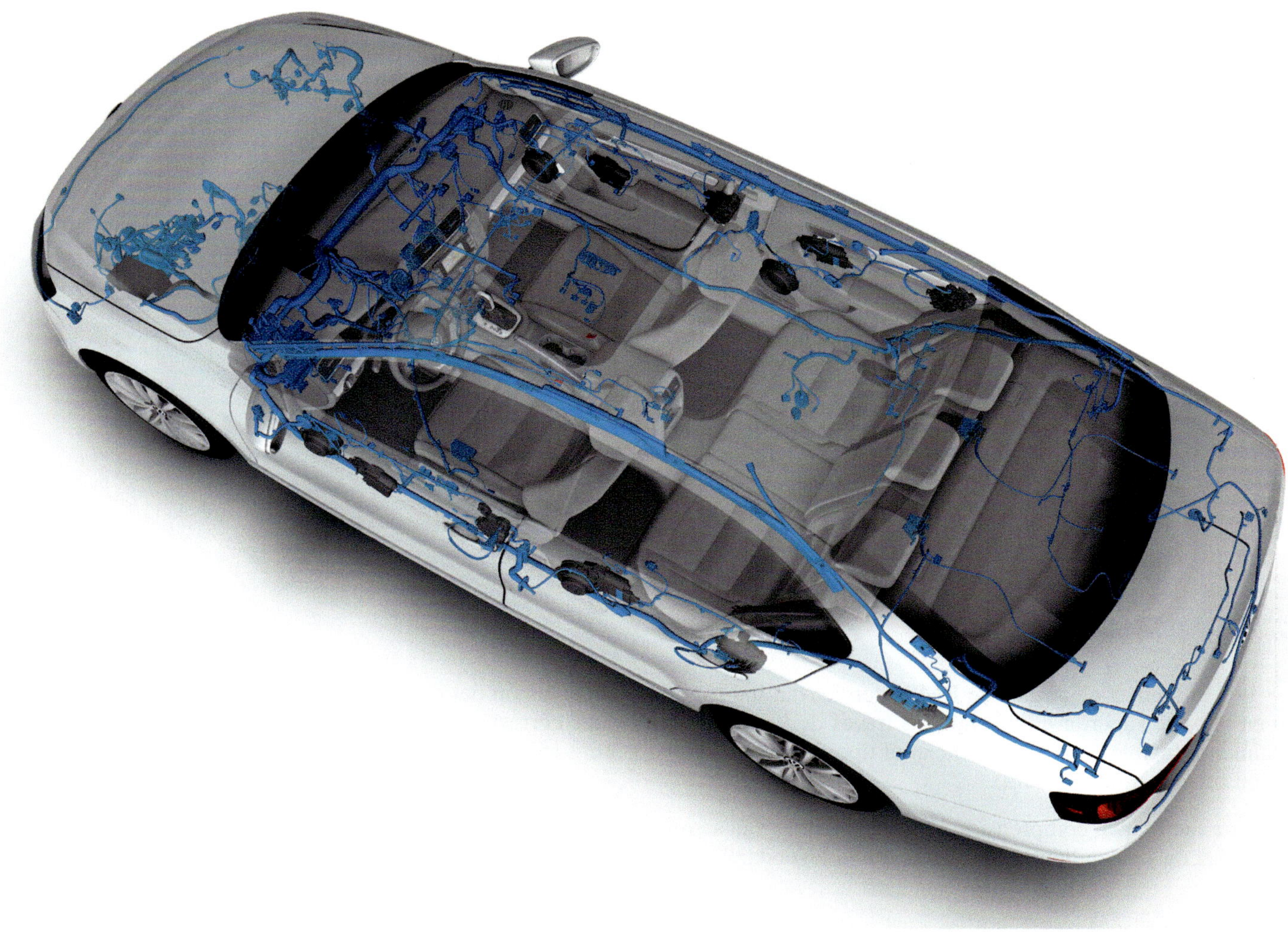

Figura 2.47. Representación de cables y componentes.

Señales

Las diferentes señales están representadas por una leyenda de números, letras y símbolos. En algunos casos, las leyendas se basan en la denominación DIN, pero en otros es totalmente distinta, como por ejemplo la señal de un captador de ultrasonidos (D-WHL).

A continuación se detalla una pequeña muestra de ellas:

- 15-1-LSZ: terminal 15, central de iluminación.
- 15-1-OBD: terminal 15, OBD II.
- 15-2: terminal 15.
- 15-3-EVR: terminal 15, relé inyectores.
- 30-RLS: terminal 30, captador de lluvia/de insolación.
- 30<106: terminal 30, fusible 106.
- 30<2: terminal 30, fusible 2.

- 30MUSPFA: terminal 30, iluminación del espejo de cortesía del conductor.
- 31-RLS: terminal 31, captador de lluvia/de insolación.
- 31E: masa de la electrónica.
- 31L: masa de los circuitos de carga.
- 31MUSPBF: masa de la iluminación del espejo de cortesía del pasajero.
- ABF1+: señal del airbag del conductor de nivel 1 +.
- D-WHL: señal del captador de ultrasonidos.
- M-LSV2: masa de la sonda lambda 2.
- M-NWG: masa del captador del eje de levas.
- P-PIL6: activación del inyector del cilindro 6.
- P-ZSZ1: señal de la bobina de encendido del cilindro 1.
- S56A-D: conmutador de las luces de carretera-ráfagas.
- SBE: detección de ocupación del asiento.

Figura 2.48. Las señales en los esquemas eléctricos de BMW están representadas por una leyenda de números, letras y símbolos.

Cables

En los esquemas eléctricos de BMW los cables vienen acompañados de las siguientes indicaciones:

- Sección del cable en mm^2.
- Señal que atraviesa al cable.
- Color o colores del cable.

La Tabla 2.8 muestra las leyendas para designar los colores de los cables.

Tabla 2.8. Denominación de los colores de los cables en un esquema eléctrico de BMW

Colores		
	BL	Azul
	BR	Marrón
	GE	Amarillo
	GN	Verde
	GR	Gris
	OR	Naranja
	RS	Rosa
	RT	Rojo
	SW	Negro
	VI	Violeta
	WS	Blanco
	TR	Transparente

Ejemplos de esquemas de BMW

Esquemas de situación

Igual que ocurre con los esquemas de situación de Mercedes, los de BMW indican el lugar donde va ubicado el componente y muestran una imagen (fotografía o figura) del componente o conector detallada.

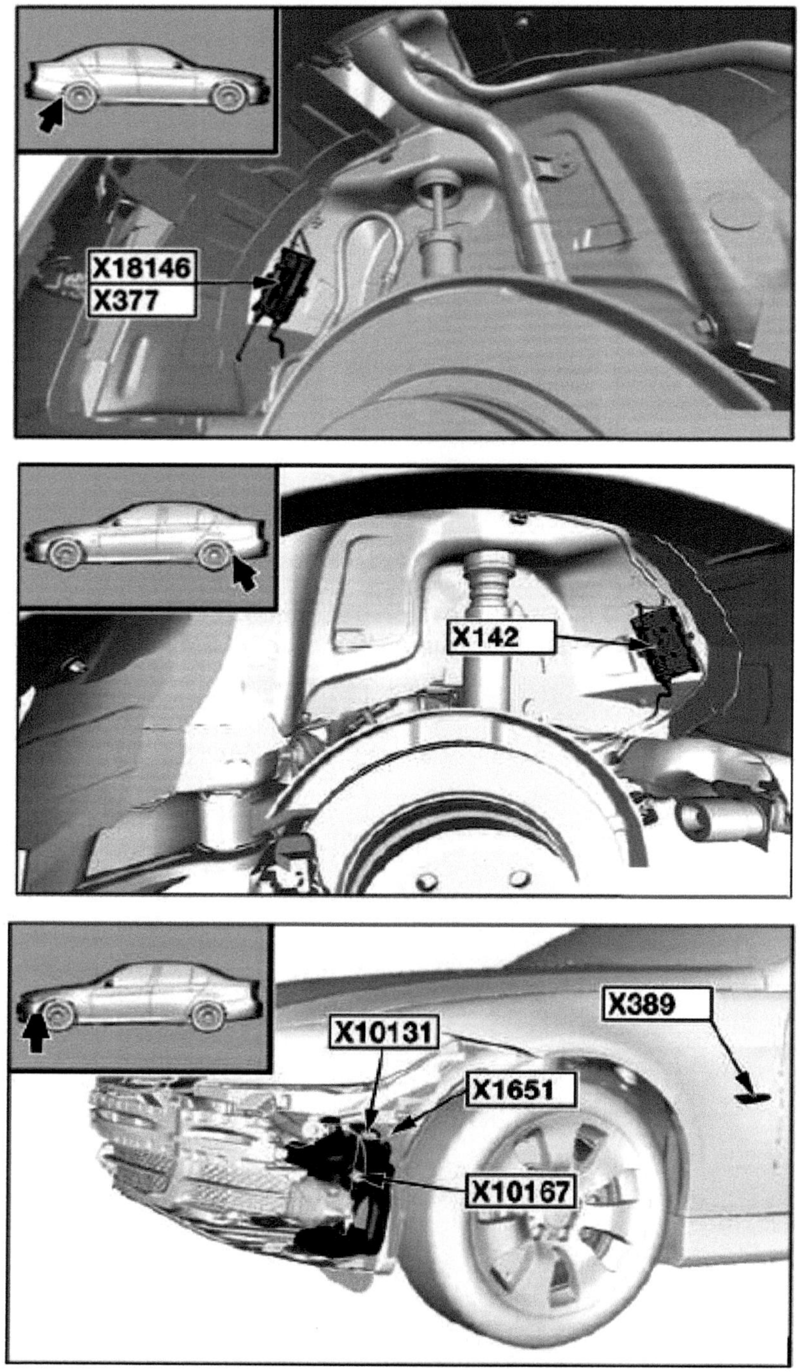

Figura 2.49. Diferentes ejemplos de situación de conectores en el vehículo.

Esquemas de detalle

El esquema de la Figura 2.51 incluye anotaciones que ayudan a comprender los símbolos de los esquemas eléctricos de BMW.

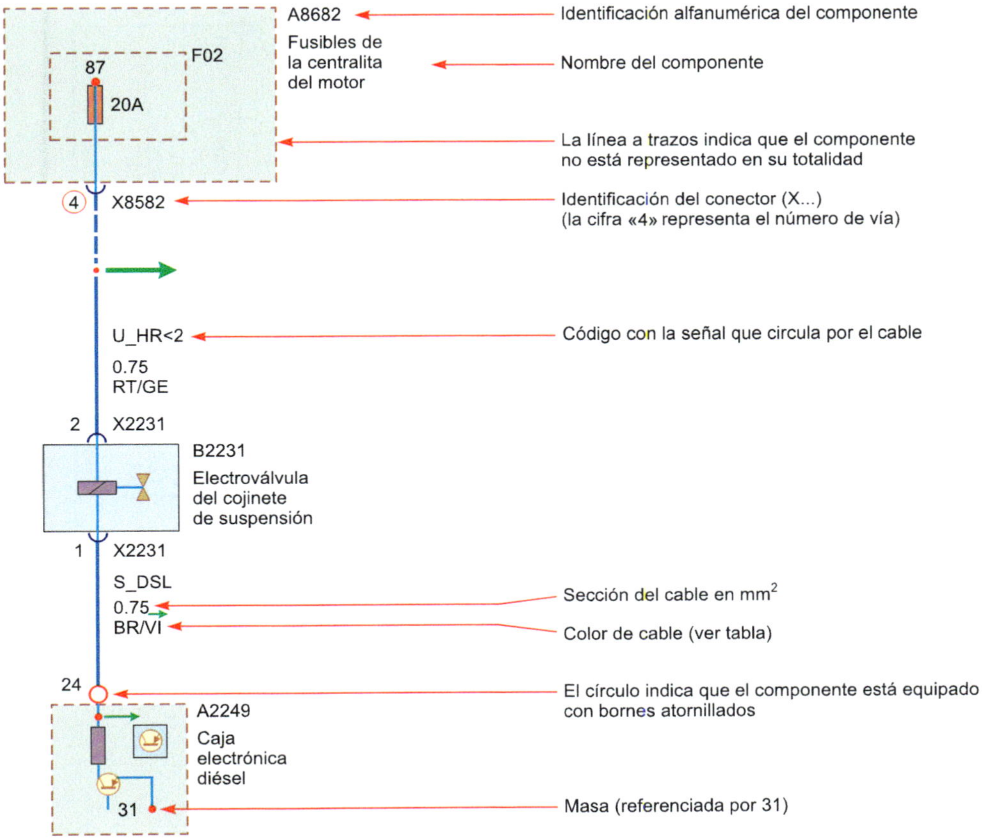

Figura 2.51. Esquema eléctrico de BMW con anotaciones de interés.

Figura 2.50. Los cables en los esquemas eléctricos de BMW indican sección del cable, señal que le atraviesa y color del cable.

En el esquema mostrado en la Figura 2.52 está representado un sistema de luces de posición, estacionamiento y matrícula de un BMW serie 3.

Los componentes, las señales y los cables del esquema representan lo siguiente según las leyendas empleadas en la Figura 2.52.

Componentes:

- A4011: módulo de suelo.
- A72: centro de mando, columna de dirección.
- S8: unidad de mando de iluminación.
- E126: proyector izquierdo.
- E127: proyector derecho.
- E43a: iluminación de la placa izquierda.
- E44a: iluminación de la placa derecha.
- E46a: lámpara trasera izquierda.
- E47a: lámpara trasera derecha.

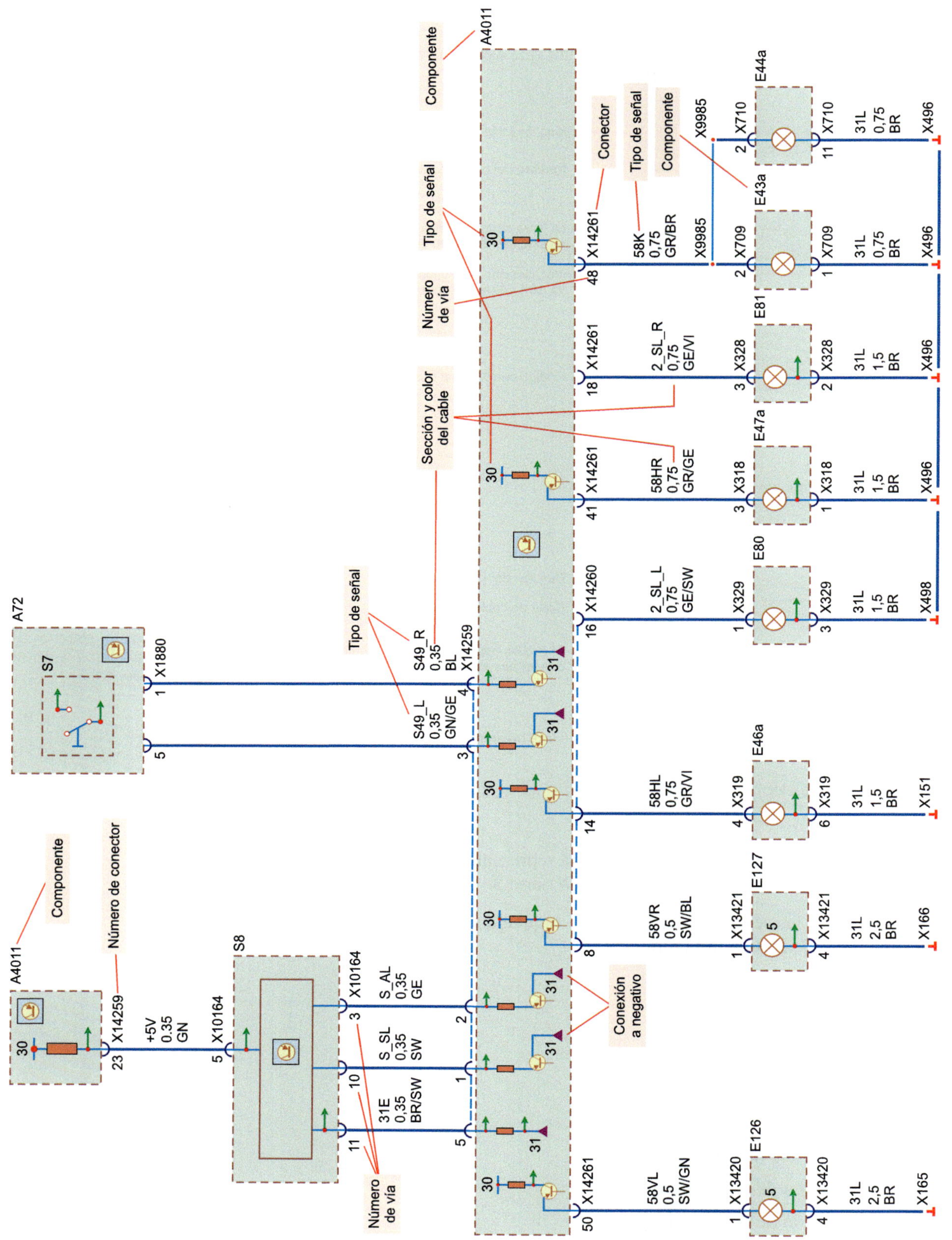

Figura 2.52. Esquema eléctrico de iluminación de un BMW serie 3.

- E80: lámpara trasera izquierda del lado interior.
- E81: lámpara trasera derecha del lado interior.

Señales:

- 30: alimentación directa de la batería.
- 31: conexión directa a negativo.
- +5V: alimentación de 5 V.
- 31E: masa electrónica.
- 31L: masa del circuito de carga.
- 58K: iluminación de la placa de matrícula.
- 58VL: luz de posición izquierda.
- 58VR: luz de posición derecha.
- S_SL: señal de luces de posición.
- S_AL: señal de luces de cruce.
- S49_L: intermitente izquierdo.
- S49_R: intermitente derecho.

Cables: se han escogido tres cables para mostrar el significado de su leyenda.

- 0,35 GN: sección de 35 mm^2, color verde.
- 0,35 BR/SW: sección de 35 mm^2, color marrón/negro.
- 0,5 SW/BL: sección de 50 mm^2, color negro/azul.

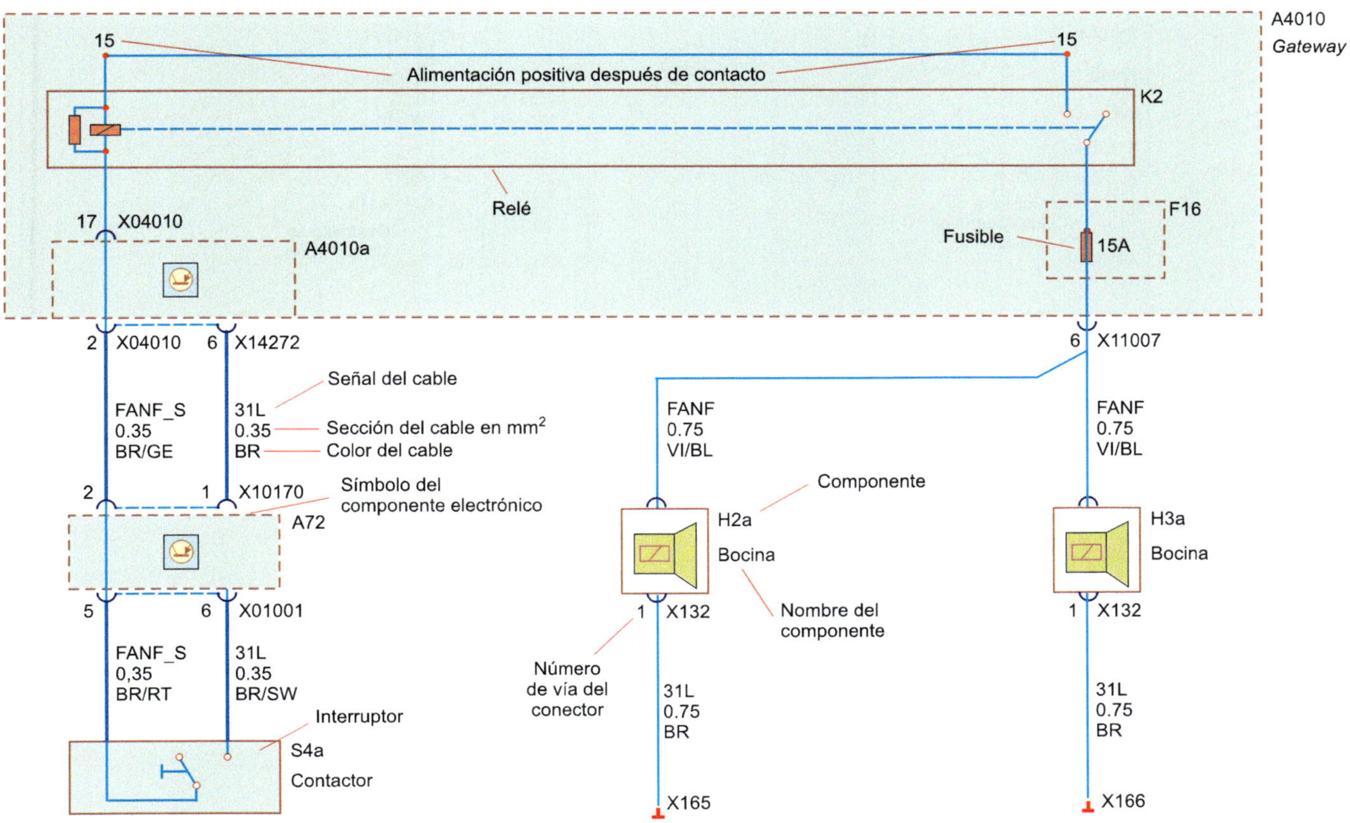

Figura 2.53. Esquema eléctrico de las bocinas de un BMW.

ACTIVIDAD **Propuesta 2.4**

En el siguiente esquema de una luneta térmica trasera de BMW, marca en diferentes colores:

a) Componentes.

b) Señales.

c) Señales de los cables.

d) Conectores.

e) Número de vía de los conectores.

f) Sección y color de los cables (indica el color o colores).

g) Componentes electrónicos.

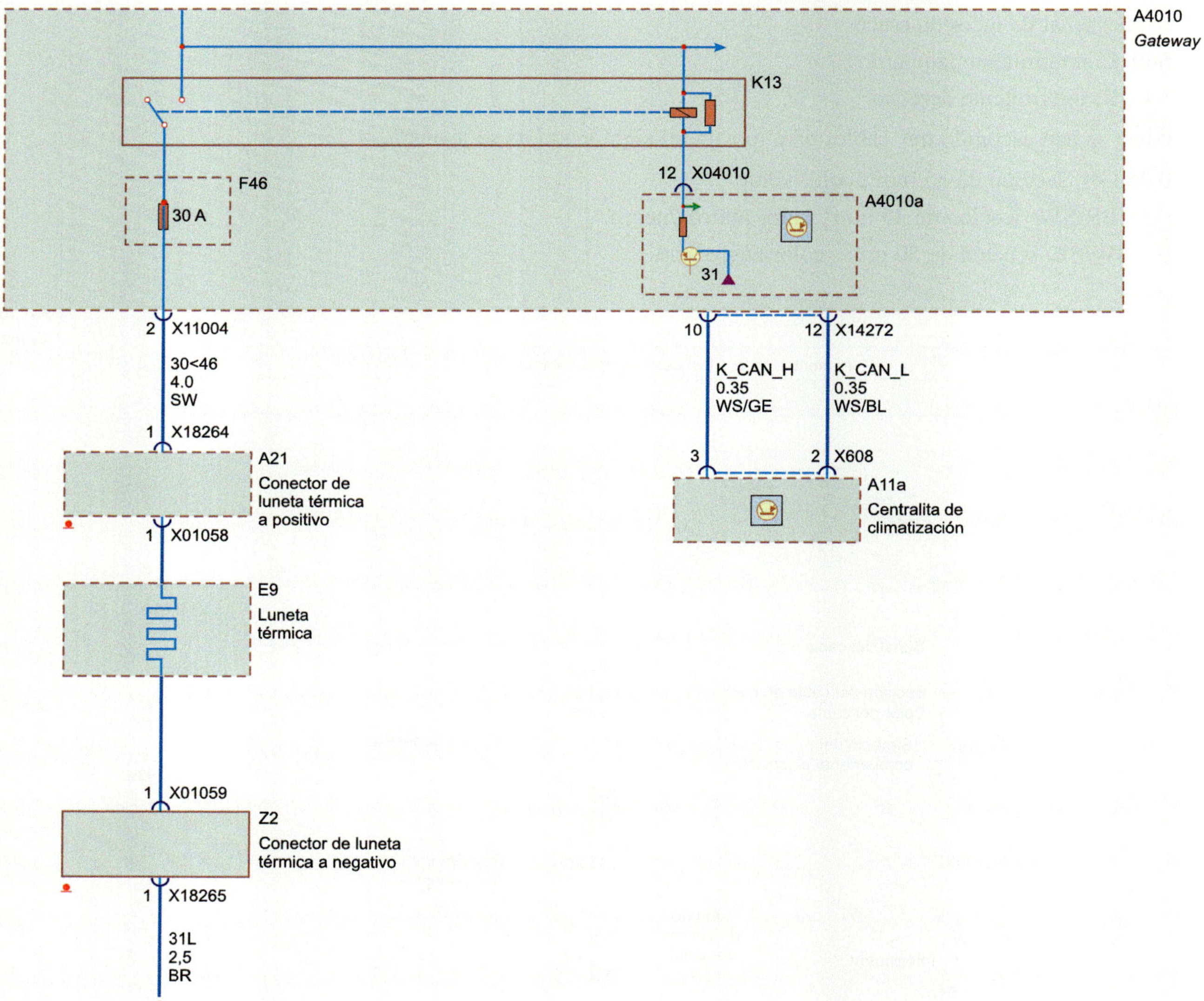

Mapa conceptual

UTILIDAD DE LA INTERPRETACIÓN DE ESQUEMAS ELÉCTRICOS DE VEHÍCULOS

- Diagnosis de averías
- Localización de componentes en el vehículo
- Localización de puntos de medición

TIPOS DE ESQUEMAS ELÉCTRICOS DE VEHÍCULOS

- De situación de componentes
- General
- De detalle

SIMBOLOGÍA EMPLEADA EN LOS ESQUEMAS ELÉCTRICOS DE VEHÍCULOS

- DIN
- Propia de cada fabricante

ESTUDIO DE ESQUEMAS ELÉCTRICOS DE FABRICANTES

- Mercedes-Benz
- Ford
- Renault
- BMW

Actividades finales

Cuestiones

2.1. Los esquemas eléctricos de situación:

a) Muestran los diferentes circuitos del vehículo y la unión entre ellos.

b) Muestran la ubicación de cada componente en un dibujo tridimensional del vehículo incluyendo el cableado.

c) Muestran la ubicación de cada componente en un dibujo tridimensional del vehículo.

2.2. La señal de positivo directo de batería es:

a) +30.

b) +15.

c) +50.

2.3. Cuando dos cables se cruzan y existe contacto eléctrico entre ellos se representan con:

a) Se cruzan las dos líneas.

b) Se dibuja una cruz sobre la intersección.

c) Un punto dibujado sobre la intersección entre ambos.

2.4. Cuando no todas las versiones de ese mismo vehículo cuentan con los mismos componentes:

a) Aparecen estos componentes sin conectar.

b) No se indica en el esquema.

c) Se conectan todos los componentes de todas las versiones indicando a cuál de ellas pertenecen.

2.5. Los cables de Mercedes Benz vienen representados:

a) Por su color.

b) Por su sección en milímetros cuadrados (mm^2) y su color.

c) Por su sección en milímetros cuadrados (mm^2).

2.6. Los números de vías de los conectores de los esquemas de Mercedes Benz:

a) No van numerados.

b) Van numerados y siguen una leyenda.

c) Van numerados y no siguen una leyenda.

2.7. La leyenda de conectores de un esquema eléctrico de Renault:

a) Consiste en una letra de la A a la M y dos números.

b) Consiste en dos números.

c) Consiste en la letra R y un número o una letra.

2.8. En un esquema eléctrico de Ford, cuando un componente está delimitado por una línea de puntos significa:

a) Que solo existe en algunas versiones de ese modelo.

b) Que está representado solo parcialmente.

c) Que está alejado del resto del circuito y no cabe en el papel.

2.9. El siguiente esquema eléctrico de Ford es:

a) Un esquema de detalle.

b) Un esquema de situación.

c) Un esquema general.

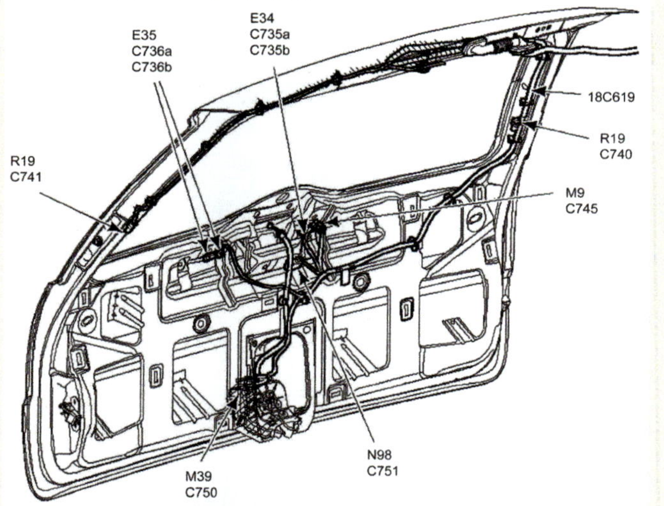

2.10. ¿Qué fabricante indica los siguientes datos sobre los cables eléctricos? Sección del cable en mm^2, señal que atraviesa al cable y color o colores del cable:

a) Ford.

b) BMW.

c) Renault.

Responde

2.1. ¿Por qué es importante saber interpretar los esquemas eléctricos de cada fabricante?

2.2. Explica los diferentes tipos de esquemas eléctricos.

2.3. ¿Emplean todos los fabricantes la misma simbología?

2.4. Completa las siguientes afirmaciones:

- Los esquemas eléctricos cuentan, en la parte superior, con el componente que... La alimentación positiva se representa en la parte... de la página y la conexión a masa en la parte...
- Cuando dos cables se cruzan y existe contacto eléctrico entre ellos se representan...
- Cuando en un esquema aparecen componentes sin conectar es debido a que...
- Los componentes se representan en posición de... (relés, interruptores, etcétera).

2.5. ¿Por qué los cables del vehículo tienen diferentes colores?

2.6. ¿Qué indican +30, +15 y −31?

2.7. ¿Por qué podemos encontrar componentes sin conectar en un esquema eléctrico?

2.8. Dibuja la representación gráfica de: un motor de imanes permanentes de dos velocidades, un avisador acústico y un pulsador.

2.9. ¿Cómo designa Mercedes-Benz los diferentes circuitos?

2.10. ¿Cómo se denominan los cables en un esquema de Mercedes-Benz? Pon un ejemplo.

2.11. ¿A qué se refieren las leyendas de señales utilizadas por algunas marcas? Escribe tres ejemplos.

2.12. ¿Cómo denomina Renault a sus conectores? ¿Y a sus masas? Escribe dos ejemplos de cada uno.

2.13. ¿Cómo se denominan los cables de un esquema eléctrico de Ford?

2.14. Escribe dos ejemplos de denominación de circuitos de Ford.

2.15. Escribe dos ejemplos de denominación de cables de un esquema BMW y explícalos.

2.16. ¿Cómo se denominan los módulos electrónicos en un esquema de BMW?

2.17. Señala lo que indican los números 217, 107, 645, 1016 y 232, recuadrados en amarillo en el esquema de la Figura 2.30.

2.18. ¿Qué indican R107 y R67 en el esquema de la Figura 2.30?

2.19. ¿Qué indican C390, C415, C644 Y C823 en el esquema de la Figura 2.46?

2.20. ¿Qué diferencia hay entre una vía y un conector? Busca un ejemplo en los esquemas y figuras del libro.

Realiza

2.1. ¿De qué tipo son los siguientes esquemas eléctricos?

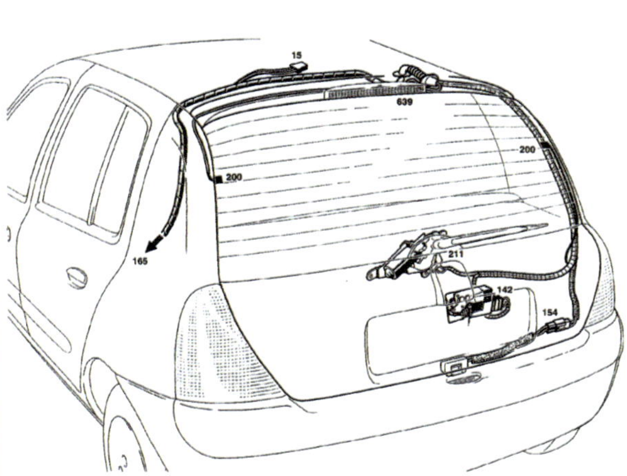

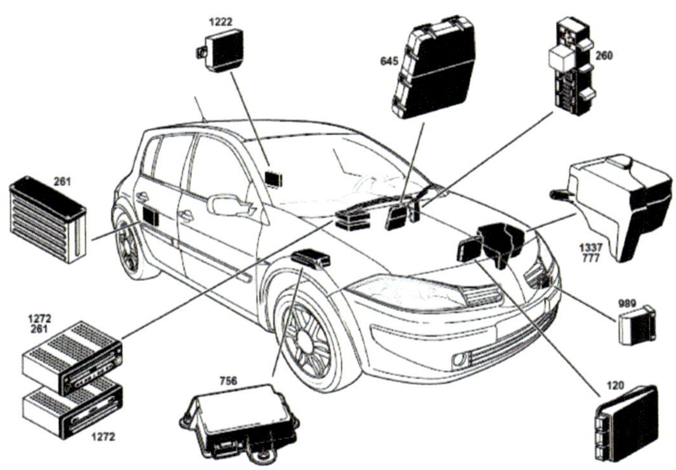

2.2. Busca en manuales de vehículos de diferentes fabricantes:

- **a)** Esquemas eléctricos de situación de componentes, esquemas generales y de detalle.
- **b)** La leyenda empleada por cada fabricante para denominar a sus componentes, masas y fusibles.
- **c)** La leyenda empleada por cada fabricante para indicar los colores de los cables.

2.3. ¿A qué elementos corresponden estos símbolos?

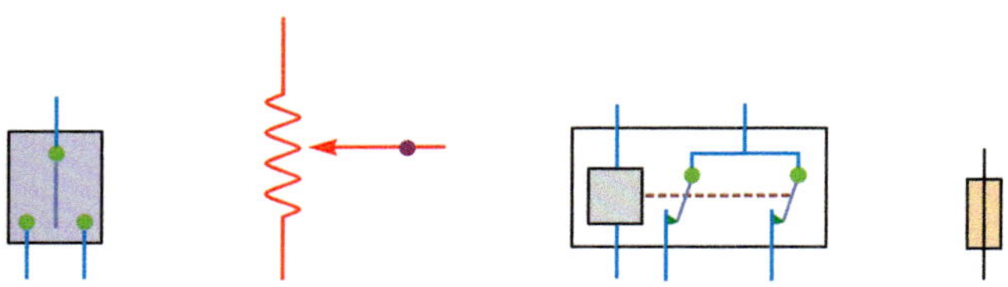

2.4. Busca en manuales de vehículos de diferentes fabricantes los siguientes circuitos e interprétalos:

- **a)** Un esquema de sistema de limpiaparabrisas.
- **b)** Un esquema de luneta térmica.
- **c)** Un esquema de generación de corriente (alternador).

2.5. En el siguiente esquema de un sistema de alarma de una Renault Kangoo señala lo siguiente:

- **a)** El color de los cables con un círculo.
- **b)** El color de los conectores con un cuadrado.
- **c)** El nombre del componente con un triángulo.
- **d)** Las masas con un rectángulo.

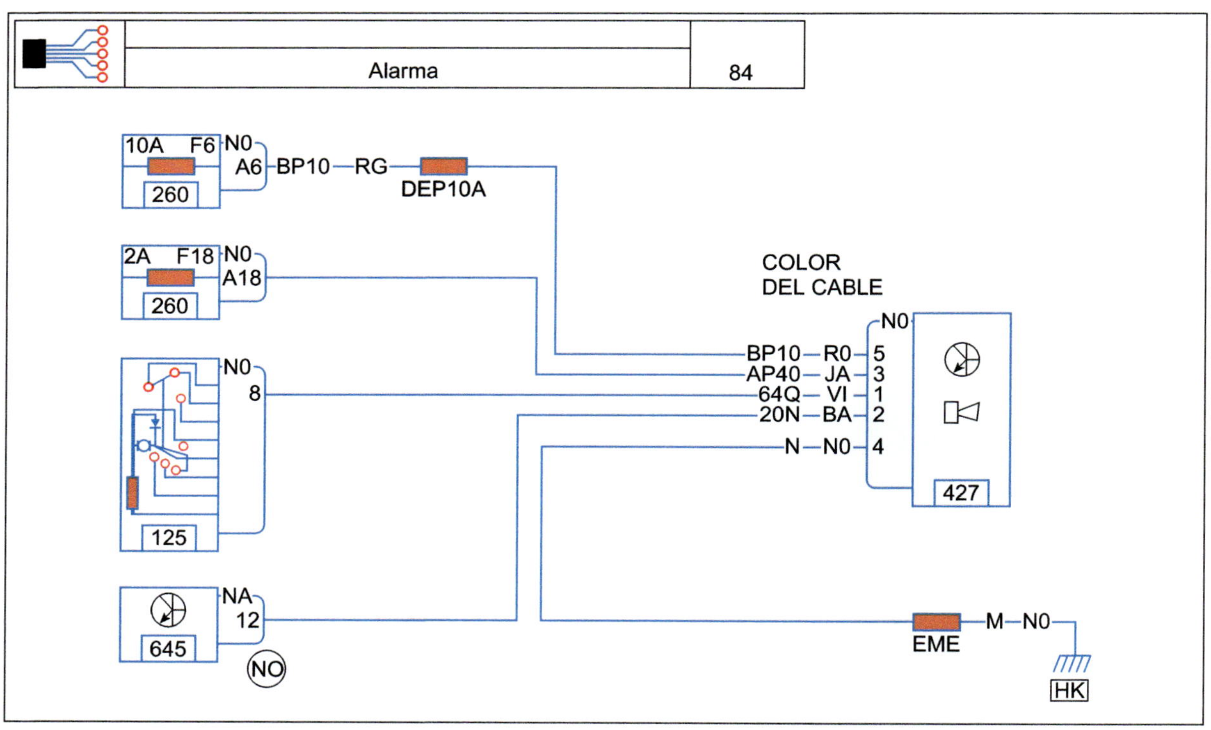

2.6. En el siguiente esquema de un Ford Fiesta señala:

- **a)** El color de los cables con un círculo.
- **b)** El color de los conectores con un cuadrado.
- **c)** El nombre del componente con un triángulo.
- **d)** Las masas con un rectángulo.

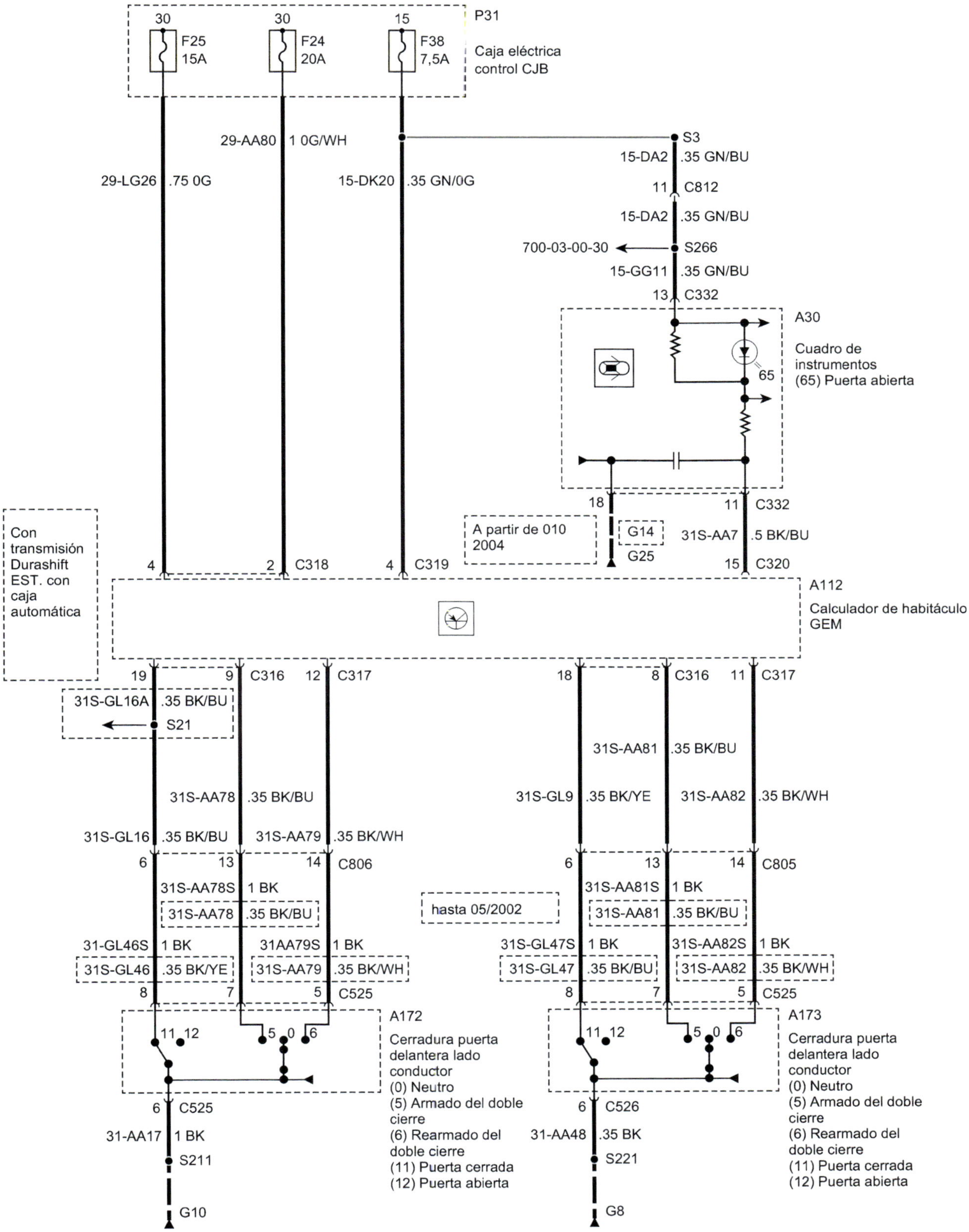

P31
Caja eléctrica control CJB
30
F25 15A
30
F24 20A
15
F38 7,5A
29-AA80 1 0G/WH
29-LG26 .75 0G
15-DK20 .35 GN/0G
S3
15-DA2 .35 GN/BU
11 C812
15-DA2 .35 GN/BU
700-03-00-30
S266
15-GG11 .35 GN/BU
13 C332
A30
Cuadro de instrumentos
(65) Puerta abierta
65
18
11 C332
A partir de 010 2004
G14
G25
31S-AA7 .5 BK/BU
15 C320
Con transmisión Durashift EST. con caja automática
4
2 C318
4 C319
A112
Calculador de habitáculo GEM
19
9 C316
12 C317
18
8 C316
11 C317
31S-GL16A .35 BK/BU
S21
31S-AA81 .35 BK/BU
31S-AA78 .35 BK/BU
31S-GL9 .35 BK/YE
31S-AA82 .35 BK/WH
31S-GL16 .35 BK/BU
31S-AA79 .35 BK/WH
6
13
14 C806
6
13
14 C805
31S-AA78S 1 BK
31S-AA78 .35 BK/BU
hasta 05/2002
31S-AA81S 1 BK
31S-AA81 .35 BK/BU
31-GL46S 1 BK
31AA79S 1 BK
31S-GL47S 1 BK
31S-AA82S 1 BK
31S-GL46 .35 BK/YE
31S-AA79 .35 BK/WH
31S-GL47 .35 BK/BU
31S-AA82 .35 BK/WH
8
7
5 C525
8
7
5 C525
A172
Cerradura puerta delantera lado conductor
(0) Neutro
(5) Armado del doble cierre
(6) Rearmado del doble cierre
(11) Puerta cerrada
(12) Puerta abierta
11 12
5 0 6
11 12
5 0 6
A173
Cerradura puerta delantera lado conductor
(0) Neutro
(5) Armado del doble cierre
(6) Rearmado del doble cierre
(11) Puerta cerrada
(12) Puerta abierta
6 C525
31-AA17 1 BK
S211
G10
6 C526
31-AA48 .35 BK
S221
G8

3 Arquitecturas de redes en el vehículo. CAN Bus

De todos es sabido que la electrónica está cada vez más presente en el automóvil en forma de unidades de control que incorporan procesadores, convertidores analógico-digitales y viceversa, etc. Dichas unidades reciben información de los sensores y captadores del vehículo, la procesan según unos parámetros introducidos previamente, y la envían a los diferentes actuadores.

Los primeros automóviles con centralitas electrónicas contaban con 1, 2 o 3 a lo sumo, que gestionaban sistemas como la inyección o el encendido, y a veces parcialmente. Pero estos sistemas han evolucionado hacia una presencia cada vez mayor de sensores y actuadores eléctricos, lo que nos ha llevado a necesitar un gran número de centralitas de control electrónico. Hay que tener en cuenta que, actualmente, casi cualquier sistema del vehículo (elevalunas, limpiaparabrisas, cierre centralizado, alarma, etc.) requiere de una centralita para su control.

La comunicación entre todas las unidades de control del vehículo se denomina arquitectura de redes.

3 Arquitecturas de redes en el vehículo. CAN Bus

¿Sabes ...

...la utilidad del empleo de redes multiplexadas en el vehículo?

...las características de las diferentes redes multiplexadas utilizadas en la actualidad?

...diagnosticar averías empleando las señales obtenidas de las diferentes redes multiplexadas del vehículo?

Contenidos

Objetivos

- Aplicar los principios de electrónica digital a las redes multiplexadas del vehículo.
- Identificar las diferentes arquitecturas de las redes de comunicación y conocer sus características.
- Conocer el protocolo de comunicación CAN Bus.
- Interpretar los distintos tipos de señales.
- Realizar diagnosis de averías de redes de comunicación.
- Localizar y reparar averías empleando los conocimientos en electrónica y redes de comunicación.

3.1. Fundamentos básicos de la red interna del vehículo

La información de parte de los sensores o captadores es utilizada por varias unidades de control, como por ejemplo la señal del captador de luz, utilizada para el encendido automático de faros y para la climatización. Por tanto, sería necesario un sensor para cada una de estas funciones o que un único sensor envíe la información a varias centralitas, pero, ¿no sería más fácil que cada sensor enviase información a una única unidad y esta intercambiase dicha información con las demás unidades? Esta es la función de las redes multiplexadas.

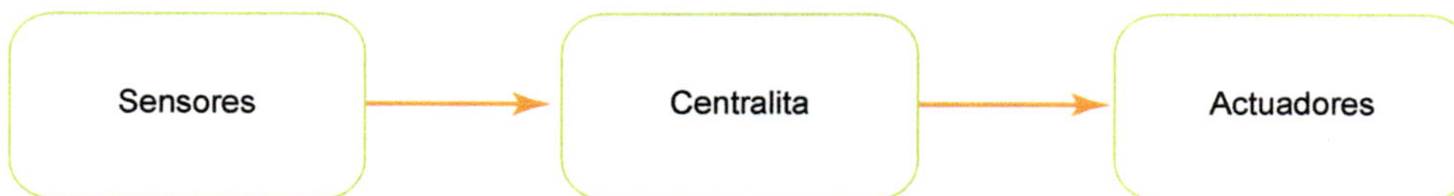

Figura 3.1. Las centralitas de los diferentes sistemas reciben información de los sensores y, en base a esta, envían información a los actuadores.

Figura 3.2. La información del sensor de temperatura de agua del motor es empleada por la centralita de gestión del motor y por la de climatización.

Por ejemplo, el sensor de velocidad de las ruedas envía los datos a la centralita de ABS y es esta la que comparte esta información con la centralita del cambio automático y con la de climatización.

En definitiva, el multiplexado es una red de comunicación dentro del vehículo, cuya función es la de transmitir por un mismo medio o canal gran número de informaciones sin interferirse entre sí. Esto se puede comprobar en el siguiente ejemplo.

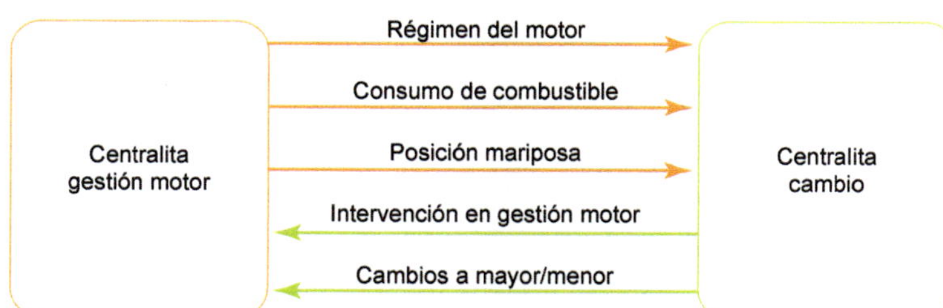

Figura 3.3. Comunicación entre centralitas sin buses de datos.

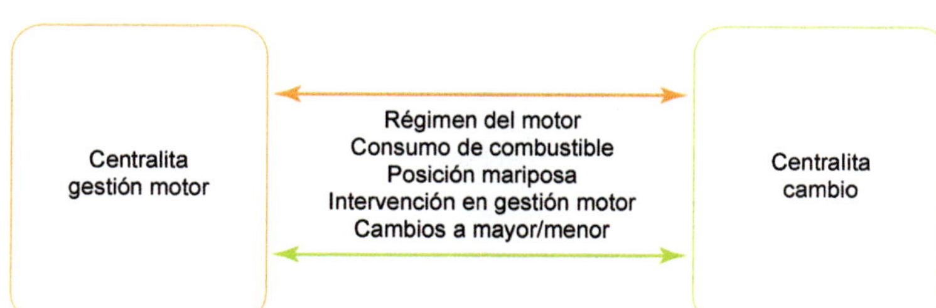

Figura 3.4. Comunicación entre centralitas empleando un bus de datos.

Sabías que...?

IVN (*in-vehicle network*) es la red interna del vehículo.

En la Figura 3.3 se observa la transmisión de datos entre la centralita de gestión de motor y la centralita de cambio automático. Son necesarios varios cables de transmisión. En la Figura 3.4 se aprecia cómo en un único bus es transmitida la misma información.

Al mismo tiempo, la red interna del vehículo presenta requisitos cada vez mayores en lo que a ancho de banda y seguridad se refiere, a la vez que se ha convertido en una prioridad disminuir el peso del cableado asociado a las redes de comunicación. Los protocolos utilizados hasta el momento, como CAN, LIN o FlexRay, ya no pueden satisfacer las nuevas demandas crecientes.

3.2. Ventajas de la utilización de redes de comunicación en el automóvil

La aparición de las redes de comunicación en el vehículo trae consigo múltiples ventajas, tanto económicas como tecnológicas. Estas ventajas son:

- **Reducción de cableado:** se prescinde de más de 2 km de cables al compartir la información las unidades de control electrónico y no recibir cada una de ellas la información del mismo sensor.
- **Utilización de un menor número de sensores:** debido a que un único sensor envía la información a una centralita y esta comparte esa información con el resto de centralitas. De esta forma no se duplican sensores.
- **Reducción de peso:** la disminución de la longitud de los cables implica una reducción de hasta 40 kg, a lo que se suma el peso de los sensores y captadores que ya no son necesarios.
- **Menor coste de fabricación y mantenimiento:** debido a la reducción de componentes que implica y a la simplificación del sistema. Es más complejo reparar un sistema con mayor número de sensores y longitud de cables que un sistema simplificado.
- Unidades de control electrónico más pequeñas, ya que cuentan con menos conexiones.
- Mayor fiabilidad, seguridad y velocidad en la transmisión de datos que un sistema totalmente analógico: gracias a este hecho se pueden utilizar los sistemas de comunicación entre centralitas tan importantes como la de gestión del motor o la del sistema de transmisión.
- Posibilidad de utilizar más parámetros para controlar un sistema determinado, permitiendo crear sistemas más exactos y completos.

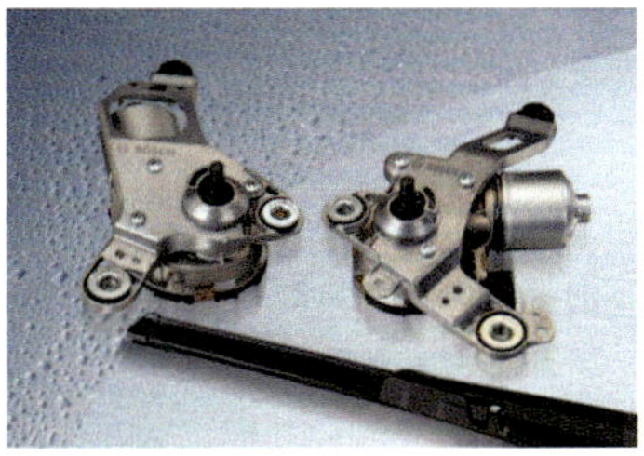

Figura 3.5. La centralita del sistema de limpiaparabrisas recibe los datos del sensor de lluvia para activar el motor y adecuar la frecuencia de barrido.

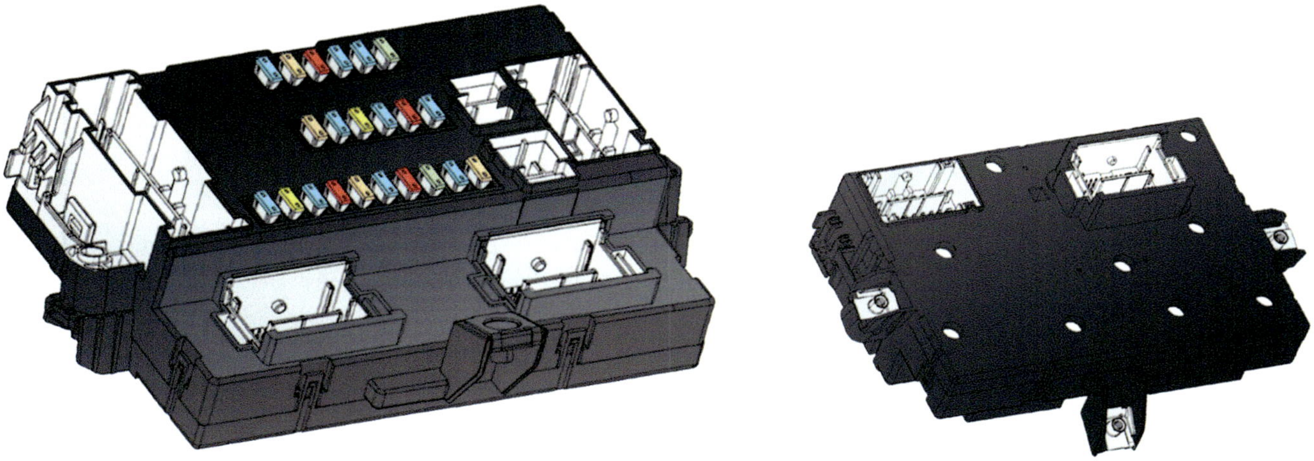

Figura 3.6. Unidad de control electrónica.

Por otro lado, el inconveniente del uso de las redes de comunicación en el automóvil es la necesidad de formar a los técnicos y mecánicos, como ocurre ante cualquier nueva tecnología. Pero superado este reto inicial se puede hacer una valoración del uso de las redes multiplexadas y decir que han incrementado enormemente la seguridad y el confort en nuestros vehículos.

3.3. Principios de electrónica digital

Recuerda que...

La electrónica digital se ha impuesto a la electrónica analógica principalmente por la inmunidad al ruido eléctrico, la gran facilidad de acoplamiento entre unos bloques y otros, y la analogía con nuestras mentes que utilizan, al igual que la electrónica digital, la lógica para almacenar datos, tomar decisiones, etc. La electrónica digital se emplea en circuitos de control y equipos informáticos para procesar datos.

La transmisión de datos entre centralitas se realiza en forma de señales eléctricas cuadradas a través de un bus de datos, que al llegar a las centralitas son convertidas en código binario para poder ser comprendido por las mismas.

Así como la numeración decimal que solemos utilizar cuenta con 10 cifras (0, 1, 2, 3, 4, 5, 6, 7, 8, 9) combinadas de diferentes formas, el lenguaje digital consiste en una numeración binaria, es decir, solo existen dos estados: el cero y el uno. Combinando estos dos estados (0 y 1) podremos transmitir distintas informaciones.

La unidad mínima de información en una transmisión digital es el bit, el cual puede ser un 0 o un 1. El número de bits y el orden de los mismos determinan el contenido de un mensaje. Si, por ejemplo, contamos con 2 bits podremos enviar 4 mensajes diferentes: 00, 01, 10, 11. Si contamos con 3 bits enviaremos 8 mensajes, con 4 bits 16 mensajes, y así sucesivamente. Por tanto, con cada bit adicional se multiplica en gran medida la información transmitida. Los múltiplos del bit más utilizados son el kilobit y el megabit, de forma que se cumple lo siguiente:

1 kbit (kilobit) = 1000 bits.

1 Mbit (megabit) = 1000 kbit.

En electrónica digital es también muy común hablar de bytes. Se trata de otra unidad de información que corresponde a 8 bits de manera que:

1 byte = 8 bits.

Figura 3.7. La iluminación inteligente es un ejemplo de sistema que requiere de una red multiplexada.

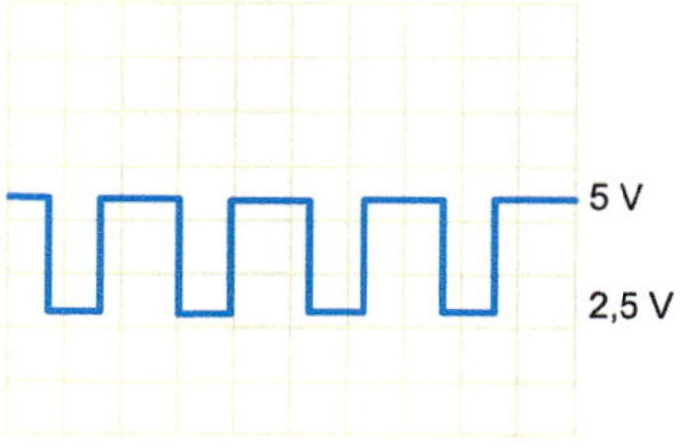

Figura 3.8. Ejemplo de señal cuadrada.

La velocidad de transmisión de datos se mide en bits por segundo (bps) e indica la cantidad de bits que son enviados en un segundo, o lo que es lo mismo, la cantidad de información por segundo. Las redes multiplexadas utilizadas en los vehículos actuales cuentan con velocidades de hasta 25 Mbps (25 millones de bps).

Los dos posibles valores que puede tener un bit (0 o 1) son en realidad valores de tensión. Por ejemplo, en la señal de la Figura 3.8 al 0 le corresponden 2,5 V y al 1 le corresponden 5 V. Pero estos valores de tensión cambiarán en cada caso y no son importantes para el envío de información, ya que las centralitas interpretan únicamente el valor 0 o 1. Sí son importantes, en cambio, para la diagnosis de la red de comunicación, como estudiaremos más adelante.

Tabla 3.1. Correspondencia entre código decimal, código binario y código hexadecimal. El código utilizado en electrónica digital es el binario

Decimal	Binario	Hexadecimal
0	0000	0
1	0001	1
2	0010	2
3	0011	3
4	0100	4
5	0101	5
6	0110	6
7	0111	7
8	1000	8
9	1001	9
10	1010	A
11	1011	B
12	1100	C
13	1101	D
14	1110	E
15	1111	F

Recuerda que...

Los primeros circuitos lógicos existentes fueron los relés electromagnéticos y, más tarde, las válvulas electrónicas. Pero la gran revolución para llegar a la microelectrónica fue la aparición de los semiconductores. La microelectrónica supuso integrar todos los componentes de un circuito electrónico en un solo chip o pastilla para sustituir las enormes cajas de relés.

ACTIVIDAD **Propuesta 3.1**

Completa:

10 500 kbit = ____________ Mbit

200 Mbit = ____________ bit

8 kbit = ____________ bit

50 Mbps = ____________ bps

3000 bps = ____________ kbps

ACTIVIDAD **Propuesta 3.2**

¿Cuántos mensajes se pueden enviar con 8 bits? ¿Y con 5 kbits?

ACTIVIDAD **Propuesta 3.3**

Enumera las ventajas del empleo de redes multiplexadas en el automóvil frente a las instalaciones tradicionales.

3.4. Componentes de una red de comunicación

Para que un mensaje sea transmitido hacen falta un emisor, un receptor, un canal de comunicación entre ambos y un lenguaje común. Las redes multiplexadas cuentan con todos estos componentes, ya que su función es la de transmitir datos.

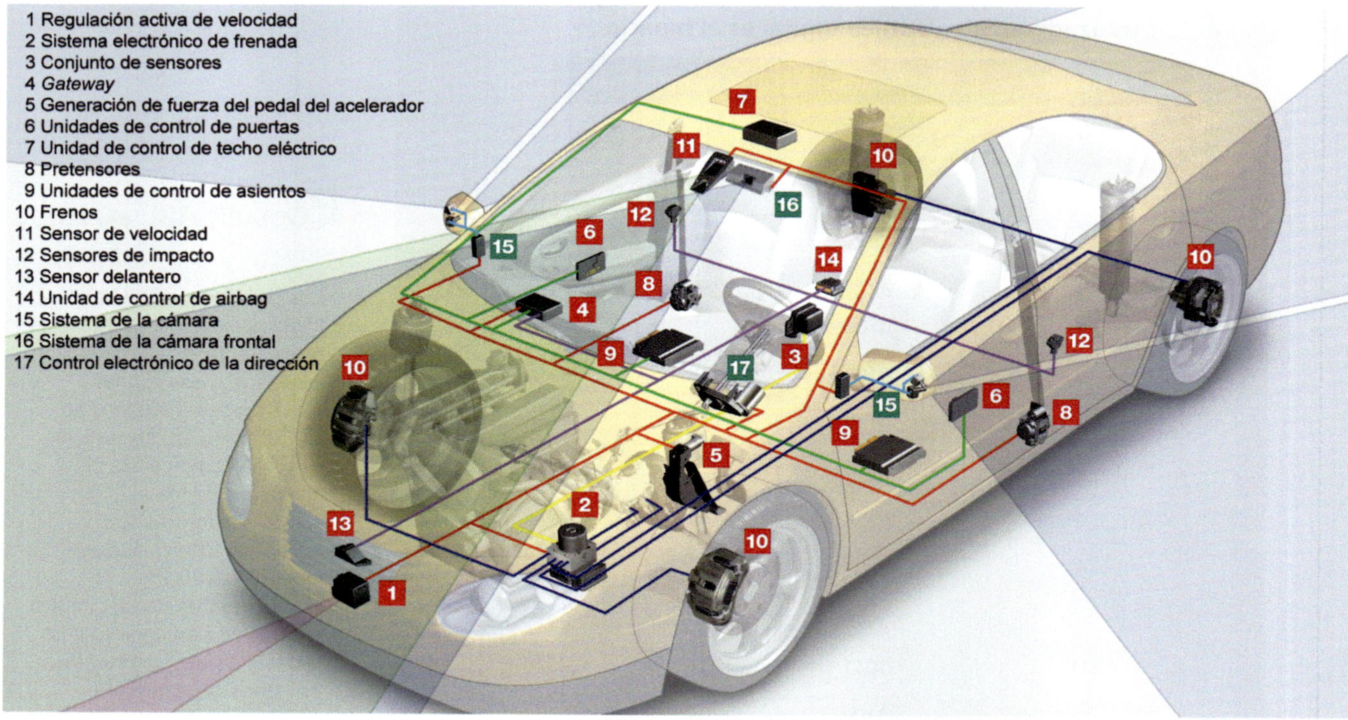

Figura 3.9. Ubicación de las centralitas de control electrónico en un vehículo.

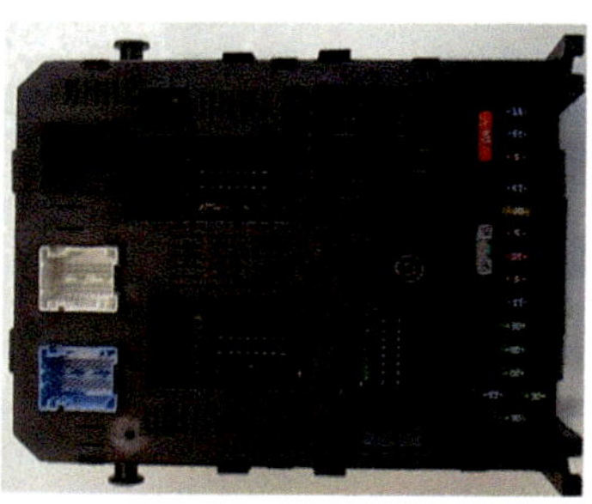

Figura 3.10. Unidad de control electrónico.

Emisores y receptores

Los emisores y receptores son las distintas unidades de control que intercambian información.

Canal de comunicación

El canal de comunicación puede ser un bus de datos, un cable de fibra óptica o el aire si se trata de una transmisión inalámbrica.

El bus de datos es un cable de cobre igual a un cable eléctrico como los que conocemos, con una sección de 0,6 mm^2. Los buses pueden ser monoalámbricos o bialámbricos, según la red, con la particularidad de que en los bialámbricos los dos cables van entrelazados (forman un cable trenzado).

Los cables de fibra óptica, sin embargo, transportan luz, por lo que contarán con un recubrimiento reflectante transparente y una protección de color negro para facilitar que la luz rebote y avance por sus paredes.

Protocolo de comunicación

El lenguaje empleado en la transmisión de datos se denomina protocolo de comunicación, y se trata de un conjunto de reglas determinadas previamente y que deben conocer tanto el emisor como el receptor.

Los mensajes enviados y recibidos los forman conjuntos de bits enlazados en serie (uno detrás de otro). Según el protocolo utilizado, conocido por el emisor y el receptor, el número de bits será diferente para expresar lo mismo. Los mensajes, también llamados tramas de datos, se dividen en diferentes partes, denominadas campos. Entre los distintos tipos de redes multiplexadas destacan las siguientes:

- CAN Bus.
- VAN Bus.
- LIN Bus.
- MOST Bus.
- FlexRay.
- Ethernet.

Figura 3.11. Cables de buses.

3.5. Clasificación de las redes de comunicación

La elección de una u otra red de comunicación para cada sistema del vehículo depende de la seguridad en la transmisión de datos requerida por dicho sistema, la velocidad de transmisión de datos necesaria y el coste de fabricación.

La comunicación de cualquier centralita con la de airbag, por ejemplo, debe estar garantizada, por lo que la seguridad de la transmisión de datos tiene que ser lo más alta posible. Esto se traduce en una alta velocidad de transmisión y una red de comunicación por bus eléctrico (por ejemplo, CAN Bus). Sin embargo, la comunicación entre las centralitas de limpiaparabrisas o cierre y elevalunas no requieren tanta seguridad, por lo que es utilizada una red de menor velocidad de transmisión de datos y de menor coste (por ejemplo, LIN o CAN Confort). Tampoco la red de infotenimiento del vehículo requiere una alta seguridad en la transmisión, pero sí una alta velocidad de transmisión de datos, ya que se trata de grandes paquetes de datos (información muy pesada). Por eso es utilizada una red de comunicación a través de fibra óptica (MOST).

Las redes multiplexadas utilizadas en el vehículo se clasifican según:

- La velocidad de transmisión de datos.
- El tipo de señal empleada.
- El protocolo de datos empleado.

3.5.1. Velocidad de transmisión de datos

La velocidad de transmisión de datos se mide en kilobits por segundo. Cada red cuenta con una velocidad distinta según las necesidades del sistema que gestiona. Una unidad de control de gestión de motor o de tracción requerirá mayor velocidad que una unidad de la red de confort. De esto se puede deducir que la velocidad va asociada a la seguridad de la transmisión de datos. Actualmente las redes existentes en automóviles van de 10 Kbps a 100 Mbps.

Sabías que...?

La fibra óptica se emplea, cada vez más, para televisión digital, telefonía e internet. Esto es debido a que ofrece una alta velocidad de transmisión de datos, además de una mayor inmunidad frente a interferencias electromagnéticas. En el vehículo se utiliza para transmisión de datos multimedia en las redes de infotenimiento.

3.5.2. Tipos de señales

Los tipos de señales empleadas actualmente en las redes de comunicación son las siguientes:

- **Señal eléctrica:** la información se transmite en forma de señal eléctrica cuadrada a través de un bus de datos. De las redes que utilizan esta señal las más importantes en el mercado son CAN Bus, LIN Bus, VAN Bus y FlexRay.

- **Señal luminosa mediante fibra óptica:** la información se transmite por haces luminosos a través de un cable de fibra óptica. Actualmente solo se utiliza para redes de infotenimiento (DVD, manos libres, radio, etc.). La más conocida es la red MOST Bus.

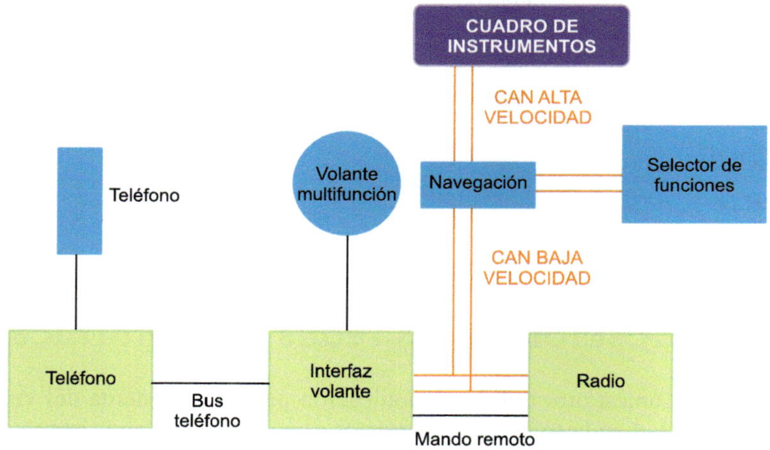

Figura 3.12. Esquema de redes multiplexadas de un sistema de navegación con redes de alta y baja velocidad.

- **Ondas de radio:** *bluetooth* y wifi. Estos sistemas aún no están disponibles pero se están investigando y mejorando, debido a los problemas de seguridad de red que presentan. Sí se emplean, sin embargo, para dispositivos como el navegador o el manos libres para el teléfono móvil.

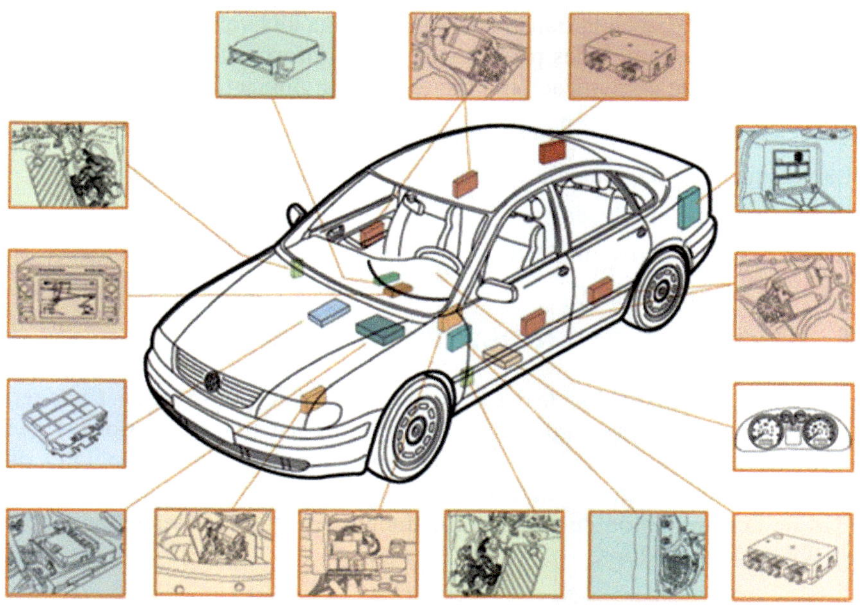

Figura 3.13. Ubicación de las principales centralitas en el vehículo.

Sabías que...

Wifi son las siglas de *Wireless Fidelity,* que significa «fidelidad sin cables». La información se transmite a través de ondas de radio que portan la información. Es un sistema de transmisión de datos muy ventajoso, por la ausencia de cables y su velocidad de transmisión, pero hoy día es demasiado vulnerable a ataques externos, como virus desde otros ordenadores.

3.5.3. Protocolos de comunicación

Existen diversos protocolos de comunicación, pero los más empleados son CAN, VAN, LIN y MOST.

En un mismo vehículo existen diferentes redes con distintos protocolos de comunicación. Es muy común que un vehículo cuente, por ejemplo, con una red CAN de alta velocidad para las centralitas de gestión de motor, tracción y gestión de cambios; una red CAN de baja velocidad para los sistemas de confort; una red LIN para sistemas que no requieren de alta velocidad de respuesta como, por ejemplo, el sistema de limpia; y una red MOST para la red de infotenimiento (DVD, radio, teléfono, etcétera).

Figura 3.14. Las redes de fibra óptica en el vehículo se utilizan para sistemas de infotenimiento.

3.6. Topologías de redes

Las unidades de control se encuentran interconectadas a través de sistemas de buses de diferentes maneras. La topología de la red indica cómo es esta interconexión, siendo las más empleadas las siguientes:

- En anillo.
- En estrella.
- Tipo bus.

En anillo

En la estructura de anillo la información sigue un camino circular hasta que llega a la centralita a la que va dirigida. Un error en una centralita afecta a toda la red. La red más utilizada en vehículos con estructura de anillo es la red de fibra óptica MOST.

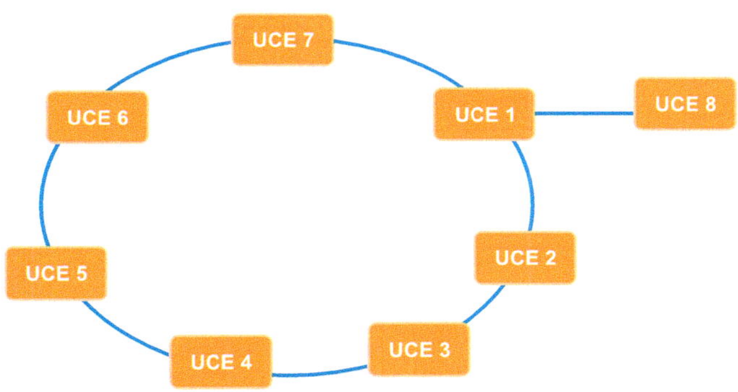

Figura 3.15. Ejemplo de red multiplexada con topología en anillo.

Sabías que...

El sistema de infotenimiento de Tesla es uno de los más avanzados del mercado. La plataforma Tesla con pantallas de 17 pulgadas incluye muchas características desde Netflix y YouTube, hasta la posibilidad instalar videojuegos.

En estrella

Todas las unidades de control están unidas a una centralita principal, siendo esta la que gestiona toda la información. Un error en la centralita principal afecta a toda la red.

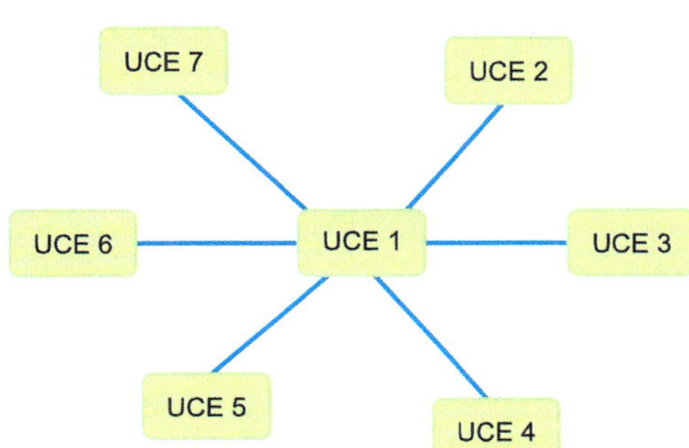

Figura 3.16. Ejemplo de red multiplexada con topología en estrella.

Tipo bus

Es la empleada en las redes más comunes, como CAN o VAN, y todas las centralitas se comunican a través de un bus de datos.

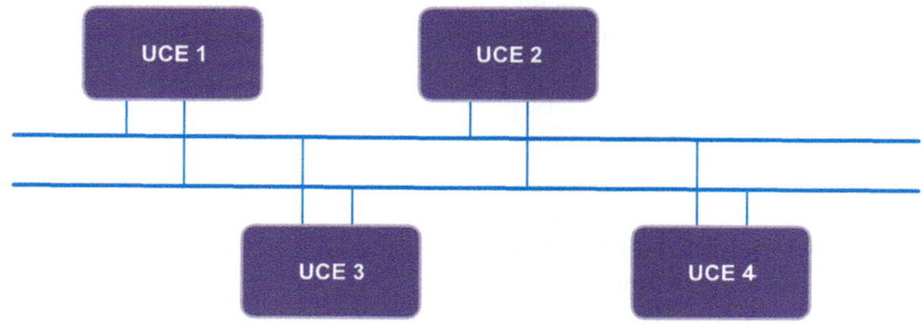

Figura 3.17. Ejemplo de red multiplexada con topología de buses.

Para profundizar en la estructura tipo bus diferenciaremos, en primer lugar, una centralita maestra de una centralita esclava. La centralita maestra está conectada al bus directamente y la esclava está conectada a una maestra, que a su vez conecta con el bus principal. Una red multimaestra es aquella en la que todas las centralitas son maestras, es decir, envían y reciben datos directamente del bus, como ocurre en las redes CAN y VAN.

La red LIN, sin embargo, tiene una estructura maestra-esclava, ya que unas centralitas dependen de otras. En este tipo de estructura una misma centralita puede ser maestra y esclava a la vez, ya que puede depender de otra centralita y al mismo tiempo que una tercera dependa de ella.

Sabías que...?

Algunos de los circuitos del vehículo cuyas centralitas forman parte de una red maestra-esclava son el de limpiaparabrisas, alarma o espejos retrovisores eléctricos.

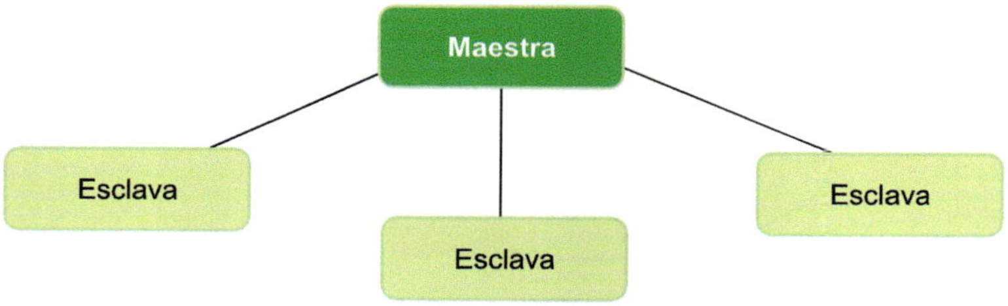

Figura 3.18. Estructura de red maestra-esclava.

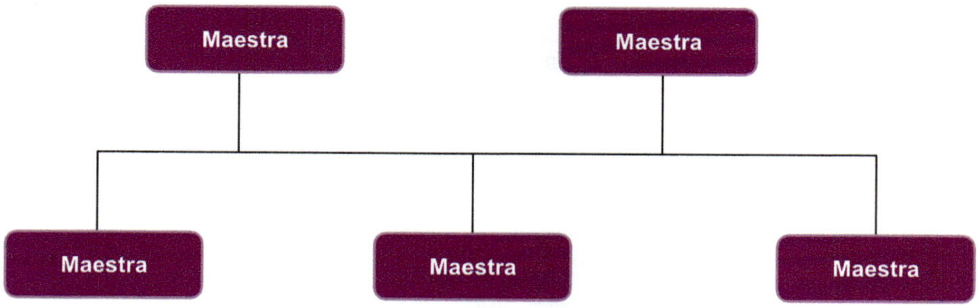

Figura 3.19. Estructura de red multimaestra.

Dentro de un mismo vehículo coexisten redes con distinta topología y todas ellas se interconectan entre sí mediante una centralita denominada **pasarela** o ***gateway***. Dicha centralita actúa de conversor y así permite intercambiar información entre diferentes redes de comunicación. Los distintos tipos de redes multiplexadas no se pueden unir directamente porque trabajan a distintas velocidades, niveles de tensión, configuración en cuanto a resistencias y utilizan distintos protocolos de datos. La *gateway* selecciona una parte de cada mensaje que recibe de las diferentes redes mediante un filtrado de datos, creando un nuevo mensaje especialmente diseñado para la centralita a la que va dirigido. Puede ser una centralita o estar integrada dentro de un nodo.

Figura 3.20. El cuadro de instrumentos contiene una centralita que, en ocasiones, es la *gateway* del sistema.

Nos la podemos encontrar tanto como una centralita independiente y que, a su vez, cuente con la toma de diagnosis; como una centralita independiente que comunica a distintas redes y que está unida a la toma de diagnosis por un bus de diagnosis; o incluida dentro de otra unidad, como por ejemplo la del cuadro de instrumentos.

Recuerda que...

Un nodo es un punto de unión de cualquier centralita a la red multiplexada.

Sabías que...?

La *gateway* es denominada de forma distinta por cada fabricante. Algunas de estas denominaciones son: BSI (PSA), BHI (Renault), Body Computer (Fiat), Unidad de a bordo o cuadro de instrumentos (VW), Junction Box (BMW), etcétera.

ACTIVIDAD **Propuesta 3.4**

Realiza un esquema de clasificación de las redes multiplexadas.

ACTIVIDAD **Propuesta 3.5**

¿Qué relación hay entre la velocidad de transmisión de datos y la seguridad de un sistema?

ACTIVIDAD **Propuesta 3.6**

¿A qué topología pertenecen las siguientes redes?

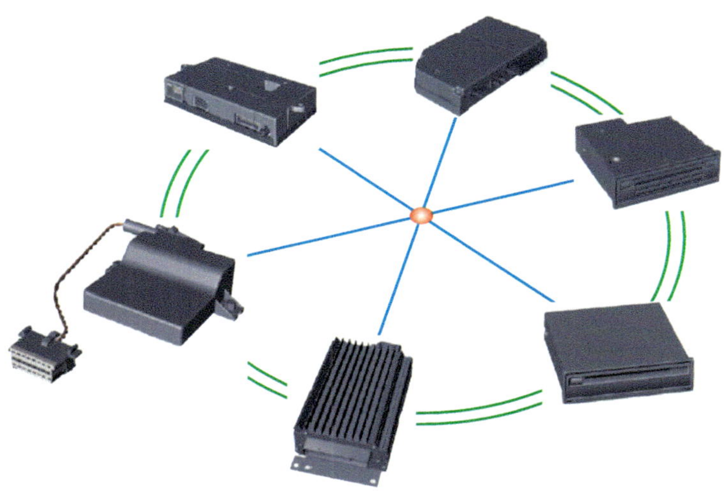

Figura 3.21.

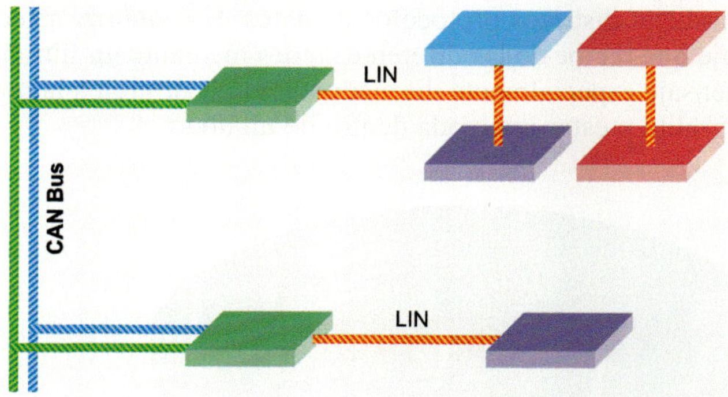

Figura 3.22.

ACTIVIDAD **Propuesta 3.7**

Identifica la *gateway* en los siguientes esquemas de comunicación y explica qué funciones cumple.

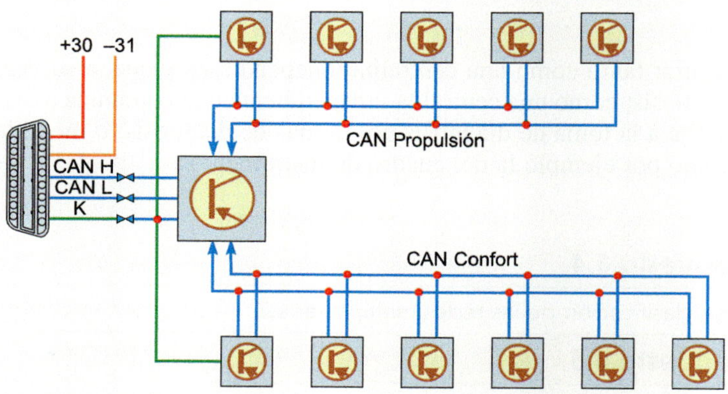

Figura 3.23.

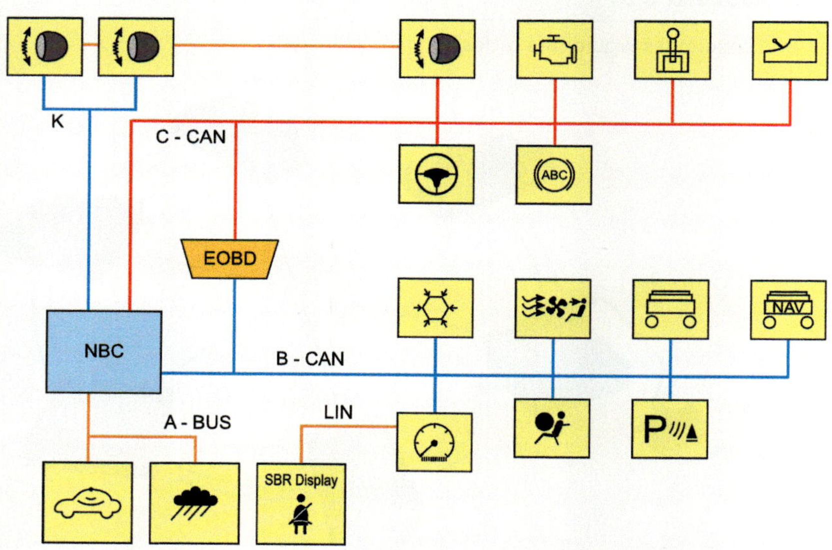

Figura 3.24.

ACTIVIDAD **Resuelta 3.1**

En el siguiente esquema, correspondiente a un Seat Altea, explica la ubicación de la toma de diagnosis y justifica la utilización de los distintos tipos de líneas CAN en cada caso.

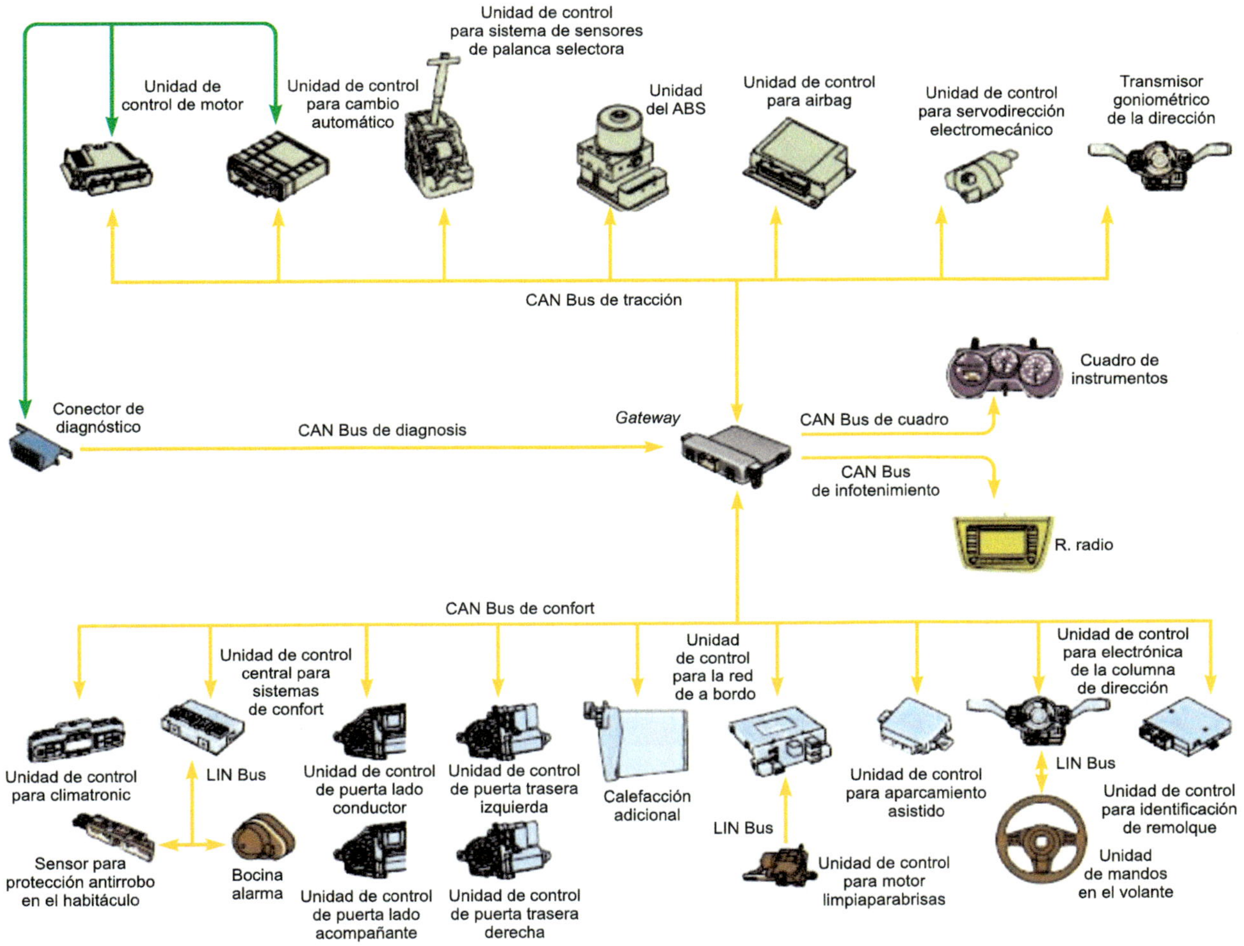

Figura 3.25.

Solución

La toma de diagnosis está conectada a la centralita *gateway*, de la que toma los datos de las demás unidades de control del circuito. Esto hace necesaria la utilización de un CAN Bus de diagnosis, tal y como observamos en la Figura 3.25. Dicho bus recoge datos, además de las centralitas de control de motor y de control de cambio automático, dibujadas en color verde.

Las redes con que cuenta este vehículo son las siguientes: CAN Tracción (500 kbps), CAN Confort (100 kbps), CAN Infotenimiento (100 kbps), CAN Cuadro y CAN Diagnosis (de la que ya hemos hablado). También tiene redes LIN Bus, que se estudian en la unidad siguiente, para los mandos del volante, limpiaparabrisas y alarma.

La línea CAN Tracción es utilizada para centralitas que requieren de alta velocidad y de una transmisión lo más segura posible, como son las de control de motor, control de cambio, ABS, airbag, etcétera.

La línea CAN Confort ofrece menor velocidad de transmisión de datos y, por tanto, menos seguridad. Por eso se emplea para comunicar centralitas como la de control de climatización, control de sistemas de confort (bocina, antirrobo), control de puertas o de calefacción, entre otras.

La línea CAN Infotenimiento es empleada en este vehículo para la radio, ya que no cuenta con navegador, DVD, etc. Por esta razón es suficiente la velocidad que ofrece una red CAN.

En último lugar encontramos una red CAN del cuadro de instrumentos, que conecta el cuadro directamente con la *gateway*.

3.7. CAN Bus

La red multiplexada CAN (*Controller Area Network*) es la más extendida y en la actualidad casi todos los vehículos cuentan con ella. Desarrollada por Robert Bosch GMBH en 1980, en 1992 fue utilizada por la clase S de Mercedes. La transmisión de datos se realiza por impulsos eléctricos en forma de señal cuadrada a través de un bus de datos, formado por dos cables entrelazados. Las unidades de control cuentan con un transceptor que, entre otras funciones, convierte estos impulsos eléctricos en un mensaje en código binario, para que pueda ser comprendido por el controlador y el microprocesador, ambos incluidos también en la centralita.

3.7.1. Tipo de señal transmitida por una red CAN

Los buses utilizados en las redes CAN son bialámbricos, es decir, constan de 2 cables, llamados CAN High y CAN Low.

Por cada cable del bus circula una señal cuadrada que varía entre dos valores, y siempre se cumplirá que ambas señales cuadradas son simétricas. De esta forma, la diferencia de tensión entre las dos líneas del bus solo puede tomar dos valores, representando cada uno de ellos un bit. El bit dominante o bit 0 representa la mayor diferencia de tensión entre señales. El bit recesivo o bit 1 representa la menor diferencia de tensión entre señales. Dicha adjudicación de bits está definida por la norma ISO.

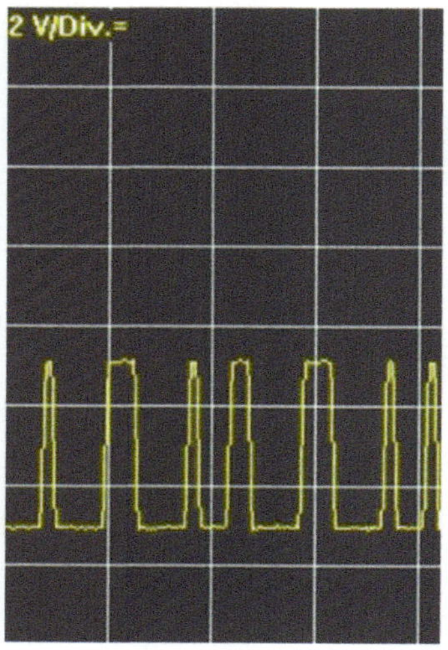

Figura 3.27. Señal de CAN Low de una red de CAN Confort.

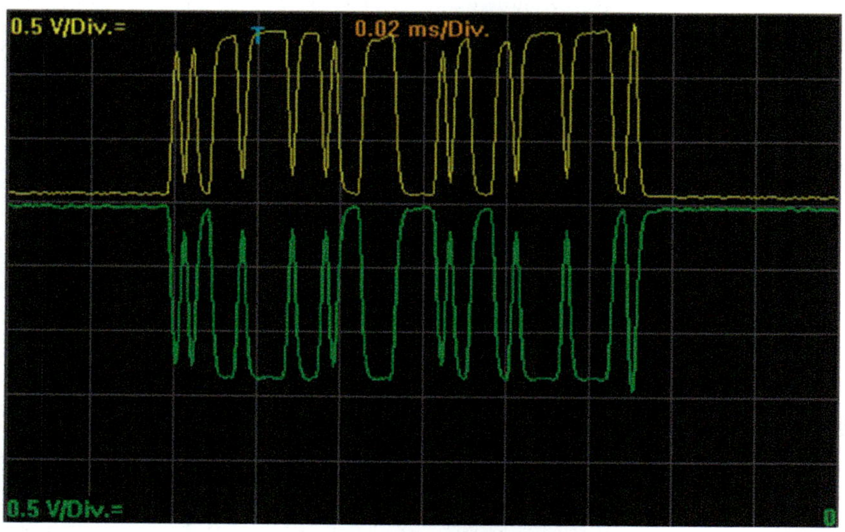

Figura 3.26. Señal de CAN Bus. El bit dominante (0) se da cuando las señales H y L se separan. El bit recesivo (1) se da cuando las señales se juntan.

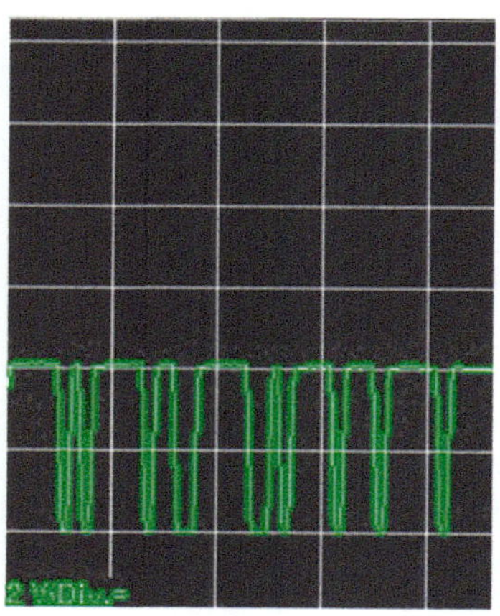

Figura 3.28. Señal de CAN High de una red de CAN Confort.

Recuerda que...

La corriente eléctrica que atraviesa un cable crea un campo magnético a su alrededor. Dicho campo afecta a otros cables y componentes cercanos, induciendo en ellos una fuerza electromotriz, que será tanto mayor cuanto mayor sea la variación de campo magnético.

Al transmitirse la información en forma de diferencia de tensión entre los dos cables, cualquier interferencia externa a la red afectaría de igual manera a las dos señales, manteniéndose el valor de la diferencia de tensión intacta y, por tanto, el mensaje. Al mismo tiempo, al ser simétricas las señales de los dos cables, se anulan los campos magnéticos creados por los cambios de tensión.

ACTIVIDAD **Propuesta 3.8**

En la siguiente figura marca los bits dominantes.

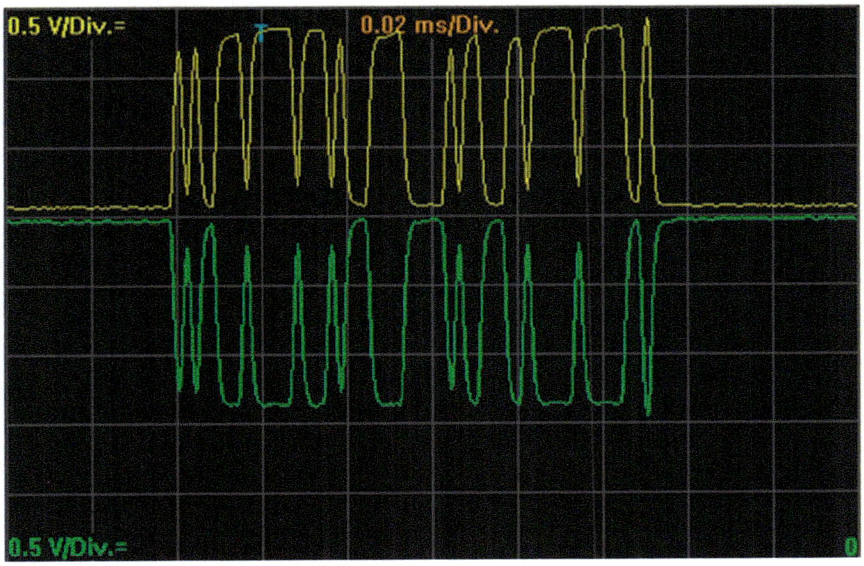

Figura 3.29.

ACTIVIDAD **Propuesta 3.9**

¿Por qué son simétricas las señales de los buses CAN High y CAN Low? ¿Cómo afecta una interferencia externa al envío de la señal?

Sabías que...

CAN High Speed y CAN Low Speed pasan a ser norma en 1993 y 1994 respectivamente (ISO 11898, ISO 11519-2). En 1995 PSA utiliza CAN de alta velocidad para sustituir a la línea VAN en las funciones de interconexión, y en 2000 sustituye totalmente el protocolo VAN por CAN de baja velocidad para carrocería y confort.

3.7.2. Tipos de redes CAN

Las redes CAN pueden ser de alta velocidad (CAN High Speed o HS) o baja velocidad (CAN Low Speed o LS). En la primera la velocidad de transmisión de datos va de 500 kbps a 1 Mbps. En la segunda la velocidad es de 250 kbps. Las redes CAN de alta velocidad se utilizan para sistemas que requieren un alto nivel de seguridad, como la dirección asistida electrónica, el airbag, el sistema de frenos ABS, etc. En estos casos una rápida respuesta del sistema es fundamental para aumentar la seguridad ante un accidente. Las redes de baja velocidad CAN se utilizan, sobre todo, en líneas de confort, que engloban sistemas de alumbrado, limpiaparabrisas, elevalunas, climatización, etc. Con ellas los fabricantes obtienen los mismos resultados con menos velocidad y una inversión económica menor.

Un ejemplo de red CAN de alta velocidad es CAN FD (*Flexible Data*). Se caracteriza por alcanzar velocidades de transmisión de datos hasta 8 veces superiores que otras redes CAN, llegando a los 2000 Kbps. Las unidades de control de esta red requieren de transceptores de última generación para poder leer datos de 8 a 6 bytes. En cuanto al

Sabías que...

Algunos fabricantes utilizan un bus de velocidad intermedia entre CAN High Speed y CAN Low Speed llamado Bus Mid-Speed o Medium-Speed. Los datos van a 100 o 125 kbps y cuenta con dos resistencias finales ubicadas en el módulo de pantalla de información y el módulo EHU (unidad principal de entretenimiento-radio).

software, utiliza una trama de datos con un campo de control y un campo de datos más largos que en otras redes CAN. De esta manera se puede enviar más información en un mismo mensaje.

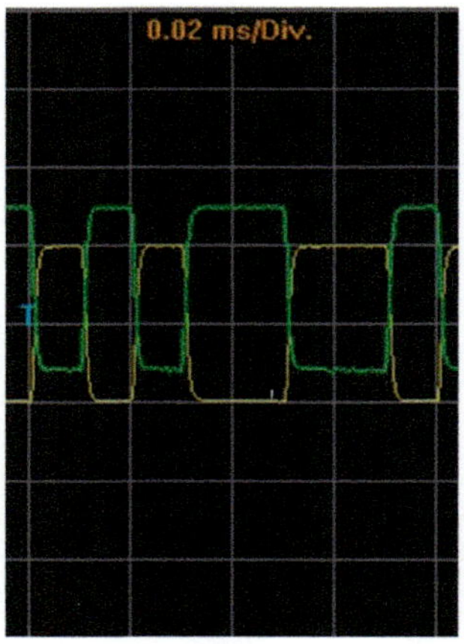

Figura 3.31. Señal CAN Low Speed.

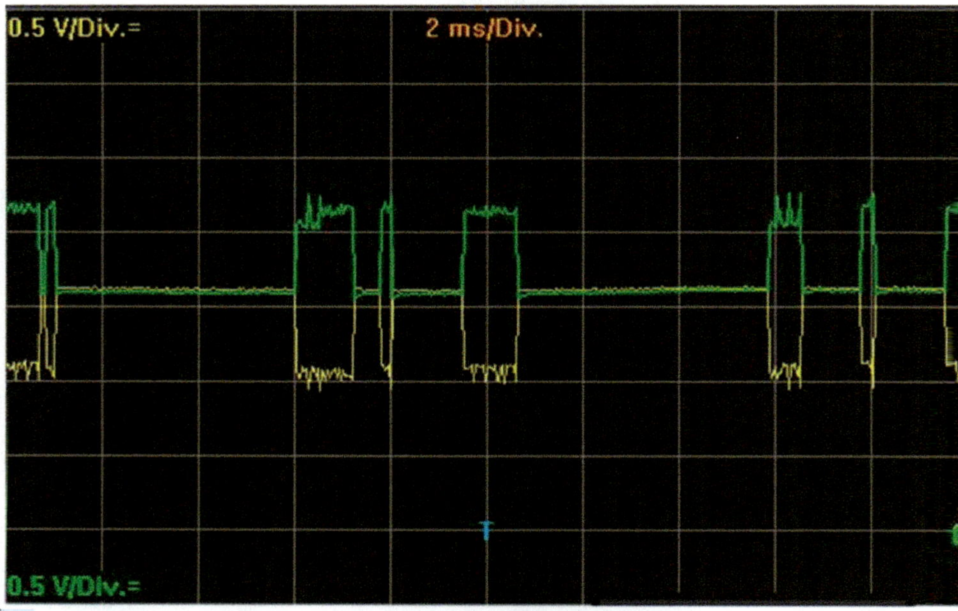

Figura 3.30. Imagen de osciloscopio de una señal CAN High Speed.

El ejemplo más claro de una línea CAN LS (baja velocidad) es el sistema CAN Confort. Originalmente esta red estaba constituida por una unidad de control central y dos o cuatro unidades de control de puertas. Posteriormente se le fueron añadiendo dispositivos tales como asientos eléctricos, climatización, aparcamiento asistido, etcétera.

En un principio, la velocidad de transmisión del sistema CAN Confort era de 62,5 kbits/s, pero actualmente es frecuente encontrar vehículos con velocidades de transmisión de 100 kbps, cuya transmisión del protocolo de datos tarda aproximadamente 1 milisegundo (ms). Cada unidad de control intenta transmitir sus datos cada 20 milisegundos.

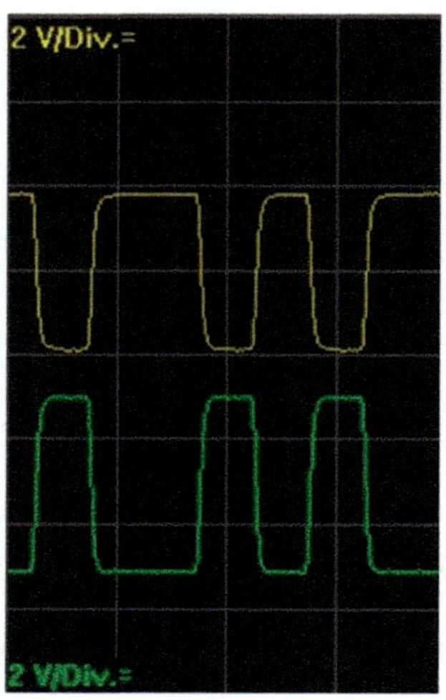

Figura 3.32. Señal CAN Low Speed con los dos canales separados.

Los valores de tensión en los primeros sistemas oscilaban entre 0 y 2,25 V para el CAN L y entre 2,75 y 5 V para el CAN H. En los actuales han de estar comprendidos entre 1,4 y 3,6 V tanto para CAN L como para el CAN H. La señal obtenida al medir en una red CAN LS utilizando dos canales del osciloscopio tiene la peculiaridad de que las señales de los cables CAN High y CAN Low se solapan, tal y como se observa en la Figura 3.31.

Para entenderla mejor se verá a continuación la Figura 3.32 que muestra la misma señal separados los dos canales.

ACTIVIDAD **Resuelta 3.2**

En el esquema de la Figura 3.33 se muestra una red CAN Confort de Volkswagen-Audi:

a) Identifica la *gateway.*

b) Justifica el empleo de una red de baja velocidad.

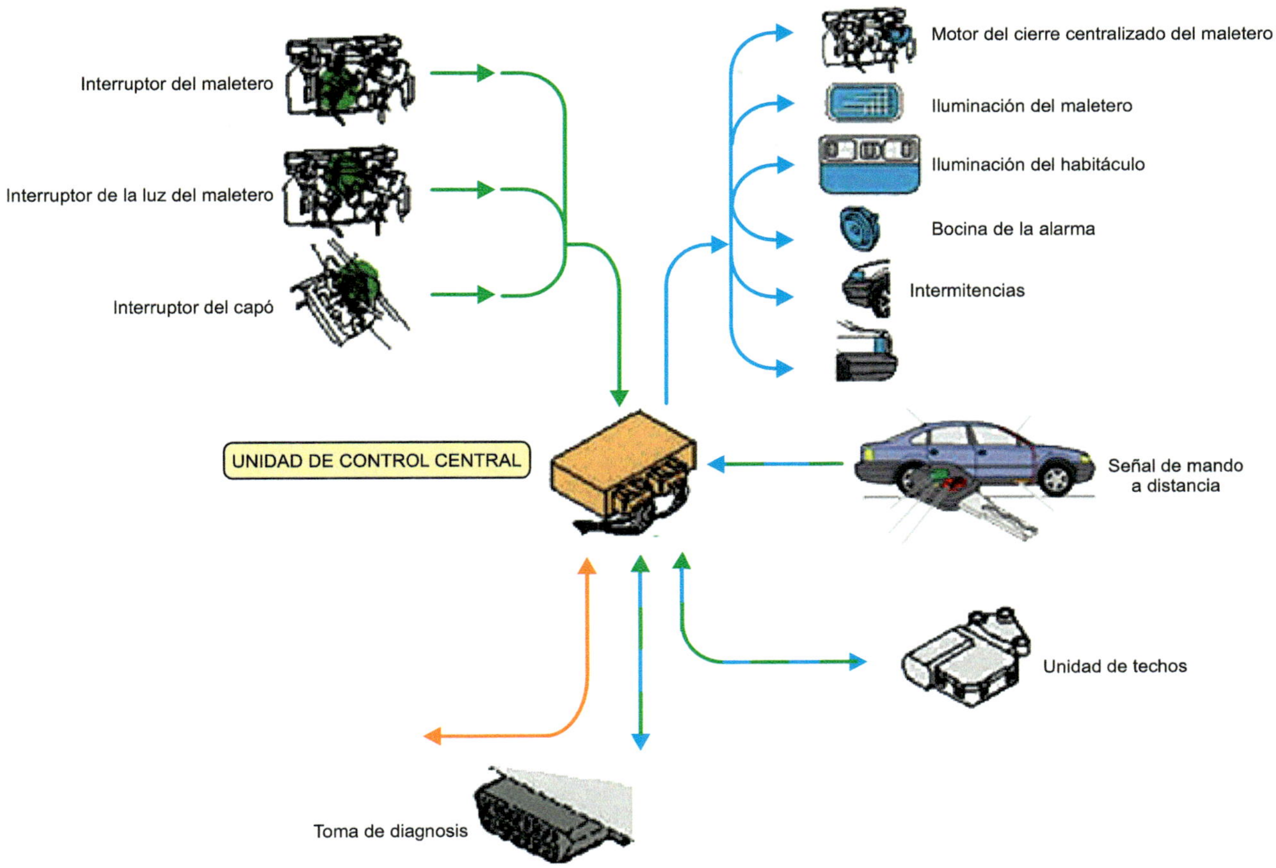

Figura 3.33.

Solución

a) La unidad de control central del sistema se ocupa, además de sus funciones dentro del sistema de confort, de la comunicación con la red de a bordo, y conecta la red con la toma de diagnosis. Es por tanto la centralita *gateway* del sistema, pues comunica diferentes redes de comunicación.

b) Se emplea una red de baja velocidad porque las funciones que asumen las centralitas no son prioritarias para la seguridad. Dichas funciones son el cierre centralizado del maletero, la gestión de la luz interna, el mando a distancia por radiofrecuencia, el techo corredizo, la alarma antirrobo, el autodiagnóstico, la interfaz de la red de a bordo y el cierre centralizado de las puertas traseras.

ACTIVIDAD **Resuelta 3.3**

Explica las diferencias entre los siguientes esquemas, pertenecientes a Renault y Citroën.

Solución

El esquema de la Figura 3.34 solo tiene un bus de datos al que van a parar todos los sistemas para comunicarse. Dispone de dos resistencias de terminación de 120 Ω, integradas en el calculador de inyección y en el calculador de airbag. No encontramos, por tanto, en este esquema ninguna centralita *gateway*.

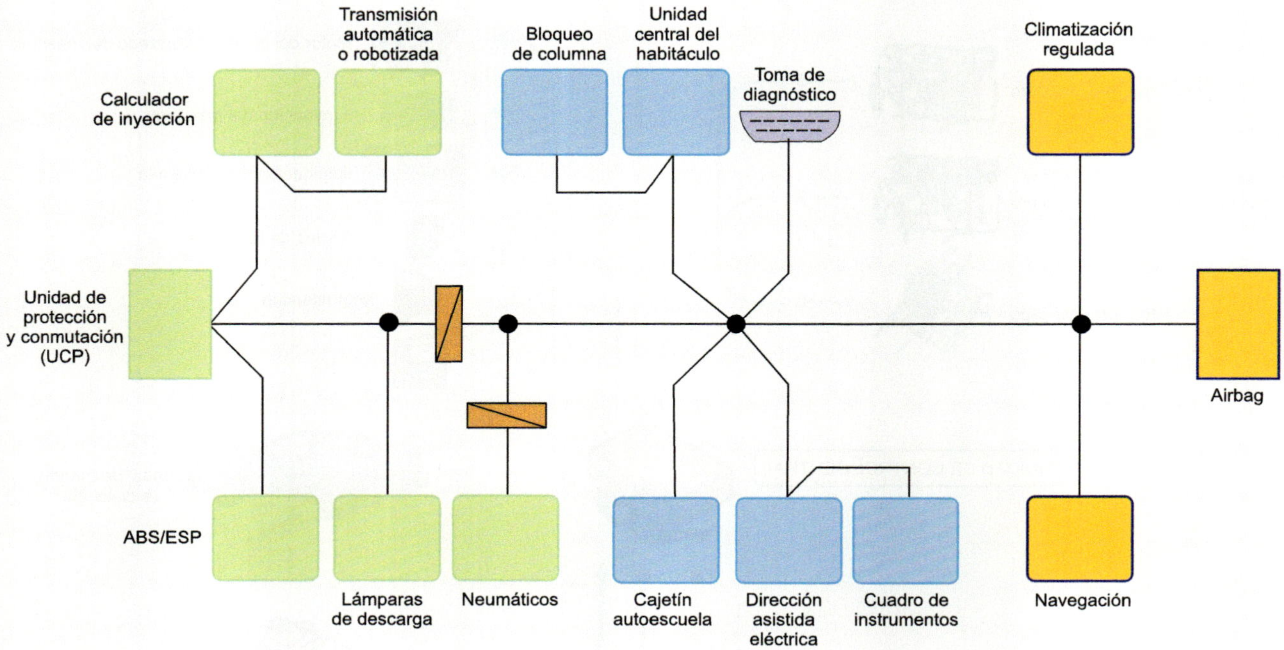

Figura 3.34.

El siguiente esquema de Citroën está formado por tres redes: CAN, CAN Confort y CAN Carrocería. La centralita que actúa de *gateway* es la BSI que tiene, además, otras funciones añadidas.

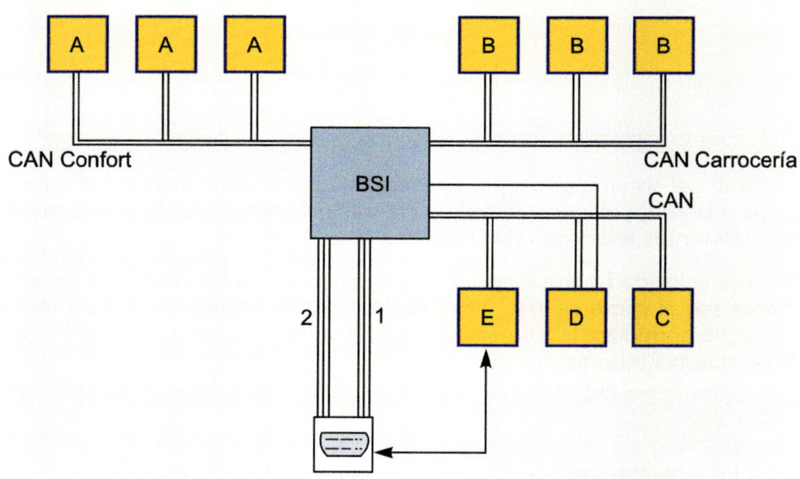

Figura 3.35.

3.7.3. Protocolo de comunicación CAN Bus

La comunicación entre centralitas CAN se realiza, como en cualquier red de comunicación, siguiendo un protocolo. Dicho protocolo es el «lenguaje» utilizado para transmitir el mensaje, por lo que debe ser conocido por el emisor y el receptor (en este caso ambos son centralitas). En las redes CAN, además, todas las centralitas envían y reciben mensajes de las demás, pero estos mensajes tienen solo un destinatario. Cuando una centralita recibe un mensaje tiene que saber, por tanto, si está dirigido a ella o si no debe prestarle atención. Esto se debe a que es un sistema en el que todas las centralitas son «maestras», es decir, todas están comunicadas con las demás. También puede darse el caso de que una centralita reciba varios mensajes dirigidos a ella: entonces deberá conocer la prioridad de esos mensajes, para leerlos en el orden adecuado.

Los mensajes o tramas de datos son series de bits en forma de ceros y unos que se agrupan en campos. Para poder leer estos mensajes hay que conocer los campos que los forman, que son los siguientes:

- Campo de comienzo.
- Campo de estado.
- Campo de control.
- Campo de datos.
- Campo de aseguramiento.
- Campo de confirmación.
- Campo de fin de la trama.
- Separador de tramas.

Campo de comienzo

Formado por un bit dominante que indica el comienzo del mensaje.

Figura 3.36. Las tramas de datos son series de bits en forma de ceros y unos que se agrupan en campos.

Campo de estado

Determina la prioridad del mensaje. Formado por 11 o 29 bits, pueden coexistir ambos tipos de campo de estado eventualmente. Estos bits van seguidos del bit RTR, que en las tramas normales de datos tiene un valor 0, tomando valor 1 únicamente para solicitar datos a otras unidades o para realizar un chequeo. Cuando esto ocurre la centralita receptora hace un pedido de información a la emisora pasando por encima de la transmisión normal. Envía una trama con el mismo identificador pero con el bit RTR diferente.

A esto se le denomina «trama de petición remota».

RTR
1 1 0 0 0 1 0 0 0 0 0 0
IDENTIFICADOR

Campo de control

Está formado por seis bits que informan de la cantidad de información que contendrá el campo de datos que viene a continuación. La centralita receptora podrá así saber si ha recibido el mensaje completo. El primer bit indica si la trama es estándar, con un campo de estado de 11 bits (especificación CAN 2.0 A), o extendida con un campo de estado de 29 bits (especificación CAN 2.0 B). Un bit dominante (0) indica una trama estándar y un bit recesivo (1) una trama extendida. El segundo bit es una reserva para futuras ampliaciones del mensaje, y los cuatro bits restantes indican la longitud en bytes del mensaje. Si estos cuatro bits son 0000 significa que no es una trama de datos.

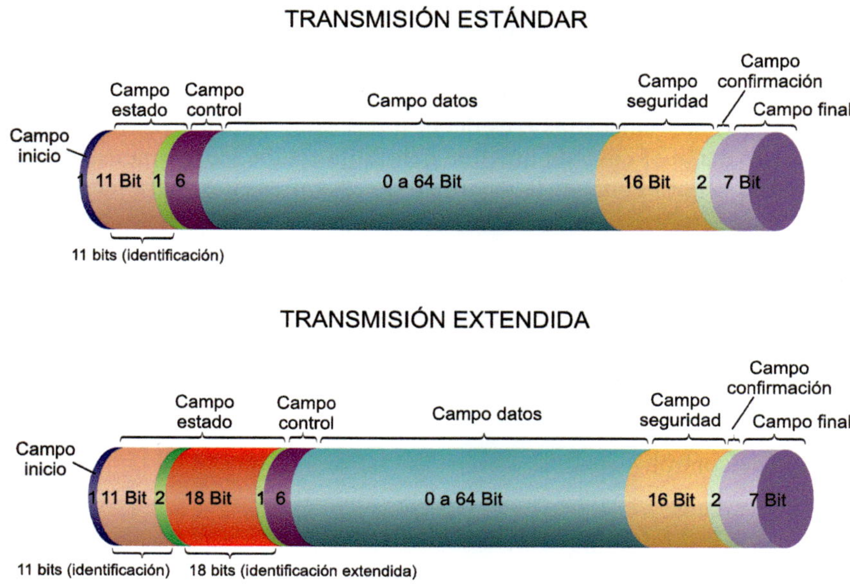

Figura 3.37. Campo de control con un formato de transmisión estándar y con un formato de transmisión extendido.

Campo de datos

Consta de un máximo de 64 bits (es decir, 8 bytes) que contienen la información (el mensaje en sí). Pero si la información contiene cuatro bytes se envían únicamente cuatro bytes.

Campo de aseguramiento

Recuerda que...

El 1 es un bit recesivo y el 0 un bit dominante.

Formado por 16 bits para detectar errores en la transmisión. Este campo es el resultado de una serie de cálculos realizados a partir de los campos anteriores. La centralita receptora calcula el campo de aseguramiento y comprueba que coincide con el campo de aseguramiento enviado por la centralita emisora. Si detecta un error envía una trama de error compuesta por la señal de error y un limitador, el cual está formado siempre por 8 bits recesivos.

Campo de confirmación

Formado por dos bits y en él los receptores indican al emisor si les ha llegado el mensaje completo o solicitan que lo envíe de nuevo. Estos bits son siempre enviados como recesivos, pero los receptores que tras calcular el campo de aseguramiento concluyen que han recibido bien el mensaje cambian el primero de estos bits por uno dominante.

Campo de fin de la trama

Siete bits con los que se finaliza el mensaje. Es la última oportunidad para el receptor de enviar un mensaje de error.

Separador de tramas

Tres bits recesivos seguidos de un tiempo de bus parado. Estos bits van a continuación del campo de fin de la trama y, de esta forma, se separan dos mensajes consecutivos. El tiempo de bus parado no es fijo, sino que varía según la situación del bus.

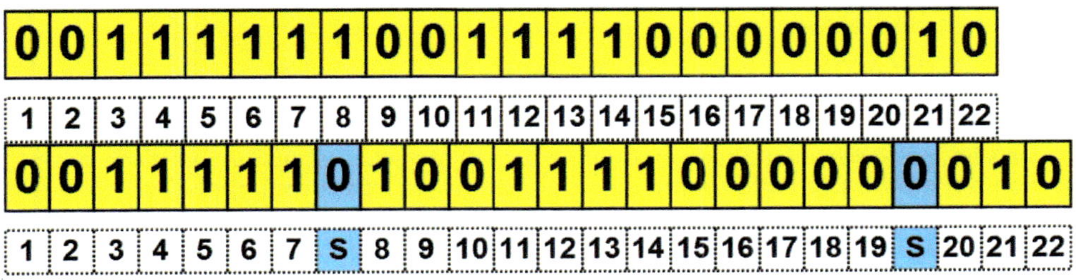

Figura 3.38. Trama antes y después de introducir bits *stuffing*.

> **Sabías que...?**
>
> A veces en los mensajes se producen largas cadenas de ceros o unos, y esto provoca una desincronización entre centralitas. En el protocolo CAN se introduce un bit diferente después de cinco bits iguales, que la centralita descartará. A este bit se le denomina bit *stuffing*. Por ejemplo, en la trama 001111101100 el bit 0 que ocupa el octavo lugar será descartado por la centralita.

Al encender el contacto del vehículo todas las centralitas emiten una trama para detectarse entre sí y averiguar si alguna centralita está ausente. Esta trama se repite cada segundo y se denomina «trama de supervisión». También cuando una centralita sufre una sobrecarga temporal que no le va a permitir recibir tramas durante un período de tiempo emite una trama denominada «trama de sobrecarga» para informar de este hecho al resto de centralitas del sistema.

ACTIVIDAD Propuesta 3.10

Indica los nombres de los campos de esta trama CAN Bus y el número de bits que posee cada campo.

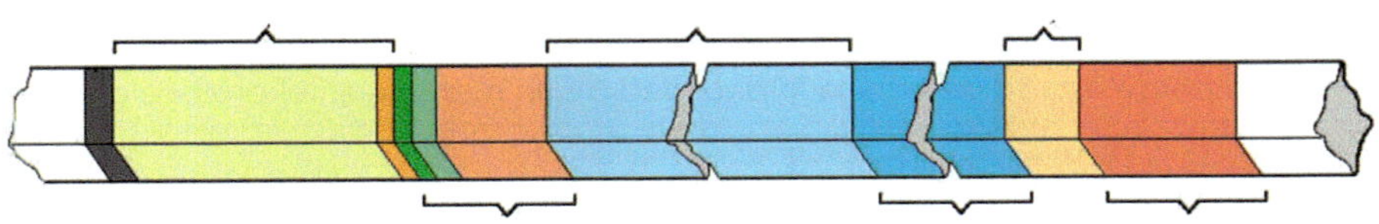

Figura 3.39.

ACTIVIDAD Propuesta 3.11

En la siguiente trama indica a qué campo pertenece cada bit sabiendo que el campo de datos lo forman 16 bits. Señala el bit RTR.

0110001001000000010000011000010010000000000000000001011111111

3.7.4. Prioridad de mensajes en el protocolo CAN Bus

Cuando una centralita recibe varios mensajes o tramas a la vez debe saber a cuál atender en primer lugar. Esto se lo indica el campo de estado, que como ya se ha estudiado son 11 o 29 bits que determinan la prioridad del mensaje. Se tendrá en cuenta que el bit 0 es el dominante, por lo que el orden de aparición de ceros en el campo de estado del mensaje indicará su importancia.

EJEMPLO **3.1**

Una centralita recibe mensajes simultáneamente de la centralita de ABS, de la de gestión del motor y del cambio. Los 11 bits del campo de estado son los siguientes:

ABS: 00110100000

Motor: 01010000000

Cambio: 10010000000

El primer bit es 0 en el mensaje del sistema de frenos, 0 en el de gestión del motor y 1 en el de gestión del cambio. Este último será el que menos prioridad tenga de los tres, ya que su primer bit no es dominante. Veamos cuál de los otros dos mensajes será más prioritario. El segundo bit es 0 en el mensaje del ABS y 1 en el de gestión del motor; por tanto, el mensaje del sistema de frenos será el primero en ser leído por la centralita, después leerá el mensaje de gestión del motor y a continuación el de gestión del cambio.

En el momento en que la centralita de gestión del cambio detecta el primer bit dominante (0) del sistema de frenos y de la gestión del motor pasa a la escucha y detiene el envío de su protocolo. Se convierte en una centralita receptora. Lo mismo ocurrirá en la centralita de gestión del motor cuando reciba el segundo bit dominante del sistema de frenos.

En resumen:

- **Primer bit** dominante de la centralita de frenos y de la centralita de motor. Recesivo de la centralita del cambio, por lo que pierde su prioridad y se convierte en receptor.
- **Segundo bit** dominante de la centralita de frenos y recesivo de la centralita de motor. Esta última pierde su prioridad y se convierte en receptor.

ACTIVIDAD **Propuesta 3.12**

¿Qué campo de estado determina la prioridad de un mensaje en el protocolo CAN?

ACTIVIDAD **Propuesta 3.13**

Ordena los siguientes mensajes siguiendo la prioridad marcada por el protocolo CAN:

- 01110000110
- 00110111100
- 01000011011

3.7.5. Componentes físicos de una red CAN

Una red CAN está formada por un bus de datos, un número variable de unidades de control electrónico, unos sensores y actuadores conectados a las centralitas y resistencias de terminación. Las unidades de control o centralitas, a su vez, están compuestas de un transceptor y un controlador, encargados de convertir la señal eléctrica del bus en una señal digital y viceversa, y de gestionar la información. Los componentes físicos de una red CAN son, por tanto, los siguientes:

- Buses de datos.
- Resistencias de terminación.
- Unidades de control electrónico.

Buses de datos

La información se transmite por un bus de datos, formado por dos cables entrelazados denominados CAN High y CAN Low cuyas señales eléctricas son leídas como la diferencia de tensión entre ambas. Son de cobre de 0,6 mm^2 de sección y comunican todas las centralitas entre sí. El trenzado de los cables se realiza para crear un efecto de apantallamiento y así anular los campos magnéticos inducidos.

Figura 3.40. Buses de datos.

Figura 3.41. Cables de comunicación de datos.

Resistencias de terminación

También denominadas elementos finales. Se encuentran en los extremos del bus de las redes CAN High Speed, alojadas en dos centralitas principales. Estas resistencias cierran el circuito eléctrico y evitan perturbaciones indeseadas en los datos transmitidos debido a fenómenos de reflexión: impiden que el mensaje rebote al llegar al final del bus. El valor de estas resistencias será diferente en cada vehículo, ya que dependerá del número de centralitas conectadas a la red y de la longitud de los cables, pero normalmente se generaliza con un valor de 120 Ω. La resistencia total de la red será de 60 Ω. En casos especiales puede haber una resistencia central de 66 Ω. El resto de los componentes conectados al bus cuentan con una resistencia de 2,69 kΩ.

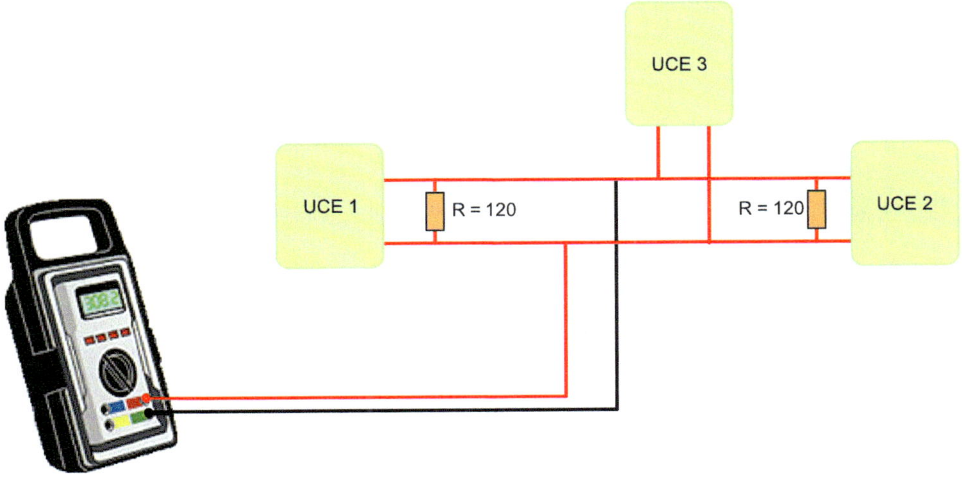

Figura 3.42. Medición de una red CAN HS. El valor de la resistencia total del circuito será de 60 ohmios.

En las redes CAN Low Speed las resistencias se encuentran en las diferentes unidades de control y no son consideradas, por tanto, resistencias de terminación. Estas resistencias no se podrán comprobar con un polímetro como ocurre en los buses de CAN HS, ya que para medirlas habría que acceder a cada centralita.

Sabías que...?

Podemos encontrar variantes en cuanto a la ubicación de las resistencias de terminación del bus. Algunas marcas emplean una resistencia de terminación central en la centralita de inyección y resistencias de alto valor en las demás unidades. Las reflexiones son más intensas, pero no tienen efectos negativos por las reducidas longitudes de los buses de datos de sus vehículos.

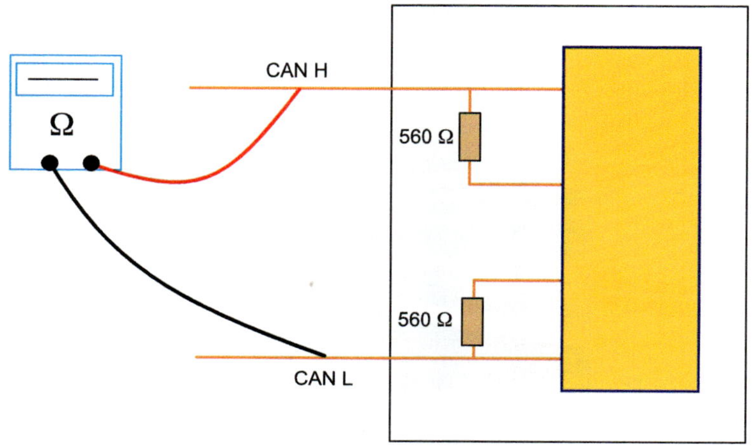

Figura 3.43. Medición de una red CAN LS. Es imposible obtener un valor de resistencia total de la línea ya que las resistencias no están en los extremos del bus sino en cada centralita.

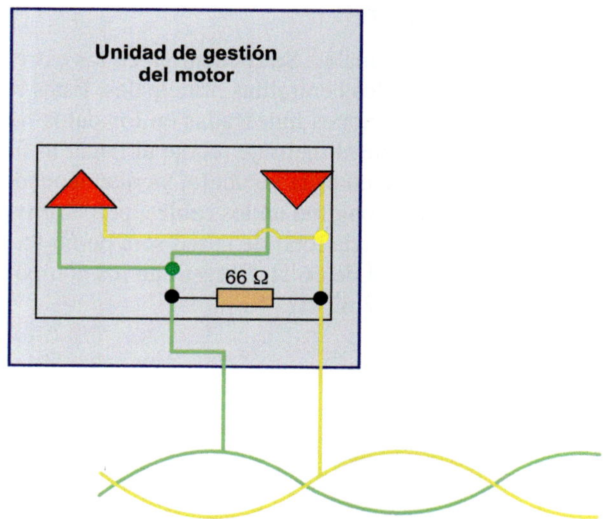

Figura 3.44. Resistencia de terminación en un bus de una centralita de gestión del motor.

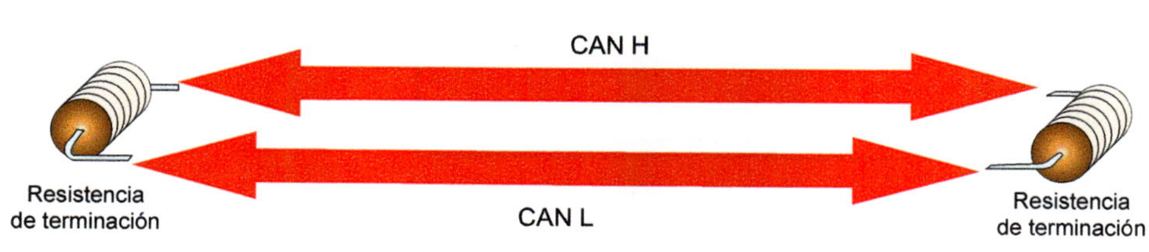

Figura 3.45. Resistencias de terminación en un bus CAN.

Tabla 3.2. Valores de resistencias de terminación en diferentes vehículos

	Ibiza 99	Ibiza 02 Córdoba 03	Toledo 99 León	Arosa 01	Alhambra 01
Gestión motor	120 Ω	66 Ω	120 Ω	66 Ω	66 Ω
ABS	120 Ω	2600 Ω	120 Ω	2600 Ω	2600 Ω
Resto de unidades	Sin resistencia	2600 Ω	Sin resistencia	2600 Ω	2600 Ω

Unidades de control electrónico

El número de centralitas o unidades de control electrónico utilizado varía en cada vehículo, así como la función que cumplen. Pero en una red CAN todas cuentan con un transceptor y un controlador.

- **Transceptor:** también denominado interfase de línea. Comunica el bus de datos con el controlador, además de filtrar parásitos y sobretensiones, convirtiendo las señales eléctricas que recibe del bus en un mensaje digital (ceros y unos) que pueda comprender el controlador. Está formado por un filtro, uno o varios comparadores y una etapa de emisión TX. También cuenta, en algunos casos, con una célula de diagnosis.

  En las redes CAN de alta velocidad hay en el interior del transceptor un comparador, y en las de baja velocidad tres comparadores. La etapa de emisión TX vuelca los datos al bus.

Recuerda que...

Los comparadores son circuitos integrados que analizan los datos recibidos y los comparan con datos de referencia.

Figura 3.46. Conector de una centralita.

Las redes CAN LS cuentan con una célula de diagnosis para detectar averías físicas, como cortocircuitos a masa y a positivo o detectar que el circuito está abierto.

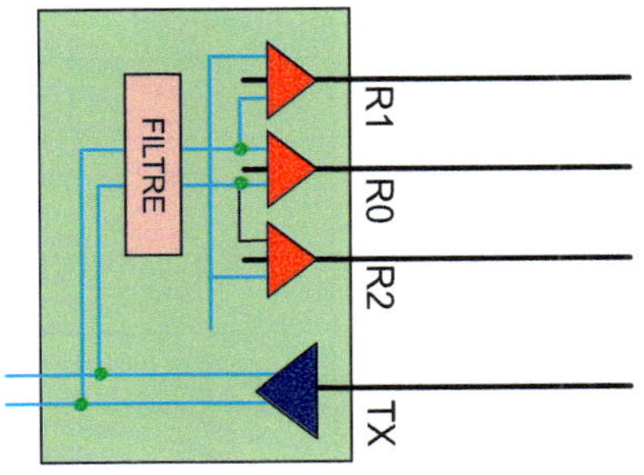

Figura 3.47. Esquema de un transceptor de una línea CAN Low Speed. Se aprecia que cuenta con un filtro, tres comparadores y una etapa TX.

- **Controlador:** prepara la información para enviarla al microprocesador, el cual está integrado en él. El microprocesador recibe información de los sensores y del bus a través del transceptor y el controlador, la procesa y prepara para enviarla a los actuadores y, de nuevo, al bus. El controlador determina la velocidad de transmisión de datos y trabaja con unos valores de tensión muy bajos.

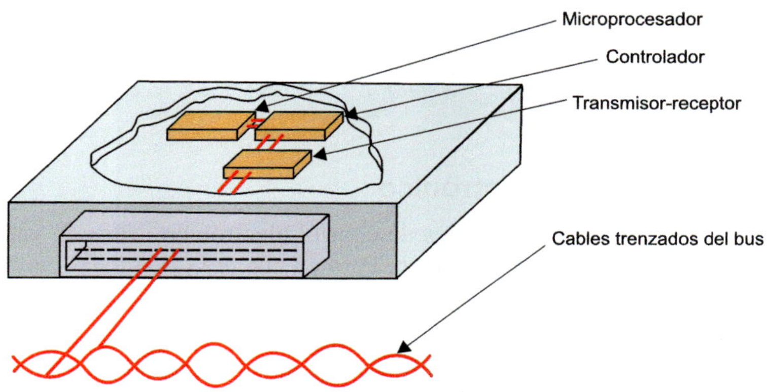

Figura 3.48. Centralita conectada a un bus CAN.

Para comprender mejor la función de cada componente físico de una red CAN se muestran a continuación los pasos seguidos durante un envío de datos a través de una línea CAN:

1. Los sensores y captadores envían la información a su centralita correspondiente.
2. El microprocesador de la centralita trata esta información y la envía al controlador. Este a su vez la pasa al transceptor.
3. El transceptor transforma la información digital recibida en señales eléctricas y la vuelca en el bus de datos.
4. El resto de las centralitas reciben el mensaje y deciden si les interesa o no. Envían una confirmación de recepción del mensaje al bus de datos.
5. Las centralitas interesadas en el mensaje lo aceptan, lo procesan y deciden si ignorarlo o no.

ACTIVIDAD **Propuesta 3.14**

Explica por qué la resistencia total de una red CAN LS no es medible con un polímetro en el bus.

ACTIVIDAD **Propuesta 3.15**

¿Cuántos comparadores hay en el transceptor de una centralita perteneciente a una red CAN Low Speed? ¿Y en una CAN High Speed?

ACTIVIDAD **Propuesta 3.16**

Nombra los componentes más importantes de una centralita y la función que cumple cada uno de ellos.

ACTIVIDAD **Propuesta 3.17**

¿Por qué los buses de datos van entrelazados?

ACTIVIDAD **Propuesta 3.18**

¿Qué valores tienen normalmente las resistencias de terminación de una línea CAN Bus?

ACTIVIDAD Resuelta 3.4

En los siguientes esquemas de comunicación pertenecientes al Toyota Yaris, explica la ubicación de las resistencias de terminación.

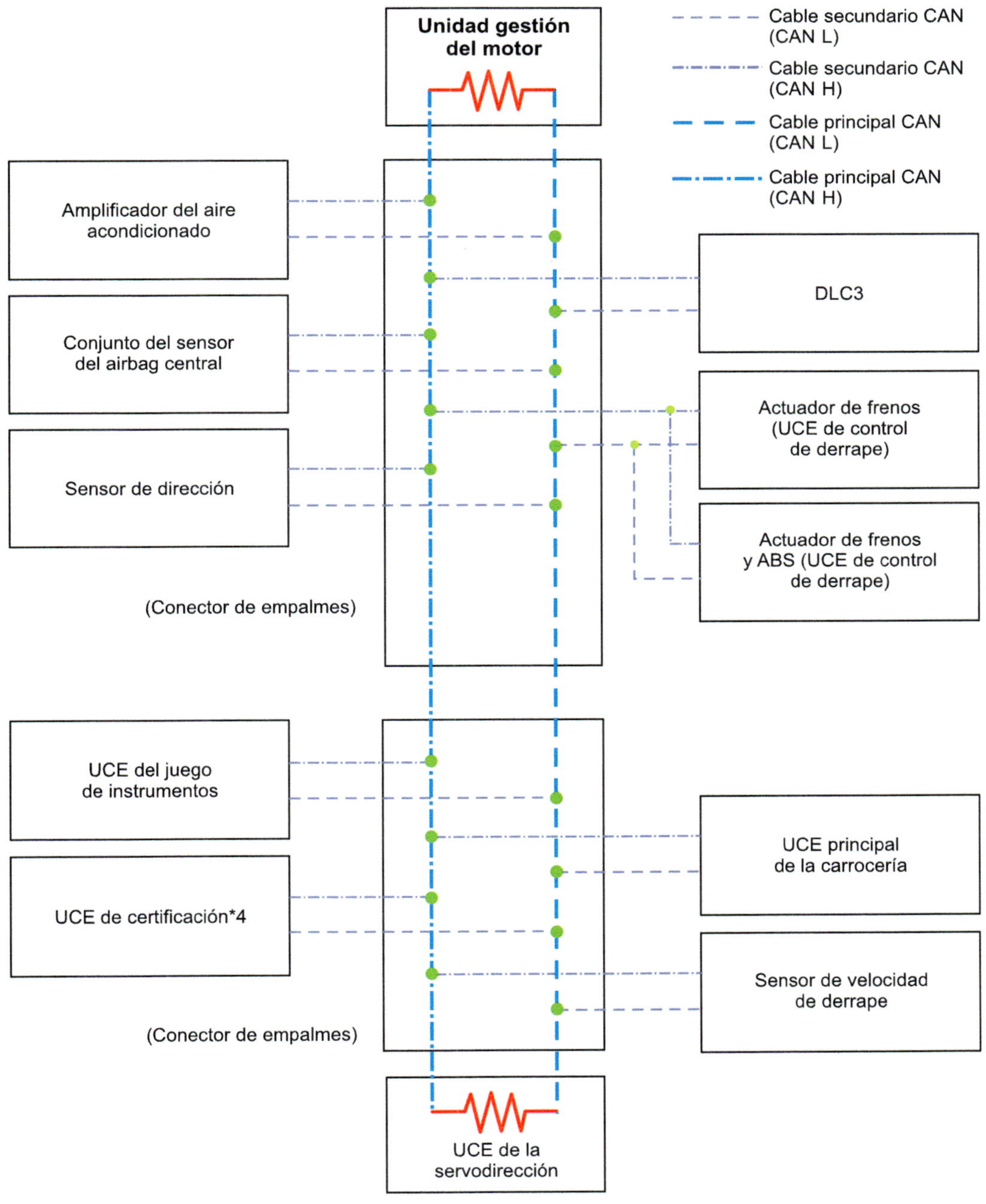

Figura 3.49.

Solución

Esta red de comunicaciones tiene dos resistencias de terminación de 120 ohmios ubicadas en las dos centralitas principales del bus: la de servodirección y la de gestión del motor. Observamos cómo el resto de las centralitas no tienen resistencias, ya que se trata de una red CAN Bus.

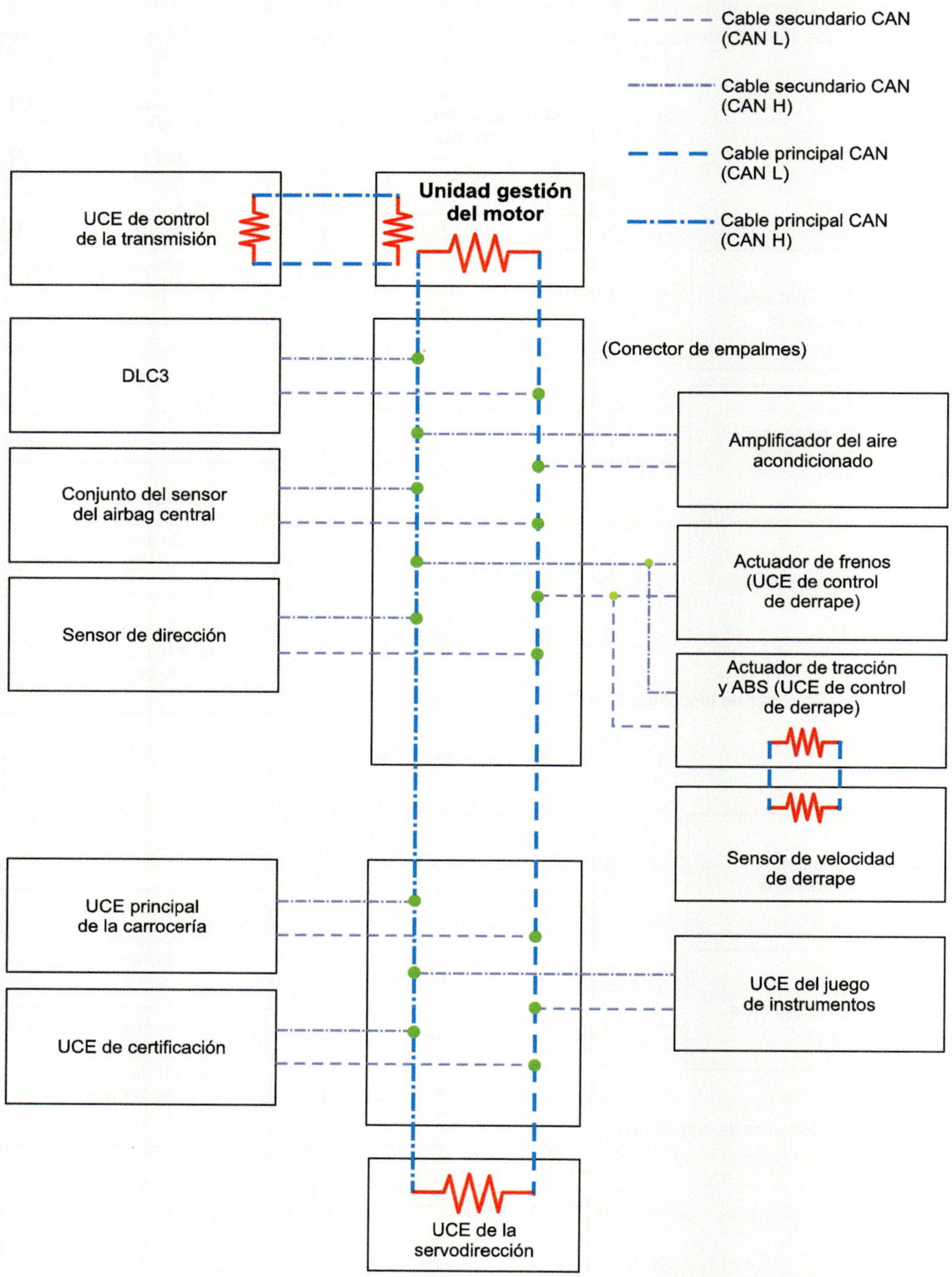

Figura 3.50.

Solución

En este esquema observamos dos buses CAN principales con resistencias de terminación, además del bus principal que veíamos en el esquema eléctrico anterior. Estos buses comunican la unidad de gestión del motor con la unidad de control de la transmisión, y la unidad del actuador de tracción y ABS con la del sensor de velocidad de derrape.

3.7.6. Fallos de comunicación en el protocolo CAN Bus

Las redes CAN Low Speed cuentan con una célula de diagnosis para detectar averías físicas del circuito. En el caso de cortocircuito a negativo, a positivo o entre ambas líneas, así como de circuito abierto, el transceptor de la centralita funcionará en modo degradado aislando la señal de una de las líneas, es decir, conmutando a función monoalámbrica. Únicamente en el caso de que ambos cables del bus estén afectados, bien por rotura o por derivación a masa de ambos, se interrumpirá la transmisión.

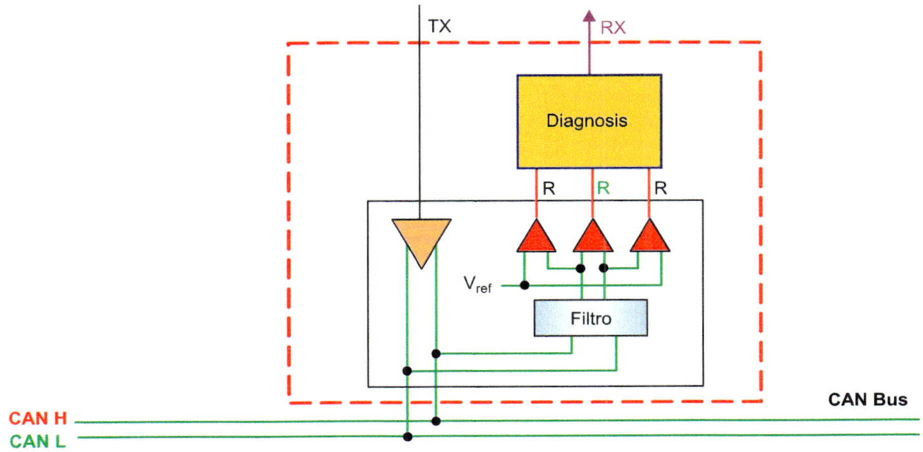

Figura 3.51. Interior de un transceptor conectado al bus de datos de una red CAN LS.

En la Figura 3.52 se observa una red CAN LS donde tiene lugar un cortocircuito entre ambas líneas (High y Low). El transceptor aísla una de las líneas interpretando solo los datos enviados por dicha línea, y el microprocesador trabaja en modo degradado.

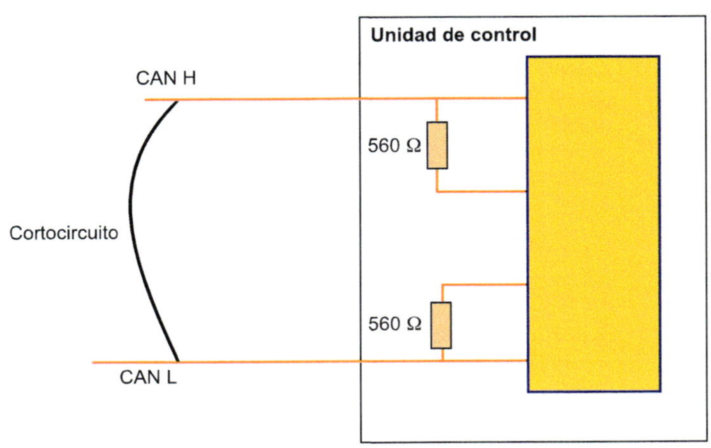

Figura 3.52. Cortocircuito entre las dos líneas de CAN.

Las líneas CAN de alta velocidad, sin embargo, no funcionan en ningún caso en modo monoalámbrico, por lo que un cortocircuito entre CAN H y CAN L, un cortocircuito con positivo, con masa, o una interrupción de cualquier cable del bus implica la interrupción de la comunicación.

Sabías que...?

Las principales averías esporádicas que aparecen en una línea CAN de baja velocidad son producidas por frecuencias electromagnéticas cuando la línea funciona en modo monoalámbrico o por contactos deficientes a masa. En el primer caso la causa principal es la pérdida de apantallamiento.

Cuando una centralita detecta un fallo envía al bus de datos un mensaje de error para que el mensaje le sea reenviado. Las centralitas, a su vez, poseen un contador de errores que, al alcanzar un número de detección de errores determinado, consideran que se trata de un fallo del sistema y se desconectan del bus de datos. La centralita, pasado un tiempo, se intentará conectar de nuevo al bus. Este fallo del sistema queda grabado en la memoria de la centralita, al igual que el error producido por la no recepción de mensajes.

Pero, ¿cómo sabe la centralita que no ha recibido un mensaje o que dicho mensaje está incompleto? Gracias a los campos de control y aseguramiento de la trama del mensaje.

Para diagnosticar un cable de una red CAN utilizaremos los pines de la centralita o de la toma de diagnosis que nos indica el esquema del fabricante. En estos pines podremos, por ejemplo, comprobar la resistencia total del bus utilizando un polímetro, que suele ser de 60 ohmios (resultado de las resistencias de terminación de 120 ohmios colocadas en paralelo).

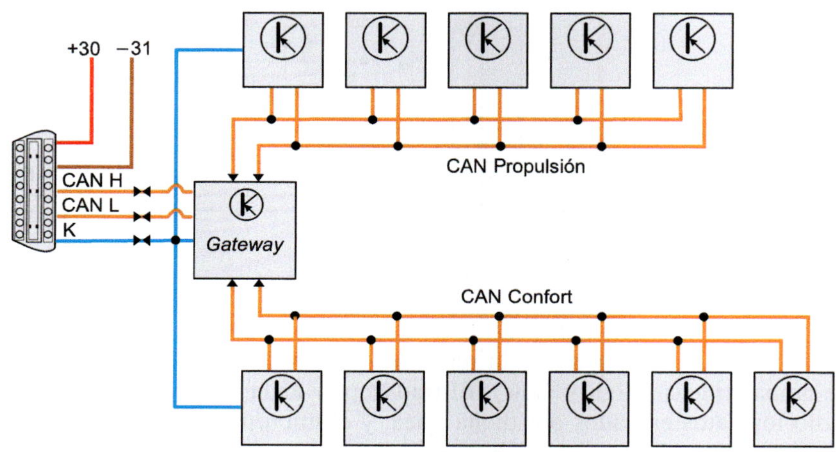

Figura 3.53. Ejemplo de red multiplexada con una línea K de diagnóstico que comunica la centralita *gateway* con la toma de diagnosis.

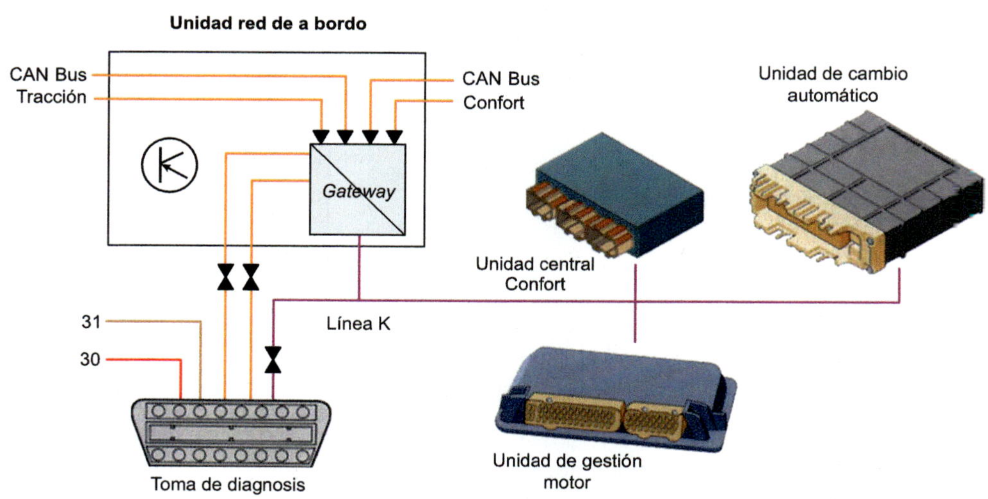

Figura 3.54. Red de comunicación con línea K para toma de diagnosis.

Para diagnosticar una red CAN existen unas líneas específicas que se denominan líneas CAN K. Algunas de estas líneas han sido sustituidas por líneas CAN de diagnóstico. Ambas líneas permiten diagnosticar las averías de las centralitas de la red CAN e informar a las centralitas principales, así como obtener parámetros útiles a la norma EOBD. La CAN Diagnóstico, además, supone un ahorro de tiempo en el diálogo e interrogación de las centralitas. Esta red ofrece una velocidad de entre 10 y 500 kbps y permite también la telecarga de los programas de las centralitas y la telecodificación de la red CAN Diagnóstico a través de un útil de diagnosis.

Las averías más frecuentes que podemos encontrar en una señal CAN son el cortocircuito de uno de los cables o de los dos cables entre sí y la interrupción de uno de los cables. Es importante conocer las señales obtenidas en el osciloscopio en cada uno de estos casos para identificar la avería a la mayor brevedad posible. Estas averías están representadas en los siguientes oscilogramas:

- Cortocircuito entre las dos líneas CAN:

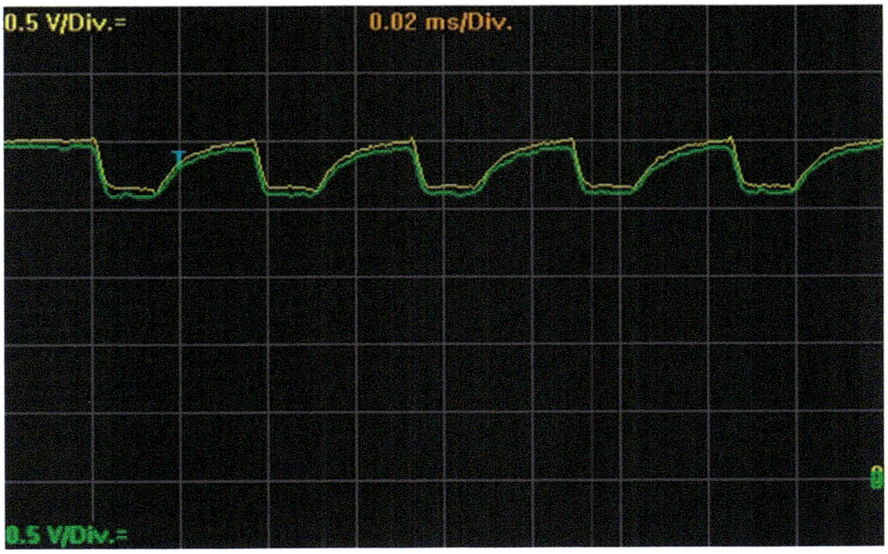

- Cortocircuito de CAN High a positivo:

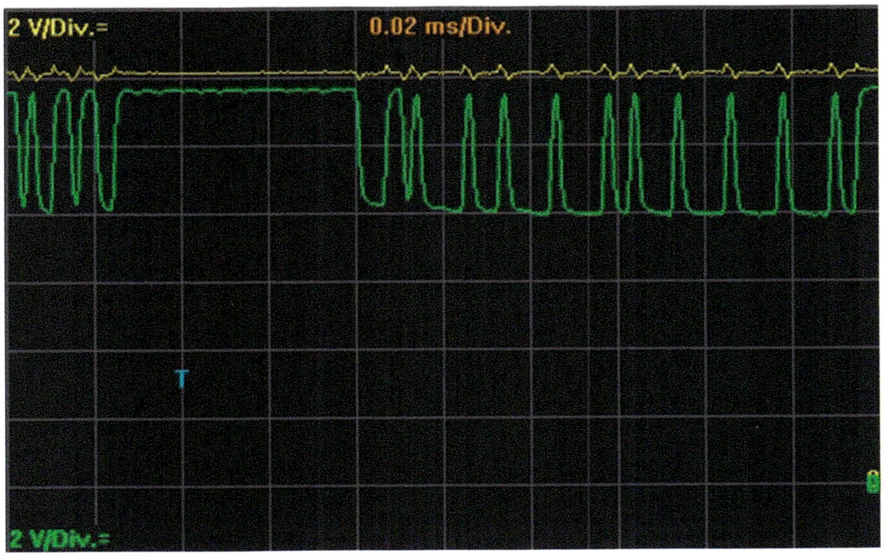

Recuerda que...

Un cortocircuito entre dos cables se produce por fallos en el aislante que los hace entrar en contacto. Cuando el cortocircuito es entre un cable y negativo o masa, lo que ocurre es que el cable entra en contacto con un elemento conectado a negativo. El cortocircuito tiene lugar porque los electrones siempre buscan el camino más fácil a negativo (el de menor resistencia).

• Cortocircuito de CAN Low a masa:

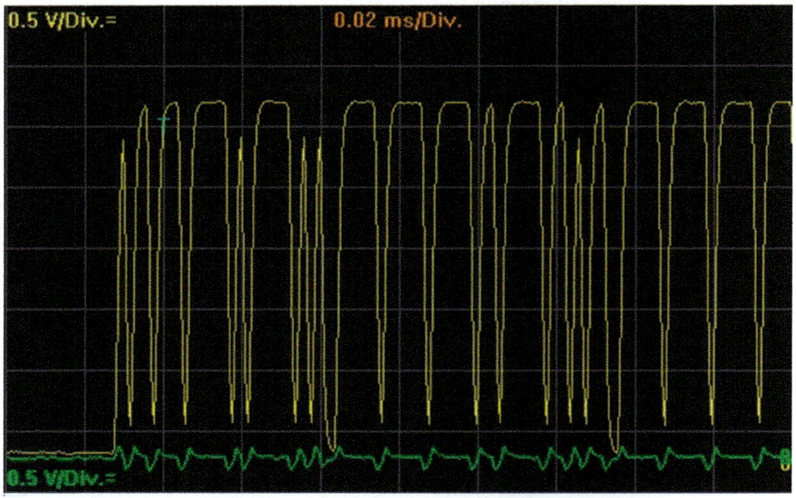

• Interrupción del CAN High:

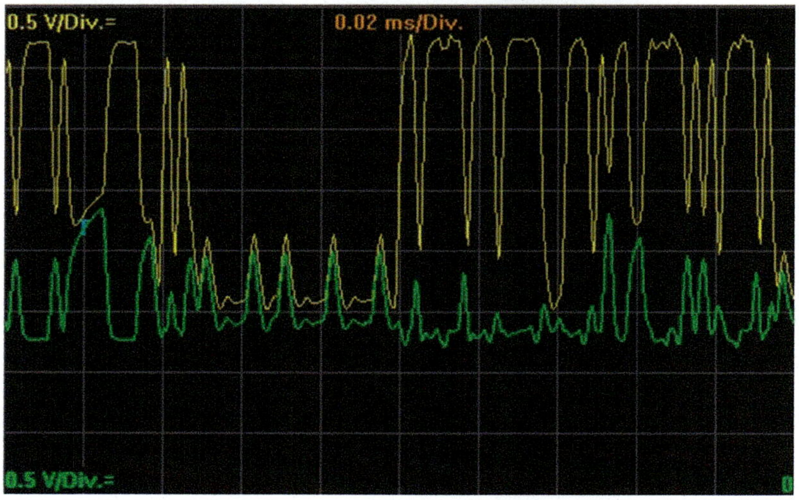

• Cortocircuito de CAN High a masa:

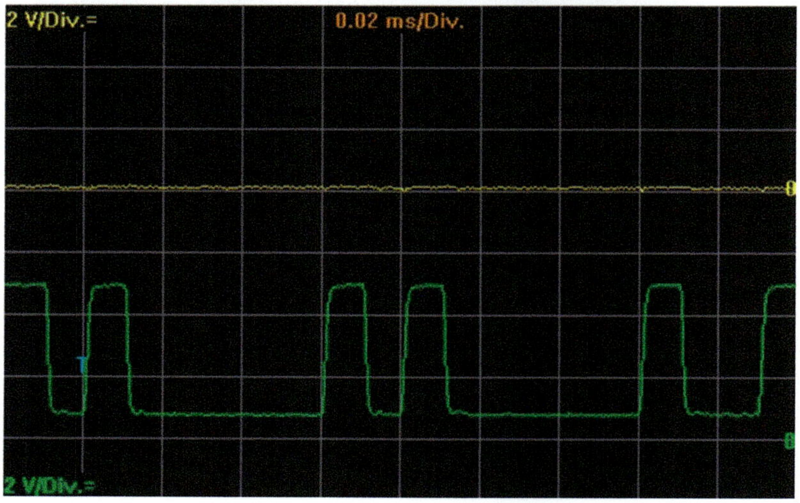

Recuerda que...

Para la representación gráfica de señales eléctricas que varían con el tiempo se emplea un instrumento de medida llamado osciloscopio. La imagen obtenida se denomina oscilograma.

Recuerda que...

Los osciloscopios presentan los valores de las señales en forma de coordenadas, siendo el eje X el tiempo y el eje Y los voltios. La pantalla indica el valor de cada división, tanto en el eje X (segundos/división, milisegundos/división, etc.) como en el eje Y (V/división, mV/división, etcétera).

- Interrupción del CAN Low:

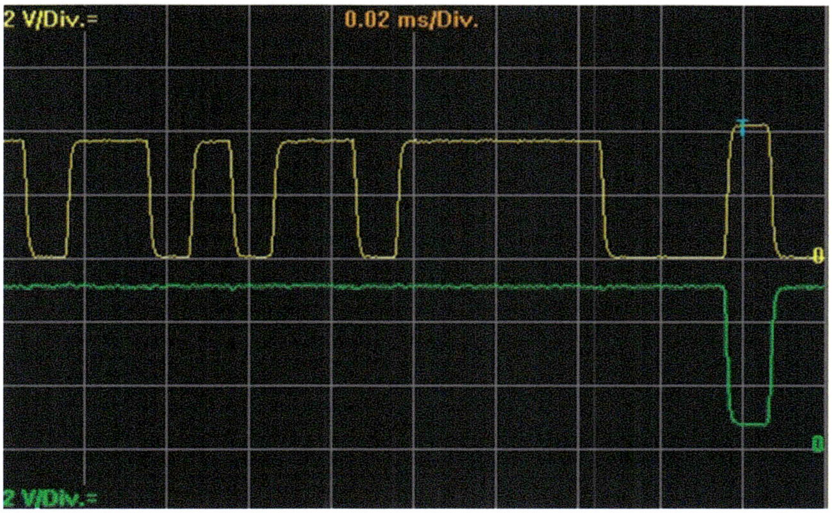

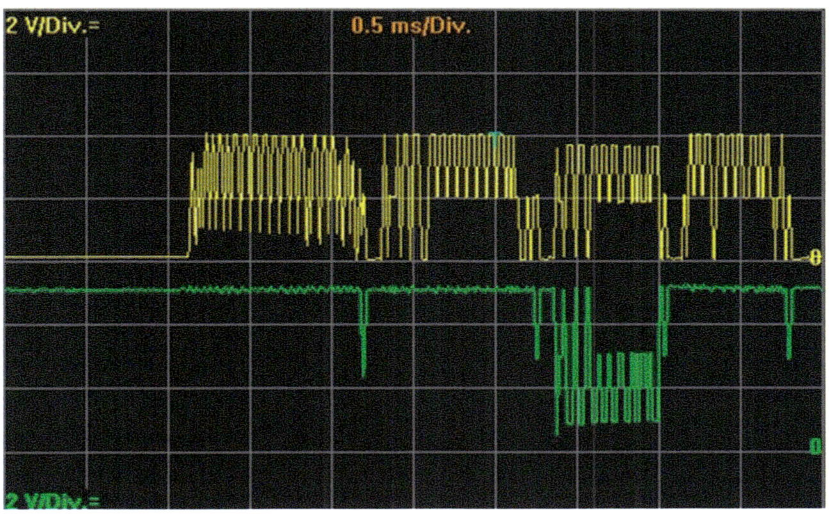

- Cortocircuito de CAN High a masa con resistencia:

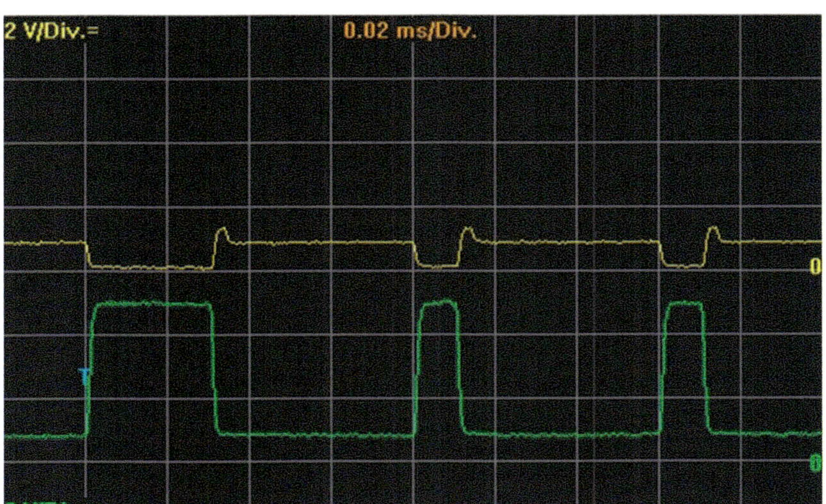

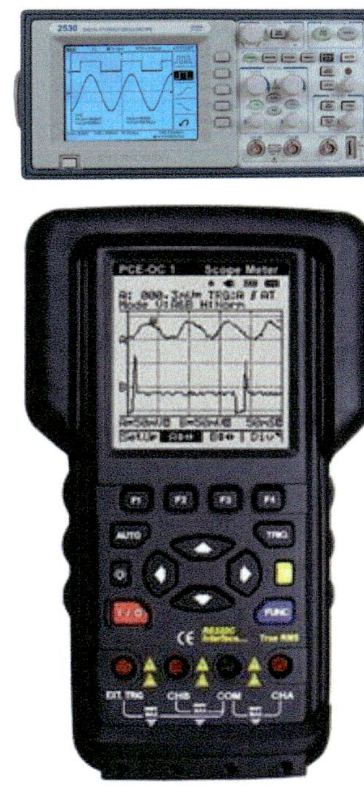

Figura 3.55. Osciloscopio analógico en la figura superior y osciloscopio digital en la figura inferior.

En la Tabla 3.3 se muestran algunos ejemplos de averías y su significado en las redes CAN Tracción y CAN Confort.

Tabla 3.3. Averías en las redes CAN Confort y CAN Tracción

Tipo de red	Avería	Causas
CAN Tracción	Sin comunicación.	La unidad de control no recibe datos. Interrupción de los cables CAN Bus.
CAN Tracción	Avería *hardware*.	Unidad de control averiada. Cortocircuito en los cables del CAN Bus. Interrupción de cable o circuito entre la unidad de control del motor y la del cambio.
CAN Tracción	Falta de mensaje en cuadro u ordenador de a bordo.	Interrupción o cortocircuito de los cables de CAN Bus. Unidad de control averiada.
CAN Tracción	Señal no plausible.	Interrupción o cortocircuito de los cables de CAN Bus. Solo se recibe una parte de los mensajes. Unidad de control averiada.
CAN Tracción	Consultar memoria de averías.	Hay una avería grabada en la unidad de control.
CAN Confort	Consultar memoria de averías.	Como mínimo una unidad de este bus tiene grabada una avería.
CAN Confort	Modo monoalámbrico.	Interrupción o cortocircuito de uno de los cables.
CAN Confort	Sin comunicación.	Avería grabada en una unidad por las siguientes razones: • Falta de mensajes en unidades receptoras. • Avería grabada en la unidad de mando emisora.

ACTIVIDAD **Propuesta 3.19**

Dibuja esquemáticamente una centralita y sus componentes para una red CAN HS y CAN LS.

ACTIVIDAD **Propuesta 3.20**

Enumera los sistemas de protección colectiva que existen en el taller de electromecánica de tu centro de estudios. ¿Consideras que se podría aplicar algún sistema más? Razona tu respuesta.

ACTIVIDAD **Propuesta 3.21**

¿A través de qué elemento físico se diagnostica esta red de comunicación?

ACTIVIDAD **Propuesta 3.22**

En la siguiente figura se representan:

- Un corte en una línea del bus.
- Cortocircuito entre los dos cables del bus.
- Cortocircuito a masa o a positivo de un cable del bus.

Indica si se interrumpe o no la transmisión de datos en los tres casos anteriores aplicados a una red CAN de alta velocidad y a una red CAN de baja velocidad.

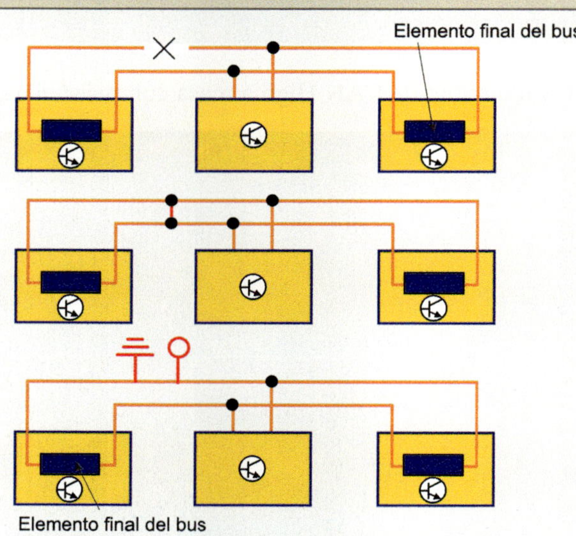

Figura 3.56.

ACTIVIDAD **Resuelta 3.5**

Realiza la comprobación de una red CAN Tracción.

Solución

La comprobación puede ser bicanal o monocanal. La medición bicanal, como se puede observar en la Figura 3.57, consiste en medir utilizando los dos canales del osciloscopio. El cable negativo del aparato lo conectaremos al negativo de la centralita, y los cables positivos de cada canal se conectarán uno a la toma de CAN High y otro a la toma de CAN Low.

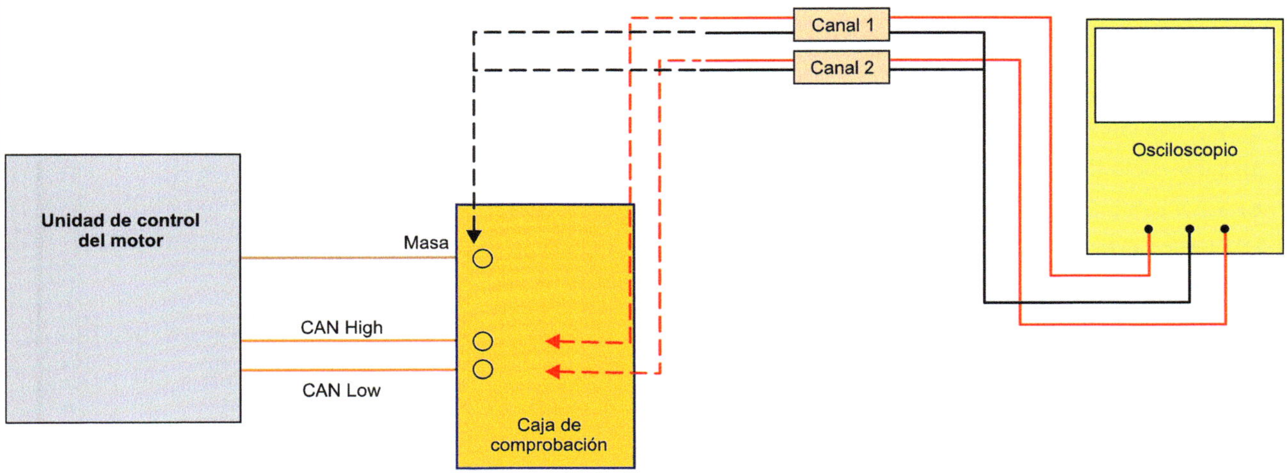

Figura 3.57. Medición empleando los dos canales del osciloscopio.

La señal obtenida es la siguiente:

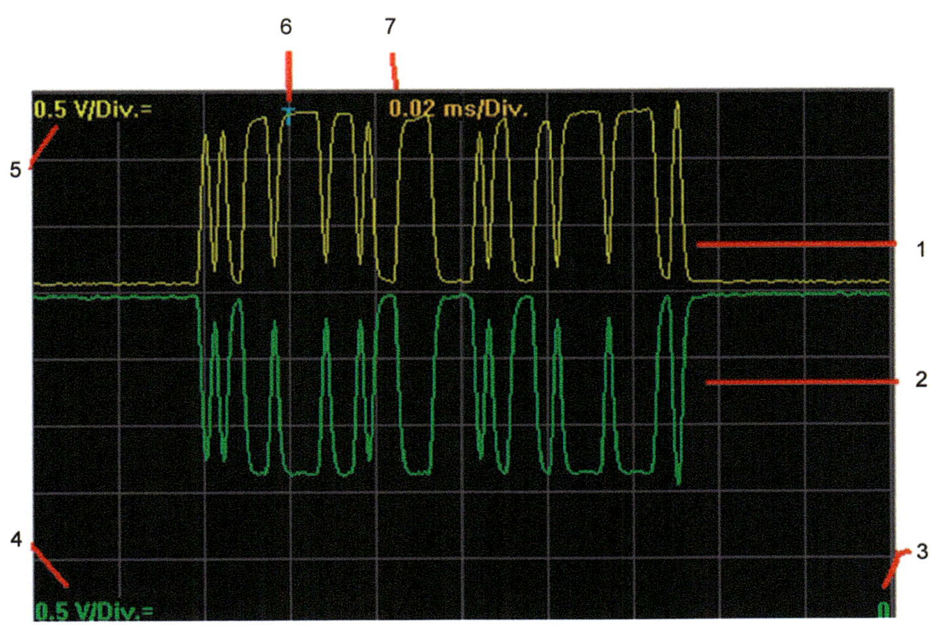

Figura 3.58. Medición empleando los dos canales del osciloscopio.

Donde:

1. Señal CAN High.
2. Señal CAN Low.
3. Marca la línea de 0 voltios.
4. Indica los voltios por división del canal 1.
5. Indica los voltios por división del canal 2.
6. TRIGGER del osciloscopio.
7. Indica los milisegundos por división.

De la gráfica anterior podemos sacar las siguientes conclusiones.

- El bit dominante tiene los siguientes valores:
  - **a)** 3,8 V cable CAN High y masa.
  - **b)** 1,2 V cable CAN Low y masa.
  - **c)** La diferencia entre ambos es de 2,6 V.
- El bit recesivo tiene los siguientes valores:
  - **d)** 2,6 V cable de CAN High y masa.
  - **e)** 2,4 V cable de CAN Low y masa.
  - **f)** La diferencia entre ambos es de 0,2 V.

ACTIVIDAD **Resuelta 3.6**

Realiza la comprobación de una línea CAN Confort (Low Speed).

Solución

Al igual que una red CAN de alta velocidad se puede medir en modo bicanal o monocanal. En el primer caso se realiza de igual forma que con la CAN Tracción, pero tendremos en cuenta que en la señal de una red CAN Low se solapan la señal del CAN High y la del CAN Low.

La medición en modo monocanal, sin embargo, es diferente. Las puntas del osciloscopio se unirán a los dos cables del bus, y no a un cable y masa, tal y como vemos en la Figura 3.59.

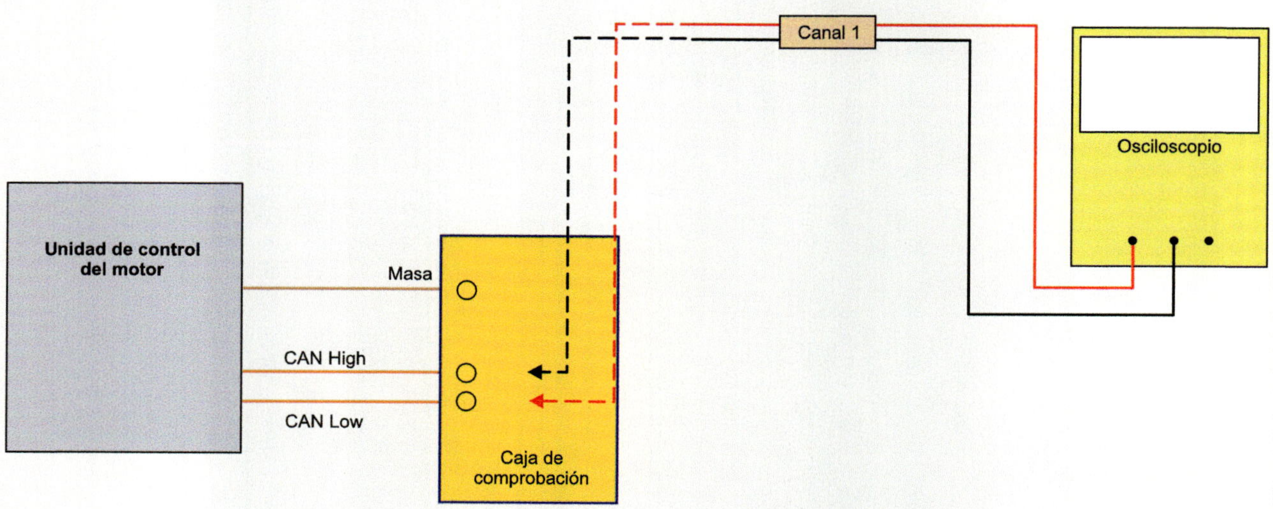

Figura 3.59. Medición de una red CAN de baja velocidad.

El oscilograma obtenido es el siguiente:

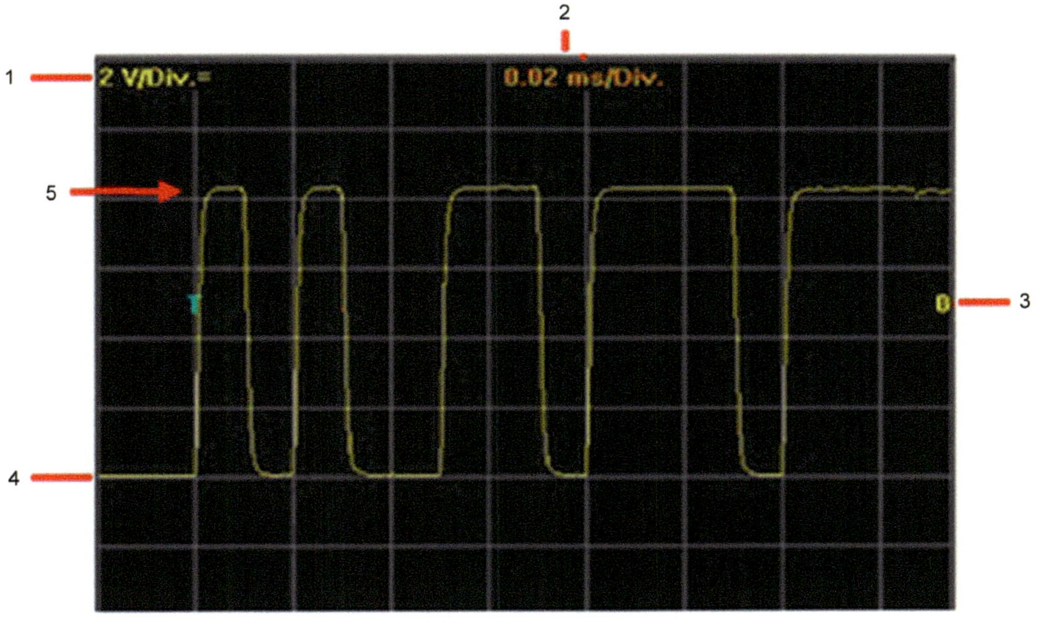

Figura 3.60.

Donde:

1. Indica los voltios por división del canal que está siendo utilizado.
2. Indica los milisegundos por división.
3. Marca el punto de 0 voltios.
4. Indica el valor de tensión más bajo de la señal.
5. Indica el valor de tensión pico de la señal.

El nivel dominante tiene un valor de 3 V y el recesivo de –5 V. Ambos valores son el resultado de la resta de los valores de CAN High y CAN Low.

$$4 \text{ V High} - 1 \text{ V Low} = 3 \text{ V}$$

$$0 \text{ V High} - 5 \text{ V Low} = -5 \text{ V}$$

Mapa conceptual

REDES MULTIPLEXADAS

- Redes multiplexadas
  - **Ventajas**
    - Reducción de cableado
    - Menor número de sensores
    - Reducción de peso
    - Menor coste
    - Reducción de tamaño de las unidades de control
    - Mayor fiabilidad
    - Utilización de más parámetros
  - **Componentes**
    - Emisores
    - Receptores
    - Canal de comunicación
    - Protocolo de comunicación
  - **Tipos**
    - Según velocidad de transmisión de datos
    - Según señal
      - Eléctrica
      - Luminosa
      - Ondas de radio
    - Según protocolo → CAN, VAN, MOST, LIN, etcétera
  - **Topologías**
    - Anillo
    - Estrella
    - Bus

CAN Bus

- CAN Bus
  - Características
  - Tipos
  - Protocolo
  - Componentes
  - Señales
  - Diagnosis

Actividades finales

Cuestiones

3.1. ¿Cuál de las siguientes afirmaciones es cierta?

a) Las redes de comunicación CAN Bus son siempre monoalámbricas.

b) Las redes de comunicación CAN Bus pueden ser de alta o baja velocidad.

c) Las redes de comunicación CAN Bus tienen una estructura de anillo.

3.2. Las redes de comunicación CAN Bus emplean una:

a) Señal eléctrica.

b) Señal luminosa.

c) Señal inalámbrica.

3.3. CAN, VAN, LIN y MOST son:

a) Diferentes mensajes que se pueden enviar a través de una red de comunicación.

b) Protocolos de comunicación.

c) Diferentes tipos de señales de envío de información.

3.4. ¿Cuántos mensajes se pueden enviar con 4 bits?

a) 4.

b) 8.

c) 16.

3.5. Una red CAN es:

a) Monoalámbrica.

b) Bialámbrica.

c) CAN Low es monoalámbrica y CAN High es bialámbrica.

3.6. El bit dominante:

a) Es el 0.

b) Es el 1.

c) Se da cuando las High y Low se juntan.

3.7. Las resistencias de terminación:

a) Se alojan en centralitas.

b) En las redes CAN Low se encuentran al final del cable (son de terminación).

c) Tienen el mismo valor en todos los vehículos.

3.8. El campo de control de un mensaje CAN:

a) Informa de la cantidad de información que contendrá el campo de datos.

b) Determina la prioridad del mensaje.

c) Detecta errores en la transmisión.

3.9. La unidad de control que actúa de conversor entre diferentes tipos de redes se denomina:

a) Centralita maestra.

b) Centralita esclava.

c) *Gateway* o pasarela.

3.10. La siguiente señal pertenece a:

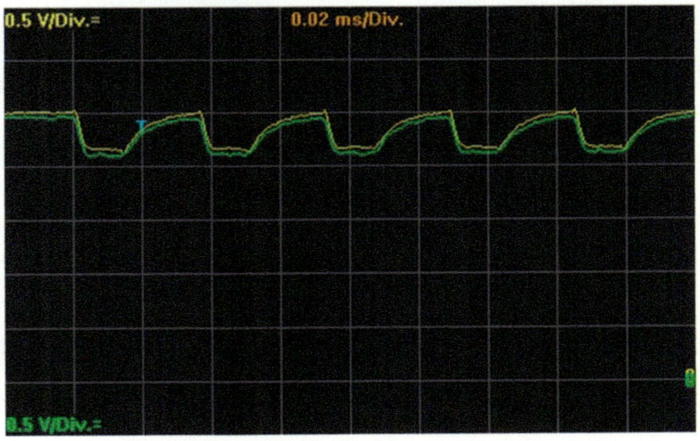

a) Cortocircuito de High a positivo.

b) Cortocircuito de las dos líneas CAN.

c) Cortocircuito de Low a masa.

Responde

3.1. Escribe las ventajas de la utilización de las redes multiplexadas en el vehículo.

3.2. ¿En qué unidad se mide la velocidad de transmisión de datos? Indica dos múltiplos de esta unidad.

3.3. ¿Cómo se denominan los dos valores de tensión de una señal digital?

3.4. ¿Qué ventajas nos ofrece la electrónica digital frente a la electrónica analógica?

3.5. Indica los componentes de una red multiplexada y explica brevemente qué función cumple cada uno.

3.6. ¿En base a qué criterios se clasifican las redes multiplexadas?

3.7. ¿Qué relación hay entre la velocidad de transmisión de datos y la seguridad?

3.8. Dibuja tres posibles topologías de redes multiplexadas e indica su denominación.

3.9. ¿Qué es una centralita *gateway* o pasarela?

3.10. Nombra tres ejemplos de *gateway* e indica a qué fabricante pertenecen.

3.11. Indica si es lo mismo un corte de la transmisión que una señal no plausible. Explica la diferencia.

3.12. ¿Qué es el modo monoalámbrico? ¿Cuándo se utiliza?

3.13. Indica qué es un nodo en una red de buses.

3.14. ¿Entre qué valores de tensión oscila la señal de CAN Low y CAN High?

3.15. ¿A qué se refiere la denominación CAN High Speed y CAN Low Speed?

3.16. ¿Para qué sirve la resistencia de terminación de una red CAN?

3.17. ¿Qué campos forman una trama de datos del protocolo CAN Bus?

3.18. ¿Cómo se establece la prioridad de mensajes en un protocolo CAN Bus?

3.19. Indica los componentes físicos de una red CAN.

3.20. Enumera los cinco pasos que sigue la centralita para enviar la información a través de una línea CAN.

3.21. ¿Qué es el transceptor de una unidad de control de una red CAN? Explica sus funciones.

3.22. ¿Cuáles son las causas de que en una línea CAN Confort la señal sea no plausible?

3.23. Describe lo que ocurre cuando hay un cortocircuito entre dos líneas de CAN.

3.24. Indica cómo se denomina el instrumento de medida que muestra señales de CAN Bus.

3.25. Explica qué función cumple el transceptor de una unidad de control.

Realiza

3.1. En los siguientes esquemas marca las centralitas pasarela o *gateway*. Justifica tu respuesta.

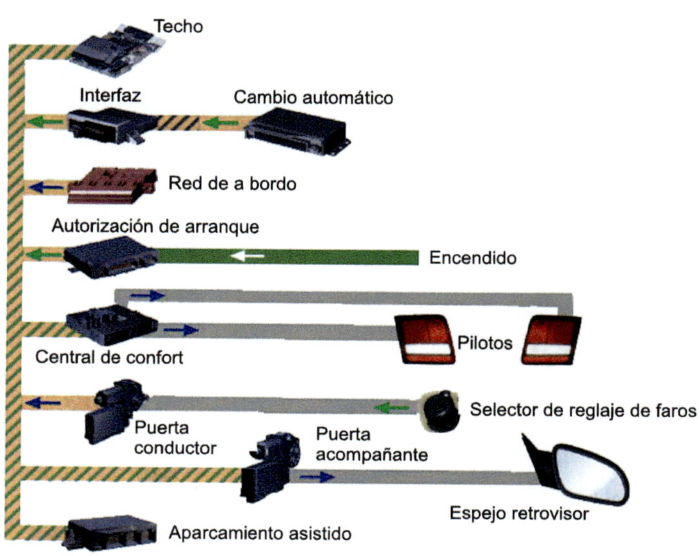

Figura 3.61.

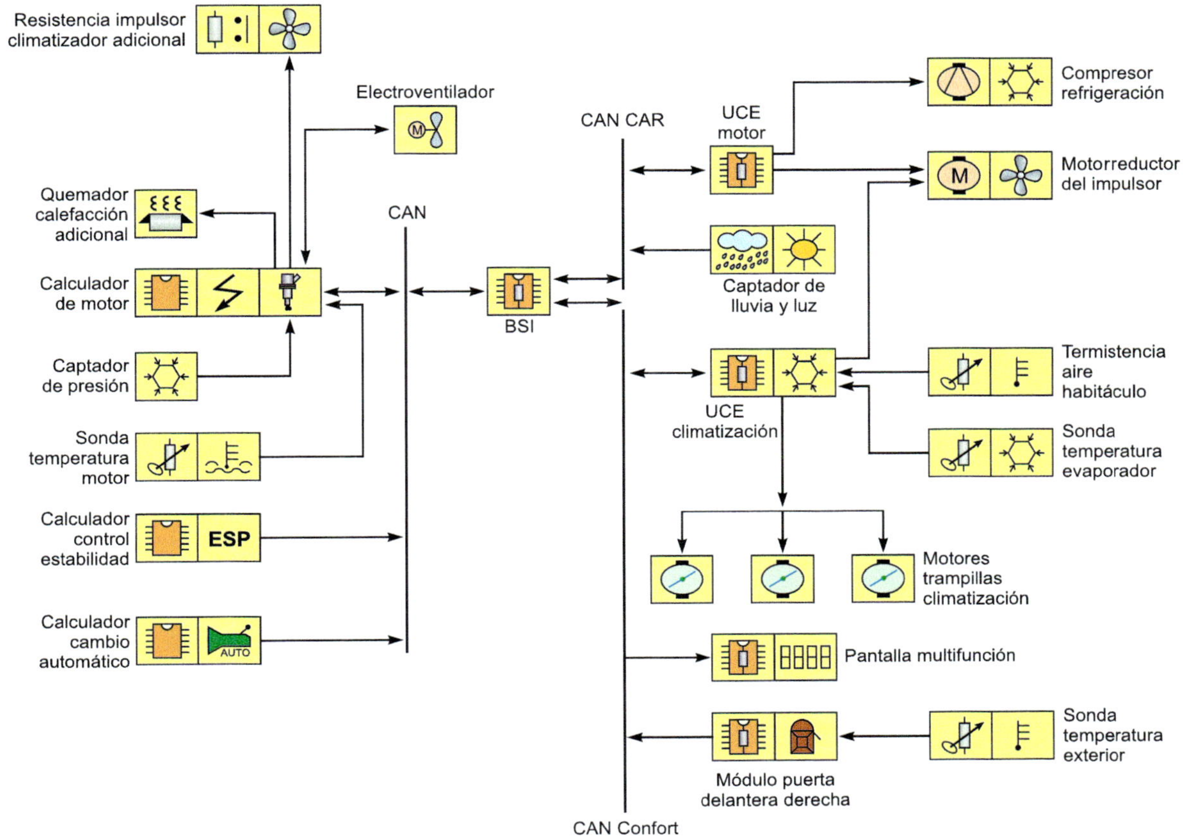

Figura 3.62.

3.2. Ordena las siguientes tramas de una red CAN por prioridad:

a) 00111000111; 01000011001; 10110010111

b) 00010010001; 00011100110; 00010111001

c) 11001000110; 10101110010; 11100100101

3.3. Indica cuál de estas señales (Figuras 3.63 y 3.64) pertenece a un cable CAN Low de una red CAN HS, y cuál al cable CAN High de la misma red. Marca el bit dominante y el recesivo.

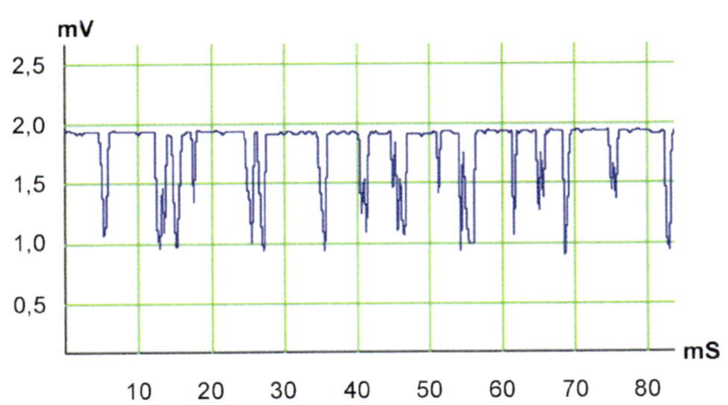

Figura 3.63.

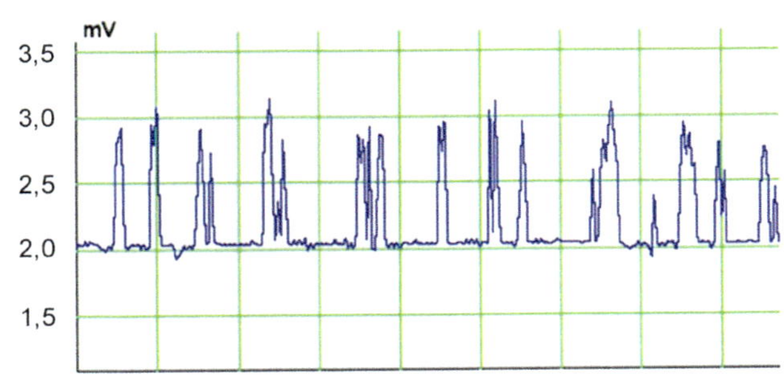

Figura 3.64.

3.4. ¿A qué averías pertenecen las siguientes señales CAN?

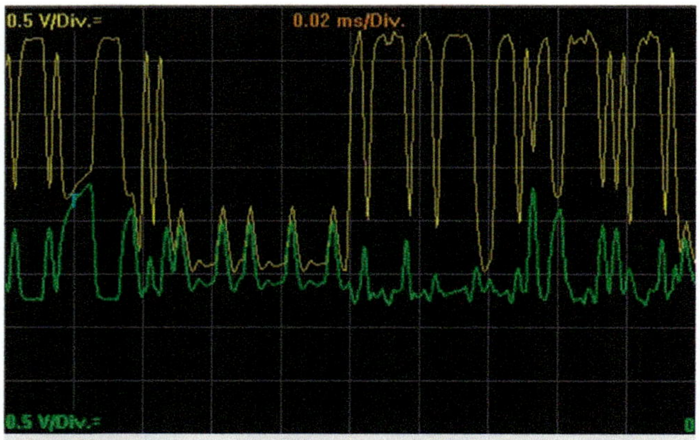

Figura 3.65.

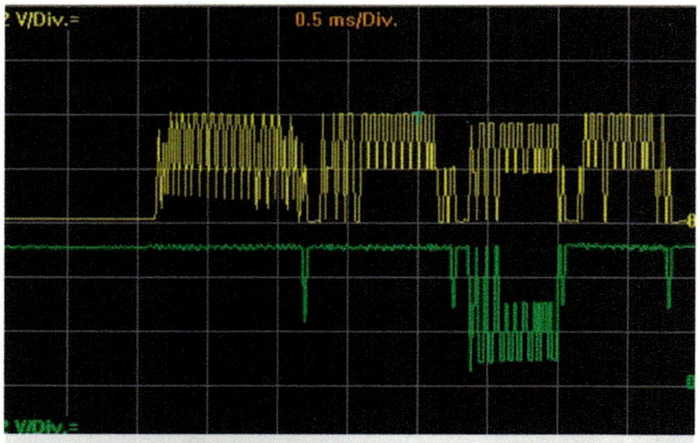

Figura 3.67.

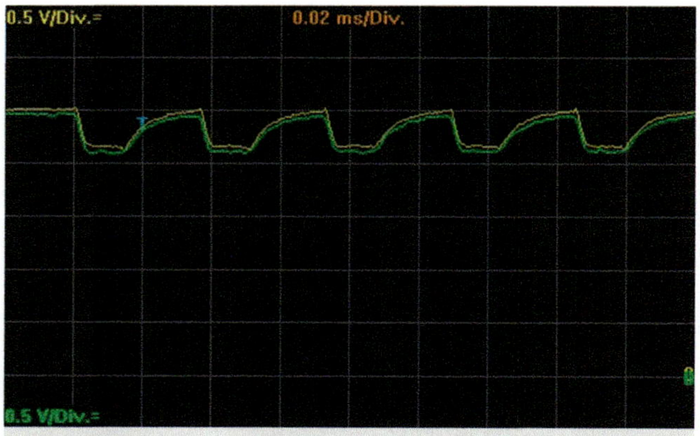

Figura 3.66.

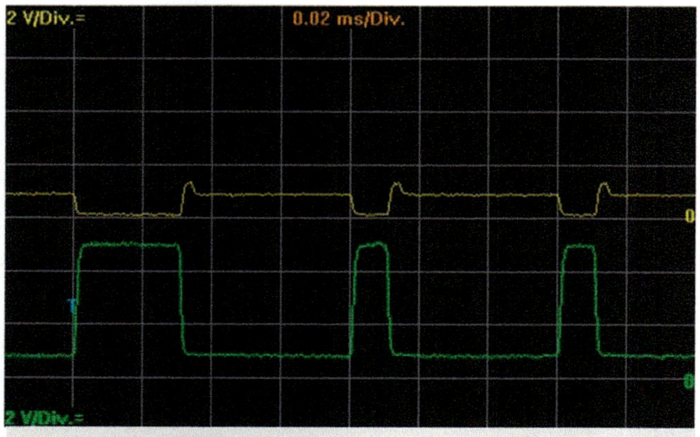

Figura 3.68.

3.5. En el siguiente oscilograma marca los valores de tensión y a qué tipo de bit pertenecen los puntos marcados por las flechas.

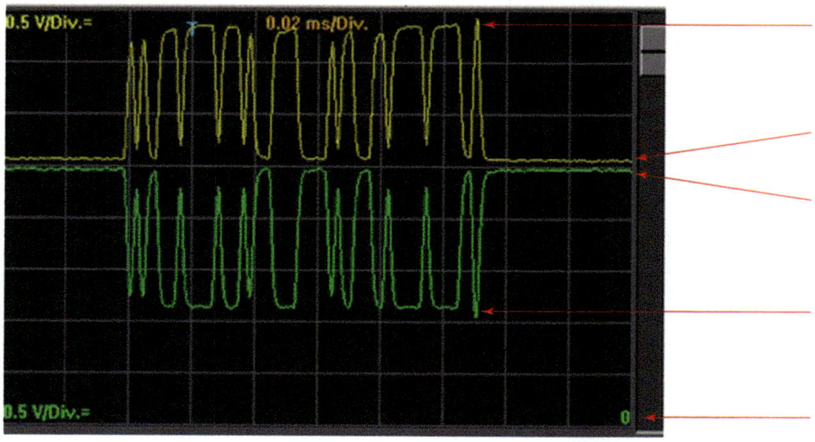

Figura 3.69.

3.6. Une los cables del osciloscopio con los bornes de la centralita para medir. ¿Qué tipo de medición es?

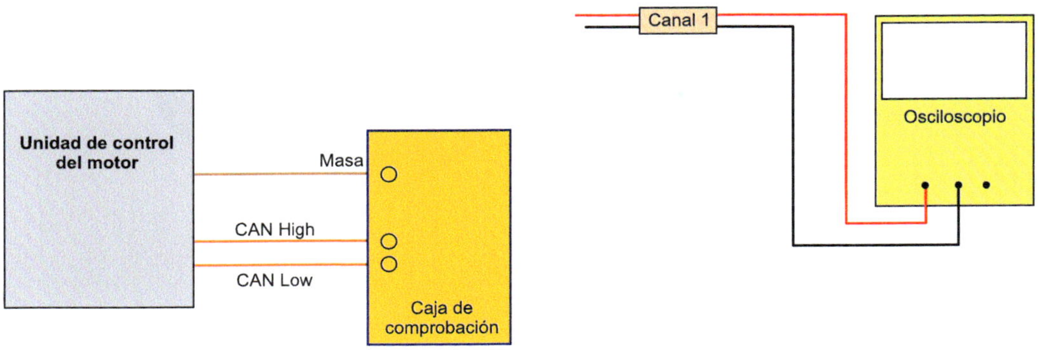

Figura 3.70.

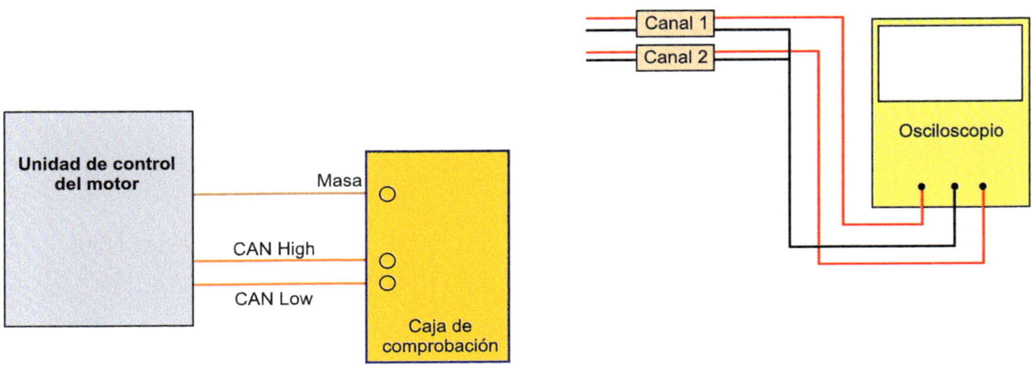

Figura 3.71.

3.7. En el siguiente oscilograma marca los valores de tensión de los bits dominante y recesivo. ¿A qué tipo de red CAN pertenece? Fíjate en el cero de cada canal.

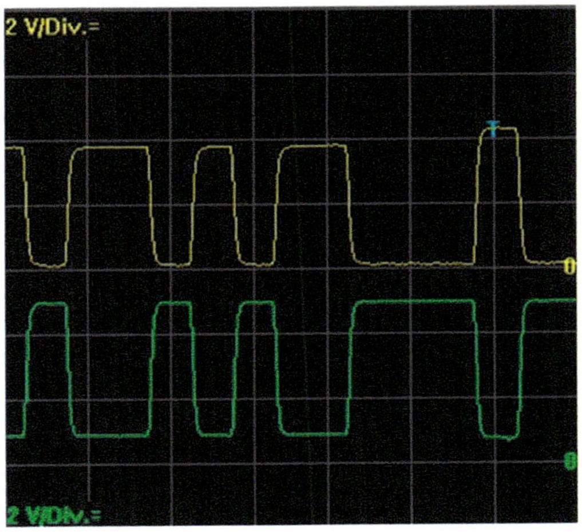

Figura 3.72.

3.8. Identifica las redes presentes en el siguiente esquema de redes. Justifica tu respuesta.

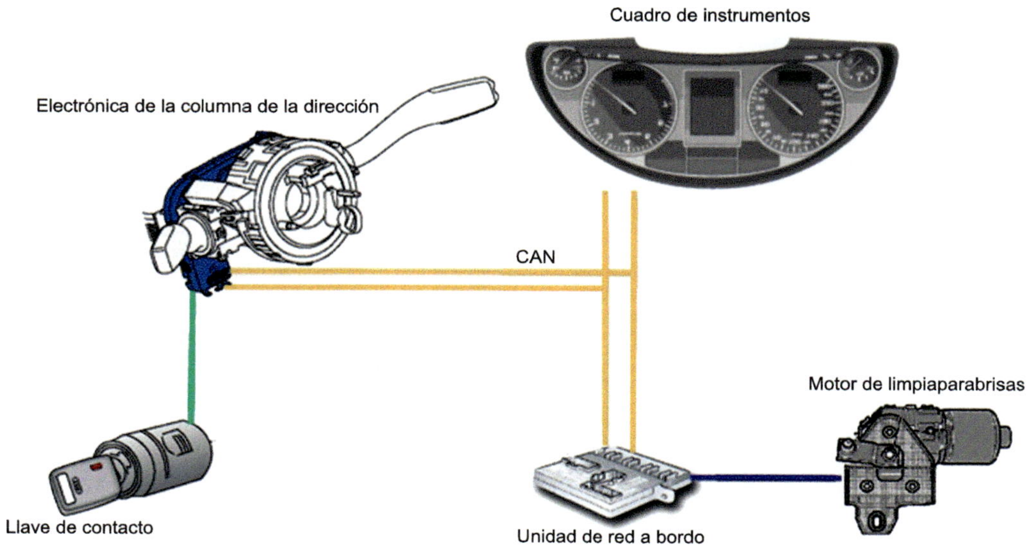

Figura 3.73.

3.9. Busca en manuales de vehículos esquemas de redes multiplexadas, y analiza cómo dichas redes están presentes en todos los esquemas eléctricos del vehículo.

3.10. Obtén en el taller la señal de un cable CAN High y de uno CAN Low con un osciloscopio. Identifícalas.

3.11. En las siguientes tramas indica si hay bit *stuffing* y márcalo:

a) 11000001001.

b) 00001011111.

c) 11111000011.

3.12. Clasifica las redes CAN, VAN, LIN y MOST según:

a) La velocidad de transmisión de datos.

b) El tipo de señal empleada.

c) El protocolo de datos empleado.

3.13. Completa las siguientes frases:

Los buses de datos de una red CAN tienen una sección de ______________ mm^2.

La velocidad de transmisión de datos en una red CAN se mide en ______________.

La red CAN tiene una topología de ______________.

El campo de datos está formado por __________ bits.

3.14. Completa:

1500 bits = ______________ Mbits

500 kbits = ______________ bits

8000 kbits = ______________ bits

40 Mbps = ______________ bps

22 000 bps = ______________ kbps

3.15. ¿Qué puede causar en una red CAN Tracción una avería denominada «avería de *hardware*»? ¿Y en una red CAN Confort una avería denominada «modo monoalámbrico»?

3.16. Indica la velocidad de transmisión de datos de CAN LS y CAN HS, así como los valores de tensión de cada cable de ambas redes.

3.17. Busca los nombres de la *gateway* de cinco fabricantes de vehículos diferentes.

3.18. Completa la siguiente secuencia que tiene lugar durante un envío de datos a través de una línea CAN:

a) Los sensores y captadores envían la información a su centralita correspondiente.

b) El microprocesador de la centralita ______________ ______________.

c) El transceptor transforma la información digital recibida en señales eléctricas y la vuelca en el bus de datos.

d) El resto de centralitas ______________.

e) Las centralitas interesadas en el mensaje lo aceptan, lo procesan y deciden si ignorarlo o no.

3.19. Explica el siguiente esquema de redes multiplexadas de un sistema de limpiaparabrisas delantero y trasero. ¿Qué diferencias encuentras entre las redes CAN B, CAN E y CAN C?

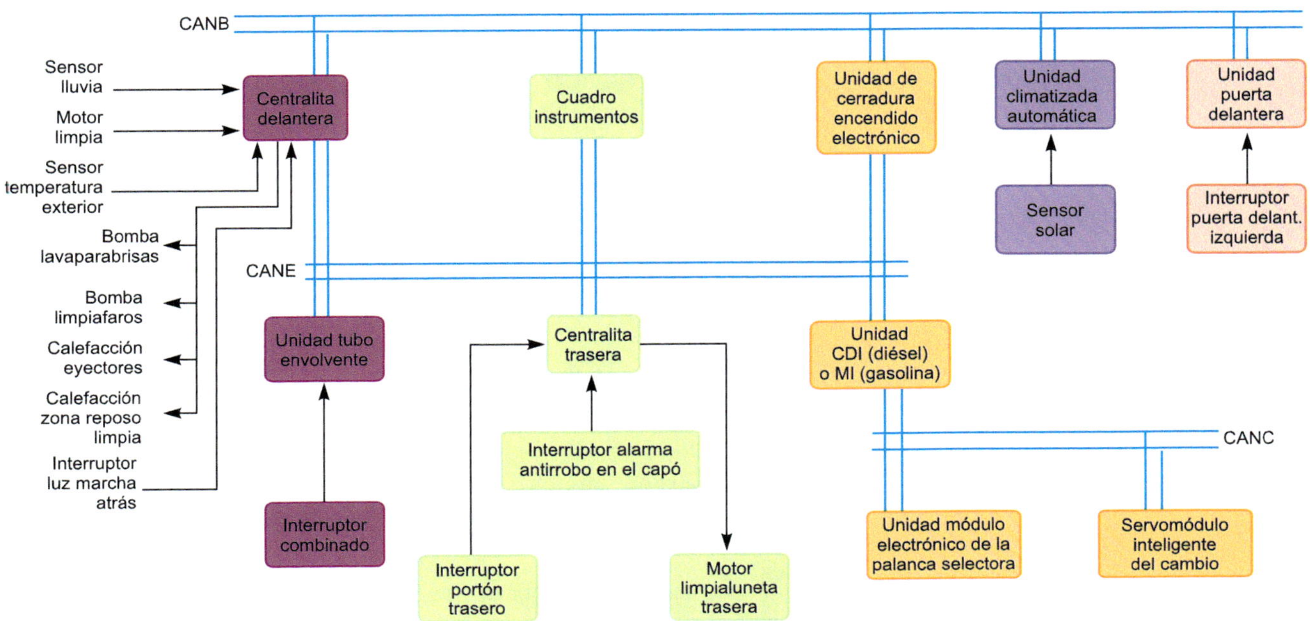

3.20. ¿Qué función crees que pueden tener las conexiones CAN en el siguiente esquema de elevalunas?

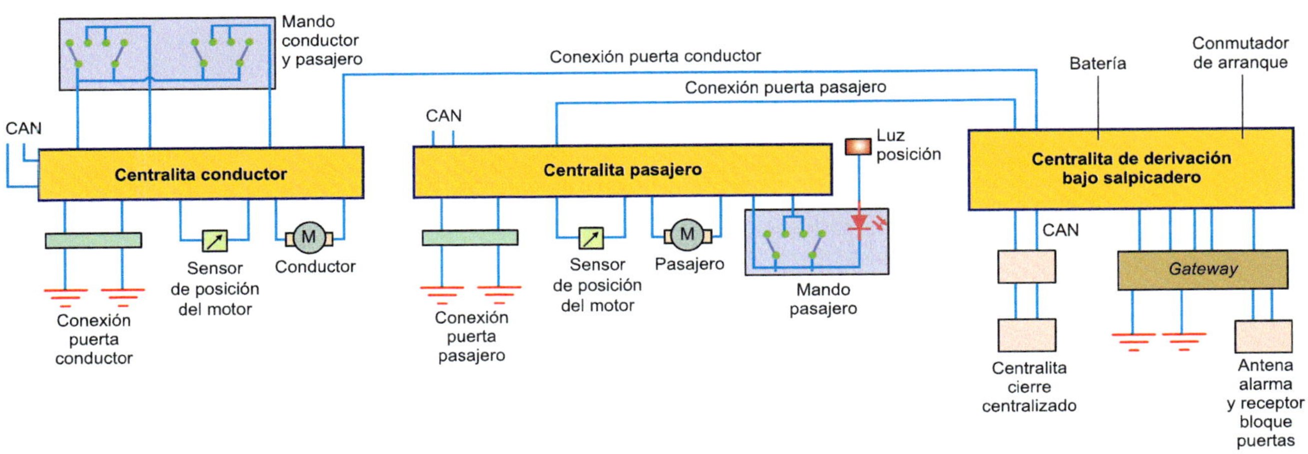

4 Arquitecturas de redes en el vehículo. FlexRay, VAN Bus, LIN Bus, MOST Bus, Ethernet y redes inalámbricas

El funcionamiento básico de la gestión electrónica consiste en una serie de sensores situados estratégicamente que envían información a una unidad de control. Dicha unidad analiza los datos recibidos y envía una serie de órdenes en forma de señales eléctricas a unos actuadores, para que incidan sobre el sistema.

En la unidad anterior se han estudiado las características generales de las redes multiplexadas y la más extendida de ellas: la red CAN Bus. En esta unidad se tratan otras redes también muy empleadas por la mayoría de los fabricantes:

- FlexRay, red de uso muy reciente y no muy extendida por el momento, también de comunicación por buses y señales eléctricas.
- VAN Bus, también bialámbrica y de características similares a CAN Bus.
- LIN Bus, monoalámbrica y de gran uso, pero para sistemas que no requieren de una velocidad de transmisión de datos muy alta.
- MOST Bus, cuyo canal de transmisión varía al tratarse de fibra óptica.
- Redes inalámbricas, como *bluetooth* o wifi, empleadas únicamente para conexiones multimedia y telefónicas debido a su poca seguridad en la transmisión de datos.
- Otras redes como BEAN, BST Bus o J1850.

4 Arquitecturas de redes en el vehículo. FlexRay, VAN Bus, LIN Bus, MOST Bus, Ethernet y redes inalámbricas

¿Sabes ...

...qué protocolos de comunicación podemos encontrar en un vehículo con redes multiplexadas?

...qué características tienen cada uno de los protocolos de comunicación empleados en las redes multiplexadas del vehículo?

...cómo diagnosticar las diferentes redes de comunicación de un vehículo?

...obtener e interpretar señales de cables de comunicación del vehículo empleando un osciloscopio?

Contenidos

Objetivos

- Conocer las características de las redes de comunicación en el vehículo.
- Identificar y diferenciar los protocolos de comunicación FlexRay, VAN Bus, LIN Bus, MOST Bus, Ethernet, *bluetooth,* wifi y GPS.
- Interpretar los distintos tipos de señales obtenidas en las redes de comunicación del vehículo.
- Diagnosticar las redes de comunicación del vehículo.
- Localizar y reparar averías derivadas de componentes de las redes de comunicación del vehículo.

4.1. FlexRay

El consorcio FlexRay fue fundado en septiembre de 2000 y surgió ante la necesidad de crear un protocolo que permitiese la conexión de un mayor número de centralitas a un mismo bus de datos, ya que los vehículos cuentan cada vez con redes de comunicación más extensas. Se trata de un protocolo de comunicación a través de cables eléctricos, como ocurre con CAN, VAN y LIN Bus.

Los problemas existentes en las actuales redes de comunicación multimaestras, como CAN Bus, aparecen cuando son demasiadas las centralitas que intentan volcar datos al bus simultáneamente. El bus se sobrecarga y las unidades comienzan a bloquearse, no siendo efectivo el sistema de prioridad de mensajes empleado. Se crea un «embotellamiento» de datos.

Figura 4.1. Símbolo de FlexRay.

En el protocolo FlexRay cada centralita cuenta con un momento exacto y un intervalo de tiempo para transmitir, también llamado *slot*, y cuya duración es del orden de milisegundos. Si una centralita, dentro de su tiempo de transmisión, no tiene nada que decir, ese *slot* estará vacío. Pero si tiene que enviar datos lo hará en el tiempo y el momento que tiene asignados, controlado por el reloj del sistema. A esto hay que sumar que el protocolo FlexRay alcanza una velocidad de transmisión de datos de 20 Mbps y realiza la transmisión en ciclos cortos de 2,5 milisegundos (CAN cada 10 milisegundos). Una red FlexRay soporta hasta 20 metros de conexión por bus y hasta 20 nodos conectados a la misma red.

La topología de una red FlexRay es variada, como se observa en las Figuras 4.2, 4.3, 4.4 y 4.5.

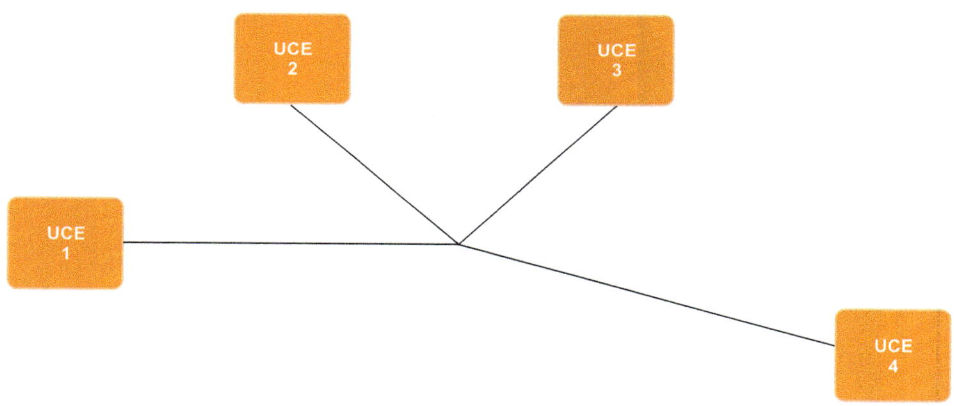

Figura 4.2. Estructura en estrella con cuatro unidades de control.

Sabías que...?

El consorcio FlexRay fue fundado por BMW, Daimler AG (matriz de Mercedes), Philips y Motorola. Actualmente está compuesto, además, por Volkswagen, General Motors, Robert Bosch GmbH, NXP Semiconductors, ahora independiente y que perteneció a Philips, y Freescale, ahora independiente y que perteneció a Motorola.

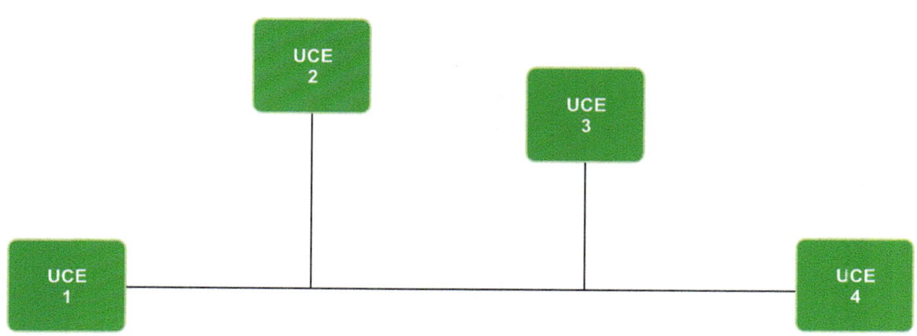

Figura 4.3. Estructura lineal de buses con cuatro unidades de control.

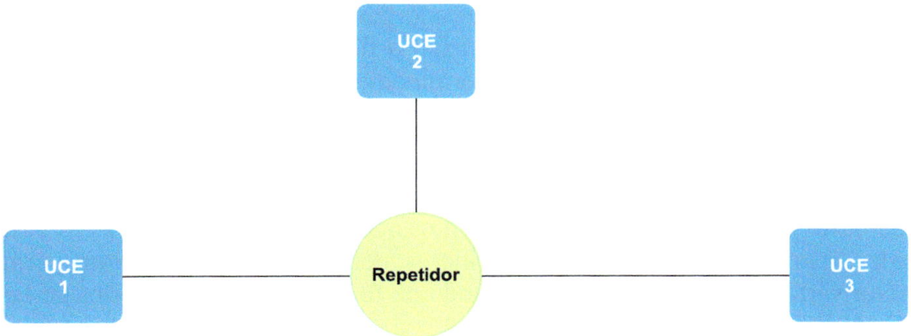

Figura 4.4. Estructura en estrella con un repetidor.

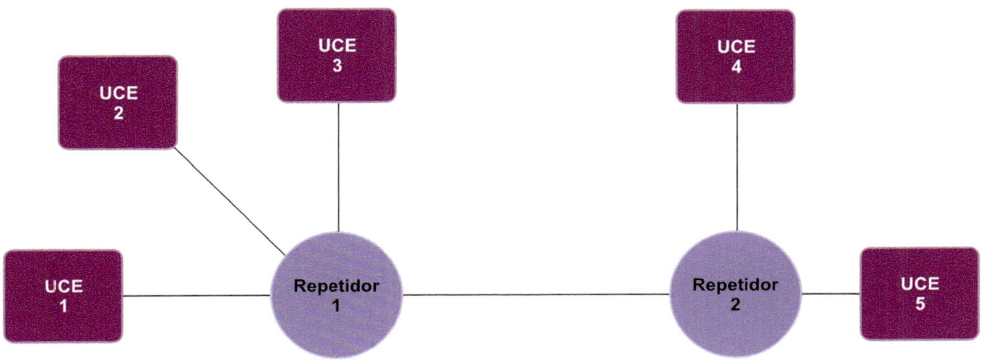

Figura 4.5. Estructura con dos repetidores en cascada.

En la Figura 4.6 se muestra un ejemplo de conexión de red FlexRay. El bus de color azul es un bus FlexRay, el bus verde es CAN Bus y el marrón es MOST Bus. Otra ventaja del bus FlexRay es que actúa de *gateway*, tal y como ocurre en este esquema de redes de comunicación.

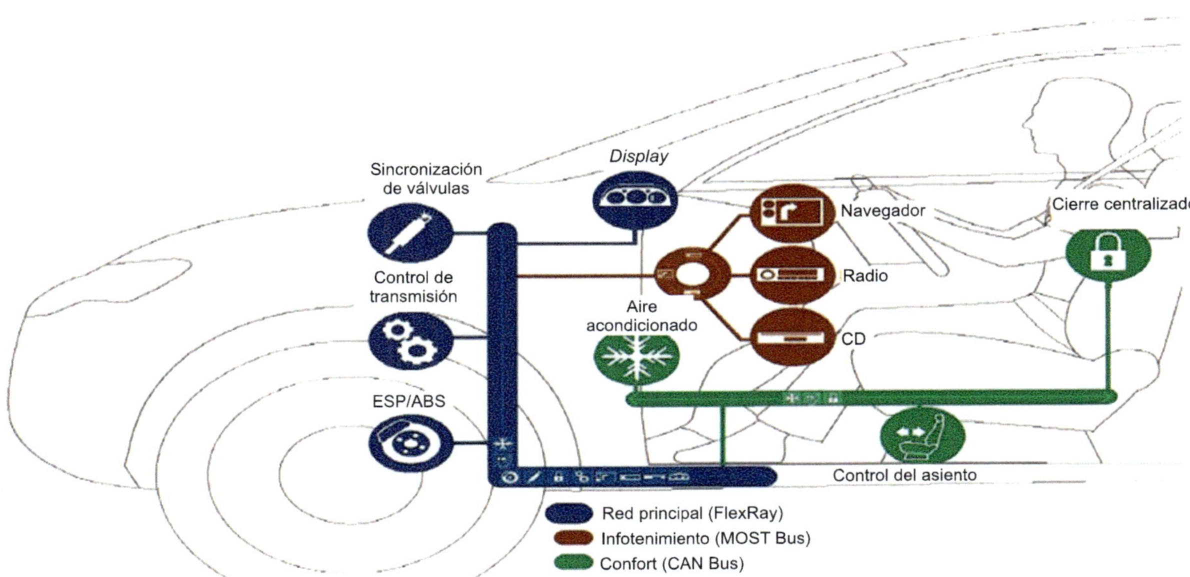

Figura 4.6. Ejemplo de bus de datos FlexRay.

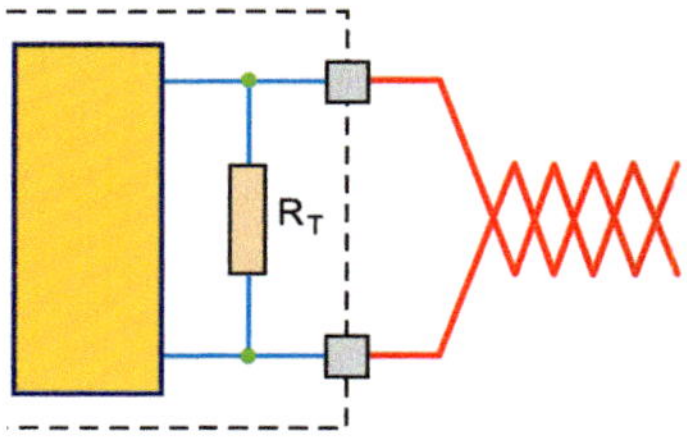

Figura 4.7. Resistencia de terminación de los buses de una red FlexRay.

El protocolo FlexRay puede ser empleado para transmisiones de datos a través de diferentes medios físicos: cable eléctrico o fibra óptica. Los buses de una red FlexRay acaban en una resistencia de terminación, integrada normalmente dentro de una centralita, como se observa en la Figura 4.7. El valor óhmico de esta resistencia suele estar entre 80 y 110 ohmios.

En un sistema FlexRay las conexiones entre centralitas pueden realizarse a través de buses de datos o a través de elementos que actúan como repetidores bidireccionales, a modo de *switch*. Estos repetidores, denominados **Active Star,** permiten conectar varias ramas del sistema, actuando de forma similar a los nodos de las redes CAN Bus.

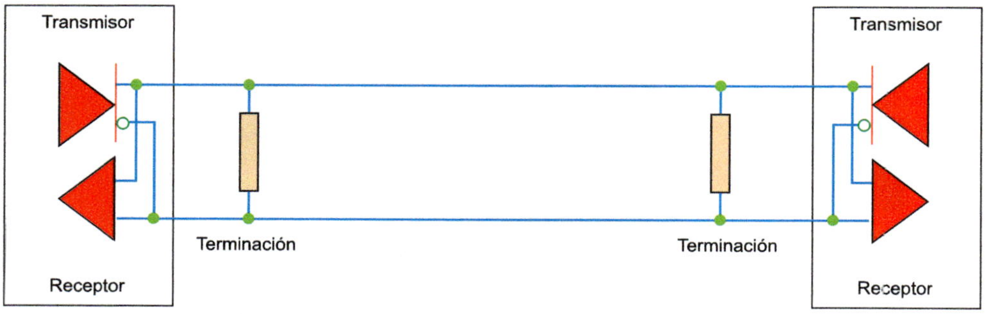

Figura 4.8. Unión entre dos centralitas.

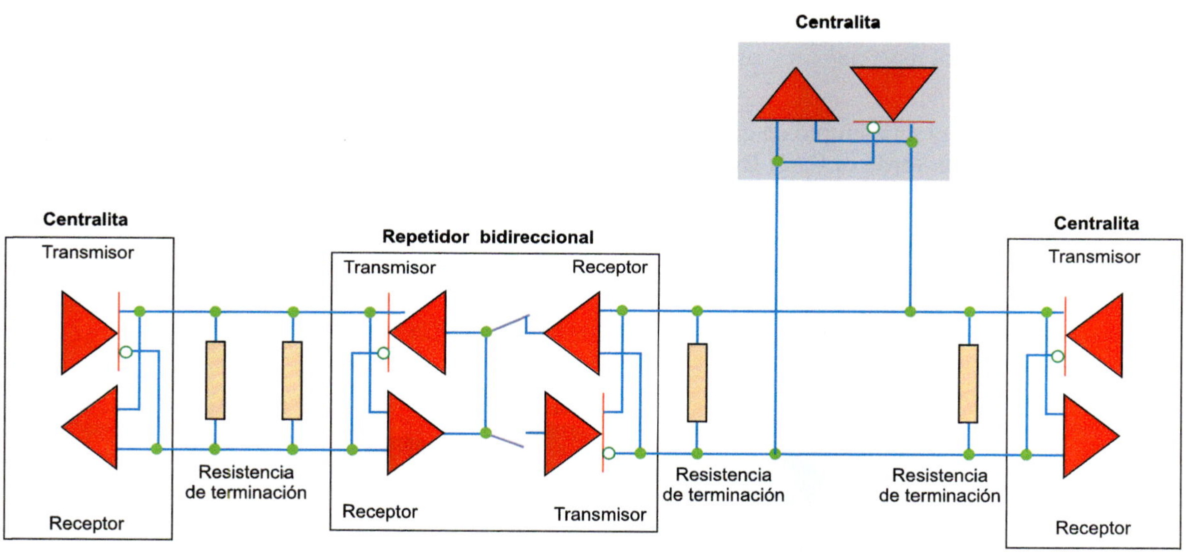

Figura 4.9. Unión entre centralitas a través de un Active Star o repetidor bidireccional.

4.1.1. Funcionamiento del protocolo y sincronización

Cada centralita tiene un reloj independiente que no puede tener una desviación superior a un 0,15 % respecto al reloj de referencia. Por tanto, la diferencia entre el reloj más lento y el más rápido no puede ser superior al 0,3 %. Para evitar problemas de desfase debidos a la acumulación de adelantos o retrasos de unos relojes respecto a otros, estos se reajustan periódicamente.

Cada bit volcado al bus se mantiene en él durante ocho ciclos de reloj, y para no perder información, cada receptor cuenta con un búfer de los últimos cinco ciclos. Un búfer es un dispositivo o parte de la memoria de la centralita para el almacenamiento temporal de información digital.

0	0	0	0	0	0	1	1	1	1	1	1	1	1	0	0	0	0
0	0	0	0	0	0	0	0	1	1	1	1	1	1	1	1	0	0

Figura 4.10. En este caso se observa una desviación de dos ciclos.

4.1.2. Estructura de la trama

El mensaje o trama está formado por un conjunto de bits que se dividen en los siguientes paquetes:

- Señal de inicio de transmisión compuesta por un bit 0.
- Señal de inicio de la estructura compuesta por un bit 1.
- Señal enviada *m* veces, dependiendo del mensaje, compuesta por:
  - Señal de inicio de byte 0, que tiene siempre valor 0.
  - Señal de inicio de byte 1, que tiene siempre valor 1.
  - Conjunto formado por 8 bits.
- Señal de fin de la estructura, formada por un bit 0.
- Señal de fin de la transmisión, formada por un bit 1.

El comienzo de una comunicación a través del bus lo determina un bit dominante, es decir, la ausencia de voltaje. Las centralitas, por tanto, saben que un voltaje alto (o bit recesivo) implica la ausencia de mensajes.

El receptor sabe si el mensaje es completo comprobando que la señal de inicio de byte 0 o bien la señal de fin de la estructura ha sido recibida.

La sincronización de los relojes tiene lugar, como máximo, cada 11 bits, lo que significa cada 88 ciclos, ya que cada bit supone 8 ciclos ($11 \times 8 = 88$ ciclos). Estos 11 bits son: 1 bit de inicio de byte, 8 bits de mensaje, 1 bit de fin de la estructura y 1 bit de fin de la transmisión.

El desfase entre relojes máximo permitido por el sistema es de uno cada 300 ciclos, por lo que si la sincronización se realiza cada 88 ciclos, solo existirá como máximo un desfase en cada sincronización.

Los errores que puede encontrar el sistema son tres:

- Error durante la sincronización: un error de 1 bit demora la transmisión un ciclo.
- Error de desfase (máximo uno en cada sincronización).
- Error de transmisión.

Sabías que...?

El primer vehículo que contó con este protocolo de datos fue el BMW X5, en el año 2007. Un segundo canal de comunicación FlexRay actúa como *backup*, ofreciendo redundancia para asegurar la transmisión en todo momento. Si un canal falla el segundo canal sigue funcionando. Para sistemas que no requieren de una alta seguridad se puede emplear un único canal y la transferencia de datos, entonces, es más rápida.

En la siguiente figura se aprecia el caso más desfavorable, ya que se unen estos tres errores.

Señal a enviar	1	0	1	0	1
Señal enviada	1 1 1 1 1 1 1 1	0 0 0 0 0 0 0 0	1 1 1 1 1 1 1 1	0 0 0 0 0 0 0 0	1 1
En el bus	1 1 1 1 1 1 1 1	0 1 0 0 0 0 0 0	1 1 1 1 1 1 1 1	0 0 0 0 0 0 1 0	1 1
Recibido	1 1 1 1 1 1 1 1	0 1 0 0 0 0 0 0	1 1 1 1 1 1 X 1	0 0 0 0 0 0 1 0	1 1

Figura 4.11. Los errores de sincronización y de transmisión son los dos bits en el bus que no corresponden a la señal enviada y el error de desfase está marcado con una X.

ACTIVIDAD **Propuesta 4.1**

¿Por qué se sincronizan los relojes de las centralitas?

ACTIVIDAD **Propuesta 4.2**

¿Qué es un búfer? ¿Y un Active Star?

4.2. VAN Bus

El protocolo VAN (*Vehicle Area Network*) fue creado en 1987 por PSA y Renault, con el apoyo del Gobierno de Francia. Es muy similar a CAN y se emplea en sistemas que no requieren de una alta velocidad de transmisión de datos ya que trabaja, como máximo, a 125 kbps. Normalmente se empleaba en sistemas como el de cierre centralizado, que pertenecen a la línea de carrocería, pero actualmente ya no se instala en ningún vehículo.

Su estructura, al igual que la de CAN, es multimaestra, pues todas las centralitas van conectadas al bus y pueden intercambiar datos entre sí, respetando la prioridad en el protocolo de transmisión de datos.

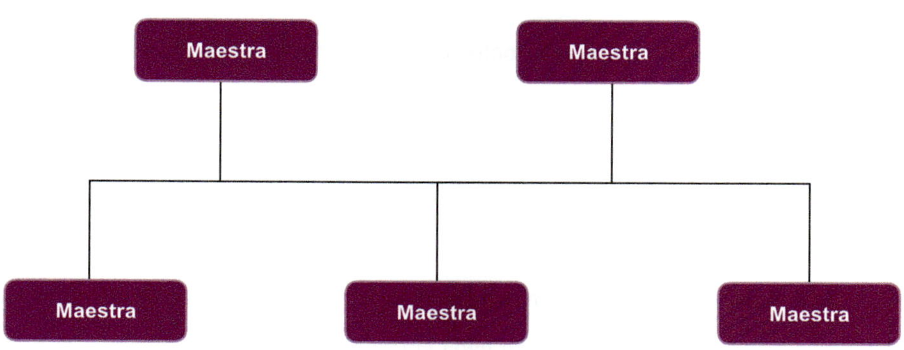

Figura 4.12. Estructura multimaestra de una red VAN Bus.

Sabías que...

El protocolo VAN pasa a ser norma AFNOR R-13708 en 1990 y norma ISO (ISO 11519-3) en 1994. La primera red VAN fue utilizada en prototipos de Citroën XM en 1992, el cual se comenzó a fabricar en serie en 1993. En 1995 Renault deja de utilizar esta red de comunicación. En 1999 se instala la primera red VAN Confort con BSI en serie en el Xsara y el Xsara Picasso.

4.2.1. Componentes físicos de una red VAN

Los componentes físicos de una red VAN son el **bus de datos** y las **centralitas.**

El **bus de datos** lo componen dos cables entrelazados de cobre de 0,6 mm^2, que transmiten una señal eléctrica. A los cables se les denomina DATA y DATAB (también denominada DATA/).

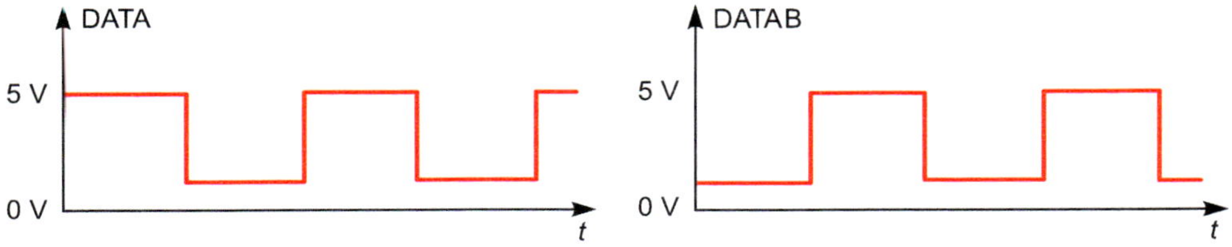

Figura 4.13. Señal de una red VAN. Se observa la simetría entre las señales de los dos cables.

Las **centralitas** están formadas por un transceptor y un controlador que incluye un microprocesador. Además cuentan con una célula de diagnosis, integrada dentro del controlador. Al igual que en las redes CAN LS (baja velocidad) el transceptor contiene tres comparadores y tres resistencias, las cuales están también conectadas con la célula de diagnosis del controlador.

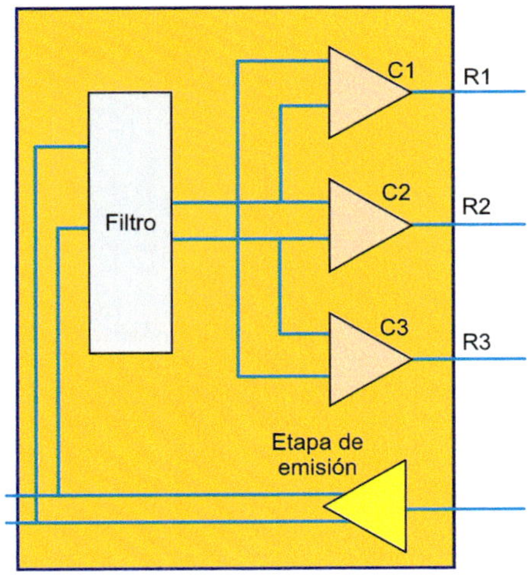

Figura 4.14. C1, C2 y C3 representan los comparadores, y R1, R2 y R3 las resistencias.

En la red VAN la etapa de emisión conecta la centralita con los cables DATA y DATAB, tal y como observamos en la Figura 4.15.

Figura 4.15. Detalle de la etapa de emisión de una red VAN Bus.

Las redes VAN no cuentan con resistencias de terminación en los extremos del bus como ocurría en las CAN, pero sí en la conexión de las centralitas al mismo. Son impedancias de adaptación iguales a la impedancia nominal, y para medir su resistencia se ponen las pinzas del polímetro entre masa y DATA o DATAB.

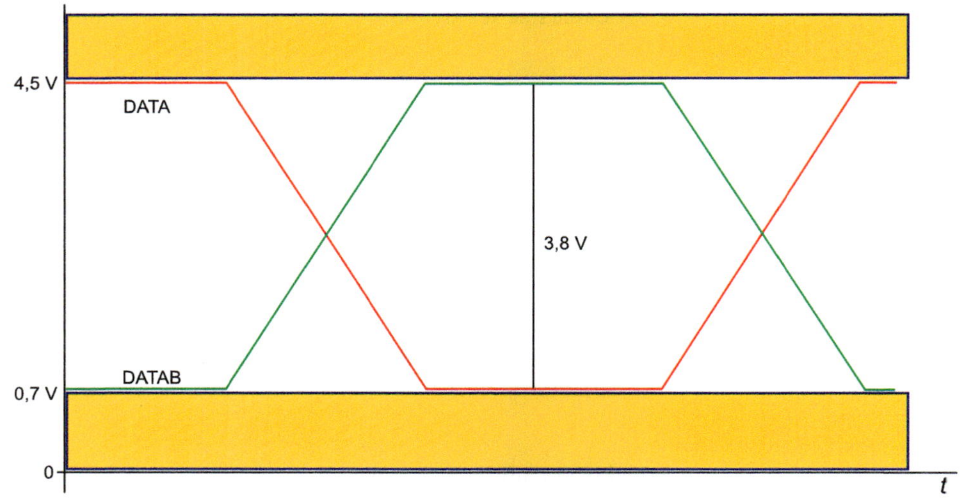

Figura 4.16. Señal de un bus de datos de una red VAN.

En la Figura 4.16 la señal roja corresponde al cable DATA y la señal verde al cable DATAB. Las franjas amarillas que se observan por encima y por debajo de las señales indican la zona en la cual la señal se considera correcta.

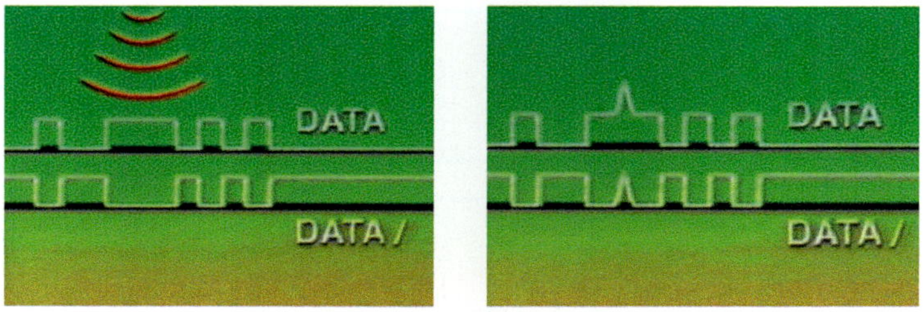

Figura 4.17. Las interferencias electromagnéticas afectan a ambas señales por igual.

Sabías que...

La red VAN Confort de Citroën trabaja a 125 kbps, y la red VAN Carrocería entre 50 y 62,5 kbit/s. La primera está adaptada para las funciones de visualización, instrumentación, etc. (radio, clima, navegador, etc.) y la red VAN Carrocería va adaptada para las funciones de elevalunas, techo corredizo, alumbrado, lavado, entre otros.

4.2.2. Trama de datos en el protocolo VAN

La trama de datos o mensaje en el protocolo VAN está dividida en nueve campos. Estos son los siguientes:

1. Principio de trama: marca el inicio.
2. Identificador: identifica a los destinatarios.
3. Mandato: indica el tipo de mensaje, si es una petición o un envío de datos.
4. Datos: el mensaje en sí.
5. Control de validez de mensaje o transmisión íntegra de todos los datos.
6. Fin de datos: no existe en CAN.
7. Confirmación: indica la correcta recepción del mensaje.
8. Fin de trama: termina el protocolo.
9. Separador de trama.

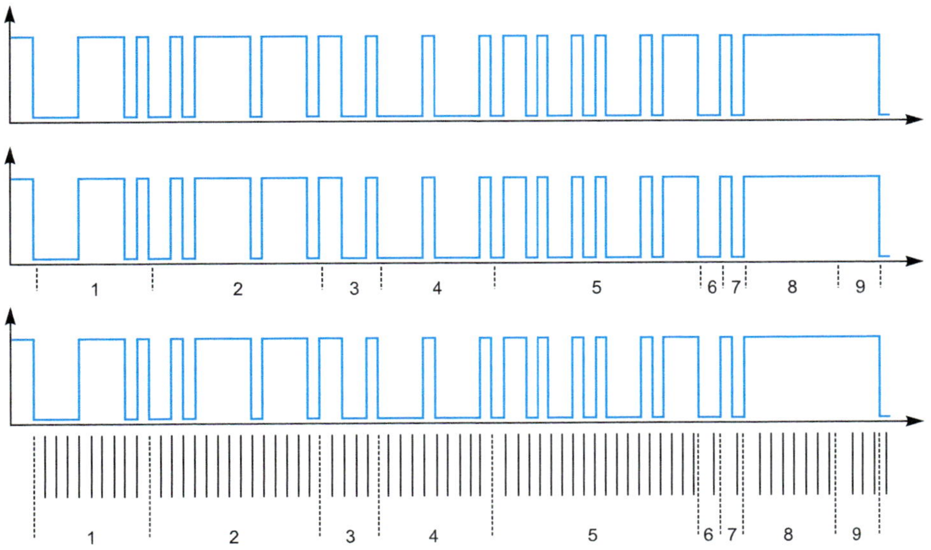

Figura 4.18. Trama VAN Bus, trama señalizando los nueve campos que la forman, y trama marcando los bits de cada campo.

Las tramas de comunicación pueden pedir o no confirmación dentro de la trama. En el primer caso el campo «identificador» indica el destinatario de los datos, y en el segundo caso no. También es posible encontrar una trama con una demanda de respuesta inmediata, o una trama con respuesta diferida, siendo esta última poco común.

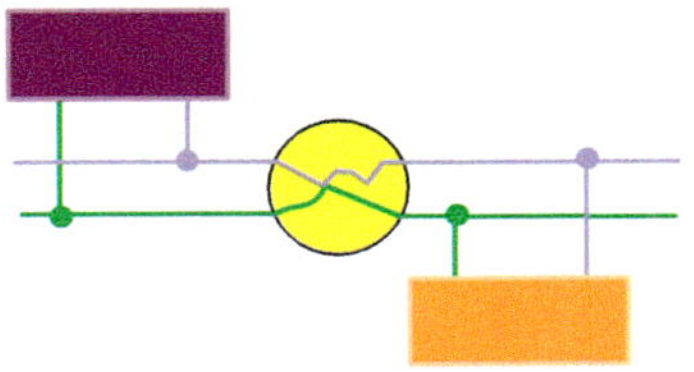

Figura 4.19. Ejemplo de cortocircuito entre las dos líneas DATA y DATAB.

4.2.3. Errores en una transmisión VAN

La célula de diagnosis detecta errores físicos, como puede ser un cortocircuito a positivo o a negativo, aislando una de las señales. En el caso de un cortocircuito entre las dos líneas, sin embargo, resulta imposible el funcionamiento en modo degradado, interrumpiéndose la comunicación.

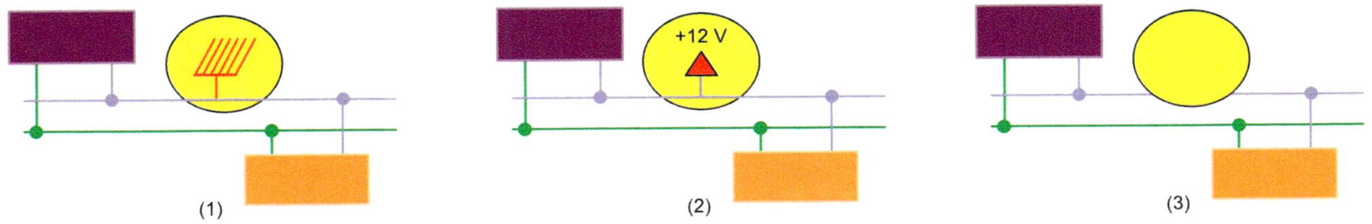

Figura 4.20. Ejemplo de cortocircuito a masa (1), cortocircuito con positivo (2) y circuito abierto (3).

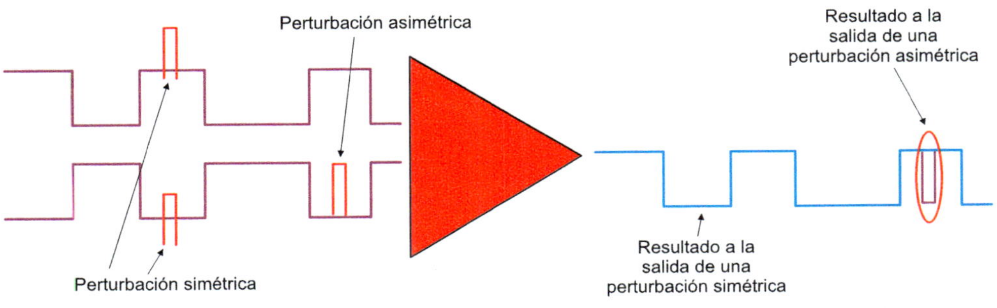

Figura 4.21. Ejemplo de perturbación en una señal VAN.

Recuerda que...

La *gateway* es una centralita que actúa de conversor y así permite intercambiar información entre diferentes redes de comunicación. Los distintos tipos de redes multiplexadas no trabajan a igual velocidad, nivel de tensión, configuración en cuanto a resistencias ni utilizan el mismo protocolo de datos. La *gateway* puede ser una centralita o estar integrada dentro de un nodo.

ACTIVIDAD **Propuesta 4.3**

Nombra y explica los errores físicos que se dan en una red VAN. ¿Cuáles pueden ser detectados?

ACTIVIDAD **Propuesta 4.4**

En la siguiente figura de una señal VAN Bus indica:

a) Bit recesivo y dominante.

b) Diferencia de tensión que detectará el transceptor de la centralita.

c) ¿Es correcta esta señal?

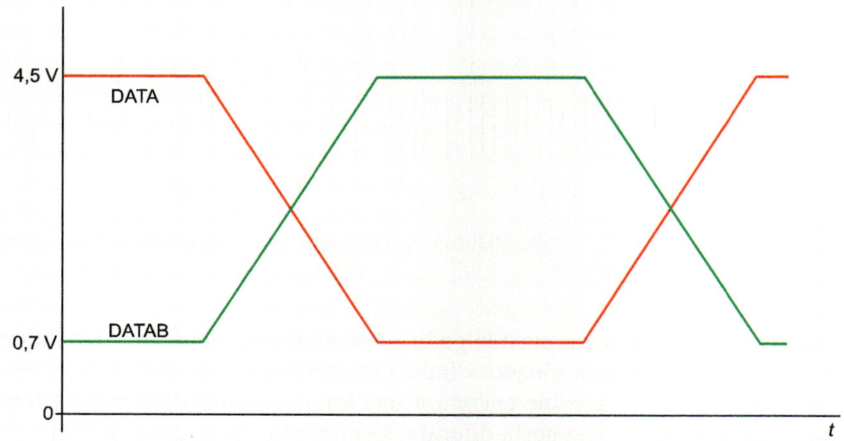

ACTIVIDAD **Propuesta 4.5**

¿Cuántos comparadores y resistencias tiene el transceptor de una centralita de una red VAN Bus? ¿Puede detectar y diagnosticar errores como, por ejemplo, un cortocircuito a masa?

ACTIVIDAD **Propuesta 4.6**

Compara las características del protocolo VAN y del protocolo CAN estudiado en la unidad anterior.

4.3. LIN Bus

El protocolo de comunicación LIN (*Local Interconnect Network*) fue creado por un consorcio de fabricantes y proveedores con el objetivo de lograr una red de menor coste y menor caudal de datos (velocidad de transmisión). El consorcio LIN está formado por Audi, BMW, Daimler Chrysler, Volvo, Volkswagen, Volcano Communications y Motorola. En el año 2000 se dio a conocer la especificación LIN 1.2 y en 2003 la LIN 2.0.

En este protocolo los datos se transmiten a una velocidad máxima de 20 kbps, determinada por el *software* utilizado por las unidades de control. Al igual que los protocolos CAN y VAN transmite una señal eléctrica, pero a través de un único cable de 0,35 mm^2 de sección. Al contar con un solo cable existe riesgo de perturbaciones electromagnéticas, por eso es muy importante que la señal se mantenga dentro de las tolerancias de tensión. De esta forma no requiere de apantallamiento.

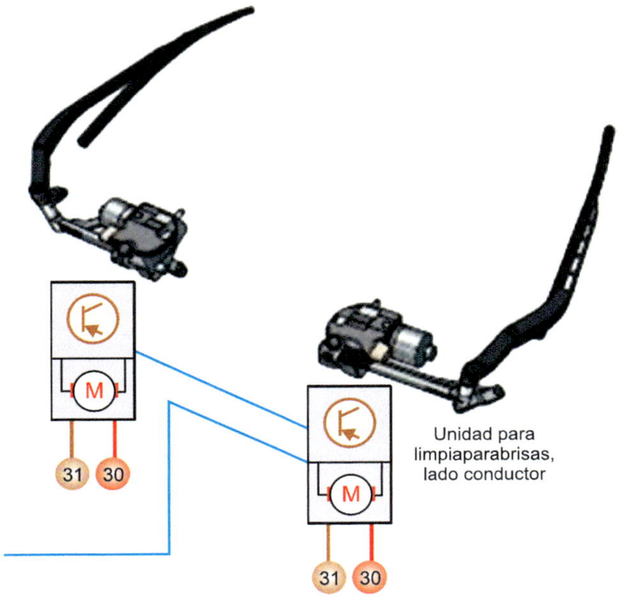

Figura 4.22. Unidades electrónicas de limpiaparabrisas de Seat comunicadas por LIN Bus.

La red LIN se caracteriza por tener menor coste que CAN y VAN, pero también menos fiabilidad y menor tamaño, ocupando una zona muy delimitada del vehículo, como por ejemplo la puerta para comunicar las centralitas de cierre o una zona cercana al parabrisas para la red de limpiaparabrisas.

Figura 4.23. Señal LIN Bus.

Tiene una estructura de red maestra-multiesclava y cuenta con un máximo de 16 unidades de control. Está formada por una unidad maestra y las unidades esclavas que se comunican con ella, así como por los sensores y actuadores que envían y reciben información de las esclavas. Son unidades esclavas tanto las centralitas dependientes de la unidad maestra como los sensores y actuadores dependientes de otras unidades esclavas.

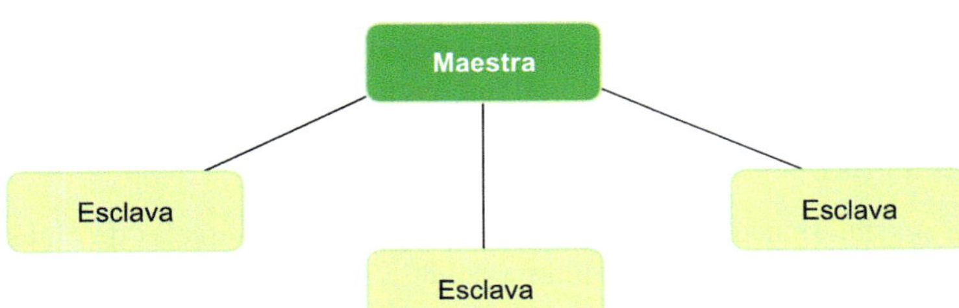

Figura 4.24. Estructura maestra-esclava de la red LIN Bus.

Las distintas redes LIN del vehículo intercambian información a través de la red CAN, para lo que las centralitas maestras actúan de *gateway*.

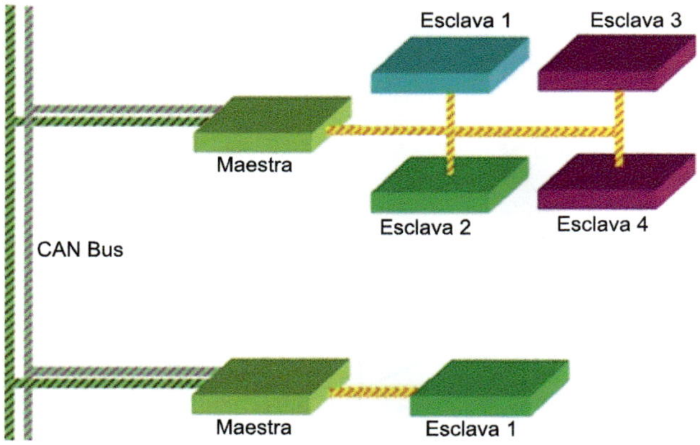

Figura 4.25. Ejemplo de arquitectura de red LIN.

Sabías que...?

El consorcio LIN recomienda el uso de los caudales siguientes: 2400 bits/s (lento), 9600 bits/s (medio) o 19 200 bits/s (rápido).

4.3.1. Funciones de las centralitas de una red LIN

Las **funciones de las centralitas esclavas** son responder a una consulta de datos y pedir la activación de la red. La diagnosis de las LIN esclavas se realiza mediante la centralita maestra. Cuentan con una resistencia interna de 30 kΩ.

Las **funciones de las centralitas maestras** son las siguientes:

- Inicio de las tramas.
- Transmisión de datos.
- Consulta de datos.
- Inicio de la vigilancia.
- Activación de la red.

Las centralitas maestras cuentan con una resistencia interna de 1 kΩ. Estas centralitas aseguran la correcta comunicación en el bus y deciden si activar el modo vigilancia. La puesta en vigilancia de la red la ordena la unidad maestra, o se activará automáticamente en caso de pérdida de comunicación en la red. Dicha vigilancia dura hasta que aparece una señal de activación, la cual puede ser dada por la unidad maestra o por cualquier unidad esclava. Activada la red LIN todas las unidades se activan y esperan una trama procedente de la unidad maestra. Si no se transmite ninguna trama el emisor reenvía la señal de activación hasta tres veces.

4.3.2. Señal empleada por el protocolo LIN

Figura 4.26. Las centralitas de cierre centralizado suelen transmitir datos por una red LIN.

La señal utilizada en el protocolo LIN Bus tiene dos niveles: recesivo y dominante. El nivel recesivo significa que no se envían datos o que se envía un bit 1. En este caso el cable tiene tensión de batería. El nivel dominante implica una tensión en el cable de casi cero voltios, ya que para enviar el mensaje la centralita correspondiente conecta el cable del bus a masa.

Para que la señal transmitida se encuentre dentro de unos niveles de plausibilidad, el bit recesivo debe tener una tensión mínima del 80 % de la tensión de batería, y el dominante una tensión máxima del 20 % de dicha tensión. En el campo de recepción las tolerancias son mayores, pudiendo ser la tensión mínima recesiva el 60 % de la tensión de batería y la tensión dominante máxima del 40 % de la tensión de batería.

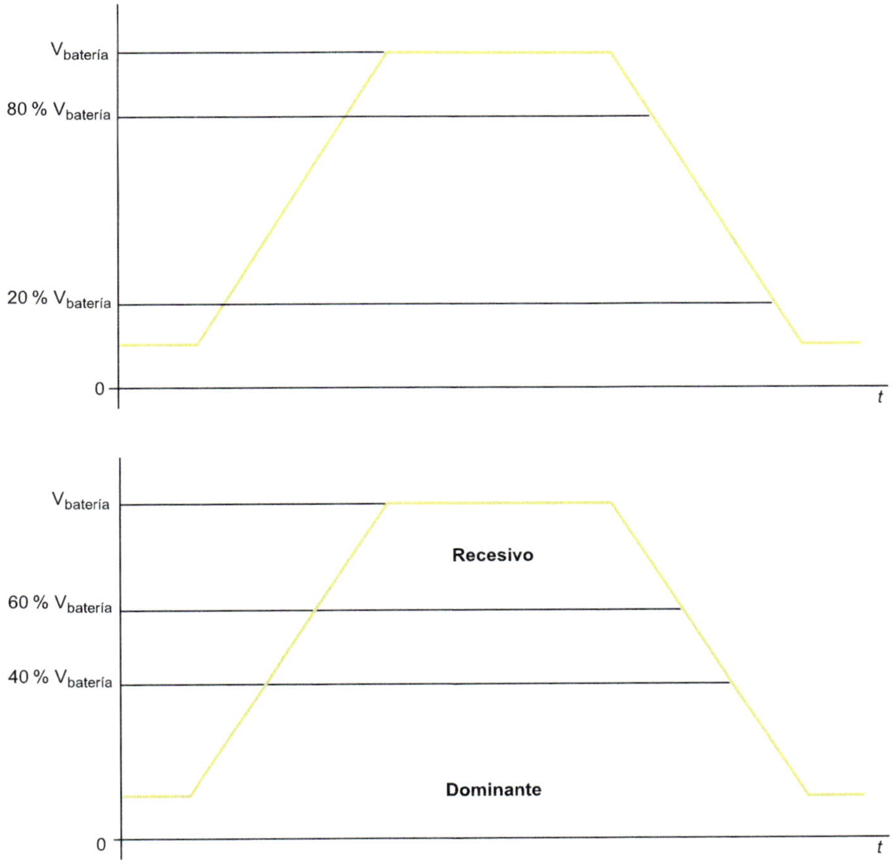

Figura 4.27. Tolerancias de la señal transmitida (imagen superior) y recibida (imagen inferior).

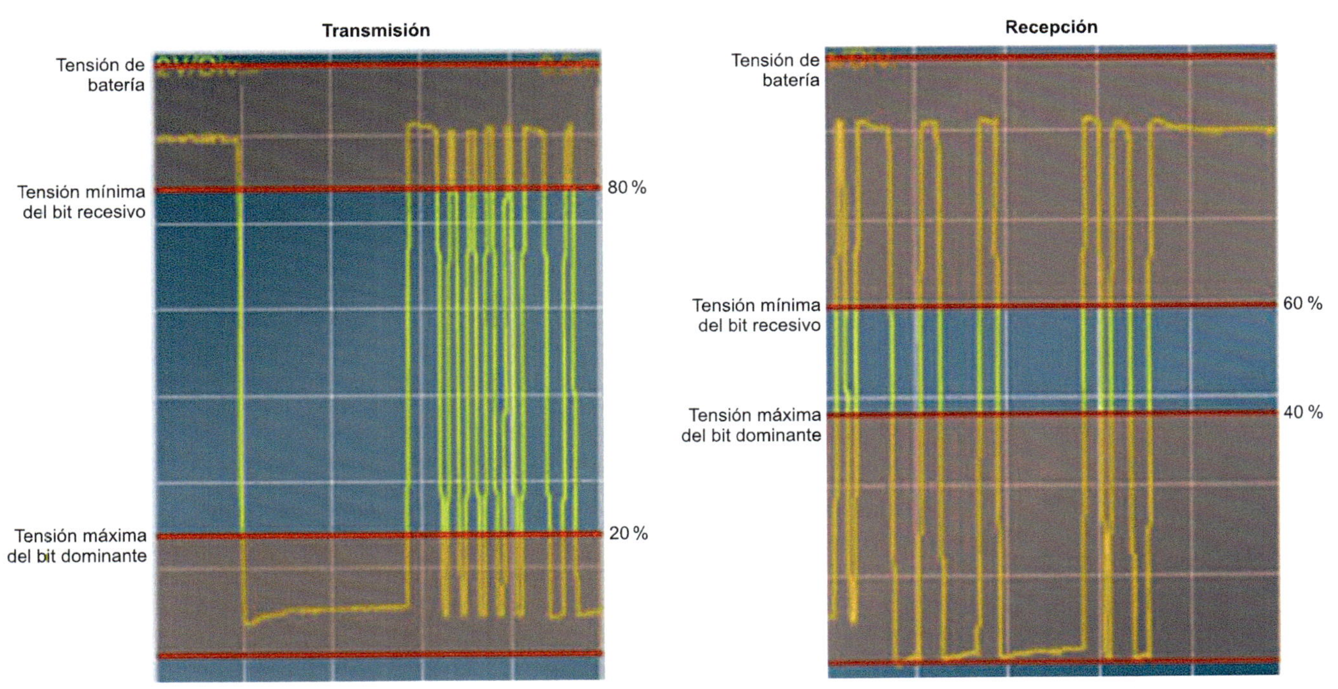

Figura 4.28. Tolerancias de señal transmitida y recibida en una imagen de osciloscopio.

4.3.3. Trama de datos en el protocolo LIN

Una trama LIN está formada por el encabezamiento y el contenido del mensaje. El **encabezamiento** se divide en tres partes:

- **Pausa:** campo que permite la detección de un principio de trama y que consta de 13 bits dominantes.
- **Sincronizador:** campo que permite la sincronización de todas las centralitas esclavas sobre la maestra. En este campo las esclavas responden para confirmar que están escuchando.

Figura 4.29. Los sistemas de elevalunas suelen emplear una red LIN Bus.

- **Identificador:** campo que indica el identificador de la trama. Todos los mensajes contienen un identificador para evitar que se pueda acceder al sistema con un cable externo y un *software* instalado en un PC, una PDA, etc. Además indica el número de campos existentes en la respuesta.

Según el tamaño del mensaje se utiliza un número diferente de identificadores. La norma autoriza de 0 a 8 octetos de datos y el consorcio LIN recomienda 2, 4 u 8 octetos.

El **contenido del mensaje,** también denominado «respuesta», incluye un bit de arranque, un byte de datos que aloja la información y un bit de finalización de mensaje.

Los mensajes pueden ser un mandato de la centralita maestra o una respuesta de las centralitas esclavas.

- En el primer caso la unidad maestra inserta la orden que quiere dar a la esclava en el contenido del mensaje. La esclava analiza la orden recibida y la ejecuta.
- Si el mensaje es una respuesta de una centralita esclava, la unidad maestra solicita la información y la esclava la inserta en la parte de respuesta del mensaje.

Para reducir las versiones de unidades maestras dentro de un mismo modelo de vehículo, cuando una unidad maestra no obtiene respuesta de alguna de las esclavas a las que se dirigía durante la etapa de sincronización en el encabezamiento, la maestra ignora a esa centralita. Si, por ejemplo, un vehículo tiene una versión de dos puertas y otra de cuatro puertas, cuando la unidad maestra de la versión de dos puertas incluya en su encabezamiento de mensaje a las cuatro puertas únicamente dos de ellas le responderán. La ventaja de esto para el fabricante es crear una única centralita maestra para ambas versiones del vehículo.

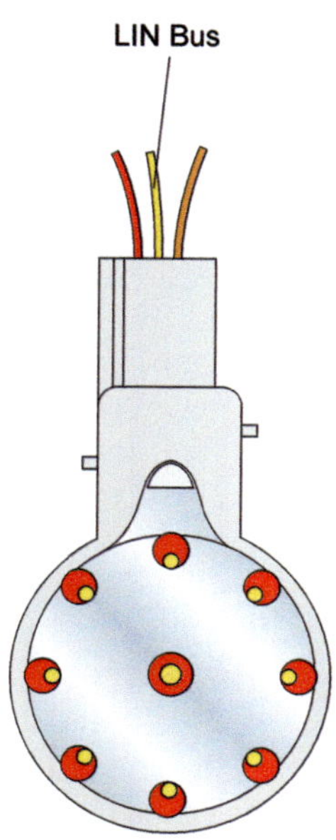

Figura 4.30. Sensor de lluvia para un sistema de limpiaparabrisas con una conexión LIN Bus.

4.3.4. Errores de comunicación en redes LIN

En cuanto a los errores en redes LIN, los más comunes y que deben ser detectados son:

- Un bit leído en el bus diferente del bit transmitido.
- El chequeo realizado por la centralita esclava que consiste en un cálculo realizado a partir del campo de datos es inválido.
- Falta de paridad del identificador.
- La ausencia de respuesta de una esclava.
- Error en el campo de sincronización.
- Ausencia de actividad en el bus.

Detectado el error, las operaciones que tienen lugar son las siguientes:

- Confinamiento del error.
- Retorno al estado normal de los calculadores deficientes.
- Memorización de los defectos y diagnóstico.

La Tabla 4.1 incluye algunos ejemplos de averías y su significado en una red LIN. En la tabla se muestra:

- La avería que aparece en la máquina de diagnosis.
- Posibles causas de la avería.

Figura 4.31. En muchos vehículos las centralitas de confort de las puertas traseras se comunican con las puertas delanteras por una red LIN Bus. En la figura se observa un actuador de cierre centralizado.

Tabla 4.1. Averías de una red LIN

Avería	Causas
Sin comunicación	• Interrupción de cable o cortocircuito. • Alimentación de tensión defectuosa para la unidad de control LIN esclava. • Versión incorrecta LIN esclava o LIN maestra. • Unidad de control LIN esclava averiada.
Señal no plausible	• Interferencias electromagnéticas en el cable LIN. • Alteraciones de capacidad. • Resistencia en el cable LIN (por ejemplo, por humedad/suciedad en la carcasa de conexión). • Problema de *software*.

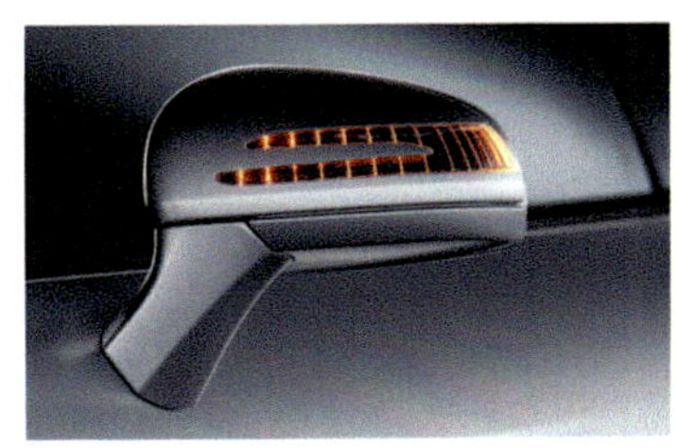

Figura 4.32. Otros sistemas del vehículo, como los espejos retrovisores eléctricos, están conectados a las diferentes centralitas mediante una línea LIN Bus.

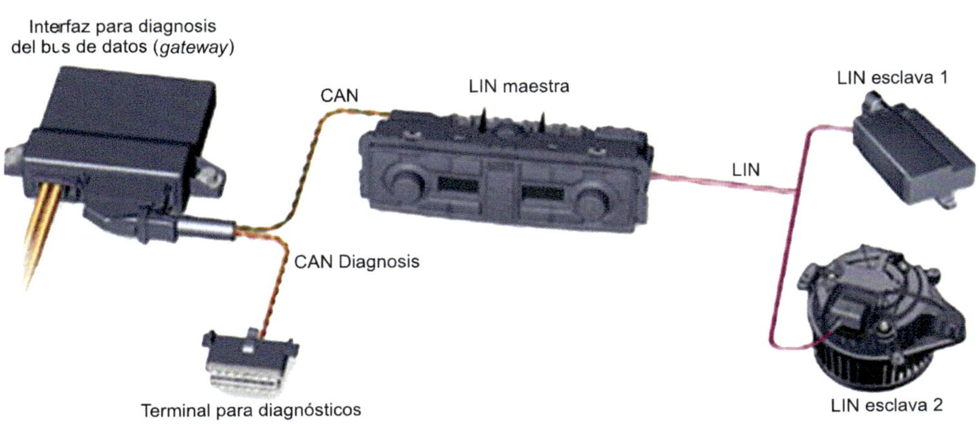

Figura 4.33. Ejemplo de red multiplexada con redes CAN y LIN Bus.

ACTIVIDAD **Resuelta 4.1**

En el siguiente esquema de redes multiplexadas de Citroën, explica cuáles de las siguientes centralitas son maestras y cuáles esclavas. ¿Cómo funciona este sistema que cuenta con líneas LIN y CAN?

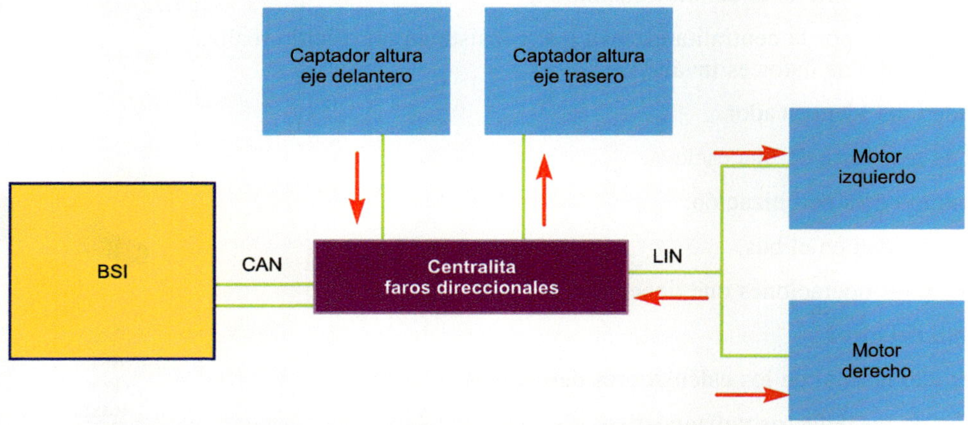

Solución

Las centralitas de los motores izquierdo y derecho actúan como esclavas de la centralita maestra que es la de calculador de faros direccionables. Dicha centralita maestra, además, es la *gateway* que comunica y «traduce» los datos de la línea LIN y la línea CAN, ya que trabajan a diferentes niveles de tensión y velocidad de transmisión de datos. El objetivo de la centralita maestra es el pilotaje de la inclinación de los proyectores para conservar una horizontabilidad constante. El captador de altura y el motor son sensor y actuador conectados directamente a la centralita maestra, por lo que son esclavos de la misma.

ACTIVIDAD **Resuelta 4.2**

En la siguiente red de comunicaciones indica:

a) Protocolos de comunicación empleados. Explica por qué crees que se emplea ese protocolo.

b) Centralita *gateway*.

c) Centralitas esclavas y a qué maestra responden.

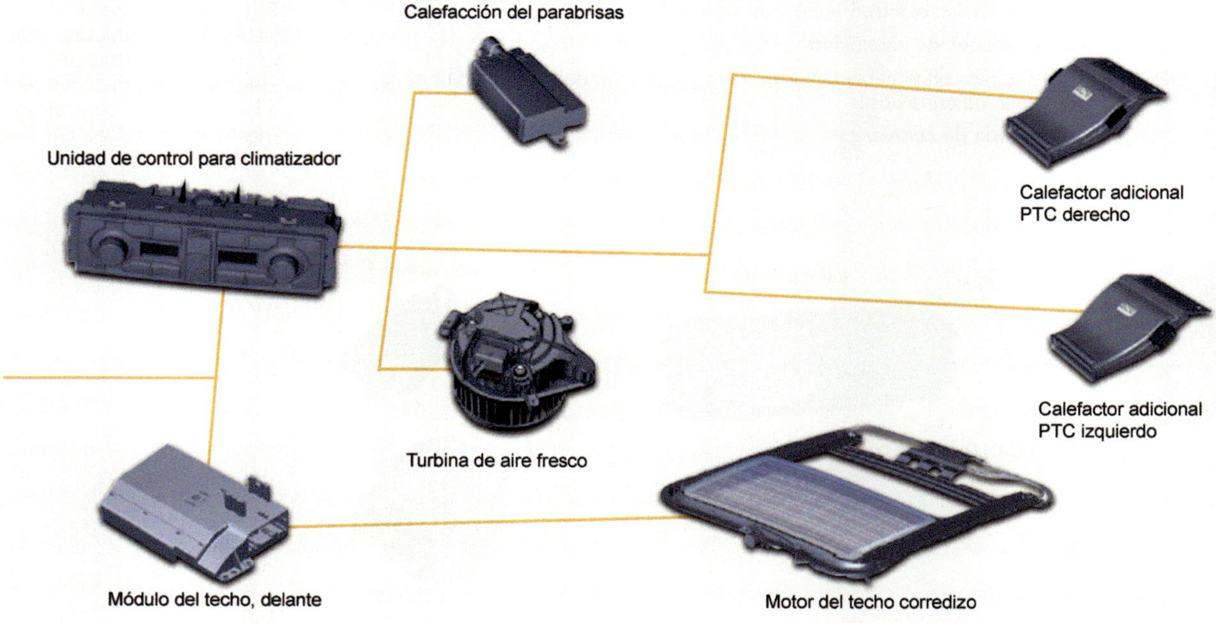

Solución

a) Redes utilizadas:

- CAN Bus: comunica las centralitas maestras de las dos redes LIN existentes. Se emplea CAN Bus por su velocidad y seguridad de transmisión de datos, ya que comunica las maestras con otros sistemas mediante CAN Confort.
- LIN Bus: comunica las maestras con sus correspondientes esclavas. Se emplea una red LIN porque este sistema no es esencial para la seguridad y no requiere de alta velocidad ni seguridad de transmisión de datos.

b) Observamos dos centralitas *gateway* o pasarela, que corresponden con las dos centralitas maestras. Estas centralitas unen las líneas LIN con la línea CAN.

c) La centralita de techo tiene una esclava, que es el motor del techo corredizo, y la centralita de climatización cuenta con cuatro esclavas: calefacción del parabrisas, turbina de aire fresco y resistencias PTC adicionales.

ACTIVIDAD **Resuelta 4.3**

A continuación se muestra el esquema de redes multiplexadas de un sistema de limpiaparabrisas del SEAT Altea. Explica el esquema e identifica las centralitas maestra y esclavas.

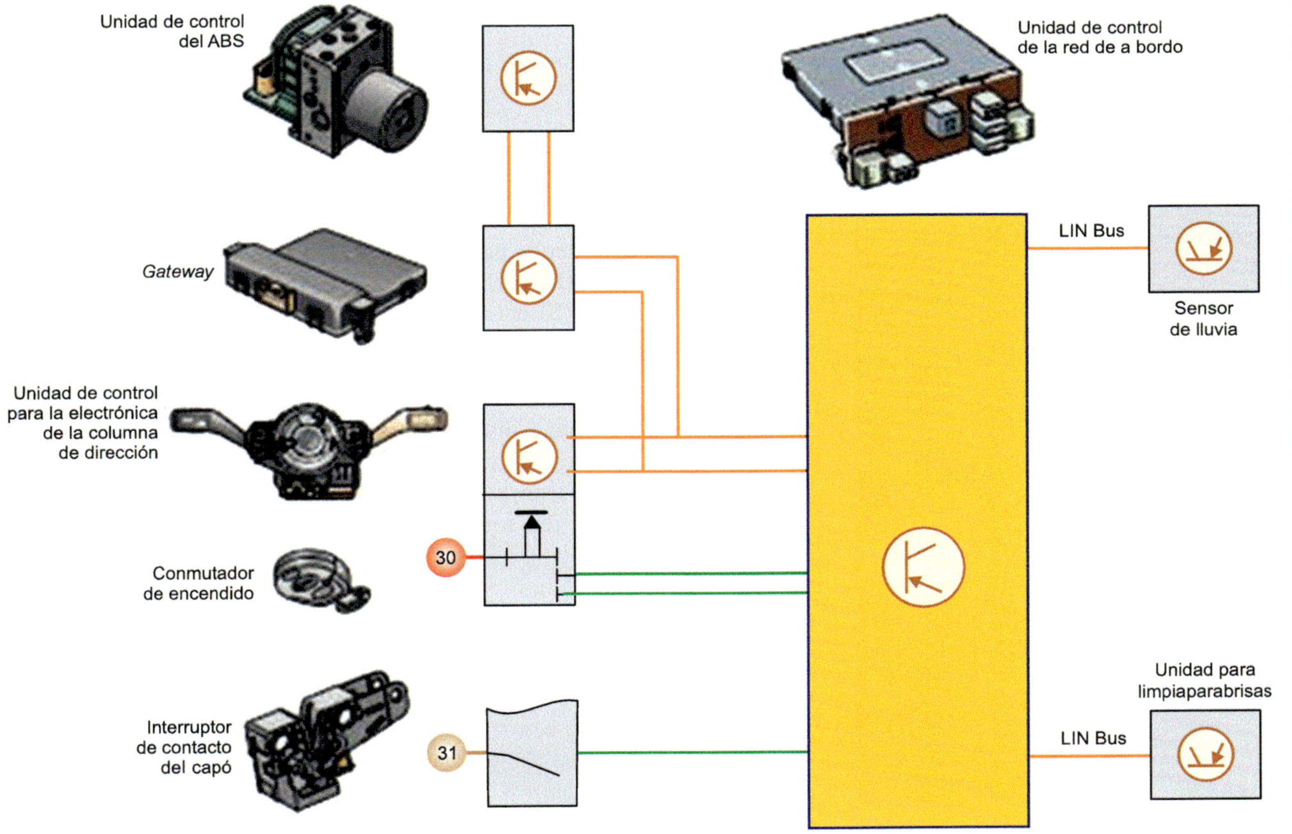

Solución

Los motores del limpiaparabrisas son gobernados por la centralita de limpiaparabrisas (maestra), siendo los motores centralitas esclavas. Una red LIN comunica la centralita de la red de a bordo (maestra) con la de limpiaparabrisas (esclava). La red de a bordo gestiona el funcionamiento de los limpiaparabrisas en función de diferentes parámetros, como pueden ser que el encendido esté conectado, la posición de la palanca de los limpiaparabrisas, la posición del reostato de regulación de la palanca de los limpiaparabrisas, que permite modificar el intervalo entre barridos, etcétera.

La unidad maestra activa una función de emergencia cuando detecta un fallo en la línea LIN, la cual consiste en activar los limpiaparabrisas 3 minutos a la 2.ª velocidad, después 4 minutos a la 1.ª velocidad y, por último, 15 minutos a intervalos.

También el sensor de lluvia se comunica a través de una red LIN con la red de a bordo. Con esta información la centralita de la red de a bordo controla el funcionamiento automático del limpiaparabrisas, pero también el encendido automático de luces.

Sabías que...

El protocolo MOST Bus fue diseñado por Oasis Silicon Systems AG en cooperación con BMW, Becher Radio y Daimler Chrysler. Más tarde, en 1997, se creó la MOST Cooperation, un organismo de estándares industriales formado actualmente por BMW, Audi, SMSC y Harman (fabricantes de sistemas de audio e infotenimiento para el vehículo). Asociados a este organismo están Toyota, Aston Martin, Hyundai/Kia, Land Rover, Ford, Honda, Jaguar, Nissan, PSA, Porsche, Volvo y Volkswagen, además de diversos proveedores de componentes electrónicos, audio y vídeo para automóviles. Fue empleado por primera vez en el BMW Serie 7 en 2001.

ACTIVIDAD **Propuesta 4.7**

¿Por qué es tan importante el apantallamiento de los cables LIN?

ACTIVIDAD **Propuesta 4.8**

¿Es un error la ausencia de respuesta de una centralita esclava? ¿Memoriza la centralita los errores? ¿Por qué?

ACTIVIDAD **Propuesta 4.9**

¿Qué es el modo vigilancia? ¿Cómo y quién lo activa?

ACTIVIDAD **Propuesta 4.10**

Si un mismo vehículo cuenta en una versión con calefactores adicionales para la climatización y en otra versión no, ¿tendrán ambas versiones las mismas centralitas maestras en la red LIN de climatización? Explica tu respuesta.

4.4. MOST Bus

El MOST Bus (*Media Oriented System Transport*) es un protocolo de transporte de datos a través de cables de fibra óptica. Una red MOST puede soportar hasta 64 dispositivos, además de permitir la transmisión de informaciones simultáneas. MOST Bus no es el único protocolo para líneas de fibra óptica empleado en el automóvil. Algunos ejemplos son *Domestic Digital Data* (D2B), con una velocidad de entre 5,6 y 20 Mbps, Byteflight (SI Bus), que alcanza los 10 Mbps, o MML Bus con 100 Mbps.

La fibra óptica presenta dos grandes ventajas frente a los cables de cobre: un mayor ancho de banda e inmunidad frente a interferencias electromagnéticas. Además, únicamente necesita un cable. Debido a la alta velocidad de transmisión que ofrece esta red, hasta 21,2 Mbps, se emplea para transportar datos de tipo multimedia. Algunos ejemplos de sistemas que utilizan esta red son la navegación (GPS), el teléfono (GSM), vídeo (MPEG), audio, etcétera.

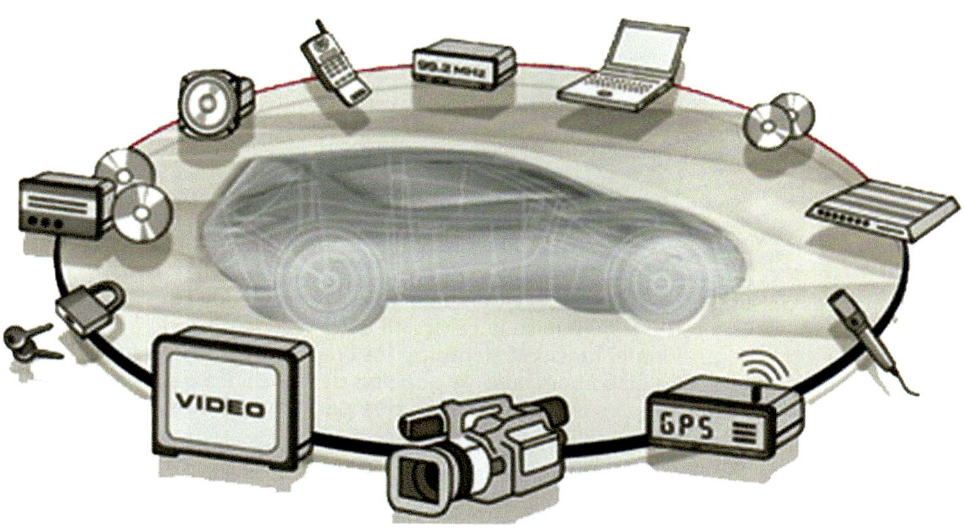

Figura 4.34. Ejemplo de una red MOST.

La señal eléctrica es transformada en luminosa y transmitida a través del núcleo (cable de fibra óptica) hasta el receptor, donde es convertida en eléctrica sin que haya grandes pérdidas de potencia. La señal luminosa transmitida es visible y de color rojo.

La topología de red de MOST Bus es de tipo anillo cerrado, por lo que los mensajes emitidos por una centralita van pasando por las demás, y solo una de ellas (a la que van destinados) los recoge y gestiona. Los datos vuelven a la centralita que los originó y van siempre dirigidos a un único destinatario (otra centralita).

Recuerda que...

El **polimetilmetacrilato** (PMMA) es un plástico transparente, muy resistente a la intemperie y resistente al rayado. Por estas cualidades es utilizado en la industria del automóvil, iluminación, cosméticos, espectáculos, construcción y óptica, entre muchas otras. También se emplea para fabricar prótesis óseas y como aditivo de pastillas tomadas por vía oral, haciendo más progresiva la acción del medicamento.

4.4.1. Componentes físicos de una red MOST

Los componentes físicos de una red MOST son dos: el conductor y la centralita.

El **conductor** debe soportar las altas temperaturas alcanzadas en un vehículo. Está formado por diferentes capas: núcleo, recubrimiento reflectante, camisa negra y camisa de color.

El núcleo es la parte más interna del conductor y la que conduce la luz. Se fabrica en polimetilmetacrilato. La siguiente capa, más exterior que el núcleo, es un recubrimiento reflectante fabricado de polimerofluorado prácticamente transparente, para conseguir la reflexión total de la luz.

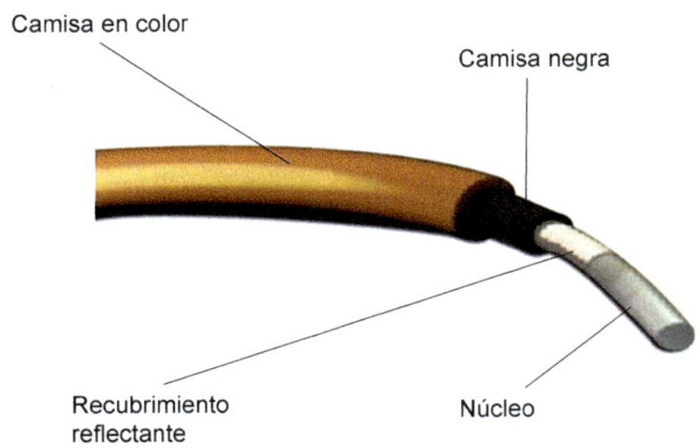

Figura 4.35. Capas de un cable de transmisión de datos MOST Bus.

Figura 4.36. Cable de fibra óptica.

La camisa negra protege al núcleo de la luz exterior y está fabricada en poliamida. Por último, el conjunto va cubierto por la camisa de color que protege al conductor y, a la vez, ayuda a identificarlo gracias al color que tiene.

Los rayos de luz van rebotando en el interior del núcleo y es así como avanzan a través del conductor.

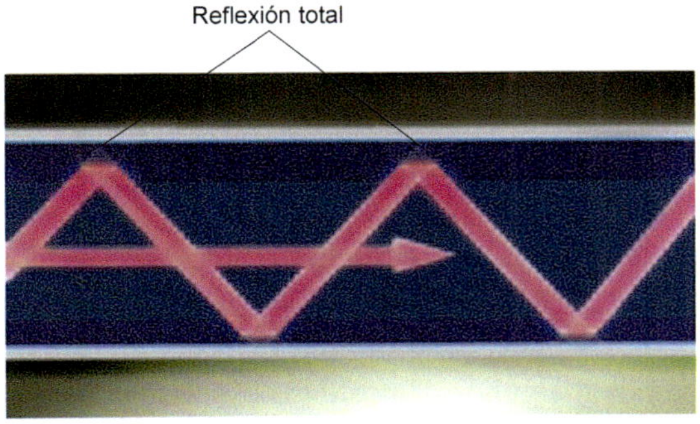

Figura 4.37. Reflexión en el interior de un cable de fibra óptica.

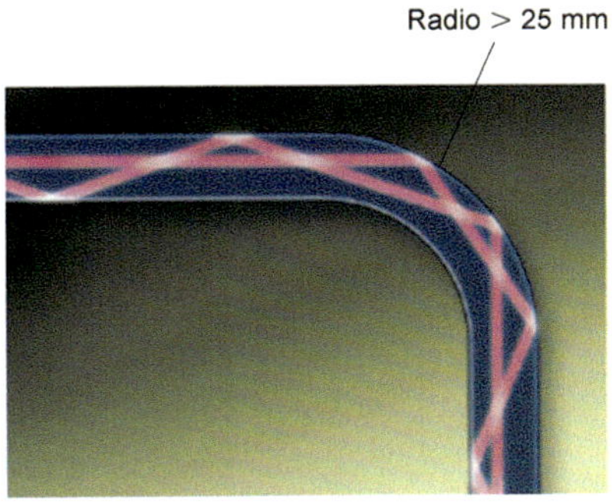

Figura 4.38. Radio correcto de curvatura para la transmisión de datos por un cable de fibra óptica.

La amortiguación de la señal luminosa es un concepto análogo a la resistencia en los conductores eléctricos. Se traduce en pérdida de potencia de la señal luminosa, lo que significa peor calidad en la transmisión de datos. Al igual que en el caso de las resistencias eléctricas, la amortiguación total será la suma de las amortiguaciones de los componentes atravesados por la señal luminosa. La intensidad de amortiguación se mide en decibelios (dB) y es originada por:

- Radios de curvatura del conductor muy pequeños.
- Roturas en la camisa del conductor.
- Mal montaje del conector del conductor.
- Suciedad o mal acabado de la superficie frontal del conductor.
- Mala alineación de la superficie frontal del conductor con el conector.

La **centralita** está formada externamente, tal y como se aprecia en la Figura 4.39, por un conector óptico por donde envía y recibe las señales luminosas, y un conector eléctrico por el que recibe la alimentación eléctrica y donde se encuentra la toma de diagnosis de la centralita.

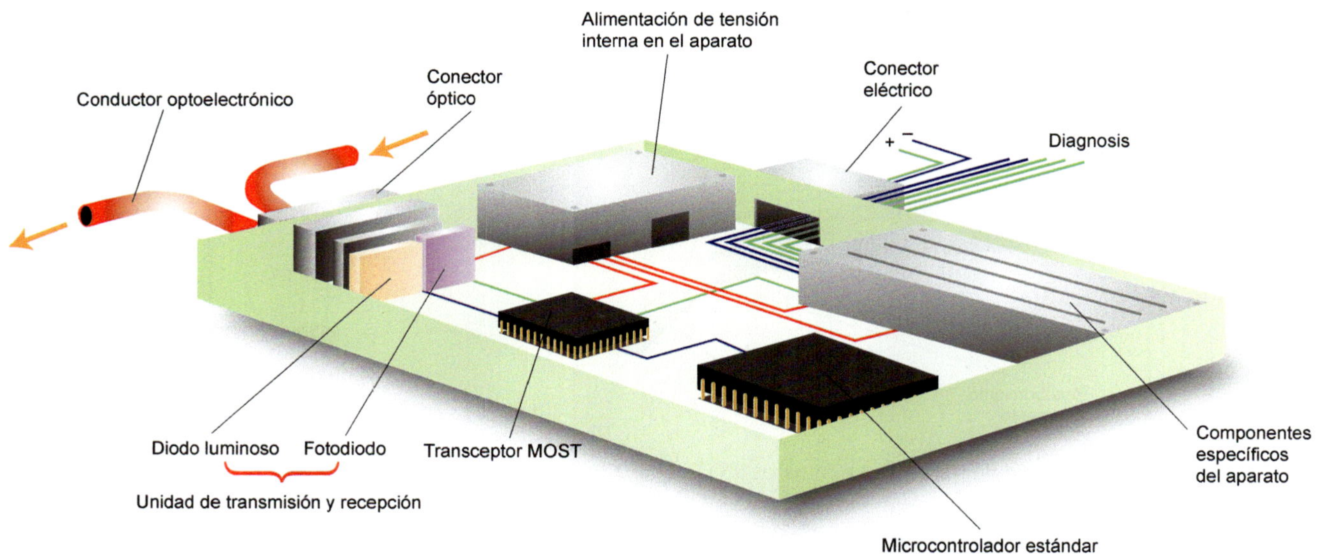

Figura 4.39. Unidad de control de una red MOST Bus.

Junto al conector óptico, ya en el interior de la centralita, encontramos un diodo y un fotodiodo. El diodo convierte la señal eléctrica que desea enviar la centralita en una señal luminosa, y el fotodiodo transforma la señal luminosa recibida en una señal eléctrica.

El transceptor, al igual que en las centralitas de otras redes de comunicación, convierte las señales eléctricas en digitales para que puedan ser comprendidas por el microprocesador, y viceversa. También se ocupa de filtrar los mensajes que van dirigidos a otras centralitas.

El transceptor va conectado al microcontrolador, que contiene al microprocesador de la centralita. El microprocesador gestiona la información, ya que es él quien cuenta con el *software*.

Dentro de la centralita puede haber también algunos dispositivos específicos, como son un sintonizador de televisión, una unidad de DVD, etc. Y un dispositivo que desactiva determinados componentes de la centralita para reducir el consumo eléctrico durante el estado de reposo.

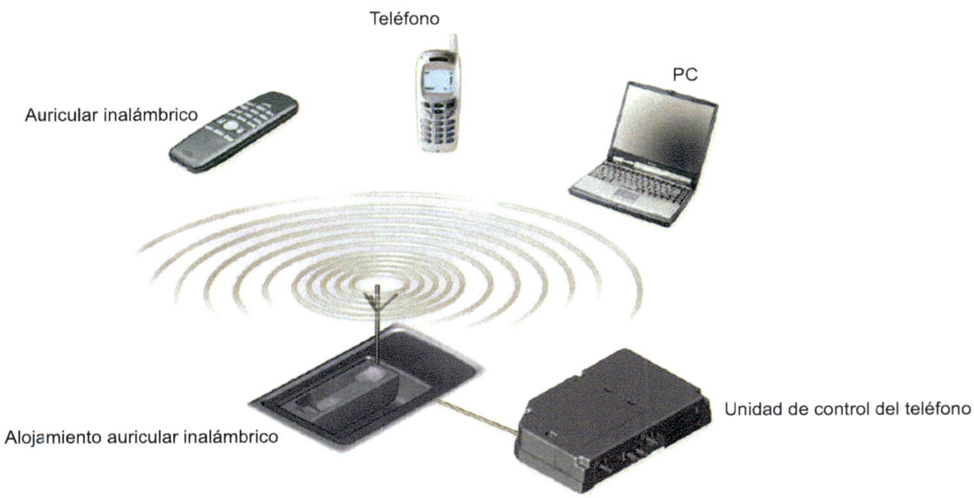

Figura 4.40. Conexión inalámbrica de componentes electrónicos de uso doméstico.

Figura 4.41. La red MOST Bus se emplea para sistemas de infotenimiento.

Sabías que...

Las múltiples ventajas que ofrece la fibra óptica en la transmisión de datos ha llevado a su utilización para televisión digital, internet y telefonía. Su aplicación en el vehículo viene impuesta por la necesidad de transmisión de datos multimedia para vídeo, telefonía, navegador, etc. La transmisión de información digital multimedia requiere de una muy alta velocidad de transmisión de datos y un flujo muy intenso. Por ejemplo, la velocidad de transmisión de una señal digital de televisión con sonido es de, al menos, 6 Mbps.

4.4.2. Estados operativos de una centralita MOST

Los estados operativos del sistema son los siguientes:

- Activación.
- Espera.
- Desactivación.

Tanto los estados operativos como la administración de los mensajes (el orden de emisión) son gestionados por una centralita que asume esta función.

Modo activación

Cuando el conductor utiliza algún sistema de la red, o a través de la *gateway* por orden de otros buses, se activan todas las funciones.

Sabías que...?

La transmisión de datos a través de fibra óptica se puede realizar de dos formas:

- **Monomodo:** si el diámetro del núcleo de la fibra es similar a la longitud de onda, solo un rayo puede viajar por él.
- **Multimodo:** la señal luminosa entra con diferentes ángulos en el núcleo dando lugar a distintos modos. Las múltiples señales luminosas que son transmitidas a través del mismo núcleo no chocan entre sí debido a que tienen diferentes ángulos de refracción. Para que esto ocurra es necesario contar con un diámetro de núcleo mayor, muy superior a la longitud de onda de la señal luminosa.

Modo espera

Está activado durante el funcionamiento del vehículo, incluido el arranque. El sistema parece apagado, pero las centralitas están en espera.

Modo desactivado

Cuando todas las centralitas desean pasar a este estado o cuando no hay señal de activación de otras redes a través de la *gateway*. Los periféricos se mantienen a la espera hasta que la centralita que gestiona el sistema indique lo contrario. En este modo se desconectan algunos componentes de las centralitas para disminuir el consumo eléctrico.

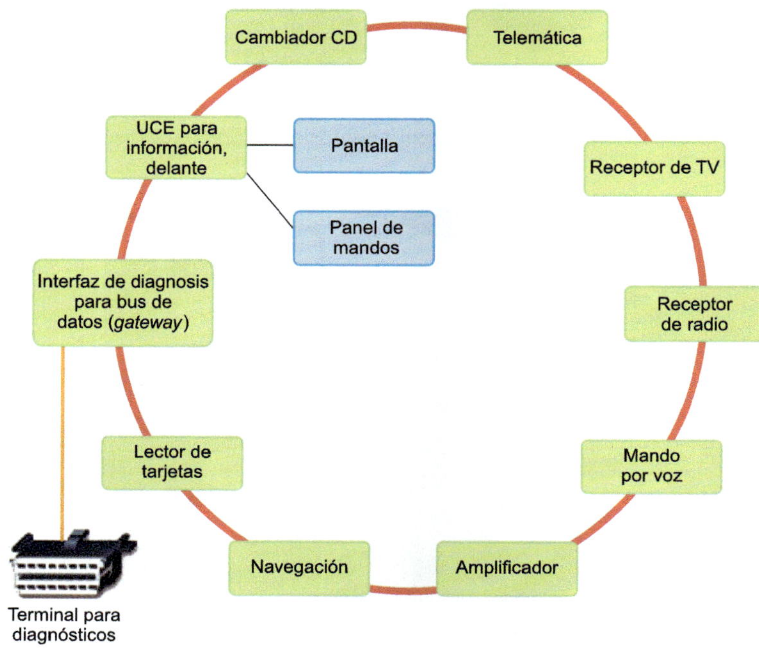

Figura 4.42. Ejemplo de una red con protocolo MOST Bus.

4.4.3. Trama de datos en el protocolo MOST

Un mensaje en el protocolo MOST tiene un tamaño de 64 bytes. El mensaje está formado por 6 campos:

- Campo de comienzo: indica el comienzo del mensaje. Formado por cuatro bits.
- Campo delimitador: marca el comienzo de datos. Formado por cuatro bits.
- Campo de datos: formado por un máximo de 60 bytes. En él van los datos a transmitir.
- Bytes de verificación: contiene el identificador del emisor y del receptor, así como las sentencias hacia el receptor. Estos bytes son almacenados por las centralitas para crear un mensaje de verificación.
- Campo de estado: informa al receptor sobre la transmisión del mensaje.
- Campo de paridad: última comprobación de que el mensaje está completo. En este campo se decide si repite la emisión el mensaje.

En cuanto a la información enviada en el campo de datos existen dos tipos: datos síncronos y asíncronos. Los datos síncronos son aquellos en los que la transmisión de datos de forma secuenciada y constante es fundamental, como ocurre por ejemplo con una película de vídeo. Si los datos no llegan secuenciados y a tiempo la imagen se pixela. Los datos asíncronos, sin embargo, son aquellos en los que esta secuenciación y homogeneidad en el transporte de datos no es tan importante. Un ejemplo es una página web o el correo electrónico, donde los elementos llegan (se descargan) poco a poco.

4.4.4. Diagnosis de una red MOST Bus

Para poder diagnosticar las centralitas de una red MOST se utiliza un cable de diagnosis que se conecta a todas ellas formando una estrella. Las principales causas de interrupción de la transmisión de datos en una red MOST son un corte en el conductor, la falta de alimentación o una avería en las centralitas. Las averías se memorizan en el gestor de diagnóstico y el sistema es capaz de analizar aumentos en el amortiguamiento de la señal.

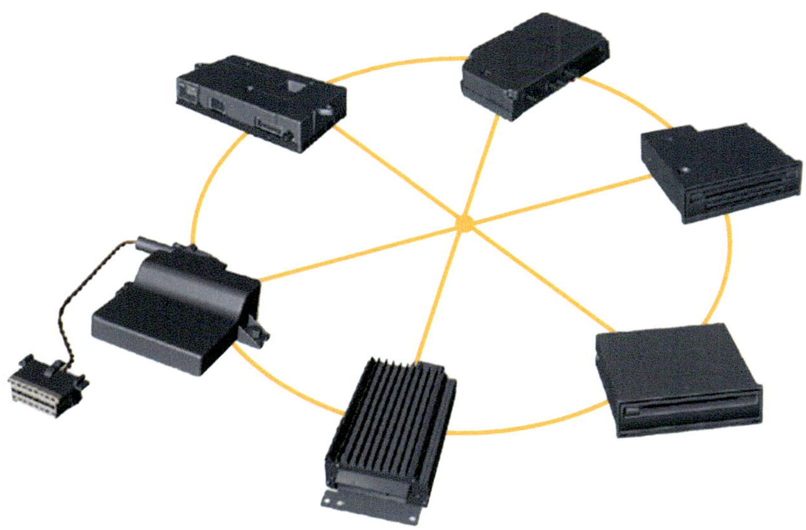

Figura 4.43. Cable de diagnosis de una red MOST.

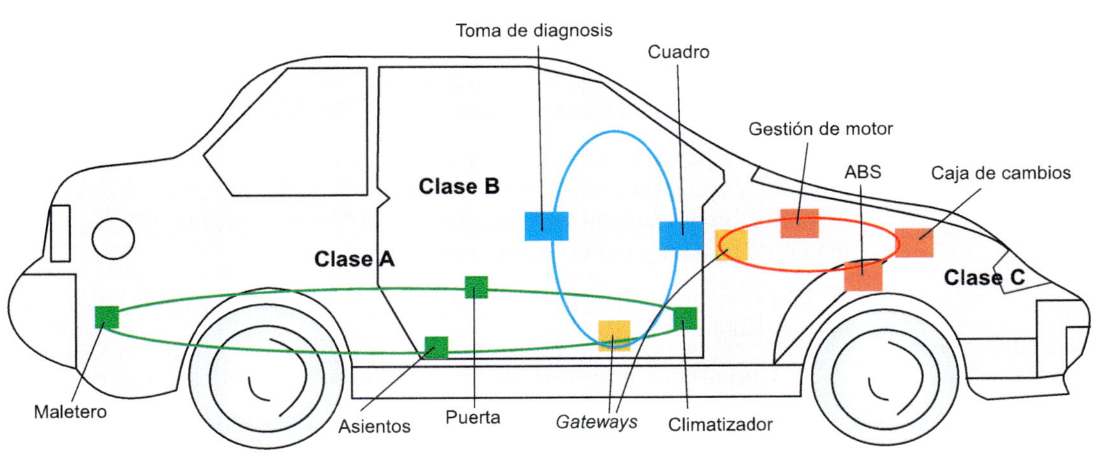

Figura 4.44. Ejemplo de conjunto de redes MOST.

ACTIVIDAD **Propuesta 4.11**

Dibuja un cable de un sistema MOST Bus e indica sus capas.

ACTIVIDAD **Propuesta 4.12**

Nombra cuatro centralitas que consideres adecuadas para una red MOST Bus.

ACTIVIDAD **Propuesta 4.13**

Enumera las ventajas del empleo de fibra óptica en las comunicaciones.

4.5. Ethernet

Ethernet es un estándar de redes de área local, que consiste en la unión de varios ordenadores a través de cable. Utiliza un protocolo TCP/IP para el intercambio de datos que es muy fiable.

La utilización de Ethernet es necesaria debido a la creciente demanda de ancho de banda, directamente asociada a los ADAS del vehículo. Si hablamos de las cámaras, por ejemplo, debemos tener en cuenta que requieren de una transmisión de datos no comprimidos, ya que la compresión supone pérdida de calidad de imagen y acrecienta la latencia. Además, las cámaras han aumentado su resolución y ha aumentado el número de imágenes tomadas por segundo. Con una resolución 4K y con profundidad de color mayor que ocho bits es necesario aumentar la velocidad de transmisión de datos al orden de 5 o 10 Gbps. Dicha velocidad solo se puede lograr, de manera segura, con una red Ethernet.

Sabías que...?

En 2008, el BMW Serie 7 era el primer vehículo en utilizar la interfaz Ethernet. Se comenzó utilizando para descargas de *software*, debido a su rapidez, y para la diagnosis de averías con el vehículo parado. El Volvo XC90 es el primer coche del mercado que permite un diagnóstico completo utilizando solamente la interfaz Ethernet.
La unidad de control del ACC (*Adaptative Cruise Control*) y la unidad de la cámara delantera del Seat León se conectan punto a punto mediante un bus Ethernet. Otro ejemplo de este mismo vehículo es la unidad de control del sistema electrónico de información, que contiene un *switch* que la conecta con otras dos unidades, la del amplificador de sonido digital y la interfaz de diagnosis de datos.

4.5.1. Información básica de redes

El **protocolo TCP/IP** utilizado por Ethernet es el más empleado en comunicaciones. Es el estándar de comunicación más completo y extendido, que permite que redes de diferentes tipos se comuniquen entre ellas.

El protocolo TCP (*Transmission Control Protocol*) asegura que los datos que se emiten sean recibidos sin errores y en el mismo orden que fueron emitidos. El protocolo IP (*Internet Protocol*) es un número que identifica de manera lógica y jerárquica a una unidad de control dentro de la red.

Las **normas IEEE**, especificadas por el *Institute of Electrical and Electronics Engineers* (IEEE) determina la denominación de una red dependiendo del medio físico que se utilice para interconectar sus elementos. La norma IEEE 802.3 se denomina Ethernet, así como la IEEE 802,11 se denomina wifi, o la IEEE 802.15 *bluetooth*.

Por otra parte, el **modelo OSI** (*Open Systems Interconnection reference model*) se trata del modelo para explicar el modo en que se desplazan los datos por una red, creado por la Organización Internacional para la Normalización (ISO). El modelo OSI es un marco de trabajo, pero no una norma.

OSI divide en siete capas el proceso de transmisión de datos entre equipos, que son las siguientes:

1. **Capa física:** transmisión por cable, aire, fibra óptica, etcétera.
2. **Capa de enlace:** envía datos a través del enlace físico.
3. **Capa de red:** gestiona conexiones para capas superiores. El protocolo IP pertenece a esta capa, ya que se ocupa de los puertos y conexiones con otros dispositivos.

4. **Capa de transporte:** detecta y corrige errores. El protocolo TCP pertenece a esta capa, ya que controla el flujo y la conexión.
5. **Capa de sesión:** gestiona las conexiones entre aplicaciones cooperativas.
6. **Capa de presentación:** define cómo se presentan los datos a las aplicaciones.
7. **Capa de aplicación:** programas utilizados para utilizar la red. El lenguaje o protocolo de comunicación utilizado para que dos unidades de control se entiendan se encuentra en esta capa.

Hay diferentes **adaptaciones Ethernet.** Según las características técnicas de una Ethernet, esta puede ser:

- **10BASE-5:** cable coaxial, 10 Mbps, longitud máxima de cada segmento de cable de 500 metros, topología de bus de datos.
- **100BASE-T:** par trenzado, 100 Mbps, longitud máxima de un segmento de 500 metros, topología de estrella.
- **100BASE-FX:** fibra óptica, 100 Mbps, longitud máxima de un segmento de 2 km, topología de estrella.
- **1000BASE-T:** par trenzado, 1 Gbps, longitud máxima de un segmento de 500 metros, topología de estrella.
- **1000BASE-LX/SX:** fibra óptica, 1 Gbps, longitud máxima de un segmento de 2 km, topología de estrella.

En automoción se utilizan las adaptaciones 100BASE-T1 y 1000BASE-T1.

4.5.2. Conexiones y topología de una red de buses Ethernet

El bus Ethernet utiliza conexiones punto a punto, por lo que cada unidad de control solo puede conectarse a otra unidad de control. Esta unión se realiza mediante un cable de par trenzado. Para formar redes de más de dos unidades se las equipa con un *switch,* de manera que una unidad de control puede conectarse simultáneamente a otras dos unidades. La ventaja de esta arquitectura de red es que cada unidad de control puede intercambiar información con otras dos unidades simultáneamente, y a una velocidad de transmisión de datos muy alta, que llega actualmente a los 100 Mbps.

Para poder adaptar Ethernet a las necesidades de la industria del automóvil era necesario reducir el número de cables necesario para el intercambio de información, ya que uno de los principales objetivos que se buscan es la reducción de peso y, por lo tanto, del mazo de cables del vehículo. La red interna del vehículo (IVN) y el cableado asociado a ella es el tercer componente de mayor peso y el tercero más costoso, solo superado por el chasis y por el motor. Una red Ethernet clásica necesita cuatro cables para una conexión punto a punto, es decir, entre dos unidades de control. Esto se debe a la necesidad de apantallamiento para cubrir los requisitos de transferencia electromagnética existentes. Para resolver este inconveniente se ha trabajado hasta lograr que esta conexión sea a través de dos cables trenzados sin blindaje, creando una interfaz física *full duplex* llamada 100BASE-T1 que transporta información a una velocidad de 100 Mbps. A este estándar se le llama Fast Ethernet.

La capa física, es decir, el medio de transmisión utilizado como estándar de comunicación por Ethernet en automóviles, es el OPEN Alliance BroadR-Reach® (OABR), también llamada IEEE 100BASE-T1.

Sabías que...?

El protocolo Ethernet nace en 1970 de manos de Norman Abramson. El objetivo era el de crear una conexión entre varios equipos informáticos que se encontrasen, por ejemplo, dentro de una oficina o incluso en nuestro hogar. Se consiguió trasvasar información entre dichos equipos sin necesidad de una conexión externa como es, por ejemplo, la conexión a internet. Más adelante, en 1997, se consiguió el *full duplex*, o transmisión y recepción de datos simultáneos. En 1998 llegó Ethernet de 1 Gbps en fibra óptica, y en 1999 sobre par trenzado no blindado.

También podemos encontrar la interfaz física 1000BASE-T1, que facilita una velocidad de hasta 10 Gbps. A este estándar se le llama Giga Ethernet. A diferencia de 10Base-T y 100Base-TX o 100Base-T1, emplea los cuatro pares de hilos del cable, transmitiendo simultáneamente en ambos sentidos y por cada uno de ellos. Se multiplica así por ocho la velocidad.

4.5.3. Ventajas de Ethernet frente a redes convencionales del vehículo

Las ventajas de esta red frente a las redes utilizadas en el vehículo hasta ahora son muchas, y cabe destacar su capacidad para adaptarse a las nuevas necesidades de arquitectura jerárquica de redes, tan demandada por los fabricantes de vehículos. Una arquitectura jerárquica permite aislar diferentes sistemas, dependiendo de su función en el vehículo (carrocería, transmisión, etcétera).

Las ventajas de Ethernet son las siguientes:

- Es una red de banda ancha para comunicar todos los sistemas de forma fiable.
- Su velocidad de transmisión de datos es de 100 Mbps, muy superior a la del resto de redes utilizadas hasta ahora, pudiendo llegar a 100 Gbps.
- Ofrece una gran flexibilidad, permitiendo una configuración que se adapta a las características de cada versión de un modelo sin necesidad de realizar cambios en la red.
- Facilita la conexión con otros protocolos de capa superior como, por ejemplo, audio y vídeo.
- Ofrece una elevada seguridad en la transmisión de datos del protocolo TCP.
- Se trata de un protocolo o lenguaje de comunicación que se puede utilizar con diferentes capas físicas: buses de datos (cable trenzado) o fibra óptica.
- Existe en el mercado un amplio *software* disponible de código abierto, por lo que los diseñadores de redes tienen un amplio conocimiento de su implementación y normativa.
- La utilización de *switches* permite a una unidad de control intercambiar información con otras dos unidades de control simultáneamente, bien sea enviando y recibiendo, enviando a ambas o recibiendo de ambas.
- Nos acerca más al automóvil conectado. Esto significa conectar los vehículos con cualesquiera otros dispositivos: hogar, oficinas o infraestructura de ciudades inteligentes.

Sabías que...?

El proyecto europeo PRYSTINE, creado para una duración de tres años, y con una inversión de cincuenta y uno millones de euros, tiene como objetivo mejorar la seguridad de los componentes integrados en los futuros vehículos como controladores de seguridad, sensores y plataformas de computación. El proyecto recibió fondos del programa europeo de Investigación y también Innovación Horizonte dos mil veinte, engloba sesenta componentes incluyendo los fabricantes de vehículos BMW, Ford, y Maserati, así como a las compañías de electrónica *Infineon Technologies* y *NXP Semiconductors*.

4.5.4. Problemas encontrados para la utilización de Ethernet en el vehículo

Para poder adaptar Ethernet al vehículo como medio de transmisión de datos entre unidades de control, ha sido necesario tener en cuenta:

- Esta red falla cuando se hace necesaria una sincronización, ya que no es sensible al tiempo. Esto es un importante inconveniente para transportar datos de radar, LIDAR o cámaras, tan utilizados en sistemas ADAS.
- Problemas relacionados con la interferencia y compatibilidad electromagnéticas.

- Lograr una latencia del orden de microsegundos.
- Mejorar la vulnerabilidad de Ethernet a ataques y manipulaciones que comprometan las unidades de control.
- Dotar la red de la posibilidad de que los mensajes prioritarios interrumpan la transmisión de los no tan importantes.

La **latencia de una red** es el tiempo que tarda en transmitirse un paquete de datos en una red.

4.6. Redes de comunicación inalámbricas

La búsqueda de nuevas tecnologías de transmisión de datos más seguras y de menor coste ha llevado a analizar la utilidad de las tecnologías inalámbricas. Su utilización para el intercambio de datos entre centralitas del vehículo plantea principalmente un inconveniente: la seguridad. Sería necesario garantizar que ningún intruso, utilizando un dispositivo electrónico, pueda entrar en la red del vehículo.

Actualmente estas tecnologías son empleadas para la transmisión de datos en multitud de casos, como, por ejemplo, wifi para conexión a internet o *bluetooth* para el manos libres del coche.

4.6.1. *Bluetooth*

Bluetooth es una tecnología inalámbrica de corto alcance para la transmisión de voz y datos entre aparatos fijos y móviles. Los datos se transmiten mediante ondas de radio a través del aire.

Actualmente en el vehículo se utiliza para comunicarse con periféricos como el teléfono móvil, la agenda personal, etc., e intercambiar información. Permite utilizar el teléfono móvil a través del sistema de audio del vehículo sin importar dónde se encuentre el mismo (en el bolso, en el abrigo, en el maletero, etcétera).

Su ventaja frente a otros sistemas de transmisión de datos inalámbricos, como los infrarrojos, es que no necesita que emisor y receptor se encuentren uno frente al otro. La transmisión de datos tiene lugar, como máximo, a 1 Mbps y el alcance es de aproximadamente 10 metros. La velocidad puede llegar a 6 Mbps con una topología de 10 picorredes enlazadas.

El módulo *bluetooth* es un chip muy pequeño que integra un transceptor de radio, un microprocesador y la antena. También incluye un dispositivo de reducción de interferencias, formado por filtros que eliminan frecuencias cercanas a la banda de frecuencias de transmisión.

El sistema dispone de un mecanismo de autoadaptación de la potencia de transmisión de datos, pasando a un estado de baja potencia cuando no está transmitiendo y adaptando la potencia necesaria para la transmisión en función de la distancia entre los dispositivos. De esta forma consume menos.

Debido a que una red de frecuencias de radio es más propensa a ataques que una red a través de cables, la seguridad de los datos y la encriptación de estos ocupan una importante posición en el estándar *bluetooth*. Para la autentificación se genera una clave que consta de una secuencia de números al azar a la que se aplica un algoritmo. Por ello, para configurar un dispositivo, en primer lugar hay que determinar su nombre (su SSID). La primera vez que dos dispositivos se conectan por *bluetooth* debe introducirse una clave de seguridad (por ejemplo, en el teléfono) la cual generará una serie única de 128 bits que permitirá a los aparatos reconocerse.

Sabías que...?

La tecnología *bluetooth* fue desarrollada por Ericsson en 1994 y fue formalmente anunciada en mayo de 1998 por *bluetooth Special Interest Group* (SIG), formado por Sony Ericsson, Intel, Nokia, Toshiba, IBM. Actualmente este SIG cuenta con más de 30 000 miembros.

Figura 4.45. La comunicación entre el teléfono móvil y el vehículo es mediante *bluetooth*.

Recuerda que...

Los teléfonos con la función *bluetooth* disponible, es decir, que están visibles, son muy vulnerables a ser atacados por *hackers* informáticos. Dicho ataque remoto permite a otros acceder a la agenda de contactos, números de teléfono, citas, notas, mensajes de texto, etc. Para evitar este ataque se debe deshabilitar la función *bluetooth* cuando no sea necesaria. Esta técnica ha sido utilizada para espionaje industrial e incluso con personajes famosos.

Esta tecnología emplea la técnica de salto de frecuencias, ya que durante una transmisión el emisor va saltando de unos canales a otros de manera aparentemente aleatoria. Dichos canales corresponden a las distintas frecuencias que existen dentro de la banda utilizada durante la transmisión. De esta forma emplea en cada momento un ancho de banda muy pequeño permitiendo utilizar transceptores de banda estrecha y coste reducido. Además aumenta la inmunidad frente al ruido y el salto de frecuencias, aparentemente aleatorio, hace que la señal sea ininteligible para los receptores no autorizados.

Figura 4.46. Ejemplo de comunicación entre diferentes componentes electrónicos mediante *bluetooth*.

Cuando tenemos varios dispositivos sincronizados uno de ellos actúa de dispositivo maestro y los demás de dispositivos esclavos. El dispositivo maestro proporciona al resto los valores de referencia. Un maestro y uno o varios esclavos forman una *piconet* o picorred, de manera que un maestro solo puede pertenecer a una *piconet*, pero un esclavo puede conectarse a varias al mismo tiempo.

4.6.2. Wifi

Wifi son las siglas de *Wireless-Fidelity*, que significa «fidelidad sin cables». También llamada WLAN (*Wireless Lan*, que significa red inalámbrica) o estándar IEEE 802.11. Los dos protocolos wifi más utilizados transmiten datos a 11 y a 54 Mbps, con un alcance de entre 100 y 150 metros. La información se transmite a través de ondas de radio que portan la información.

Los datos son introducidos en la onda de radio por el emisor y extraídos de la misma por el receptor en un proceso llamado modulación. La modulación convierte la información portada por la onda de radio en una señal digital y viceversa, y puede ser de diversos tipos. Por ejemplo, la modulación de amplitud le otorga valor 1 a la amplitud máxima y valor 0 a la mínima. Así que para transmitir un 1 el emisor envía la señal de radio portadora con una amplitud máxima y para transmitir un 0 envía esa misma señal con una amplitud mínima. En ambos casos la frecuencia será igual. Pueden transmitirse a la vez varias ondas portadoras de radio sin interferir entre sí al utilizar diferentes frecuencias.

Sabías que...

En 1999 fue creada la WECA (*Wireless Ethernet Compatibility Alliance*, Alianza de Compatibilidad Ethernet Inalámbrica) por Nokia y Symbol Technologies. En abril del año 2000 la WECA creó la marca wifi y certificó que todos los equipos con el sello wifi pueden trabajar juntos. En 2002 la WECA estaba formada por casi 150 miembros, y en 2003 pasó a denominarse Wifi Alliance.

Figura 4.47. El protocolo wifi es empleado para conectar internet en el vehículo, empleando los *displays* disponibles.

La modulación de frecuencia, sin embargo, otorga un valor 1 a una determinada frecuencia y valor 0 a otra diferente.

Para garantizar la seguridad en la transmisión de datos se utiliza un protocolo de encriptación sin cable llamado WEP (*Wireless Encryption Protocol*). Utiliza unas claves para codificar cada trama de datos. La encriptación se puede hacer para 64, 128 o 256 bits.

La encriptación WPA (*Wifi Protected Access*) se creó para mejorar la seguridad WEP y proporcionar autenticación del usuario, inexistente en WEP, mediante la generación dinámica de claves de acceso.

La utilización de esta red para la comunicación entre centralitas del vehículo sería muy ventajosa, ya que supondría la eliminación de todos los cables y una alta velocidad de transmisión de datos. Sin embargo, la vulnerabilidad de este sistema de comunicación frente a los ataques externos es aún muy alta. Por todo esto actualmente es utilizado en el vehículo para el acceso a internet de los sistemas de infotenimiento.

Sabías que...

Mercedes cuenta con el sistema Car-to-Car, que utiliza una red WLAN para comunicar a diferentes coches entre sí y a los coches con cualquier otra infraestructura. Su objetivo es prevenir accidentes informando de los peligros que nos vamos a encontrar, por ejemplo, doblando la esquina, como un accidente, un atasco, etcétera.

Sabías que...?

El sistema de infotenimiento creado por Mercedes-Benz se llama myCOMAND. Permite consultar el estado del tráfico, la meteorología y cualquier página de internet. Otro sistema de infotenimiento es el MeeGo, adoptado por GENIVI. GENIVI Alliance fue creada en 2009 por BMW Group, Delphi, GM, Intel, Magneti-Marelli, PSA Peugeot Citroën, Visteon y Wind River y actualmente cuenta con más de 150 miembros de la industria del automóvil. MeeGo es un sistema basado en LINUX, para el desarrollo de sus sistemas de entretenimiento e información. El fruto ha sido GENIVI Apollo, adoptado por todos los miembros de la alianza. Pero existen diferentes sistemas de infotenimiento empleados por uno o varios fabricantes, como por ejemplo SYNC (Ford, Lincoln y Mercury), UVO (Kia) y Blue&Me (Alfa Romeo, Fiat y Lancia), todos desarrollados y licenciados por Microsoft.

Figura 4.48. Señal de peligro en la pantalla del salpicadero del sistema Car-to-Car.

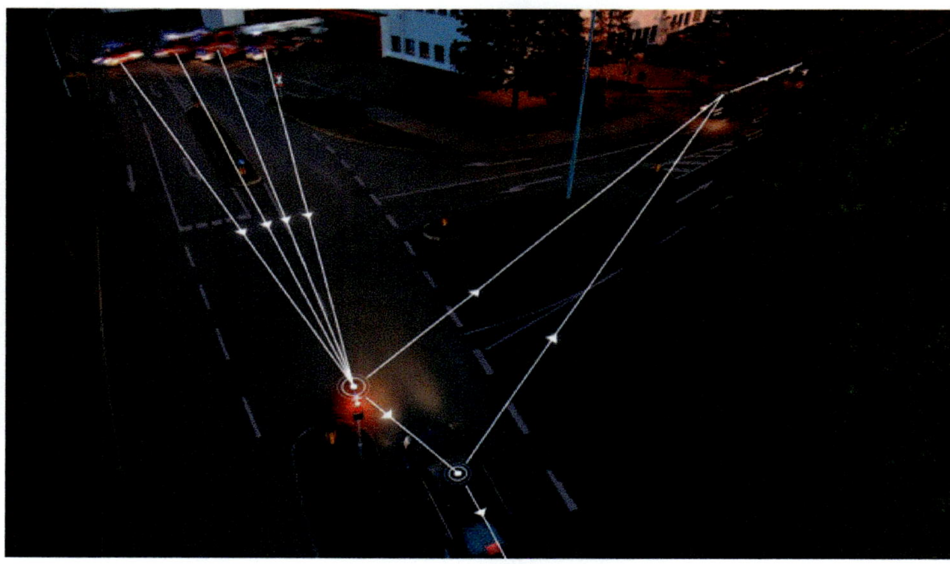

Figura 4.49. Elementos con los que se comunica el vehículo por medio de una WLAN con el sistema Car-to-Car.

Figura 4.50. *Router* wifi.

ACTIVIDAD **Propuesta 4.14**

¿Para qué sirve la encriptación WPA?

ACTIVIDAD **Propuesta 4.15**

¿Por qué no se emplean los protocolos de comunicación de redes inalámbricas para la comunicación entre centralitas del vehículo?

ACTIVIDAD **Propuesta 4.16**

¿Qué es el mecanismo de autoadaptación del sistema *bluetooth*?

4.6.3. GPS

El GPS (*Global Positioning System*, sistema de posicionamiento global) es un sistema de radionavegación basado en satélites que permite conocer la ubicación exacta de cualquier dispositivo en cualquier momento. Consideramos dispositivo a cualquier navegador, teléfono móvil, etc., que cuente con una antena GPS para ofrecer los múltiples servicios de este sistema.

El funcionamiento del sistema es el siguiente: el receptor (o dispositivo) recibe la señal de cada satélite, llamada **efeméride,** y multiplica el tiempo que ha tardado en recibirla por la velocidad de la luz, consiguiendo saber la distancia que le separa de dicho satélite (distancia = velocidad × tiempo). Sabiendo la distancia del receptor a tres puntos distintos se puede conocer la posición relativa del mismo. Esta posición se obtiene de la intersección de tres circunferencias cuyos radios son las distancias entre el receptor y los satélites. En definitiva, lo que hace con estas tres distancias es triangular.

Los tres valores necesarios para ubicar en un mapa electrónico a un dispositivo son los siguientes:

- **Longitud:** medida en referencia al meridiano de Greenwich, hacia el este o hacia el oeste.
- **Latitud:** medida en referencia al ecuador, hacia el norte o hacia el sur.
- **Altitud:** medida en referencia al nivel medio del mar.

Con la señal de tres satélites se consigue la longitud y la latitud. Con un cuarto satélite el dispositivo también puede conocer la altitud.

Gracias a que la comunicación se realiza con unos complicados códigos, esta no se puede ver alterada por otras frecuencias, fenómenos meteorológicos adversos o interferencias. El margen de error del posicionamiento de un dispositivo se puede reducir a un metro.

Permanentemente hay activos un mínimo de 24 satélites GPS, y cada uno de ellos da dos vueltas completas a la Tierra cada día, enviando señales que indican su ubicación. Todos los satélites están sincronizados, de tal manera que las señales transmitidas se efectúan en el mismo instante. Esto es gracias a un reloj atómico que llevan consigo. Estos satélites se hallan en diferentes planos orbitales, de forma que cualquier lugar de la Tierra está cubierto por varios de ellos en todo momento.

Sabías que...

EL GPS fue desarrollado por el Departamento de Defensa de los Estados Unidos de América a comienzos de los años setenta. Desde la Segunda Guerra Mundial se vienen investigando sistemas que permitan conocer posicionamientos de forma precisa.

Sabías que...

Un satélite de la red GPS está activo entre siete y doce años antes de ser sustituido. El ejército de EE. UU. mantiene en vuelo algunos satélites para cubrir imprevistos, llegando a unos 30 satélites aproximadamente (son necesarios 24 para garantizar el correcto funcionamiento del sistema).

4.7. Otros protocolos de comunicación empleados en automoción

Los protocolos estudiados hasta ahora son los más empleados por los fabricantes de vehículos, pero existen multitud de los que no hemos hablado. También en un mismo vehículo podemos encontrar distintos protocolos.

Algunos ejemplos son:

- **DSI Bus:** creado por Motorola. Alcanza una velocidad de 150 kbps y está formado, como máximo, por una centralita maestra y una esclava.
- **J1850:** creado en 1994 y bajo la especificación SAE J1850 y OBDII. El nivel alto va de 4,25 a 20 voltios y el nivel bajo va por debajo de 3,5 voltios. Fue desarrollado en Estados Unidos y respaldado por Chrysler, GM y Ford, así como por importantes suministradores de componentes como Intel, Motorola, Texas, etc. Esta es la razón de su rápida expansión y abaratamiento. Alcanza una velocidad de trasmisión de 41,6 kbit/s, siendo solo para aplicaciones de velocidad baja y media. Puede ser J1850 PWM (*Pulse Width Modulation*) o J1850 VPW (*Variable Pulse Width*).

Sabías que...

SAE es la *Society of Automotive Engineers* (Sociedad de Constructores de Automóviles). Se dedica a promover los avances en la industria del automóvil y emite normas y estándares, como por ejemplo la denominación de los aceites dependiendo de su comportamiento (viscosidad y fluidez) a distintas temperaturas.

Sabías que...?

OBD II son las siglas de *On Board Diagnostics* (diagnóstico de a bordo), ya que se trata de un estándar para diagnosis rápido, creado especialmente para vigilar sistemas cuyo mal funcionamiento suponga un aumento de las emisiones contaminantes del vehículo. La centralita de gestión del motor memoriza la avería y enciende el testigo de exceso de contaminación.

- **BST Bus:** sus siglas provienen de *Bosch Siemens Temic*, y su velocidad de transmisión de datos es de 250 kbps.
- **MML Bus:** significa *Mobile Multimedia Link*. Red que utiliza un bus de fibra óptica y una arquitectura de estrella con centralitas maestras y esclavas. Alcanza 100 Mbps y un cable máximo de 10 metros.
- **Red BEAN:** significa *Body Electronic Area Network, y* es utilizada por Toyota. Alcanza velocidades de transmisión de datos superiores a 20 kbps. Basado en un protocolo desarrollado en 1992 bajo la especificación SAE 920231, cuenta con dos modos de funcionamiento: a través de dos canales de comunicación o a través de un único canal. Tiene estructura de anillo.

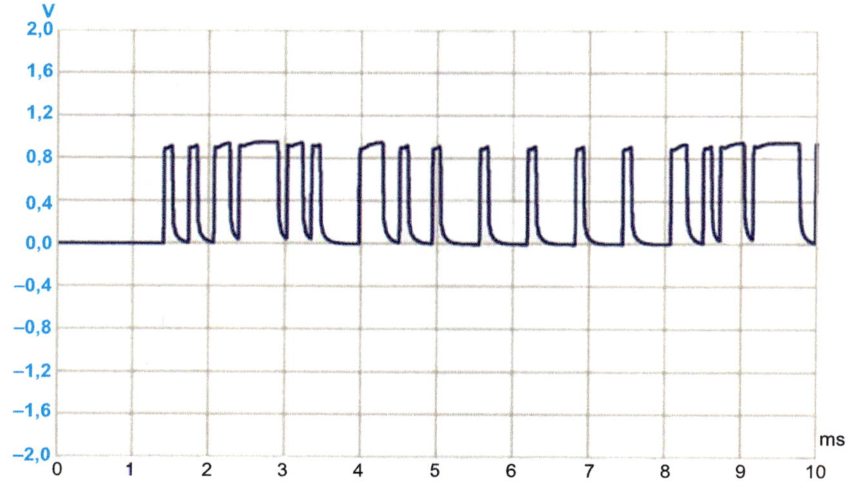

Figura 4.51. Imagen de osciloscopio de una red con protocolo BEAN.

En la Figura 4.51 se observa que el bit recesivo 1 tiene un valor de 0 voltios y el bit dominante 0 tiene un valor de, aproximadamente, 1 voltio.

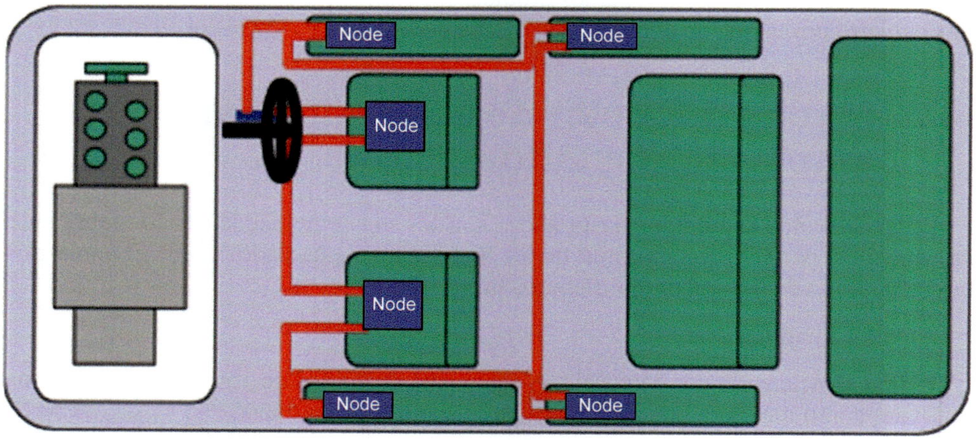

Figura 4.52. Red BEAN que comunica, en este caso, las centralitas de las cuatro puertas, dos asientos y la de la columna de dirección. Observamos una estructura de anillo.

- **Intellibus:** creado por Airbus en principio para uso aeronáutico militar. Es muy similar al protocolo CAN y alcanza una velocidad de transmisión de datos de 12,5 Mbps.

4.8. Comparación entre las diferentes redes de comunicación

Para comparar los distintos protocolos empleados actualmente en el vehículo tendremos en cuenta los siguientes factores: velocidad de transmisión de datos, coste, seguridad en la transmisión de datos y facilidad para su diagnosis.

El protocolo que cuenta con mayor **velocidad de transmisión** de datos es MOST Bus con 21,2 Mbps, seguido de FlexRay con una velocidad de 10 Mbps. Los sistemas CAN y VAN cuentan con una velocidad mucho menor, del orden de kilobits por segundo (CAN Bus puede llegar a 1 Mbps) y el protocolo de menor velocidad es LIN Bus, con 20 kbps.

Sin embargo, no se utilizan los protocolos de mayor velocidad para sistemas como la gestión del motor o el control de tracción por no ofrecer suficiente **seguridad en la transmisión** de información. Los sistemas más seguros son aquellos que utilizan un cable eléctrico, como CAN Bus, VAN Bus, FlexRay o LIN Bus. Los dos primeros son los más empleados por ser los más rápidos, pero la tecnología FlexRay ha llegado al mercado hace poco tiempo ofreciendo seguridad en la transmisión y una velocidad muy superior a CAN Bus. El protocolo MOST Bus es el más rápido pero utiliza un medio de transmisión poco seguro (haces de luz); por eso es empleado en sistemas de infotenimiento que requieren de una capacidad de transmisión de datos muy grande, pero no es prioritaria la seguridad de dicha transmisión. En cuanto al protocolo LIN Bus es utilizado en sistemas que no afectan a la seguridad del vehículo, ya que ofrece menos velocidad pero también menor **coste.**

No hemos hablado de los protocolos de transmisión inalámbricos porque aún no se emplean en la comunicación de centralitas, aunque sí en la comunicación con dispositivos como el teléfono o el ordenador. El protocolo *bluetooth* alcanza 3 Mbps y wifi hasta 54 Mbps. Deducimos, por tanto, que la razón por la que no se utilizan en redes multiplexadas del vehículo es que no ofrecen seguridad en la transmisión de datos, ya que pueden sufrir ataques externos.

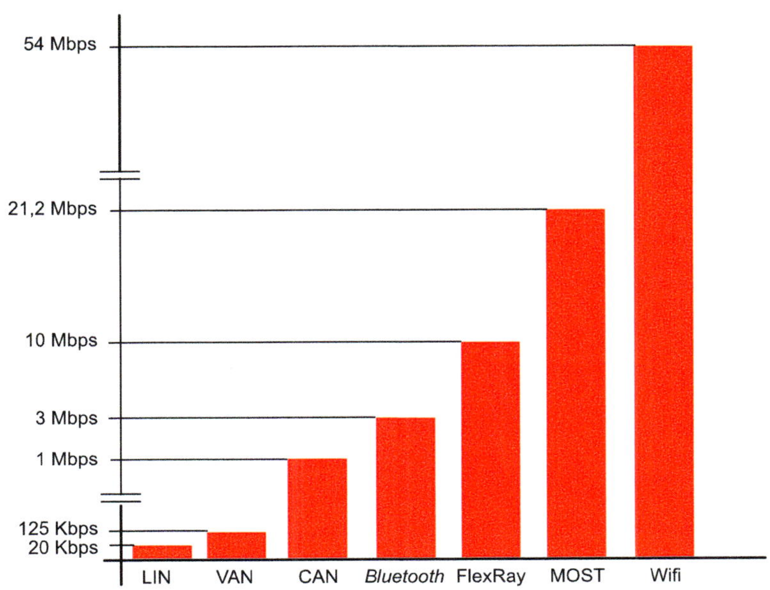

Figura 4.53. Comparativa de protocolos de comunicación atendiendo a su velocidad de transmisión.

ACTIVIDAD **Resuelta 4.4**

En la siguiente figura están marcados con diferentes colores los distintos protocolos de comunicación. Identifícalos basándote en:

a) La topología de la red.

b) La velocidad de transmisión de datos que requieren las centralitas.

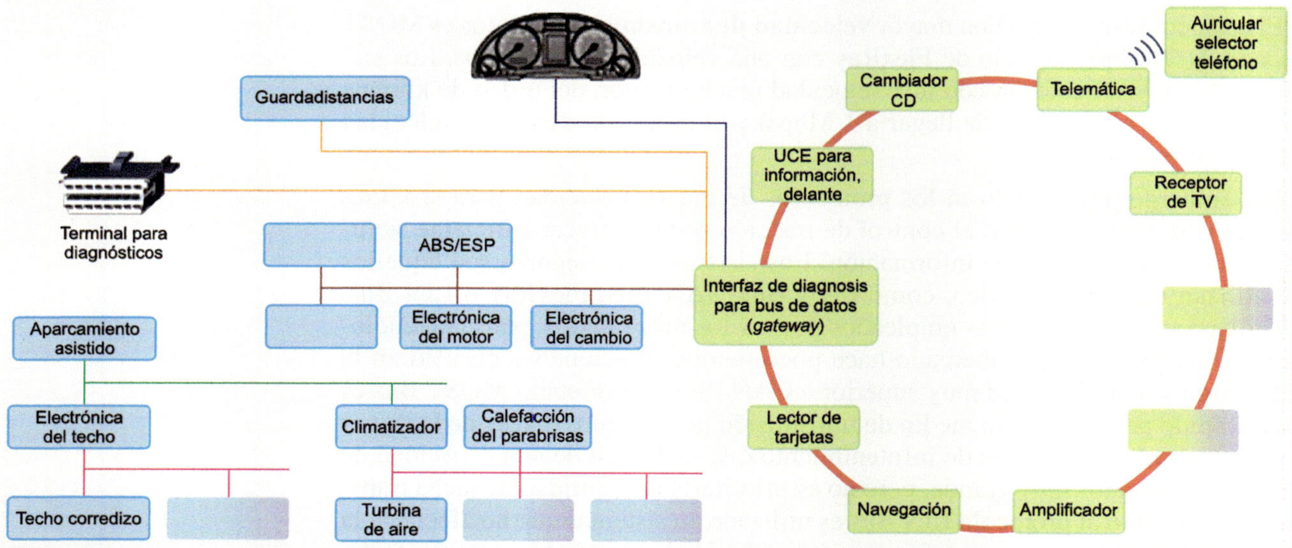

Solución

La red de color naranja es una red con forma de anillo, por lo que se trata de una red MOST. Además comunica centralitas que requieren de una alta velocidad de transmisión y no necesitan, sin embargo, una alta seguridad, como son las centralitas de navegación, amplificación, receptor de televisión, telemáticas, etcétera.

La red de color rosa tiene a primera vista una topología multimaestra, ya que todas las centralitas van a parar al mismo bus. Sin embargo, nos fijamos en que comunica centralitas como el climatizador con la turbina del aire, o el techo electrónico con el deflector del techo. Esto significa que en realidad unas son maestras y otras esclavas: la centralita de turbina de aire es esclava de la de climatizador, y la centralita de deflector es esclava de la de techo electrónico.

Otra pista sobre su estructura maestra-esclava es que las centralitas maestras, a su vez, están conectadas con otras redes, concretamente con la de color verde. Llegamos a la conclusión, por tanto, de que se trata de una línea LIN.

Las redes de colores verde y marrón son claramente multimaestras. En este caso podría tratarse de una red VAN o CAN. Dada la extinción de la red VAN supondremos que se trata de redes CAN. ¿Qué diferencia existe entre ellas? La principal diferencia es el tipo de centralitas que comunican. La red CAN de color verde comunica centralitas como climatización, techo o aparcamiento. La red CAN de color marrón comunica las centralitas de gestión del motor, gestión del cambio o ABS. Por tanto, la red verde será una red CAN Low Speed (CAN Confort) y la red marrón una red CAN High Speed (CAN Tracción).

En último lugar podemos observar **tres redes:**

- La primera comunica la toma de diagnosis con el cuadro de instrumentos.
- La segunda comunica el cuadro de instrumentos con las demás redes CAN.
- La tercera comunica las redes con la centralita de guardadistancias.

En los tres casos se trata de líneas CAN, bien de diagnosis (o línea K CAN), bien líneas L CAN o con cualquier otro nombre aplicado por el fabricante.

Observamos cómo la unión de las distintas redes de comunicación se realiza a través del cuadro de instrumentos, por lo que este actúa de *gateway*.

También hay en este esquema una red inalámbrica que comunica la centralita telemática con el teléfono. Se trata, por tanto, de una conexión *bluetooth*.

4.9. Precauciones y normas de seguridad durante la manipulación de vehículos con redes de comunicación

Durante la manipulación y reparación de sistemas de comunicación en el automóvil es necesario tener algunas precauciones, por motivos de seguridad para el trabajador y por la vulnerabilidad de los componentes del sistema ante picos de tensión o campos magnéticos.

Las precauciones a tener en cuenta son las siguientes:

- No debe ser variada la longitud de los cables de las redes, ya que están calculados según el número de centralitas.
- No se deben reparar dicho cables, sino sustituir tramos completos.
- El operario debe descargar a tierra la electricidad estática acumulada.
- Se deben evitar arrancadores o cualquier sistema que genere picos de tensión.
- Los polímetros deben ser de alta impedancia interna, también para evitar picos de tensión.
- En los cables de fibra óptica se debe extremar la limpieza y no doblar los cables.

En definitiva, tendremos presente en todo momento el efecto de los picos de tensión y de los campos magnéticos, tan perjudiciales para cualquier componente electrónico.

Mapa conceptual

FlexRay

- **Características**
  - Velocidad máxima de 10 kbps
  - Soporta 20 nodos
- **Topologías**
- **Funcionamiento y sincronización**
- **Trama de datos**

VAN Bus

- **Características**
  - Velocidad máxima de 125 kbps
  - Multimaestra
  - Transmisión por señal eléctrica
- **Componentes**
  - Bus de datos: DATA y DATAB
  - Centralitas
- **Trama de datos**
- **Diagnosis (errores en la transmisión)**

LIN Bus

- **Características**
  - Velocidad máxima de 20 kbps
  - Maestra-esclava
  - Señal eléctrica
- **Trama de datos**
- **Diagnosis (errores en la transmisión de datos)**

MOST Bus

- **Características**
  - Velocidad máxima de 20 Mbps
  - Topología de anillo
  - Señal luminosa por fibra óptica
- **Componentes**
  - Conductor
  - Centralitas
- **Estados operativos**
  - Modo activación
  - Modo espera
  - Modo desactivación
- **Trama de datos**
- **Diagnosis**

Ethernet

- **Protocolo**
- **Conexiones**
- **Topología**
- **Ventajas e inconvenientes**

Redes inalámbricas

- ***Bluetooth***
- **Wifi**
- **GPS**

Otros protocolos

- **DSI Bus**
- **J1850**
- **BST Bus**
- **MML Bus**
- **BEAN**

COMPARACIÓN ENTRE LOS PROTOCOLOS EMPLEADOS EN VEHÍCULOS

Actividades finales

Cuestiones

4.1. Una red VAN Bus es:

a) Maestra-esclava.

b) Multimaestra.

c) Tiene otra estructura distinta.

4.2. ¿Cuál de las siguientes afirmaciones de una red LIN es falsa?

a) Activada la red LIN todas las unidades se activan y esperan una trama procedente de la unidad maestra.

b) Las centralitas maestras cuentan con 30 kΩ de resistencia interna y las esclavas con 1 kΩ.

c) Si no se transmite ninguna trama el emisor reenvía la señal de activación hasta tres veces.

4.3. La amortiguación de la señal luminosa en una transmisión por fibra óptica:

a) Tiene una intensidad de amortiguación medida en amperios.

b) Se traduce en un aumento de la potencia de la señal luminosa.

c) Implica peor calidad en la transmisión de datos.

4.4. Una trama de datos del protocolo MOST Bus está formada por:

a) Seis campos.

b) Ocho campos.

c) Cinco campos.

4.5. ¿Cuál de estas afirmaciones acerca del protocolo *bluetooth* es falsa?

a) Si hay varios dispositivos enlazados, varios de ellos pueden actuar de maestros.

b) Un dispositivo maestro aporta a los demás valores de referencia.

c) Un dispositivo maestro y varios esclavos forman una picorred.

4.6. La razón por la que no se utiliza el protocolo wifi para la comunicación entre centralitas del vehículo es:

a) Que no es compatible con las centralitas del vehículo.

b) Que no tiene suficiente rapidez de transmisión de datos.

c) Por su vulnerabilidad a ataques externos.

4.7. La principal ventaja del empleo del protocolo FlexRay en el vehículo es:

a) Soporta la conexión de un mayor número de centralitas.

b) Sus cables ocupan menos espacio.

c) Tiene una topología de red en estrella.

4.8. En una comunicación FlexRay el *slot* es:

a) El nombre que recibe la centralita maestra.

b) El momento e intervalo de tiempo exacto con que cuenta cada centralita para transmitir.

c) El nombre que recibe el reloj de cada centralita.

4.9. ¿Qué afirmación es correcta?

a) En un mismo vehículo podemos encontrar redes de distintos protocolos de comunicación.

b) El protocolo con mayor velocidad de transmisión de datos es FlexRay.

c) El protocolo con menor velocidad de transmisión de datos es MOST Bus.

4.10. Algunas precauciones a tener en cuenta durante la manipulación de redes multiplexadas son:

a) Reparar los cables según indica el fabricante.

b) Doblar los cables de fibra óptica para comprobar su flexibilidad.

c) Evitar cualquier aparato que pueda generar picos de tensión (un polímetro con poca impedancia interna, un arrancador, etcétera).

Responde

4.1. Indica las ventajas de FlexRay frente a CAN Bus.

4.2. ¿Qué topologías puede tener una red FlexRay?

4.3. Explica la importancia de la sincronización de centralitas en una red FlexRay.

4.4. ¿Qué es un Active Star? ¿En qué red podemos encontrarlo?

4.5. ¿Existen resistencias de terminación en una red FlexRay? Si es así, ¿qué valor óhmico tienen?

4.6. ¿Cómo se determina el comienzo de una comunicación (un mensaje) en una red FlexRay?

4.7. ¿Qué errores de sincronización puede encontrar una red FlexRay?

4.8. Explica la siguiente figura:

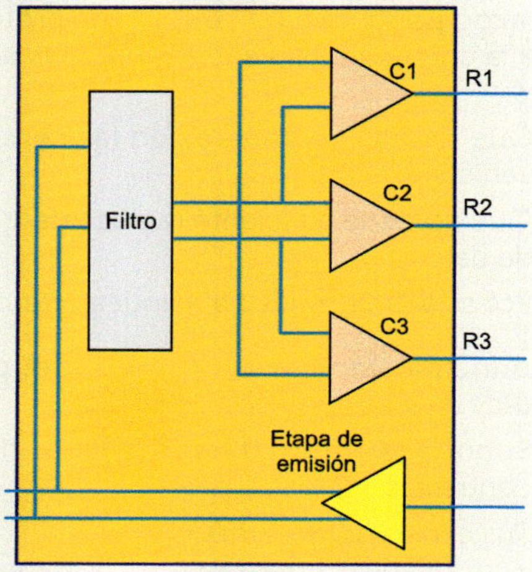

4.9. ¿Cuál es la velocidad de transmisión de una red VAN?

4.10. ¿Qué resistencias tienen las centralitas esclavas de una red LIN?

4.11. ¿En qué se diferencian una red VAN de una red LIN?

4.12. ¿Cómo se denominan las dos líneas de una red VAN?

4.13. Nombra cuatro de los errores más habituales en una red LIN.

4.14. ¿Qué características tiene una transmisión por fibra óptica?

4.15. Enumera los componentes físicos de una red MOST.

4.16. Nombra los estados operativos de una centralita MOST.

4.17. Dibuja una unidad de control MOST Bus y nombra sus componentes.

4.18. Nombra los campos de una trama de datos MOST.

4.19. ¿Qué función cumple el controlador de una centralita MOST?

4.20. Nombra las capas de un cable de fibra óptica e indica su función.

4.21. ¿En qué consiste el protocolo *bluetooth*?

4.22. ¿Para qué se emplea en el vehículo el protocolo wifi?

4.23. ¿Qué tres valores son necesarios para ubicar un dispositivo en un mapa electrónico durante una comunicación por GPS?

4.24. Explica el funcionamiento de un sistema GPS.

4.25. Compara las redes de comunicación que conoces en función de su velocidad de transmisión de datos.

4.26. Compara las redes de comunicación que conoces en función de la seguridad que ofrecen durante la transmisión.

4.27. Enumera las precauciones a tener en cuenta durante la manipulación de vehículos con redes multiplexadas.

Realiza

4.1. Completa la siguiente tabla:

Nombre	Velocidad de transmisión	Medio de transmisión	Topología
LIN			
VAN			
		Luz	
	11 o 54 Mbps	Aire	
	250 kbps		Bus
Bluetooth			

4.2. Dibuja las topologías de red de FlexRay que conozcas.

4.3. ¿Qué tipo de protocolo crees que es utilizado en las siguientes centralitas?

a) Centralita de gestión del motor y centralita de cambio automático.

b) Centralita de limpiaparabrisas y motor de limpiaparabrisas.

c) Centralita de puerta izquierda delantera y de puerta izquierda trasera.

d) Centralita de climatización y centralita de confort.

e) Centralita de receptor de televisión y centralita telemática.

4.4. Razona cuál de estas redes será de alta velocidad y cuál de media o baja velocidad. ¿A qué protocolo crees que pertenecen? ¿Cómo denominas a la línea que comunica la *gateway* con la toma de diagnosis?

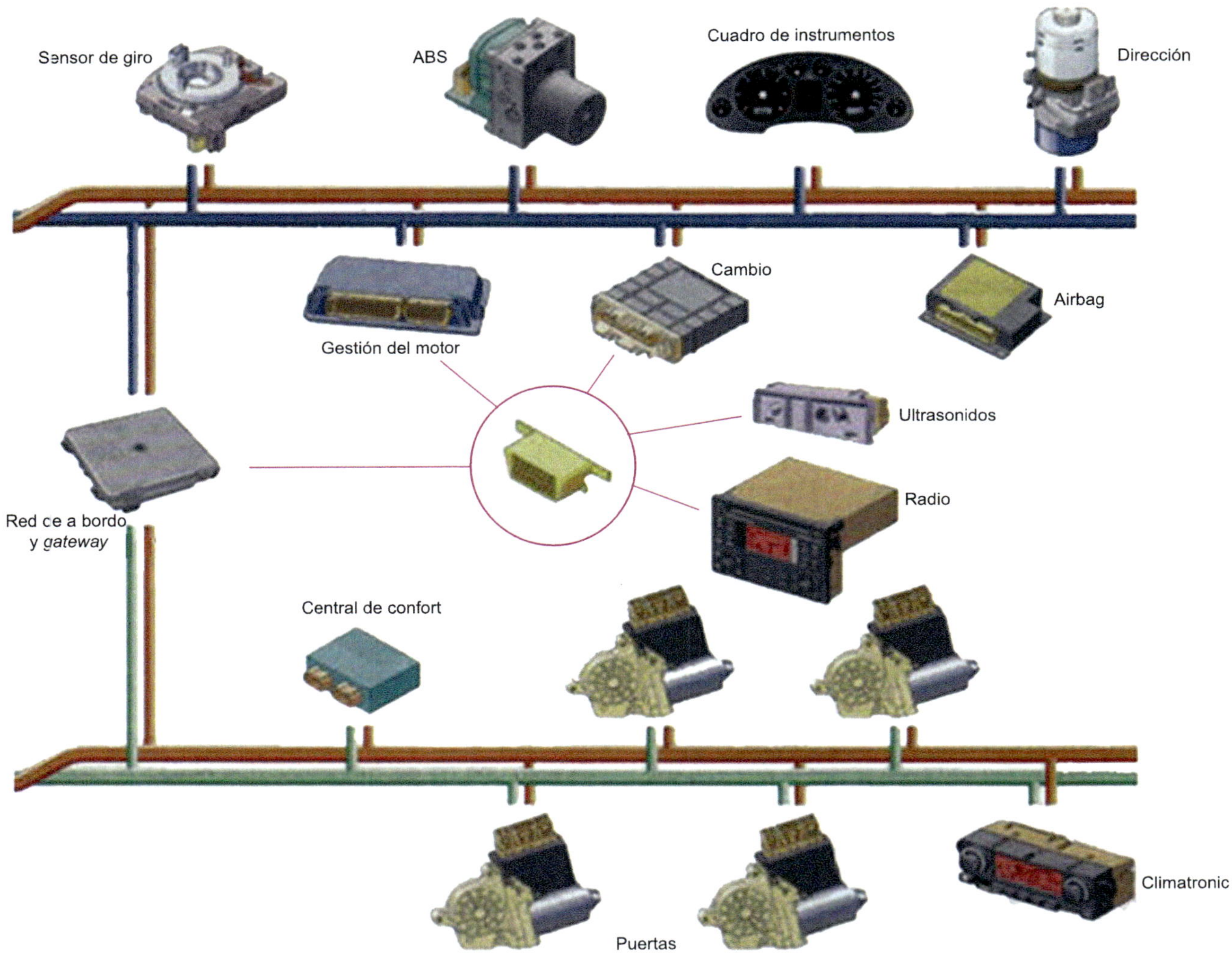

4.5. ¿A qué protocolo de comunicación pertenece la siguiente señal?

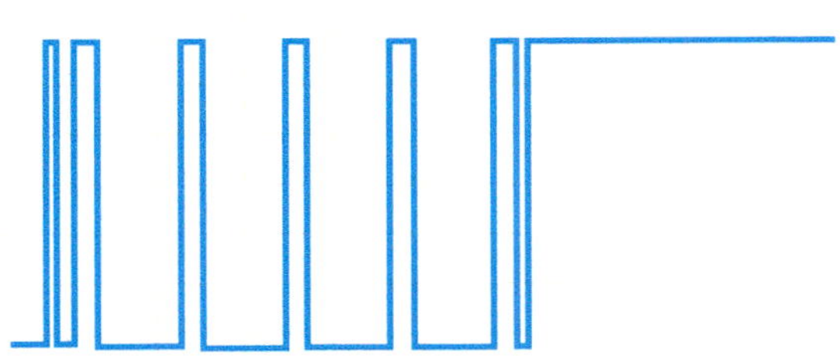

4.6. Indica cuál de las siguientes actividades realizadas en un taller puede dañar los sistemas de comunicación entre centralitas:

a) Variar la longitud de un cable de LIN Bus.

b) Utilizar un polímetro de alta impedancia.

c) Reparar un cable CAN Bus.

d) Doblar un cable MOST.

e) Sustituir un cable MOST.

f) Generar algún pico de tensión utilizando, por ejemplo, arrancadores externos.

4.7. Busca manuales de vehículos e identifica los tipos de redes multiplexadas empleadas en cada uno de ellos.

4.8. ¿Qué vehículos cuentan actualmente con la tecnología FlexRay?

4.9. Busca sistemas de infotenimiento empleados por los diferentes fabricantes y marcas de vehículos.

4.10. Explica por qué se emplea cada uno de estos protocolos de comunicación en cada caso. ¿Por qué otra red podríamos sustituir la de CAN Infotenimiento? Marca la *gateway* del esquema.

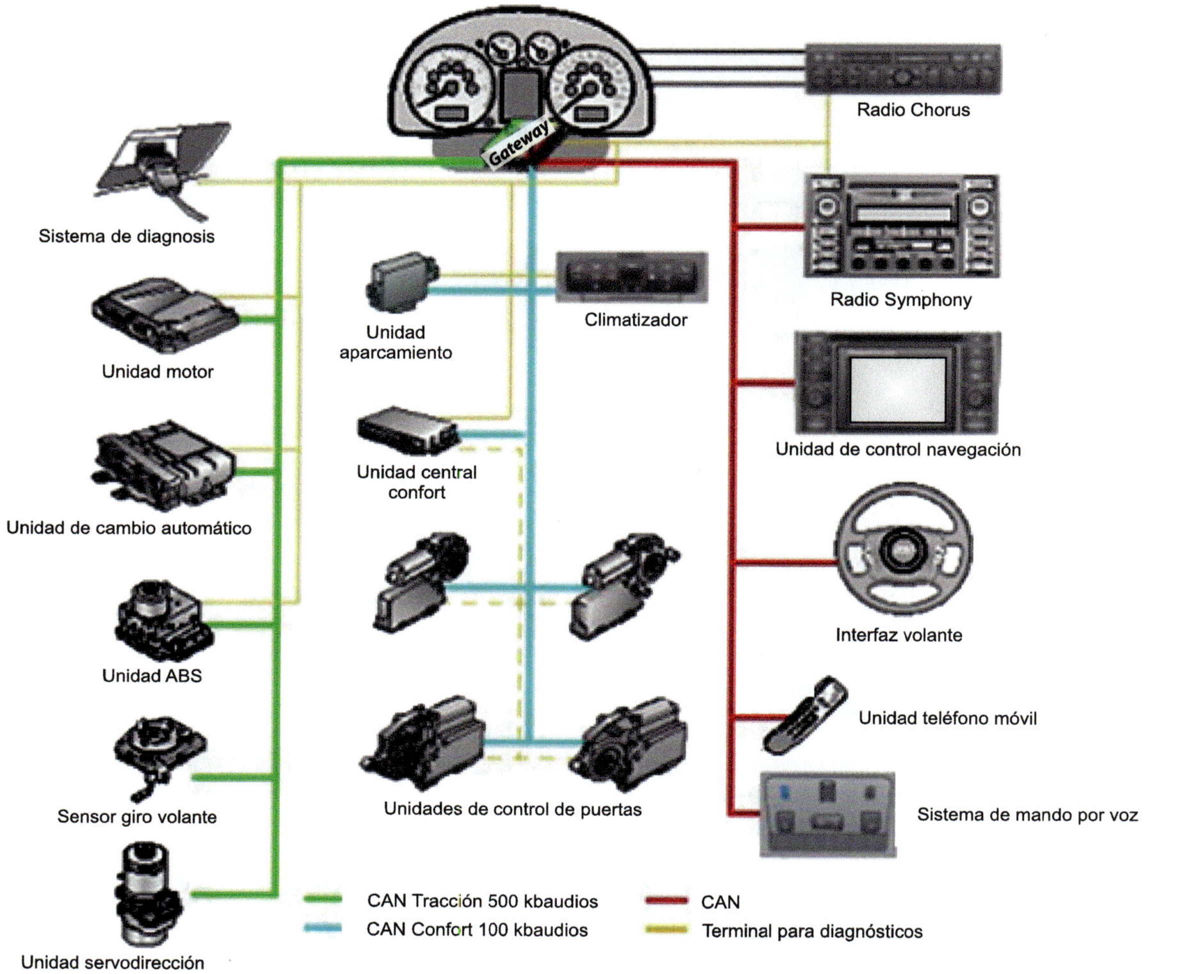

4.11. En el siguiente esquema de redes multiplexadas de Citroën para el pilotaje de los diferentes elementos que permiten la regulación de la temperatura del habitáculo, explica:

- Protocolos empleados.
- Centralitas maestras.
- Centralitas esclavas. Indica a qué maestras responden.
- Señala la o las centralitas que actúan de *gateway* o pasarela.

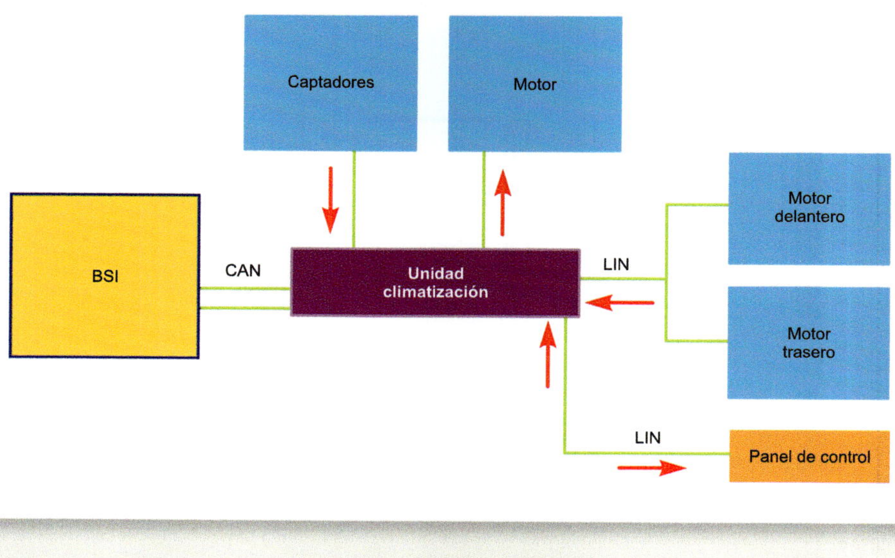

4.12. Explica la siguiente figura. ¿Qué protocolos de comunicación son empleados? ¿Es correcta la utilización de estos protocolos para las centralitas existentes? ¿Qué topología tiene esta red? Señala la *gateway* y las centralitas maestras y esclavas si existen.

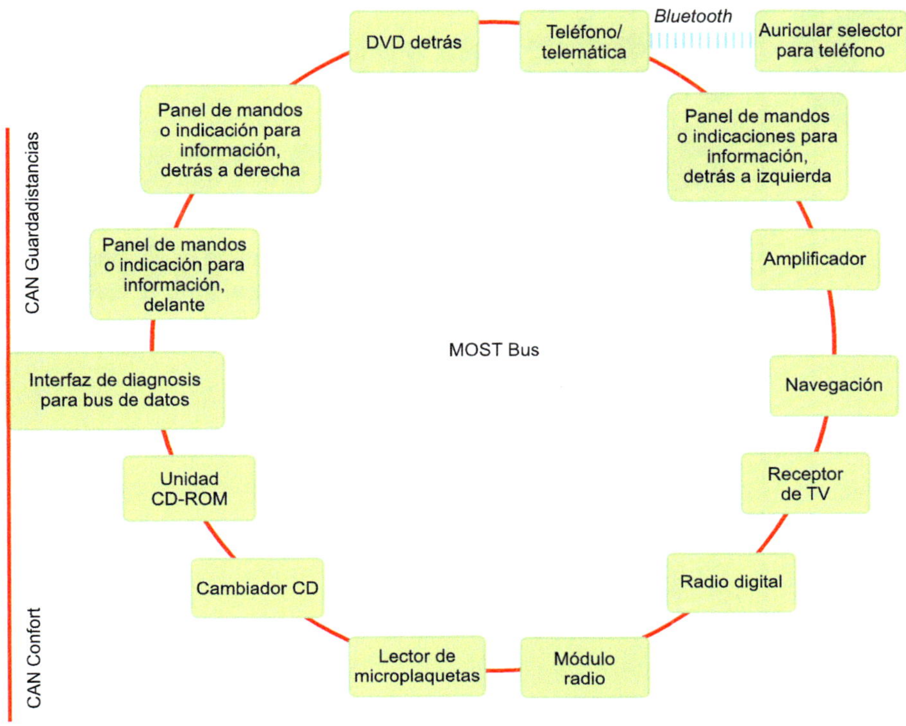

4.13. Dibuja tres de las posibles topologías de red empleadas por el protocolo FlexRay. Emplea al menos cuatro centralitas en cada una.

4.14. Une con flechas las siguientes afirmaciones con la red que corresponda.

Sus cables se denominan DATA y DATAB.	*Bluetooth*
Es una red monoalámbrica.	MOST Bus
Transmite la información a través de la luz.	VAN Bus
Red inalámbrica con un alcance de, aproximadamente, 10 metros.	LIN Bus

4.15. Busca sistemas de comunicación del vehículo con un centro de emergencias. Indica el tipo de red inalámbrica que emplean.

4.16. Enumera los problemas encontrados por los fabricantes para la utilización de Ethernet.

4.17. Indica cuáles son las principales ventajas que ofrece Ethernet frente al resto de protocolos utilizados hasta el momento.

5 Elementos y sistemas de iluminación en el vehículo

Los avances tecnológicos en los circuitos de iluminación del vehículo comienzan por el empleo de lámparas más potentes y de mayor duración. Las lámparas de filamento incandescente han sido reemplazadas por las halógenas, y estas a su vez por las de xenón y ledes.

La incursión de la electrónica en el campo de la iluminación ha traído en los últimos años avances sorprendentes que se traducen en una mayor seguridad y confort durante la conducción, no solo para el conductor, sino también para los peatones.

La incorporación de diferentes sensores en el circuito de alumbrado permite obtener una iluminación más dinámica y adaptada a cada instante de la conducción. Algunos ejemplos de estas novedades son las luces de curvas, la iluminación inteligente en alumbrado y en señalización, la detección de peligros en la carretera por la noche mediante infrarrojos y los sensores de radar.

Todos estos cambios requieren de una adaptación de la normativa internacional, por lo que han motivado la aparición de nuevas directivas europeas y legislación nacional al respecto.

5 Elementos y sistemas de iluminación en el vehículo

¿Sabes ...

...qué tipos de lámparas y grupos ópticos se emplean en el automóvil?

...qué ventajas ofrece la iluminación led en el automóvil y qué es una señal PWM?

...qué es la iluminación inteligente y los sistemas de visión nocturna?

...qué medidas de precaución se deben tomar durante la manipulación de un faro de xenón?

Contenidos

Objetivos

- Conocer las características de lámparas y grupos ópticos. Principios luminotécnicos.
- Aplicar la normativa referente a lámparas y grupos ópticos.
- Estudiar el protocolo de comunicación CAN Bus.
- Saber realizar procesos de montaje y desmontaje de grupos ópticos.
- Identificar los sistemas avanzados de iluminación: luz de curvas, sistemas inteligentes, visión nocturna.

5.1. Fundamentos luminotécnicos

La luz es una radiación electromagnética que se propaga en forma de ondas en el vacío y que puede ser percibida por el ojo humano. Es por esto que no podemos ver, por ejemplo, las ondas ultravioleta.

La luz es una fuente de energía y presenta tres propiedades:

- Se propaga en línea recta.
- Se refleja sobre una superficie reflectante.
- Se refracta, cambiando de dirección, cuando pasa de un medio a otro (por ejemplo, del aire al agua).

No toda la energía consumida por una lámpara es transformada en luz, por eso no puede ser medida en unidades de energía. Se necesitan, por tanto, otras magnitudes con sus respectivas unidades. Dichas magnitudes son las siguientes:

- **Flujo luminoso Φ:** potencia total emitida captada por el ojo humano. Se mide en lúmenes (lm).
- **Intensidad luminosa I:** porción de flujo luminoso en una dirección concreta. Se mide en candelas (cd).

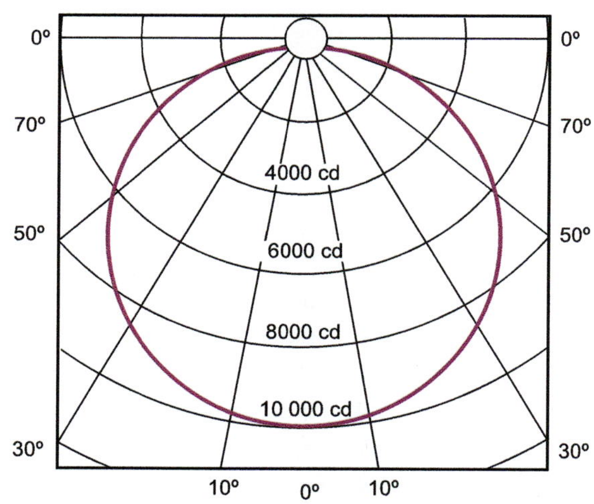

Figura 5.1. Alcance de la intensidad luminosa de una lámpara.

- **Iluminancia E:** relación entre el flujo luminoso incidente y la superficie iluminada. Se mide en luxes (lx). Un lux es un lumen incidiendo uniformemente sobre 1 m^2.

Si el flujo luminoso incide perpendicularmente:

$$E = I/d^2$$

siendo en caso contrario:

$$E = I \cos \varphi/d^2$$

Siendo d la distancia entre el foco y la superficie, y $\cos \varphi$ el ángulo de incidencia.

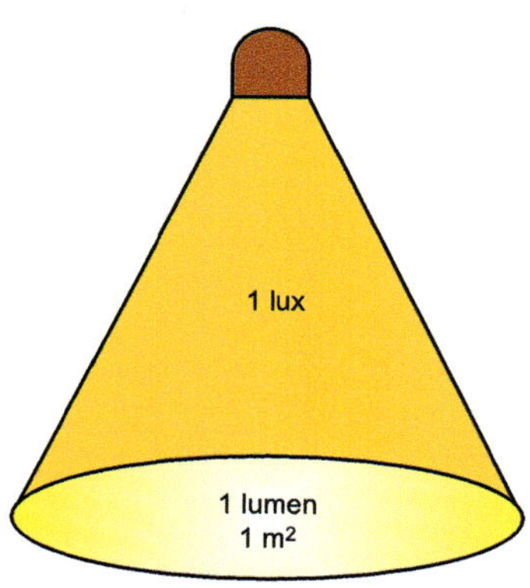

Figura 5.2. Relación entre la iluminancia, el flujo luminoso y la superficie de incidencia del haz de luz.

- **Luminancia *L*:** impresión de claridad de una superficie iluminada. La relación entre las luminancias de distintas superficies contiguas es el contraste. Se mide en nits (cd/m^2).
- **Cantidad de luz:** radiación emitida de forma constante en el tiempo por una fuente luminosa. Se mide en lúmenes por segundo (lm · s).
- **Rendimiento luminoso η:** definido por la cantidad de flujo luminoso por unidad de potencia. Es la eficacia con la que se transforma la potencia eléctrica consumida por una fuente luminosa en luz. Se mide en lm/W.
- **Temperatura de color *K*:** a mayor temperatura de color, mayor proporción de azul y menor proporción de rojo hay en el espectro cromático, es decir, mayor parecido a la luz natural. Se mide en grados Kelvin (K).

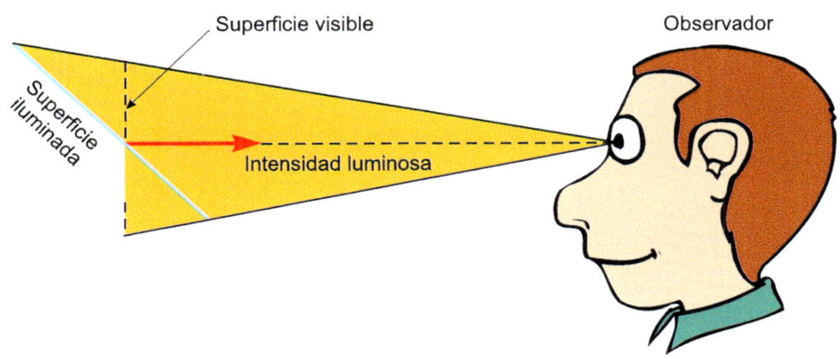

Figura 5.3. Percepción por el ojo humano de una superficie iluminada.

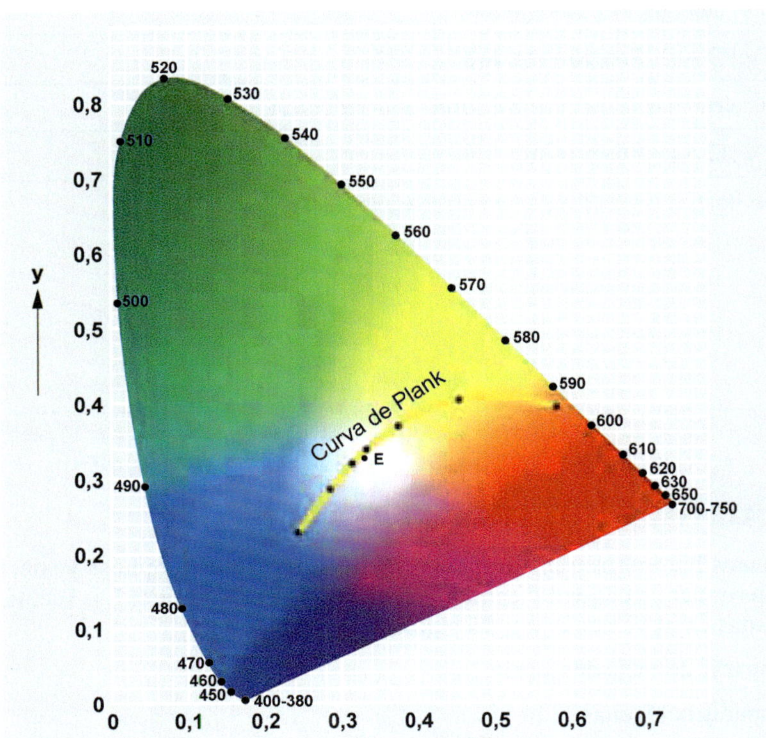

Figura 5.4. Tabla de colores según la norma DIN5033.

Sabías que...?

La diferencia entre un alumbrado con lámparas halógenas o un faro xenón es que este último ofrece una temperatura de color considerablemente mayor, acercándose más a la luz diurna natural (luz más azulada). La luz diurna tiene aproximadamente 6000 K, una lámpara halógena 3000 K y una lámpara xenón, normalmente, entre 4200 y 6000 K.

ACTIVIDAD **Resuelta 5.1**

Una lámpara de 15 W de potencia emite un flujo luminoso de 12 lúmenes, ¿cuál es su rendimiento luminoso?

Solución

El rendimiento luminoso es la relación entre la potencia eléctrica de la lámpara y el flujo luminoso emitido:

$$\eta = 12/15 = 0{,}8$$

El rendimiento luminoso es del 80 %.

ACTIVIDAD **Resuelta 5.2**

Una lámpara de un faro antiniebla con una intensidad luminosa de 280 candelas se encuentra a 3 metros de una superficie, y sus rayos inciden sobre la misma con un ángulo de 45°. Calcula su iluminancia.

Solución

La iluminancia *E* es la relación entre la intensidad luminosa y la distancia al cuadrado. Pero también tendremos en cuenta el ángulo de incidencia sobre la superficie, de manera que:

$$E = I \cos \varphi / d^2$$

$$E = 280 \cos 45°/9 = 21{,}99 \text{ lx}$$

ACTIVIDAD **Propuesta 5.1**

Calcula la luminancia de una superficie de 5 m^2 iluminada con una intensidad de 320 candelas.

ACTIVIDAD **Propuesta 5.2**

Una lámpara de un faro de cruce de 55 W tiene un rendimiento luminoso del 93 %. Calcula el flujo luminoso que emite.

ACTIVIDAD **Propuesta 5.3**

¿Cómo calcularías la iluminancia sobre una superficie iluminada?

ACTIVIDAD **Propuesta 5.4**

Une con flechas las unidades con las magnitudes:

Φ	kelvin
I	lux
E	candela
L	lumen/vatio
η	candela/m^2
K	lumen

Figura 5.5. Lámpara de incandescencia.

5.2. Fuentes luminosas

Las fuentes luminosas transforman la energía eléctrica en luminosa y son, por tanto, las que determinan la calidad y cantidad de luz que ofrece un faro. Las fuentes luminosas empleadas en el vehículo son las siguientes:

- Lámparas de incandescencia.
- Lámparas halógenas.
- Lámparas de xenón.
- Led y OLED.

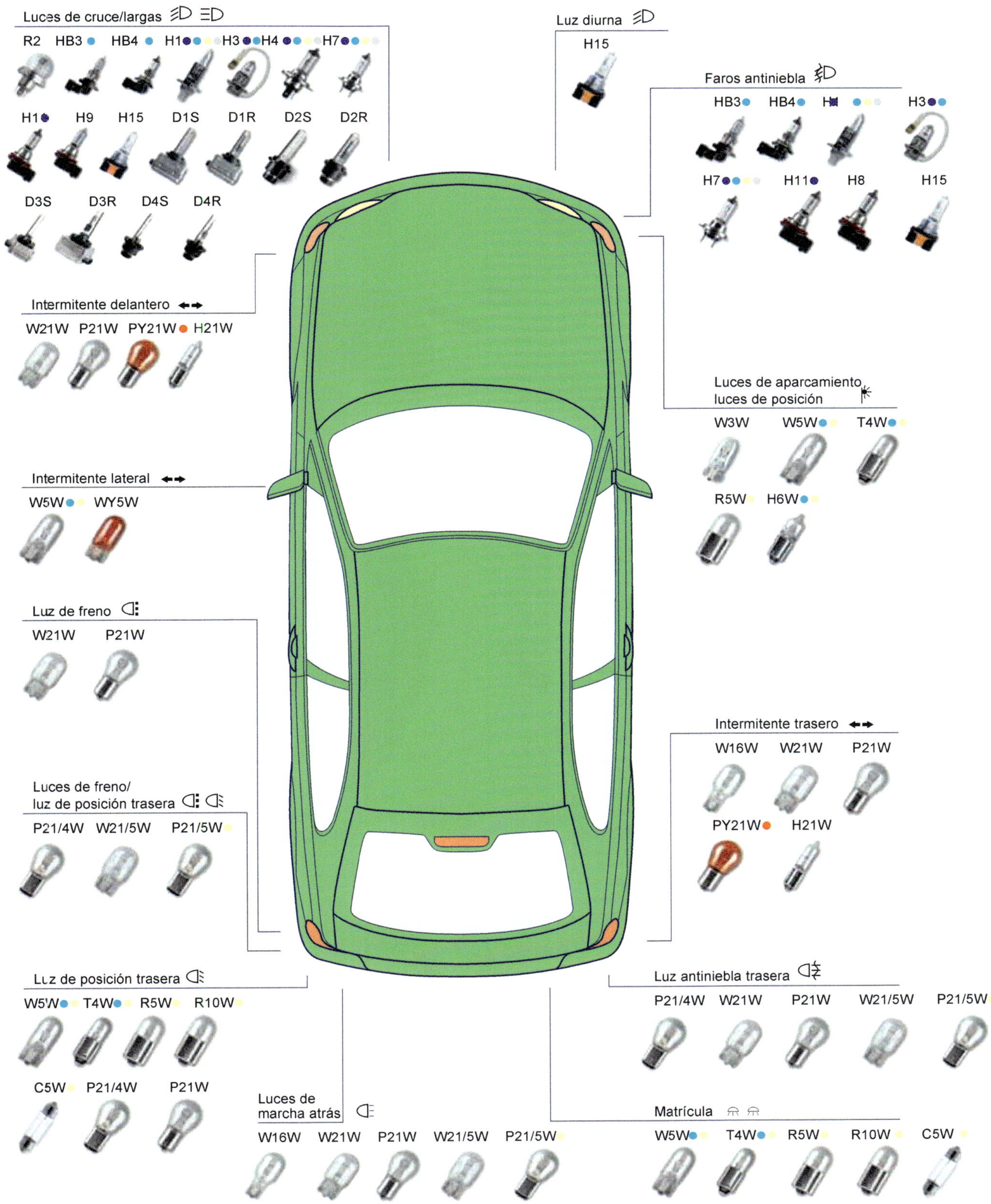

Figura 5.6. Ejemplo de lámparas empleadas para alumbrado y señalización en el vehículo.

Sabías que...

El wolframio y el tungsteno son el mismo elemento químico. Se trata de un metal, y tiene el punto de fusión más alto de todos los metales, además del mayor punto de ebullición de todos los elementos conocidos. Es un material fundamental en la sociedad actual por su utilización en la fabricación de maquinaria, y una demostración de ello es que EE. UU. mantiene una reserva nacional de 6 meses de este material junto con otros materiales de primera necesidad.

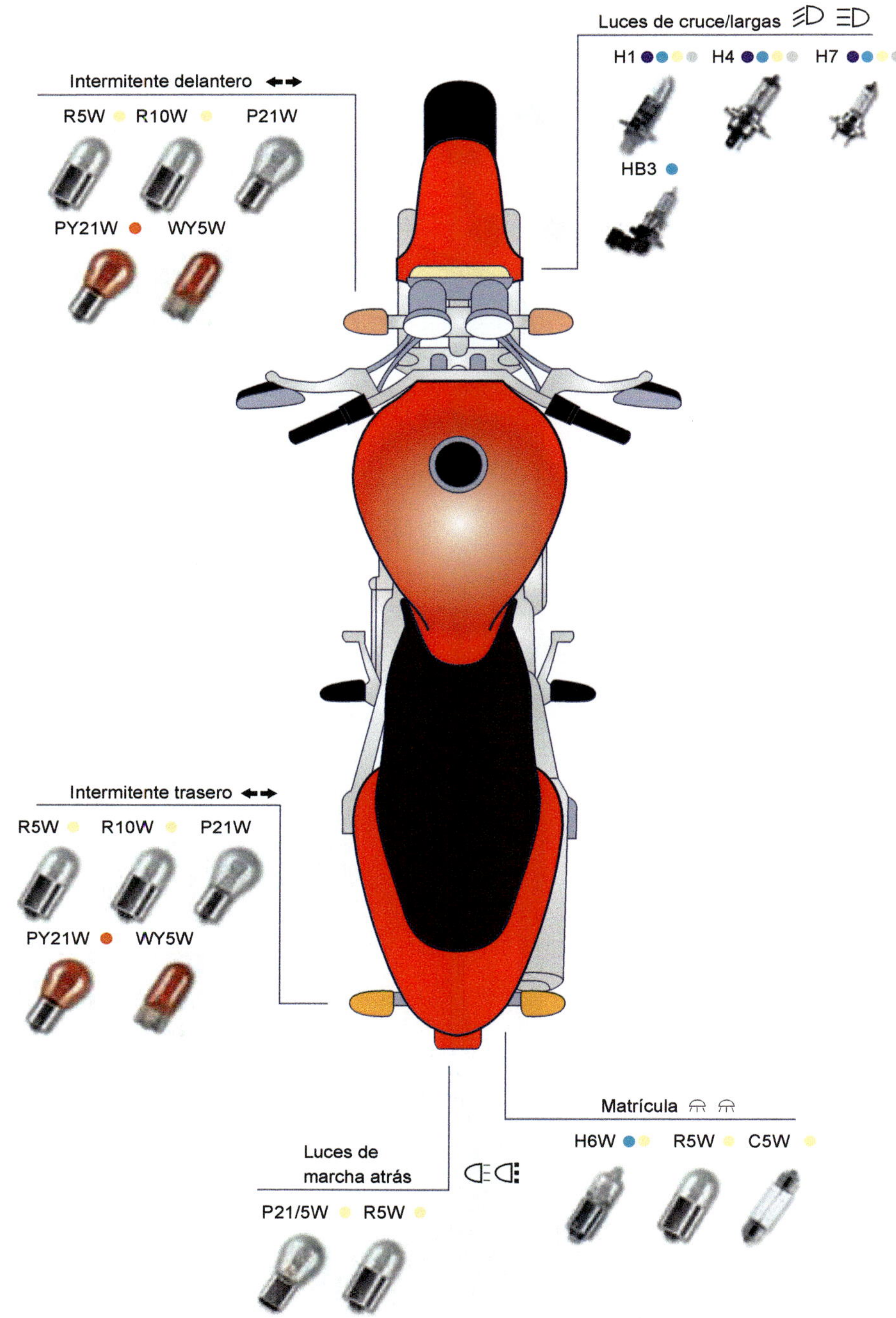

Figura 5.7. Ejemplo de lámparas empleadas para alumbrado y señalización en una motocicleta.

5.2.1. Lámparas de incandescencia

También denominadas lámparas de vacío, actualmente se ha alargado mucho su vida útil y aumentado su flujo luminoso. Los fabricantes nos ofrecen una gran variedad, según busquemos larga vida útil o alto rendimiento luminoso. En cualquier caso, la utilización de las lámparas de incandescencia ha quedado relegada a la señalización del vehículo, ya que, en cuanto a potencia y rendimiento, así como a temperatura de color, han sido superadas por otros tipos de lámparas.

Funcionamiento

Su funcionamiento se basa en el efecto Joule, el cual nos dice que cuando por un conductor circula una corriente parte de la energía se transforma en calor. Emplean un resorte de alambre fino llamado filamento. Cuando la corriente pasa a través de él, este se calienta hasta alcanzar la temperatura de incandescencia, produciendo en ese momento un haz luminoso. El filamento está fabricado de tungsteno (wolframio), y va en el interior de una ampolla de vidrio a la que se le realiza el vacío y se le inyecta sodio mezclado con un gas inerte, como por ejemplo Kr. El casquillo metálico es donde se disponen las conexiones eléctricas, y la unión entre este, el filamento y la ampolla se realiza mediante un conglomerado aislante a base de vidrio en polvo.

Al alcanzar el filamento la temperatura de incandescencia se desprenden partículas del mismo contra la ampolla. Es así como se ennegrece la ampolla y se desgasta el filamento hasta partirse.

Características

Su vida útil oscila entre 250 horas y 6000 horas, dependiendo de que sean de incandescencia convencionales o de larga duración. Su flujo luminoso oscila entre 10 y 600 lm dependiendo del tipo de lámpara, y su temperatura de color no supera los 3000 K.

La Tabla 5.1 presenta una pequeña muestra de las lámparas de incandescencia empleadas en señalización que están actualmente en el mercado.

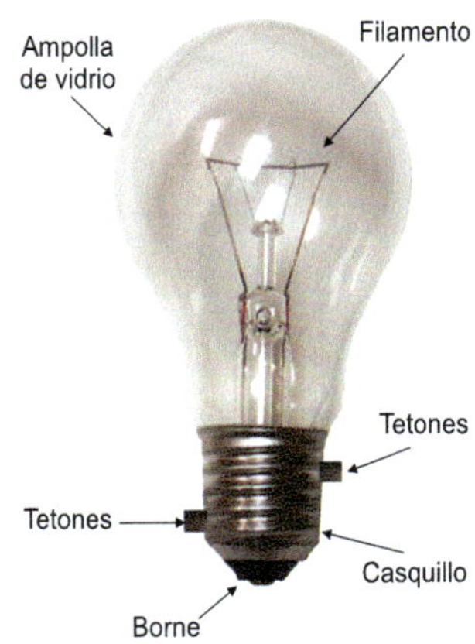

Figura 5.8. Componentes de una lámpara de incandescencia.

Tabla 5.1. Lámparas de incandescencia empleadas en señalización

Denominación	N.° de filamentos	Flujo luminoso	Vida útil (horas)
P21/5W	2	440/35 lm	800/6000
PY21W	1	280 lm	1000
W5W	1	50 lm	1500
H6W	1	125 lm	1000
R5W	1	50 lm	1200
H21W	1	600 lm	480
P21/4W	2	440/15 lm	290/4000
RY10W	1	75 lm	800

5.2.2. Lámparas halógenas

Las lámparas halógenas siguen siendo las más empleadas en alumbrado, aunque su utilización disminuyó con la aparición en el mercado de las lámparas de xenón. Se diferencian de las lámparas de incandescencia en que a la ampolla se le añaden átomos halógenos, normalmente de yodo o bromo. De esta forma, tal y como veremos a continuación, se alarga el tiempo de vida del filamento para una temperatura de color igual.

Funcionamiento

El ciclo de trabajo de una lámpara halógena es el siguiente:

Al alcanzar el filamento la temperatura de incandescencia se desprende wolframio vaporizado, tal y como ocurría en las lámparas de incandescencia. La temperatura asciende hasta casi el punto de fusión del wolframio (unos 3400 °C). Este, vaporizado, se mezcla con el gas de la ampolla y se forma haluro de wolframio. Cuando el haluro entra de nuevo en contacto con el filamento se descompone debido a la alta temperatura y forma una capa de wolframio, que regenera el filamento.

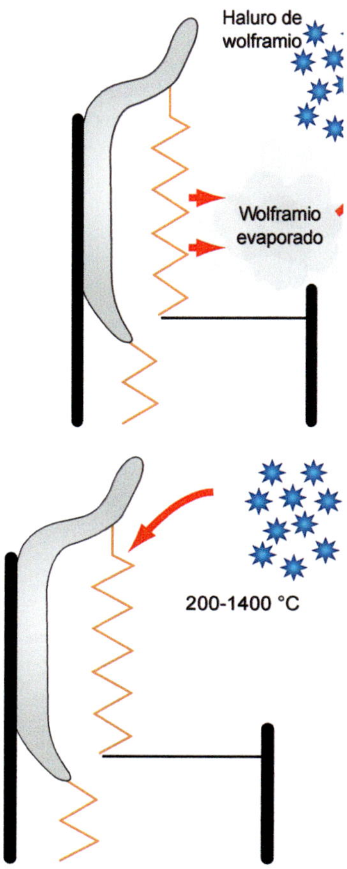

Figura 5.10. Ciclo de trabajo de una lámpara halógena. En color rojo está dibujado el wolframio evaporado y en azul el haluro de wolframio.

Figura 5.9. Ejemplo de lámpara halógena.

Aun así, el filamento de una lámpara halógena acaba consumiéndose, pero su duración es mucho mayor que la de una lámpara de incandescencia (unas 450 horas frente a las 300 horas de las incandescentes), aunque su durabilidad también depende de otros factores, como impactos, vibraciones, altas temperaturas, picos de tensión, etc., a los que están sometidas.

Características

El rendimiento luminoso de una lámpara halógena es de 25 lm/W y, al igual que en las de incandescencia, sigue siendo un problema que gran parte de la energía consumida (55/60 W) se pierde en forma de calor, lo que las hace menos eficientes que las de xenón o las de ledes. Su temperatura de color varía entre 3000 y 4000 K, dependiendo del tipo de lámpara. Las que alcanzan mayor temperatura de color son las halógenas con efecto xenón, que gracias a fórmulas optimizadas de rellenado de gas noble y revestimientos de la cúpula con cobalto consiguen no solo mayor temperatura de color, sino también mayor longitud del haz luminoso (entre 30 y 40 metros más que una convencional) y mayor flujo luminoso (hasta 1700 lúmenes, siendo la media en lámparas halógenas de 1400 lúmenes).

Sabías que...?

Algunos fabricantes incluyen algunas mejoras en las lámparas, como aumentar la presión de llenado de la ampolla, para así inhibir la vaporización del wolframio, o añadir al gas de la ampolla gases nobles (por ejemplo xenón) para disminuir la disipación de calor en la misma.

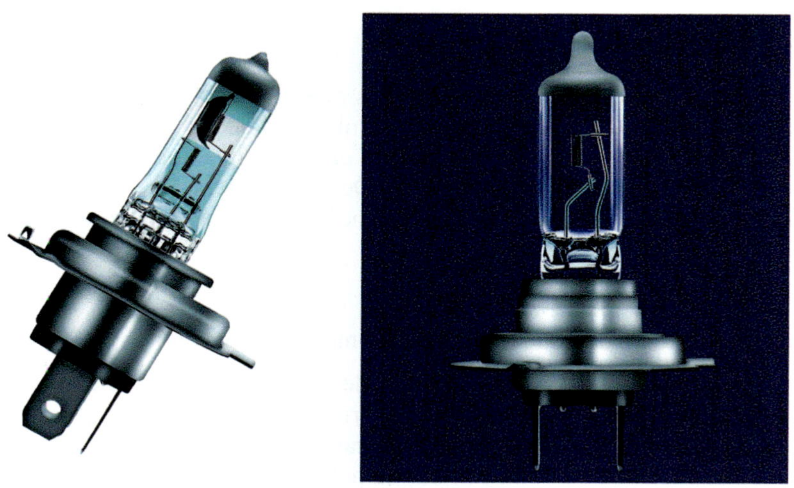

Figura 5.11. Lámparas halógenas.

La duración de una lámpara halógena va de 300 a 800 horas, aunque algunas marcas cuentan con lámparas de larga duración que alcanzan las 3000 horas. Esta vida útil supera la de las lámparas de incandescencia, pero queda muy lejos de las lámparas de xenón o de ledes.

Denominación

A las lámparas halógenas se las denomina con la letra H acompañada de un número. Las H4 son lámparas de doble filamento y, por tanto, utilizadas para cruce y carretera simultáneamente.

Algunos ejemplos de aplicación de las lámparas halógenas son los siguientes:

- Luz de cruce: principalmente H4, aunque también se utiliza H5.
- Luz de carretera: H4, H5, H1 y H3.
- Luz de antiniebla delantera: H1, H2, H3 y H11.
- Ráfagas para un bixenón: H9.

Figura 5.12. Lámparas halógenas Night Breaker de Osram. Los dos anillos azulados en la ampolla reducen el reflejo de la luz. El filamento es de alto rendimiento.

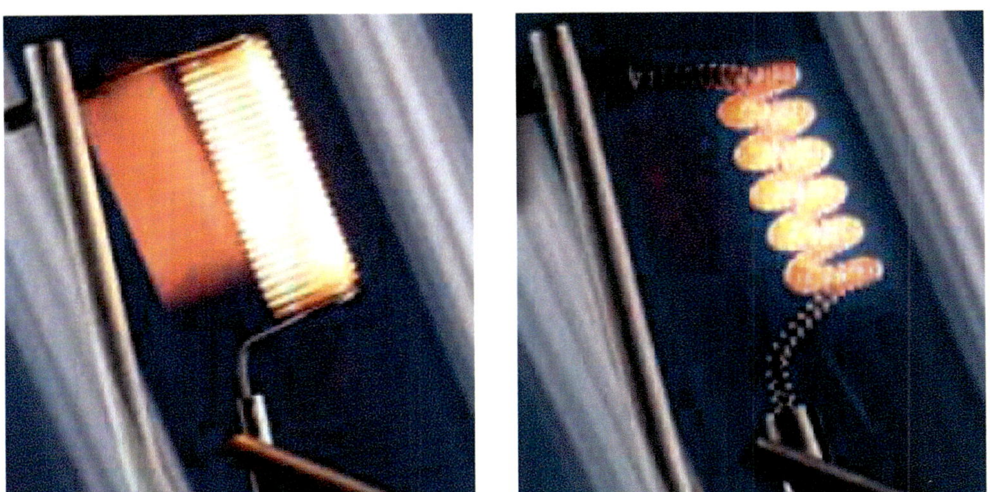

Figura 5.13. Filamento *single coil* (único filamento) empleado en alumbrado de camiones a la izquierda. Filamento clásico doble a la derecha.

Sabías que...?

Las lámparas halógenas con efecto xenón son luces más blancas y brillantes que las halógenas convencionales, y ofrecen haces de luz más largos. Un revestimiento parcial azul le da un diseño más llamativo, y un recubrimiento de cobalto aumenta su temperatura de color hasta en un 20 %. Algunos ejemplos son las series Night Breaker Unlimited y Cool Blue Intense de Osram, o la serie X-treme Vision de Philips.

Sabías que...?

Los haluros metálicos o sales metálicas están formados por un átomo halógeno y otro metálico.

Figura 5.14. Ejemplo de lámparas halógenas.

5.2.3. Lámparas de xenón

También denominadas lámparas de descarga de gas o HID (*High Intensity Discharge*), están formadas por una ampolla rellena de vapor de mercurio, haluros metálicos y xenón, a unos 100 bares de presión, dos electrodos, separados normalmente 4 mm, y una ampolla de cuarzo muy pequeña (aproximadamente 1 cm^3) que absorbe radiaciones UV para poder ser utilizadas en faros de plástico.

La razón de emplear xenón en lugar de cualquier otro gas noble, como por ejemplo argón, es la rapidez con que se ioniza.

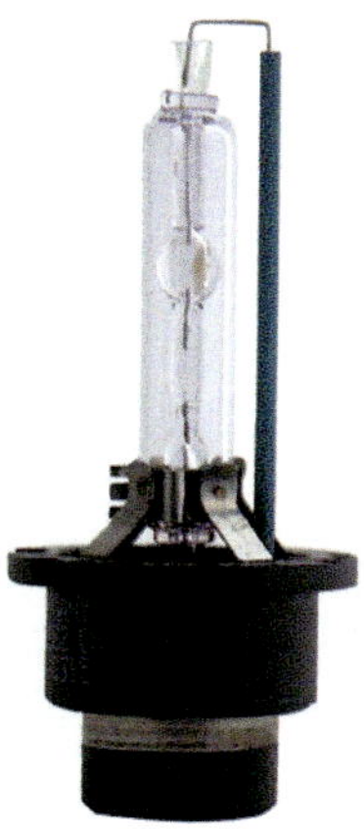

Figura 5.15. Lámpara de xenón.

Figura 5.16. Ejemplo de lámpara de xenón para faros delanteros.

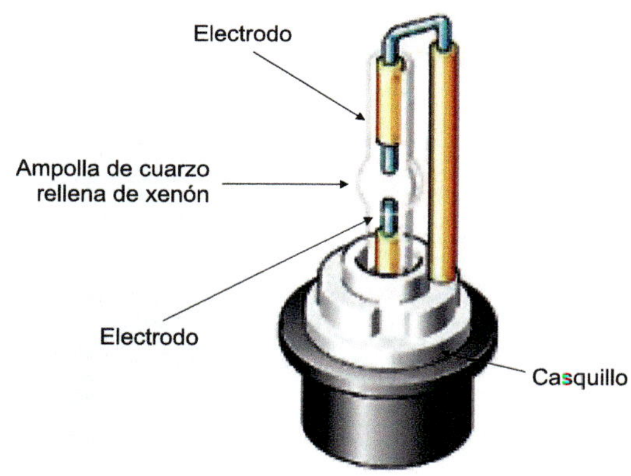

Figura 5.17. Componentes de una lámpara de xenón.

Funcionamiento

El funcionamiento de estas lámparas tiene lugar en dos fases: la fase de encendido y la de mantenimiento.

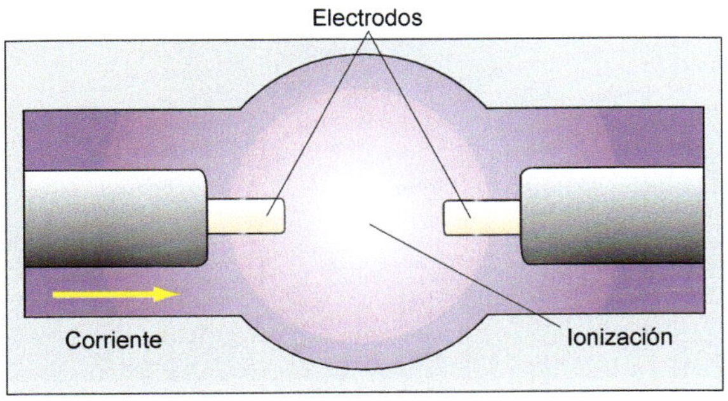

Figura 5.18. Composición de un arco eléctrico en una lámpara de xenón.

La **fase de encendido** tiene lugar cuando una tensión de entre 23 y 30 kV llega a los electrodos. Entonces el gas se ioniza y se crea un arco eléctrico, emitiendo una luz muy blanca azulada. Para obtener esta tensión tan alta la lámpara necesita ir acompañada de un transformador de corriente que obtenga estos valores a partir de la tensión del alternador. Además, para que no se rompa la lámpara durante el encendido, existe una bobina que limita la intensidad. Esta fase dura, como máximo, 3 segundos.

En la fase de mantenimiento la lámpara ha alcanzado la potencia luminosa máxima y la tensión se estabiliza en 85 o 45 V, según el tipo de lámpara, para mantener el arco eléctrico.

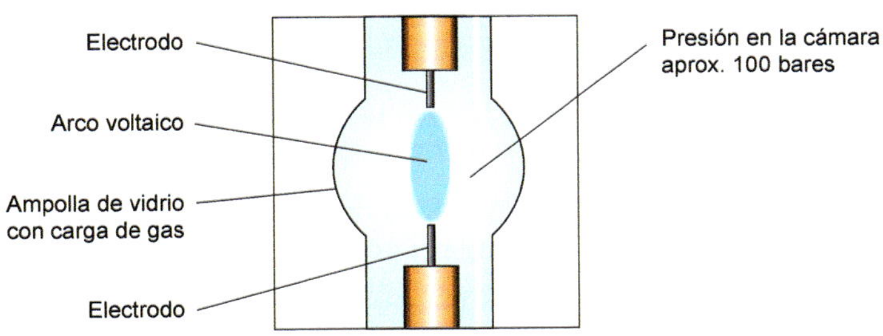

Figura 5.19. Composición del arco eléctrico de una lámpara de xenón.

Características

La vida útil de una lámpara de xenón oscila entre 1600 y 3000 horas, dependiendo del tipo de lámpara. Su temperatura de color varía de 4000 a 6000 K y su flujo luminoso es de 2500-3000 lúmenes. Su rendimiento luminoso es mayor, ya que convierte en energía luminosa una mayor parte de la energía consumida que las halógenas.

Precauciones

Durante la manipulación de lámparas de xenón deberemos tomar algunas precauciones:

- Al igual que en las lámparas halógenas no se debe tocar directamente con los dedos, ya que el contacto de nuestras manos con el cuarzo lo funde.
- Tener en cuenta el riesgo de explosión de la lámpara al encontrarse bajo presión.

Sabías que...

El nombre de xenón viene del griego y significa «extraño». Es un elemento químico de la tabla periódica cuyo símbolo es Xe y su número atómico el 54, y un miembro de los elementos de valencia cero llamados gases nobles o inertes. El xenón es inodoro, incoloro y muy pesado, y en un tubo lleno de gas emite un brillo azul cuando se le excita con una descarga eléctrica. El uso principal y más famoso de este gas es en la fabricación de emisores de luz tales como lámparas bactericidas, tubos electrónicos, lámparas estroboscópicas y *flashes* fotográficos. Otros usos son como anestésico, en los proyectores de cine o como gas de propulsión iónica para satélites.

Sabías que...

El primer faro con luces de cruce xenón lo fabricó Osram en 1991 para el BMW Serie 7.

Figura 5.20. Comparación de temperaturas de color entre una lámpara de xenón (izquierda) y una lámpara halógena (derecha).

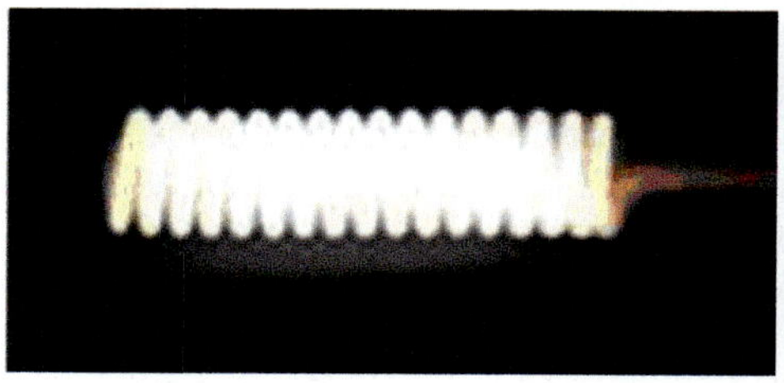

Figura 5.21. Filamento de una lámpara halógena.

Figura 5.22. Filamento de una lámpara de xenón.

- Se deben emplear gafas de seguridad, pues la luz emitida puede ser peligrosa.
- Debido a la alta tensión que requieren estas lámparas desconectaremos la alimentación de la bobina de reactancia (transformador) durante su manipulación.
- No debe funcionar en ningún caso la unidad de control sin la lámpara conectada, ya que los picos de tensión serían muy peligrosos para el sistema.
- Ventilaremos el taller si se rompe una lámpara debido a la toxicidad de los gases. Se debe ventilar durante 15 o 20 minutos.
- Desecharemos las lámparas como residuos especiales, a menos que se haya roto y, por tanto, evaporado el mercurio.
- Cambiada la lámpara se debe comprobar el reglaje de los faros.

Cuando cambiemos una lámpara de xenón tendremos en cuenta que una lámpara nueva luce menos que una antigua, es decir, más amarillenta y menos blanca azulada. Estas lámparas alcanzan su máxima capacidad a partir de 500 horas de funcionamiento, por lo que si cambiamos solo la lámpara de un faro observaremos que, durante un tiempo, lucirá de forma diferente al otro faro. Existen lámparas con mayor cantidad de sodio para simular lámparas rodadas.

Sabías que...?

Algunas lámparas de xenón tienen propiedades mejoradas respecto a las xenón estándar. Ofrecen luces un 5 % más blancas y un haz de luz hasta 20 metros más largo. Algunos ejemplos son la serie Xenon White Vision de Philips y la serie Xenarc Breaker Unlimited de Osram.

ACTIVIDAD Propuesta 5.5

¿Qué precauciones debemos tomar para cambiar una lámpara de xenón?

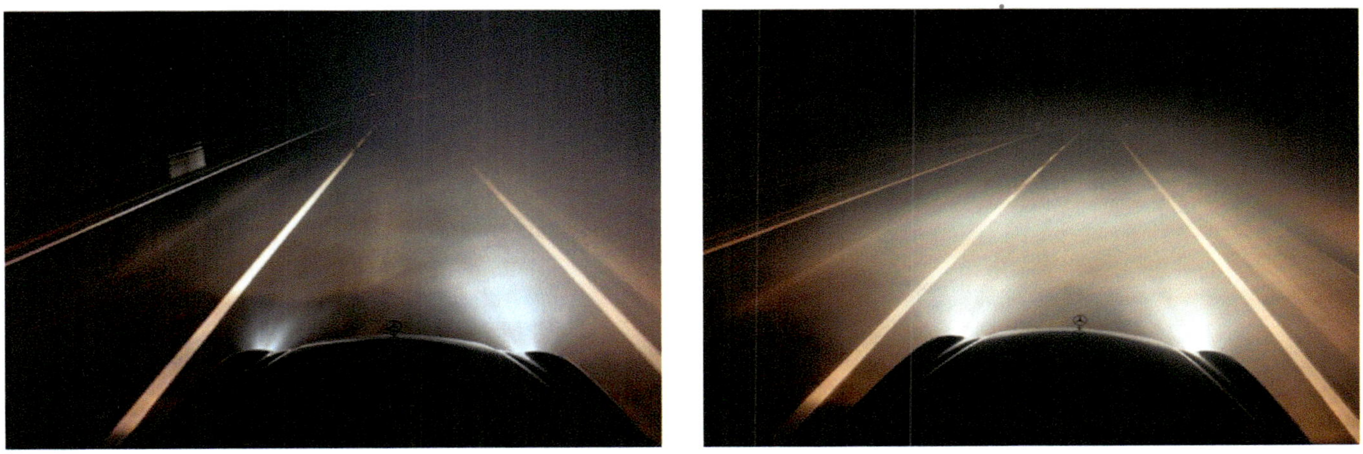

Figura 5.23. Alumbrado con lámparas de xenón.

Figura 5.24. Alumbrado con lámparas halógenas.

Denominación

La denominación de las lámparas de xenón es D1R, D2R, D3R, D4R, D1S, D2S, D3S y D4S. Los números impares indican que la bobina y la lámpara van unidas (directamente), y los números pares indican que van unidas con un cable de alta tensión. La letra R indica que llevan sombreado (zona opaca del cristal) y la S que son sin sombreado.

Las lámparas R y S tienen igual casquillo aunque muescas de posicionamiento distintas y las lámparas con numeración 3 y 4 consiguen una tensión de mantenimiento de 45 V en lugar de los 85 V necesarios con las lámparas 1 y 2.

Dependiendo de los fabricantes existen multitud de variedades de las lámparas de xenón estudiadas.

ACTIVIDAD **Propuesta 5.6**

Explica el ciclo de funcionamiento de una lámpara halógena.

ACTIVIDAD **Propuesta 5.7**

Completa la siguiente tabla:

Tipos de lámparas	Rendimiento luminoso (lm/W)	Temperatura de color (K)	Vida útil (horas)
Incandescentes			
Halógenas			
Xenón			

ACTIVIDAD **Propuesta 5.8**

¿Qué tensiones de trabajo tiene una lámpara de xenón? ¿Cómo es eso posible?

ACTIVIDAD **Propuesta 5.9**

Explica la denominación que se da a las lámparas de xenón.

PRÁCTICA DE TALLER

CAMBIO DE LÁMPARAS DE UN FARO TRASERO

Desmontamos el faro trasero de un vehículo quitando la tapa que encontramos en el maletero y los tornillos correspondientes, tal y como se observa en las siguientes figuras.

Figura 5.25. Faro trasero.

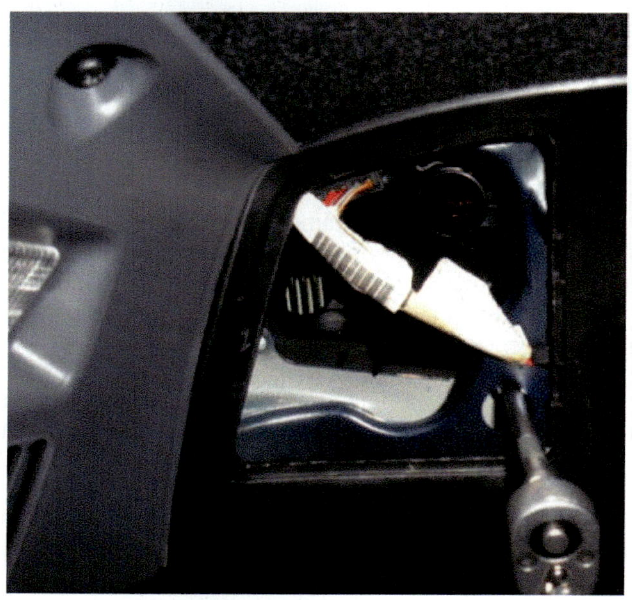

Figura 5.26. Tornillos de sujeción del faro, a los que accedemos desde el maletero.

Figura 5.27. El faro queda suelto y podemos quitarlo.

Sacamos sus lámparas como se muestra en la figura siguiente:

Figura 5.29. Lámparas del faro.

Figura 5.28. Faro desmontado.

Observamos el circuito de conexión de las lámparas, en color metálico.

Figura 5.30. Módulo con las lámparas que hemos extraído del faro.

5.2.4. Led

Desarrollados los faros de xenón de última generación, la tecnología led pasó a ser el objeto de investigación de los fabricantes de faros, considerándose el futuro. Actualmente existen muchos pilotos de señalización con esta tecnología y su uso se está extendiendo, en señalización y alumbrado.

Recuerda que...

Un diodo es un dispositivo electrónico que resulta de la unión de dos cristales semiconductores denominados P y N.
Los diodos polarizados directamente se comportan como un conductor, pero polarizados en sentido contrario son prácticamente aislantes.

Un led (*Light Emitting Diode*) es un diodo emisor de luz y solo permite el paso de corriente en un sentido. Cuando es atravesado por la corriente se ilumina. La luz emitida al polarizarlo directamente entre el ánodo (positivo) y el cátodo (negativo) es debida al fenómeno conocido como electroluminiscencia.

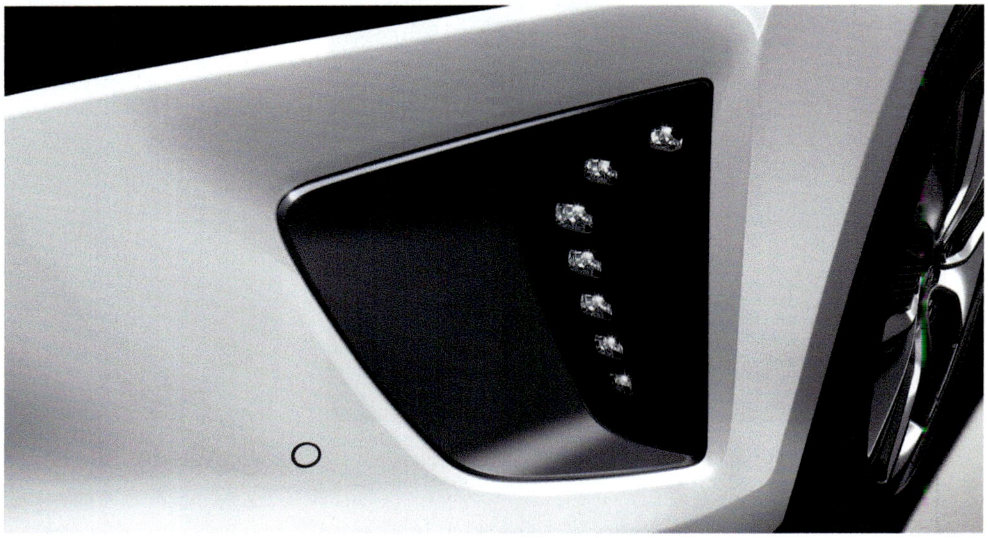

Figura 5.31. Faro led de Hyundai.

Figura 5.32. Ejemplo de led para señalización.

Características

Las características de un faro led son las siguientes:

- Mayor rendimiento luminoso ya que la mayor parte de la energía eléctrica consumida se transforma en luz, y una parte muy pequeña en calor. Sin embargo, el led sí irradia calor, lo que puede afectar a la electrónica que le acompaña. Para evitar dañar componentes incorpora disipadores de calor o ventiladores, y esto crea problemas de diseño y alojamiento.
- Mayor vida útil, muy superior a cualquier otro tipo de lámpara.
- En cuanto al diseño, ocupan menos espacio y ofrecen una gran versatilidad, ya que una única placa de ledes puede encender, por ejemplo, posición y freno. Además, los ledes ofrecen diferentes colores en función del material que se emplee en su fabricación. Por ejemplo, podemos obtener una luz blanca de diferentes maneras: a partir de una mezcla equitativa de los tres colores primarios (azul, rojo y verde), utilizando un led blanco, o cubriendo un led de color azul con una capa de fósforo.
- Mayor rapidez de encendido, reduciendo hasta en un 8 % el tiempo de reacción ante una frenada. Otra de las características de los ledes es que su vida no se reduce por las repetidas acciones de encendido y apagado.
- Alta temperatura de color, que puede alcanzar los 8000 K, por lo que la luz es más blanca.
- No emiten luz ultravioleta, así que no hay calor de los infrarrojos.
- Posibilidad de encender únicamente algunos ledes para una señalización débil y todos los ledes para una señalización más potente como ocurre, por ejemplo, en la señalización de frenada.

Sabías que...

La disminución de consumo eléctrico de los ledes respecto a otros tipos de iluminación se traduce en un ahorro de combustible y, por tanto, en una menor contaminación. Un led de bajo consumo necesita solo 34 W para conseguir la misma potencia luminosa que un sistema con luz halógena (120 W) o con luz de xenón (84 W). Esto permite un ahorro de hasta 0,05 litros de combustible por cada 100 kilómetros o 2,1 gramos de CO_2 por kilómetro.

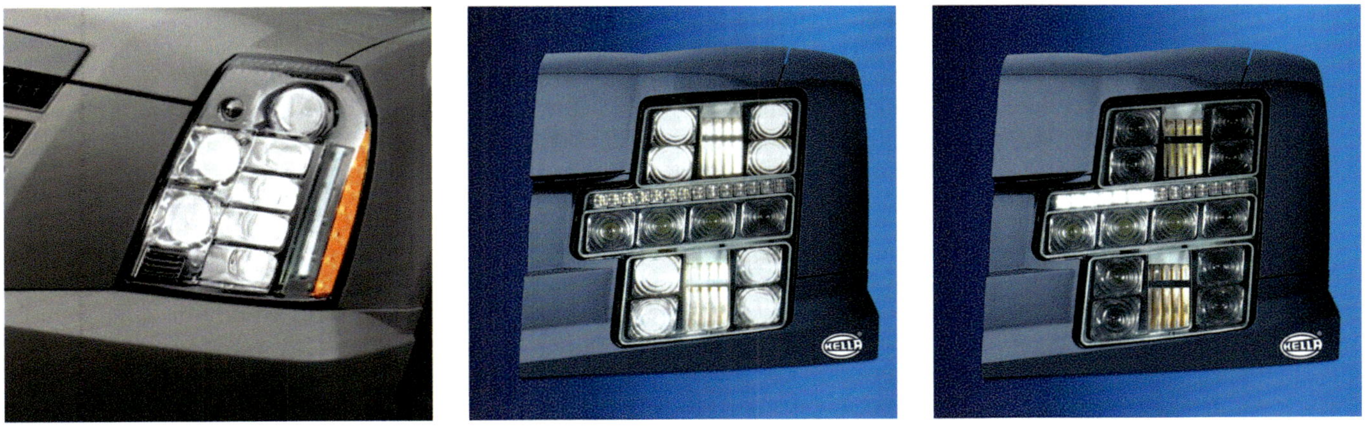

Figura 5.33. Faros de alumbrado led de Hella para el Cadillac Scalade.

- Menor número de cables, lo cual simplifica la instalación eléctrica.
- Son más ecológicos, ya que prácticamente la totalidad del led es reciclable. Además de disminuir el consumo, su diseño compacto reduce el volumen del residuo y, a diferencia de otros tipos de lámparas, no contiene mercurio ni otros elementos perjudiciales para el medio ambiente.
- Coste muy elevado.
- Alta sensibilidad a la temperatura y las vibraciones.

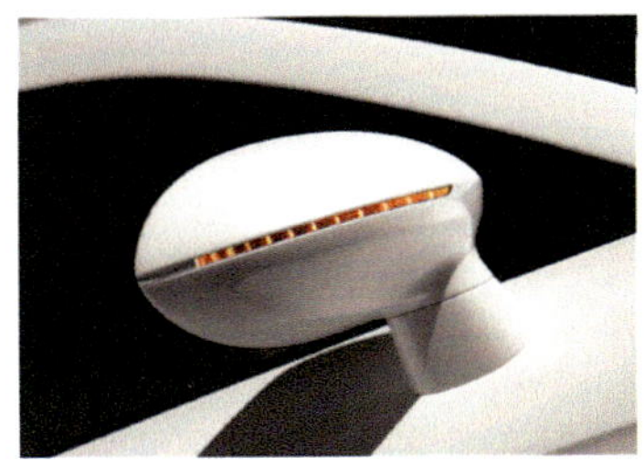

Figura 5.34. Señalización led en un espejo retrovisor.

ACTIVIDAD **Propuesta 5.10**

Enumera las ventajas de los diodos led frente a otros tipos de lámparas.

ACTIVIDAD **Propuesta 5.11**

¿A qué tipo de lámparas corresponden las siguientes figuras?

5.2.5. OLED

La tecnología OLED (*Organic Light Emitting Diode*), o de materiales orgánicos semiconductores, comenzó a investigarse en los años setenta, pero ha sido al final de la década de los noventa cuando más se ha avanzado en la investigación y posibles aplicaciones.

Consiste en el empleo de materiales orgánicos, normalmente polímeros, como semiconductores que, al recibir una estimulación eléctrica emiten luz. La gran ventaja que ofrecen es su tamaño, ya que son tiras ultradelgadas de solo 400 nanómetros (un nanómetro es la millonésima parte de un milímetro). Los polímeros van colocados entre placas de cristal muy delgadas o entre láminas de material sintético, lo cual ayuda a no incrementar en exceso su grosor.

Hay diferentes formas de aplicar la tecnología OLED al vehículo, aunque todas ellas son, de momento, para pilotos traseros. BMW ha preferido, hasta el momento, realizar con tecnología OLED unos faros similares a los convencionales, mientras que Audi ha creado Swarm, en el que la iluminación trasera es como una gran pantalla curva, con infinitas posibilidades (incluso la de mostrar mensajes de texto que serán vistos por otros conductores). El inconveniente de esta última aplicación es que puede resultar una distracción para otros conductores. En ambos casos se pueden utilizar patrones de luz que varían la dirección o la intensidad de la señalización, ya sea intermitente, freno, etcétera.

Funcionamiento

Entre el ánodo y el cátodo contamos con cinco capas. Los electrones son inyectados desde el cátodo, y desde el ánodo se generan los huecos. Estas cargas y huecos se mueven desde el cátodo y el ánodo a través de las capas de transporte, para encontrarse en la capa de emisión, donde se forman pares de electrones-huecos y se emite la luz. Para alcanzar una eficiencia elevada (fotones emitidos con respecto a electrones inyectados), las capas deben cumplir ciertos requisitos, relacionados con su conductividad. Uno de los electrodos es transparente para extraer la luz de forma más eficiente.

Sabías que...?

La tecnología OLED empezó a estudiarse en los años setenta con la crisis del petróleo, que empujó a buscar alternativas orgánicas y más baratas para la fabricación de los componentes de pantallas. Más tarde, en el año 2000 Heeger, MacDiarmid & Shirakawa recibieron el Premio Nobel de Química por el «descubrimiento y desarrollo de conductividad en polímeros orgánicos».

En los años sesenta se consiguió la electroluminiscencia a partir de un monocristal de antraceno, pero no era una opción de iluminación realista ya que necesitaba voltajes de funcionamiento superiores a 100 V. En 1987 se crearon dispositivos que generaban más de 1000 cd/m² con un voltaje menor a 10 V. Este diseño fue la base para la estructura prototipo de los OLED.

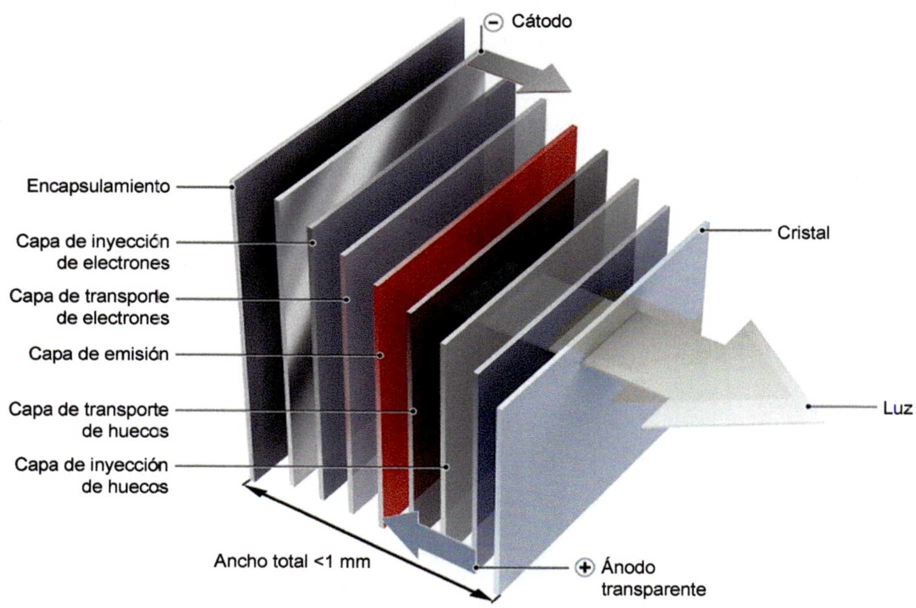

Figura 5.35. Capas de un elemento OLED.

Características

La elección de los materiales orgánicos y la estructura de las capas determinan las características de funcionamiento del dispositivo: color emitido, tiempo de vida y eficiencia energética.

Sus **ventajas** son:

- Menor consumo: con una fracción mínima de la potencia necesaria en los sistemas actuales.
- Sin reflejos y mejor contraste y brillo, lo que hace que no se canse la vista y permite mejor gama de colores.
- Tiras muy delgadas: ocupan mucho menos espacio y dan flexibilidad a la hora de diseñar.
- Más flexibles, ya que el sustrato de impresión puede ser el plástico, lo cual posibilita poder enrollar y doblar las pantallas.
- Crean una luz uniforme en toda su superficie, no tan puntual como la luz emitida por un led.
- Puede crear diferentes efectos de iluminación, ya que es como pegar al faro una pantalla.

Sabías que...

En marzo de 2013 presentaba Audi la tecnología OLED aplicada a los faros traseros con Swarm. Sin embargo, fue BMW el primero en comercializar un vehículo con pilotos traseros OLED, el M4 Iconic Lights Concept, presentado a comienzos de 2015. En abril de 2016 presentaba Audi el TT, con señalización trasera en OLED 3D. Esto son paneles que poseen volumen y curvatura, diseñados por Audi, Philips, Automotive Lighting y Merck con financiación del Gobierno alemán.

Figura 5.36. Faros traseros con tecnología OLED de Audi.

Sabías que...

Las tiras de OLED son 150 veces más delgadas que un cabello humano, que mide aproximadamente 0,06 milímetros. La altura total del componente completo, incluidas las láminas de cristal o material sintético que lo encapsula, puede variar entre 0,8 y 1,5 milímetros.

Sus **desventajas** son:

- Tiempos de vida cortos, aunque este aspecto se está mejorando.
- Tecnología cara.
- El contacto con el agua acelera el proceso de descomposición de los materiales orgánicos.
- Estos materiales son más difíciles de reciclar y las técnicas para este propósito tienen un elevado coste.

5.2.6. Inscripciones en las lámparas

Las lámparas deben estar homologadas según la directiva europea UE 461/2010. Se trata de la normativa efectiva para todos los estados miembros de la Unión Europea y cuya entidad homologadora será aquella autorizada por cada Estado.

Figura 5.37. Inscripción en una lámpara.

La inscripción en las lámparas consta de los siguientes datos:

- Nombre del fabricante.
- Tensión nominal conforme a la normativa europea ECE 37 (6 V, 12 V o 24 V).
- Denominación internacional de las lámparas normalizadas (por ejemplo, H1, H7, P21W, 55W).
- País en que se ha ensayado y homologado (E1, E2, E3).
- «DOT» significa que también está homologada para el mercado estadounidense.
- «U» indica lámparas de radiación UV reducida, para faros de plástico.
- Marca de autorización otorgada por el organismo de homologación.
- Marca de fabricante codificada (no siempre).

La legislación solo obliga a que una lámpara indique los datos de fabricante, potencia, marca de homologación y marca de autorización.

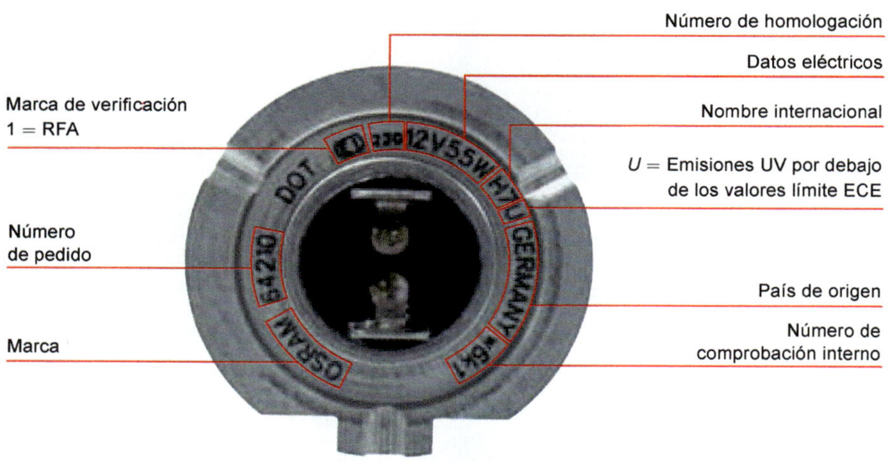

Figura 5.38. Ejemplo de inscripción en una lámpara H7 de Osram.

ACTIVIDAD Propuesta 5.12

¿Qué datos nos proporcionan las inscripciones en las lámparas?

5.3. Faros

La evolución de los faros está ligada al empleo de la electrónica en la iluminación del vehículo, así como a la utilización de nuevos materiales más resistentes y, a la vez, menos pesados. Dichos materiales son principalmente plásticos, que no solo ofrecen mejores características constructivas, sino que también han supuesto un gran avance en el diseño, gracias a nuevos sistemas de fabricación.

Los faros se han convertido en una señal de identidad de las marcas, dando al vehículo un aspecto más o menos agresivo, pero siempre identificando a la marca fabricante del vehículo.

5.3.1. Composición de un faro

Un faro está compuesto por una carcasa exterior, un reflector y un dispersor en todos los casos, y solo en algunos por un módulo de proyección.

Carcasa

La carcasa del faro va fijada a la carrocería y constituye el cuerpo del faro, el cual soporta todos los demás componentes. Para su fabricación se utilizan termoplásticos, los cuales, además de suponer una disminución de peso, también ofrecen mayor resistencia frente a los impactos a baja velocidad. Cada vez se utilizan más materiales reciclables para la fabricación de los faros.

La carcasa del faro debe garantizar resistencia y estanqueidad, para cumplir con su función de proteger a los componentes internos del faro.

Reflector

El reflector es la parte del faro que determina, según su diseño, la dirección de la luz procedente de la fuente luminosa. Los rayos luminosos de la lámpara inciden en el reflector con un ángulo determinado, y son reflejados en una dirección u otra según el diseño del mismo. El reflector, además, deberá reflejar la mayor cantidad posible del flujo luminoso emitido por la lámpara.

Los reflectores se fabricaban en chapa de acero estampada, pero los nuevos requisitos de diseño y fabricación de los faros han llevado a la utilización de plásticos. Los termoplásticos en concreto permiten obtener una mayor flexibilidad en cuanto a la forma, tolerancias y calidades superficiales, gracias a la utilización del proceso de moldeo. A estas ventajas hay que añadir la considerable disminución de peso con respecto a la utilización de otros materiales.

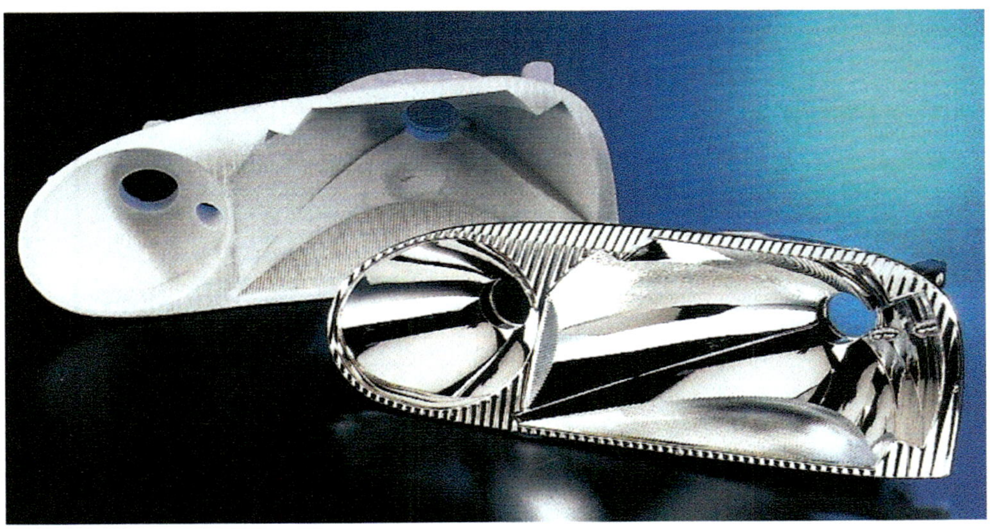

Figura 5.39. Reflector y carcasa de un faro.

Los reflectores metálicos, después de su fabricación, son sometidos a un tratamiento superficial anticorrosivo, pulidos y cubiertos por un material reflectante (básicamente aluminio o magnesio). Para finalizar se les aplica otra capa anticorrosiva.

Sabías que...

La luz, al incidir sobre una superficie lisa y brillante, se refleja totalmente en un ángulo igual al de incidencia. Si la superficie no es del todo lisa y brillante, refleja solo parte de la luz que le llega y además lo hace en todas las direcciones. A este fenómeno se le conoce con el nombre de reflexión difusa.

Sabías que...

El **policarbonato** es un material termoplástico fácil de trabajar, moldear y termoformar. Su nombre indica que se trata de polímeros que presentan una larga cadena molecular formada por grupos de carbonato. Sus principales cualidades son su gran resistencia a los impactos, a la temperatura y sus propiedades ópticas. Algunas de sus características son:

- Densidad de 1,20 g/cm^3.
- Rango de uso desde −100 °C a +135 °C.
- Punto de fusión cercano a 250 °C.
- Índice de refracción igual a 1,585 ± 0,001.
- Índice de transmisión lumínica del 90 % ± 1 %.
- Incombustibilidad.

El grado de reflexión del aluminio pulido es del 80 % frente al del óxido de magnesio que es del 95 %. El magnesio, además, presenta una buena conductividad térmica, que disipa mucho el calor; por eso es muy recomendable en faros sometidos a grandes cargas térmicas.

Los reflectores fabricados con materiales plásticos son pintados para aumentar la calidad superficial. Después se les aplica una capa de aluminio o magnesio y, por último, una capa de protección de silicio.

Dispersor

El dispersor es el elemento que cierra el conjunto del faro, fabricado antiguamente de cristal y actualmente de plástico. Cuando el filamento de la lámpara está a más de 2500 °C y el dispersor a 800 °C, el contacto de una simple gota de agua podría hacer explotar a la lámpara. Por eso es importante la estanqueidad entre la carcasa y el dispersor, así como la utilización de materiales que soporten estos fuertes choques térmicos.

Los dispersores pueden ser con o sin óptica de dispersión. La óptica de dispersión tiene la función de concentrar el flujo luminoso que viene del reflector y distribuir la luz sobre la calzada. La distribución de la luz se consigue con prismas tallados en el cristal por su cara interior (exteriormente son lisos).

Figura 5.40. Dispersor transparente.

Actualmente son los reflectores los que distribuyen la luz, por lo que la única función que cumple el dispersor es la de proteger al conjunto del faro, ya que no cuentan con óptica.

Los dispersores eran fabricados, convencionalmente, con vidrio prensado y siguiendo un estricto control de calidad para que no contuvieran impurezas. Actualmente se fabrican con **policarbonato** de alta calidad.

Las ventajas que presenta la utilización de materiales plásticos en la fabricación de dispersores, así como de otros componentes del vehículo, son las siguientes:

- Mayor resistencia a impactos.
- Menor peso.
- Más posibilidades en cuanto al diseño.
- Mayor resistencia al rayado.
- Menores tolerancias de fabricación.

Un inconveniente de los dispersores plásticos es la incidencia de los rayos ultravioletas que producen las lámparas. Para que soporten estos rayos y las altas temperaturas se deben utilizar exclusivamente lámparas con filtro UV y nunca lámparas de alto voltaje.

Para aumentar la resistencia al rayado de los dispersores plásticos se emplea un tratamiento llamado curado por radiación ultravioleta. Esta técnica permite el endurecimiento de materiales altamente sensibles a la temperatura, como los plásticos. Para aplicar este tratamiento a piezas tridimensionales como los dispersores de los faros se pueden emplear tres sistemas: unidades de radiadores UV modulares colocados con diferentes ángulos por las que pasan las piezas; movimiento por robot del radiador o de la pieza; ayudas adicionales para la manipulación tales como reflectores, rotación de las piezas o radiadores movidos por programa.

En cuanto al mantenimiento de estos dispersores plásticos, tendremos en cuenta que no se deben limpiar en seco ya que se pueden rayar, ni añadir aditivos al agua.

Recuerda que...

La tolerancia es un concepto propio de la metrología industrial, que se aplica a la fabricación de piezas en serie. Dada una magnitud significativa y cuantificable (dimensiones, resistencia, peso, etc.) el margen de tolerancia es el intervalo de valores en el que debe encontrarse dicha magnitud para que se acepte como válida, lo que determina la aceptación o el rechazo de los componentes fabricados, según sus valores queden dentro o fuera de ese intervalo.

Módulos de proyección

Un módulo de proyección es un conjunto formado por una fuente luminosa, un reflector y una lente. La fuente luminosa y el reflector no necesitan proyectar un gran haz de luz ya que la lente se encarga de amplificar dicho haz.

Se utilizan diversos diámetros de lente, y ofrecen la ventaja de ser más compactos, lo que permite distintas posibilidades de montaje.

Figura 5.41. Módulo de proyección, formado por reflector, lámpara, lente y dispersor.

ACTIVIDAD **Propuesta 5.13**

Nombra las ventajas e inconvenientes de los dispersores plásticos.

ACTIVIDAD **Propuesta 5.14**

¿Por qué se aplica una capa de aluminio o magnesio a los reflectores?

ACTIVIDAD **Propuesta 5.15**

En la siguiente figura identifica los componentes del faro.

5.3.2. Conceptos básicos de iluminación aplicados a los faros

La luz proyectada por un faro queda determinada, no solo por la fuente luminosa (la lámpara), sino también por el tipo de reflector y dispersor. El diseño del reflector lo define su foco geométrico, que es el punto en el que convergen los rayos emitidos por la fuente luminosa.

Los rayos de la fuente inciden sobre el reflector, el cual produce una reflexión de la luz con una dirección determinada. Esta dirección la define la posición de la fuente respecto al foco geométrico de dicho reflector. Tal y como podemos ver en las Figuras 5.42, 5.43 y 5.44, existen tres posibles casos:

- El foco coincide con la fuente: los rayos reflejados son paralelos.
- El foco está antes de la fuente: los rayos reflejados son convergentes.
- El foco está después de la fuente: los rayos reflejados son divergentes.

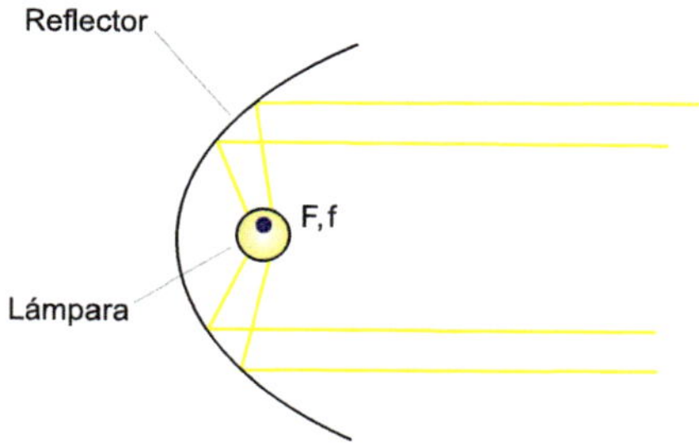

Figura 5.42. Rayos paralelos por coincidir el foco geométrico (F) con la fuente luminosa (f).

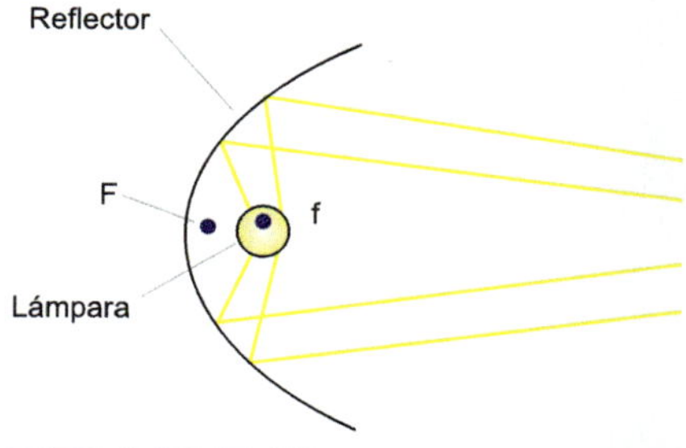

Figura 5.43. Rayos convergentes.

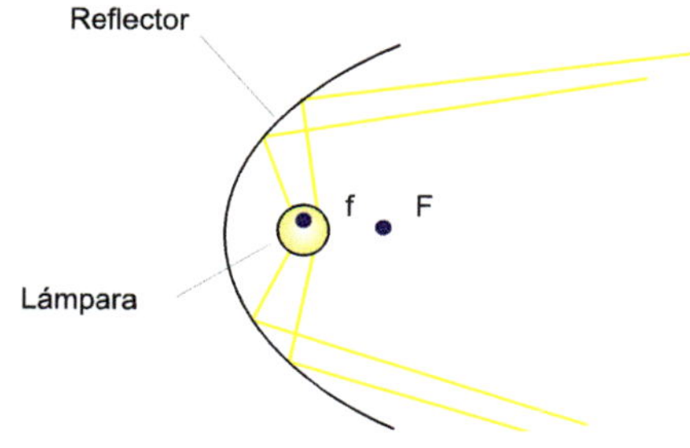

Figura 5.44. Rayos divergentes.

En los faros actuales la distribución de la luz no depende solo de la reflexión de la misma sobre el reflector, sino que también existen faros con lentes que proyectan y amplifican la luz. Esto último es realizado por los módulos de proyección.

5.3.3. Tipos de faros según su reflector

El diseño y la ubicación de la lámpara frente al reflector, así como la utilización o no de un módulo de proyección, definen el haz de luz proyectado. Los faros, según su reflector, se clasifican en:

Paraboloide homofocal

El paraboloide homofocal se utiliza, principalmente, en faros de carretera. Todo el reflector tiene un único foco así que, según la posición de la lámpara, la luz se reflejará de forma convergente, divergente o paralela.

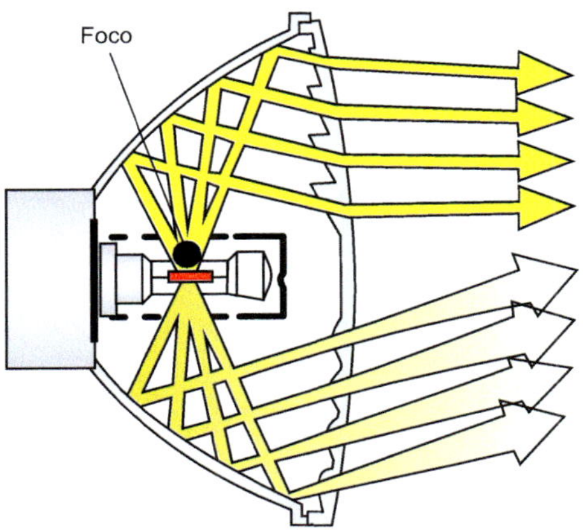

Figura 5.45. Rayos convergentes al situarse el foco geométrico antes de la lámpara.

En el caso de utilizar un único reflector para cruce y carretera será necesario contar con una lámpara de dos filamentos (de incandescencia o halógena) y con una pantalla que anule el haz de luz proyectado hacia arriba en el caso de la luz de cruce, ya que puede deslumbrar.

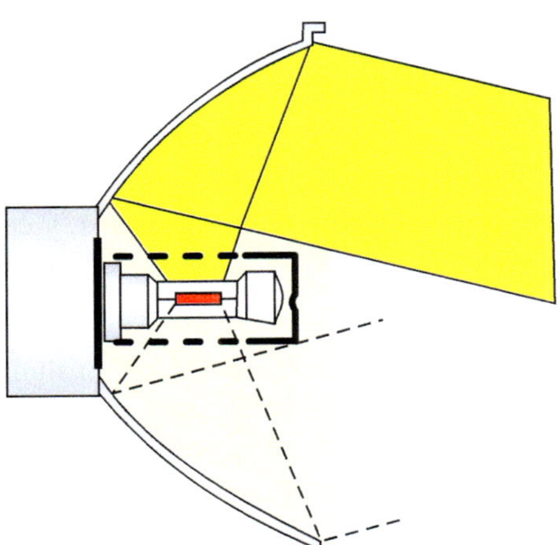

Figura 5.46. Faro con lámpara de doble filamento para cruce y carretera.

Recuerda que...

La **refracción** tiene lugar cuando los rayos luminosos inciden oblicuamente sobre un medio transparente, o pasan de un medio a otro de distinta densidad. Experimentan entonces un cambio de dirección que está en función del ángulo de incidencia (a mayor ángulo mayor refracción), de la longitud de onda incidente (a menor longitud de onda mayor refracción), y del índice de refracción de un medio respecto al otro.

Recuerda que...

La luz disminuye su velocidad en función de la densidad del medio que atraviesa. En el caso de los vidrios ópticos, esta velocidad es de, aproximadamente, unos 195 000 km/s. Si un rayo de luz incide perpendicularmente sobre la superficie del vidrio sufre una disminución de su velocidad pero no se desvía. Si, por el contrario, lo hace oblicuamente, la parte del rayo que llegue primero sufrirá un frenazo y continuará avanzando a inferior velocidad, mientras que el resto del rayo continúa todavía unos instantes a mayor velocidad. Esta diferencia de velocidades en la parte frontal del rayo luminoso es la que produce la desviación de su trayectoria.

Paraboloide bifocal

El reflector está diseñado de manera que cuenta con dos focos geométricos (dos sectores parabólicos). De esta forma, tanto la luz reflejada en el sector parabólico superior como en el inferior se dirigen hacia la calzada (hacia abajo), evitando deslumbramientos. No será necesario, por tanto, la utilización de pantallas como ocurre en los homofocales con las lámparas de dos filamentos.

Elipsoidal

Este sistema hace posible fabricar unos faros muy compactos y con gran potencia luminosa. Estos faros contienen una lente, pero además cuentan con un panel que actúa como una diapositiva, limitando la distribución de la luz.

La luz reflejada en el reflector se concentra en un foco situado entre el panel y la lente. A continuación la lente proyecta la distribución de la luz sobre la calzada a la vez que la amplifica. Un inconveniente de estos faros es que la lente también amplifica la suciedad, creando sombras; por eso la estanqueidad y limpieza de la misma son muy importantes.

Sabías que...?

Según la normativa, la marca de referencia de máxima intensidad luminosa de un vehículo es de 100. Este debe ser la suma de los índices lumínicos de todos sus faros, excepto el de los faros antiniebla. El índice más común es de 17,5: esto significa que, si tengo dos faros tendré un índice 35. Quedan 65, que es el máximo permitido en faros añadidos o de largo alcance. Existen faros de hasta 50.

¿Puedo cambiar un elipsoidal por un elipsoidal FF? Dependerá de la marca de referencia luminosa de ambos.

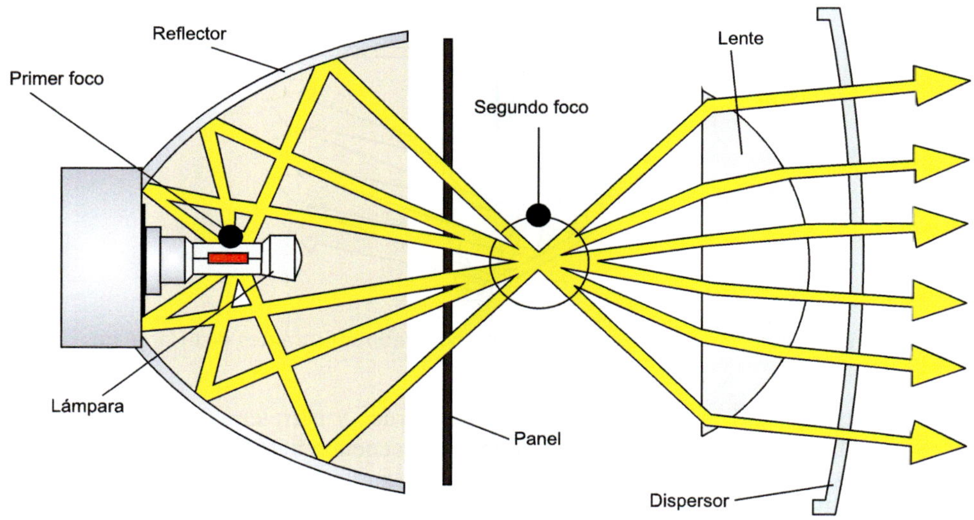

Figura 5.47. Faro elipsoidal.

Sistema de geometría libre o *Free Form* (FF)

En los faros FF el reflector está dividido en segmentos, y cada uno de ellos tiene su correspondiente foco geométrico. Su diseño solo es posible mediante un *software*, debido a su complejidad.

Al contar con varios focos, cada segmento del reflector ilumina una zona distinta de la calzada, orientando además la luz de todos los segmentos hacia abajo para que no deslumbre. De esta forma se aprovecha prácticamente toda la superficie del reflector y toda la luz proyectada por la lámpara, además de poder obtener diversas y variadas distribuciones de luz sobre la calzada (según necesidades).

Los faros con tecnología FF ofrecen una mayor amplitud de dispersión, lo que supone mejor iluminación de las cunetas. También logran un mayor alcance luminoso.

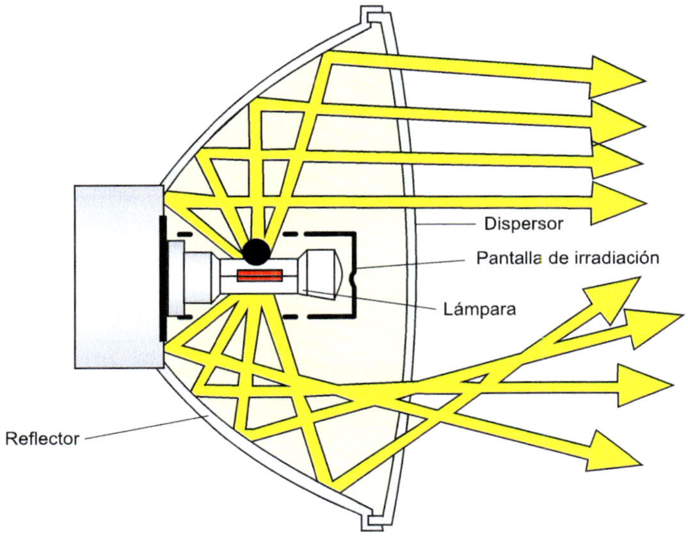

Figura 5.48. Faro de geometría libre. La parte superior del reflector tiene un único foco geométrico, pero la parte inferior tiene diversos focos.

La luz que se obtiene puede ser más brillante al permitir la utilización de dispersores transparentes sin óptica, ya que la superficie del reflector se ocupa de la distribución del haz luminoso.

Elipsoidal combinado con FF

Este reflector combina la tecnología del faro elipsoidal con un reflector de geometría libre. El reflector cuenta, por tanto, con varios focos geométricos que reflejan la luz hacia un foco ubicado entre el panel (diapositiva) y la lente de proyección, y posteriormente envía y distribuye la luz amplificada sobre la calzada.

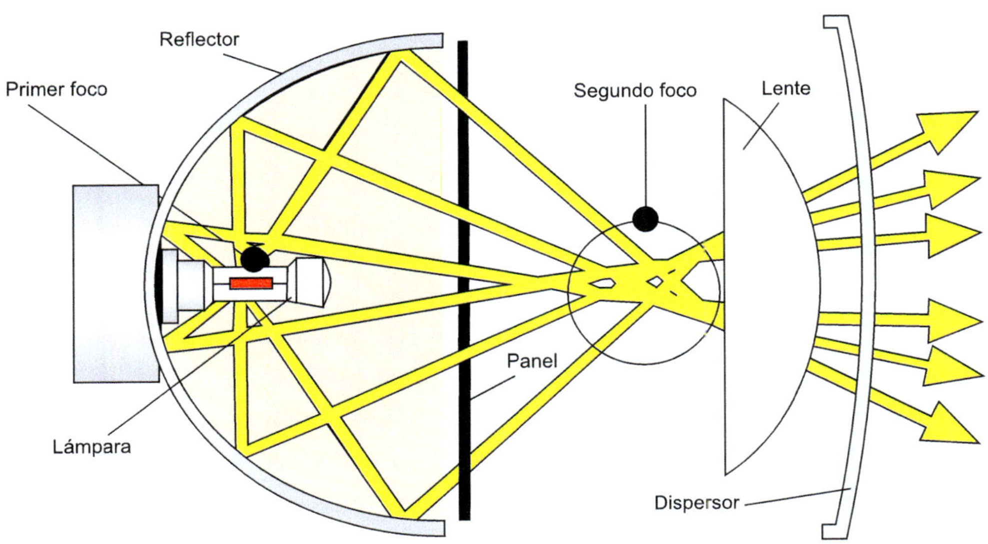

Luz útil	
FF	45 %
Elipsoidal	36 %
Elipsoidal + FF	50 %

Figura 5.49. Faro elipsoidal combinado con FF.

Los faros de superficie FF han resultado ser más eficientes que los demás, pero su alto coste de fabricación no compensa esa eficiencia.

ACTIVIDAD **Propuesta 5.16**

¿Qué es el foco geométrico de un faro? ¿En qué afecta al haz de luz?

ACTIVIDAD **Propuesta 5.17**

¿Cuáles son las ventajas del reflector paraboloide bifocal frente al homofocal?

ACTIVIDAD **Propuesta 5.18**

¿En qué afecta el foco geométrico al diseño de los reflectores de los faros?

ACTIVIDAD **Propuesta 5.19**

¿En qué afecta el foco geométrico al diseño de los reflectores de los faros?

Figura 5.50. Vehículo con faros de xenón.

5.4. Faros de xenón

Hasta la aparición de los faros led la tecnología xenón ha sido la más deseada y avanzada. Sin embargo, su elevado precio ha provocado que su utilización se limitase a vehículos de gama media-alta, dejando de momento a los faros halógenos la mayor parte del sector automovilístico.

Las ventajas de los faros de xenón han quedado definidas en el apartado dedicado a las lámparas de xenón, pero las podemos resumir en que producen una luz más azulada (mayor temperatura de color) con un consumo similar, que tienen una mayor duración y que ofrecen un mayor alcance luminoso.

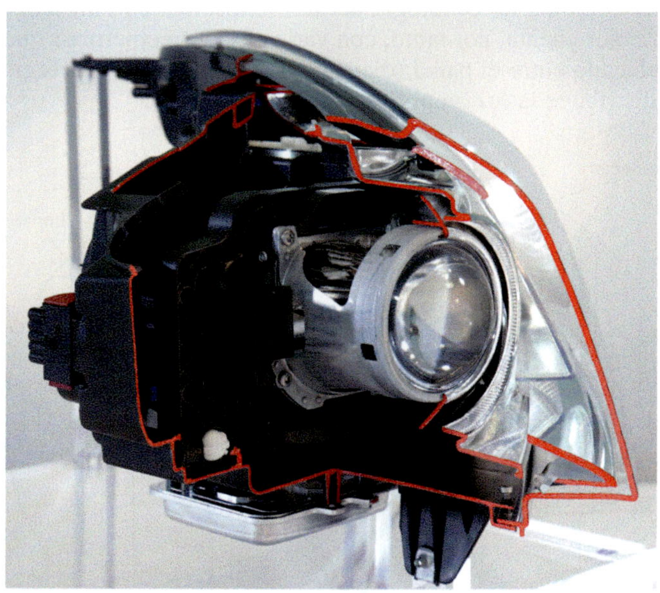

Figura 5.51. Módulo de proyección.

Debemos tener en cuenta que, según la normativa europea ECE R48, los faros de xenón deberán ir acompañados de una regulación automática del alcance luminoso y de un sistema de limpieza de faros. Esto es porque se ha demostrado que los valores de deslumbramiento de estos faros frente a los que utilizan lámparas halógenas son muy elevados, pudiendo suponer un peligro para otros conductores.

5.4.1. Componentes de un faro xenón

Al enumerar los componentes de un faro de xenón tendremos en cuenta los sistemas de regulación de alcance luminoso y de lavafaros, obligatorios según la legislación actual.

Dichos componentes son los siguientes:

- Proyector con reflectores de superficie compleja o elíptica como los estudiados anteriormente.
- Fuente luminosa de descarga de gas (lámpara de xenón).
- Transformador de tensión.
- Unidad de control para la regulación del alcance luminoso y el control de la tensión del transformador. También limita la intensidad de alimentación de la lámpara.
- Sistema de regulación de alcance luminoso, formado por dos sensores situados en los ejes trasero y delantero, y dos actuadores o motores (uno por faro).
- Sistema lavafaros.
- Testigo luminoso en el cuadro de instrumentos.

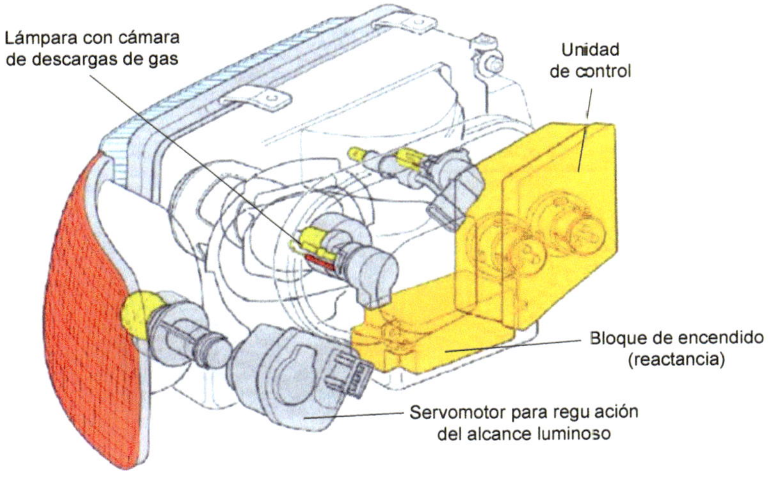

Figura 5.52. Componentes de un faro xenón.

Figura 5.53. Faro con tecnología xenón.

Recuerda que...

Un transformador está formado por dos bobinas con diferente grosor y número de espiras arrolladas a un núcleo magnético. La primera bobina recibe un valor de tensión y es atravesada por una intensidad que genera un campo magnético, el cual afecta a la segunda bobina. Las variaciones de campo magnético inducen en la segunda bobina una fuerza electromotriz, cuyo valor dependerá de su grosor y número de espiras. Un ejemplo de aplicación es el transformador de un faro de xenón, en el que la primera bobina recibe 12 V de batería y la segunda bobina puede inducir hasta 30 000 V. Ocurre lo mismo en la bobina de encendido del motor.

Recuerda que...

Un cable apantallado es un tipo de cable recubierto de una malla o tubo metálico que evita interferencias, tanto del entorno hacia el cable, como del cable al entorno. Para que la pantalla sea efectiva debe conectarse a masa solo en un extremo del cable.

En el esquema de la Figura 5.54 se muestran los distintos componentes que intervienen en el encendido de la lámpara de un faro de xenón. Observamos cómo la bobina es alimentada por la centralita y ella, a su vez, alimenta a la lámpara a través del cable de alta tensión apantallado con una tensión de entre 20 y 30 kV. La unidad de control limita la tensión de alimentación y la corriente para que la lámpara no resulte dañada.

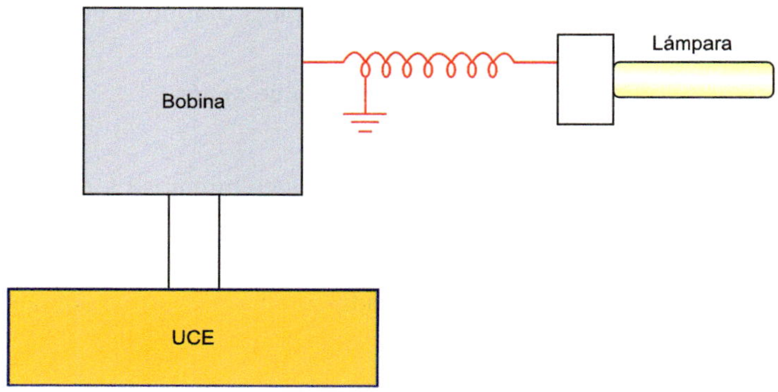

Figura 5.54. Esquema eléctrico simplificado de funcionamiento de una lámpara de xenón.

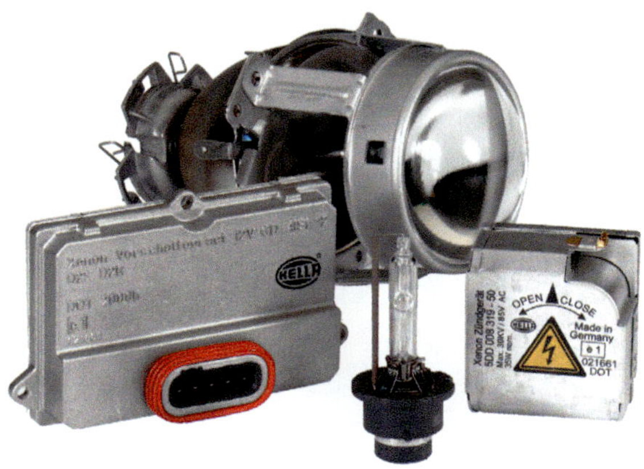

Figura 5.55. Bobina o transformador de un faro de xenón, unidad de control, lámpara de xenón y módulo de proyección.

Figura 5.56. Transformador de un módulo de proyección xenón.

Los faros de última generación no cuentan con cable de alta tensión, sino que la lámpara y el transformador forman un único conjunto. Esto supone grandes ventajas, ya que disminuye el riesgo de cortocircuitos con el chasis y de daños causados por los campos magnéticos generados en el transporte de tensiones tan altas. La centralita y la bobina están ubicadas, normalmente, en el faro.

ACTIVIDAD **Propuesta 5.20**

¿Qué función cumple el transformador en un faro de xenón?

ACTIVIDAD **Propuesta 5.21**

Nombra las generaciones de faros de xenón que conozcas y enumera sus características.

ACTIVIDAD **Propuesta 5.22**

Explica la importancia del apantallamiento en un cable de bobina de un faro de xenón.

5.4.2. Sistemas de seguridad y diagnosis de averías

Debido a los riesgos eléctricos para la persona que manipula un faro de xenón y los riesgos de avería de otros componentes cercanos al circuito del faro, existen diversos sistemas de seguridad gestionados por la centralita del faro. Además, los faros de última generación cuentan con un sistema de autodiagnosis que protege al propio faro de averías más graves.

Algunos ejemplos de dichos sistemas de autodiagnosis y seguridad son los mostrados en la Tabla 5.2.

Tabla 5.2 Autodiagnosis en un circuito de alumbrado xenón

Si ocurre que...	El sistema...	Con el objetivo de...
Los conectores dejan de hacer contacto durante el funcionamiento de la lámpara.	Reduce a menos de 35 V en medio segundo como máximo la tensión en dichos conectores.	Proteger al operario.
El sistema detecta una lámpara defectuosa o averiada, cables dañados o una corriente de fuga superior a 30 mA.	Se desconecta en 0,2 segundos.	Proteger al resto de los elementos que no están dañados.
Una lámpara está defectuosa.	Contiene un circuito contador que hace que la lámpara se encienda un máximo de siete veces.	Proteger al transformador.

Figura 5.57. Faro delantero.

Si un faro de xenón no funciona correctamente y debe ser comprobado se seguirán los siguientes pasos:

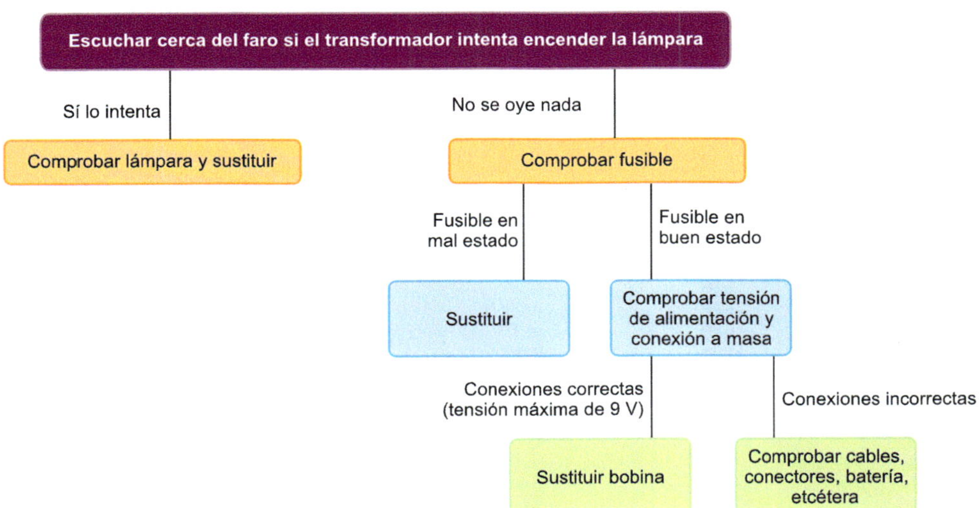

ACTIVIDAD Propuesta 5.23

¿En qué casos se sustituye una bobina de un faro de xenón?

ACTIVIDAD Propuesta 5.24

Explica por qué es necesario proteger al resto de los elementos del circuito cuando una lámpara está averiada o un cable está defectuoso en un faro de xenón.

PRÁCTICA DE TALLER

IDENTIFICACIÓN DE COMPONENTES EN UN FARO DE XENÓN

En el faro de xenón mostrado en la Figura 5.58 podemos identificar los siguientes componentes: centralita electrónica, bobina, lámpara de xenón, cable de alimentación de la bobina y piloto de intermitencia del faro.

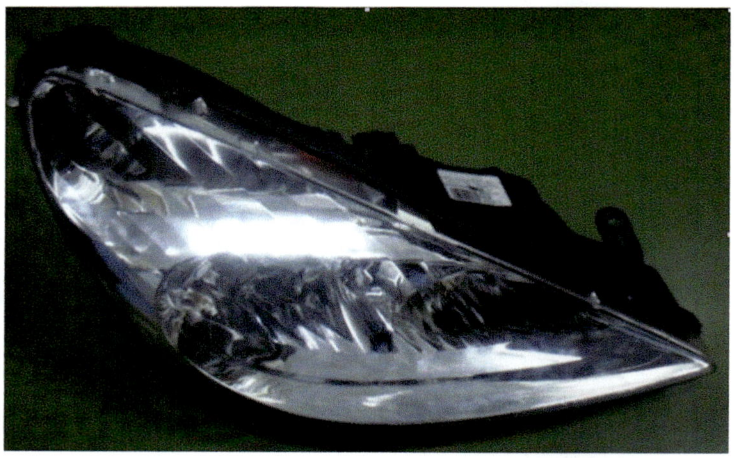

Figura 5.58. Faro de xenón marca Valeo.

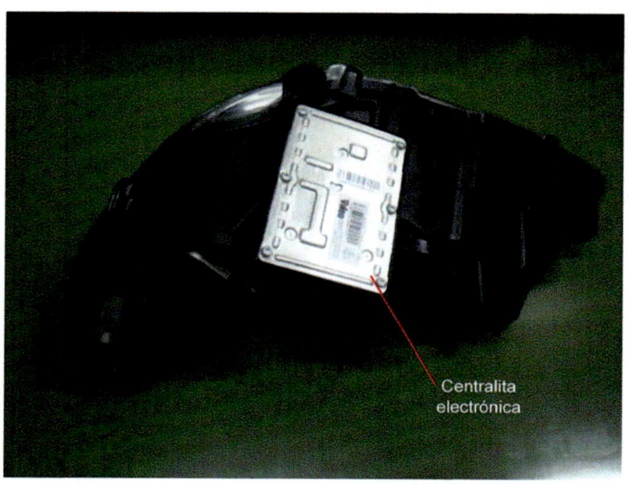

Figura 5.59. Centralita electrónica que controla la alimentación de la bobina.

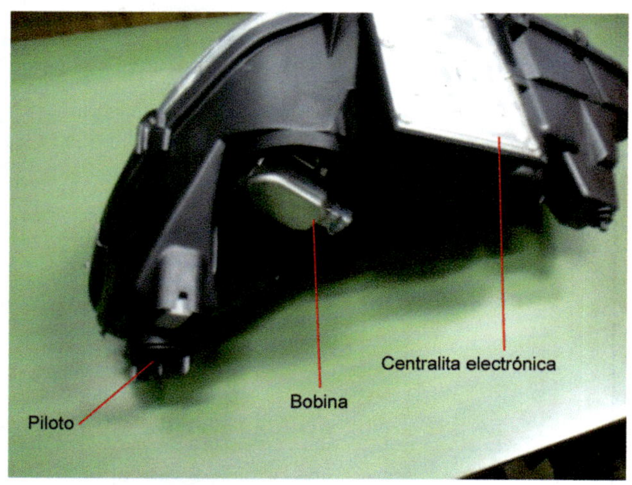

Figura 5.60. Bobina del faro empleada para obtener la tensión necesaria para crear el arco eléctrico inicial en la lámpara de xenón.

Observamos en la siguiente figura que se trata de un faro de última generación, puesto que la bobina forma un conjunto con la lámpara, no siendo necesarios cables de alta tensión.

Figura 5.61. La bobina está unida a la lámpara sin cables de alta tensión.

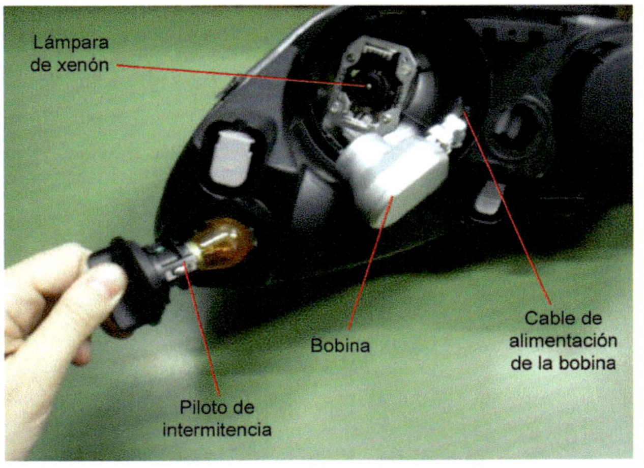

Figura 5.62. Componentes del faro de xenón.

Este faro no es bixenón, por lo que encontramos, además, una lámpara halógena para la luz de carretera, tal y como se muestra en la Figura 5.63.

Figura 5.63. Carcasa que contiene la lámpara halógena de la luz de carretera y sus conexiones.

5.4.3. Sistemas de regulación de alcance luminoso

Según la directiva 76/756/CEE, modificada por la 97/28/CE, y la normativa ECE R48 todos los faros de xenón deben contar con un sistema de regulación automática del alcance luminoso. El objetivo de este sistema es la adaptación automática, sin intervención del conductor, de la altura de los faros en cada momento, para así no deslumbrar a los conductores que vienen de frente. La adaptación es siempre necesaria cuando varía la carga del vehículo pero también por la dinámica de marcha, es decir, por las aceleraciones y frenadas.

La regulación de altura es realizada por un motor eléctrico cuya alimentación está controlada por una centralita. Los parámetros seguidos por el calculador de la centralita para determinar la posición de los faros son dos:

- La inclinación de la carrocería del vehículo medida a través de unos sensores dispuestos en ambos ejes (delantero y trasero).
- La velocidad del vehículo.

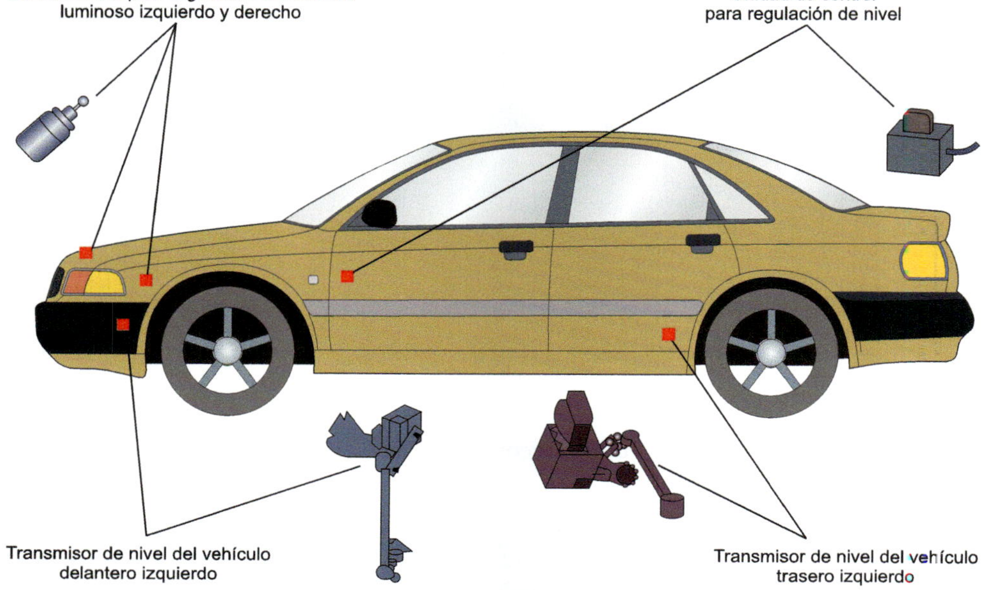

Figura 5.64. Ubicación en el vehículo de los componentes del sistema de regulación de alcance luminoso.

Figura 5.65. Sensor de inclinación de la carrocería o de posición del eje.

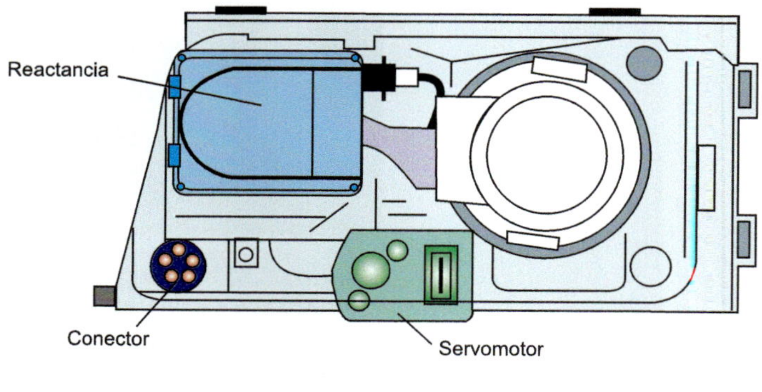

Figura 5.66. Conexión del motor de regulación de alcance luminoso.

La centralita puede emplear dos procedimientos diferentes para el control de la inclinación de la carrocería:

- El primero consiste en comparar los datos recibidos de los sensores con datos almacenados en la memoria de su microprocesador. Este sistema solo regula inclinaciones de la carrocería que duran un largo tiempo. También permite la utilización únicamente del sensor del eje trasero por ser el que más inclinaciones sufre debido a la variación de peso en el vehículo.

- El segundo procedimiento, más avanzado, calcula la inclinación de la carrocería comparando los datos de cada sensor. Además tendrá en cuenta la velocidad del vehículo, detectando así fuertes frenadas y aceleraciones. La centralita calcula el valor teórico de la posición de los motores, los cuales se adaptan a la inclinación de carrocería lentamente para así no realizar correcciones constantes debido a, por ejemplo, pequeños baches en la calzada. Esto es posible gracias a la utilización de motores paso a paso. Este sistema es mucho más rápido y es el que poseen casi todos los faros de xenón.

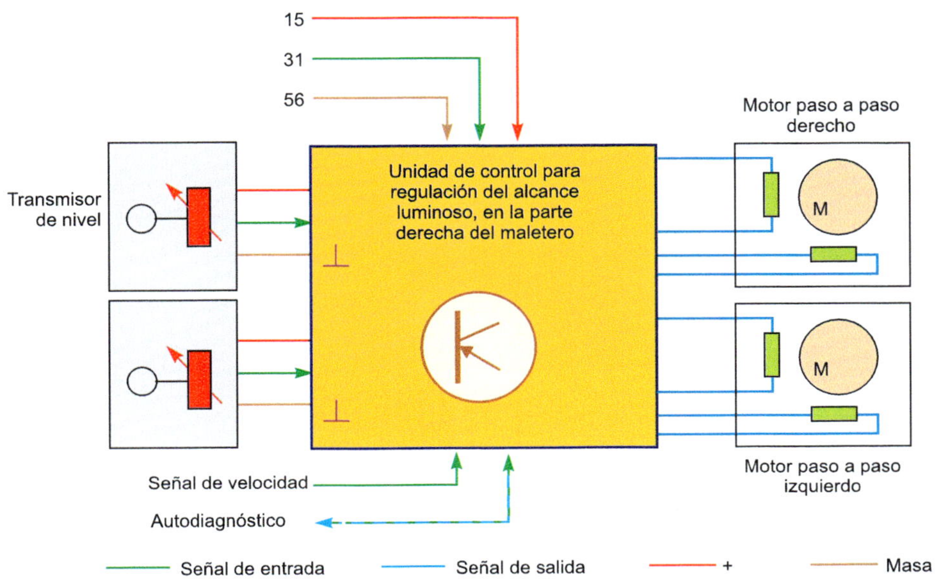

Figura 5.67. Esquema de funcionamiento de un sistema de regulación de alcance luminoso.

Figura 5.68. Faro con iluminación xenón.

Los sensores de posición del eje detectan con mucha precisión el ángulo de inclinación de la carrocería. Estos pueden ser de diferentes tipos: mecánico de altura, de ultrasonidos y de radar. Los sensores de ultrasonidos y de radar los estudiamos en la Unidad 9, en el apartado Sensores.

Los **sensores mecánicos de altura** miden la compresión de los elementos de suspensión. El sensor mecánico de altura está formado por una palanca giratoria unida al eje de rueda mediante una biela. La compresión de los elementos de suspensión debida a la carga del vehículo o a la aceleración es transmitida por la biela al estátor, que cuenta con un circuito integrado Hall. Alrededor del estátor un conjunto de imanes crean un campo magnético homogéneo. De esta forma el conjunto Hall convierte el valor de giro transmitido por la biela en un valor eléctrico que interpreta la centralita, y compara el valor con el enviado por el sensor del otro eje o con un valor teórico establecido previamente.

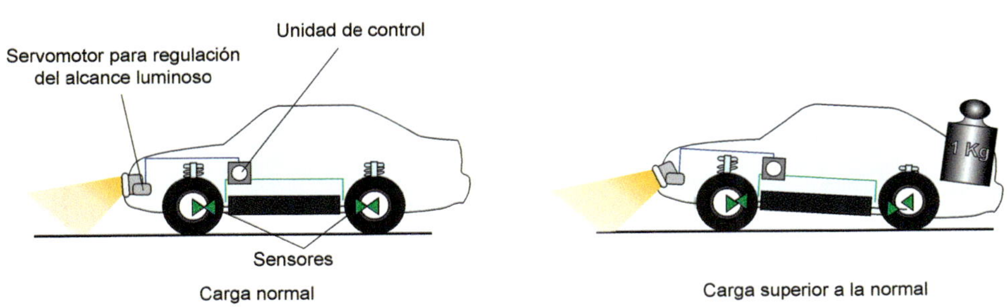

Figura 5.69. Componentes y funcionamiento de la regulación de alcance luminoso de un faro de xenón.

ACTIVIDAD
Propuesta 5.25

¿Por qué es importante y obligatoria la regulación automática de alcance luminoso en un faro de xenón?

ACTIVIDAD
Propuesta 5.26

¿Consideras que la regulación automática de alcance luminoso es un campo de aplicación de las redes multiplexadas? Justifica tu respuesta.

PRÁCTICA DE TALLER

DESMONTAJE DE UN FARO DE XENÓN CON VARIAS DISTRIBUCIONES DE LUZ

La siguiente figura muestra un faro de xenón con varias distribuciones de luz sin dispersor.

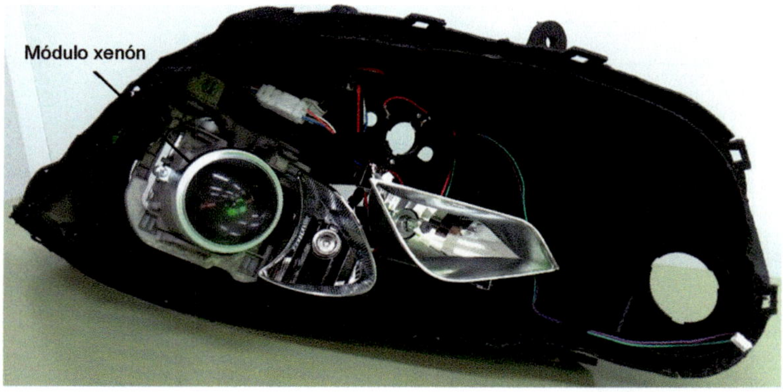

Figura 5.70. Faro de xenón.

Figura 5.71. Módulo de proyección xenón.

El módulo de proyección xenón de la figura cuenta con un rodillo de geometría variable para conseguir las diferentes distribuciones de luz.

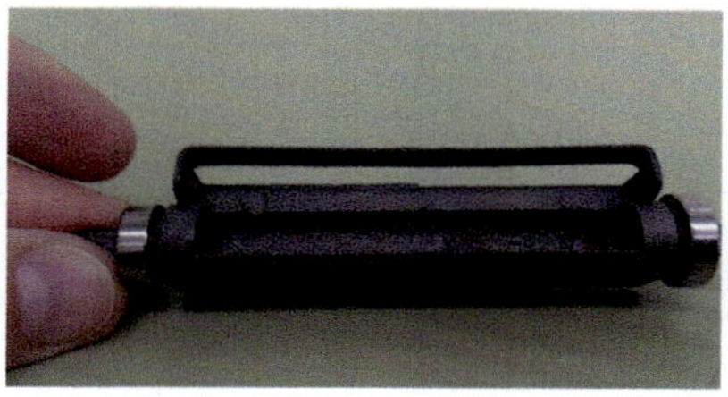

Figura 5.72. Cilindro de geometría variable para obtener diferentes distribuciones de luz.

Figura 5.73. Cilindro de geometría variable (vista girada 90°).

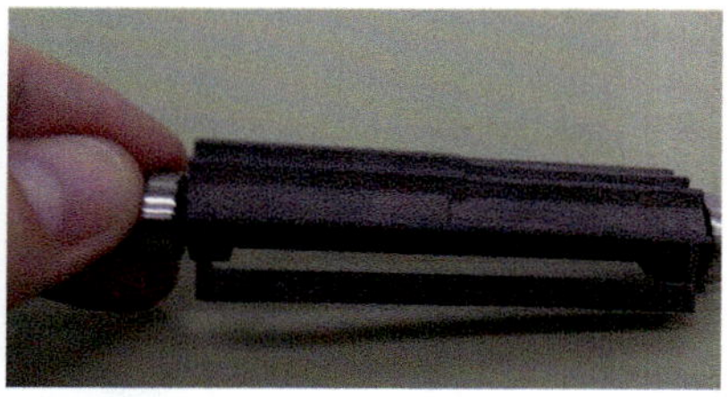

Figura 5.74. Cilindro de geometría variable (vista girada 180°).

Este cilindro es movido por un motor, como se observa en las Figuras 5.75, 5.76 y 5.77.

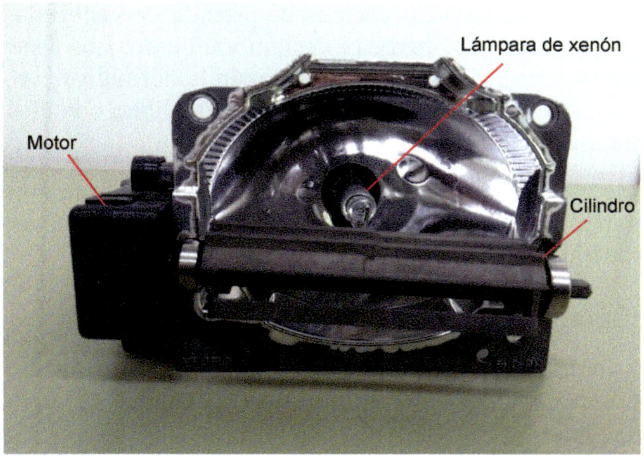

Figura 5.75. Cilindro de geometría variable movido por el motor.

Figura 5.76. Cilindro de geometría variable separado del eje del motor.

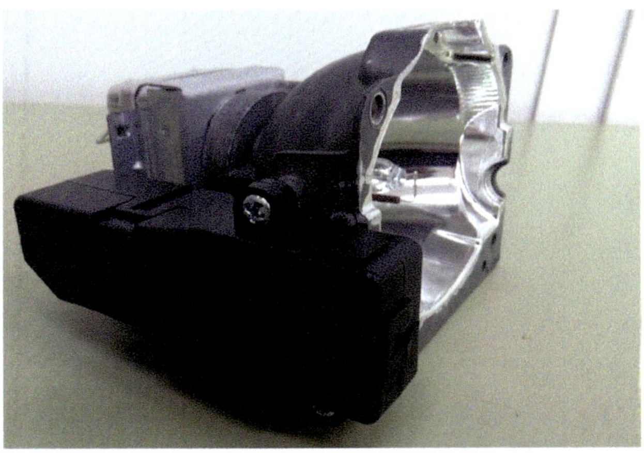

Figura 5.77. Motor que mueve al cilindro de geometría variable.

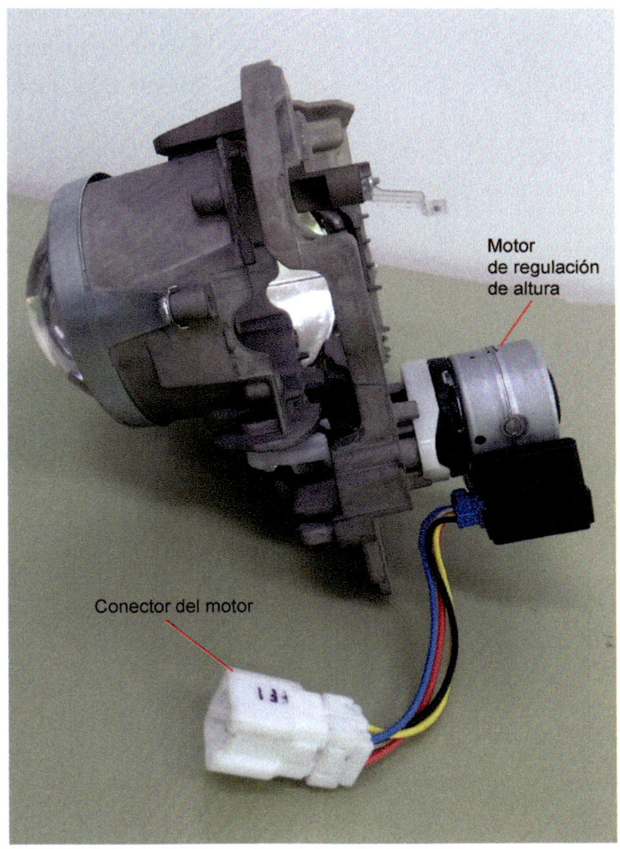

Figura 5.78. Motor de regulación automática de altura del faro de xenón.

Otro motor que debemos encontrar siempre en un faro xenón es el de regulación automática de altura del faro, como el que se muestra en la Figura 5.78.

5.4.4. Sistemas de limpieza de faros

La suciedad en los faros supone una pérdida de luminosidad, más acentuada en los faros de gran intensidad luminosa. Ello provoca, además de pérdida de visibilidad, la desviación de los haces de luz, que a su vez provocan deslumbramiento. Los sistemas de limpieza de faros son obligatorios en los faros de xenón según la normativa europea ECE R48, y deben estar homologados según la ECE R45. Se activan junto con el sistema de limpiaparabrisas siempre que las luces estén activadas.

Estos sistemas pueden ser de barrido por escobilla o de proyección de agua presurizada, siendo estos últimos los más empleados desde hace unos años. Los sistemas por proyección de agua pueden emplear toberas fijas o toberas extensibles.

Componentes y funcionamiento

Un sistema de limpieza de faros está formado por dos circuitos independientes: el eléctrico y el hidráulico. Sus componentes son los siguientes:

- Depósito de agua.
- Bomba centrífuga.
- Centralita o relé para la activación temporizada.
- Conjunto de tuberías flexibles.
- Válvula de distribución del líquido.
- Toberas fijas o extensibles telescópicamente.

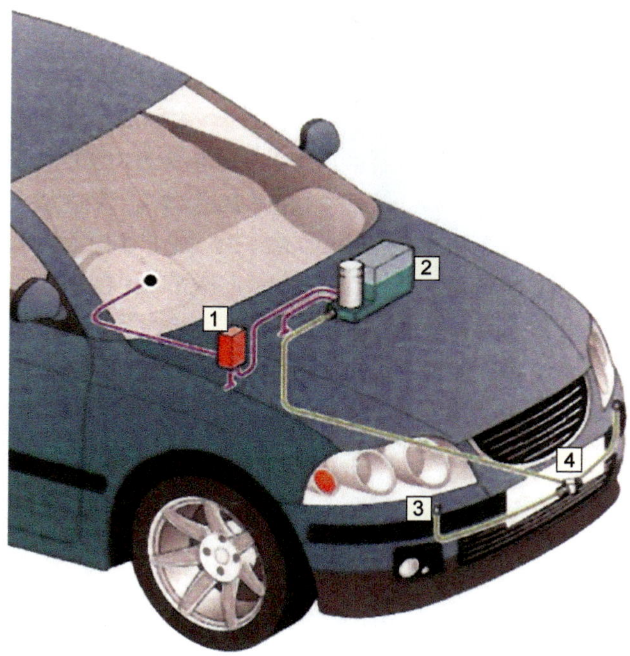

Figura 5.79. Circuito de limpieza de faros. 1: Temporizador. 2: Depósito y electrobomba. 3: Toberas. 4: Válvula T.

Figura 5.80. Tobera telescópica para limpieza de faros.

Cuando se acciona el circuito, el líquido es impulsado por la bomba desde el depósito hasta la válvula de distribución de líquido.

La bomba es activada por el relé temporizador o directamente desde el circuito de limpiaparabrisas.

Las toberas disponen de una cámara de turbulencia especial para que, al llegar el líquido a presión a ellas, este sea impulsado en forma de cono sobre el dispersor del faro para arrastrar la suciedad.

El funcionamiento de las toberas extensibles telescópicamente es el siguiente: en la cabeza de la tobera hay un cilindro con un émbolo en su interior que es desplazado por la presión del líquido que viene de la bomba. Al desplazarse comprime un resorte hasta que las toberas están en posición de abrir una válvula que deja salir al chorro de líquido. Esta válvula se encarga de que no salga líquido hasta que el muelle no está totalmente comprimido. Terminada la operación de lavado el muelle vuelve a su posición de reposo, arrastrando a la tobera a su posición inicial.

El sistema se puede activar manual o automáticamente. Normalmente se activa junto con el sistema de limpiaparabrisas si el alumbrado está activado.

Precauciones

Para el correcto mantenimiento de un sistema de lavafaros tendremos en cuenta las siguientes advertencias:

- Utilizar líquido adecuado para evitar su congelación.
- No utilizar líquidos que formen demasiada espuma, ya que puede variar la distribución de la luz. Tendremos en cuenta que la cámara de turbulencia de las toberas ya potencia la formación de espuma.
- Verificar que el sistema está purgado y no contiene aire.
- Comprobar que no hay fugas en el circuito hidráulico y que las toberas no están dobladas ni obturadas.
- Comprobar la correcta conexión del relé o centralita y de la bomba, derivaciones a positivo o negativo, etcétera.
- Observar el correcto estado de los componentes de las toberas.

Figura 5.81. Sistema de limpieza de faros con tobera telescópica.

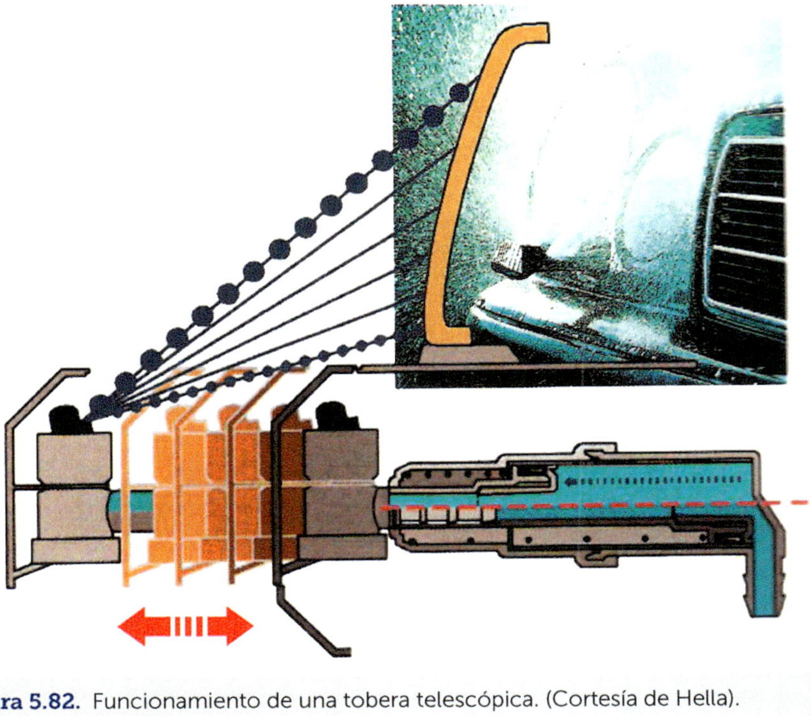

Figura 5.82. Funcionamiento de una tobera telescópica. (Cortesía de Hella).

ACTIVIDAD **Resuelta 5.3**

Indica los pasos a seguir para realizar la comprobación de un sistema lavafaros.

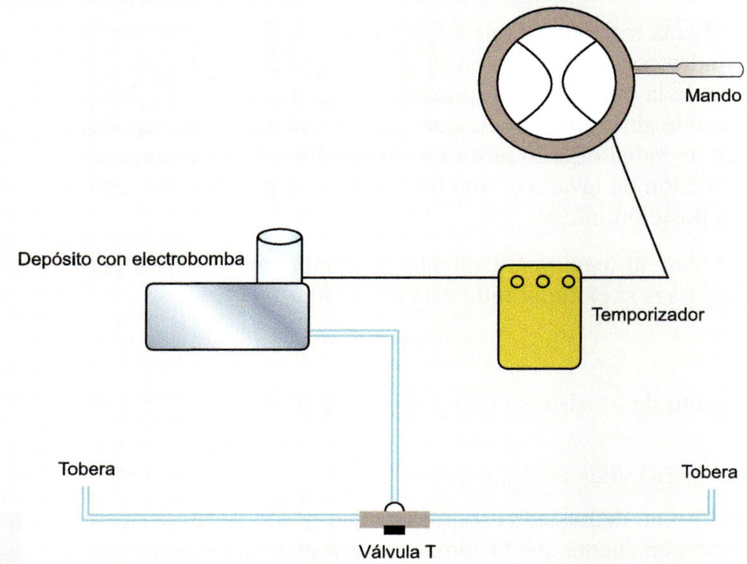

Solución

En primer lugar debemos conocer el funcionamiento del sistema, ya que varía según el vehículo. En la mayoría de los casos el sistema de lavafaros se activa cuando se conecta el alumbrado y se activa el limpiaparabrisas. Sin embargo, la frecuencia de barrido en los faros es muy inferior a la del parabrisas.

En el siguiente esquema se observan las dos causas de avería más frecuentes: la tobera funciona pero no le llega líquido, o la tobera no funciona y no sale.

En el primer caso, es recomendable comprobar los orificios de los difusores y comprobar que no haya ninguna obstrucción en los conductos.

En el segundo caso el problema reside normalmente en un mal funcionamiento de la bomba. Si esta no aporta al líquido la presión suficiente, la tobera no recibe suficiente presión para salir. Otra posibilidad es que el relé del sistema o la centralita estén en mal estado. Para ello comprobamos la alimentación positiva y negativa de ambos, así como su correcto funcionamiento.

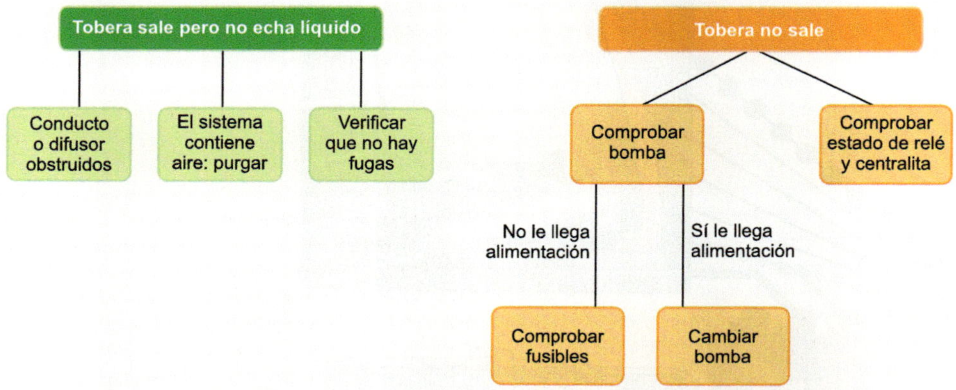

ACTIVIDAD **Propuesta 5.27**

Enumera y justifica las precauciones que se deben tomar para un correcto mantenimiento de un sistema de lavafaros.

5.5. Faros bixenón

Se denomina bixenón al faro que incluye, en un solo módulo de proyección, las luces de cruce y carretera. Las ventajas de los faros bixenón son muchas ya que, en un espacio muy pequeño y con una única lámpara y transformador, se montan las dos distribuciones de luz.

Al emplear la misma lámpara para cruce y carretera será necesaria una corrección del haz luminoso al conmutar entre ambas, además del sistema de regulación de alcance luminoso que ya incluye los faros de xenón. Este sistema de conmutación entre cruce y carretera está formado por un motor, controlado por la centralita, que puede mover un panel u obturador con una geometría muy característica, ubicado entre la lámpara y la lente (el dispersor).

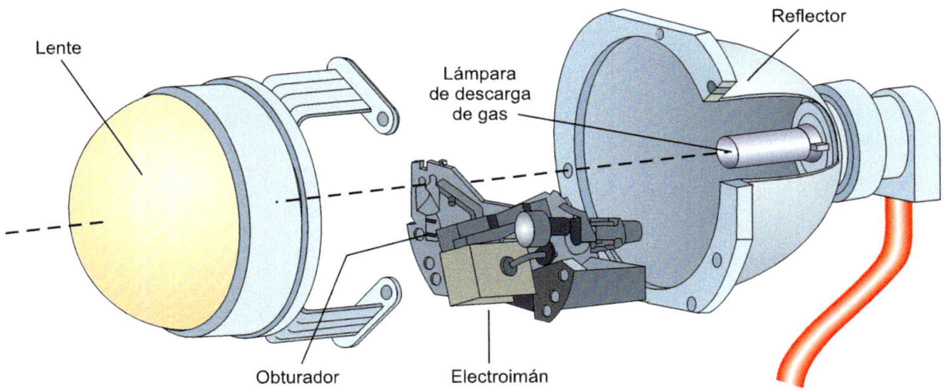

Figura 5.83. Componentes de un faro bixenón.

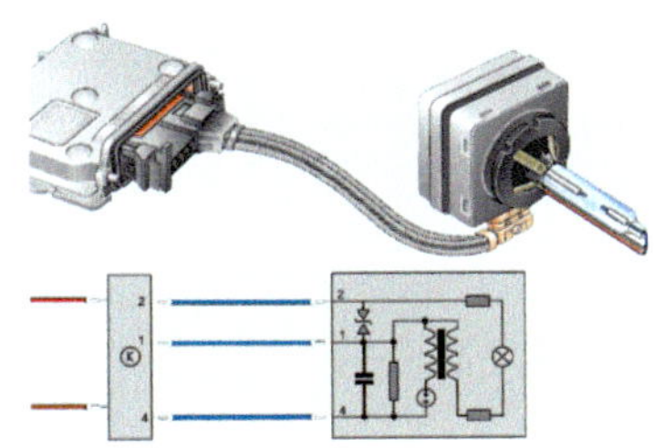

Figura 5.84. Esquema eléctrico de un sistema de xenón de última generación.

Existen otros sistemas en los que el motor mueve, en lugar de un panel, una carcasa ubicada alrededor de la lámpara (Figura 5.85). Observamos cómo el giro de la carcasa varía el ángulo de reflexión de la luz en el reflector, cambiando en realidad la ubicación del foco de la lámpara respecto al foco geométrico.

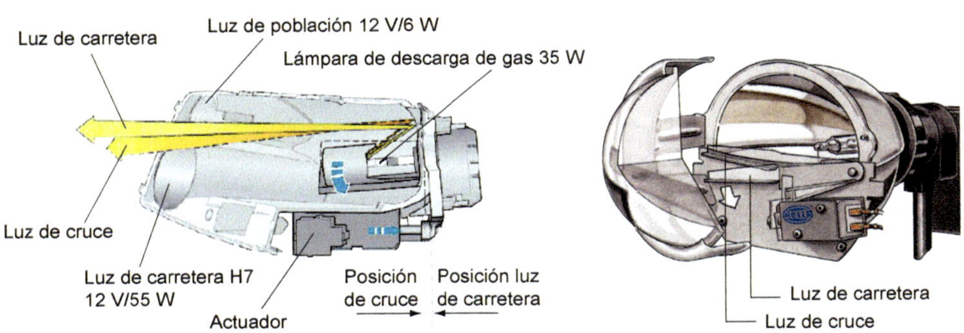

Figura 5.85. Componentes de un faro bixenón.

Llegando un poco más allá que la tecnología xenón, existen sistemas capaces de crear hasta nueve distribuciones de luz diferentes con un mismo faro de xenón. Consisten en el empleo de un cilindro de geometría variable (no cilíndrico por toda su longitud) ubicado entre la lámpara y la lente, el cual, al presentar diferentes contornos, puede reproducir en la calzada distintos haces de luz. Dichas distribuciones son, por ejemplo, para una luz especial en autopista, o para alumbrar más un cruce al circular por ciudad. En la Figura 5.86 se observan la estructura y el funcionamiento de dichos faros, los cuales resultan muy útiles en los sistemas de iluminación inteligente.

Recuerda que...

Un faro bixenón cuenta con una única lámpara de xenón, y un sistema de cambio de luz de cruce a luz de carretera (formado casi siempre por un motor y una pantalla, o cilindro, o similar). Cuenta, además, con todos los componentes de un faro de xenón: sistema de regulación automática de altura (sensores de altura de ejes del vehículo, motor de altura de faros) y sistema lavafaros (depósito, bomba, relé de la bomba, conductos y toberas).

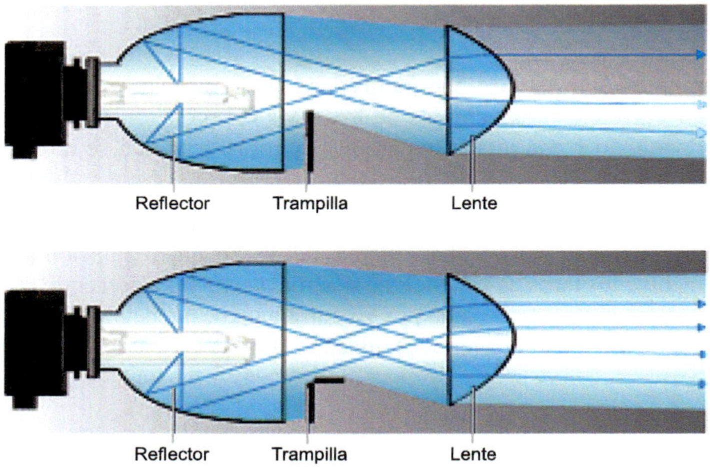

Figura 5.86. Cambio de luz de cruce (arriba) a carretera (abajo) en un faro bixenón al ser movida la trampilla por un motor.

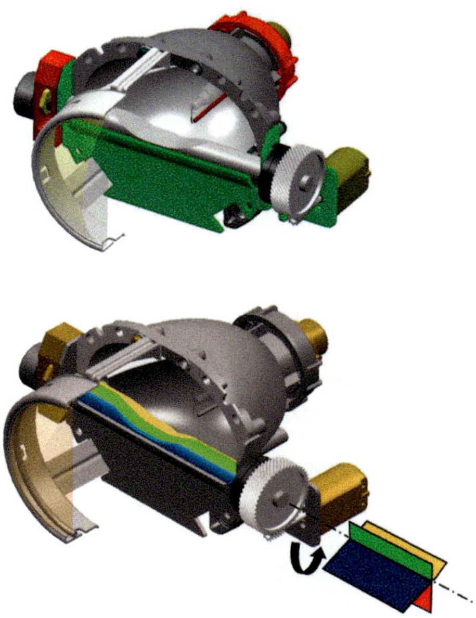

Figura 5.87. Sistema VarioX de Hella. Consigue hasta nueve distribuciones de luz diferentes con un único faro.

ACTIVIDAD **Propuesta 5.28**

¿Con cuántos motores cuenta un faro bixenón? Justifica tu respuesta.

ACTIVIDAD **Propuesta 5.29**

Une los siguientes componentes formando un circuito básico de alumbrado bixenón:

centralita, motor de bixenón, bobina, lámpara de cruce/carretera

ACTIVIDAD **Propuesta 5.30**

Nombra los diferentes tipos de faros bixenón existentes y explica las diferencias entre ellos.

5.6. Faros con tecnología led

Un led es un dispositivo semiconductor de tan solo un milímetro cuadrado que puede convertir la energía eléctrica directamente en luz con una eficiencia muy alta. La tecnología led, tan extendida en sistemas de señalización (freno, intermitencia, posición, etc.), se vuelve más compleja si hablamos de faros de alumbrado, ya que se requiere de un rendimiento luminoso muy superior.

Figura 5.88. Faro led para cruce fabricado por Koito Seisakusho Co Ltd.

Los faros con tecnología led para alumbrado se componen de una serie de módulos. Los primeros faros estaban compuestos de cinco módulos, pero dicho número ha ido disminuyendo debido a la utilización de ledes de mayor rendimiento, suponiendo un abaratamiento del coste del faro. Este rendimiento luminoso ha ido evolucionando desde los iniciales 18 lúmenes por vatio hasta 100, lo que supera la eficiencia de un faro de xenón, que puede dar unos 80 lm/W. El objetivo de los fabricantes es obtener una eficiencia ocho veces superior a la de la luz halógena en los próximos años.

El aumento del rendimiento luminoso influye directamente en el consumo eléctrico del faro. Por ejemplo, un faro de cinco módulos consume, aproximadamente, 100 W, y uno de tres módulos consume solo 66 W.

Figura 5.89. Faro de Toyota Prius con tecnología led.

Los ledes son muy sensibles a la temperatura y a las vibraciones. Para que la temperatura en el faro no aumente hasta límites no deseados, los fabricantes utilizan dos soluciones:

- Un ventilador dispuesto en el faro que se activa cuando la temperatura es crítica.
- Una reducción de la intensidad de la luz cuando la temperatura se aproxima a valores no deseados.

Ambas soluciones son gestionadas a través de la unidad de control y una sonda de temperatura dispuesta en los faros (NTC).

Figura 5.90. Componentes de un faro Matrix de tecnología led de Audi.

Sabías que...?

Un faro led de serie de la clase S de Mercedes-Benz consume un 72 % menos de energía que su versión halógena. Los faros led High Performance de Mercedes-Benz son totalmente led y las luces diurnas, de posición e intermitentes son sistemas multifunción de fibra óptica. Además de ofrecer todas las ventajas de la iluminación led (menor consumo, más temperatura de color y gran vida útil), adaptan la intensidad de las luces de freno e intermitencia en función de la luz exterior y la velocidad para no deslumbrar, y cuentan con el sistema Coming Home, que se activa al abrir y cerrar el vehículo con el telemando e iluminan el camino hacia o desde el vehículo. Estas son solo algunas de las opciones que la tecnología led ha permitido a diseñadores y fabricantes en los últimos años.

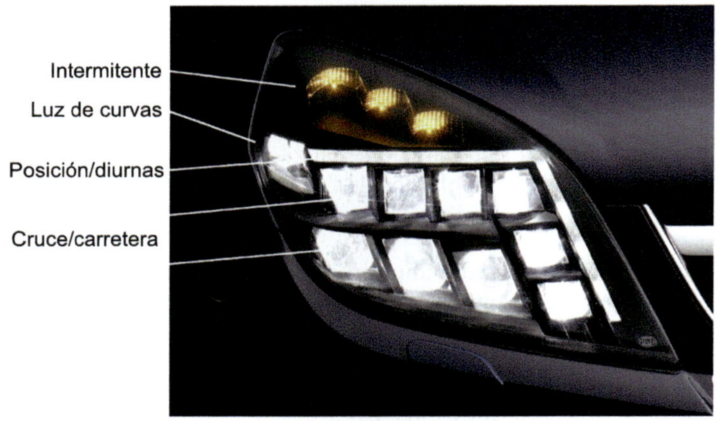

Figura 5.91. Faro totalmente de tecnología led fabricado por Hella.

La aplicación de la tecnología led a los vehículos es tan variada como los modelos o fabricantes existentes. En algunos casos la tecnología integra toda la iluminación del vehículo, como luces de cruce, carretera, diurnas y pilotos traseros. En otras ocasiones solo algunos circuitos se iluminan a través de esta tecnología. Encontramos vehículos con un faro delantero completamente led, que incluye cruce, carretera y diurnas, así como vehículos con luz de cruce led y luz de carretera halógena.

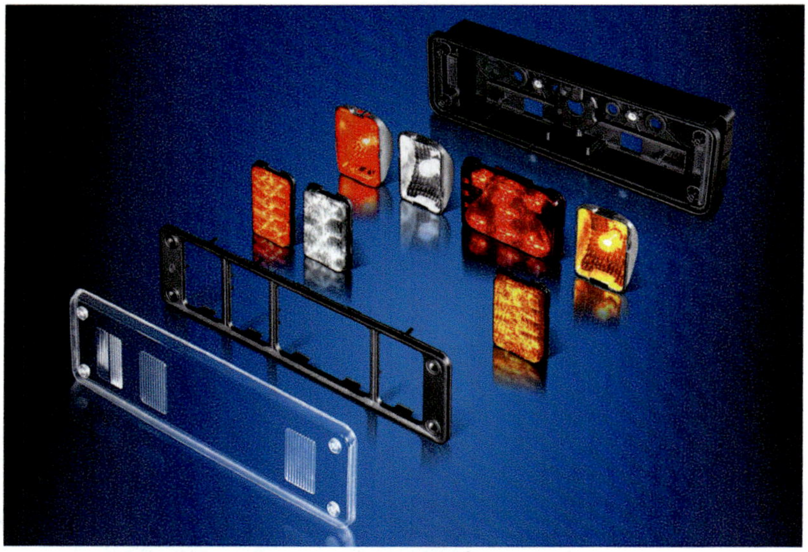

Figura 5.92. Componentes de un piloto modular híbrido con tecnología led.

Figura 5.93. Faro led. Luces de posición, cruce y carretera.

Figura 5.94. Faro led con luz de cruce, carretera y diurnas.

Los faros led proyectan su luz contra un reflector, que a su vez distribuye dicha luz sobre la calzada. Un ejemplo de este tipo de faros son los LED Basis y LED MID de Volkswagen, que podemos encontrar, por ejemplo, en el Tiguan. Como vemos en la Figura 5.95 el faro LED Basis está formado por dos ledes en la parte superior de los reflectores que generan la luz diurna. Dichos ledes se atenúan para generar la luz de posición. Estos faros requieren un sistema de regulación automática del alcance luminoso.

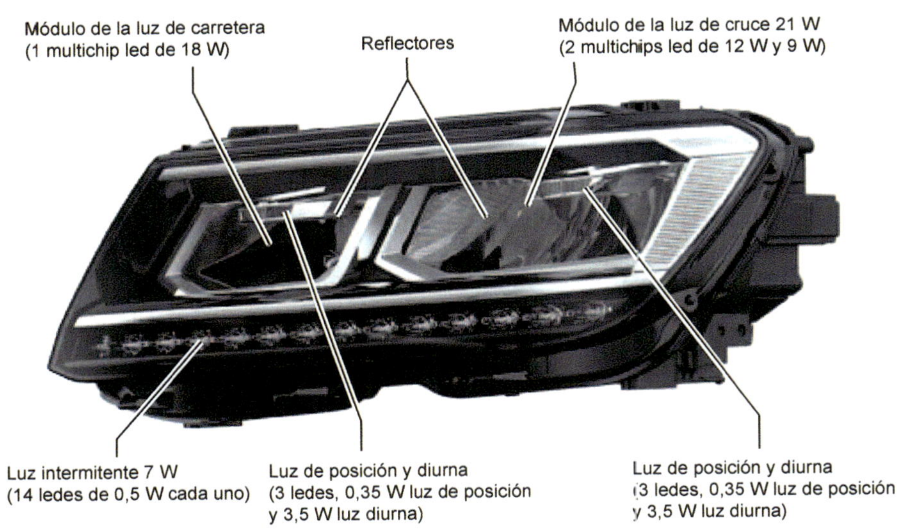

Figura 5.95. Faro LED Basis.

El faro LED MID dispone, además, de luz de curva dinámica y asistente de luces dinámico. En este faro la luz de los ledes se proyecta a través de una lente. Disponen de una unidad led para la luz de carretera adicional que proyecta la luz desde el reflector. La luz de carretera adicional se suma a la luz de cruce y carretera cuando conectamos las luces de carretera. El módulo de luces de intermitencia del faro LED MID consta de una serie de ledes conectados en serie. Al igual que el faro LED Basis, requiere un sistema de regulación automática de alcance luminoso.

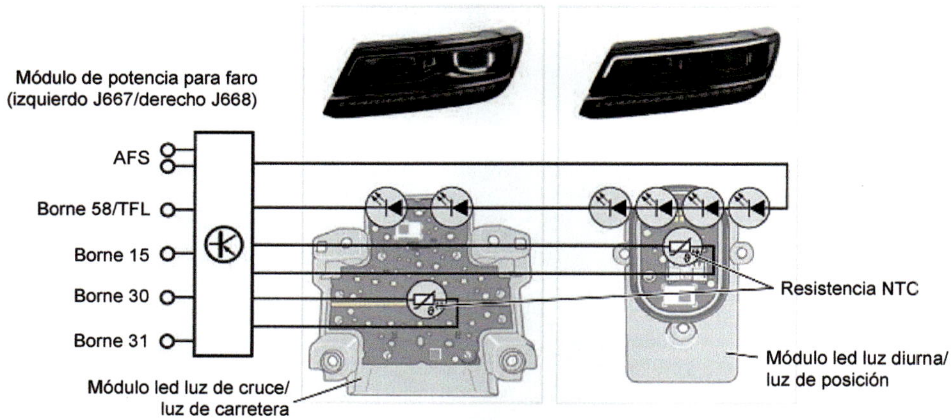

Figura 5.96. LED MID diurna y de posición.

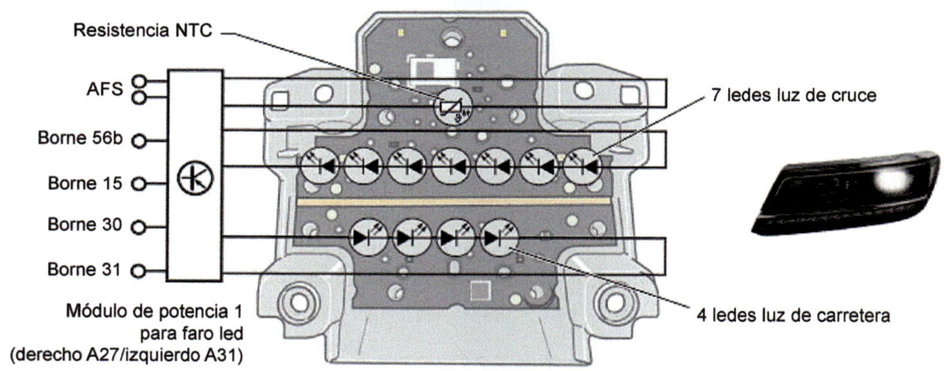

Figura 5.97. LED MID cruce y carretera.

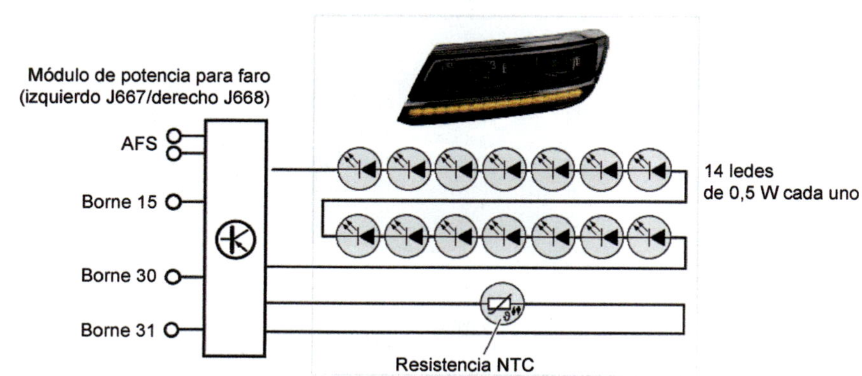

Figura 5.98. Led de intermitencia.

A continuación vemos un ejemplo de sistema de iluminación inteligente denominado DLA (asistente de luces dinámico) de Volkswagen. Con la ayuda de una cámara delantera el sistema identifica otros vehículos y calcula la distancia para, así, cubrir la zona máxima del cono luminoso sin deslumbrar a vehículos que nos preceden o que vienen por el carril contrario.

Un obturador metálico divide la proyección de la luz, quedando la luz de cruce en la mitad superior y la luz de carretera en la mitad inferior. En la zona inferior hay un obturador fijo cuadrado para la luz de carretera permanente enmascarada (MDF) que es una subfunción de este sistema. El sistema funciona de la siguiente manera:

- No reconoce ningún objeto en la calzada: luz de carretera normal a partir de 60 km/h que se desconecta por debajo de los 30 km/s.
- Reconoce un objeto a gran distancia: si se detecta un vehículo en sentido contrario la luz de carretera adicional se desconecta y las dos unidades led giran hacia la izquierda.
- Reconoce un objeto a media distancia: el vehículo en sentido contrario se aproxima y la unidad led izquierda gira aún más hacia la izquierda.
- Reconoce un objeto a corta distancia: si se ha alcanzado el límite de la zona de movimiento del módulo led, la luz de carretera del lado del conductor cambia a luz de cruce. De este modo se evita deslumbrar al conductor del vehículo que circula en sentido contrario.
- Reconoce objetos en ambos carriles: ambos faros cambian a luz de cruce.

Figura 5.100. Composición de pilotos led.

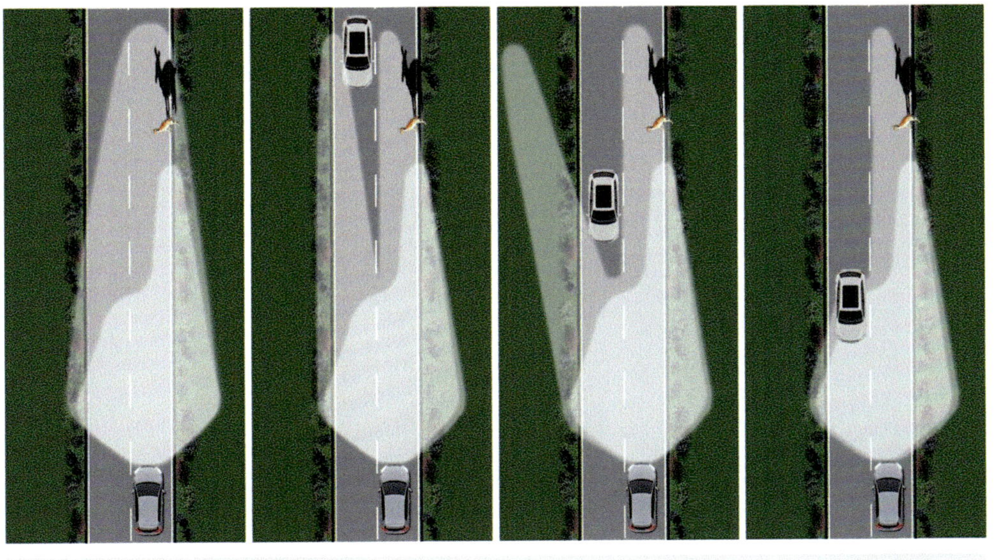

Figura 5.99. Funcionamiento de un sistema DLA de Volkswagen.

ACTIVIDAD **Propuesta 5.31**

¿Qué ventajas ofrece la disminución de módulos en un faro led? ¿En qué afecta al consumo eléctrico del vehículo?

PRÁCTICA DE TALLER

COMPONENTES DE UN FARO DE LUZ DIURNA

Separamos el conjunto de luces diurnas del faro delantero, tal y como observamos en la Figura 5.101.

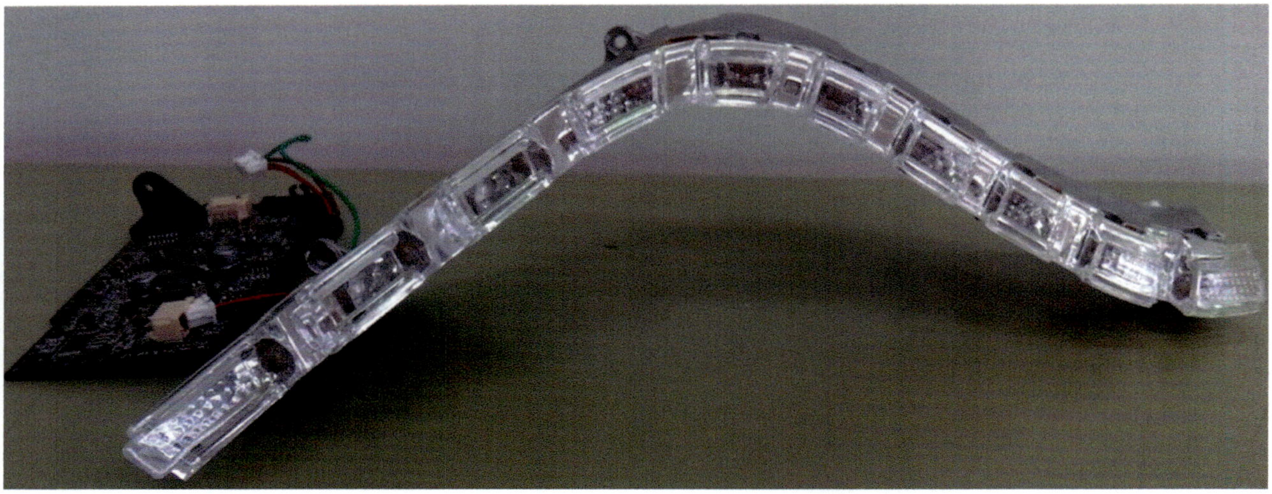

Figura 5.101. Conjunto de luces diurnas led.

En la Figura 5.102 se observan los componentes de las luces diurnas led: el dispersor, el módulo electrónico y el circuito que integra los ledes.

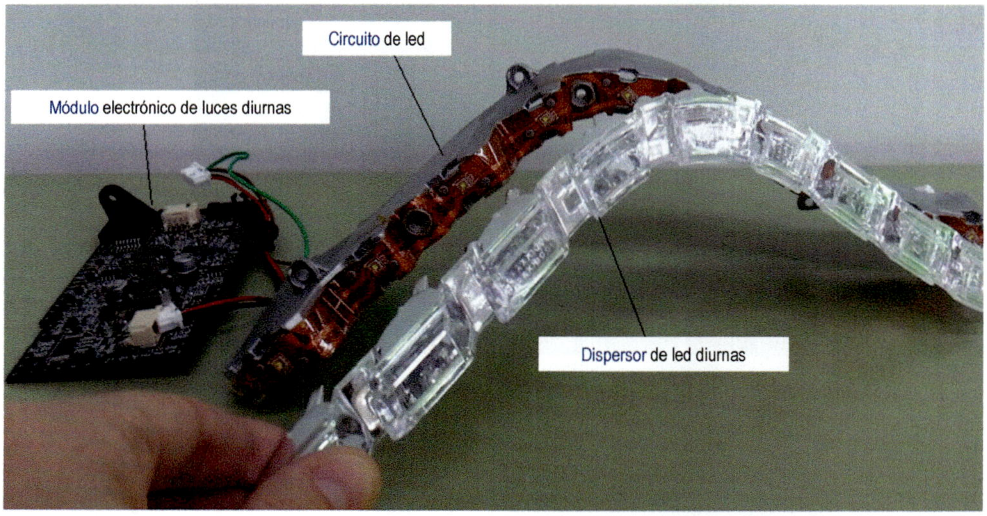

Figura 5.102. Conjunto de luces diurnas led.

En la Figura 5.103 se observa el módulo electrónico y la placa de ledes desde otra perspectiva.

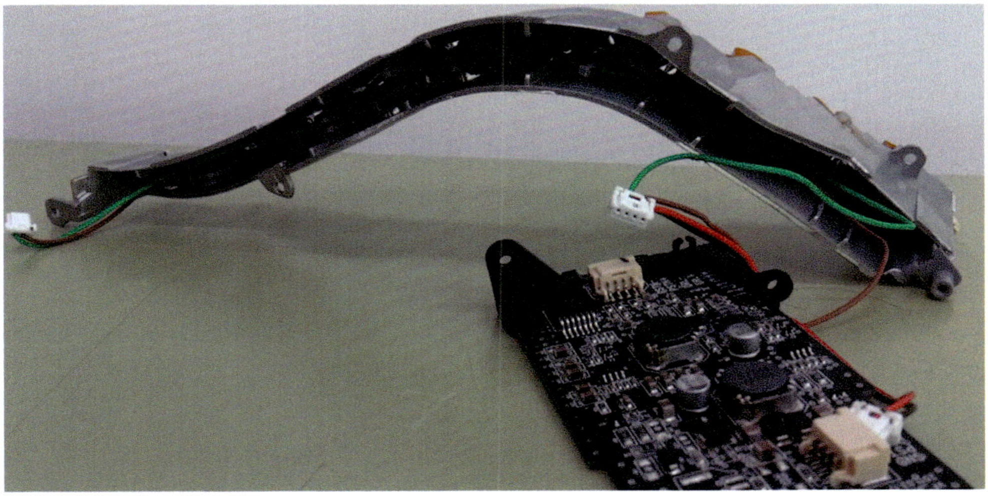

Figura 5.103. Módulo electrónico y placa de ledes vista por detrás.

La Figura 5.104 muestra el dispersor de los ledes de luz diurna.

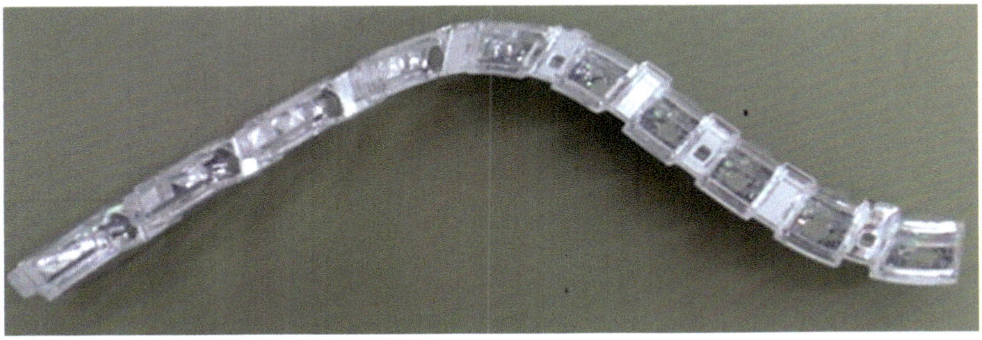

Figura 5.104. Dispersor.

En las siguientes imágenes se observa con más detalle la placa de ledes del faro.

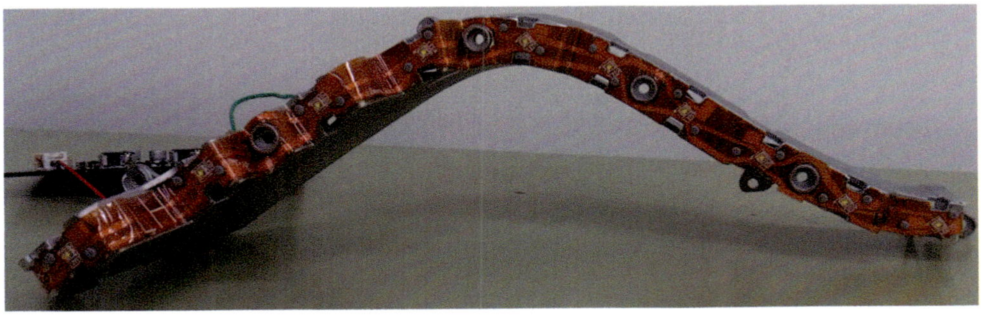

Figura 5.105. Placa de ledes y módulo electrónico.

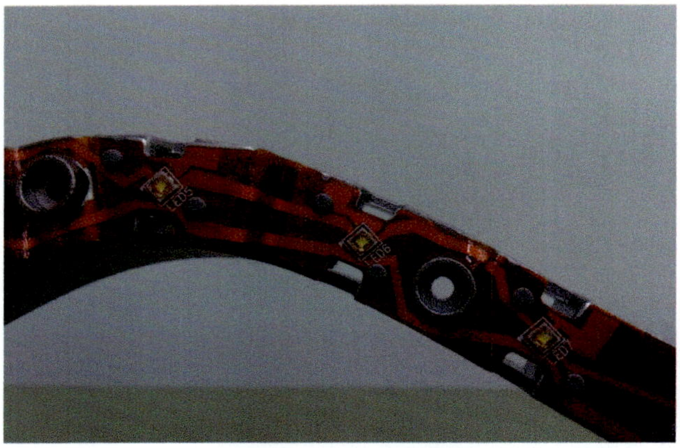

Figura 5.106. Detalle de los ledes.

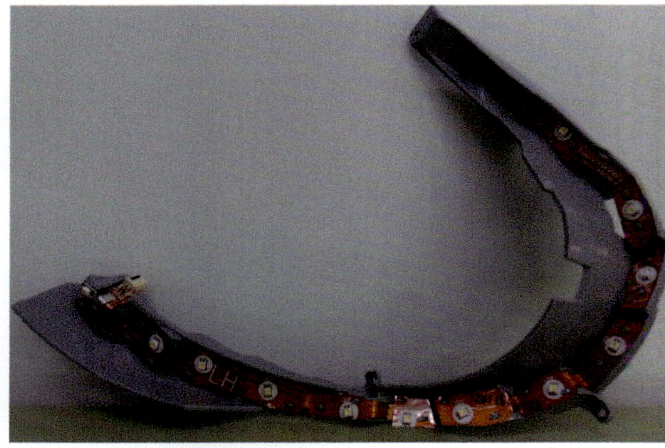

Figura 5.107. Placa de ledes.

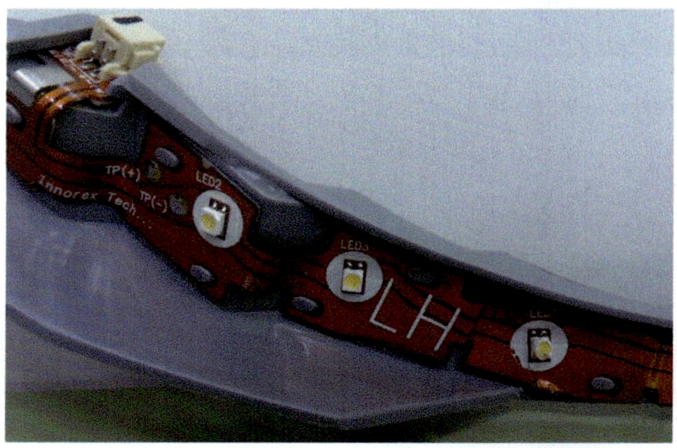

Figura 5.108. Detalle de los ledes.

5.7. Faros con iluminación láser

La sensación luminosa que ofrece al conductor una luz led láser es de una claridad no conocida hasta ahora, mejorando la visibilidad y seguridad. La potencia y alta temperatura de color hacen de esta luz la más brillante que existe hasta el momento.

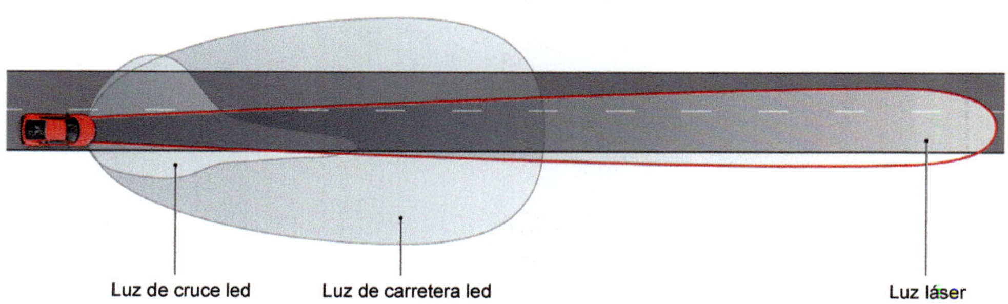

Figura 5.109. Comparación entre un sistema de iluminación láser y los sistemas de iluminación led.

Las principales ventajas de un faro láser son las siguientes:

- Ofrece el doble de alcance luminoso, ya que ilumina hasta 600 metros frente a los 300 metros de un faro led convencional.
- Disminuye el gasto energético en un 30 %.
- Los ledes láser son hasta cien veces más pequeños y más ligeros que los ledes convencionales. Esto ofrece grandes ventajas para el diseño, además de disminuir el peso de los grupos ópticos.
- Ofrecen un 10 % más de intensidad luminosa.

Figura 5.110. Faro con iluminación láser.

El faro láser está formado por varios ledes láser de alto rendimiento y un convertidor de fósforo. En el caso de BMW los haces de luz de los ledes son dirigidos a una lente donde se unen, creando un único haz azulado. El paso por una lámina de fósforo fluorescente lo convierte en una luz blanca y muy brillante, filtrándola para que no sea dañina. La luz rebota en un reflector y pasa por el dispersor hacia la calzada. El sistema, al igual que cualquier otro sistema con ledes, incorpora un sistema de ventilación.

Sabías que...?

En el BMW i8, los reflectores tienen un diámetro de apenas 30 milímetros, muy pequeño en comparación con los 70 mm de unos faros xenón y los 120 mm de unos halógenos.

Sabías que...?

Los primeros modelos con faros led láser son el i8 de BMW y el R8 LMX de Audi. Los primeros faros láser de carretera vieron la luz en 2014 en la edición limitada Audi R8 LMX, aunque un poco antes ya se utilizaron en el Audi R18 e-tron en las 24 Horas de Le Mans. Lo ha incorporado también a su *show car* Sport Quattro. Los faros led de serie (no láser) del R8 incluyen 37 ledes.

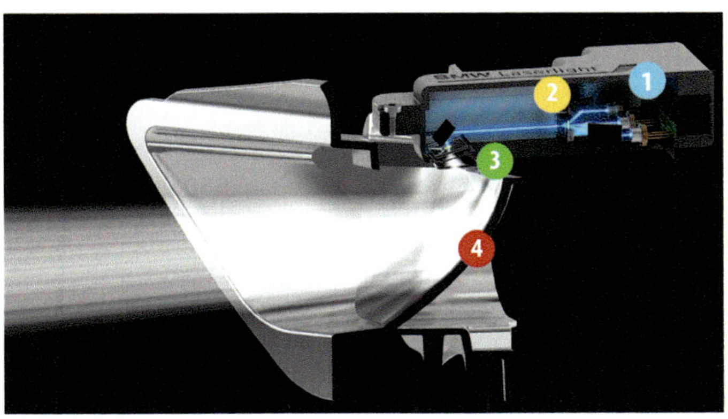

1. Primero, los diodos láser crean tres rayos de luz láser azul.
2. Luego se fusionan en un solo haz, a través de un prisma.
3. El haz concentrado pasa a través de una lente de fósforo que produce un haz blanco difuso, que lo hace más seguro para el ojo humano.
4. Luego el haz rebota en un reflector y pasa a través de la lente transparente, iluminando la carretera.

Figura 5.111. Sistema láser de BMW.

Una de las iluminaciones láser de Audi cuenta con ledes láser que disponen de un espejo direccionable de silicio. Este espejo cuenta con una superficie de apenas 3 mm cuadrados, y redirige la luz en función de la información que tiene la centralita sobre el posible deslumbramiento a otros coches. Puede alterar, por tanto, el ángulo del haz de luz de los ledes láser. La proyección redireccionada por el espejo pasa entonces por una película de fósforo que, como ya sabemos, aporta brillo y tonalidad blanca a la luz y, por último, una lente concentra la luz emitida. Este sistema es capaz de alterar la intensidad y la precisión del haz de luz para así conseguir un mayor alcance o una mayor área iluminada (hasta 100 metros por lateral).

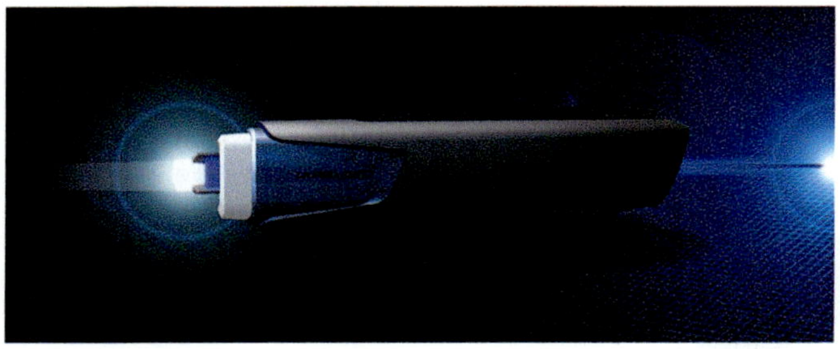

Figura 5.112. Iluminación por diodo láser de Audi.

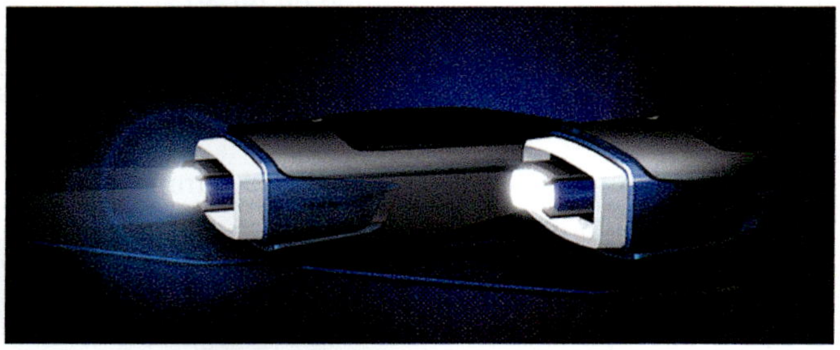

Figura 5.113. Iluminación por diodo láser de Audi.

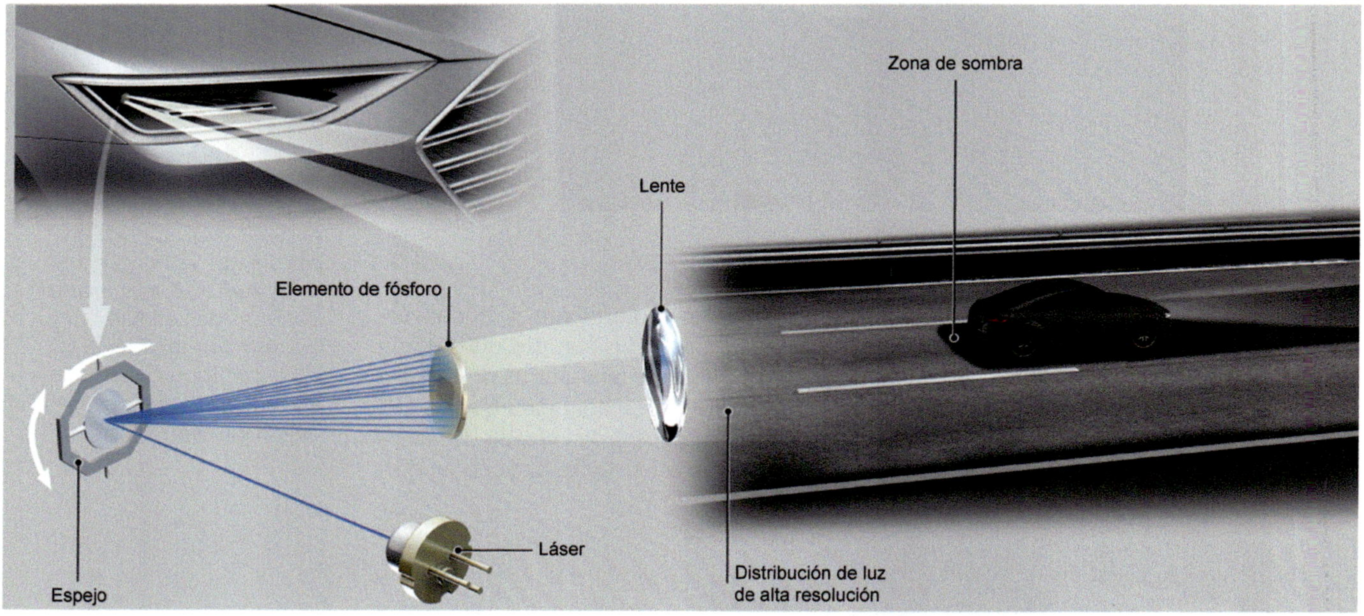

Figura 5.114. Funcionamiento del sistema láser de Audi.

Los diodos láser emiten una luz monocromática con una longitud de onda de 450 nanómetros, que se percibe como azul por el ojo humano. Cuentan con una potencia de, al menos, 1 vatio, y están basados en la tecnología de nitruro de galio indio. Su color luminoso puede mejorarse aún más mediante el ajuste de la relación de mezcla de sus elementos dopantes (indio y galio). Se han empleado en otros ámbitos y muy recientemente se han aplicado a la iluminación de vehículos. La dificultad la encontraron en el diseño de ledes láser que soporten más de 50 °C, temperatura que se alcanza con facilidad debido a la luz solar sobre el faro.

Hasta el momento la luz láser se utiliza solo como luz de carretera a partir de 60 o 70 km/h, y su activación es exclusivamente automática (el conductor no puede activarla ni desactivarla). La razón es que tiene una gran capacidad de deslumbramiento, por lo que no se puede emplear como luz de cruce ni como luz de carretera a bajas velocidades. Va acompañado de un sistema automático de orientación de la luz si la cámara del vehículo detecta que viene un coche de frente. Este sistema se llama High Beam Assistant en BMW.

Estas restricciones significan que el sistema acompaña siempre a un faro que ya cuenta con luz de cruce y carretera, normalmente un faro *full led*. Así que, aunque el sistema pesa mucho menos, los faros que lo incorporan pesan más (unos dos kilos) por tener doble sistema.

5.8. Faros de señalización

Las luces de señalización son aquellas cuyo objetivo es «ser visto», bien para mostrar la presencia del vehículo o para señalizar un cambio de carril, una frenada, etc. En la parte delantera del vehículo son faros de señalización los intermitentes, luces de posición, de gálibo, de estacionamiento y de circulación diurna. En la parte trasera del vehículo son las de marcha atrás, intermitentes, posición y gálibo, antiniebla, estacionamiento, freno y matrícula.

Figura 5.115. Faros de señalización activados y desactivados.

Los faros de señalización emplean lámparas de incandescencia, y desde hace unos años ledes. La tecnología led en los faros de señalización está muy extendida debido a las múltiples ventajas que ofrece, entre las que cabe destacar para esta aplicación su reducido consumo eléctrico, la larga vida de las lámparas y, muy especialmente, la infinidad de diseños que ofrece, para personalizar de una forma más acusada el vehículo.

Figura 5.116. Faro de señalización led.

Figura 5.117. Faro led de señalización de Audi.

Los faros de señalización o pilotos están formados por tres conjuntos:

- Portalámparas y lámpara.
- Carcasa, que contiene los reflectores.
- Dispersor, que incluye estructuras ópticas que distribuyen la luz.

La distribución de la luz en un faro de señalización es realizada por el dispersor, por una óptica de prisma u óptica Fresnel, por el propio reflector o puede tener una distribución de luz mixta, tal y como se expone a continuación:

- Distribución de luz realizada por el dispersor: el dispersor recibe la luz procedente del reflector y la distribuye gracias a su cristal tallado.
- Distribución de luz realizada por una óptica: cuando el dispersor está acompañado de una óptica de prisma o de una óptica Fresnel es esta la que capta y dirige la luz. Las ópticas de tipo Fresnel tienen por lo general menor rendimiento que las ópticas de reflector explicadas a continuación.
- Distribución de luz realizada por el reflector: el propio reflector realiza la distribución del haz luminoso, tal y como ocurre en los faros de alumbrado. En este caso el dispersor no interviene.
- Distribución de luz mixta: combina los dos casos anteriores. Parte del flujo es reflejado por un reflector de diseño especial y parte es emitido directamente al dispersor con óptica Fresnel. Es empleado, especialmente, en pilotos integrados en espacios reducidos, y cuenta con algunas ventajas: luz más homogénea, las ópticas pueden ser de menor espesor y de más fácil fabricación, y se aumenta el número de puntos luminosos sin necesidad de aumentar el número de fuentes.

Recuerda que...

Aún hay muchos vehículos con lámparas de incandescencia en los faros de señalización, pero cada vez más encontramos led y OLED, que disminuyen notablemente el consumo eléctrico. También las señales PWM han ayudado a ahorrar energía en las luces de señalización del vehículo.

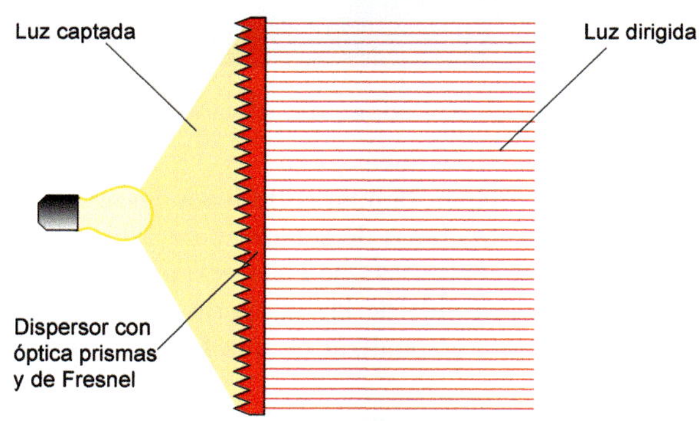

Figura 5.118. Sistema con óptica Fresnel.

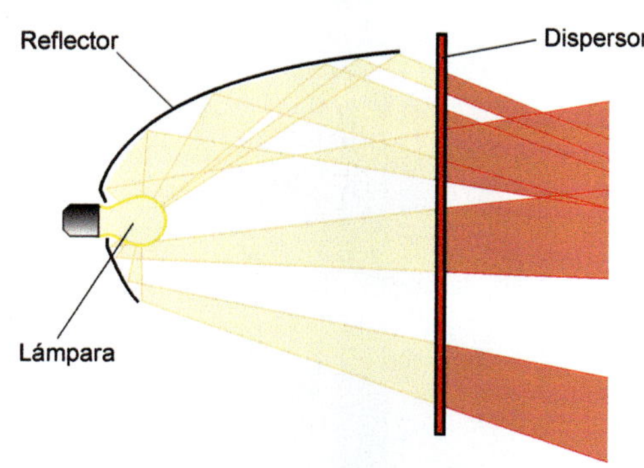

Figura 5.119. Sistema con óptica de reflector.

En el caso de los faros led la distribución del haz luminoso es realizada por una óptica Fresnel o por el propio reflector. Otra posibilidad es el empleo de un espejo para una distribución indirecta.

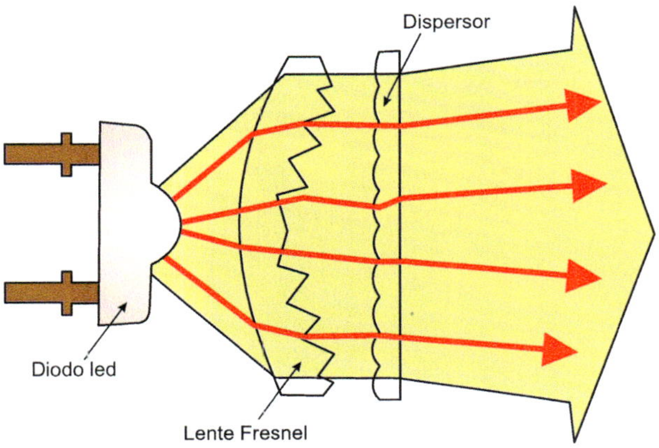

Figura 5.120. Faro led con óptica Fresnel.

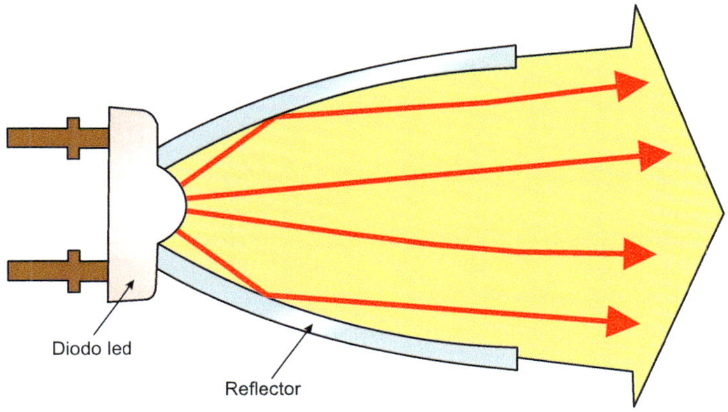

Figura 5.121. Faro led con distribución de luz por reflector.

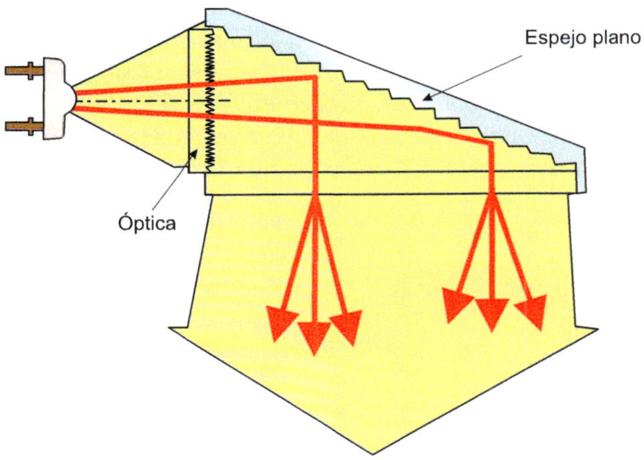

Figura 5.122. Faro led con distribución indirecta de luz.

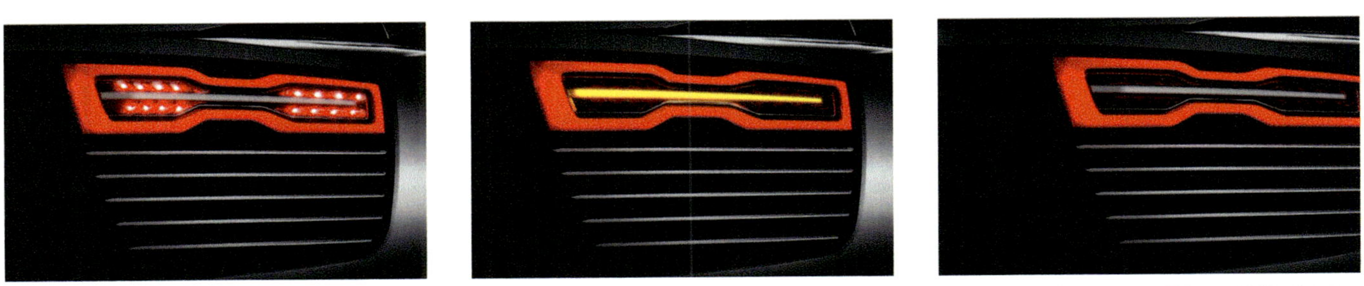

Figura 5.123. Faros de señalización con diversos diseños gracias a la tecnología led.

También son luces de señalización las de balizamiento lateral, posición y gálibo, así como las luces de advertencia para servicios públicos, grúas o transporte pesado, y señalización para policía, bomberos y salvamento. En estos casos la utilización de faros led es especialmente ventajosa, ya que hace posible programar distintas secuencias de destellos o combinar diferentes módulos que pueden adaptarse al ancho del vehículo, así como variar la potencia de luz si es de día o de noche. Estos faros se suelen poder utilizar con 12 y 24 V, ya que están destinados a caravanas, autobuses, tractores, camiones, etc. Al igual que los faros de señalización para turismos, estos cuentan con ópticas Fresnel o reflectores paraboloides capaces de dirigir y distribuir el haz de luz, y así aumentar el rendimiento luminoso.

Figura 5.124. Señalización led de una motocicleta.

Los faros de trabajo empleados para maquinaria agrícola, forestal, construcción, vehículos industriales, etc., también emplean, en su mayoría, led, ya que un faro led solo necesita 11 W para ofrecer la potencia luminosa de un faro halógeno que consume 70 W. Los faros de trabajo led más potentes ofrecen entre 1000 y 3000 lúmenes y alcanzan temperaturas de color de hasta 6000 K. Aptos para tensiones de entre 9 y 33 V y sus estructuras son cada vez más ligeras y versátiles para facilitar su montaje.

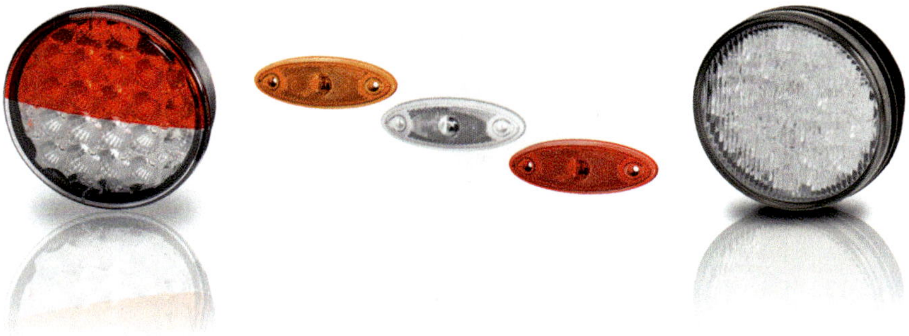

Figura 5.125. Ejemplo de pilotos de señalización con tecnología led.

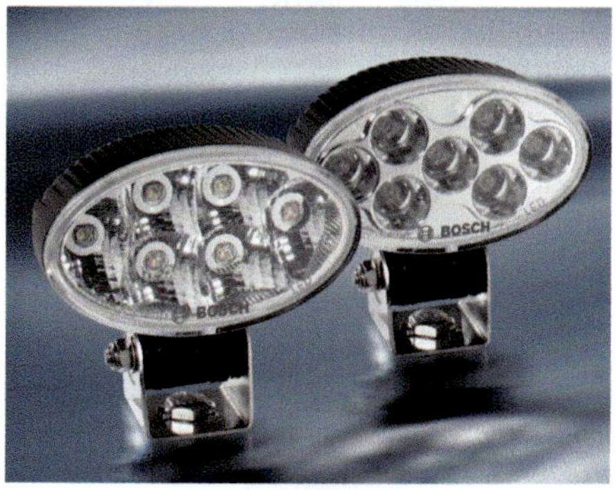

Figura 5.126. Faros de trabajo con tecnología led.

PRÁCTICA DE TALLER

COMPROBACIÓN DE UN FARO TRASERO

Desmontar un faro trasero tal y como hicimos en la práctica de *Cambio de lámparas de un faro trasero*, de la página 182, quitando la tapa que encontramos en el maletero y los tornillos correspondientes.

Separamos la carcasa del faro que incluye el circuito, y med mos continuidad entre sus terminales para averiguar a qué lámpara pertenece cada uno.

Figura 5.127. Medición entre los terminales de la carcasa trasera del faro.

Aplicamos tensión a los terminales correspondientes a cada lámpara y comprobamos su correcto funcionamiento. Observamos en la figura que el negativo es la superficie del circuito (pinza roja).

Figura 5.128. Comprobación de las lámparas alimentando sus terminales.

Figura 5.129. Comprobación de una lámpara diferente alimentando otro terminal positivo.

ACTIVIDAD **Propuesta 5.32**

¿Quién realiza la distribución de la luz en un faro de señalización?

ACTIVIDAD **Propuesta 5.33**

Une los siguientes componentes formando un circuito básico de alumbrado bixenón:

centralita, motor de bixenón, bobina, lámpara de cruce/carretera

5.8.1. Señales PWM en señalización

Las señales de modulación por ancho de impulsos (PWM, *Pulse Width Modulation*) permiten trabajar con potencias eléctricas intermedias entre la máxima y la mínima (apagado). La señal PWM modula su ciclo de trabajo para controlar la energía de carga (como ocurre en la iluminación del vehículo) o para transmitir información a través de un canal de comunicación.

Figura 5.130. Faro de señalización.

Gracias a las señales PWM una lámpara de 21 W puede dar el mismo flujo luminoso que una lámpara de 5 W. De esta forma, una misma lámpara puede ser empleada para la luz de freno y posición trasera.

La lámpara recibe impulsos de tensión, por lo que se conecta y desconecta constantemente, aunque nuestro ojo no lo detecte. Esto ocurre, por ejemplo, cuando vemos la televisión: el aparato emite una rápida sucesión de imágenes, pero nuestro cerebro percibe una secuencia continua porque nuestra percepción es demasiado lenta.

Además, las lámparas halógenas y de incandescencia requieren un tiempo para enfriar su filamento.

Figura 5.131. Faros de señalización que ofrecen diferentes intensidades de luz.

Aun así la frecuencia de una señal PWM en iluminación en el vehículo tiene una frecuencia de 100 Hz, es decir, la señal se repite 100 veces por segundo. Esta señal es generada por el microprocesador de una centralita de iluminación.

El tiempo de conexión y desconexión de la lámpara da lugar a una señal rectangular que solo varía entre dos valores, y que sigue una frecuencia fija.

Si se alimenta una lámpara con 12 V y se conecta y desconecta cada segundo, está un segundo conectada y un segundo desconectada, y así sucesivamente. El flujo luminoso de esta lámpara es el mismo que el de una lámpara de 6 V, pues está activada el 50 % del tiempo, y el tiempo que tarda en realizar un ciclo completo de conexión y desconexión es de 2 segundos.

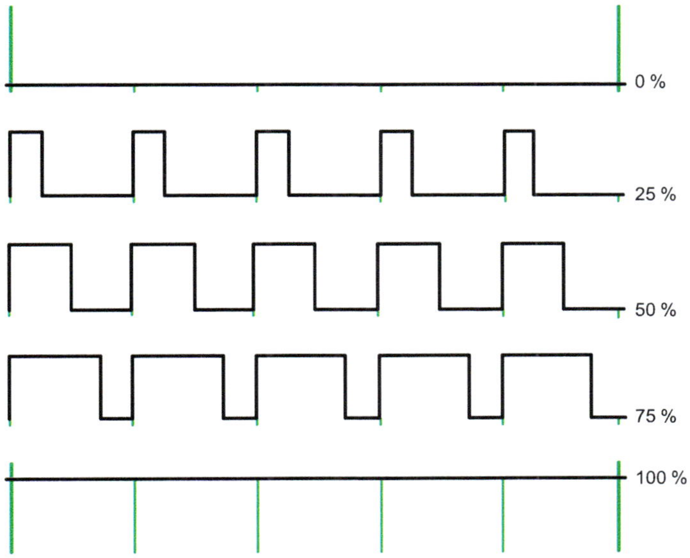

Figura 5.132. Señales PWM con distinto porcentaje de empleo de potencia.

Figura 5.133. Faro trasero con tecnología led de Hyundai.

Las ventajas del empleo de señales PWM para la señalización en el vehículo son las siguientes:

- Posibilidad de utilizar una única lámpara para varias señalizaciones.
- PWM es una señal cuadrada que solo trabaja con dos valores de tensión, por lo que no es necesario un conversor analógico-digital a la salida de la señal de la centralita, pues la señal ya es considerada digital.
- Mayor vida útil de las lámparas.
- Posibilidad de iluminar el vehículo aun cuando alguna de sus lámparas se haya fundido.

Esta última función resulta de gran utilidad, ya que permite emplear la luz de freno para sustituir en caso de avería, por ejemplo, a la luz de posición trasera o de marcha atrás. Para ello la centralita varía el ancho de impulso, variando así la potencia de la lámpara.

ACTIVIDAD **Resuelta 5.4**

Una lámpara es alimentada a 12 V con una señal PWM. El tiempo de activación es de 2 segundos y el de desactivación de 1,5 segundos. ¿A qué valor de tensión será equivalente dicha alimentación?

Solución

Cada 3,5 segundos la lámpara está activada durante 2. Calculamos qué porción del tiempo total está siendo alimentada la lámpara:

$$2 \times 100/3,5 = 57,14\ \%$$

La lámpara es alimentada el 57,14 % del tiempo. Por tanto, su alimentación será equivalente a una tensión del 57,14 % de 12 V.

$$12 \times 57,14/100 = 6,85\ \text{V}$$

ACTIVIDAD **Propuesta 5.34**

¿Qué flujo luminoso ofrecerá una lámpara activada durante medio segundo y apagada durante un segundo y medio, si está siendo alimentada a 12 V?

5.8.2. Luces de freno adaptativas

Los sistemas inteligentes de iluminación de pilotos traseros permiten adaptar la luz de las distintas señales del piloto a cada situación durante la conducción (mal tiempo, poca visibilidad, frenada intensa, etc.). Dicha adaptación se logra mediante el encendido de más o menos ledes, dando más o menos frecuencia de intermitencia o mediante señales PWM.

- Encendido de mayor o menor número de ledes: cuanto más enérgica sea la frenada mayor será el número de ledes que se iluminan. Ocurre lo mismo en caso de poca visibilidad o condiciones meteorológicas adversas.
- Aumentar o disminuir la frecuencia de intermitencia: en caso de frenada a fondo se refuerza la advertencia con una sección intermitente de la luz de freno.
- Con la variación de la señal PWM.

Figura 5.134. Frenada no muy enérgica.

Figura 5.135. Frenada más enérgica.

Figura 5.136. Frenada a fondo. Luce intermitentemente una sección del faro.

5.8.3. Pilotos traseros de intensidad variable

Un complemento al sistema de luces de freno adaptativas es el de pilotos traseros de intensidad variable. Consiste en dar tres niveles de brillo diferentes a las luces de freno e intermitencia en función de las condiciones de luz y la velocidad del vehículo. El objetivo de este sistema es no deslumbrar.

Recuerda que...

La **fibra óptica** es empleada en iluminación por su gran reflexión, que hace que la luz «rebote» en sus paredes. Pero su mayor campo de aplicación es la transmisión de datos, como ocurre en el sistema de comunicación entre centralitas del vehículo MOST Bus o con internet.

5.8.4. Faros de señalización «ojos de ángel»

Denominados genéricamente *angel eyes*, que significa ojos de ángel, o *demon eyes*, que significa ojos de demonio. Su objetivo es, además de actuar como luz de posición, dar un aspecto más personalizado al vehículo, normalmente más agresivo.

Esta tecnología consiste en un led que transmite la luz a través de un cable transparente de fibra óptica. A veces cuenta con un led en cada extremo, dando así la posibilidad de obtener diferentes colores en el cable transparente.

5.9. Normativa para faros

El tipo, el lugar de montaje, la estructura, las fuentes luminosas utilizadas, los colores y los valores luminotécnicos de un faro están establecidos en la legislación, tanto europea como en la normativa de cada país. Algunas de las normativas que conforman esta legislación son las siguientes:

- Posición y gálibo delantero: 76/758/CEE, actualizada en 89/516/CEE.
- Intermitentes: 76/759/CEE, actualizada en DOUE-L-1989-80338.
- Estacionamiento: 77/540/CEE, actualizada en la directiva 1999/16/CE.
- Marcha atrás: 77/539/CEE, actualizada en la directiva 97/32/CEE.
- Niebla: 77/538/CEE, actualizada por el reglamento (CE) número 661/2009.
- Faros con lámparas de descarga de gas: Regulación (EU) 2019/2015.
- Carretera y cruce: 76/761/CEE adaptada en la directiva 1999/17/CEE.

Las inscripciones de un faro son un conjunto de números y letras que indican las características del faro, siguiendo la normativa internacional. Estas inscripciones son las siguientes:

Según la normativa ECE 1:

- Luz de posición: A.
- Luz antiniebla: B.
- Luz de cruce: C.
- Luz de carretera: R.
- Luz de carretera y de cruce: CR.
- Luz de carretera o de cruce: C/R.

Según las normativas ECE 8, ECE 20 y ECE 98:

- Luz halógena de cruce: HC.
- Luz halógena de cruce y carretera: HCR.
- Luz halógena de cruce o carretera: HC/R.
- Luz de xenón de cruce: DC.
- Luz de xenón de carretera: DR.
- Luz de xenón de cruce o carretera: DC/R.

En cuanto a las luces de señalización existe una nomenclatura internacional. Algunas de las clases o categorías que recoge esta norma son:

- Luz de posición: A.
- Luz de marcha atrás: AR.
- Luz antiniebla trasera: F.
- Captafaros: IA.
- Luz de posición trasera: R.
- Luz de freno: S1.
- Intermitente delantero: 1, 1a o 1b.
- Intermitente trasero: 2a.

Recuerda que...

El **número de homologación** de faro debe cumplir la normativa nacional e internacional. Esta normativa habla de las características constructivas y de los ensayos realizados por los fabricantes.

Sabías que...?

En noviembre de 2019 entraron en vigor los nuevos reglamentos de homologación de productos de señalización, iluminación y retrorreflexión en el automóvil, con la indicación de que a los 24 meses de esta entrada en vigor quedaban derogados los reglamentos antiguos salvo para productos de reposición. Es decir, todos los productos nuevos se deben homologar según UN 148 (LSD, *Light Signalling Devices*), UN 149 (RID, *Road Illumination Devices*) y UN 150 (RRD, *Retro-Reflective Devices*).

- Intermitente lateral: 5 (vehículos de hasta 6 metros de longitud), 6 (vehículos de más de 6 metros de longitud).
- Luz de balizamiento lateral: SM1 o SM2 para vehículos de hasta 6 metros de longitud.

Estos datos irán seguidos de un número de homologación y la letra E seguida de un número, el cual indica el país que ha otorgado la homologación al faro. España es E9.

PL E1 A HR DCR DCR 1a 02 04 00 00 01 / 1202 1203 / 17.5 12.5

E1: homologado en Alemania.

A: luz de posición.

HR: luz halógena de carretera.

DCR: luz de xenón de carretera o cruce.

1a: intermitente delantero tipo 1a.

PL: faro delantero de material plástico.

02: serie 02 del reglamento 7 de luz de posición.

04: serie 04 del reglamento 8 de luz de carretera.

01: serie 01 del reglamento 6 de luz de intermitencia delantera.

1202, 1203: números de homologación.

17.5, 12,5: marcas de referencia de la máxima intensidad luminosa emitida por el faro.

Las dos primeras flechas indican que la luz de cruce está diseñada para circulación por la izquierda y por la derecha. La tercera flecha indica el lado de instalación del faro; en este caso, se trata del faro izquierdo.

Figura 5.137. Inscripción de un faro delantero.

ACTIVIDAD Propuesta 5.35

Interpreta las siguientes inscripciones en faros:

E9 A B HCR 1b 18

E1 R AR F S1 2a 17

E9 A HC DR 1a 17,5

5.10. Luces de curvas

Los sistemas de alumbrado que se adaptan a las curvas pueden ampliar la visibilidad en casi un 200 %. Por ejemplo, en el caso de una luz de cruce en una curva con una visibilidad de 30 metros, esta puede ser mejorada hasta 25 metros más. Las luces de curvas pueden ser sistemas estáticos o dinámicos.

Los estáticos son aquellos que cuentan con un faro adicional que se enciende al poner el intermitente o realizar un giro importante del volante. Este faro adicional es, en muchas ocasiones, el faro antiniebla delantero, y se enciende el del lado del giro. El sistema se activa con velocidades inferiores a 40 km/h. Ilumina 90 grados a ambos lados y, terminado el giro, no se desconecta inmediatamente, sino que va atenuando la luz hasta apagarse.

Los sistemas dinámicos son algo más complejos, ya que el proyector es movido dentro del faro por un motor eléctrico mientras dura la maniobra. En este caso ambos faros siguen el recorrido de la curva, realizando giros diferentes cada uno de ellos según el lado hacia el que se realiza el giro. El margen de giro es de unos 15 grados, lo que supone radios de giro de hasta 200 metros. La centralita de este sistema utiliza, además de la información del sensor de giro del volante, la de velocidad del vehículo, y con ambas decide, gracias al *software* que contiene, cuántos grados girar cada proyector para que el haz de luz siga el trazado de la curva. Los sistemas dinámicos de luces de curvas van reforzados en muchas ocasiones por un sistema estático.

Figura 5.138. En la imagen superior visibilidad de la curva sin corrección de faros. En la imagen inferior luces de curvas activadas.

Figura 5.140. Luz antiniebla delantera empleada como luz de curvas estática.

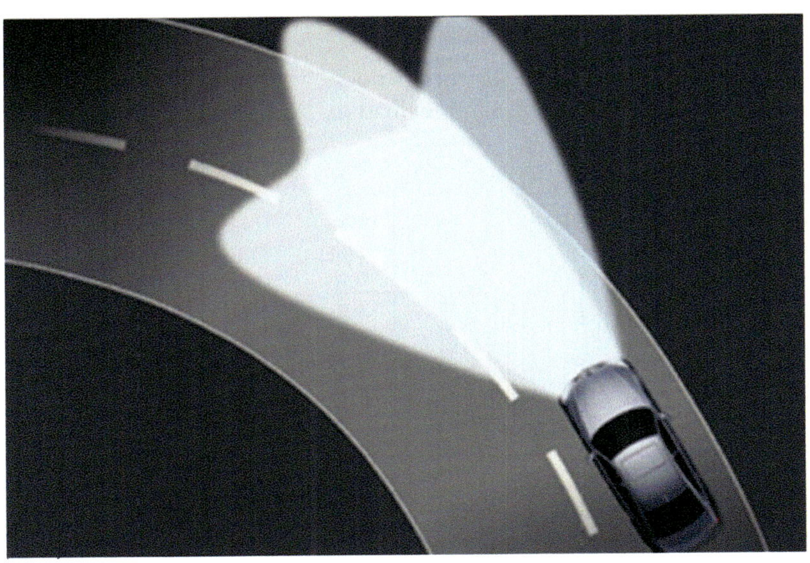

Figura 5.139. Ejemplo de luz de curvas activada.

Sabías que...?

Un faro bixenón con luces dinámicas de curvas cuenta con, al menos, tres motores: un motor de regulación automática de altura, un motor para cambiar de luz de cruce a luz de carretera y un motor para girar el faro si se activa la luz de curvas.

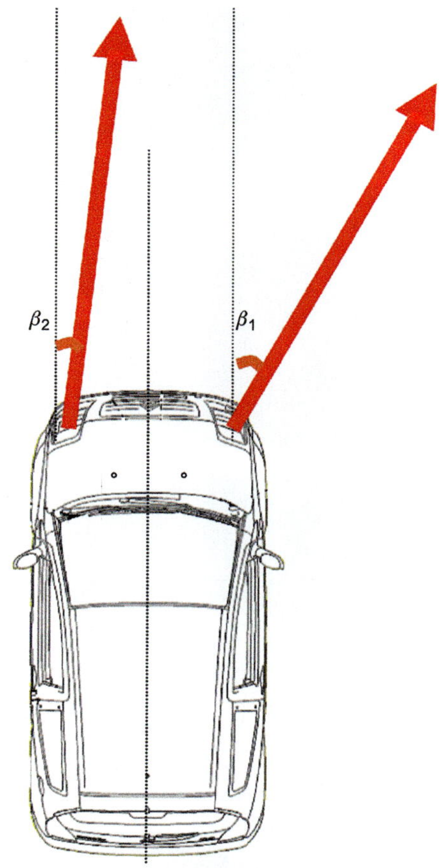

Figura 5.141. Ángulo de las luces de curvas durante un giro a la derecha.

Los pasos a seguir para la comprobación de las luces de curvas son los siguientes:

1. Deben estar activadas las luces de cruce y desactivada la marcha atrás.
2. El motor funcionando y el vehículo a una velocidad inferior a 60 km/h. El ángulo del volante será como mínimo de 25°.
3. Comprobar que las luces de curvas no se activan si la velocidad del vehículo supera los 60 km/h y la luminosidad de las lámparas variará según el ángulo del volante.

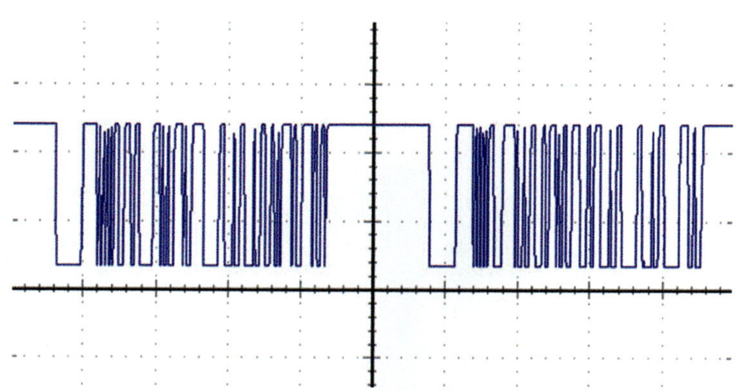

Figura 5.142. Señal recibida por el motor de un faro direccional.

Un temporizador se activa a velocidades inferiores a 10 km/h para impedir el deterioro de los faros y las lámparas. Dicho temporizador solo permite el encendido de las lámparas durante unos segundos.

ACTIVIDAD **Propuesta 5.36**

¿Qué información recibe la centralita en un sistema de luz de curvas dinámico?

ACTIVIDAD **Propuesta 5.37**

¿Bajo qué condiciones se activan las luces de curvas?

ACTIVIDAD **Propuesta 5.38**

¿Es igual el ángulo de la luz de curvas de ambos faros? ¿En todos los sistemas?

5.11. Sistemas de iluminación inteligente

La iluminación inteligente adapta el alumbrado y la señalización a cada momento de la conducción. Para ello emplea una serie de sensores situados estratégicamente en el vehículo, que informan acerca de la situación de la carretera a la centralita del sistema. Esta, a su vez, actúa sobre los motores del faro y activa las luces necesarias.

Figura 5.144. Sistema de iluminación inteligente de un BMW X5.

Figura 5.143. Diferentes distribuciones de luz ofrecidas por un sistema de iluminación inteligente.

Los sistemas de alumbrado inteligente utilizan faros bixenón o faros led. En ambos casos ofrecen varias distribuciones de luz, pero empleando diferentes sistemas.

El alumbrado inteligente con bixenón ofrece entre 5 y 9 distribuciones de luz. En el caso de los faros led estas distribuciones de luz son casi infinitas, ya que se logran encendiendo y apagando diferentes ledes.

Las distribuciones de luz ofrecidas por estos sistemas varían en función del fabricante. A continuación se enumeran algunos ejemplos:

- **Luz para autopista:** se conecta a partir de 140 km/h o a partir de 110 km/h si se mantiene esta velocidad más de 30 segundos. En algunos vehículos se conecta a partir de los 100 km/h si el sensor del volante no detecta giros propios de una carretera nacional. El haz de luz se proyecta más lejos y se acentúa la iluminación del arcén izquierdo.
- **Luz ante un cruce de calles:** estos cruces son identificados gracias al navegador. La distribución de luz es más amplia, muy especialmente por la derecha para detectar peatones cruzando, vehículos, etcétera.
- **Luz ciudad:** se activa a menos de 50 km/h. Distribución de luz más amplia y de menor alcance.
- **Luz para zonas de recreo:** funciona entre 5 y 30 km/h, en zonas donde es necesaria una especial precaución con los peatones. Cada faro gira unos 8 grados respecto al arcén de la calzada.
- **Luz para meteorología adversa:** si el sensor de lluvia detecta lluvia o se activa el limpiaparabrisas se activa esta distribución de luz. Se iluminan con más potencia los arcenes y, en algunos sistemas, se reduce la potencia del faro izquierdo para disminuir la reflexión de la luz en la calzada mojada, y se aumenta la potencia del faro derecho para alumbrar mejor el arcén.
- **Luz de carretera:** en muchos vehículos coincide con la de autopista. Distribución de luz con un alcance luminoso total.

Sabías que...?

Según investigaciones realizadas por la Universidad Técnica de Giessen (Alemania) en colaboración con la iniciativa europea *Light Sight Safety* (Luz, Vista y Seguridad), a velocidades de 80 km/h los conductores que circulan con luces de largo alcance antideslumbrantes detectan imprevistos 32 metros antes que los conductores de vehículos equipados con faros halógenos convencionales o de xenón, lo que da al conductor 1,4 segundos adicionales de tiempo de reacción.

Figura 5.145. Iluminación adaptativa de Hyundai.

Otras funciones que ofrecen los sistemas de iluminación inteligente pueden ser:

- **Luz de curvas estáticas o dinámicas:** algunos sistemas, cuando se aproxima una curva, iluminan ese lado con antelación gracias a la información del sistema de navegación por GPS. Se adelantan incluso al giro del volante del conductor.
- **Luz de largo alcance antideslumbrante:** conexión y desconexión automática de la luz de carretera cuando la cámara detecta otro vehículo de frente. La mayoría de sistemas sustituye la luz de cruce por la de carretera automáticamente a partir de una determinada velocidad en zonas poco pobladas, aportando al conductor

mucha más claridad. Cuando la cámara detecta que un vehículo se aproxima de frente, el sistema desactiva algunos ledes creando un cono alrededor del vehículo al que podemos deslumbrar. De esta manera no es necesario desactivar las luces de carretera.

- **Encender varios ledes con tres breves destellos** consecutivos cuando detecta un peatón o un animal grande. De esta forma avisa al peatón y al conductor del peligro.
- **Iluminar los intermitentes de forma dinámica** para que sea más intuitivo, ya que se mueve la luz en la dirección de giro del vehículo.
- **Variar el número de ledes que se encienden** y la intensidad con que se encienden en los pilotos traseros, en función de las condiciones de luz del exterior y de la velocidad del vehículo.
- **Cambio de la distribución de luz** cuando se viaja a países con circulación por la izquierda. El conductor no tiene que tapar ciertos sectores en el dispersor del faro.

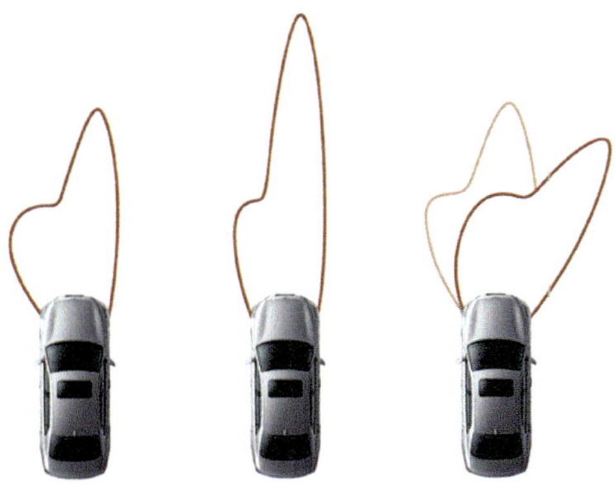

Figura 5.146. Ejemplo de tres posibles distribuciones de luz del sistema de iluminación inteligente de Hyundai.

Figura 5.148. Funcionamiento de un sistema de luces adaptativas.

Estos son solo algunos ejemplos de las posibilidades que ofrece la utilización de las tecnologías led, OLED o láser. Estas nuevas tecnologías nos permiten implementar casi cualquier idea que nuestra imaginación alcance, por lo que es seguro que los fabricantes de sistemas de iluminación nos seguirán sorprendiendo.

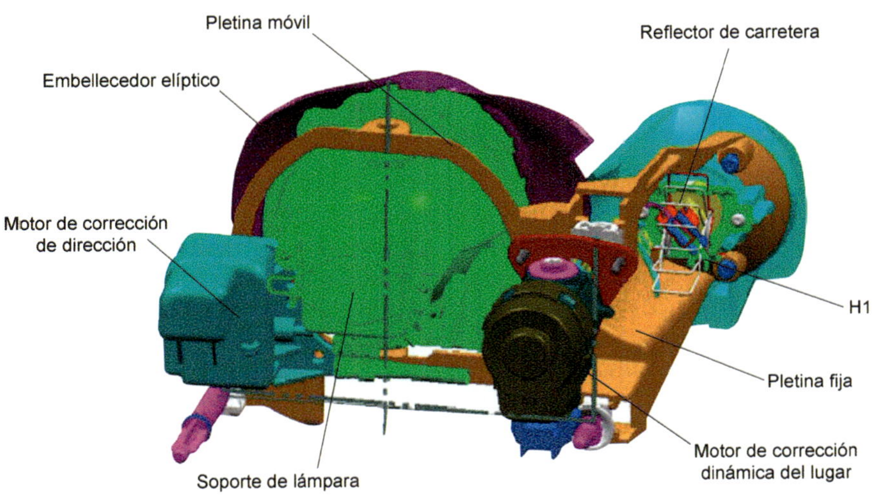

Figura 5.147. Componentes de un faro direccional de Citroën.

5.11.1. Evolución de los sistemas de iluminación inteligente

Los primeros sistemas de iluminación inteligente que salieron al mercado ofrecían cinco posibles distribuciones de luz sobre la calzada, adaptándose únicamente a la velocidad del vehículo y a las condiciones meteorológicas, empleando sensores de lluvia, luz y velocidad.

Figura 5.149. Vehículo con sistema de iluminación inteligente.

Más adelante, gracias a la utilización del navegador, el sistema no solo se adapta a la velocidad del vehículo y a las condiciones meteorológicas, sino también al trazado de la calzada en cada instante. El sistema de luces puede predecir qué va a encontrar y así tener más margen de actuación, como por ejemplo encender el alumbrado de cruce para calles residenciales antes de un cruce o poner el alumbrado de carretera nacional o de autopista al entrar en estas vías.

Figura 5.150. Módulo bixenón oscilante.

El empleo de cámaras y de sensores de radar de largo alcance ha hecho posible la conmutación automática entre luces de cruce y carretera. Estos sensores informan a la centralita acerca de si hay un vehículo circulando delante del nuestro, a qué velocidad va y a qué distancia se encuentra. También informan sobre los vehículos que circulan en sentido contrario y podemos deslumbrar.

El sistema activa el alumbrado de carretera si no hay ningún vehículo delante ni circulando en sentido contrario, e incluso alarga el alcance luminoso hasta que un vehículo al que podamos deslumbrar aparezca ante nosotros. En ese momento va disminuyendo el alcance hasta el límite posible para no deslumbrar al otro conductor, y finalmente conmuta a luz de cruce. El sistema funciona a una velocidad mínima de 50 km/h y la conmutación es muy rápida, del orden de milisegundos. La luz de cruce alcanza de 65 a 300 metros, aunque la cámara detecta objetos a 800 metros. En cualquier momento se puede pasar a cortas manualmente con un toque a la palanca de las luces y con otro toque vuelven a la posición automática.

También los sistemas de iluminación inteligente se adaptan a la tecnología led y, aunque originalmente estaban constituidos por faros bixenón, los faros led resultan de gran utilidad para lograr diferentes distribuciones de luz.

Figura 5.151. Módulo de luz con viraje para luz adaptativa.

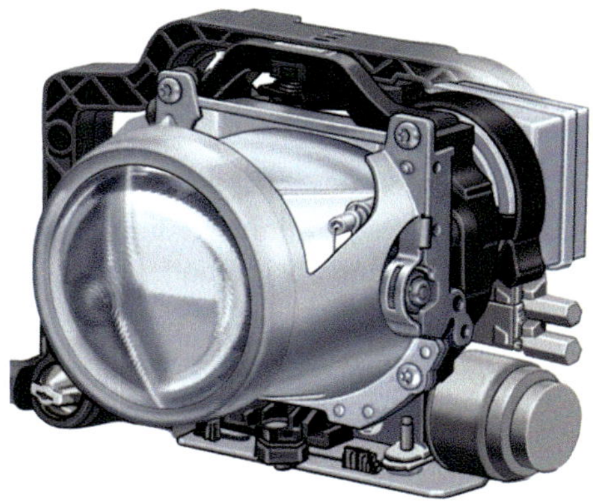

Figura 5.152. Proyector de un faro adaptativo de un Opel Insignia.

Todos estos sistemas pueden combinarse con un sistema de luz de curvas, ya sea estático o dinámico.

5.11.2. Componentes de un sistema de iluminación inteligente

Diferenciamos entre alumbrado inteligente y señalización inteligente, aunque en ambos casos los componentes del sistema se pueden sintetizar en los siguientes:

- Diferentes sensores ubicados en el vehículo.
- Una centralita que contiene un microprocesador.
- Un *software* contenido en dicho microprocesador.
- Actuadores en los faros, normalmente motores de corriente continua.

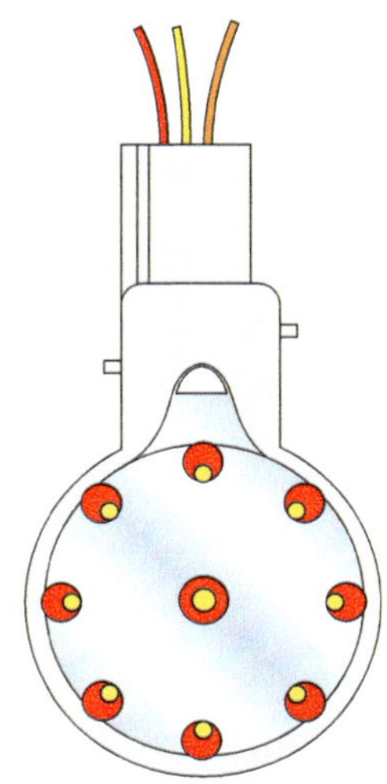

Figura 5.153. Sensor de lluvia.

En el siguiente esquema observamos la estructura de un sistema de iluminación inteligente:

Sensores

Los sensores que participan en los sistemas de iluminación inteligente son los siguientes:

- Sensor de lluvia.
- Sensor de luz.
- Sensor solar de la climatización.
- Sensor de estado del firme (seco/mojado).
- Captador de velocidad del vehículo.

- Sensor de giro del volante.
- Cámara multifunción.
- Sensores de radar de largo alcance.
- Sistema de navegación.

No todos los sistemas existentes en el mercado contienen todos estos sensores ni ofrecen todas estas posibilidades, sino que están formados por diferentes combinaciones de ellas.

La cámara multifunción y los sensores de radar de largo alcance se estudiarán en la Unidad 9, en el apartado de sensores.

Figura 5.154. Alumbrado con sistema de iluminación inteligente. Se observa un haz amplio y de largo alcance, ya que no hay ningún vehículo al que se pueda deslumbrar.

Figura 5.155. LDR.

Sensor de lluvia

El sensor de lluvia está emplazado en el parabrisas y formado por un diodo emisor de luz (led), una célula fotosensible basada en un fototransistor y un conjunto electrónico. El diodo emite un rayo de luz que, en caso de estar seco el parabrisas, lo atraviesa. Pero cuando dicho rayo de luz encuentra una gota de agua será en parte reflejado, y por tanto detectado por la célula fotosensible, que a su vez está conectada al conjunto electrónico para que actúe sobre la centralita de alumbrado.

Sensor de luz

El sensor de luz y oscuridad está formado por una resistencia variable (LDR) y un transistor (*véase* Unidad 6). A la unión de ambos le llamamos fototransistor.

La LDR disminuye su valor óhmico al recibir más luz, lo que desactiva el paso de corriente a través del transistor apagando las lámparas.

Un conjunto electrónico contiene todos estos componentes, y está ubicado, normalmente, en la parte superior del parabrisas.

Sensor solar de la climatización

Está formado por un fotodiodo y una electrónica de mando, ubicados normalmente en el salpicadero, cerca de la luna. El fotodiodo es un semiconductor que tiene la propiedad de permitir el paso de corriente en una proporción directa a la radiación solar recibida. Este sensor es muy utilizado para el sistema de climatización, transformando esta medición de radiación solar en un valor de temperatura dentro del habitáculo. En el caso de la iluminación inteligente sirve para conocer las condiciones meteorológicas y de visibilidad.

Captador de velocidad del vehículo

El captador de velocidad del vehículo puede ser de diferentes tipos:

- Inductivo.
- Hall.
- Tacométrico (basado en el efecto Hall).

Y puede estar ubicado en:

- El cubo de rueda o en el cojinete de rueda.
- Una corona dentada en la caja de cambios.

Los sensores ubicados en el cubo de rueda miden la velocidad de giro de las ruedas y, a partir del número de revoluciones que mide el sensor, los sistemas de navegación calculan la distancia recorrida. Pueden ser inductivos o de efecto Hall, siendo estos últimos tan pequeños que se pueden montar adosados al cojinete de rueda o dentro de él. Estos sensores son empleados por las centralitas de los sistemas ABS y de control de estabilidad.

Los sensores ubicados en la caja de cambios pueden ser de tres tipos: de cable, Hall o inductivos.

Los sistemas de cable consisten en un cable flexible que va conectado, por un lado, a una serie de engranajes en la transmisión, y por otro al indicador de velocidad. Dicho cable lleva fijado un pequeño imán, y el eje de la aguja del indicador lleva fijada una pieza de aluminio en forma de dedal. Al girar la rueda de la transmisión gira el cable, y con él el imán. La variación de campos magnéticos debida al giro del imán cerca del dedal induce en este último una tensión, la cual genera un nuevo campo magnético. De esta forma el imán arrastra al dedal y este, a su vez, a la aguja en el sentido de su rotación.

Los sensores inductivo y Hall funcionan en una rueda dentada a la salida de la caja de cambios.

Sabías que...?

En vehículos especiales con importante resbalamiento a la tracción, como por ejemplo un tractor, se emplea un sensor de radar. El conjunto emisor/receptor de las ondas de radar alcanza el suelo oblicuamente. Teniendo en cuenta que el vehículo se va acercando al lugar donde rebota la onda emitida, según el efecto Doppler recibirá reflejada una frecuencia mayor que la enviada. La velocidad lineal del vehículo será directamente proporcional al incremento de frecuencia (entre la enviada y la recibida).

Sensor de ángulo del volante de dirección

El sensor de ángulo del volante de dirección mide el ángulo del giro realizado por el volante en cada instante. Con este dato la centralita conoce la trayectoria que lleva el vehículo, y si el conductor se dispone a realizar un giro.

Existen sensores que miden, cómo máximo, 360°, pero el volante de un turismo describe un cambio de ángulo máximo de 720° (cuatro vueltas de tope a tope). Los sensores empleados pueden ser de tres tipos:

- Potenciómetros.
- Sensores Hall.
- Sensores magnetorresistivos o sensores ópticos.

El **sensor Hall** empleado para medir el ángulo del volante de dirección cuenta con 14 circuitos integrados Hall. Nueve de ellos se encargan de obtener información sobre el ángulo, y los otros cinco sobre el número de vueltas del motor.

Un imán permanente genera un campo magnético que es medido por un elemento Hall. Dicho elemento, al ser atravesado por una intensidad de corriente, convierte el campo magnético del imán en una diferencia de potencial, creando una tensión o señal Hall. Un disco codificado metálico gira entre el imán y el elemento Hall, interponiéndose periódicamente entre ambos. Cuando el disco actúa de barrera entre el imán y el Hall, este último no detecta el campo magnético. De esta forma la centralita que recibe la señal cuadrada generada por el Hall puede conocer el número de vueltas del volante y el ángulo de giro del mismo.

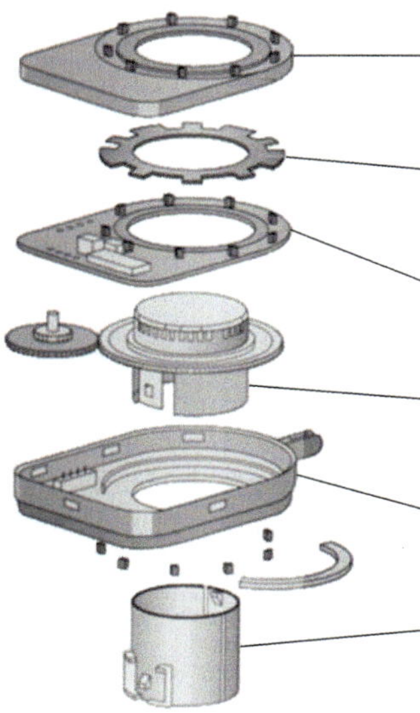

Figura 5.156. Despiece del sensor Hall de ángulo de volante de dirección.

El **sensor magnetorresistivo** se basa en el principio de que su resistencia eléctrica varía en función del sentido de un campo magnético externo. Una corona dentada fija al árbol de dirección acciona dos ruedas dentadas. Una de ellas cuenta con un diente más para poder asignar a cada posición del volante dos valores y dos células de medición determinan la posición de ambas ruedas, que es tratada por un microprocesador.

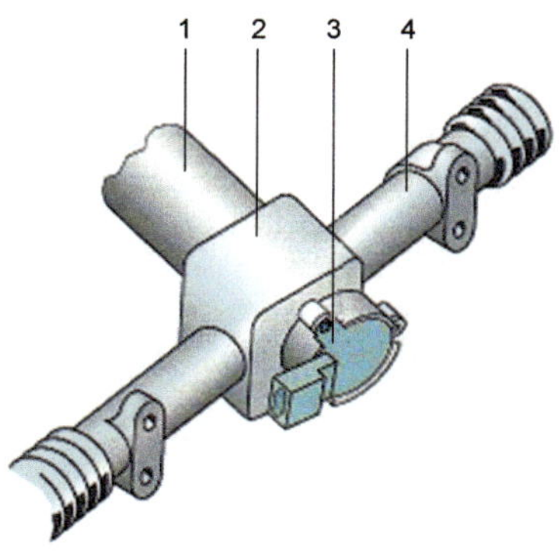

1. Columna de dirección.
2. Engranaje de la dirección.
3. Sensor de ángulo de la dirección.
4. Barra cremallera.

Figura 5.157. Sensor magnetorresistivo marca Bosch.

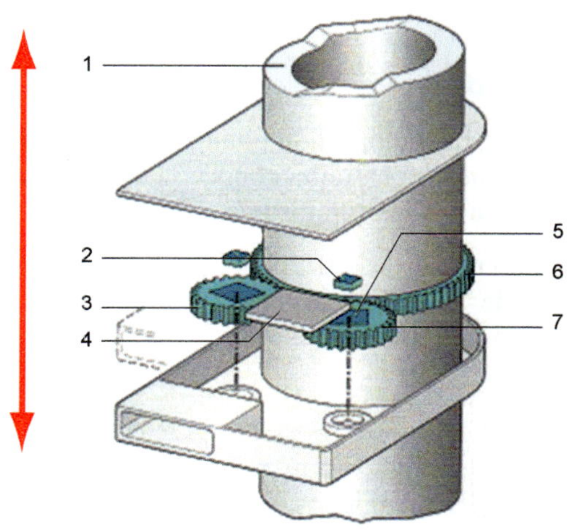

1. Árbol de dirección.
2. Célula de medición.
3. Rueda dentada.
4. Electrónica de evaluación.
5. Imanes.
6. Corona dentada con más dientes que la rueda dentada 3.
7. Rueda dentada con un diente más que la rueda dentada 3.

Figura 5.158. Sensor magnetorresistivo marca Bosch.

Los **sensores ópticos** de medición de ángulo del volante están formados por un disco con dos anillos codificados que actúan como máscara de sombras, una fuente de luz ubicada entre ambos y dos sensores ópticos frente a la fuente de luz. Si al girar el volante la luz no penetra en los orificios se produce tensión en los sensores ópticos. En uno de los anillos se forma una señal regular, y en el otro una señal irregular. La centralita compara ambas señales para calcular el ángulo de giro del volante. El sensor, además, cuenta con un contador de vueltas completas del volante para poder medir los 720°.

Sistema de navegación

El sistema de navegación, aunque no es un sensor, es una fuente de información para la centralita. Aporta al sistema datos como situación del tráfico, aproximación a un cruce, circulación por una carretera nacional o por una autopista, etc. Para que un vehículo cuente con un sistema de navegación debe tener una antena GPS que indique al sistema la situación exacta del vehículo en cada instante. Este sistema envía radiaciones que son devueltas por un repetidor (un satélite) que indica al vehículo dónde está. El sistema tiene memorizados los planos y mapas de los lugares atravesados por el vehículo para comparar la señal enviada por el GPS con dichos planos y mapas. Actualmente, además, la posibilidad de conexión a internet mediante un sistema wifi aporta mucha más información, como el estado de la carretera, situación del tráfico, etcétera.

Recuerda que...

GPS significa ***Global Position System*** (sistema global de posicionamiento o localización). La antena de nuestro sistema envía ondas a un mínimo de tres satélites que contestan indicando las coordenadas de posición de dicha antena.

Software

La centralita del sistema de iluminación inteligente recibe datos de todos los sensores anteriores y debe procesarlos. Para ello se sirve de un *software*.

El *software* empleado es muy potente, ya que no solo procesa señales eléctricas como las de los sensores de radar o velocidad, sino también imágenes enviadas por la cámara. Además, cada vez son más los sensores que participan en este sistema, y esto obliga a la utilización de *software* más complejos.

Actuadores

Los actuadores de un sistema son aquellos elementos que reciben una orden desde la centralita en forma de señal eléctrica y actúan modificando el sistema. En este caso son los diferentes motores que mueven las ópticas de los faros, así como las señales enviadas para encender mayor o menor número de ledes, o dar mayor o menor intensidad de luz a una lámpara. Estos motores son paso a paso o motores de corriente continua que trabajan a tensiones pequeñas.

Sabías que...?

Algunos ejemplos de sistemas de iluminación inteligente son los siguientes:

- Sistema AFS (*Advanced Frontlighting System*) de Hella, llamado *Intelligent*.
- *Light System* de Mercedes-Benz.
- Sistema ALS (*Adaptative Light System*) de Audi.
- Sistema AFL (*Adaptative Forward Lighting*) de Opel.

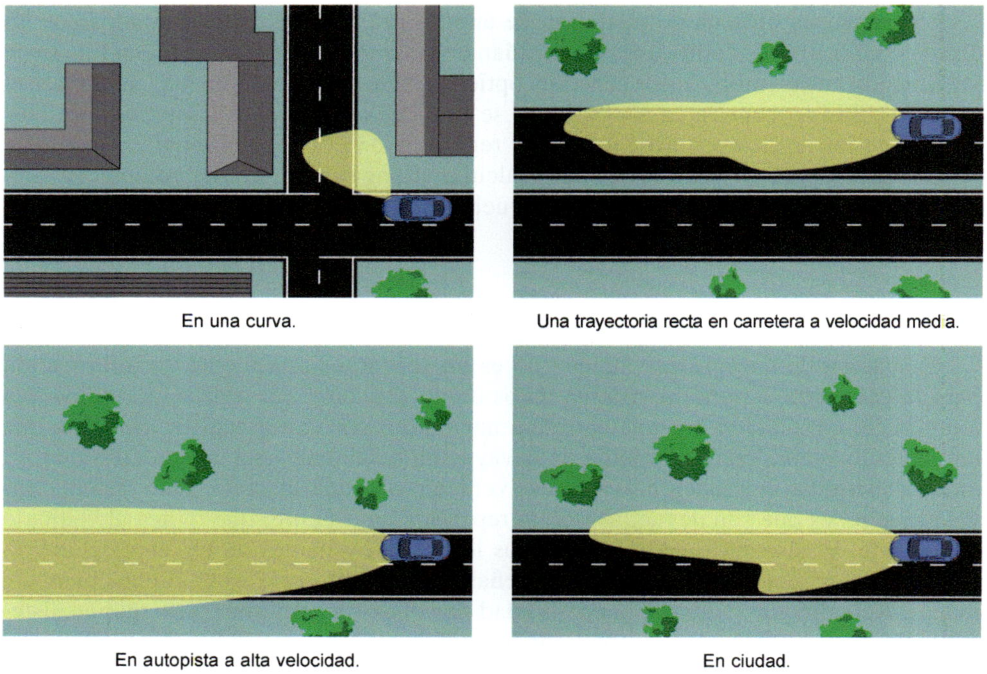

Figura 5.159. Diferentes distribuciones del haz luminoso de un vehículo con sistema de iluminación inteligente.

1. Módulo bixenón con motor para conmutar cruce-carretera.
2. Luz de curvas.
3. Centralita de intensidad luminosa.
4. Centralita VARILIS de iluminación inteligente.
5. Bobina de encendido del xenón.

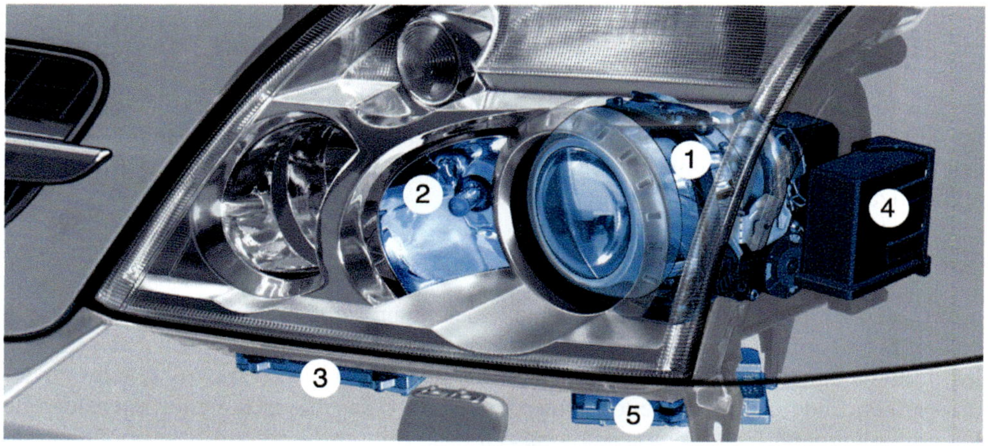

Figura 5.160. Sistema AFS de Opel Signum.

ACTIVIDAD **Propuesta 5.39**

¿Cómo funciona un sensor de radiación solar?

ACTIVIDAD **Propuesta 5.40**

¿Cómo funciona un sensor magnetorresistivo?

ACTIVIDAD **Propuesta 5.41**

¿Qué utilidad tiene la información del navegador para la gestión de la iluminación inteligente?

5.12. Sistemas de visión nocturna por infrarrojos

Los sistemas de visión nocturna por infrarrojos detectan cualquier objeto que se interponga en la trayectoria del vehículo y avisa al conductor de diferentes maneras, dependiendo del modelo y marca de vehículo. La cámara de infrarrojos detecta fuentes de calor, por lo que es efectiva con animales y peatones principalmente. Los sistemas de aviso de riesgo de atropello son los siguientes:

- El sistema muestra en el *display* o proyecta en el parabrisas la silueta del objeto encontrado. Informa sobre la distancia a la que se encuentra.
- Además de lo anterior el sistema activa la iluminación de delimitación de personas o zonas peligrosas, necesaria para que el conductor vea antes al objeto. Ilumina de forma más potente a las personas que se cruzan y otros obstáculos en la carretera, y para ello se emplean segmentos led controlados individualmente.
- Una señal visual o acústica avisa al conductor.

Algunos sistemas solo avisan de la presencia de peatones en la calzada; si se trata de un animal aparece su silueta en la pantalla, pero no hay ningún aviso acústico ni visual. En otros casos el sistema no solo detecta peatones o situaciones de peligro, sino que determina si hay riesgo de atropello o no. Esto lo hace marcando al peatón en rojo si existe riesgo de atropello y acompañándolo de una señal acústica. Si no hay riesgo el peatón aparece en amarillo y no emite señal acústica.

Sabías que...?

Algunos ejemplos en el mercado de sistemas de visión nocturna por infrarrojos son Adilis de Hella, Night Vision de BMW y Visión Nocturna de Mercedes (Clase E y Clase S).

Figura 5.161. Detección de personas en la calzada por un sistema de visión nocturna.

El sistema está formado por una cámara de infrarrojos, un faro de infrarrojos con lámpara halógena, un filtro, una pantalla o *display* y una centralita con un *software* capaz de procesar la imagen.

El funcionamiento es el siguiente: el faro de infrarrojos alcanza hasta 300 metros y su luz infrarroja refleja sobre un posible objeto. Dicho reflejo llega a la cámara de infrarrojos, colocada detrás de la parrilla delantera o en la parte superior del parabrisas, y es enviada a la centralita que, gracias al potente *software* con que cuenta, procesa la información y envía un mensaje o figura a la pantalla o al parabrisas. En realidad son varios procesadores (normalmente tres) los que calculan la trayectoria del vehículo y los movimientos del exterior.

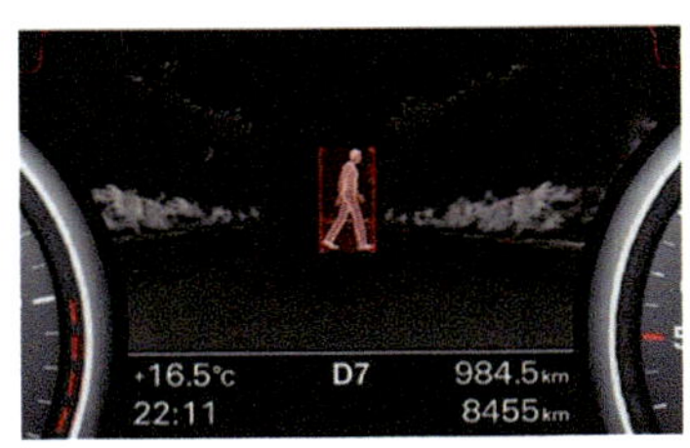

Figura 5.162. Imagen que aparece en la pantalla o *display* al detectar el sistema de visión nocturna un peatón.

Mapa conceptual

FUNDAMENTOS LUMINOTÉCNICOS

- Flujo luminoso
- Intensidad luminosa
- Iluminancia
- Luminancia
- Cantidad de luz
- Rendimiento luminoso
- Temperatura de color

FUENTES LUMINOSAS

- Incandescentes
- Halógenas
- Xenón
- Led y OLED
- Inscripciones en lámparas

FAROS

- Componentes
- Focos geométricos
- Clasificación según su reflector
  - Homofocal
  - Bifocal
  - Elipsoidal
  - De geometría libre
  - Elipsoidal combinado con geometría libre
- Faros de xenón
- Faros bixenón
- Faros led
- Faros con iluminación láser
- Faros de señalización
- Normativa para faros
- Sistemas de seguridad en los faros con centralita electrónica
- Diagnosis de averías

SISTEMAS DE ILUMINACIÓN AVANZADOS

- Luces de curvas
- Sistemas inteligentes y adaptativos
- Sistemas de visión nocturna

Actividades finales

Cuestiones

5.1. El flujo luminoso es:
- a) La relación entre el flujo luminoso incidente y la superficie iluminada.
- b) La potencia total emitida captada por el ojo humano.
- c) La radiación emitida de forma constante en el tiempo por una fuente luminosa.

5.2. ¿Qué lámparas cuentan con una fase de encendido y una fase de mantenimiento?
- a) Halógenas.
- b) Led.
- c) Xenón.

5.3. ¿Cuál de las siguientes afirmaciones es correcta?
- a) Las lámparas de xenón requieren mayor ventilación que los ledes.
- b) La vida útil de los ledes es mayor que la de las lámparas de xenón.
- c) Las lámparas de xenón ofrecen mayor temperatura de color que los ledes.

5.4. ¿Qué indica la denominación E1?
- a) Número de homologación de la lámpara.
- b) País en el que se ha ensayado y homologado.
- c) Tensión nominal.

5.5. Cuando el foco geométrico de un reflector coincide con la fuente luminosa significa que:
- a) El haz de luz es convergente.
- b) El haz de luz es divergente.
- c) El haz de luz es recto.

5.6. ¿Qué faros cuentan con una lente y un panel que actúa de diapositiva?
- a) Faros de reflector elipsoidal.
- b) Faros de reflector bifocal.
- c) Faros de reflector con geometría libre.

5.7. Si el sistema de seguridad de un faro de xenón detecta que una lámpara está defectuosa:
- a) Desconecta durante unos segundos.
- b) Reduce la tensión de alimentación.
- c) Limita el número de veces que se enciende la lámpara.

5.8. Los sensores e inclinación del eje en un sistema de regulación automática de alcance luminoso pueden ser:
- a) Mecánicos de altura, de ultrasonidos o de radar.
- b) Eléctricos, de ultrasonidos o de radar.
- c) Eléctricos, de ultrasonidos o mecánicos de altura.

5.9. La tecnología led está más extendida en:
- a) El alumbrado.
- b) La señalización.
- c) En ambos por igual.

5.10. Los sistemas de iluminación inteligente:
- a) Solo emplean faros led.
- b) Emplean faros led o faros de xenón.
- c) Solo emplean faros halógenos o de xenón.

Responde

5.1. ¿Qué relación hay entre el rendimiento luminoso y el flujo luminoso?

5.2. ¿Qué es un reflector de geometría libre?

5.3. ¿Qué componentes forman un faro bixenón?

5.4. Indica las diferencias entre las distintas generaciones de faros xenón.

5.5. ¿Qué sensores intervienen en la regulación de altura de un faro xenón?

5.6. ¿Qué comprobaciones realizaremos en un sistema lavafaros ante una avería?

5.7. Indica dónde está el dispersor en los siguientes faros:
- Con reflector paraboloide.
- Con reflector FF.

5.8. Nombra las nuevas tecnologías que conozcas en el campo de la iluminación en vehículos y explica sus ventajas.

5.9. ¿En qué sistemas se mueve el proyector dentro del faro?

5.10. ¿En qué consiste la luz de curvas estática?

5.11. Nombra los sensores que podemos encontrar en un sistema de iluminación inteligente.

5.12. ¿Qué mide el sensor de ángulo de volante de dirección?

5.13. Nombra los actuadores que conoces que pueden pertenecer a un sistema de iluminación inteligente.

5.14. ¿Qué detecta una cámara de infrarrojos? ¿Cuál es su aplicación al vehículo?

Realiza

5.1. Una lámpara de cruce tiene una iluminancia de 28 luxes. Calcula su intensidad luminosa si se encuentra a 4 metros de una superficie sobre la que el haz de luz incide a 33°.

5.2. Identifica distintos tipos de faros y sus componentes.

5.3. Cambia una lámpara de cruce y otra de freno en un vehículo.

5.4. ¿A qué tipo de lámparas corresponden las siguientes imágenes?

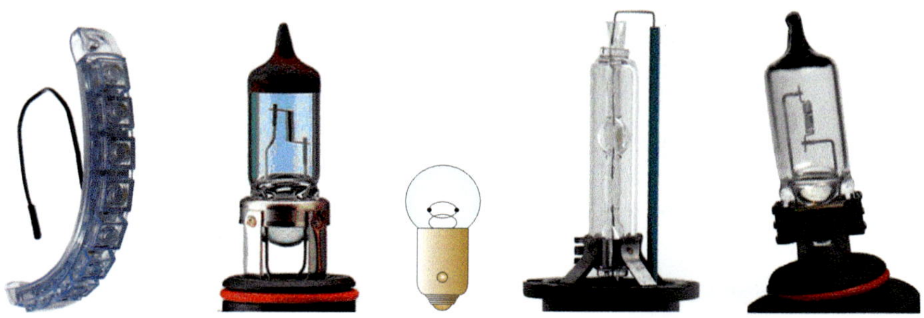

5.5. Verifica un sistema lavafaros: ruidos en la bomba, fugas en el tubo flexible, válvula obturada, tobera obturada, brazo telescópico.

5.6. ¿Cómo actúa un sistema de iluminación inteligente en los siguientes casos?

a) Conducción nocturna muy oscura sin ningún vehículo circulando delante ni de frente.

b) Con la luz de carretera activada nos vamos acercando a un vehículo que circula delante.

5.7. Interpreta las inscripciones de distintas lámparas en el taller.

5.8. Nombra los componentes del faro en la siguiente imagen.

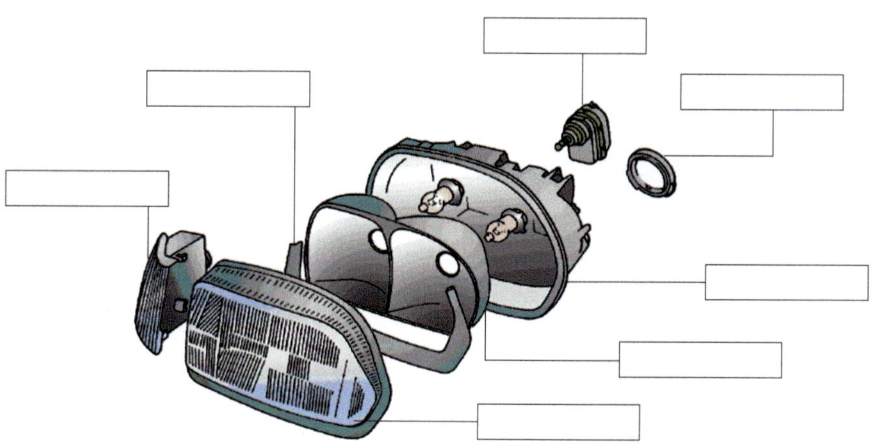

5.9. Interpreta la siguiente inscripción de un faro:

5.10. ¿Qué representa la siguiente imagen? Nombra los componentes marcados.

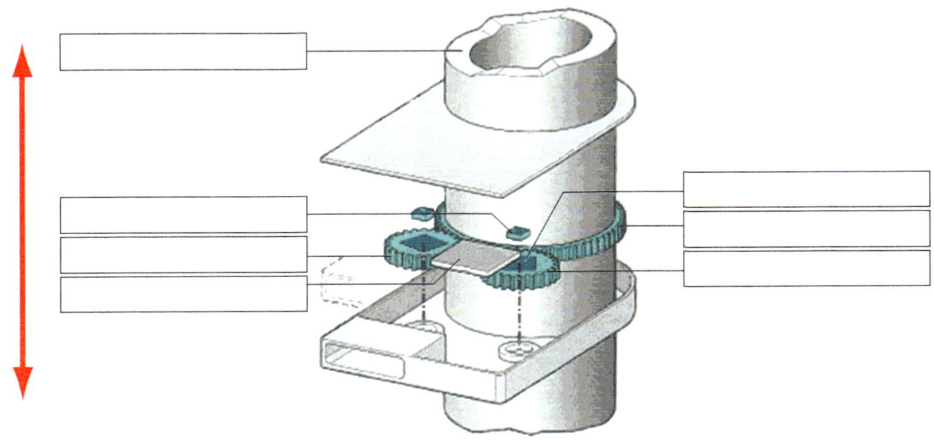

5.11. Desmonta una cámara y un sensor de radar en un vehículo.

6 Circuitos de alumbrado y señalización

La iluminación en el vehículo es un importante elemento de seguridad, ya que permite al conductor ver y ser visto. La idea de un alumbrado para la circulación nocturna o en condiciones meteorológicas adversas se ha ampliado con la obligatoriedad del empleo de luces de conducción diurna.

En esta unidad se recogen los diferentes tipos de alumbrado, sus características, normativa y esquemas eléctricos. A modo de introducción se expone una pequeña guía de los circuitos desarrollados:

- Posición, cruce y carretera.
- Antiniebla.
- Intermitencia y emergencia.
- Luz de día.
- Luces de freno.
- Luces de marcha atrás.
- Luces especiales.
- Luz interior.

Para mayor comodidad del conductor muchos vehículos cuentan con un sistema de conexionado automático de luces. Dicho circuito conecta automáticamente las luces de posición y cruce cuando la cantidad de luz en el exterior es insuficiente. También la regulación de faros es ahora más sencilla para el conductor, gracias a los sistemas automáticos de regulación de alcance luminoso, obligatorios en vehículos con alumbrado xenón.

6 Circuitos de alumbrado y señalización

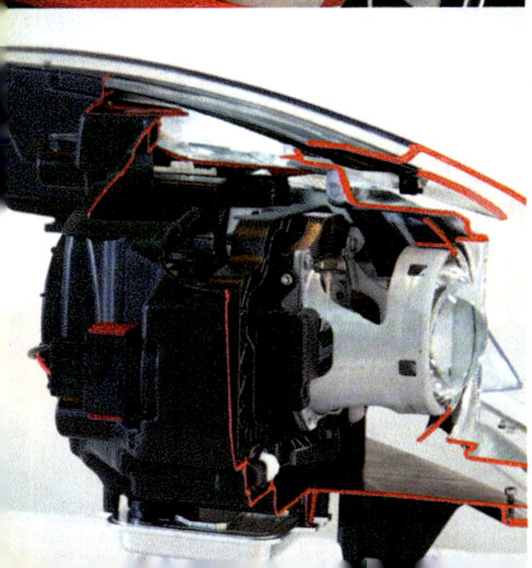

¿Sabes ...

...consultar sobre alumbrado y señalización en un manual técnico?

...calcular consumos, secciones de cables y fusibles para una instalación eléctrica de alumbrado o señalización?

...realizar una regulación de faros?

...diagnosticar un sistema de alumbrado o señalización de un vehículo?

Contenidos

Objetivos

- Conocer la constitución y el funcionamiento, así como los esquemas eléctricos de los circuitos de alumbrado y señalización.
- Interpretar la documentación técnica y conexionar conductores y cableado.
- Determinar consumos y calcular la sección de conductores.
- Calcular fusibles y realizar la regulación de los faros.
- Estudiar la legislación vigente: normativas de alumbrado.
- Diagnosticar circuitos de iluminación.

6.1. Circuitos de alumbrado y señalización

La evolución de los sistemas de iluminación supone también un gran cambio de los circuitos de alumbrado y señalización. Los circuitos de alumbrado incorporan cada vez más sensores y actuadores para adaptar el haz de luz a las necesidades de iluminación de cada momento.

Una parte muy importante de la iluminación de un vehículo son sus circuitos de señalización. Sin ellos el conductor no sería advertido de la intención de frenar de otro vehículo, de girar o maniobrar marcha atrás.

La Ley sobre Tráfico, Circulación de Vehículos a Motor y Seguridad Vial (Ley 18/1989), modificada en el RD 339/1990, modificado a su vez en el RD 6/2015, establece para cada circuito de alumbrado y señalización lo siguiente:

- Número de luces.
- Colocación de las luces en el vehículo.
- Funcionamiento de las luces.

Los símbolos de las diferentes luces de alumbrado y señalización del vehículo son internacionales, y algunos de ellos son los mostrados en la Tabla 6.1.

Sabías que...?

Para diagnosticar cualquier esquema de alumbrado o señalización son necesarios los esquemas eléctricos del vehículo. Con ayuda de las explicaciones de la Unidad 2 podremos interpretar cualquier esquema de alumbrado o señalización de diferentes marcas. En ellos encontraremos los mismos componentes que en los esquemas que vamos a estudiar en la Unidad 6.

Tabla 6.1. Símbolos de alumbrado y señalización

Posición	Cruce	Carretera	Antiniebla delantera	Antiniebla trasera	Intermitente
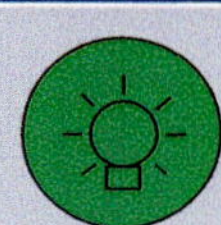	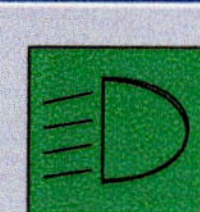	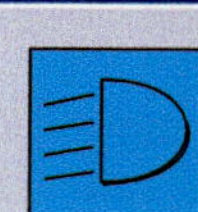	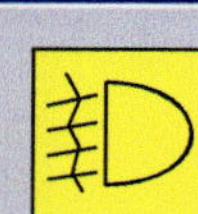		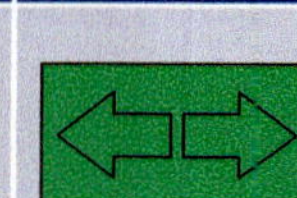

6.2. Alumbrados de posición, cruce y carretera

El alumbrado de posición delantero, cruce y carretera van normalmente agrupados en el faro principal del vehículo. La razón de estudiar los tres circuitos al mismo tiempo es la dependencia existente entre ellos, ya que no se puede comprender el funcionamiento, por ejemplo, de un circuito de cruce y carretera sin conocer el de posición, ni viceversa.

Figura 6.1. Faro delantero.

6.2.1. Alumbrado de posición

La misión de las luces de posición es la de garantizar que el vehículo sea visto por los demás ocupantes de la calzada. Según la normativa vigente, las luces de posición son obligatorias, y prescribe dos luces de color blanco delanteras, dos de color rojo traseras y dos laterales en vehículos cuya longitud supere los 6 metros (excepto en las cabinas con bastidor).

Cualquier circuito de alumbrado o señalización del vehículo se enciende acompañado de la luz de posición trasera, y los circuitos de cruce, carretera y antiniebla delanteras se activan acompañados, además, de la luz de posición delantera.

La colocación de las luces de posición viene determinada por su función de delimitar el perímetro del vehículo para alertar a otros conductores de las dimensiones del vehículo. Por ello, debe tener una altura respecto al suelo comprendida entre 350 mm y 1,5 metros, y una separación entre ambas luces de, como mínimo, 0,6 metros.

Las luces de posición lateral deben cumplir, según la normativa, los siguientes parámetros:

- La distancia máxima de la luz lateral trasera al contorno trasero del vehículo debe ser de 1 metro.
- La distancia máxima a la otra luz de posición lateral del mismo lado debe ser de 3 metros.
- La distancia máxima de la luz lateral delantera al contorno delantero del vehículo debe ser de 3 metros.
- La altura máxima respecto al suelo (delantera y trasera) debe ser, como mínimo, de 250 mm y, como máximo, de 1,5 metros.

Figura 6.2. Luces de posición led.

Recuerda que...

Las luces de posición del vehículo pueden ser lámparas de incandescencia, halógenas o led. Alguna iluminación del interior del habitáculo, como la luz que nos muestra dónde está el *warning* o el mando del elevalunas, se enciende al conectar la luz de posición.

Figura 6.3. Luz de posición incluida en un faro delantero.

Figura 6.4. Lámpara de incandescencia T4W empleada en alumbrado de posición delantero.

Para la homologación de las luces de posición, los fabricantes deben cumplir las directivas europeas y nacionales, las cuales les exigirán determinados ángulos de distribución luminosa, tamaños, color, potencia luminosa, material de fabricación, etcétera.

6.2.2. Alumbrado de estacionamiento

Las luces de estacionamiento, como su nombre indica, tienen la misión de hacer visible al vehículo cuando está estacionado en una vía urbana. Esta función la asumen normalmente las luces de posición. El alumbrado de estacionamiento se debe poder activar sin necesidad de activar ninguna otra luz del vehículo conectada.

Según la normativa vigente pueden tener luces de estacionamiento los vehículos con una longitud menor o igual a 6 metros y una anchura inferior o igual a 2 metros. En caso de llevarlas, deben ser 1 o 2 delanteras de color blanco y 1 o 2 traseras de color rojo.

Su colocación en el vehículo debe seguir las mismas prescripciones que la luz de posición trasera.

6.2.3. Luces de matrícula

La luz de matrícula forma parte del circuito de posición, y debe permitir que los demás conductores puedan leer la matrícula del vehículo. Esta debe estar iluminada de manera que sea legible de noche a 25 metros de distancia.

6.2.4. Alumbrado de cruce

La luz de cruce debe alumbrar la calzada y parte del arcén sin deslumbrar a otros usuarios. No es una luz solo para ser vistos, sino también para ver. Las prescripciones que debe cumplir este tipo de faros están recogidas, además de en la legislación nombrada hasta ahora, en la directiva europea 1999/17/CEE.

Según dicha normativa, la luz de cruce debe constar de dos faros de color blanco en la parte delantera del vehículo, y la distribución de luz ofrecida debe ser asimétrica, para así alumbrar parte del arcén. Dicha distribución variará en países en los que se conduce por la izquierda. La luz de cruce solo se puede conectar con la luz de posición conectada.

La normativa también determina en qué casos un faro de cruce tiene un deslumbramiento nulo. Esto ocurre cuando no excede de 1 lux su iluminancia, medida a la altura del centro del faro y desde 25 metros de distancia.

Figura 6.5. Lámpara de incandescencia R5W empleada para luz de posición trasera.

Figura 6.6. Ejemplo de faro delantero con luces de posición, cruce, carretera y antiniebla.

En cuanto a la ubicación de los faros de cruce en el vehículo, la normativa determina que la distancia respecto al suelo debe estar comprendida entre 0,5 y 1,2 metros, y la distancia entre ambos faros de cruce debe ser, como mínimo, de 0,6 m.

Las lámparas utilizadas en los faros de cruce son halógenas, de descarga de gas o led. Las lámparas de descarga de gas o xenón obligan a incorporar en el faro un sistema de limpieza del dispersor y un sistema de regulación automática del alcance luminoso, precisamente por no cumplir en todo momento las prescripciones en cuanto a deslumbramiento.

La conmutación entre luces de cruce y carretera puede ser de dos tipos:

- Al activar el alumbrado de carretera se queda encendido el de cruce.
- Al activar el alumbrado de carretera se apaga el de cruce.

Dicha conmutación depende, principalmente, del tipo de faro. Si es un faro con una lámpara halógena de doble filamento o un faro bixenón siempre conmuta entre cruce y carretera (no pueden estar encendidas las dos a la vez).

Figura 6.7. Faro de posición, cruce, carretera y antiniebla.

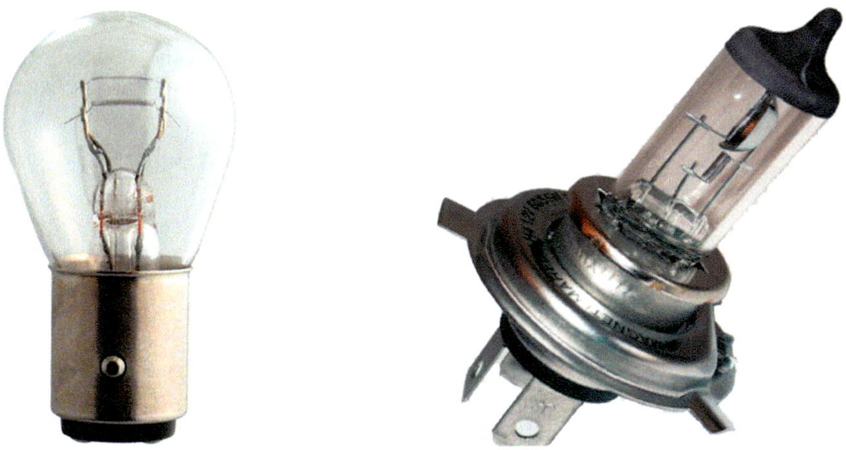

Figura 6.8. Lámparas de doble filamento.

6.2.5. Alumbrado de carretera

La misión de la luz de carretera es alumbrar en momentos de máxima oscuridad, pero siempre con condiciones meteorológicas favorables y sin otros usuarios en la calzada a los que poder deslumbrar (conductores de frente o que circulen delante de nosotros).

El deslumbramiento que estas luces producen por su alta intensidad luminosa hace que sea imposible el empleo de la luz de carretera con asiduidad, puesto que la densidad de tráfico lo impide.

La intensidad luminosa máxima permitida es de 225 000 candelas, pero esta siempre dependerá del índice lumínico, establecido en un máximo de 100 para todo el vehículo por la legislación actual.

El índice lumínico de un faro se determina mediante pruebas específicas, y es fundamental a la hora de añadir faros adicionales, pues los índices lumínicos de todos los faros del vehículo no deben sumar un valor superior a 100. Un valor habitual de índice lumínico para un faro es 17,5.

Figura 6.9. Luces de cruce y carretera activadas.

6.2.6. Mando de alumbrado

Los mandos de alumbrado multifuncionales incorporan, en un único mando, todos los conmutadores de alumbrado: posición, cruce, carretera, ráfagas, intermitentes, antiniebla. Dependiendo del coche, el mando multifuncional tiene estructura y funcionamiento diferentes.

En las Figuras 6.10 y 6.11 se muestran algunos tipos de mandos de alumbrado.

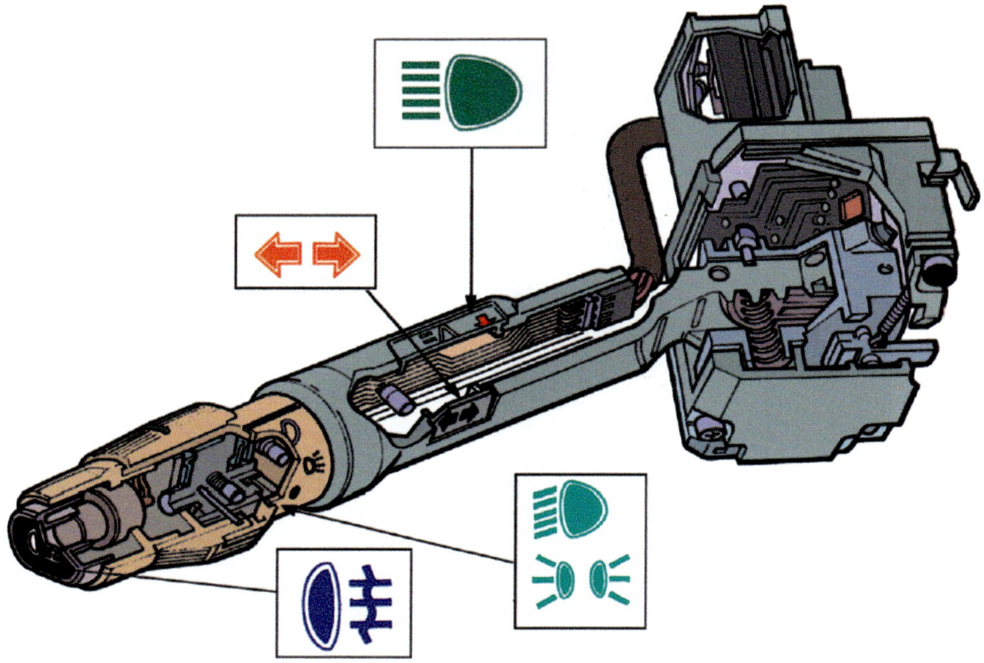

Figura 6.10. Mando de luces multifunción.

Figura 6.11. Mando multifunción para luces de posición, cruce y antinieblas.

Para conocer a qué conexiones pertenece cada terminal de un mando multifunción, en caso de no contar con el esquema eléctrico del fabricante ni con inscripciones en los terminales, debemos seguir los pasos enunciados en la práctica de taller «Comprobación de un mando de luces».

ACTIVIDAD **Propuesta 6.1**

Diferencia entre los objetivos de un circuito de alumbrado y un circuito de señalización.

ACTIVIDAD **Propuesta 6.2**

¿Cuál es la misión del alumbrado de posición?

ACTIVIDAD **Propuesta 6.3**

¿Qué es el índice lumínico de un faro?

Figura 6.12. Faro delantero que incluye luces de posición, cruce, carretera e intermitencia.

6.3. Circuitos de posición, cruce y carretera

El esquema eléctrico del alumbrado de posición, cruce y carretera ha experimentado, como el resto de los circuitos del vehículo, algunos cambios a lo largo de la historia, como el empleo de centralitas electrónicas o mandos multifuncionales situados detrás del volante.

Originariamente algunos mandos de luces, como el de posición, se encontraban separados del mando de cruce y carretera, que en muchos casos era un conmutador para cambiar de una a otra. Actualmente todas las luces de alumbrado y señalización del vehículo son activadas por el conductor desde un único mando de luces situado detrás del volante, o desde un conmutador de luces situado en la parte izquierda del salpicadero, empleando el conmutador de detrás del volante para activar cruce o carretera, por ejemplo.

Sin embargo, el empleo de centralitas en el sistema de alumbrado no supone una variación sustancial del circuito. Dichas centralitas actúan como un interruptor que cierra los circuitos de carga de los relés. La principal diferencia entre los circuitos clásicos de alumbrado y los circuitos con control electrónico es la comunicación entre el mando de luces y el resto del circuito, ya que esta se realiza a través de una unidad de control.

Los esquemas eléctricos de alumbrado existentes en el mercado son muchos y variados, dependiendo del fabricante del vehículo, tipo de vehículo, etc. Algunos ejemplos representativos son los mostrados a continuación.

Recuerda que...

El significado de la numeración empleada en todos los circuitos, por estar normalizada, es la siguiente:

+30: alimentación directa de positivo de batería.

+15: alimentación positiva desde llave de contacto.

−31: negativo.

58: circuito de posición.

56 a: circuito de carretera.

56 b: circuito de cruce.

56 c: ráfagas.

EJEMPLO **6.1**

Las características de este circuito de posición, cruce y carretera son:

- Mandos diferenciados para posición-cruce y carretera-ráfagas.
- Circuito sin centralita electrónica.
- Activación de cruce y carretera simultáneamente.
- Relés para proteger los mandos del circuito.

Este esquema eléctrico, representado en el Esquema 6.1, cuenta con un interruptor para posición/cruce y otro para carretera.

Se observa cómo el interruptor de posición/cruce activa el alumbrado de posición y, a su vez, alimenta al relé de cruce/carretera (RL2). El interruptor de posición/cruce cuenta con tres posiciones:

- **Primera:** todo el alumbrado desactivado.
- **Segunda:** alumbrado de posición activado.
- **Tercera:** posición sigue activado y también lo hace cruce, al estar alimentado el relé de cruce.

Al cerrarse el interruptor doble del relé RL2 de cruce/carretera, además de iluminarse las lámparas de cruce, llega tensión al interruptor de carretera. Si dicho interruptor es pulsado se encenderán las luces de carretera, y seguirán encendidas las de posición y cruce.

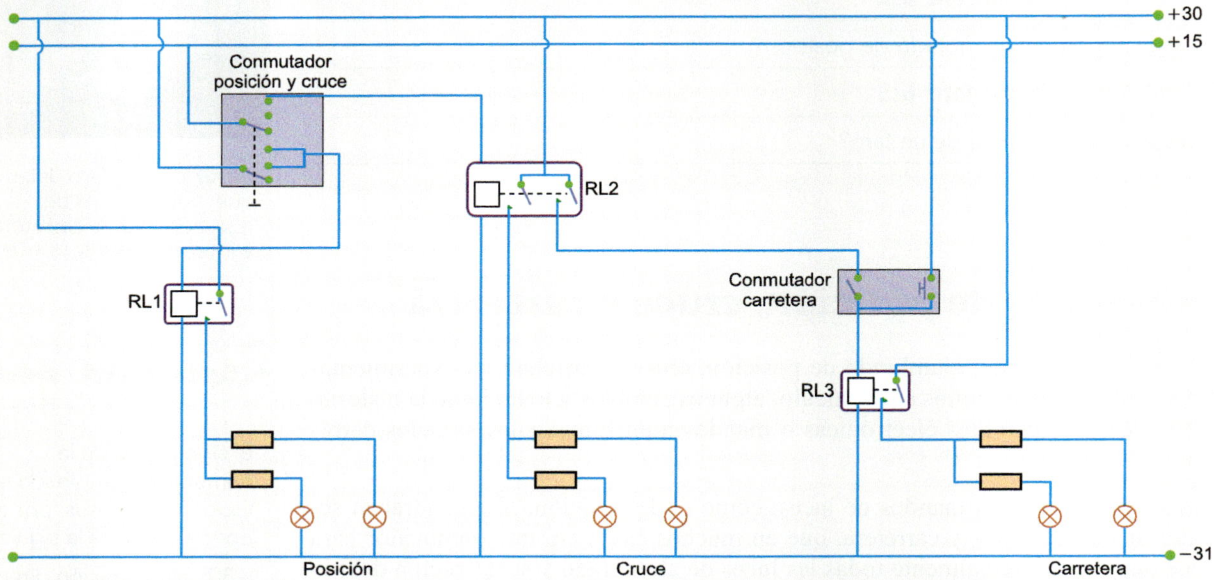

Esquema 6.1. Circuito de posición, cruce y carretera con conmutadores diferenciados.

Un pulsador para ráfagas dentro del conmutador de carretera es alimentado desde +30, pues las luces de ráfagas (son las mismas que las de carretera) deben poder conectarse con el vehículo parado.

Los relés del circuito sirven para proteger los diferentes conmutadores, no permitiendo que la intensidad que atraviesa a las lámparas les afecte.

EJEMPLO **6.2**

Las características de este circuito de posición, cruce y carretera son:

- Mando multifunción de alumbrado.
- Circuito sin centralita electrónica.
- Activación de cruce y carretera simultáneamente.
- Relés para proteger los mandos del circuito.

En la actualidad los conmutadores de los distintos circuitos de alumbrado están agrupados en un único conmutador, tal y como ocurre en este circuito. Se diferencia del Circuito 1 únicamente en que cuenta con un mando multifunción de alumbrado que activa los tres circuitos (posición, cruce y carretera). Debido al diseño del mando, más complejo, el conmutador de carretera ya no recibe tensión desde un relé doble de cruce/carretera, sino desde positivo directo de batería (+30).

Tal y como se observa en el Esquema 6.2, cuando el conmutador se encuentra en la segunda posición se alimenta a la bobina del relé RL1 que, al cerrar su contacto, activa las lámparas de posición.

Con el conmutador en la tercera posición se activa el alumbrado de cruce, pero gracias al diseño del conmutador se mantiene activado el de posición. Las lámparas de cruce reciben alimentación positiva a través del relé RL2.

Con el conmutador en la cuarta posición se activa el alumbrado de carretera, y siguen activados los de posición y cruce. Las lámparas de carretera reciben alimentación positiva a través del relé RL3.

Independientemente de la posición del conmutador de alumbrado, cuando el pulsador de ráfagas se cierra las lámparas de carretera reciben alimentación desde +30, a través del relé RL3.

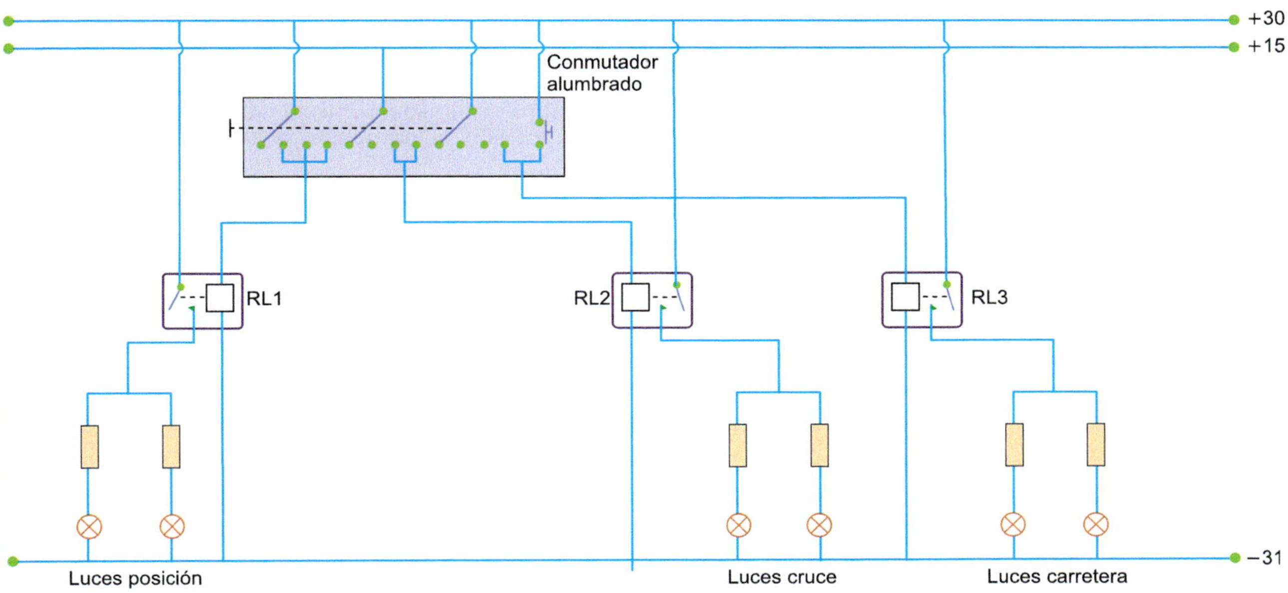

Esquema 6.2. Circuito de posición, cruce y carretera.

Recuerda que...

¿Por qué se emplean relés en los circuitos de iluminación? El objetivo es que la intensidad que atraviesa a las lámparas y demás componentes del circuito no atraviese al mando de luces, ya que es un componente muy sensible y de difícil sustitución. Con un relé, sin embargo, es el mando de luces el que controla la conexión/desconexión del circuito, pero si tiene lugar un pico de tensión en las lámparas afectará únicamente al interruptor del relé, el cual tiene fácil acceso y poco coste en el caso de tener que sustituirlo.

EJEMPLO 6.3

Las características de este circuito de posición, cruce y carretera son:

- Mando multifunción de alumbrado.
- Circuito con centralita electrónica.
- Activación de cruce y carretera conmutado (no simultáneos).
- Motores eléctricos para la regulación de faros.
- Relés para proteger los mandos del circuito.

En el Esquema 6.3 se encuentran dos componentes electrónicos: la centralita de alumbrado y el mando multifunción. El mando y la centralita, como cualquier unidad electrónica, necesitan alimentación positiva y negativa (−31).

Cuando la centralita de alumbrado recibe una señal del mando multifunción, cierra a masa las bobinas de los relés de posición (RL1), cruce y carretera (RL3). El alumbrado de posición y matrícula será activado a través del relé RL1. En el caso de cruce o carretera ocurrirá de la siguiente manera:

- El mando multifunción indica a la centralita que active el alumbrado de cruce: la centralita no cierra a negativo el circuito de la bobina de RL3.
- El mando multifunción indica a la centralita que active el alumbrado de carretera: la centralita cierra a negativo la bobina de RL3. Se cierra entonces el interruptor del relé y se activa el alumbrado de carretera.

Este diseño del circuito hace imposible la utilización simultánea de las luces de cruce y carretera. En ambos casos es necesario que la bobina del relé RL3 esté conectada a positivo a través del relé RL2.

Se observa en el circuito un sistema de regulación de faros automático controlado por la centralita. Está formado por dos motores M y un potenciómetro que informa a la centralita de la posición de los motores en todo momento. La aguja del potenciómetro gira al girar los motores.

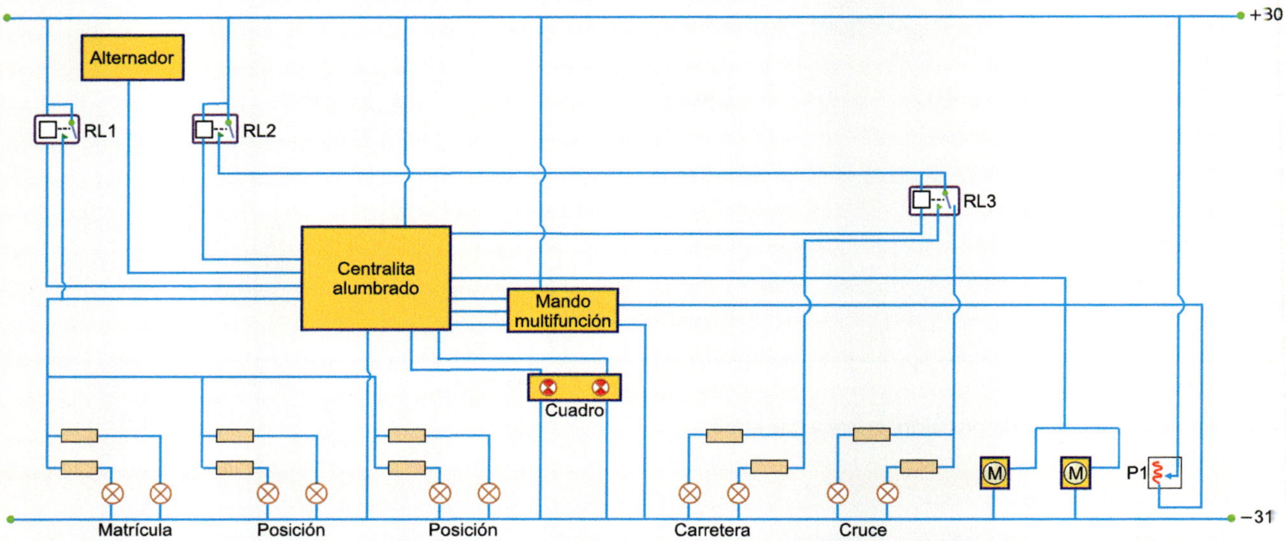

Esquema 6.3. Circuito de posición, cruce y carretera con centralita de alumbrado y mando multifunción.

El mando multifunción conecta a negativo (masa) al potenciómetro, el cual está situado sobre el motor de regulación de faros. La alimentación positiva del potenciómetro viene directa de +30. Al girar los motores, alimentados desde la centralita, el potenciómetro informa a la centralita de la posición de los mismos.

Lo ideal en el esquema eléctrico de alumbrado de un vehículo, aunque no siempre ocurre, es que la alimentación de ambos faros, así como sus protecciones en forma de fusibles, sean independientes. De esta forma, el vehículo siempre cuenta con el alumbrado y señalización de un lado, aunque el otro lado sufra una avería o se haya fundido el fusible. Dicha independencia se consigue gracias al empleo de relés.

ACTIVIDAD **Propuesta 6.4**

¿Para qué sirven los motores eléctricos del Esquema 6.3? Explica su funcionamiento.

ACTIVIDAD **Propuesta 6.5**

Explica las ventajas de que cada circuito y cada lámpara cuenten con un fusible o sistema de protección que los separe de los demás circuitos.

ACTIVIDAD **Propuesta 6.6**

Dibuja un esquema de luces de posición, cruce, carretera y ráfagas con mando multifunción y centralita electrónica, dibujando en otro color la alimentación del circuito cuando:

a) Están activadas posición y cruce.

b) Están activadas cruce y ráfagas.

6.4. Encendido automático de luces

Los vehículos con encendido automático de luces cuentan en el mando de luces correspondiente con dos opciones de activación de alumbrado: manual y automático. La opción de conexionado automático de luces consiste en que el vehículo conecta/desconecta las luces de cruce en función de la cantidad de luz detectada en el exterior. Esto supone una gran comodidad para el conductor, que no tiene que preocuparse por encender las luces al pasar por un túnel, entrar en un subterráneo o al anochecer.

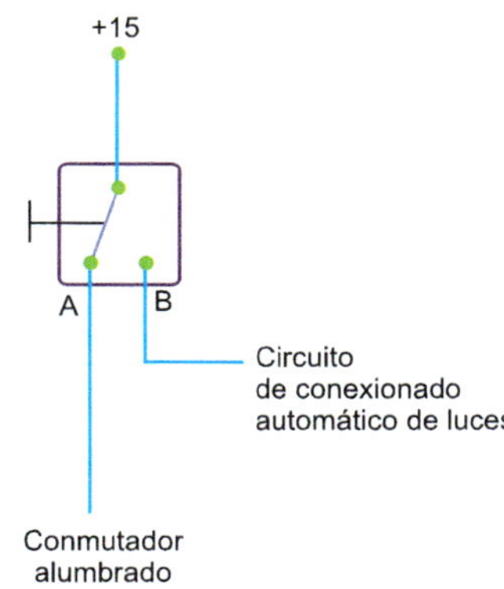

Esquema 6.4. Conmutador de selección de funcionamiento manual/automático de luces.

El circuito básico de un encendido de luces dependiente de la luz exterior es el mostrado en el Esquema 6.5.

Los componentes del circuito son:

- Una resistencia variable con la luz (LDR).
- Un potenciómetro.
- Un diodo.
- Un transistor NPN.
- Una lámpara.

Para que la lámpara se ilumine debe recibir alimentación positiva a través del transistor. Para ello, emisor y colector deben ser conductores, para lo que es necesario que exista una diferencia de potencial significativa entre la base y el emisor. Dicha diferencia de potencial depende de las dos resistencias que forman un divisor de tensión en la base del transistor.

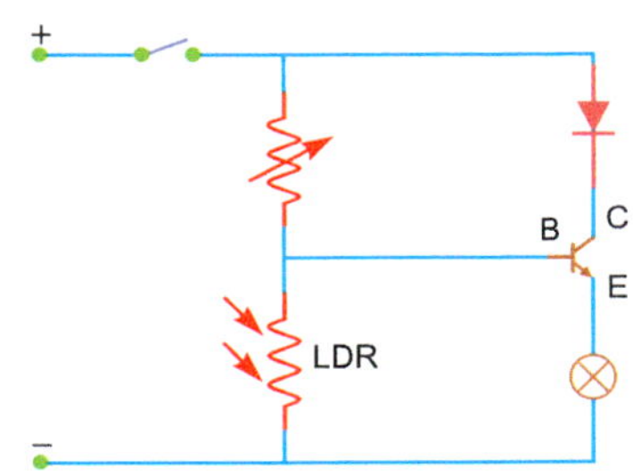

Esquema 6.5. Circuito básico de encendido automático de una luz dependiente de la luz exterior.

La combinación entre la variación de luz sobre la LDR y la regulación realizada sobre el potenciómetro se traducirá en una mayor o menor caída de tensión en la base del transistor, y por tanto una mayor o menor diferencia de potencial entre la base y el emisor.

El potenciómetro sirve, por tanto, para definir la sensibilidad que se desea que tenga el circuito. El diodo colocado antes del colector tiene como misión proteger al interruptor.

Pero en el vehículo todos los circuitos de iluminación van protegidos por relés, y más especialmente en este caso, ya que se trata de componentes electrónicos. En el siguiente circuito, Esquema 6.6, se ha incorporado un relé al circuito de conexión automática de luces para que los posibles picos de intensidad creados por las lámparas no afecten a los componentes electrónicos del circuito.

El Esquema 6.7 muestra un circuito completo de conexionado manual y automático de luces.

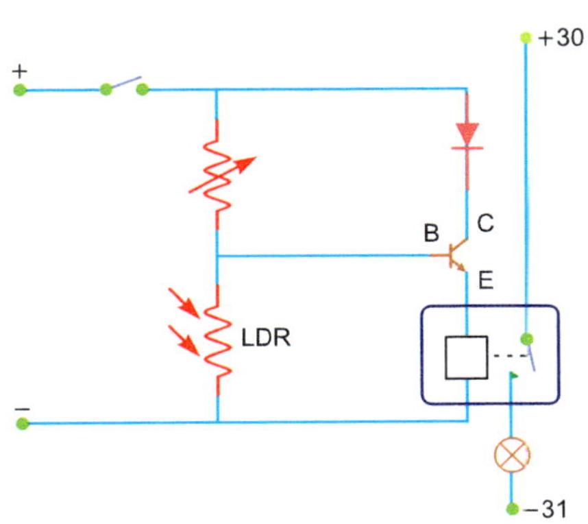

Esquema 6.6. Circuito de conexionado automático de luces con un relé de protección para el circuito electrónico.

Sabías que...?

Las resistencias LDR (*Light Dependent Resistor*) varían su valor óhmico con la luz. Al aumentar la intensidad luminosa disminuye su resistencia.

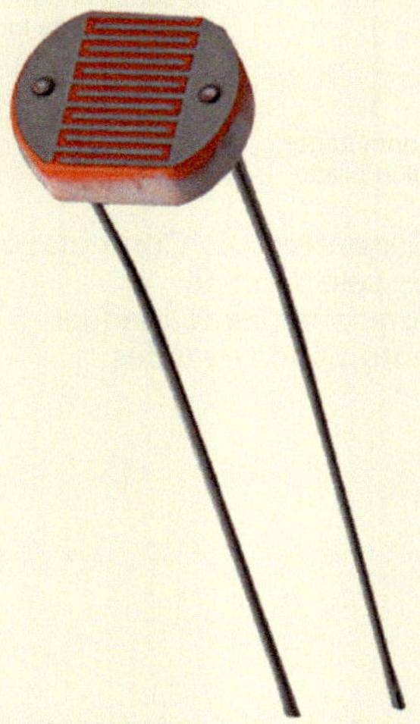

Figura 6.13. LDR.

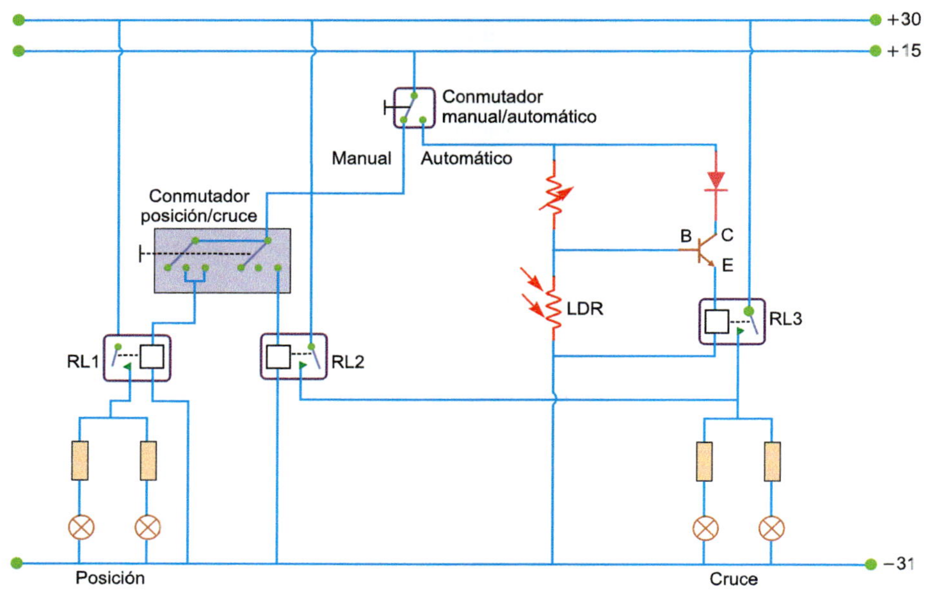

Esquema 6.7. Circuito completo de conexionado manual y automático de luces.

Cuando el conmutador está en la posición Manual las luces de cruce son activadas a través del conmutador de posición y cruce. En otros casos, este circuito manual puede contener mandos que incluyan el alumbrado de carretera, centralitas electrónicas, etc., tal y como se ha estudiado en el apartado correspondiente de esta unidad.

Al cambiar el conmutador a posición Automática las luces de cruce se activan dependiendo de la luz recibida por la LDR y la sensibilidad deseada por el fabricante o el conductor, reflejada en la posición del potenciómetro.

Normalmente, las conexiones positiva y negativa del circuito de encendido automático de luces vienen de una centralita electrónica, tal y como se observa en el Esquema 6.8.

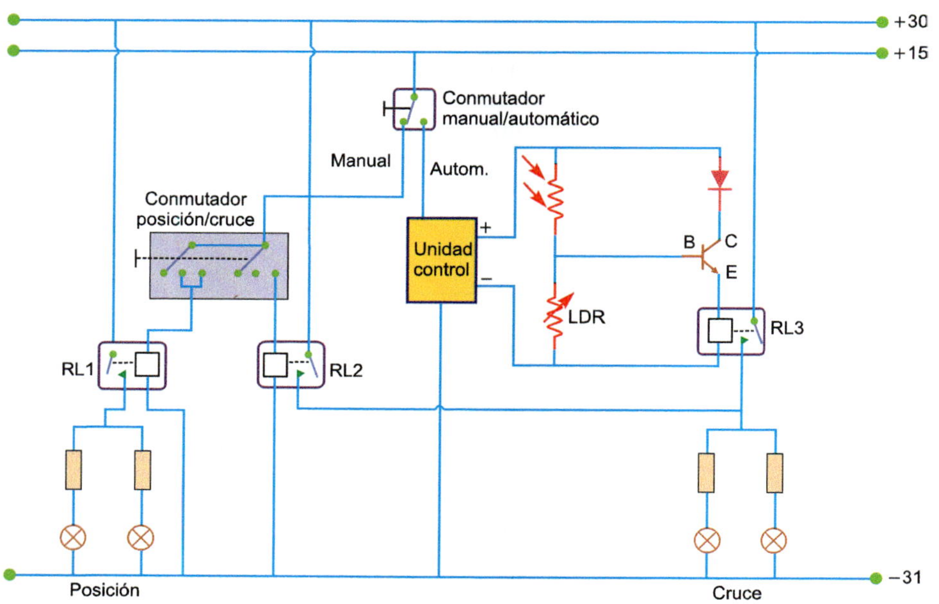

Esquema 6.8. Circuito completo de conexionado manual y automático de luces con centralita.

PRÁCTICA DE TALLER

COMPROBACIÓN DE UN MANDO DE LUCES

El siguiente mando de luces cuenta con las opciones:

- Posición.
- Posición y cruce.
- Carretera.
- Intermitencia.

El mando cuenta con 10 conexiones, las cuales numeramos como se observa en la Figura 6.16.

A continuación comprobamos la continuidad (resistencia) entre todos sus pines en cada una de las posiciones del mando.

Figura 6.14. Mando de luces.

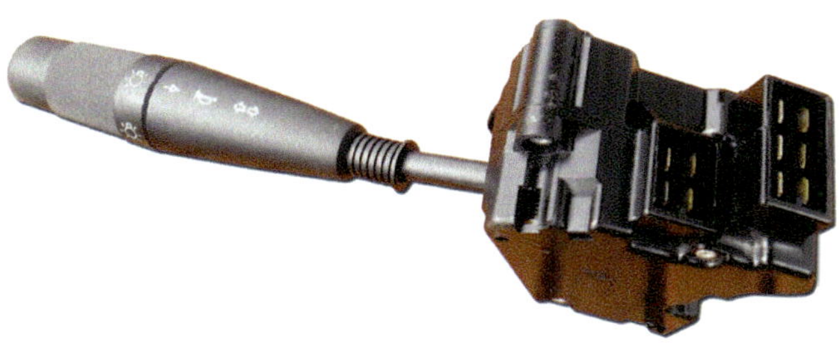

Figura 6.15. Terminales del mando de luces.

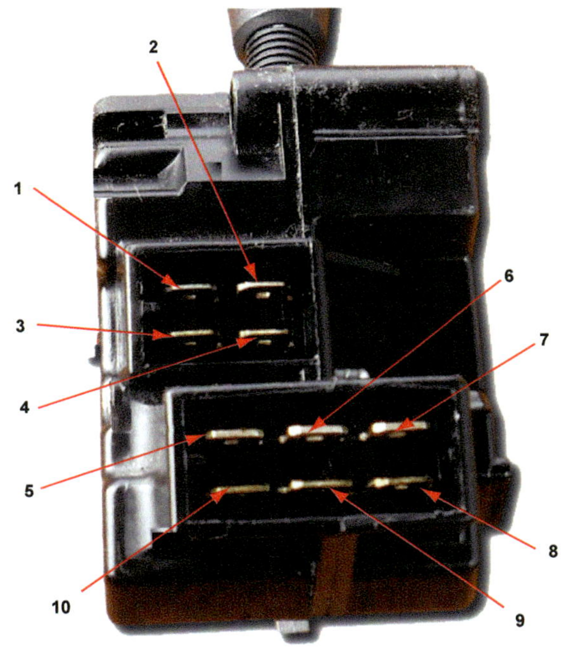

Figura 6.16. Terminales del mando de luces numerados.

- **En reposo:** no hay continuidad entre sus pines.
- **Posición:** continuidad en 2-8.
- **Carretera:** continuidad en 1-2-4.
- **Intermitente izquierdo:** continuidad en 6-7.
- **Cruce:** continuidad en 2-4.
- **Ráfagas:** continuidad en 1-3.
- **Intermitente derecho:** continuidad en 6-5.

Partiendo de estos datos, llegamos a la siguiente conclusión: la alimentación de posición, cruce y carretera es a través de 2 y la salida de señal:

- Al activar posición es 8.
- Al activar cruce es 4.
- Al activar carretera es 1.

Además, observamos que al activar carretera se mantiene encendida cruce, pues sigue existiendo continuidad entre 2 y 4.

La alimentación positiva de los intermitentes es a través de 6. La salida de señal:

- Al intermitente izquierdo es 7.
- Al intermitente derecho es 5.

Podemos resumir en los siguientes esquemas:

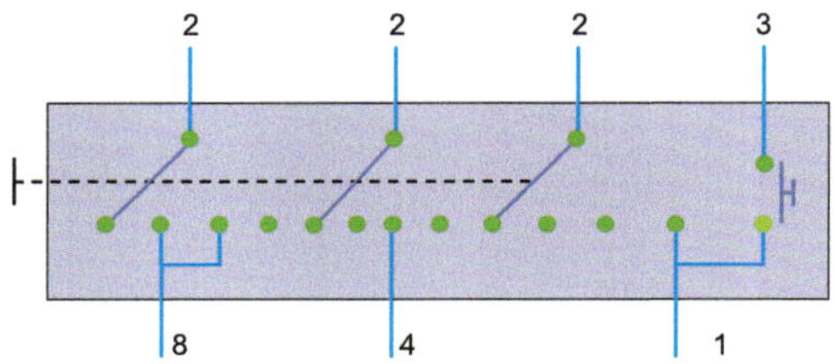

Esquema 6.9. Mando de posición, cruce, carretera y ráfagas.

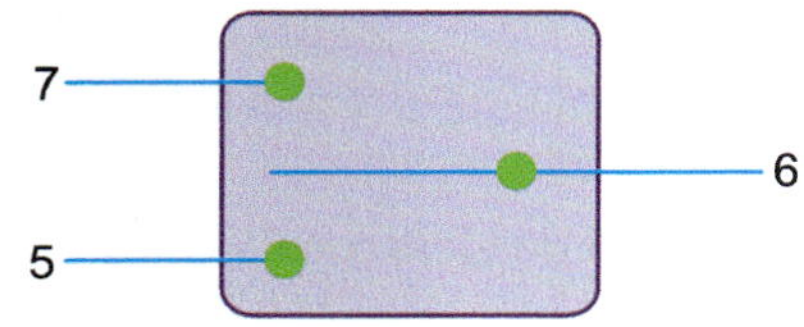

Esquema 6.10. Conmutador de intermitencia.

6.5. Alumbrado antiniebla

Las luces antiniebla son empleadas en caso de visibilidad reducida y muy reducida, debido a condiciones meteorológicas adversas (niebla, lluvia, nieve, nubes de polvo, etc.). Las luces antiniebla traseras, cuya misión es hacer visible el vehículo para otros conductores, se deben utilizar en caso de visibilidad inferior a 50 metros o condiciones meteorológicas muy adversas, mientras que las delanteras se pueden emplear en condiciones de visibilidad ligeramente reducida. La razón es que las luces antiniebla traseras pueden deslumbrar o molestar a otros conductores si las condiciones de visibilidad no son muy reducidas.

Según la normativa vigente en España y el Reglamento (CE) 661/2009, los vehículos deben contar con una o dos luces de color rojo en la parte trasera del vehículo y, opcionalmente, con dos de color blanco o amarillo auto en la parte delantera, aunque en la mayoría de los casos son de color blanco.

Figura 6.17. Faro antiniebla delantero.

Figura 6.18. Faro delantero y faro antiniebla de BMW.

Las luces traseras están a una altura del suelo de entre 250 mm y 1 m, y la distancia en anchura respecto a la luz de freno será, como mínimo, de 100 mm. Según la legislación vigente las luces antiniebla traseras solo podrán encenderse si lo están las de cruce o las antiniebla delanteras. Además se deben poder apagar independientemente de las luces delanteras. A su vez, deberán estar encendidas las luces de posición para poder activar las antiniebla delanteras.

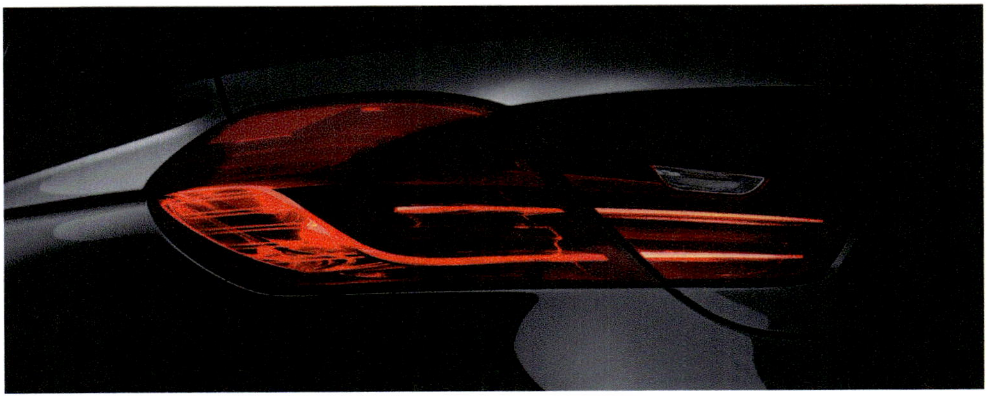

Figura 6.19. Faro trasero con luz antiniebla, de color rojo.

Los faros antiniebla delanteros deben estar a 250 mm de altura del suelo como mínimo, pero nunca más elevados que los faros de cruce. Estas son empleadas, a veces, como luces diurnas y como luces estáticas de curva.

Figura 6.20. Conducción con niebla y luces antiniebla encendidas.

Las luces antiniebla delanteras se consideran de alumbrado, y las traseras de señalización. En cualquier caso las luces antiniebla, según la norma, deben poder conmutarse independientemente de los mandos de cruce y carretera. Los faros antiniebla son normalmente adaptados por el fabricante del vehículo a la línea de la carrocería, o forman parte de un bloque óptico.

6.6. Circuitos de iluminación antiniebla

Los circuitos antiniebla, al igual que ocurre con los de posición, cruce y carretera estudiados anteriormente, pueden ser muy diversos y variados en función del tipo de vehículo y del fabricante del mismo. Sin embargo, siempre deben cumplir los requisitos marcados por la normativa vigente, que son los siguientes:

- Las luces antiniebla delanteras solo pueden encenderse si lo están las luces de posición.
- Las luces antiniebla traseras solo pueden encenderse si lo están las luces antiniebla delanteras o las luces de cruce.

La instalación de antinieblas puede disponer o no de centralitas electrónicas, así como con o sin los conmutadores de antiniebla incorporados al mando multifunción del volante. Aquellos con centralitas electrónicas suelen ir acompañados de un sistema de comunicación entre centralitas, como por ejemplo el CAN Bus. A continuación se analizan algunos ejemplos de circuitos de iluminación antiniebla.

EJEMPLO 6.4

Las características de este circuito de antiniebla son:

- Conmutador de antiniebla no incorporado al mando multifunción de alumbrado.
- Circuito sin centralita electrónica.
- Relés para proteger los mandos del circuito.

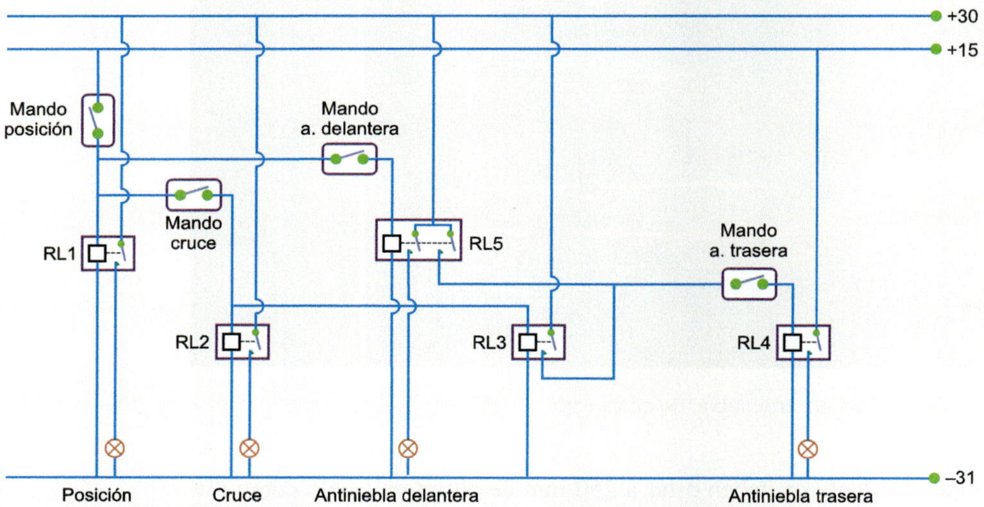

Esquema 6.11. Circuito de alumbrado antiniebla con mandos independientes.

Activada la luz de posición, se puede activar la luz de cruce a través del relé RL2, y la luz antiniebla delantera a través del relé doble RL5. Cerrado el interruptor del RL5 la luz antiniebla se puede activar si se desea cerrando el mando de antiniebla trasera.

Observamos en el Esquema 6.11 que activada la luz de cruce se puede activar la luz antiniebla trasera, aunque no lo esté la antiniebla delantera.

EJEMPLO 6.5

Las características de este circuito de antiniebla son:

- Conmutador de antiniebla no incorporado al mando multifunción de alumbrado.
- Circuito con centralita electrónica.
- Relés para proteger los mandos del circuito y la unidad de control.

La centralita electrónica recibe señal del circuito de cruce (56b) para permitir que se enciendan las luces antiniebla traseras si no están encendidas las delanteras, como se observa en el Esquema 6.12. Al pulsar el conmutador la centralita alimenta la bobina del relé RL1 y se encienden las luces antiniebla delanteras. Al pulsar el conmutador de nuevo la centralita alimenta la bobina del relé RL2 y se encienden las luces antiniebla traseras. El mando de antinieblas es alimentado desde las luces de posición (58).

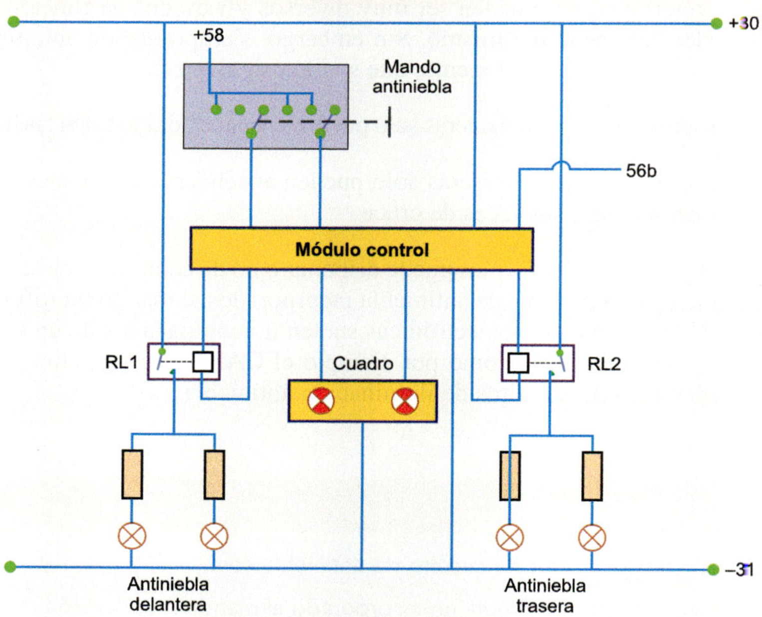

Esquema 6.12. Circuito antiniebla con módulo de control de alumbrado y mando independiente.

EJEMPLO 6.6

Las características de este circuito de antiniebla son:

- Circuito con centralita electrónica.
- Centralitas comunicadas por redes multiplexadas (VAN Bus y CAN Bus).

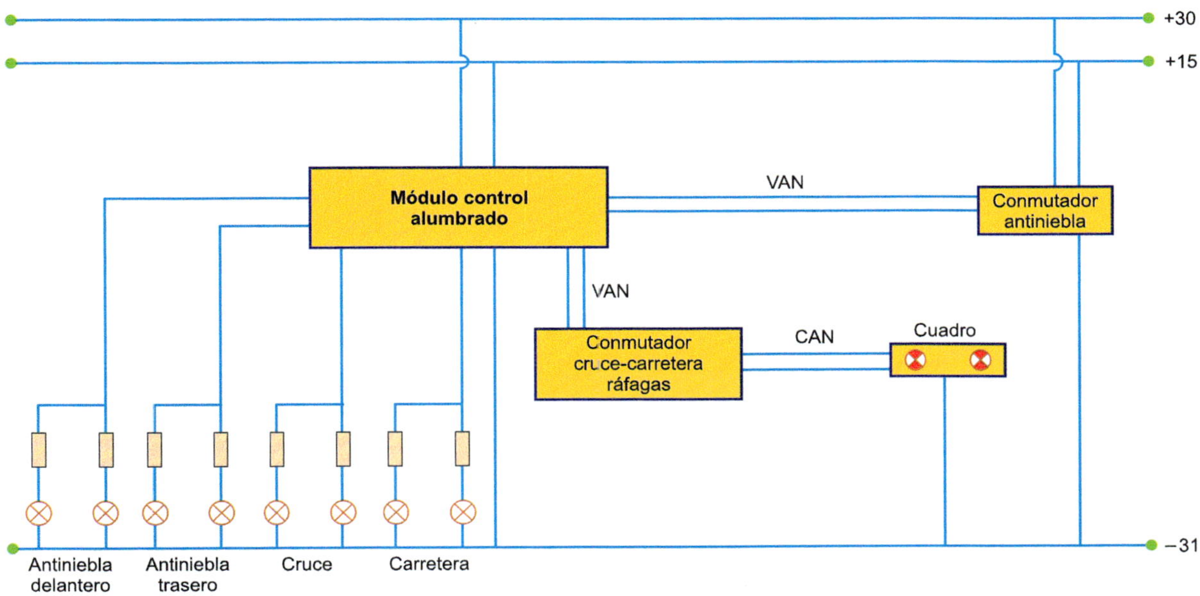

Esquema 6.13. Circuito antiniebla con redes multiplexadas.

En este circuito la centralita de alumbrado, el conmutador de cruce-carretera y el cuadro de instrumentos se comunican mediante buses de datos (VAN Bus y CAN Bus). El módulo de control de alumbrado recibe información de los conmutadores de cruce-carretera y antiniebla, y así sabe qué circuitos debe accionar.

ACTIVIDAD **Propuesta 6.7**

¿Qué dice la normativa acerca del empleo de las luces antiniebla? ¿Afecta esto al diseño del circuito?

ACTIVIDAD **Propuesta 6.8**

Dibuja un esquema eléctrico con los siguientes componentes:

a) Cuatro lámparas, a las que llamaremos A, B, C, D.

b) Dos relés simples y dos relés dobles.

c) Tres interruptores, a los que llamaremos a, b, c.

El circuito debe cumplir las siguientes características:

- Al pulsar el interruptor a se encienden las lámparas A y B.
- Al pulsar el interruptor b se encienden las lámparas A, B y C.
- Al pulsar el interruptor c se encienden las lámparas C y D.

6.7. Intermitencia y emergencia

Figura 6.21. Intermitente lateral.

El circuito de intermitencia tiene como misión indicar a los demás conductores que se va a realizar un giro o cambio de dirección, así como la incorporación a otro carril. A su vez, el indicador de emergencia o *warning* indica al resto de conductores una posible anomalía o imprevisto, como una avería, retenciones en la vía por la que circulamos, etc. Este aviso lo realiza encendiendo todos los pilotos de intermitencia a la vez. Las nuevas tecnologías led y OLED han variado la estética y el funcionamiento de todas las luces de señalización, y muy especialmente de los intermitentes. La tecnología OLED ha dado la oportunidad, por ejemplo, de crear intermitentes dinámicos, con movimiento en la dirección hacia la que va a girar el vehículo. Los faros led, por otra parte, han aportado un número infinito de posibles diseños de los faros de señalización.

La normativa europea DOUE-L-1989-80338 y la ley aplicable en España sobre Tráfico, Circulación de Vehículos a Motor y Seguridad Vial, prescriben que las luces de intermitencia deben ser dos delanteras, dos o cuatro traseras y dos laterales, todas ellas de color ámbar. Su ubicación debe ser tal que sean vistos con claridad por otros conductores, independientemente de las condiciones de marcha y visibilidad.

Figura 6.22. Intermitente delantero activado.

Figura 6.23. Intermitente delantero.

Los elementos que forman un circuito de intermitencia y emergencia son el mando de intermitencia, el mando de emergencia, el relé de intermitencia, fusibles y lámparas.

6.7.1. Relé de intermitencia

Figura 6.24. Relé de intermitencia.

A diferencia de los relés estudiados hasta ahora, estos han evolucionado hacia un circuito electrónico integrado, utilizándose en la actualidad únicamente los relés electrónicos.

Los primeros relés de intermitencia estaban formados por un electroimán (un núcleo de hierro y una bobina), dos contactos móviles y un hilo conductor conectado en serie a una resistencia o una lámina bimetálica. Los relés electrónicos que se emplean en la actualidad están formados por un circuito integrado que temporiza la salida de la intensidad hacia los faros traseros de intermitencia, actuando todo el conjunto con una central de intermitencia. En ocasiones el relé de intermitencia está incorporado en una centralita de alumbrado o intermitencia.

Sabías que...?

Los primeros relés de intermitencia, formados por elementos más electromecánicos que electrónicos, como son los contactos móviles o la lámina bimetálica, funcionaban de la siguiente manera: al calentarse la resistencia y el hilo este último se dilata, cerrando los contactos y dejando pasar la corriente a la bobina y a las lámparas. Debido al campo magnético creado por la bobina se cierra el otro contacto, que permite ahora el paso de la corriente a la lámpara de control. Al ocurrir esto último la intensidad que atraviesa al hilo conductor es menor, por lo que el hilo se enfría y vuelve a su posición, abriéndose así el primer contacto y no llegando intensidad a las lámparas de intermitencia. Todo este proceso se repite con la cadencia necesaria según la norma para un circuito de intermitencia.

Figura 6.25. Intermitente trasero activado.

Los datos que identifican a un relé de intermitencia son dos:

- La potencia máxima de conmutación admisible, o lo que es lo mismo, el número de lámparas que puede conmutar el relé.
- El número de terminales, ya que podemos encontrar relés de 3 o 4 terminales.

En ambos casos, sus terminales tendrán una denominación normalizada, tal y como vemos en la Tabla 6.2.

Tabla 6.2. Denominación de los terminales de un relé de intermitencia

Terminales	Denominación		
Alimentación positiva	+	49	X
Conexión negativa	–	31	
Conmutador intermitencias	C	49 a	L
Lámpara testigo cuadro	R		P

6.7.2. Mando de intermitencia

El conmutador de intermitencia se monta formando un conjunto con el sistema de alumbrado. Consta de tres posiciones: derecha, izquierda y reposo, con un sistema de activación automática para que, al terminar el giro, retorne a su posición de reposo.

6.7.3. Mando de emergencia

El circuito de emergencia alimenta todas las lámparas de intermitencia simultáneamente a través de un interruptor específico. La complejidad de dicho interruptor reside en que debe existir la posibilidad de activarlo sin tener el contacto puesto, por lo que necesita alimentación directa de batería (+30).

El circuito de emergencia funciona empleando el relé de intermitencias o a través de una centralita electrónica. Se diferencian por el número de conectores del mando de emergencia, siendo 6 como mínimo en el primer caso y tan solo 3 en el segundo. También encontramos muchos mandos de emergencia que son un simple interruptor que envía una señal a la centralita, y es esta la que decide alimentar desde +15 o desde +30.

Figura 6.26. Intermitente trasero.

Figura 6.27. Mando de emergencia.

6.8. Circuitos de intermitencia y emergencia

A continuación se detallan algunos ejemplos de circuitos de intermitencia y emergencia. Los dos primeros circuitos son versiones simplificadas para comprender mejor el funcionamiento de todos los componentes.

EJEMPLO 6.7

Circuito simplificado de intermitencia

En los Esquemas 6.14, 6.15 y 6.16 se muestran tres circuitos simplificados de intermitencia. En ellos se emplean relés de 3 o 4 terminales y se conectan de diferentes maneras. Dichos circuitos son versiones muy simplificadas de circuitos de vehículos, donde el conmutador de intermitencia forma parte de un mando multifuncional de alumbrado.

En el Esquema 6.14 el relé de intermitencia es de cuatro terminales. Su alimentación positiva llega desde +15 a través del terminal + y, al tratarse de un circuito electrónico, requiere también una conexión a −31, que realiza por el terminal −.

El conmutador de intermitencia está conectado al terminal C y la lámpara de señalización del cuadro de instrumentos al terminal R. Recordemos que estos terminales pueden recibir otras denominaciones (49, 49 a, 31, X, L, P).

El funcionamiento del circuito depende del relé de intermitencia. Cuando el conmutador indica que se iluminen, por ejemplo, las lámparas de la izquierda, cierra el circuito que es alimentado de +15 a través del relé. Este último dará a las lámparas la cadencia de intermitencia adecuada e iluminará la lámpara de señalización del cuadro de instrumentos.

En el Esquema 6.15 el relé es de tres terminales, y se conecta a −31 a través de la lámpara del cuadro de instrumentos. El funcionamiento es idéntico al del circuito anterior.

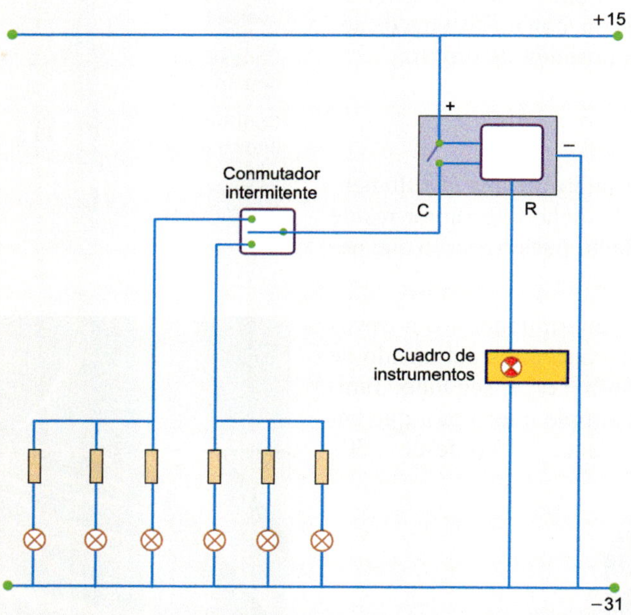

Esquema 6.14. Circuito de intermitencias simplificado con relé de cuatro terminales.

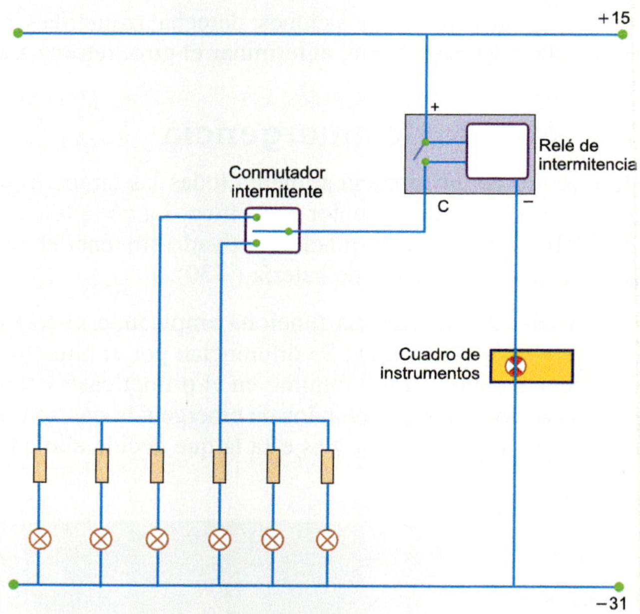

Esquema 6.15. Circuito de intermitencias simplificado con relé de tres terminales.

El Esquema 6.16 muestra un circuito con un relé de tres terminales que no alimenta a las lámparas del cuadro de instrumentos, sino que estas se conectan directamente a las lámparas de intermitencia. Este circuito ofrece la posibilidad de contar con dos lámparas de señalización, una para la señalización de la derecha y otra para la señalización de la izquierda.

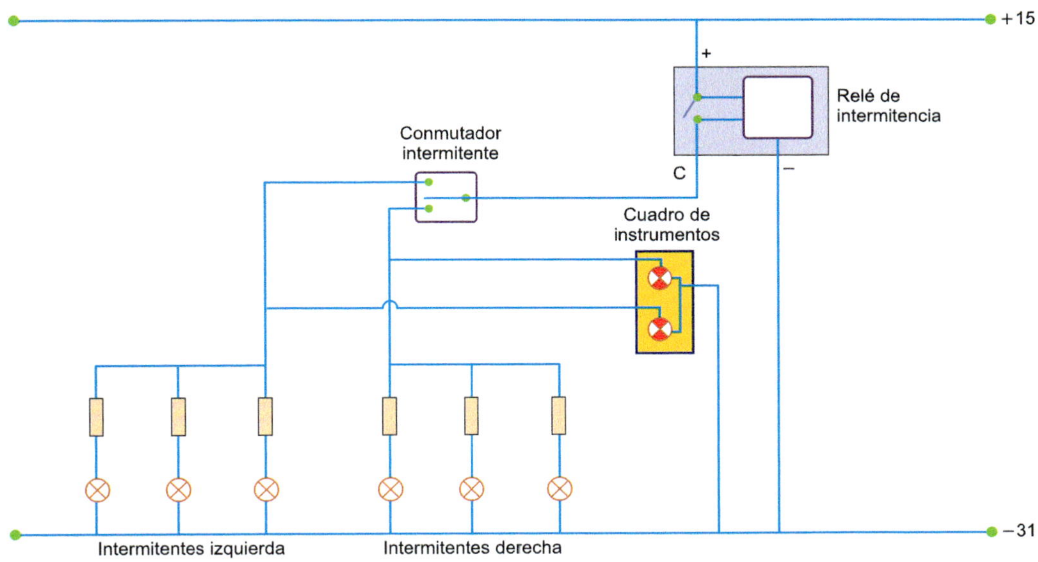

Esquema 6.16. Circuito de intermitencia simplificado con relé de tres terminales.

EJEMPLO 6.8

Circuito simplificado de intermitencia y emergencia

El circuito de intermitencia y emergencia es similar al de intermitencia, pero cuenta con la complejidad del mando de *warning*.

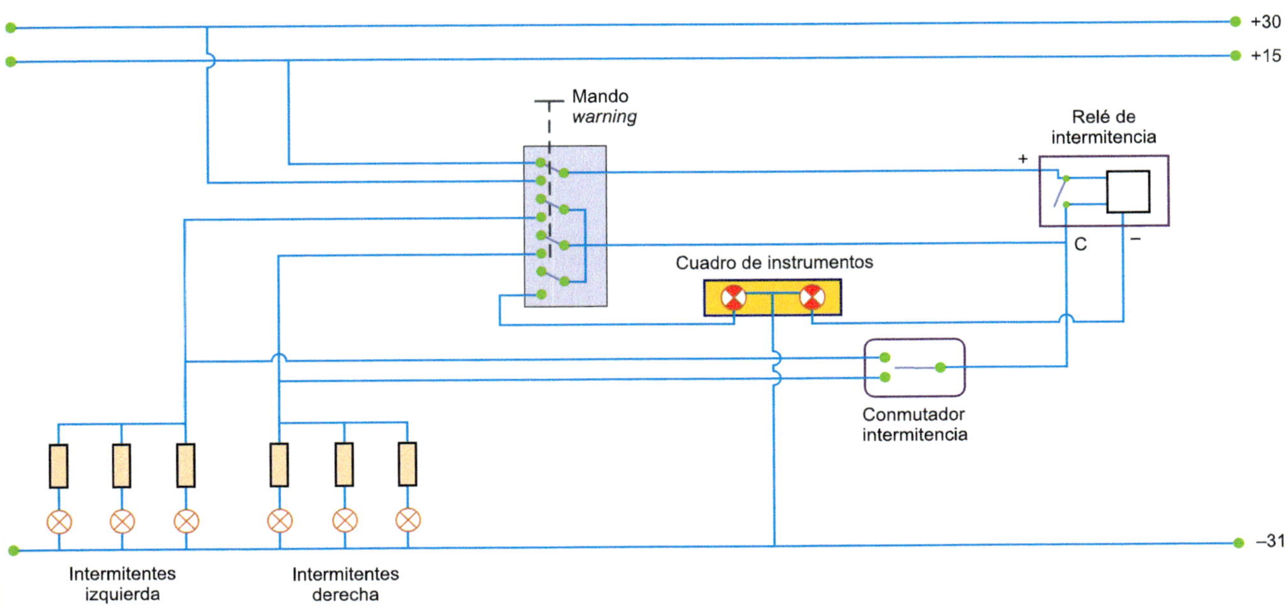

Esquema 6.17. Circuito simplificado de intermitencia y emergencia.

En este circuito la alimentación positiva del relé de intermitencia llega a través del mando de emergencia. Esto ocurre porque dicho mando decide si la alimentación positiva debe ser desde +15 o desde +30.

Se observa cómo, con el mando de *warning* sin pulsar, el circuito funciona como un circuito simple de intermitencia, en este caso señalizando un giro a la derecha. El relé de intermitencia es alimentado desde +15 y este, a su vez, alimenta al conmutador de intermitencia y al cuadro de instrumentos. En el cuadro existen solo dos lámparas de señalización: una para señalizar intermitencia y otra para señalizar emergencia.

Cuando el mando de emergencia está pulsado la alimentación del relé de intermitencia cambia, y llega desde +30. El terminal C del relé alimenta entonces al mando de *warning*, a través del cual se iluminan todas las luces de intermitencia con la cadencia correspondiente, que les otorga el relé. El conmutador de intermitencia no cumple entonces ninguna función ya que, en cualquier caso, todos los intermitentes se van a encender. En el cuadro de instrumentos se encienden las dos lámparas de señalización.

ACTIVIDAD **Resuelta 6.1**

Dibuja el esquema eléctrico de un circuito simplificado de intermitencia y emergencia:

a) Con el intermitente derecho conectado.

b) Con el *warning* conectado.

Solución

a) Se muestra en color naranja la alimentación del circuito al activar el intermitente derecho. Se observa cómo el relé recibe alimentación positiva desde +15 a través del mando de emergencia.

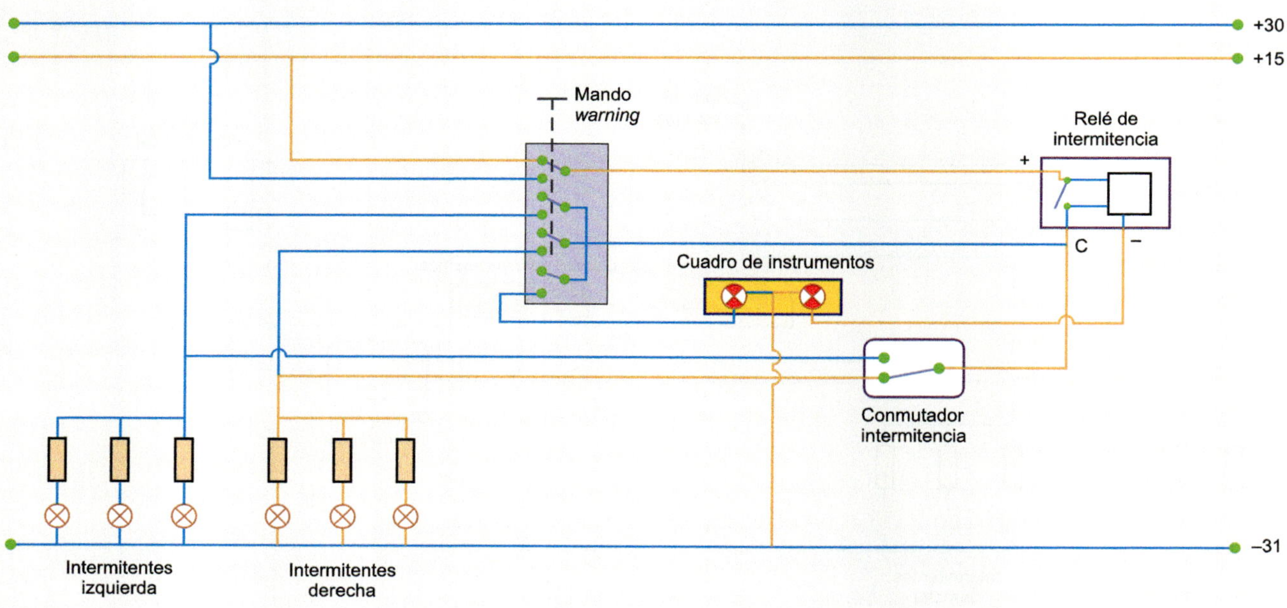

b) Se muestra en color naranja la alimentación del circuito. El mando de *warning* es alimentado ahora desde +30 y activa, a través del relé de intermitencia, todas las lámparas.

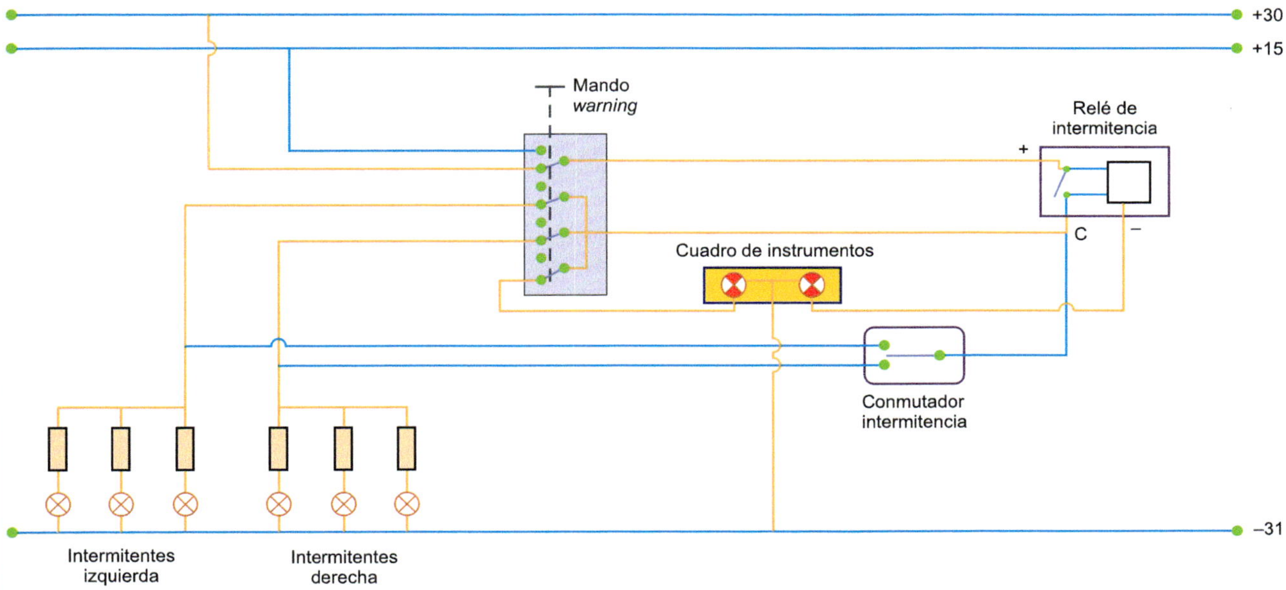

EJEMPLO 6.9

Las características de este circuito de intermitencia y *warning* son:

- Mando de intermitencia no integrado en un mando multifunción de alumbrado.
- Mando de *warning* sin centralita electrónica.
- Relé de intermitencia integrado en un módulo electrónico de control.
- Existencia de dos relés para proteger al módulo de control.

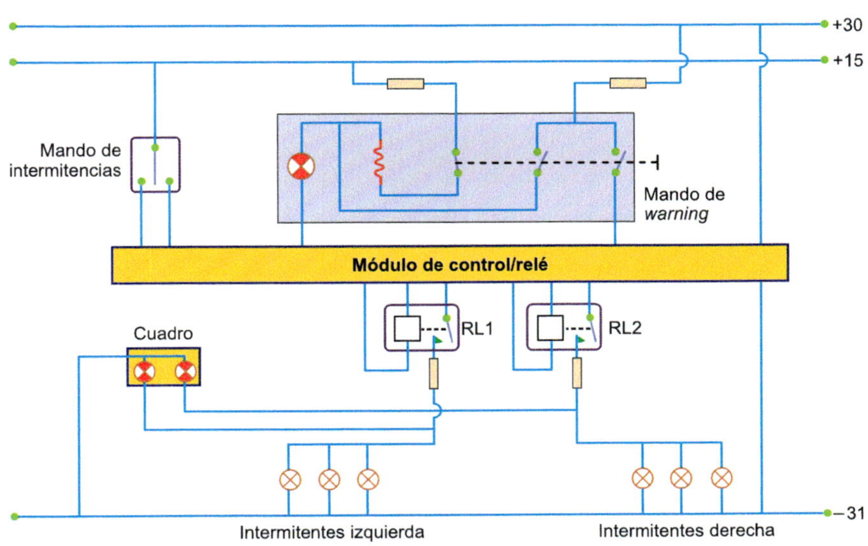

Esquema 6.18. Circuito de intermitencia y emergencia.

El mando de intermitencia y el de emergencia están conectados al relé de intermitencia, que es en realidad un pequeño módulo de control o centralita electrónica.

Observamos en el Esquema 6.18 cómo, cuando el conductor activa el intermitente (derecha o izquierda), el módulo de control recibe alimentación desde +15 a través del conmutador de intermitencia. RL1 alimenta a las lámparas de la izquierda y RL2 a las de la derecha.

La presencia de relés está justificada como medida de protección de la centralita. Si alguna de las lámparas produjese, por ejemplo, un cortocircuito, ese pico de intensidad no afectaría a la centralita, ya que esta solo se comunica con las lámparas a través del conmutador del relé. Si el conmutador está abierto (porque no está excitada la bobina) cualquier cosa que ocurra en las lámparas no llegará a la centralita. En ambos casos, se enciende en el cuadro de instrumentos la lámpara de señalización correspondiente.

Durante el funcionamiento de las luces intermitentes, bien sean de la derecha o de la izquierda, el mando de *warning* se ha mantenido en reposo, ya que no ha sido pulsado. El positivo tomado por dicho mando es +15, con la única utilidad de encender la lámpara de señalización del mando de *warning*.

Al pulsar el mando de emergencias o *warning* observamos cómo la alimentación positiva del módulo de control se realiza desde +30. El módulo de control excita las bobinas de los dos relés, RL1 y RL2, y se iluminan los intermitentes de la derecha y la izquierda a la vez. En el cuadro se iluminan las dos lámparas de señalización.

ACTIVIDAD **Propuesta 6.9**

Realiza una maqueta de intermitencia siguiendo el Esquema 6.14 conexionando correctamente el relé de intermitencia.

ACTIVIDAD **Propuesta 6.10**

Dibuja el esquema eléctrico de un circuito de intermitencia y emergencia con un mando de intermitencia multifunción de alumbrado y un mando de *warning* que es un simple interruptor. Colorea la alimentación del circuito hasta las lámparas en los siguientes casos:

a) Intermitente derecho activado.

b) Emergencia activado.

EJEMPLO 6.10

Las características de este circuito de intermitencia y *warning* son:

- El mando de intermitencia está integrado en un mando multifunción de alumbrado.
- El mando de *warning* consiste en un simple interruptor, pues la labor del mando de *warning* clásico es llevada a cabo por el relé electrónico.
- El relé de intermitencia es una pequeña centralita electrónica.

El relé de intermitencia de este circuito es, en realidad, un circuito electrónico algo más complejo que los relés de intermitencia normales. Su característica principal es su capacidad para determinar cuándo debe tomar alimentación positiva de +30 o de +15 dependiendo de si es activado desde el mando de intermitencia (integrado en el mando multifunción) o desde el interruptor de emergencia.

Otra función del relé de intermitencia es determinar si debe encender las lámparas derechas, izquierdas o ambas a la vez.

El mando multifunción de alumbrado está formado por una serie de conmutadores, entre los que se encuentra el de intermitencia. En este esquema solo se han representado los terminales del mando multifunción correspondientes al circuito de intermitencia, por lo que observamos un terminal de alimentación positiva y dos terminales que indican al relé si activar las lámparas derechas o izquierdas.

Los intermitentes de cada lado son tres: delantero, lateral y trasero.

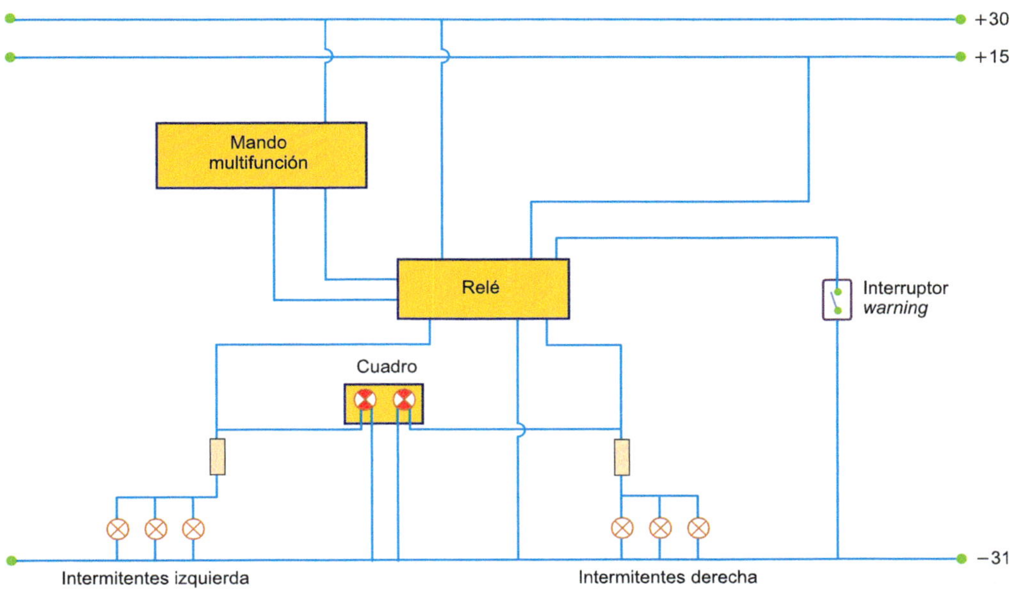

Esquema 6.19. Circuito de intermitencia y emergencias.

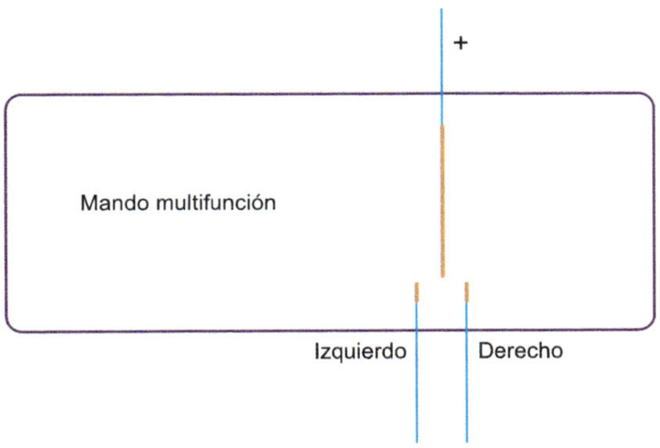

Esquema 6.20. Mando de intermitencias integrado en el mando multifunción de alumbrado.

Figura 6.28. Intermitente izquierdo encendido.

EJEMPLO 6.11

Las características de este circuito de intermitencia y *warning* son:

- Mando de intermitencia integrado en un mando multifunción de alumbrado.
- Mando de *warning* integrado dentro de una pequeña centralita electrónica de *warning*.
- Circuito totalmente controlado por centralitas electrónicas comunicadas entre sí por buses de datos.

El Esquema 6.21 está totalmente controlado por centralitas electrónicas, las cuales se comunican a través de redes VAN y CAN Bus. Las conexiones de buses C1, C2 y C3, como su nombre indica, son cajas de unión de los diferentes buses del circuito. Simplifican el esquema pero no afectan al funcionamiento del circuito.

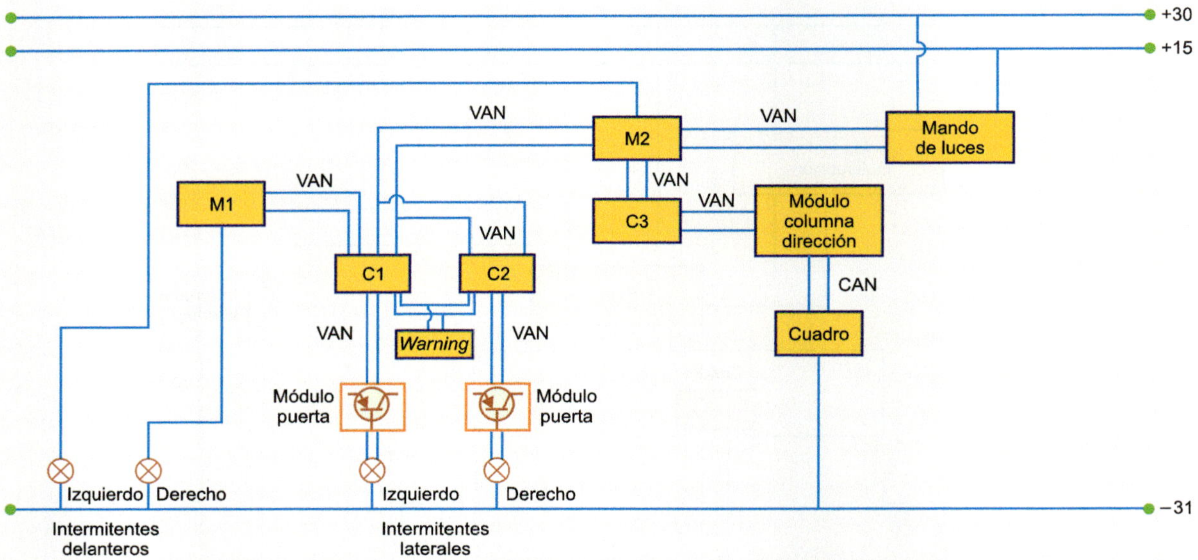

Esquema 6.21. Circuito de intermitencia y emergencia.

Se observan en el esquema dos módulos de control electrónico multifuncional, M1 y M2, los cuales realizan diversas tareas relacionadas con los circuitos de alumbrado. Entre ellas se encuentra el control de los alumbrados de intermitencia y emergencia. El módulo M1 activa el alumbrado de intermitencia delantero derecho, y el módulo M2 el izquierdo. En caso de ser pulsado el mando de emergencia los dos módulos activan sus respectivas lámparas.

Las lámparas intermitentes laterales son encendidas por los módulos de puerta, los cuales controlan las funciones de cada una de las puertas delanteras.

El mando de intermitencia está integrado en el mando multifunción de alumbrado, y el mando de emergencia (*warning*) consiste en una pequeña centralita electrónica conectada a las líneas de buses.

La señalización en el cuadro de instrumentos tiene lugar gracias a la información recibida de las otras centralitas o módulos a través de los buses de datos. Dicha información atraviesa la centralita de la columna de dirección.

ACTIVIDAD **Propuesta 6.11**

En el Esquema 6.21, ¿qué elemento realiza la función del mando de *warning*? ¿Y la del relé de intermitencia?

PRÁCTICA DE TALLER

COMPROBACIÓN DE UN MANDO DE EMERGENCIA

Figura 6.29. Mando de emergencia y sus terminales.

El mando de *warning* o emergencia que se comprueba en esta práctica cuenta con 7 conexiones, por lo que debemos seguir el circuito de *warning* del Esquema 6.22.

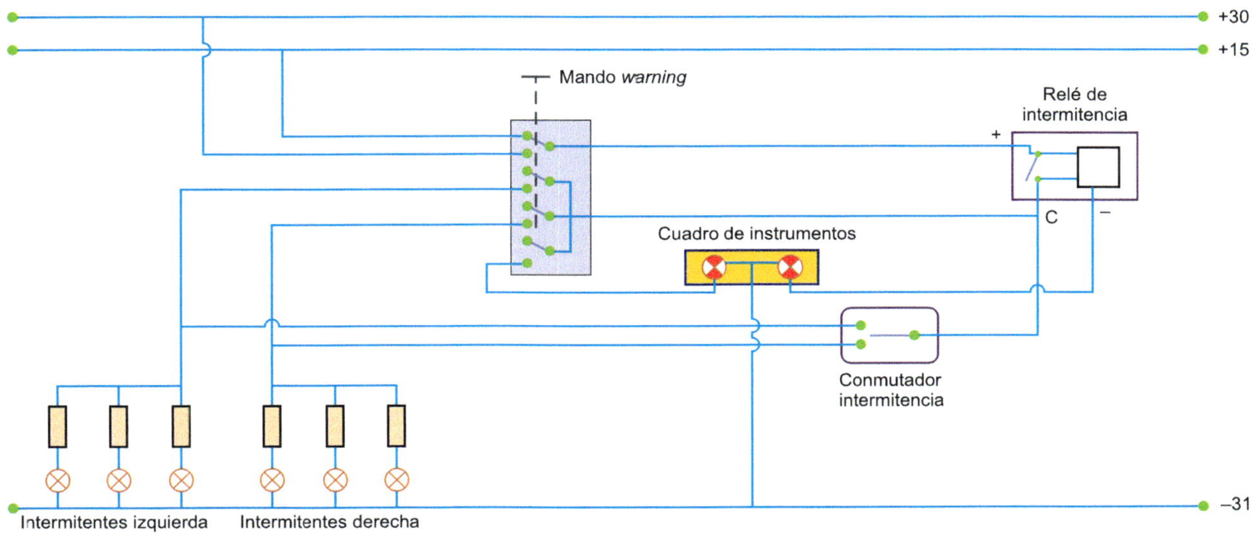

Esquema 6.22. Circuito de intermitencia y emergencia simplificado.

En primer lugar nombramos los terminales.

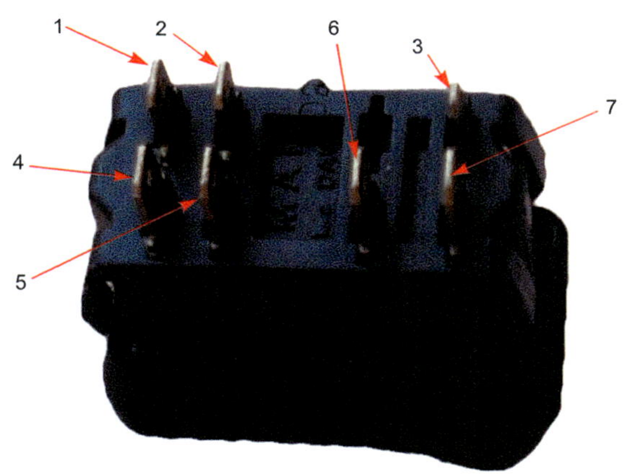

Figura 6.30. Numeración de terminales del mando de *warning*.

Y medimos la continuidad entre todos sus terminales con el mando pulsado y sin pulsar. Para ello realizamos dos tablas, una correspondiente a la medición con el mando sin pulsar y otra con el mando pulsado. Colocamos una X entre los terminales en los que exista continuidad.

La forma más ordenada de medir continuidad para no olvidar ninguna combinación de pines es la siguiente:

1 con 2, 3, 4, 5, 6, 7

2 con 3, 4, 5, 6, 7

3 con 4, 5, 6, 7

4 con 5, 6, 7

5 con 6, 7

6 con 7

Sin pulsar							
	1	2	3	4	5	6	7
1							
2							
3					X		
4							
5							
6							
7							

Pulsado							
	1	2	3	4	5	6	7
1		X				X	X
2						X	X
3				X			
4							
5							
6							X
7							

A continuación realizamos el esquema eléctrico del mando de emergencias y asignamos, según lo obtenido durante las mediciones, los terminales.

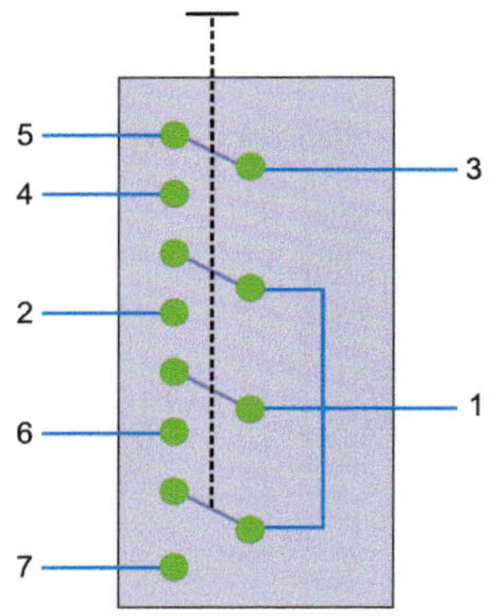

Figura 6.31. Mando de *warning* con la numeración de terminales correspondiente al mando de la práctica realizada.

Comprobamos en el Esquema 6.22 que, efectivamente, se cumple.

6.9. Luces de conducción diurna

El ojo humano percibe mejor el movimiento de una luz que el de un objeto, lo que ha quedado demostrado al experimentarse una reducción considerable de accidentes en aquellos países que obligan al empleo de estas luces desde hace años.

La Directiva Europea sobre instalación de los dispositivos de alumbrado y de señalización luminosa estableció en 2008 la obligatoriedad de incorporar luces de circulación diurna en todos los vehículos de nueva fabricación (turismos y furgonetas). En España esta obligatoriedad comenzó en 2011, y se hizo extensiva a autobuses y camiones en 2012. Muchos fabricantes, sin embargo, comenzaron unos años antes a ofrecer este dispositivo en sus vehículos de nueva fabricación.

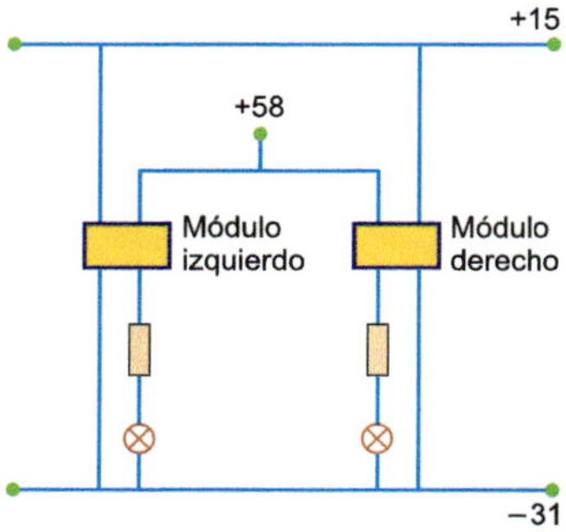

Esquema 6.23. Circuito de conexión de luces de circulación diurna.

Figura 6.32. Luces de conducción diurna de tecnología led.

Las luces de conducción diurnas se encienden automáticamente al arrancar el motor, no pudiendo ser apagadas si el motor está arrancado.

Como muestra el Esquema 6.23, la centralita de cada faro de luz de conducción diurna debe recibir señal desde +15 para detectar positivo de llave de contacto. De esta forma las lámparas lucen al conectar el encendido del vehículo.

Todas las luces de conducción diurna utilizan ledes o fibra óptica, principalmente por el bajo consumo que estos suponen, importante en unas luces que deben estar encendidas todo el tiempo. Al ser una luz para ser vistos, y no para iluminar, no son necesarios ledes de gran potencia, que podrían incrementar considerablemente el precio del faro.

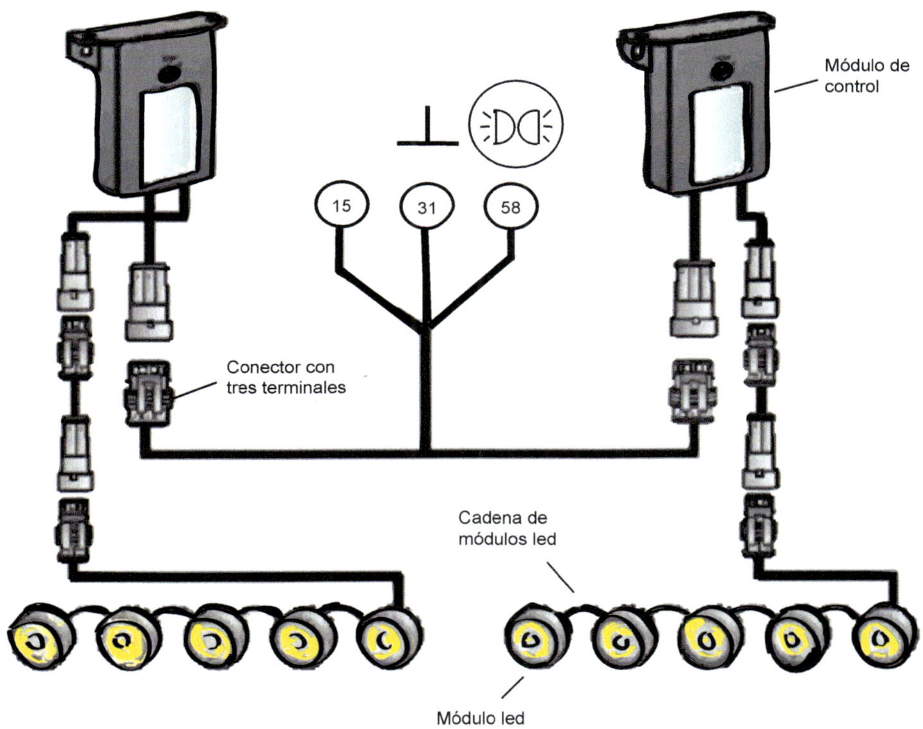

Figura 6.33. Instalación de una cadena de cinco módulos led de luces de conducción diurna.

Figura 6.34. Piloto trasero.

Figura 6.35. Piloto trasero con luz de freno.

6.10. Luces de freno

La misión de las luces de freno es señalizar a otros conductores nuestra intención de frenar. Actualmente, gracias a los sistemas de freno adaptativos y el empleo de señales PDM, las luces de freno también pueden señalizar la intensidad de la frenada, aumentando así la seguridad y disminuyendo el tiempo de reacción de los otros conductores.

Según la norma europea 89/516/CEE y la legislación vigente en España, las luces de freno deben ser tres en la parte trasera del vehículo: dos incluidas en los faros traseros de señalización y una luz central. Esta última es obligatoria desde el año 1999, debido a que por su situación estratégica puede ser vista por un mayor número de conductores y es percibida más rápido, por lo que el tiempo de reacción ante una frenada disminuye. Todas las luces de freno han de ser de color rojo.

Para la señalización de freno se emplean luces de incandescencia y, cada vez más, diodos led.

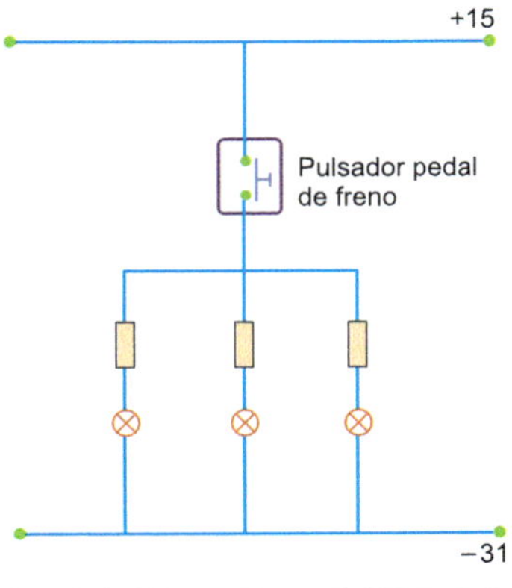

Esquema 6.24. Circuito eléctrico de freno.

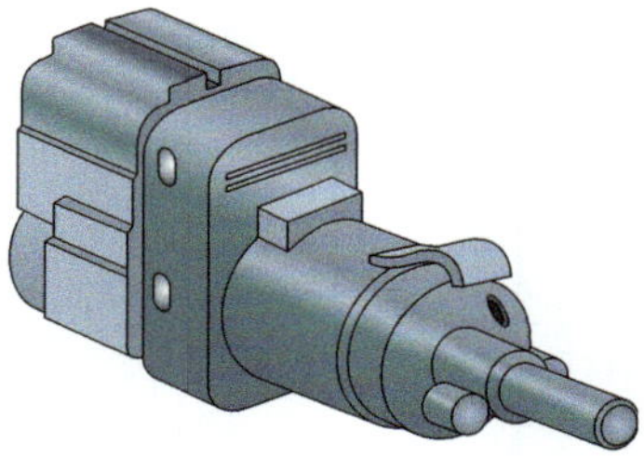

Figura 6.37. Interruptor del pedal de freno.

Figura 6.36. Luz de freno activada.

El circuito de freno es muy sencillo, ya que está compuesto por un pulsador situado en el pedal de freno o en la bomba, y las lámparas. Para los vehículos con modulación de intensidad de luz mediante señales PDM, la señal del pulsador va a una centralita que intercambia información con la centralita de alumbrado y señalización, entre otras.

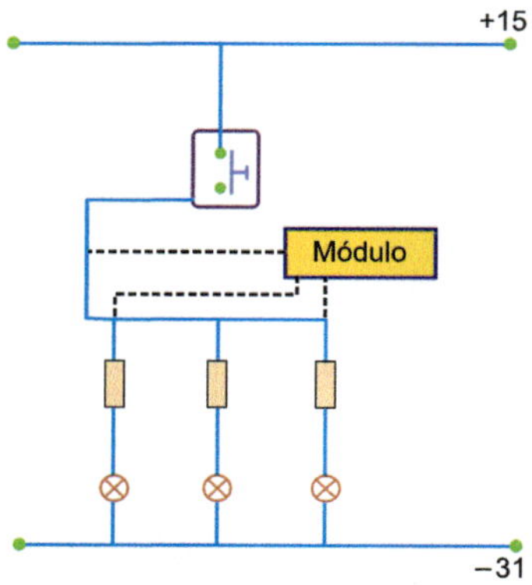

Esquema 6.25. Circuito de freno con módulo electrónico de detección de fallo en lámpara.

El pulsador de luz de freno, situado en el pedal, forma un conjunto con el interruptor del pedal de freno. Este último envía información de freno a la centralita de gestión de frenos y a la de gestión del motor. Se trata de un interruptor normalmente cerrado (aunque la presión del pedal cuando no se pisa lo mantiene abierto) conectado a positivo y a la centralita. Al pisar el freno se cierra el circuito y recibe alimentación positiva, entendiendo la centralita, por ejemplo, que debe desactivar el regulador de velocidad. El pulsador de luz de freno es empleado también por la centralita de gestión de frenos como señal de comprobación.

Algunos vehículos disponen de señal redundante para ESP.

En otros casos, el interruptor está formado por dos interruptores: uno normalmente abierto y otro normalmente cerrado. Nunca están los dos abiertos ni cerrados a la vez. El normalmente cerrado sirve para reconocer el pedal de freno en reposo, y el normalmente abierto para reconocer el pedal de freno presionado. La Figura 6.38 muestra el circuito con el pedal de freno pisado.

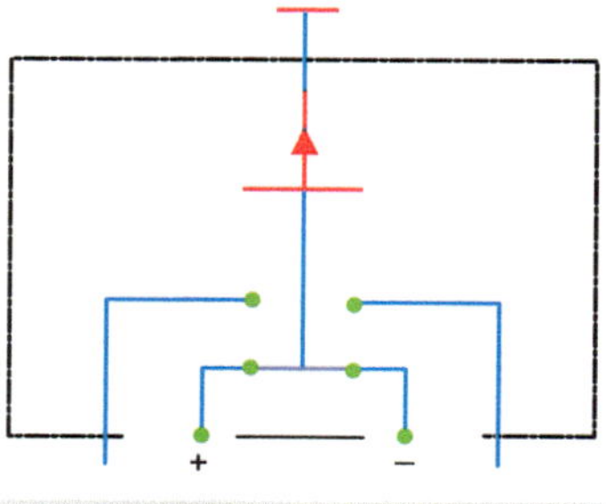

Figura 6.38. Interruptor de freno de doble interruptor.

Figura 6.39. Luces de freno activadas.

6.11. Luces de marcha atrás

La misión de las luces de marcha atrás es indicar a otros vehículos y a los peatones la intención de circular o maniobrar marcha atrás. Esta luz se enciende automáticamente al engranar la marcha atrás en la caja de cambios siempre que esté encendido el contacto, aunque el motor esté parado.

Según la normativa vigente la luz de marcha atrás es obligatoria en vehículos y remolques. Deben ser una o dos luces blancas en los pilotos traseros.

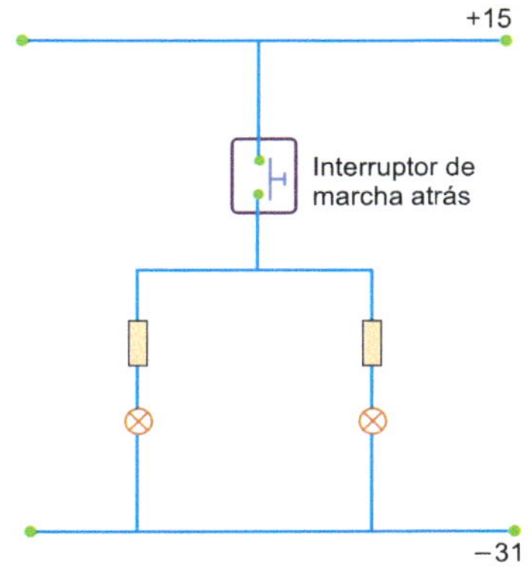

Esquema 6.26. Circuito eléctrico de marcha atrás.

Figura 6.40. Piloto trasero con luz de marcha atrás.

El circuito de marcha atrás está formado por un interruptor y la/s lámpara/s de marcha atrás. El interruptor está situado normalmente en la caja de cambios. Se trata de un pulsador normalmente abierto que cuando se conecta la marcha atrás cierra el circuito.

6.12. Iluminación interior del vehículo

Originariamente los circuitos de iluminación interior del vehículo consistían básicamente en una o varias lámparas situadas en el plafón y unos interruptores en las puertas delanteras. Al abrir cualquier puerta delantera se encendían las lámparas, y al cerrarlas se apagaban.

Sin embargo, hace ya algunos años que los fabricantes han ido incorporando sistemas más complejos de iluminación interior, cada uno de ellos con una lógica de trabajo específica pero todos ellos muy parecidos.

Normalmente, la iluminación interior del vehículo se activa en alguno o algunos de los casos siguientes:

- Al ser accionado por el conductor o acompañante, mediante el mando o interruptor.
- Al cerrar la puerta del vehículo, apagándose con un retardo de unos segundos.
- Al abrir la puerta, apagándose con un retardo de unos segundos.
- Al poner el contacto y al quitarlo.

Figura 6.41. Iluminación interior de un vehículo.

El circuito cuenta con dos fines de carrera, representados en forma de pulsadores, en las puertas de conductor y acompañante para activar el encendido con retardo. Un circuito electrónico para el retardo de encendido y un mando o interruptor que se puede activar desde el interior del vehículo.

Los Esquemas 6.27, 6.28 y 6.29 muestran un circuito completo de iluminación interior del vehículo.

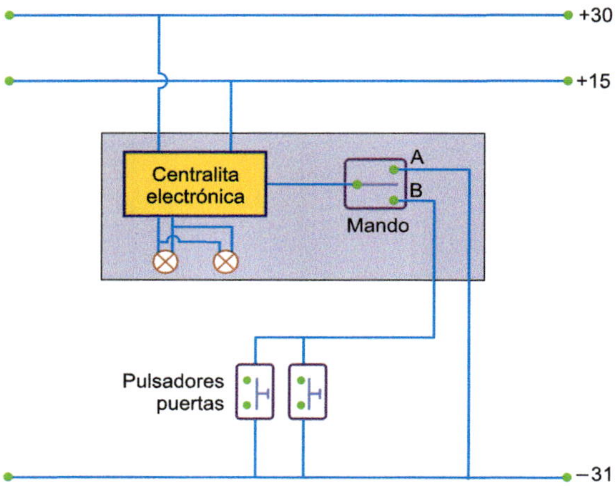

Esquema 6.27. Circuito completo de luz interior del vehículo.

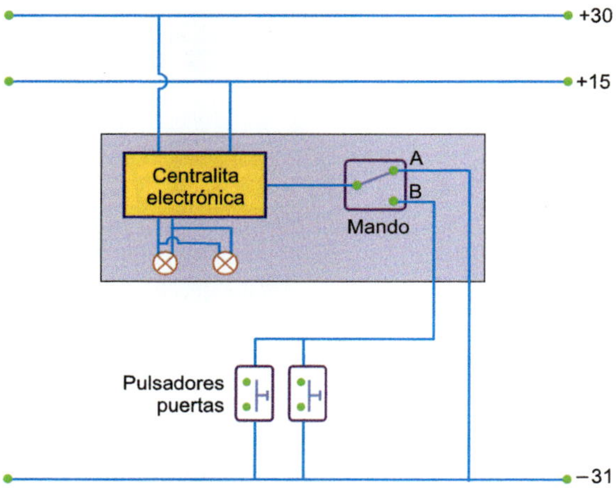

Esquema 6.28. Circuito con el mando en posición de lectura.

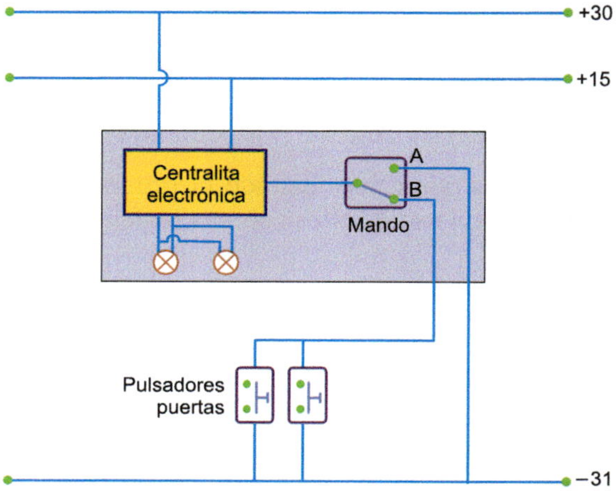

Esquema 6.29. Circuito que se ilumina al abrir las puertas del vehículo.

La centralita electrónica recibe alimentación positiva a través de +30 permanentemente, y es informada de cuándo se gira la llave de contacto gracias a la señal que recibe desde +15. En muchos casos esta señal llega desde un sensor magnético en el bombín de la llave.

El mando cierra a negativo el circuito de la centralita, para que esta encienda las lámparas. Esto lo hace de dos formas:

- **Con el mando en la posición A:** el conductor conecta la luz interior para consultar un mapa o leer algo.
- **Con el mando en la posición B:** cuando se abren las puertas delanteras del vehículo.

El retardo en el apagado de las luces tiene lugar únicamente cuando el mando de los circuitos anteriores se encuentra en la posición B. Dicho retardo se consigue gracias a un circuito electrónico con un condensador, como el mostrado en los Esquemas 6.30 y 6.31. Cuando el pulsador está cerrado (los fines de carrera de las puertas) ocurren dos cosas:

- La base del transistor es alimentada, generando una diferencia de potencial con el emisor. Por tanto, la intensidad pasa por el colector y la lámpara se enciende.
- El condensador se está cargando.

Al abrir el pulsador (se cierran las puertas) la base del transistor mantiene la diferencia de potencial con el emisor gracias a la intensidad aportada por el condensador, que se está descargando. Dicha alimentación de la base del transistor finaliza cuando el condensador se descarga del todo.

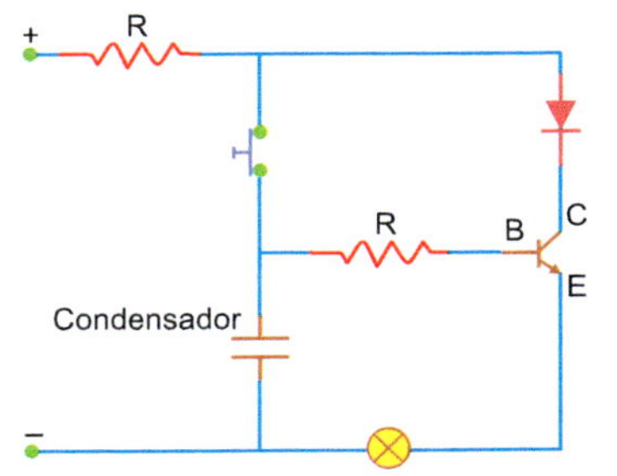

Esquema 6.30. Circuito temporizador con pulsador accionado.

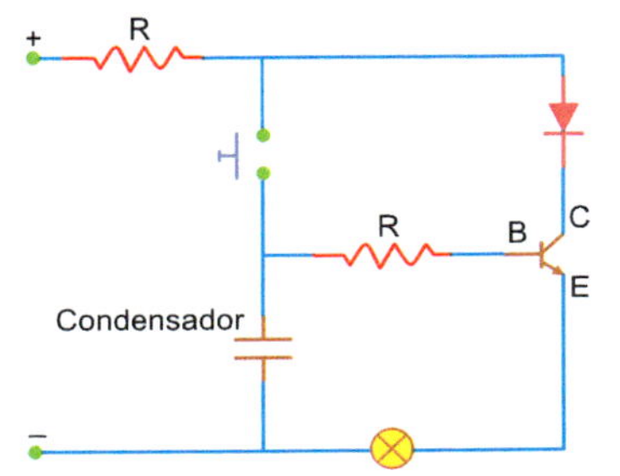

Esquema 6.31. Circuito temporizador con pulsador sin accionar. La lámpara se mantiene encendida durante la descarga del condensador.

ACTIVIDAD **Propuesta 6.12**

Dibuja un circuito temporizador incluido en el conjunto electrónico de un circuito de luz interior del vehículo. ¿De qué depende el tiempo que se queda la lámpara encendida después de cerrar el pulsador? ¿En qué lugar del vehículo está ubicado el interruptor?

ACTIVIDAD **Propuesta 6.13**

Explica el interruptor del pedal de freno para activar el circuito de luz de freno.

ACTIVIDAD **Propuesta 6.14**

Justifica el empleo de luces de conducción diurna.

6.13. Cálculo y dimensionado de circuitos de iluminación

El cálculo y dimensionado de un circuito de iluminación consiste en conocer los consumos de cada componente, para así seleccionar los fusibles más adecuados para la instalación, así como la longitud y sección de los cables.

6.13.1. Consumo de las lámparas

El dato que normalmente se conoce de las lámparas es su potencia, por lo que conociendo la tensión de alimentación del circuito podremos obtener la intensidad que lo atraviesa a partir de la fórmula de la potencia:

$$P = V \cdot I$$

Si además es conocida la capacidad de la batería, se puede calcular el tiempo que un circuito puede estar alimentado (con las luces encendidas) sin el motor funcionando.

6.13.2. Cálculo de fusibles

Recordamos que el fusible es un elemento de protección del circuito que está formado por un conductor con un punto de fusión menor que el resto de los elementos del circuito. Ofrece una mayor resistencia eléctrica pero, de esta forma, se funde y corta el paso de corriente abriendo el circuito cuando la intensidad es demasiado alta. La relación entre el diámetro del hilo del fusible y la intensidad que puede soportar es la siguiente:

$$D = m \cdot \sqrt[3]{I^2}$$

siendo D el diámetro del cable, m el coeficiente del material (cobre = 0,06; plomo = 0,25) e I la intensidad máxima que soporta el fusible teniendo en cuenta el coeficiente de seguridad de la instalación (en tanto por ciento).

6.13.3. Longitud y sección de los cables

La longitud y sección de los cables de una instalación debe ser la adecuada para que los cables no ofrezcan demasiada resistencia al paso de la corriente y, al mismo tiempo, soporten la intensidad máxima existente.

La sección del cable de una instalación se calcula empleando la fórmula:

$$S = \rho \cdot L / R$$

donde S es la sección del cable en mm^2, ρ es el coeficiente de resistividad del material (cobre = 0,017 $\Omega mm^2/m$), L la longitud del cable en m, y R la resistencia del mismo.

Recordamos que la ley de Ohm dice que $V = I \cdot R$, por lo que $R = V/I$. De esta forma, podemos calcular la sección del cable a partir de la intensidad que atraviesa el circuito:

$$S = \rho \cdot L \cdot I / V$$

De igual forma, la resistencia del cable se calcula de la siguiente forma:

$$R = \rho \cdot L / S$$

Y la longitud del cable es igual a:

$$L = R \cdot S / \rho$$

La sección de un cable, conocido su radio, es igual a $S = \pi r^2$.

6.13.4. Calor generado por un faro

El cálculo del calor generado por un faro es importante a la hora de diagnosticar posibles averías generadas por un reflector o una lámpara inadecuada. Para realizar este cálculo recordamos la ley de Joule:

$$Q = 0{,}24 \cdot I^2 \cdot R \cdot t$$

donde Q es el calor generado, 0,24 es un valor constante, I es la intensidad que atraviesa al circuito, R la resistencia que ofrecen los faros (el filamento de la lámpara) y t el tiempo que está activado el circuito y, por tanto, generando calor.

ACTIVIDAD **Resuelta 6.2**

El faro de un vehículo cuenta con una lámpara de 60 W para el alumbrado de carretera y una lámpara de 55 W para el de cruce. Calcula:

a) La intensidad que atraviesa el circuito.

b) La sección del cable de la instalación completa del faro (cruce y carretera) si la longitud es de 2 metros y la caída de tensión admisible en la instalación es del 2 %.

c) Calor generado por cada faro durante una hora.

Solución

a) $P = V \cdot I \Rightarrow I = P/V$

Suponemos una tensión de alimentación de 12 V, por tanto:

$I_{carretera} = 60/12 = 5$ A

$I_{cruce} = 55/12 = 4{,}58$ A

La intensidad del cable de alimentación de los dos faros es, por tanto: $I = 5 + 4{,}58 = 9{,}58$ A.

b) $S = \rho \cdot L/R$

La resistividad del cobre es de 0,017 $\Omega mm^2/m$, y la resistencia del cable es $R = V/I$.

Como la caída de tensión admisible en la instalación es del 2 % la tensión de alimentación es: $12 \cdot 0{,}02 = 0{,}24$ V.

$R = 0{,}24/9{,}58 = 0{,}025\ \Omega$

$S = 0{,}017 \cdot 2/0{,}025 = 1{,}36\ mm^2$

c) Las calorías por faro se calculan siguiendo la fórmula correspondiente:

$$Q = 0{,}24\ I^2 \cdot R \cdot t$$

La resistencia de cada faro es la del filamento de las lámparas, que calculamos a partir de la tensión de alimentación y de la intensidad que les atraviesa.

$R_{carretera} = 12/5 = 2{,}4\ \Omega$

$R_{cruce} = 12/4{,}58 = 2{,}62\ \Omega$

$Q_{carretera} = 0{,}24 \cdot 5^2 \cdot 2{,}4 \cdot 60 \cdot 60 = 51\ 840$ calorías

$Q_{cruce} = 0{,}24 \cdot 4{,}58^2 \cdot 2{,}62 \cdot 60 \cdot 60 = 47\ 483{,}86$ calorías

ACTIVIDAD **Resuelta 6.3**

Calcula el diámetro del cable del fusible de una instalación de alumbrado. La intensidad en el circuito es de 10 A y el coeficiente de seguridad de la intensidad es del 48 %. Supón que el material del hilo del fusible es cobre y plomo.

Solución

$$D = m \cdot \sqrt[3]{I^2}$$

El coeficiente *m* del cobre es 0,06, y la intensidad del circuito es $I + 0{,}48\ I = 1{,}48\ I$. Por tanto:

$D = 0{,}06 \cdot \sqrt[3]{(10 \cdot 1{,}48)^2} = 0{,}36$ mm

El coeficiente *m* del plomo es 0,25:

$D = 0{,}25 \cdot \sqrt[3]{(10 \cdot 1{,}48)^2} = 1{,}5$ mm

ACTIVIDAD **Resuelta 6.4**

Un conductor ha cerrado su vehículo y ha olvidado apagar las luces de cruce. Cada lámpara de cruce tiene una potencia de 55 W y la capacidad de la batería es de 45 Ah. Si consideramos que la batería no enciende las lámparas al llegar al 75 % de su carga, calcula cuánto tiempo estarán encendidas las lámparas.

Solución

La potencia total del circuito es de $55 \cdot 2 = 110$ W

El 75 % de la capacidad de la batería es $45 \cdot 0{,}75 = 33{,}75$ Ah

La capacidad C de una batería es $C = I \cdot t$

La intensidad del circuito se calcula a partir de la potencia: $P = V \cdot I$

$I = P/V = 110/12 = 9{,}16$ A

Por tanto: $t = C/I = 33{,}75/9{,}16 = 3{,}68$ horas $= 13\,264{,}19$ segundos.

ACTIVIDAD **Propuesta 6.15**

Calcula la intensidad consumida por un circuito de posición cuyas lámparas (cuatro) tienen una potencia de 5 W cada una, y la tensión de alimentación es de 13,2 V.

ACTIVIDAD **Propuesta 6.16**

La capacidad de una batería es de 45 Ah, y la tensión de alimentación del circuito de alumbrado es de 12 V. Si la resistencia total de las dos lámparas de alumbrado (instaladas en paralelo) es de 8 ohmios, calcula:

a) Resistencia de cada lámpara si se suponen iguales.

b) Intensidad que atraviesa a cada lámpara.

c) Sección de los conductores para una densidad de corriente admisible de 3 A/mm².

$$D = I/S$$

d) Tiempo que tardará en descargarse la batería (suponemos la batería totalmente descargada al 75 %).

ACTIVIDAD **Propuesta 6.17**

Para montar dos faros de carretera de 55 W cada uno en un vehículo se emplea un cable de 4 metros de longitud y una caída de tensión admisible del 2,5 %. Si la resistividad del cobre es de 0,017 Ωmm²/m y la tensión de alimentación de 12 V, calcula la sección del cable de alimentación de los dos proyectores.

Figura 6.42. Tornillos de regulación de faros.

6.14. Regulación de faros

La regulación de faros debe garantizar un máximo alcance luminoso pero sin llegar a deslumbrar a otros conductores.

Además de actuar sobre los tornillos de regulación de los faros, los vehículos actuales deben contar, porque así está legislado, con un sistema manual o automático de regulación en función de la carga del vehículo. Los sistemas manuales son controlados por el conductor mediante una rueda o conmutador situado a su alcance, y los sistemas automáticos cuentan con sensores y centralitas. Estos últimos son obligatorios en vehículos con faros de xenón.

6.14.1. Regulación del haz de luz

La regulación del haz de luz sobre la calzada se realiza en el eje vertical u horizontal. La regulación en el eje vertical o regulación de altura controla que el haz de luz no esté desajustado hacia arriba ni hacia abajo ya que, en el caso de estar demasiado alto, provoca el deslumbramiento de otros conductores, y en caso contrario (demasiado bajo) disminuye el alcance del haz luminoso y la visibilidad del conductor. Dicha reducción de visibilidad se traduce en un aumento del tiempo de reacción y una disminución de la seguridad.

La regulación del haz luminoso se puede realizar con o sin regloscopio.

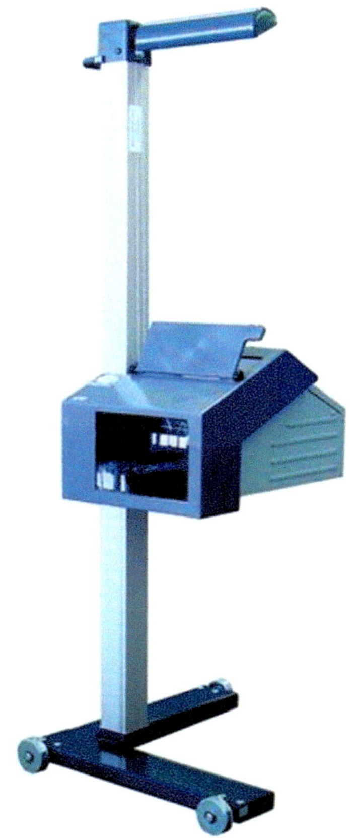

Figura 6.43. Regloscopio.

Regulación sin regloscopio

Los pasos a seguir para la regulación de la altura de los faros sin regloscopio son los siguientes:

1. Preparación del vehículo:
   - Neumáticos a presión específica.
   - Depósito de combustible lleno.
   - Conductor en el habitáculo o una carga con peso similar.
   - Corrector de altura en la posición «0».
   - Faros limpios, sin partículas de suciedad.
   - Correctores de altura en la posición normal.
2. La superficie sobre la que está el vehículo debe ser plana.
3. Los faros deben estar a 10 metros de la pantalla de referencia.
4. Pantalla de referencia (superficie no transparente ni traslúcida) con las siguientes líneas dibujadas:
   - Vertical que corresponde con el eje de simetría del vehículo (a).
   - Dos verticales que pasan por los centros de referencia de cada faro (b).
   - Horizontal a la altura de los centros de referencia de los faros (c).
   - Horizontal 10 cm por debajo de la horizontal anterior (d).

Sabías que...?

A la regulación en el eje horizontal se le denomina «convergencia».

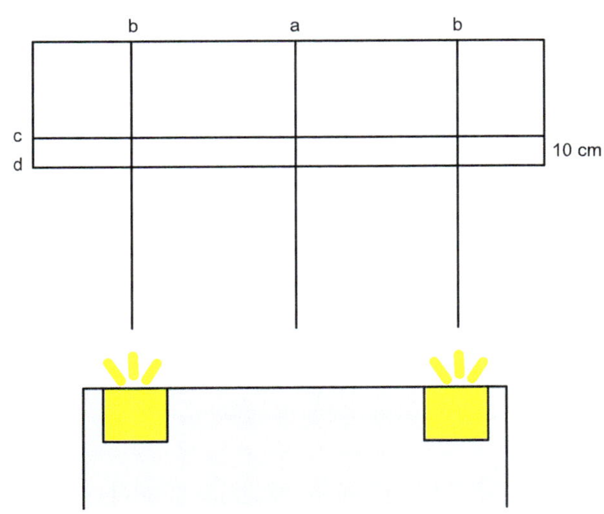

Figura 6.45. Líneas de referencia sobre la superficie opaca.

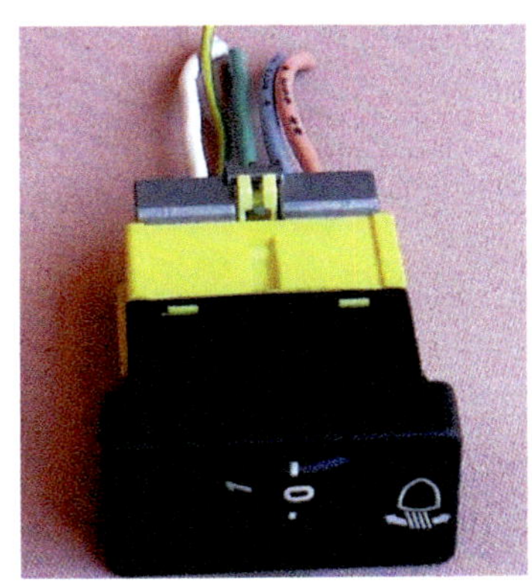

Figura 6.44. Mando corrector de altura de faros.

Sabías que...?

Se denomina «corte» a la línea horizontal que define el límite entre lo claro y lo oscuro, es decir, entre la zona iluminada y la zona oscura.

5. Hacer coincidir la línea horizontal que separa la zona iluminada de la oscura con la línea horizontal d. Así se comprueba la altura de los faros.

6. Hacer coincidir el cruce de la línea horizontal y vertical de delimitación de la zona iluminada y oscura con el cruce de las líneas b y c. Así se comprueba la posición horizontal del haz de luz.

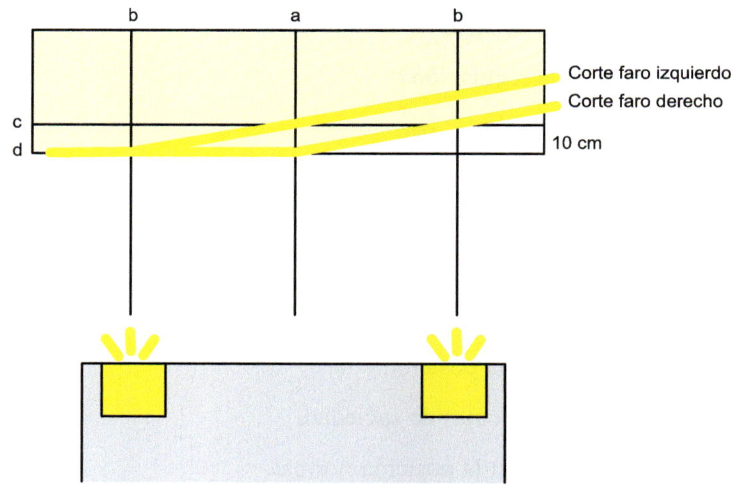

Figura 6.46. Regulación de faros sobre superficie no transparente, sin regloscopio.

Para hacer coincidir las líneas de claro-oscuro del haz luminoso con las dibujadas sobre la superficie se actúa sobre los tornillos de reglaje de los faros.

Regulación con regloscopio

La preparación del vehículo es igual que en el caso anterior. El regloscopio es un sistema óptico con una pantalla. Cuando el haz de luz de los faros incide sobre el sistema óptico, la pantalla reproduce la misma imagen que si incidiese sobre una superficie opaca a 25 metros de distancia.

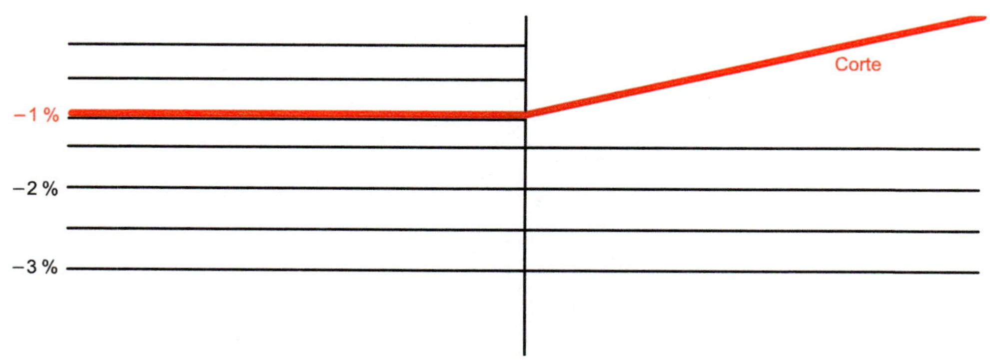

Figura 6.47. Imagen de la pantalla de un regloscopio.

Figura 6.48. Lente de un regloscopio.

Observamos, en la Figura 6.47, la imagen obtenida sobre la pantalla del regloscopio. La regulación consiste en actuar sobre los tornillos de regulación de los faros hasta lograr que se cumpla lo siguiente:

6.13. Dibuja un esquema eléctrico con los siguientes componentes:

a) Cuatro lámparas, a las que llamaremos A, B, C, D.

b) Cinco relés (simples o dobles).

c) Cuatro interruptores, a los que llamaremos a, b, c, d.

El circuito debe cumplir las siguientes características:

- La lámpara **A** se enciende al activar el interruptor **a.**
- La lámpara **B** se enciende al activar el interruptor **b,** solo si está encendida la lámpara **A.**
- La lámpara **C** se enciende al activar el interruptor **c,** solo si está encendida la lámpara **A.**
- La lámpara **D** se enciende al activar el interruptor **d,** solo si están encendidas las lámparas **B** o **C.**

6.14. Con el esquema eléctrico del fabricante localiza sobre el vehículo las masas y los conectores del circuito de alumbrado.

6.15. Completa los siguientes esquemas eléctricos correspondientes a circuitos antiniebla:

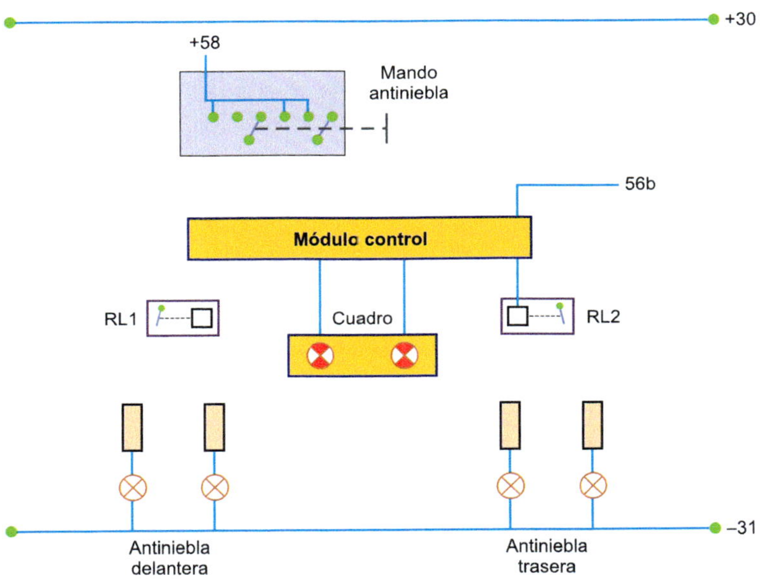

Esquema 6.36.

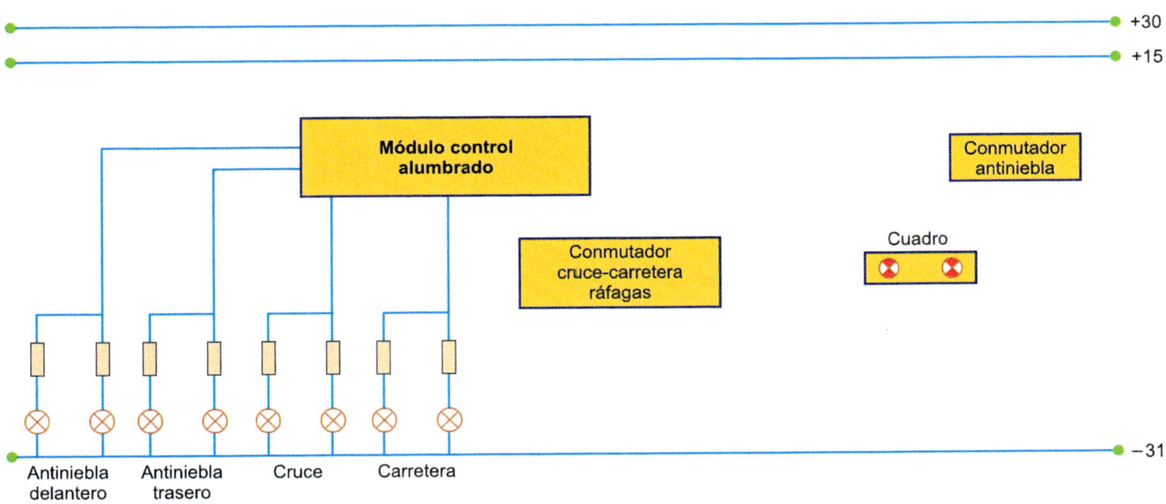

Esquema 6.37.

7 Circuitos eléctricos auxiliares del vehículo

Los circuitos eléctricos auxiliares del vehículo repercuten directamente en la seguridad de marcha del vehículo, así como en el confort del conductor. Los interruptores/conmutadores para su activación están situados de forma que el conductor pueda utilizarlos fácilmente sin perder la atención que requiere la propia marcha del vehículo.

Los sistemas eléctricos auxiliares del vehículo más importantes son los detallados a continuación:

- Sistema de limpiaparabrisas.
- Sistemas de elevalunas eléctricos.
- Sistemas de espejos retrovisores eléctricos.
- Indicadores acústicos.
- Luneta térmica.
- Sistemas de cierre centralizado.

El control electrónico y las redes de comunicación entre centralitas han aportado mayor fiabilidad y prestaciones a estos sistemas, aumentando así el confort durante la conducción.

7 Circuitos eléctricos auxiliares del vehículo

¿Sabes ...

...qué componentes forman los diferentes sistemas eléctricos auxiliares del vehículo, como el limpiaparabrisas o el elevalunas?

...qué presencia tiene el control electrónico en los sistemas eléctricos auxiliares del vehículo?

...interpretar los esquemas eléctricos de los distintos sistemas eléctricos auxiliares del vehículo?

Contenidos

7.1. Sistemas de limpiaparabrisas

7.2. Sistemas de elevalunas eléctricos

7.3. Espejos retrovisores eléctricos

7.4. Indicadores acústicos

7.5. Luneta térmica

7.6. Cierre centralizado

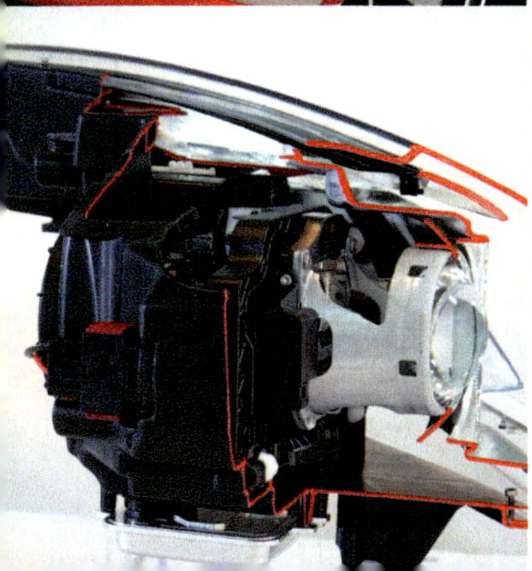

Objetivos

- Conocer la constitución y el funcionamiento, los esquemas eléctricos y la localización de averías en los sistemas eléctricos auxiliares del vehículo:
  - Sistema de limpiaparabrisas y limpialuneta trasera.
  - Elevalunas eléctricos.
  - Espejos retrovisores eléctricos.
  - Indicadores acústicos.
  - Luneta térmica.
  - Cierre centralizado.

Figura 7.1. Sistema de limpiaparabrisas de un camión.

Figura 7.2. Los parabrisas han evolucionado para ofrecer mayor visibilidad y confort.

7.1. Sistemas de limpiaparabrisas

El limpiaparabrisas es un sistema vital para el confort y la seguridad durante la conducción, ya que permite la visibilidad a través del parabrisas en caso de lluvia, nieve o suciedad excesiva.

Un sistema de limpiaparabrisas debe cumplir tres condiciones:

- No entorpecer la visión del conductor.
- Despegar las partículas depositadas y adheridas al cristal.
- Desalojar del cristal dichas partículas.

Figura 7.3. Escobillas de limpiaparabrisas con forma aerodinámica.

La evolución de este sistema a lo largo de la historia del automóvil ha sido significativa, siempre buscando un barrido más óptimo, disminuir el coeficiente aerodinámico, mejorar su diseño y minimizar el ruido durante el barrido. Los primeros sistemas de limpiaparabrisas eran manuales, después eléctricos y, actualmente, son controlados por una centralita electrónica. Además, ofrecen diferentes velocidades de barrido y la opción de activación automática en caso de lluvia. Es por esto que, lo que podía parecer un equipamiento sencillo del vehículo es, en realidad, un complejo sistema.

Para mejorar la aerodinámica se ha evolucionado hacia un parabrisas cada vez más grande, curvo y alto, y con una mayor inclinación. También el diseño del sistema de limpiaparabrisas ha ido cambiando para buscar una mejor aerodinámica.

Los avances obtenidos en los últimos años en los sistemas de limpiaparabrisas se basan en tres mejoras:

- La utilización de materiales menos pesados y más flexibles.
- Timonerías sin articulaciones, con articulaciones amortiguadas o sustituidas por un sistema electrónico.
- Portaescobillas y escobillas con un diseño más personalizado y aerodinámico.

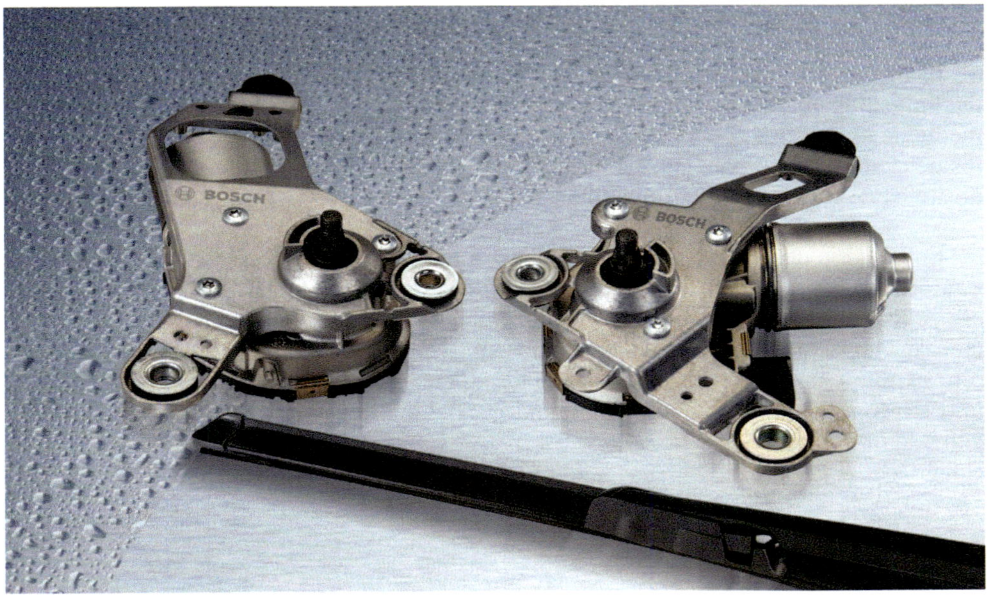

Figura 7.4. Motores de limpiaparabrisas Bosch.

Sabías que...?

La normativa en materia de limpiaparabrisas, entre la que se incluye la Directiva europea 78/318/CEE, obliga a los fabricantes de vehículos a ofrecer un barrido del 100 % del campo de visibilidad del conductor y del 80 % de la superficie total del parabrisas.

7.1.1. Componentes

El sistema de limpiaparabrisas está formado por un motor eléctrico con un sistema reductor, una timonería que transmite el movimiento del motor a las escobillas, uno o varios portaescobillas y una o varias escobillas.

El circuito de lavado lo conforman un depósito de líquido lavaparabrisas, una o varias bombas eléctricas y uno o varios surtidores o rampas de lavado, que distribuyen el líquido por el parabrisas.

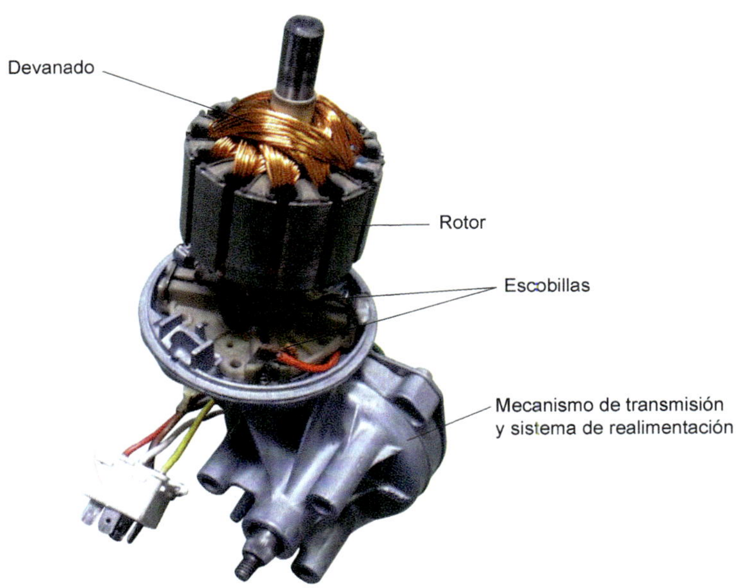

Figura 7.5. Componentes de un motor de limpiaparabrisas.

El motor de limpiaparabrisas

El motor de limpiaparabrisas es un motor eléctrico de corriente continua, cuyo inductor está formado por imanes permanentes y su inducido por bobinados alimentados mediante el colector sobre el que rozan las escobillas. Externamente pueden apreciarse los dos cables de alimentación del rotor (uno positivo y otro negativo) o los dos cables positivos de cada una de las velocidades.

Entre el eje del rotor y la timonería hay un mecanismo para convertir el movimiento giratorio del motor en el movimiento alternativo de las escobillas sobre el cristal. Para ello, el eje del rotor acaba en forma de tornillo sinfín, el cual engrana en una rueda dentada. Dicha rueda lleva anclada en su superficie frontal una lámina que va unida por su otro extremo al eje que mueve a la timonería. De esa forma, tal y como se observa en las Figuras 7.8 y 7.17, el movimiento giratorio del motor es transmitido en forma de vaivén a la timonería.

Recuerda que...

El sistema de limpiaparabrisas se considera un sistema de seguridad activa, ya que puede ser muy importante a la hora de evitar un accidente en una situación meteorológica adversa. Ante una situación de lluvia intensa, un correcto alumbrado y un buen sistema de limpiaparabrisas pueden ser cruciales para nuestra seguridad.

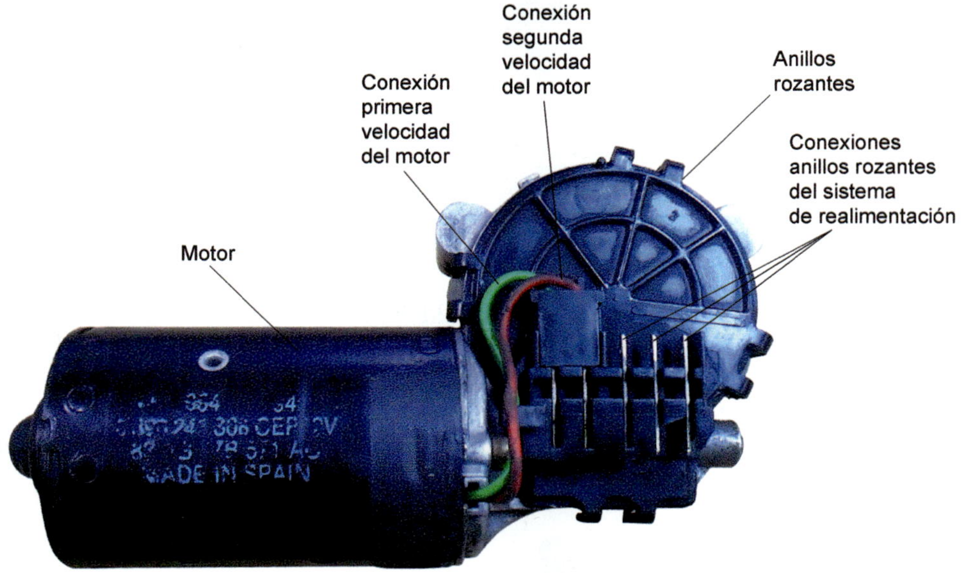

Figura 7.6. Cableado de un motor de limpiaparabrisas.

Figura 7.7. Motor de limpiaparabrisas.

El motor de limpiaparabrisas cuenta con varias velocidades, gracias a que posee 3 o 4 escobillas. La velocidad más lenta debe ofrecer un barrido de 45 ciclos por minuto, y la más rápida de 65 ciclos.

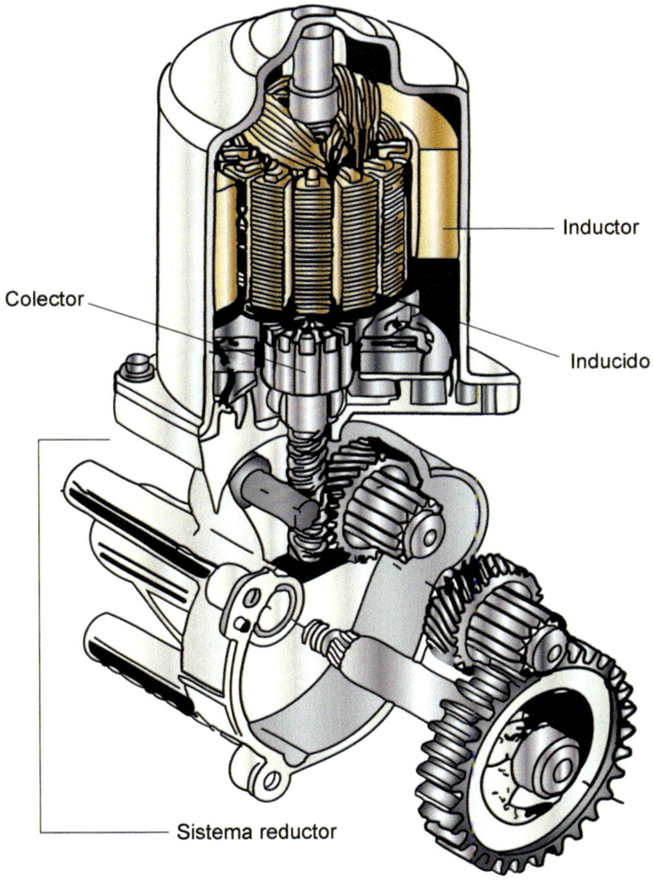

Figura 7.8. Motor de limpiaparabrisas y su sistema reductor.

El motor de limpiaparabrisas no requiere mantenimiento y no suele ser causa de averías, pero debemos tener en cuenta que el rozamiento de las escobillas sobre el cristal ofrece una resistencia que se opone al movimiento del motor y, por tanto, puede afectar al mismo.

Sistemas de realimentación del motor de limpiaparabrisas

Los sistemas de realimentación alimentan al motor durante un corto período de tiempo después de que el conductor pare el sistema desde el conmutador. El objetivo de estos sistemas es que la escobilla quede siempre parada en un lugar apropiado, que no afecte a la visibilidad del conductor. Otro objetivo de los sistemas de realimentación es frenar al motor directamente, evitando que siga girando una vez desconectado, debido a la inercia de su movimiento.

Existen tres sistemas de realimentación:

- De leva.
- De anillos rozantes.
- Electrónico.

Sabías que...?

Existen diversas formas de obtener varias velocidades de un motor eléctrico. A través de resistencias, con 3 o 4 escobillas, mediante un reostato o a través de un conjunto electrónico.

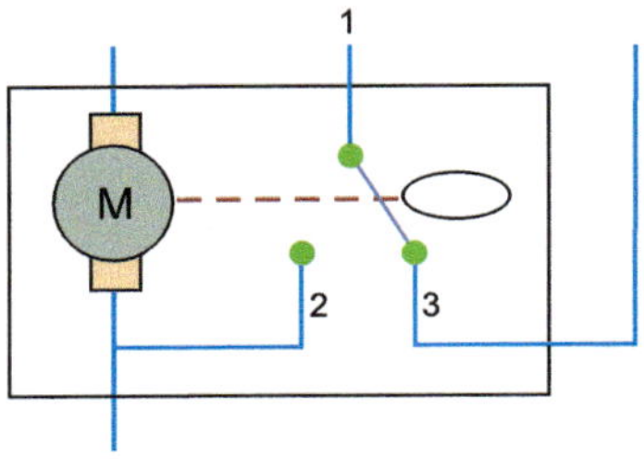

Figura 7.9. Sistema de realimentación por leva.

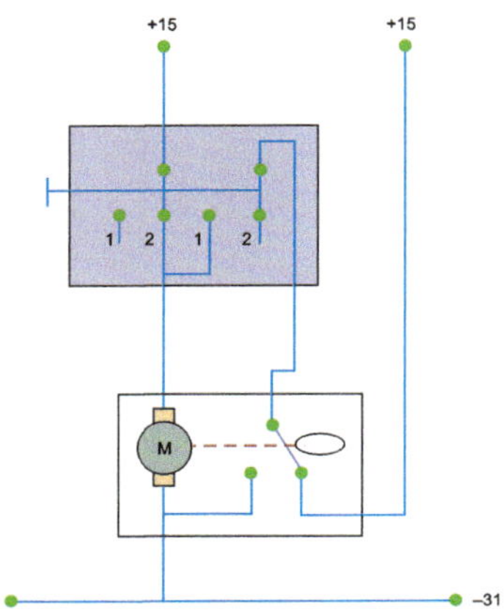

Figura 7.10. Esquema de funcionamiento de un sistema limpiaparabrisas.

Sabías que...

Algunos sistemas de limpiaparabrisas dan la opción al conductor de grabar la frecuencia de su funcionamiento con intermitencia. El conductor acciona la posición intermitente y la quita, después la vuelve a activar y la deja puesta. El intervalo de tiempo pasado entre la primera vez que lo conecta y la desconexión queda grabado y es la función intermitente que queda.

En el sistema de leva (Figura 7.9) esta gira con el motor eléctrico, poniendo en contacto los terminales 1 y 2 o los terminales 1 y 3. Durante el funcionamiento del motor el conmutador de la leva va cambiando de la posición 2 a la 3, pero esto no afecta a su funcionamiento debido a la posición del conmutador de accionamiento (Figura 7.10). Al cortar la alimentación el conmutador de la leva se mantiene en la posición 3 hasta que la leva realiza un giro completo, pasando a la posición 2.

Figura 7.11. Motor de limpiaparabrisas con sistema de realimentación por leva.

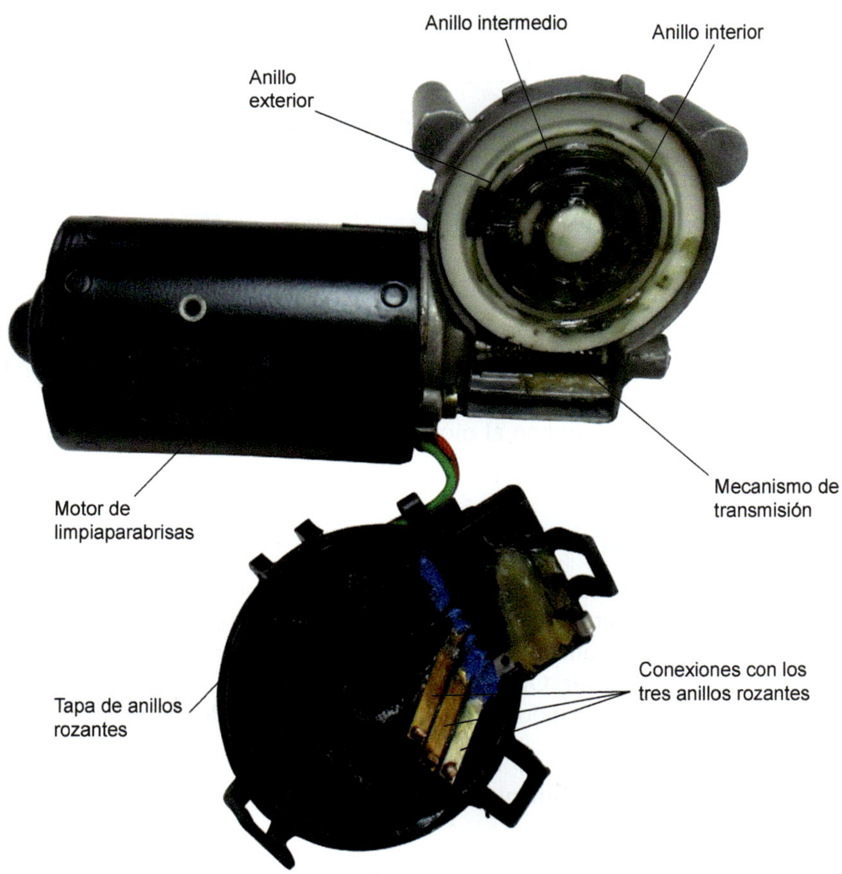

Figura 7.12. Sistema de realimentación por anillos rozantes.

El sistema de realimentación de anillos rozantes (Figura 7.12) está formado por dos pistas sobre las que rozan tres contactos (1, 2 y 3), las cuales giran con el motor. La pista A ofrece continuidad, por lo que la mayor parte del tiempo son los terminales 1 y 3 los que tienen continuidad (Figura 7.14). Pero cuando el motor deja de estar activado y las pistas giran hasta la posición mostrada en la Figura 7.13, son los terminales 1 y 2 los que tienen continuidad, frenando totalmente el movimiento del motor.

Los terminales 1, 2 y 3 del sistema de levas coinciden con los terminales 1, 2 y 3 del sistema de anillos rozantes.

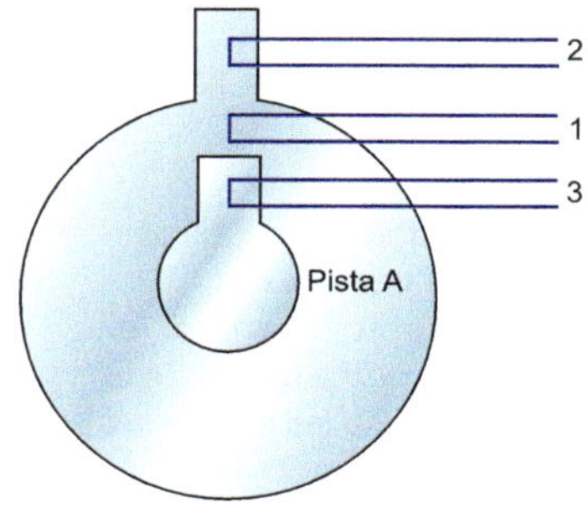

Figura 7.13. Sistema de realimentación con el motor desactivado y parado (continuidad entre 1 y 2).

Figura 7.15. Detalle del sistema de realimentación de un motor de limpiaparabrisas.

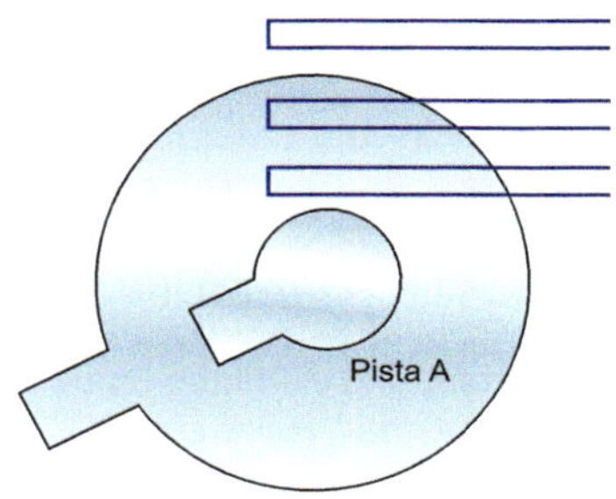

Figura 7.14. Sistema de realimentación con un funcionamiento normal del motor.

Los sistemas de realimentación electrónicos se encuentran en aquellos circuitos de limpiaparabrisas en los que una centralita controla totalmente al motor, situándose entre este y el mando de limpiaparabrisas.

Figura 7.16. Relé de limpiaparabrisas.

ACTIVIDAD **Propuesta 7.1**

¿Qué objetivos debe cumplir un sistema de limpiaparabrisas?

ACTIVIDAD **Propuesta 7.2**

¿A qué corresponde esta figura? Explica por qué y numera sus terminales.

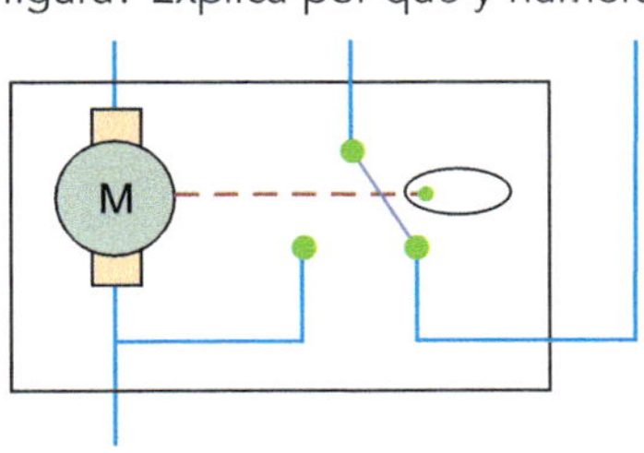

Timonería, portaescobillas y escobillas

Las escobillas son las láminas de caucho que actúan directamente sobre el cristal del parabrisas. Van sujetas y son movidas por el portaescobillas, que puede ser metálico o plástico. La transmisión del movimiento del motor al conjunto de portaescobilla-escobilla la realiza la timonería, que está formada por una serie de brazos articulados, tal y como podemos observar en la Figura 7.17.

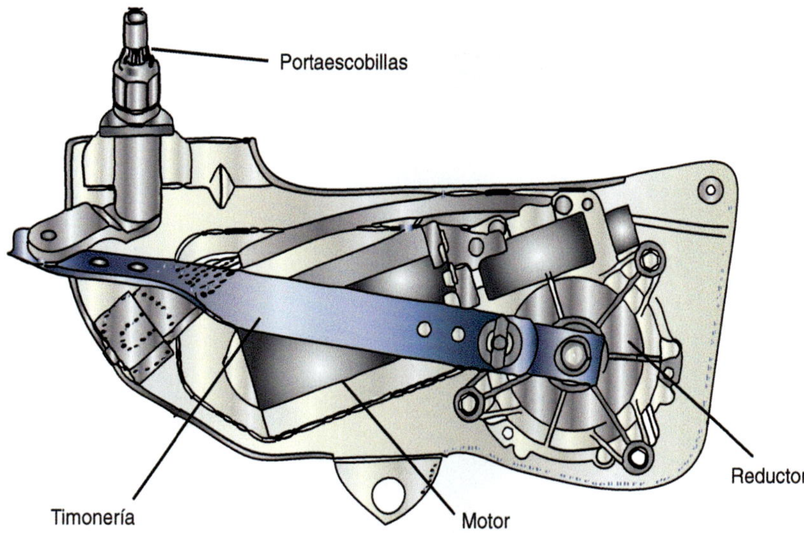

Figura 7.17. Ubicación de la timonería en el conjunto del limpiaparabrisas.

Figura 7.18. Escobilla de limpiaparabrisas.

La timonería debe ser siempre lo más compacta posible, para adaptarse al espacio disponible. Se fabrica en materiales ligeros, como aluminio o zamak, lo cual reduce el peso y facilita el movimiento. La búsqueda de una disminución del nivel sonoro ha llevado a los fabricantes a utilizar distintos materiales en el diseño de las articulaciones, consiguiendo un movimiento más amortiguado, así como la disminución de articulaciones o la sustitución de estas por un sistema electrónico.

El portaescobillas se compone de uno o dos muelles para guiar a la escobilla y asegurar la fuerza de apoyo sobre el parabrisas. Si la fuerza que ejerce este muelle es demasiado alta aplastaría a la lámina de caucho sobre el cristal, y si es demasiado baja la escobilla se levantaría por la fuerza del aire. Para vehículos que disponen de una gran superficie de barrido existen escobillas de doble muelle.

Sabías que...

El brazo portaescobillas debe transmitir el movimiento del motor (el cual le llega a través de la timonería) a las escobillas. Para la disminución del nivel sonoro se calcula el ángulo de torsión, que es el ángulo con que el portaescobillas actúa sobre la escobilla, aplicándole presión y logrando que esta se mantenga en posición adecuada permanentemente. Este ángulo también asegura la distribución uniforme de la presión sobre el cristal, haciendo que se transmita toda la fuerza de la timonería directamente a la escobilla. Esto supone, además, una disminución de las estrías, zonas sucias y zonas empañadas, así como del golpeteo de la escobilla en el cristal.

Sabías que...

El sistema ANTI-LIFT de Valeo tiene unas escobillas con un diseño que evita el levantamiento de las mismas del parabrisas por efecto del aire. Una parte del aire pasa por encima de la escobilla ejerciendo presión, y otra parte es aspirada por el portaláminas y actúa en sentido contrario a la primera. El resultado es un equilibrio de la presión que ejerce el aire sobre la escobilla, especialmente a altas velocidades del vehículo.

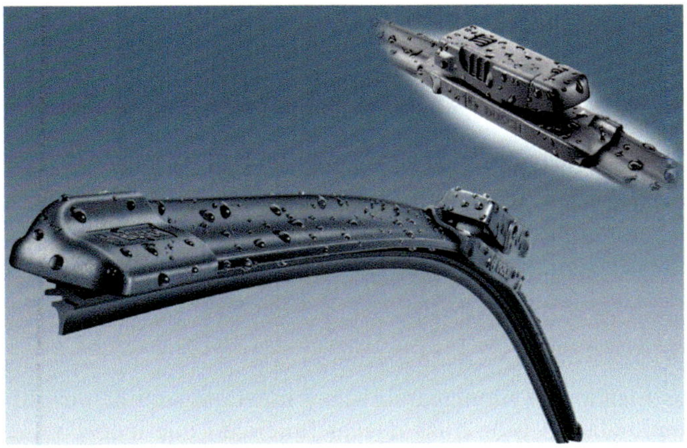

Figura 7.19. Escobillas de limpiaparabrisas de Bosch.

Figura 7.20. Escobilla en funcionamiento.

El conjunto portaescobilla-escobilla forma parte del aspecto exterior del vehículo. Por esta razón, cada vez más se intenta integrarlo dentro del diseño del mismo, personalizándolo.

La escobilla está formada por la lámina y el portaláminas. La utilización de materiales menos pesados y más flexibles, como el caucho, ha hecho posible la reducción del nivel sonoro hasta dos veces por debajo de las escobillas tradicionales. Tengamos en cuenta que la superficie de los parabrisas no es plana, por lo que la lámina debe ser flexible. Si a esto unimos un diseño de perfiles de la escobilla adaptados perfectamente a la curvatura del cristal, el resultado es una significativa mejora aerodinámica y un barrido más efectivo.

Las escobillas pueden ser de metal, plástico o una combinación de ambos. Las de metal son más resistentes y adecuadas para una superficie de barrido grande, frente a las plásticas que suponen una reducción de peso. Las metálicas pasan por un proceso de electrogalvanizado y se les da un tratamiento superficial por cromatado, pintura por el procedimiento de cataforesis y pintura lacada de acabado.

El desgaste de las escobillas se debe a un deterioro mecánico y orgánico. El primero depende de la frecuencia de uso de la escobilla y de la velocidad que alcanza. El deterioro orgánico es debido a los agentes externos que afectan al caucho.

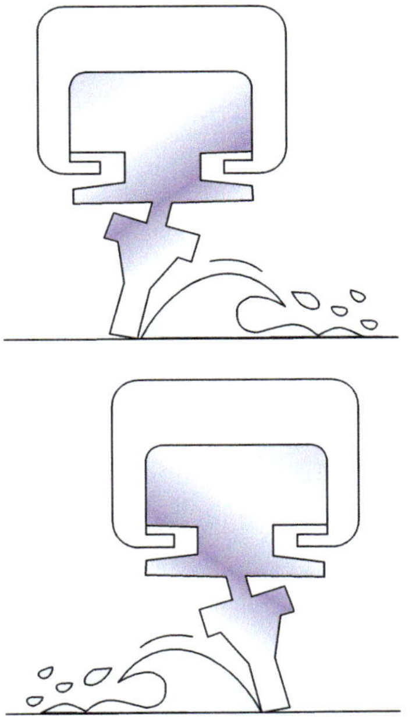

Figura 7.21. Actuación de la escobilla sobre el cristal.

Sabías que...?

El caucho es sometido a tratamientos especiales para aumentar su duración, ya que debe frotar el cristal durante horas sin alterarse. El caucho se mezcla con aditivos químicos y se somete a cocción, sufriendo una reacción química a la que se llama vulcanización. Se da forma a la lámina de caucho por extrusión y, por último, se somete a la escobilla a un tratamiento superficial por cloración y grafitado. Con todo este proceso se evita el endurecimiento y pérdida de elasticidad del caucho, debido a las altas temperaturas, los rayos ultravioletas y el oxígeno del aire.

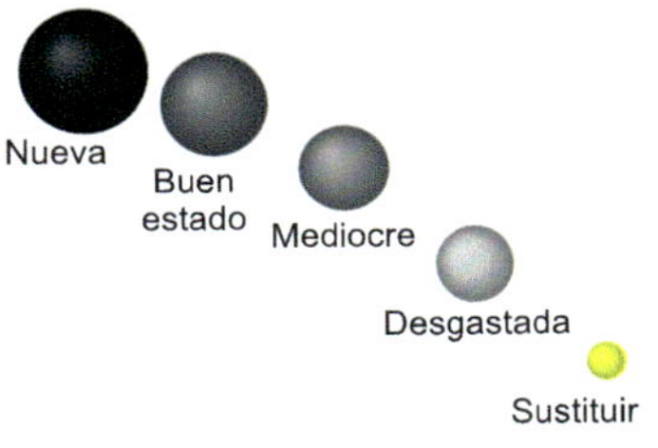

Figura 7.22. Indicador de desgaste de las escobillas.

Existen sistemas de limpiaparabrisas en los que el movimiento del motor se transmite al portaescobillas directamente, ya que en su eje de salida encontramos dos tornillos sinfín de sentidos opuestos. Este diseño permite que el propio motor transmita un movimiento rotativo alternativo a las escobillas aunque él gire siempre en un único sentido.

Sabías que...?

Existen escobillas con un indicador de desgaste que se encuentra en la armadura de la escobilla, a la vista del conductor, y es una pastilla redonda que actúa ante las agresiones externas igual que la lámina de caucho. Comienza en negro (estado óptimo) y va cambiando de color al ir desgastándose la escobilla, hasta llegar al amarillo (sustituir escobilla).

ACTIVIDAD **Propuesta 7.3**

¿Por qué es importante cambiar las escobillas del sistema de limpiaparabrisas del vehículo periódicamente?

ACTIVIDAD **Propuesta 7.4**

¿Con qué materiales se pueden fabricar las escobillas?

El mando de limpiaparabrisas

Con el paso del tiempo los mandos de limpiaparabrisas y luneta trasera han evolucionado hacia una mayor complejidad, debido a las nuevas funciones que incorpora el sistema.

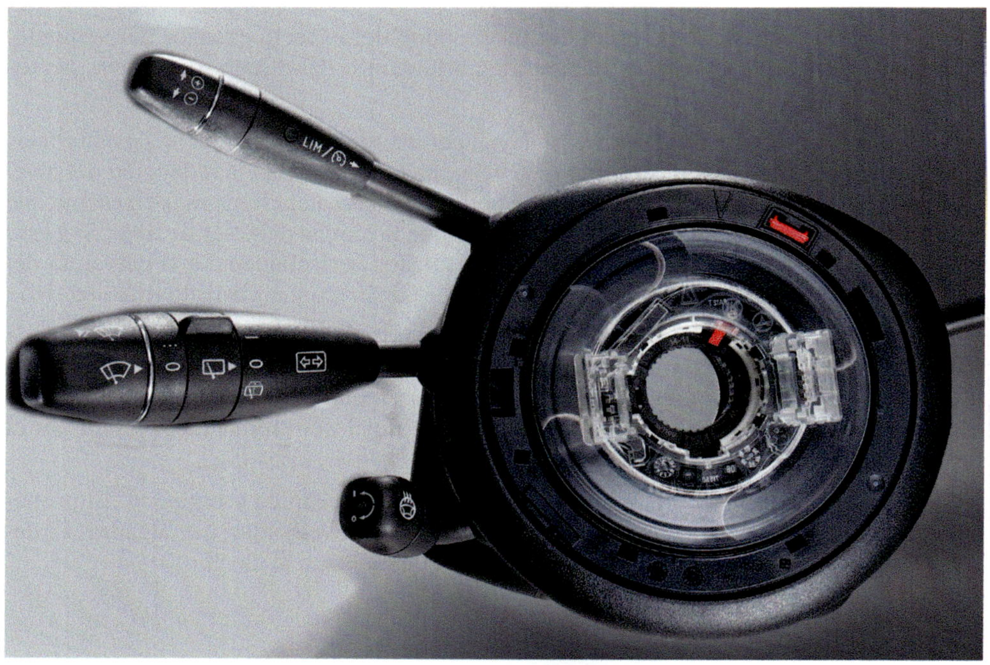

Figura 7.23. Mando de limpiaparabrisas y limpialuneta trasera.

Figura 7.24. Mando completo del volante.

Figura 7.25. Detalle de mando de limpiaparabrisas y limpialuneta trasera.

7.1.2. La electrónica en el circuito de limpiaparabrisas

También los sistemas de limpiaparabrisas han sucumbido a las ventajas de la electrónica, utilizando pequeños módulos electrónicos que permiten eliminar la timonería y adaptar el funcionamiento del motor a cada situación. Esta adaptación se puede lograr gracias a la información enviada por distintos sensores y captadores, como son el sensor de lluvia, el detector de nivel de líquido lavaparabrisas o los captadores de posición angular de las escobillas. El módulo electrónico determina el ángulo de barrido y la cadencia, y sincroniza las dos escobillas aunque cuenten con distintos motores. También adapta el funcionamiento de un brazo en caso de mal funcionamiento del otro.

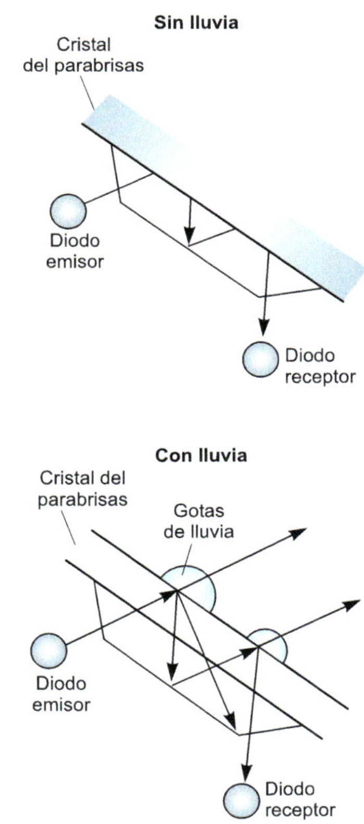

Figura 7.26. Funcionamiento del sensor de lluvia.

Captador de lluvia

El captador de lluvia está formado por uno o varios diodos emisores de luz, un fototransistor y un pequeño conjunto electrónico. Cuando la luz emitida por el emisor de luz encuentra una gota de agua a su paso, esta luz es refractada y captada por el fototransistor. En función de la cantidad de luz recibida el sistema conoce la intensidad de la lluvia, y ordena una mayor o menor cadencia al motor de limpiaparabrisas.

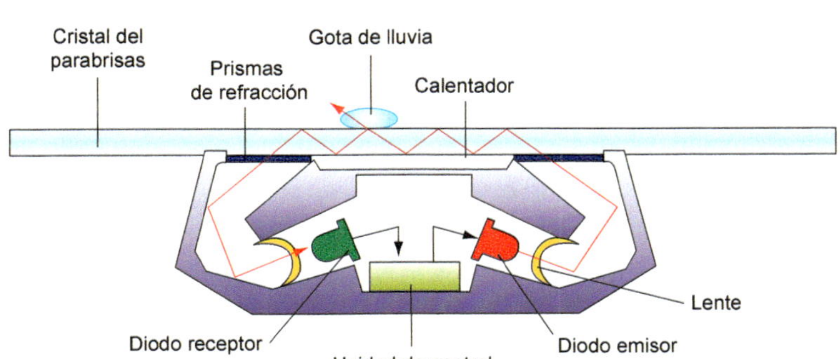

Figura 7.27. Componentes de un sensor de lluvia.

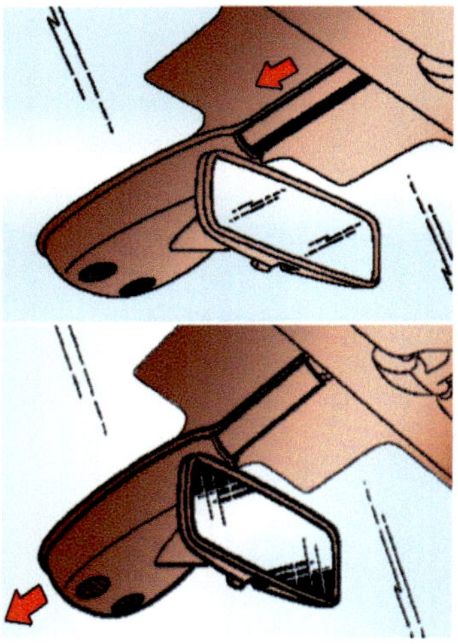

Figura 7.28. Extraer la tapa y el retrovisor.

El captador de lluvia, por tanto, debe ir colocado en el parabrisas, normalmente a la altura del espejo retrovisor interior. En algunos vehículos el sistema, al detectar lluvia, actúa también sobre los elevalunas o el techo corredizo.

Para que el sistema de limpiaparabrisas actúe en consonancia con los datos aportados por el captador de lluvia es necesario que el conductor active esta opción, denominada intermitente o automática.

Un ejemplo de extracción de un captador de lluvia es la mostrada en los siguientes pasos:

- Soltar la tapa de los cables.
- Extraer el conjunto tapa-retrovisor interior.
- Quitar el conector del captador.
- Soltar las dos grapas laterales.

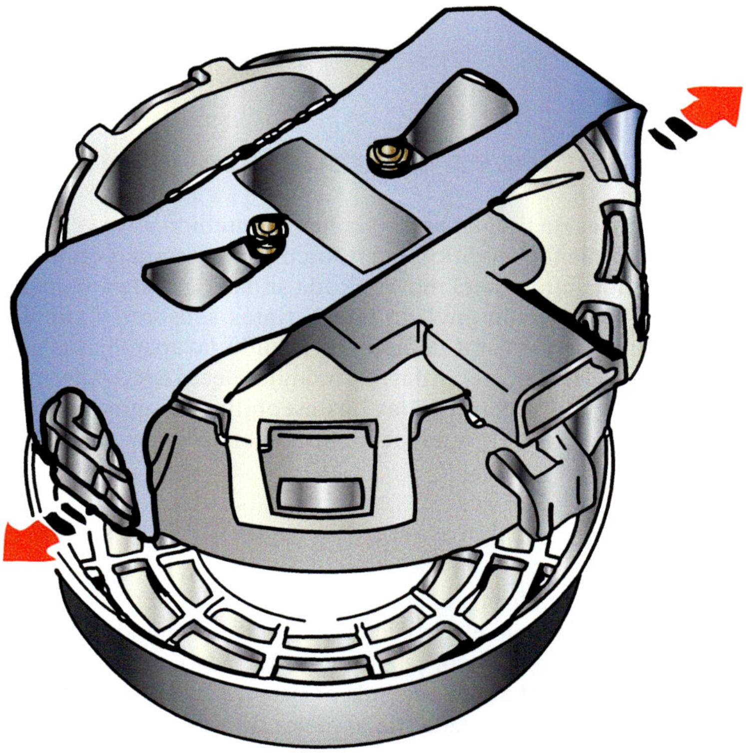

Figura 7.29. Soltar las dos grapas laterales del captador de lluvia.

A la hora de manipular el captador de lluvia se deben tener en cuenta las siguientes indicaciones:

- La reposición del detector de lluvia debe efectuarse con total limpieza, ya que cualquier suciedad puede provocar un mal funcionamiento del mismo.
- No tocar con los dedos la parte electrónica del detector y colocarlo en el vehículo nada más desembalarlo.
- En una sustitución del parabrisas conservando el detector de lluvia, se debe sustituir imperativamente la base adhesiva del mismo.

Detector de nivel de líquido

Unido a un testigo luminoso en el cuadro de instrumentos, indica al conductor cuándo desciende el nivel de líquido de limpiaparabrisas en el depósito. Puede estar formado por contactos REED o por un flotador unido al cursor de una resistencia variable.

Eyectores de salida del líquido calefactables

Un sensor de temperatura con un módulo electrónico activa la calefacción de los eyectores de salida de líquido de limpiaparabrisas en función de la temperatura exterior. El sistema evita que se congelen los eyectores para que así el agua salga, pero no calienta el agua del depósito.

7.1.3. Esquemas eléctricos de limpiaparabrisas

A continuación se muestran algunos ejemplos de esquemas eléctricos de fabricantes simplificados para comprender el funcionamiento de los diferentes sistemas de limpiaparabrisas y limpialuneta trasera.

EJEMPLO 7.1

Circuito de limpiaparabrisas delantero con una velocidad y sin módulo de control electrónico

El Esquema 7.1 muestra un mando de limpiaparabrisas sencillo y un motor con una velocidad. Cuando el mando está en la posición 2 el motor recibe alimentación positiva y gira. Cuando el mando está en la posición 1 el motor recibe alimentación positiva únicamente durante el tiempo que la leva se mantiene en la posición indicada en el esquema. Cuando gira y cierra el interruptor el motor queda cortocircuitado, tal y como muestra el Esquema 7.2.

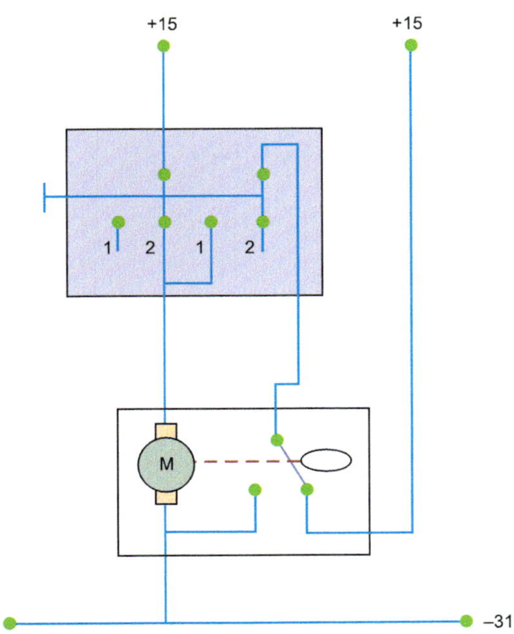

Esquema 7.1. Circuito básico de limpia con una velocidad.

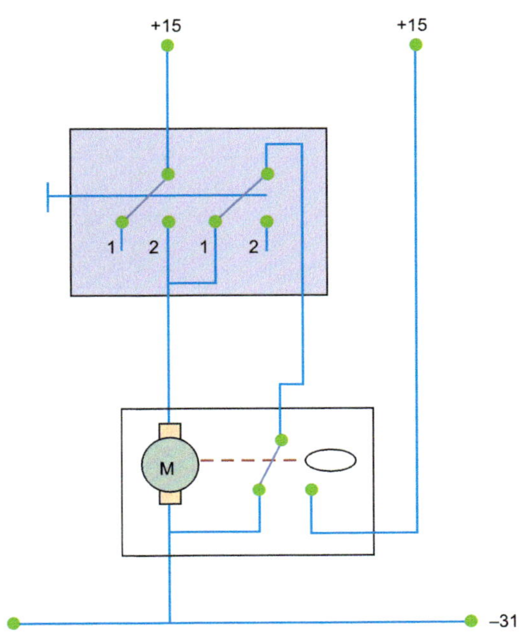

Esquema 7.2. Circuito de limpiaparabrisas básico con motor cortocircuitado.

EJEMPLO 7.2

Circuito de limpiaparabrisas con dos velocidades y sin módulo de control electrónico

El Esquema 7.3 muestra un funcionamiento igual al circuito 1, pero el motor cuenta con dos escobillas, una para cada velocidad.

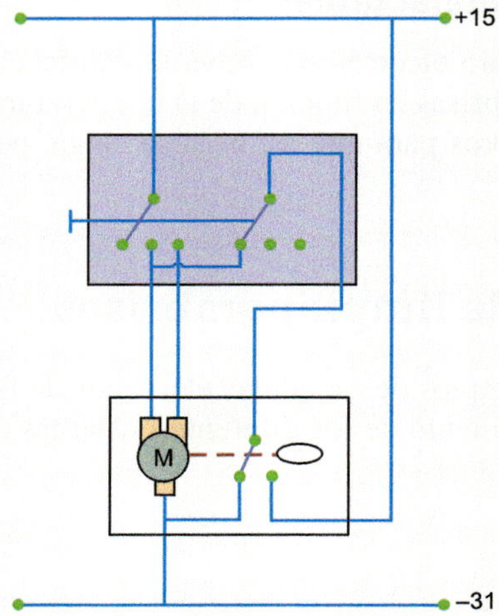

Esquema 7.3. Circuito de limpiaparabrisas con dos velocidades.

EJEMPLO 7.3

Circuito de limpiaparabrisas con dos velocidades y funcionamiento intermitente, gracias a un relé electrónico que determina la cadencia del barrido

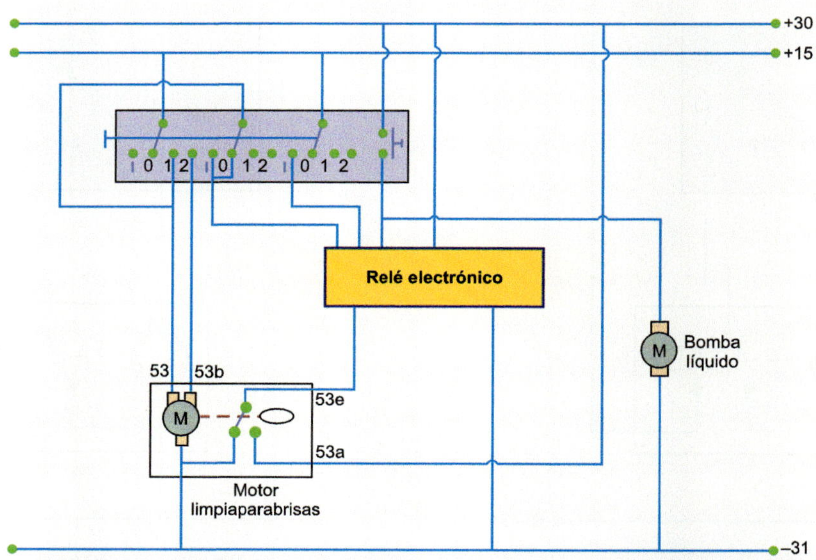

Esquema 7.4. Circuito de limpiaparabrisas con dos velocidades.

En el Esquema 7.4 se observa cómo cuando el mando está:

- En la posición 0 el motor no recibe alimentación positiva.
- En la posición 1 la alimentación es a través de la primera escobilla, por lo que el motor gira más lento.
- En la posición 2 la alimentación es a través de la segunda escobilla, y el motor gira a más velocidad.
- En la posición de intermitente es el relé electrónico el que alimenta al mando a través de su segundo terminal I, y así alimenta al motor por la escobilla de menor velocidad. El relé electrónico sabe que el conductor ha seleccionado la opción intermitencia al recibir una corriente desde +15 a través del mando por su tercer terminal I. Al mismo tiempo el relé alimenta a la bomba para que aporte líquido de limpiaparabrisas.

EJEMPLO 7.4

Circuito de limpiaparabrisas con dos velocidades y regulación de la cadencia de barrido durante el funcionamiento intermitente

En muchas ocasiones la cadencia de barrido puede ser regulada por el conductor del vehículo mediante un reostato, que actúa directamente sobre el conjunto de transistores que conforman el relé electrónico. Dicho reostato se muestra en el Esquema 7.5 en forma de resistencia variable conectada a la centralita del mando de limpiaparabrisas.

Cuando el conmutador está en las posiciones 3 o 4 el motor funciona en la velocidad correspondiente. En la posición 2 se activa la opción intermitente; en esta posición el primer pulsador 2 informa a la unidad de control de los deseos del conductor y a través del segundo pulsador 2 la centralita aporta negativo de batería (salida) al reostato, lo que provoca la variación de la velocidad del motor

En la posición 1 el motor se para, pero antes gira hasta que la leva da una vuelta completa y cortocircuita el motor. En esta posición de paro el motor sigue alimentado desde +15 y recibe negativo a través de la leva. Cuando esta gira y mueve el interruptor el motor no está conectado a ningún negativo y, por tanto, se para.

Se observa en el esquema cómo la opción de «parado» y «lavaparabrisas» se refieren a la conexión de la bomba de líquido limpiaparabrisas, que es activada a través de la centralita. También cuando se conecta la opción de intermitente la centralita activa la bomba.

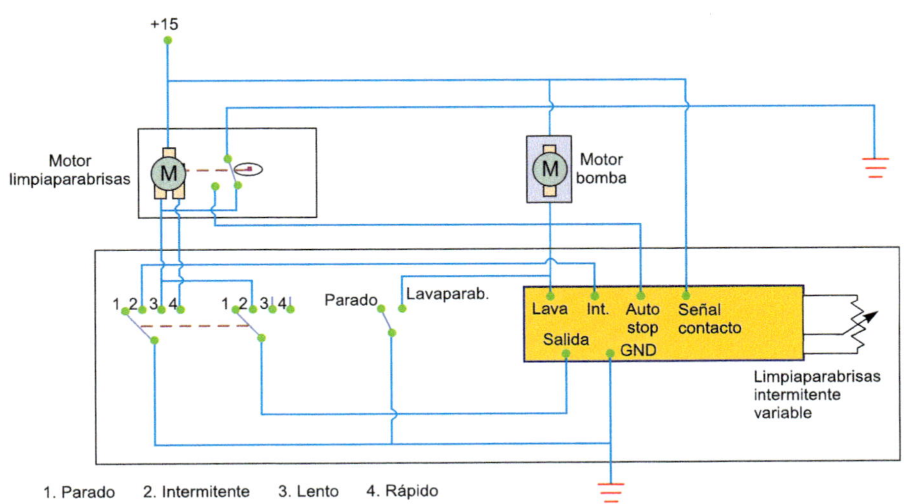

Esquema 7.5. Circuito de limpiaparabrisas con dos velocidades, velocidad intermitente con regulación de la cadencia de barrido.

EJEMPLO 7.5

Esquema de redes multiplexadas de conexión de un sistema de limpiaparabrisas delantero y limpialuneta trasera, y su interacción con otros circuitos del vehículo

En el Esquema 7.6 se muestra un sistema de redes multiplexadas de tipo CAN y LIN Bus de activación de un sistema de limpiaparabrisas delantero y limpialuneta trasera.

La centralita del conjunto delantero recoge la información del sensor de lluvia, sensor de temperatura exterior y posición del motor de limpiaparabrisas. Con esta información actúa sobre la bomba de líquido para el parabrisas y los faros, y la calefacción de los eyectores de líquido. El dato de activación del interruptor de marcha atrás lo utiliza para comunicar a la centralita del conjunto trasero la conveniencia de activar el motor de limpialuneta trasera. Se observa cómo las dos centralitas principales de conjunto delantero y trasero, así como la del cuadro de instrumentos, se comunican a través de una línea CAN Bus, mientras que dichas centralitas se comunican con los sensores y actuadores correspondientes a través de una red maestro-esclavo.

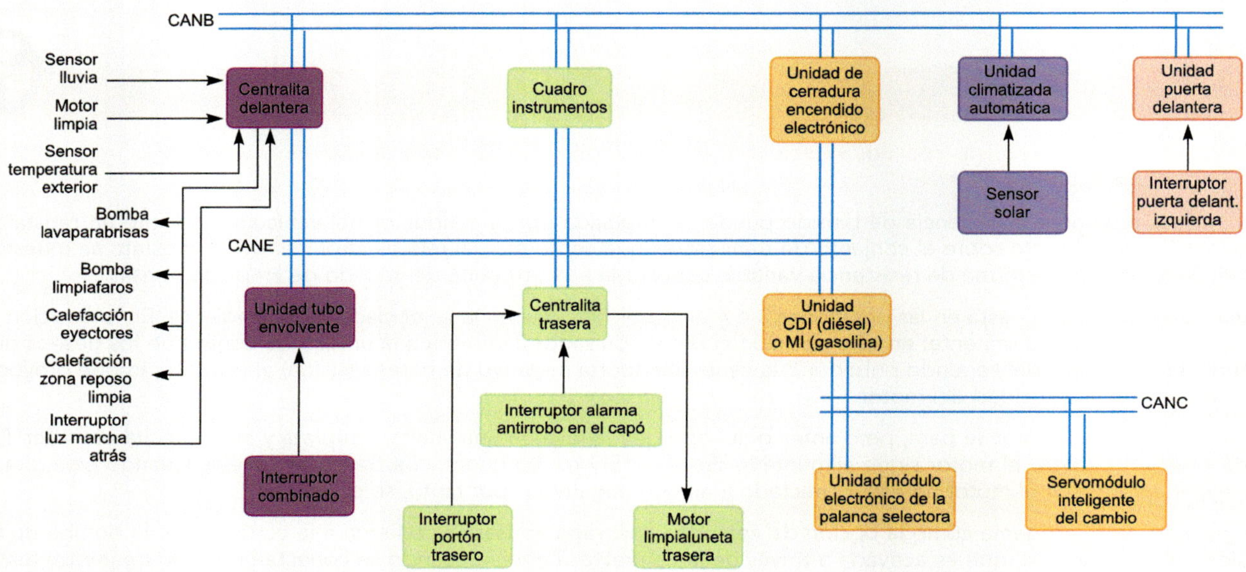

Esquema 7.6. Esquema multiplexado de accionamiento de limpiaparabrisas delantero y trasero.

EJEMPLO 7.6

Funcionamiento de un sistema de limpiaparabrisas de Mercedes-Benz

La función «barrido del parabrisas» se compone de las siguientes funciones:

- Barrido por reacción.
- Interrupción del barrido al arrancar el motor.
- Barrido a intervalos.
- Barrido a velocidad prefijada.
- Barrido simple por impulso.

Barrido por reacción

Se obtiene girando el interruptor a un nivel de intervalos. La unidad de tubo envolvente envía la señal a la unidad SAM delantera a través del CAN del tren de rodaje, y esta activa el motor de limpiaparabrisas a través de la LIN de limpiaparabrisas y retrovisor interior.

Esta función es interrumpida cuando:

- Se activa la función «lavado del parabrisas».
- Se activa la función «barrido simple por impulso».
- Se activa la función de parada del barrido mediante el interruptor del sistema de alarma antirrobo del capó.
- Se detecta un bloqueo en el motor de limpiaparabrisas.

Interrupción del barrido al arrancar el motor

Cuando se arranca el motor la unidad SAM delantera bloquea el motor del limpiaparabrisas. Recibe la señal de motor arrancado que llega a través de una red CAN desde el borne 50 de arranque. Si se había iniciado un proceso de barrido, este se acaba.

Barrido a intervalos

La función de barrido a intervalos se activa girando el interruptor a las posiciones de «sensor de lluvia y luminosidad con baja sensibilidad» o «sensor de lluvia y luminosidad a alta sensibilidad».

La unidad de control del módulo de tubo envolvente lee directamente la señal de la posición del interruptor combinado y la envía a través del CAN del tren de rodaje a la unidad de control SAM delantera. Esta la envía al sensor de lluvia a través de una red LIN de limpiaparabrisas y retrovisor interior. El sensor de lluvia calcula, basándose en la señal correspondiente a la posición del interruptor combinado, y al grado de humedad y lluvia en el parabrisas, la frecuencia de los procesos de barrido. Envía entonces a través del LIN del limpiaparabrisas y retrovisor interior la señal correspondiente de activación del motor de limpiaparabrisas a la unidad SAM delantera.

La función de barrido a intervalos es interrumpida bajo:

- Activación de la función de parada del barrido.
- Activación de la función de parada de lavado.
- Activación de la función de barrido simple por impulso.
- Activación de la función de barrido posterior.
- Activación de la función de barrido por reacción.
- Activación de la función de impedimento del arranque del limpiaparabrisas.
- Giro del interruptor combinado a la posición «0», «3» o «4».
- Bloqueo del motor limpiaparabrisas.
- Datos erróneos del sensor de lluvia y luminosidad.

Barrido con velocidad prefijada

Es activada girando el interruptor a la posición de «barrido continuo a baja velocidad» o a la posición de «barrido continuo a alta velocidad».

La unidad de control del tubo envolvente lee la posición del interruptor y envía a través del CAN del tren de rodaje una señal a la unidad SAM delantera, que activa el motor del limpiaparabrisas.

Esta función se interrumpe cuando:

- Se activa la función de parada del barrido.
- Se activa la función de parada de lavado.
- Se activa la función de barrido posterior.

Barrido simple por impulso

Es activada presionando el interruptor hasta la posición de encastre. Si el limpiaparabrisas no está en la posición de reposo se ignora la petición del mando de limpiaparabrisas. Las opciones que ofrece el sistema son las siguientes:

- Barrido único.
- Barrido repetido: el barrido corresponde al tiempo que se tiene activado el pulsador, hasta un máximo de 30 segundos.

ACTIVIDAD **Propuesta 7.5**

¿Qué ventajas aporta a un sistema de limpiaparabrisas el uso de centralitas electrónicas?

ACTIVIDAD **Propuesta 7.6**

¿Cómo funcionan los eyectores calefactados?

PRÁCTICA DE TALLER

COMPROBACIÓN DEL MANDO DE LIMPIAPARABRISAS Y CONEXIÓN CON UN MOTOR DE LIMPIAPARABRISAS

A continuación se muestra un mando de limpiaparabrisas con 13 terminales, que numeramos tal y como se observa a continuación.

Figura 7.30. Mando de limpiaparabrisas y sus terminales numerados para proceder a medir la continuidad.

Realizamos una tabla con los 13 terminales y comprobamos la continuidad entre todos ellos.

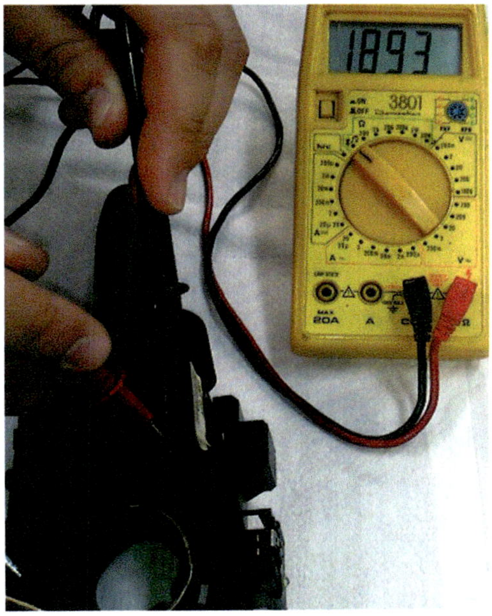

Figura 7.31. Medición de resistencia entre dos terminales con continuidad entre ellos.

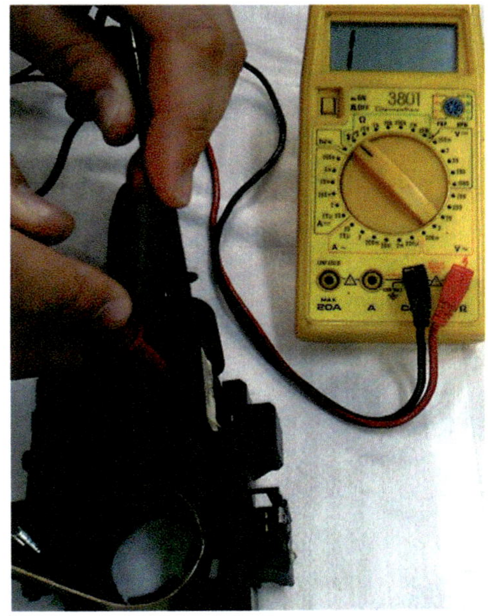

Figura 7.32. Medición de resistencia entre dos terminales sin continuidad entre ellos.

	1	2	3	4	5	6	7	8	9	10	11	12	13
1		–	–	–	–	–	–	–	–	–	–	–	–
2			–	–	–	–	–	–	–	–	–	–	–
3				–	–	–	–	–	–	–	–	–	–
4					–	–	–	–	–	–	–	–	–
5						–	–	–	–	–	–	–	–
6							X	–	–	–	–	–	–
7								–	–	–	–	–	–
8									–	–	–	–	–
9										–	–	–	–
10											X	–	–
11												–	–
12													–
13													

Quizá convendría aclarar que los resultados se corresponderían con otras diferentes tablas, no recogidas aquí, realizadas para cada posición del mando.

Realizamos las mismas mediciones en cada una de las posiciones del mando, y obtendremos los siguientes resultados:

- Intermitente: 10-11, 9-13.
- Primera velocidad: 11-13.
- Segunda velocidad: 12-13.

Con estos datos y observando un esquema eléctrico de limpiaparabrisas simple como el mostrado en la siguiente figura, buscamos a qué terminal pertenece cada número. Ignoramos la opción de intermitente por no poder utilizarla, ya que no contamos con la unidad de control o relé electrónico del motor al que vamos a conectar el mando.

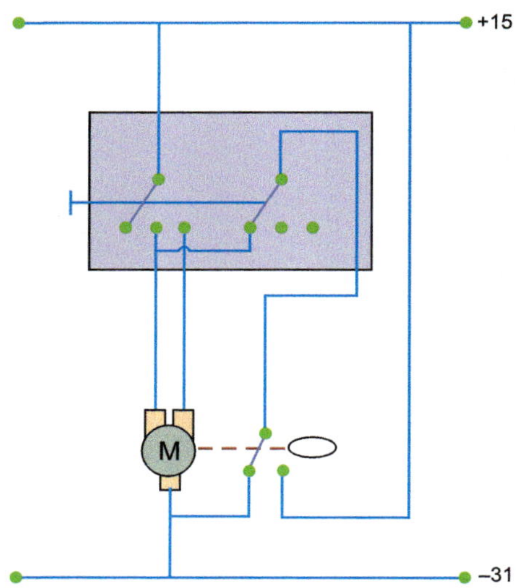

Figura 7.33. Esquema básico de limpiaparabrisas con dos velocidades sin control electrónico.

Los terminales del mando son, por tanto, los mostrados en la Figura 7.34.

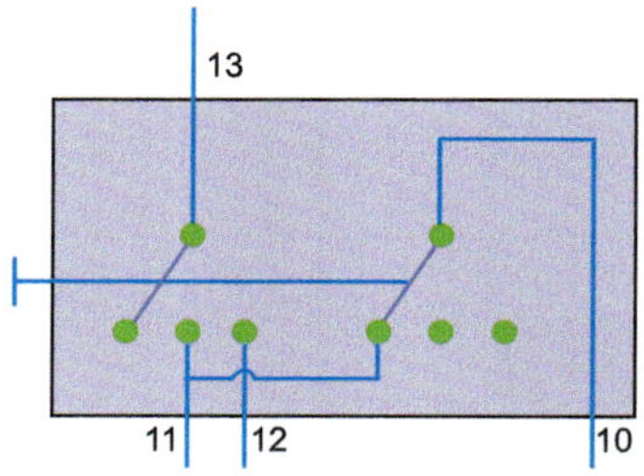

Figura 7.34. Esquema del mando de limpiaparabrisas con la numeración correspondiente al mando de esta práctica.

A continuación realizamos mediciones de continuidad entre los terminales del motor de limpiaparabrisas.

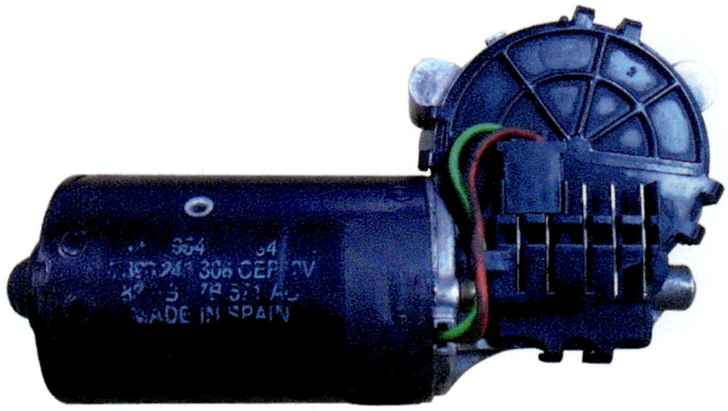

Figura 7.35. Cables de conexión del motor de limpiaparabrisas y su sistema de realimentación.

Los cables verde y rojo corresponden a la primera y segunda velocidades del motor, y las otras tres conexiones a los anillos de realimentación. Por tanto, el motor cuenta con 5 terminales, y las mediciones de continuidad entre ellos dan lugar a la siguiente tabla:

	1	2	3	4	5
1		X	X	–	X
2			X	–	X
3				–	X
4					–
5					

Existe continuidad entre los terminales 1-2-3-5. Esto significa que el esquema de este motor es el de la Figura 7.36.

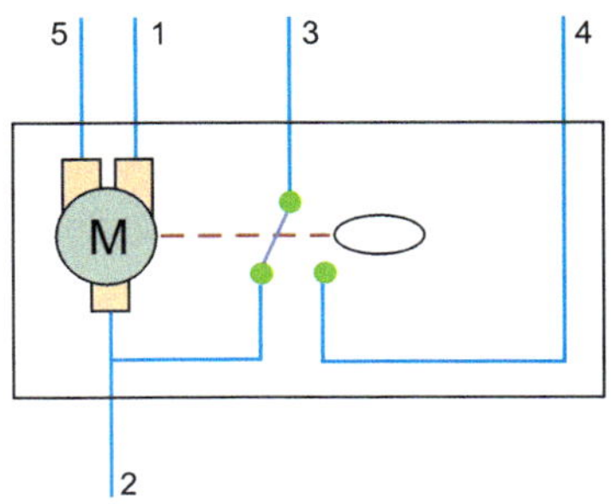

Figura 7.36. Numeración de los terminales del motor de limpia de esta práctica.

La conexión entre el motor y el mando se realiza siguiendo el esquema mostrado en la Figura 7.37.

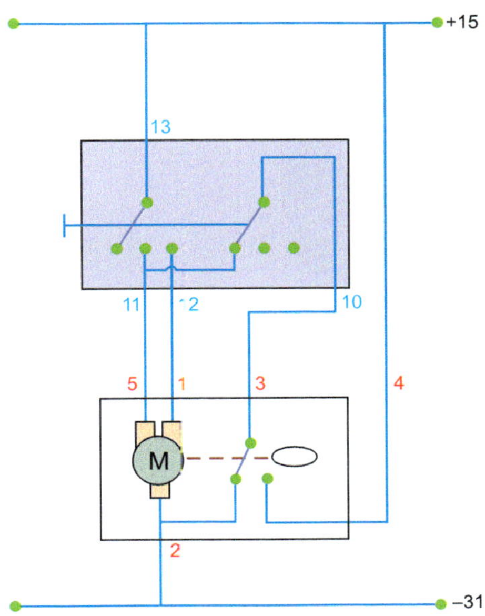

Figura 7.37. Esquema completo con motor y mando de limpiaparabrisas cuya numeración de terminales corresponde a esta práctica.

Los **números en rojo** indican los terminales del motor y los **números en azul** los terminales del mando.

7.2. Sistemas de elevalunas eléctricos

Los sistemas de elevalunas eléctricos permiten subir y bajar las ventanas del vehículo pulsando un botón, y en muchos vehículos con un solo toque. Un motor eléctrico genera un movimiento giratorio que es convertido en el movimiento lineal y rectilíneo de los cristales gracias a un mecanismo diseñado a tal efecto.

La mayor parte de los vehículos fabricados en la actualidad disponen de una centralita de elevalunas ubicada entre el mando y el motor. La centralita es un pequeño conjunto electrónico que puede estar integrado en el mando, en el motor o ser independiente a ambos. Dicha centralita va conectada a través de la red de Confort del vehículo, que puede ser CAN, LIN, VAN, etc., a otras centralitas, como la de cierre centralizado o climatización. Esto hace posible que, por ejemplo, al cerrar el vehículo se suban las ventanas automáticamente.

7.2.1. Componentes

Cada puerta cuenta con un motor de elevalunas, accionado desde el mando correspondiente, y de un mecanismo de alzado de cristal.

Motor de elevalunas

El circuito de elevalunas cuenta con un motor de corriente continua e imanes permanentes. Su diseño es extraplano por su colocación en el interior de la puerta.

Figura 7.38. Motores de elevalunas eléctricos.

En el motor o en el propio mecanismo hay un sistema de reducción por engranajes, rectos o de tipo sinfín, debido a que la velocidad de giro y el par del motor no son iguales a los de subida del cristal. Dicha reducción cumple, por motivos de seguridad, otro objetivo: que el movimiento del motor sea transmitido a la ventana pero no al contrario. Esto se consigue gracias al diseño de su engranaje.

Sabías que...?

Los motores de corriente continua pueden ser de imanes permanentes, en serie y en paralelo. Sus esquemas eléctricos son los siguientes:

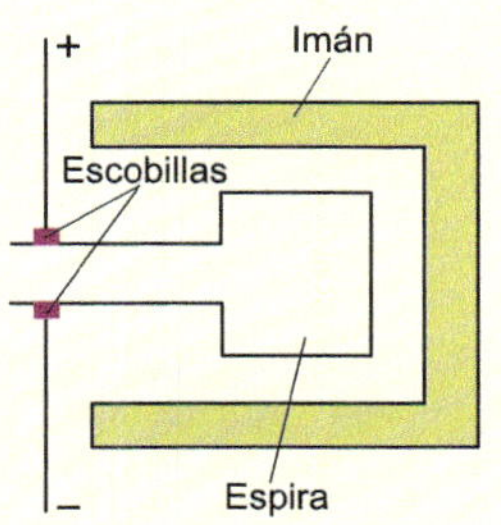

Figura 7.39. Motor eléctrico de corriente continua de imanes permanentes.

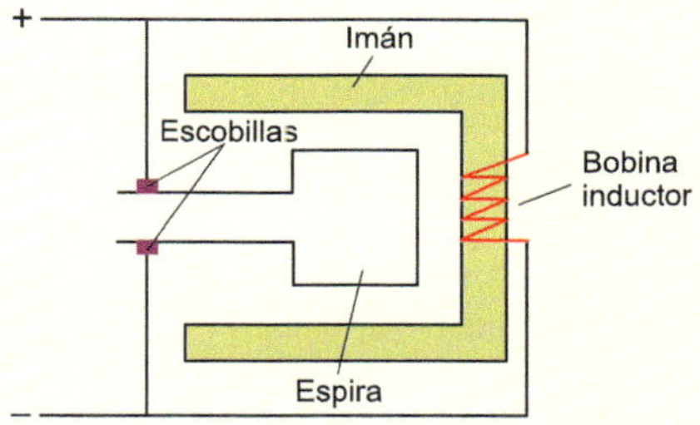

Figura 7.40. Motor eléctrico de corriente continua en paralelo.

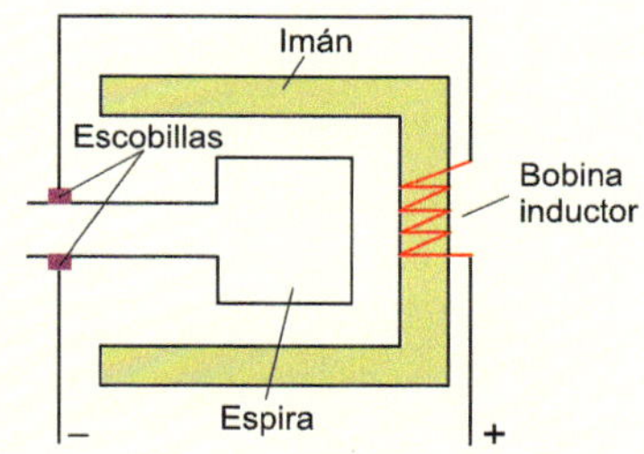

Figura 7.41. Motor eléctrico de corriente continua en serie.

Figura 7.42. Motor de elevalunas.

Figura 7.43. Motor de elevalunas.

Figura 7.44. Conexión de un motor de elevalunas.

Mecanismo

El mecanismo del sistema de elevalunas transforma el movimiento rotativo del motor en un movimiento lineal del cristal. Para conseguir este objetivo los mecanismos pueden ser variados. A continuación se muestran los más utilizados:

- De cable y poleas (Figuras 7.45, 7.46, 7.47 y 7.48).
- De cable y envolvente (Figuras 7.49 y 7.50).
- Articulados (Figuras 7.51 y 7.52).

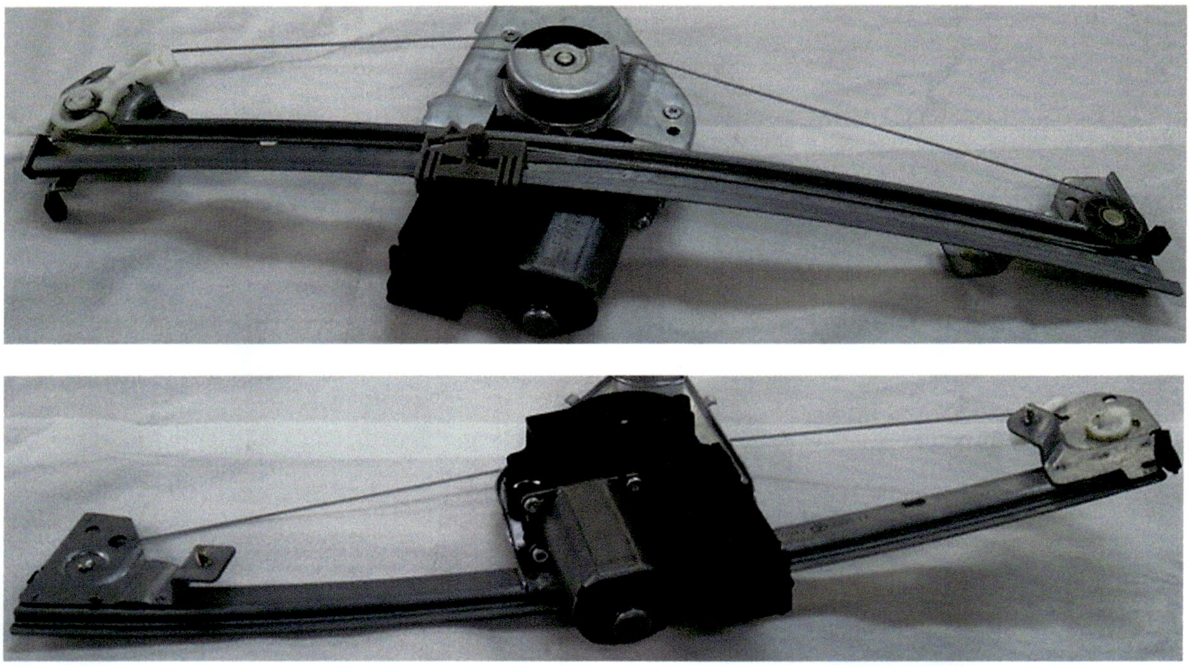

Figura 7.45. Mecanismo de cable y polea del elevalunas eléctrico.

Figura 7.46. Detalle del tambor del cable de un mecanismo de cable y polea eléctrico.

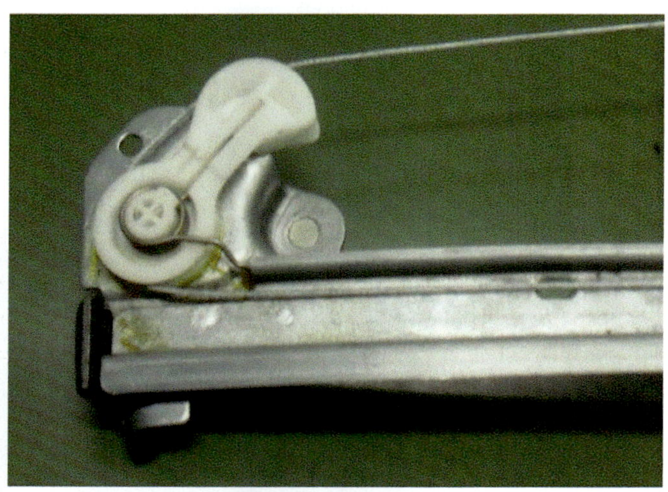

Figura 7.47. Detalle de polea de un mecanismo de cable y polea.

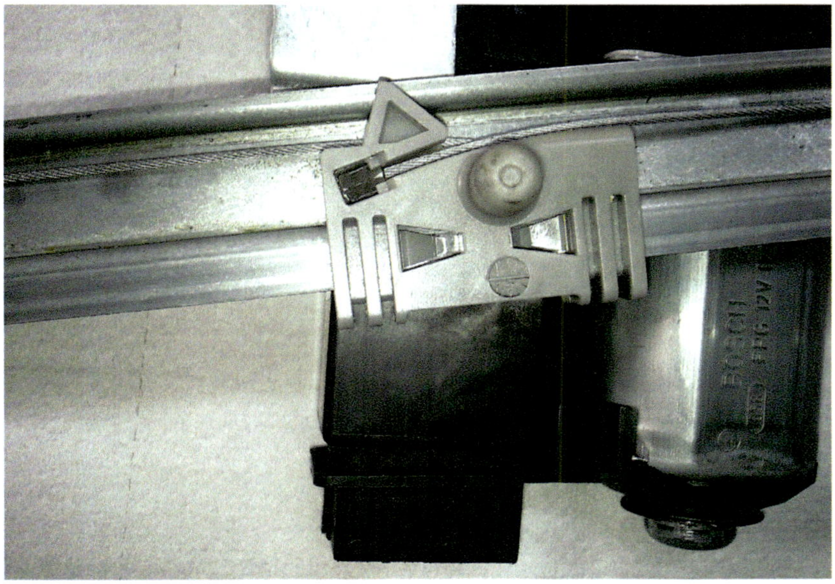

Figura 7.48. Detalle de un mecanismo de cable y polea. Superficie que arrastra al cristal.

El mecanismo de cable es el más extendido, por ser su coste de fabricación menor. En el sistema de cable y poleas el motor mueve un tambor que enrolla al cable en uno u otro sentido. Gracias a unas poleas en cada extremo se mueve el soporte que arrastra a la luna.

El mecanismo de cable y envolvente cuenta con un cable en forma de hélice que, al ser movido por el motor, se recoge dentro de una funda al bajar el cristal, o sale de la funda cuando sube el cristal.

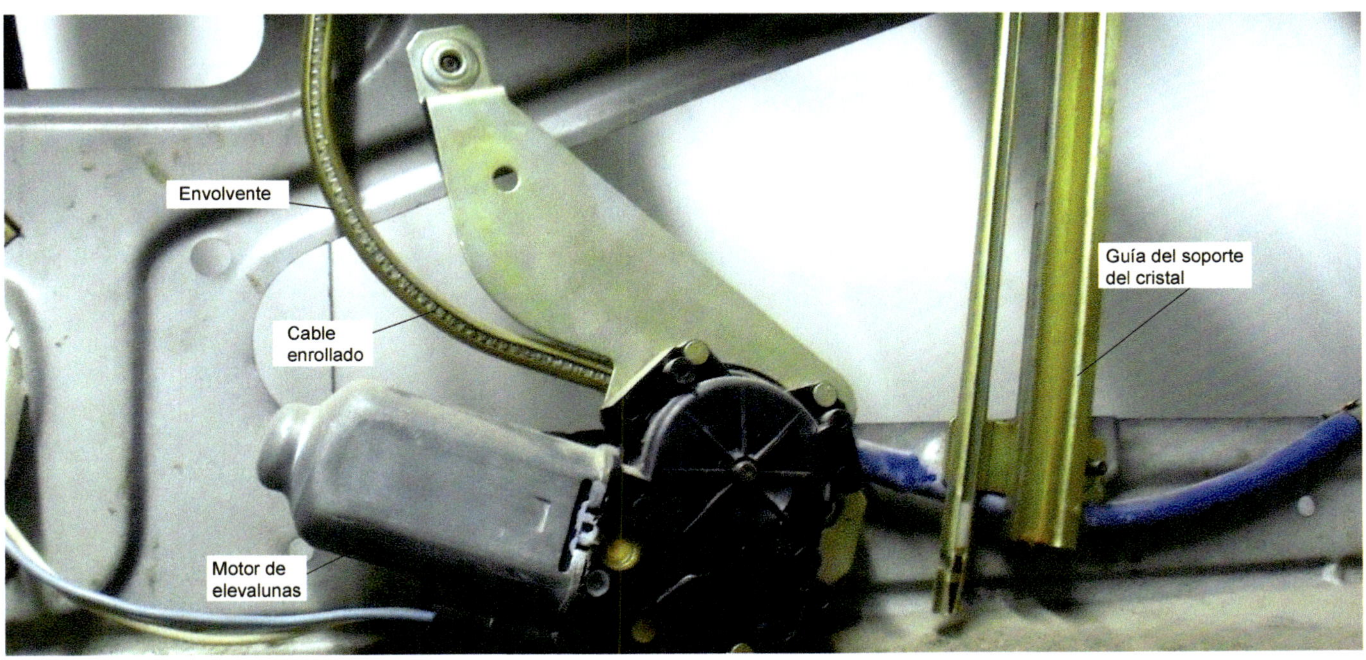

Figura 7.49. Detalle de un mecanismo de cable y envolvente. A la izquierda del soporte del cristal se observa el cable en forma de hélice, y a la derecha no hay cable dentro de la envolvente.

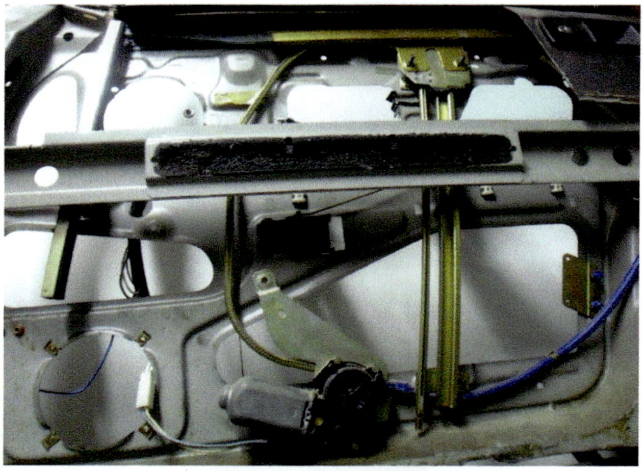

Figura 7.50. Sistema de elevalunas de cable y envolvente.

Sabías que...?

Cuando se avería el sistema de elevalunas debemos comprobar si es necesario cambiar todo el conjunto o si solamente ha fallado el motor o el mecanismo. En este caso, podemos sustituir o reparar únicamente el componente defectuoso.

El mecanismo articulado cuenta con un sistema dentado y una serie de brazos articulados que arrastran al cristal en un movimiento longitudinal.

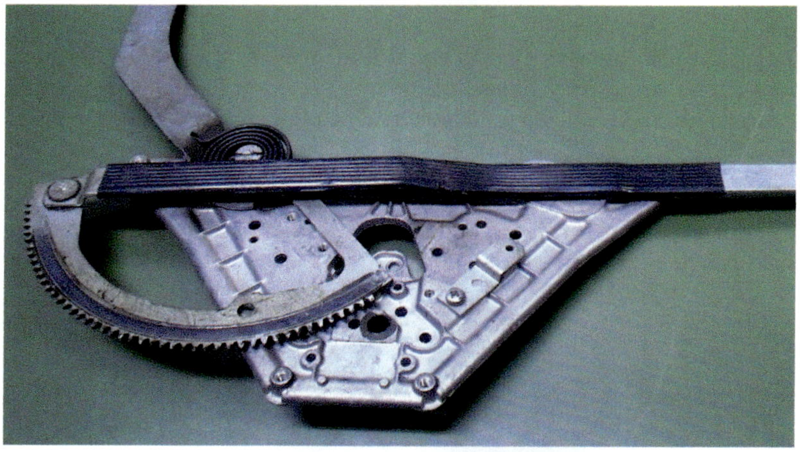

Figura 7.51. Mecanismo articulado de elevalunas eléctrico.

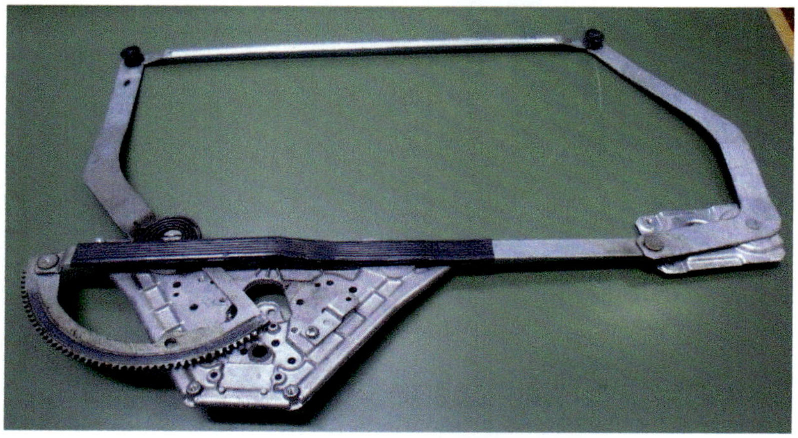

Figura 7.52. Mecanismo articulado.

Todos los mecanismos son empleados en elevalunas manuales o de manivela, que en la actualidad encontramos en vehículos de baja gama o en puertas traseras de vehículos de gama media.

Las siguientes imágenes corresponden a una modalidad de mecanismo de cable y polea un poco más compleja, ya que el cristal va sujeto a dos ejes, el del motor de elevalunas y el otro que, como se observa en las Figuras 7.53, 7.54 y 7.55, recibe el movimiento del motor a través del cable.

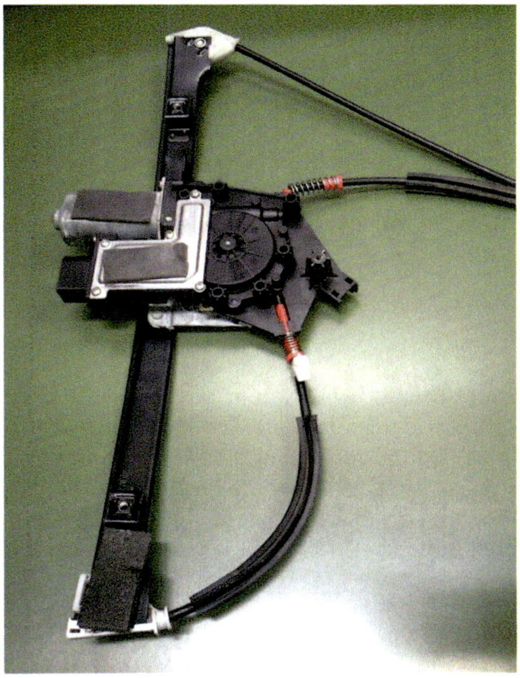

Figura 7.53. Variedad de mecanismo de cable y polea.

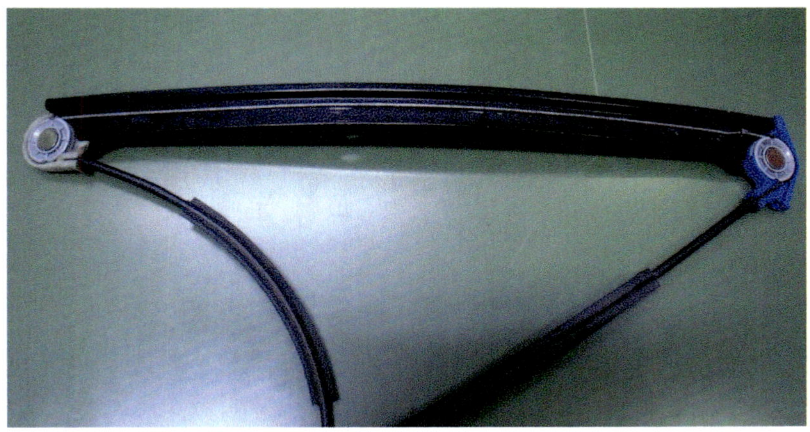

Figura 7.54. Detalle de mecanismo de elevalunas variedad de cable y polea.

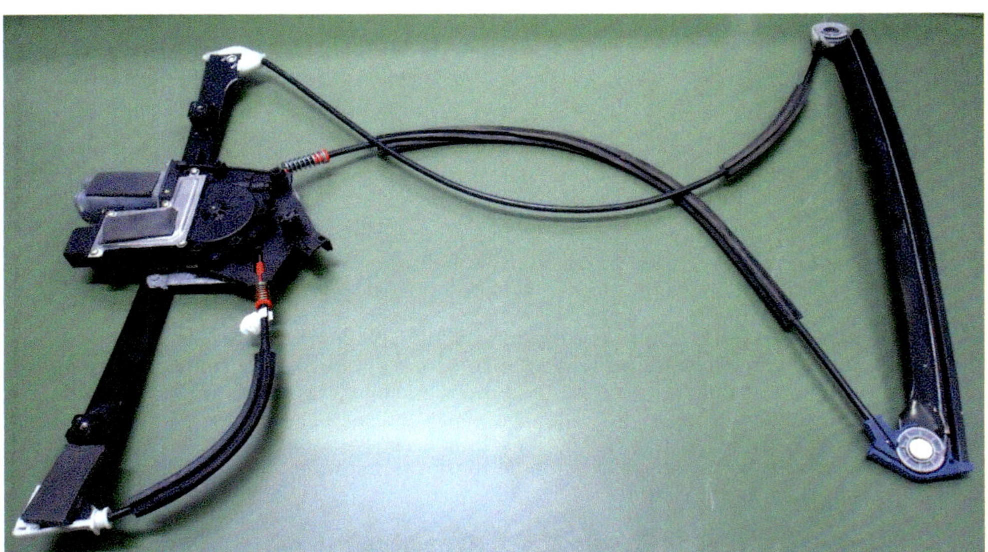

Figura 7.55. Variedad de mecanismo de cable y polea.

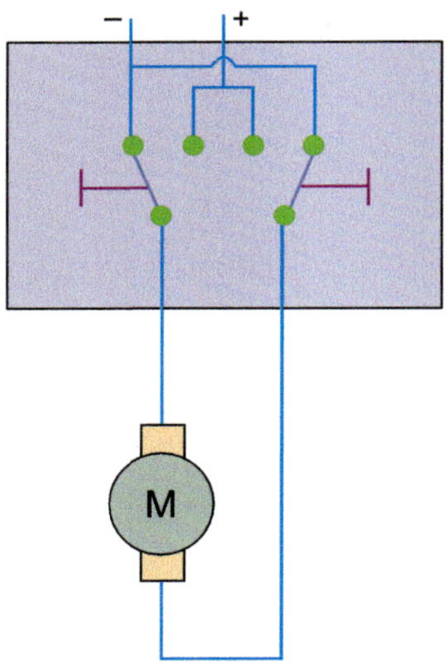

Figura 7.56. Mando de elevalunas de cuatro terminales.

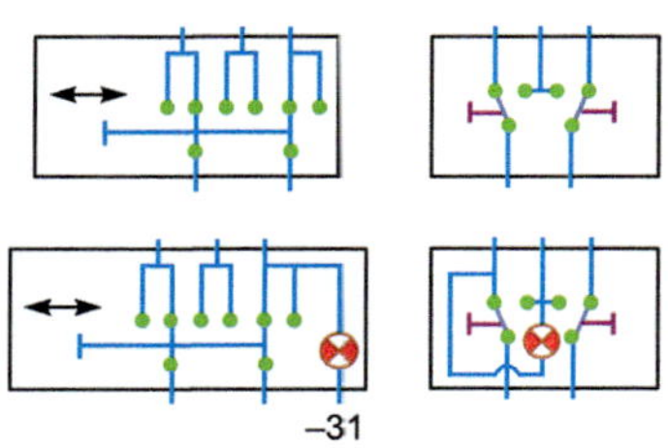

Figura 7.57. Mandos de elevalunas de cinco y seis terminales

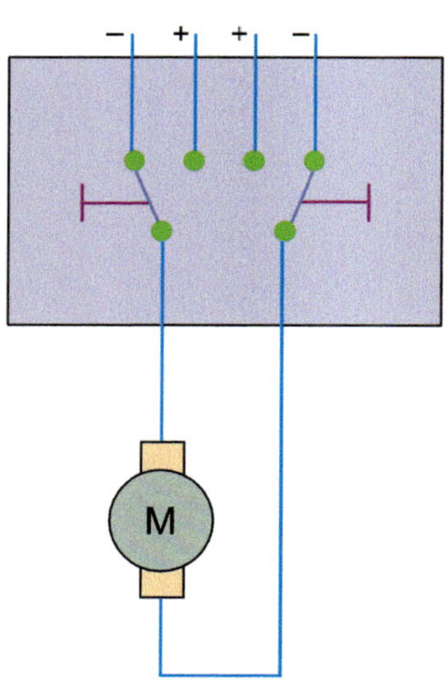

Figura 7.58. Mando de elevalunas de seis terminales.

Mando de elevalunas

El accionamiento del motor de elevalunas se realiza a través del mando o conmutador. El diseño de los mandos hace posible cambiar la polaridad del motor según se desee subir o bajar el cristal, tal y como se observa en los esquemas eléctricos del Apartado 7.2.3, así como la posibilidad de que el conductor controle desde su botonera los cristales del resto del vehículo.

Los conmutadores o mandos van colocados, normalmente, en cada puerta, y el conductor suele contar con una botonera a través de la cual controla todas las ventanas del vehículo.

Las Figuras 7.56, 7.57 y 7.58 muestran ejemplos de mandos de elevalunas.

En muchos vehículos el mando del conductor funciona con un solo toque, que supone un impulso para subir o bajar la ventana totalmente. Dependiendo del modelo se puede frenar el movimiento de la ventana con otro toque o con una pulsación prolongada del mando. Esto es gracias a:

- Un circuito integrado en un relé electrónico, colocado entre el mando de elevalunas y el motor.
- Un módulo electrónico en el motor conectado a otras centralitas de la red de confort, a través de buses de datos. Estas centralitas pueden ser varias, entre ellas la del mando de elevalunas, la centralita de la puerta (que suele integrar funciones del cierre centralizado), etc. En este caso el motor suele contar con un sensor Hall, que informa a la centralita en todo momento de la posición del cristal (ya que conoce el ángulo de giro del motor) y de su régimen de revoluciones.

ACTIVIDAD **Propuesta 7.7**

Compara los diferentes mecanismos de sistemas de elevalunas.

ACTIVIDAD **Propuesta 7.8**

¿Para qué se emplean sensores de posición de ventana en un sistema de elevalunas?

EJEMPLO **7.7**

Funcionamiento de un elevalunas de Alfa Romeo

- Si la presión sobre el botón es de 60 a 300 milisegundos el funcionamiento es manual. El cristal sube o baja solo con el botón pulsado.
- Si la presión sobre el botón es superior a 300 milisegundos el funcionamiento es automático. Esto significa que, aunque se suelte el botón, el cristal sigue subiendo o bajando hasta su tope o hasta la intervención del sistema antiaplastamiento o antiatrapamiento.
- Una sucesiva presión del botón durante el movimiento del cristal lo bloquea en la posición en que se encuentre.
- Una presión en el botón inferior a 60 milisegundos se ignora, pues se considera un roce accidental.

7.2.2. Sistema antiatrapamiento

El antiatrapamiento es un sistema de seguridad que evita daños en objetos o personas si estos son atrapados cuando se cierra la ventana.

Cuando una ventana que se está cerrando encuentra un obstáculo en su camino, como la mano de un niño, el momento de propulsión del motor eléctrico aumenta, ya que este necesita más fuerza para continuar su movimiento. Por tanto, cuando el momento del motor para cerrar la ventana es superior a un valor límite establecido el motor invierte el sentido de giro, y la ventana comienza a bajar. Dicho momento es detectado por la centralita a través del consumo eléctrico del motor. Si la unidad de puerta encuentra una intensidad excesiva, invierte el sentido de giro del motor. Algunos motores de elevalunas incluyen un sistema por el que se paran por exceso de consumo, evitando de esta forma averías más graves en caso de atrapamiento si el vehículo no cuenta con un sistema antiatrapamiento o este ha fallado.

El sistema debe diferenciar si el cristal ha llegado al final de su carrera (ventana totalmente cerrada) o si se trata de un objeto externo el que dificulta el movimiento del motor. Para ello emplea sensores de posición de la ventana, normalmente Hall.

Figura 7.59. El sistema antiatrapamiento impide que siga subiendo el cristal si hay un obstáculo.

7.2.3. Esquemas eléctricos de elevalunas

A continuación se detallan algunos circuitos de elevalunas del vehículo. Los tres primeros son esquemas eléctricos reales pero simplificados, para poder comprender mejor su funcionamiento. Los Ejemplos 7.10, 7.11 y 7.12 son más complejos.

EJEMPLO 7.8

Esquema de funcionamiento del elevalunas del pasajero delantero controlado desde el conmutador de la puerta del pasajero y desde el conmutador del conductor

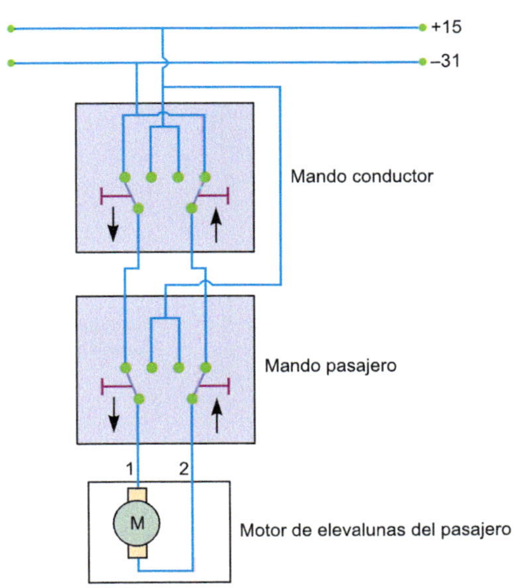

Esquema 7.7. Elevalunas de pasajero delantero controlado por pasajero y conductor.

El Esquema 7.7 muestra el elevalunas en situación de reposo. Cuando el pasajero pulsa el botón de subir la ventanilla el motor está conectado por su escobilla 1 a negativo y por su escobilla 2 a +15 (positivo). Sin embargo, al pulsar el botón de bajar la ventanilla el motor está conectado por su escobilla 1 a +15 y por la 2 a negativo.

Si el motor es controlado por el conductor se observa que ocurre lo mismo que en el caso anterior. Pero, ¿qué ocurre si el conductor intenta bajar el cristal y el pasajero subirlo? El sistema se bloquea, debido a un cortocircuito porque el motor recibe positivo por ambas escobillas.

EJEMPLO 7.9

Esquema de funcionamiento de elevalunas del pasajero delantero controlado por conductor y pasajero, con conmutadores de elevalunas de diferente diseño a los del circuito del Ejemplo 7.8

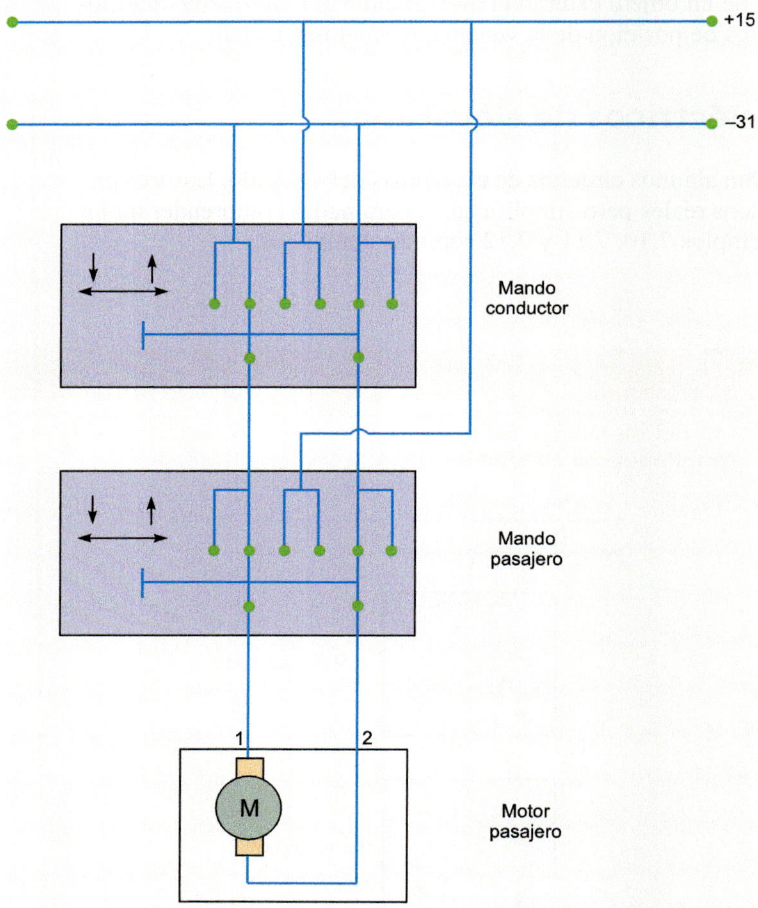

Esquema 7.8. Elevalunas de pasajero delantero controlado por pasajero y conductor.

Al igual que en el circuito del Ejemplo 7.8, el Esquema 7.8 muestra cómo cuando el pasajero pulsa el conmutador en la posición de elevar el cristal de la ventana el motor queda conectado por su escobilla 1 a +15 y por su escobilla 2 a negativo. Por el contrario, al bajarla cambia su polaridad.

Cuando conductor y pasajero envían órdenes opuestas al motor este queda cortocircuitado.

EJEMPLO 7.10

Esquema con centralita electrónica para dar positivo y negativo al mando de elevalunas, pero la conexión entre el mando y los motores es directa. El esquema muestra los motores de elevalunas de conductor y pasajero controlados por el mando del conductor

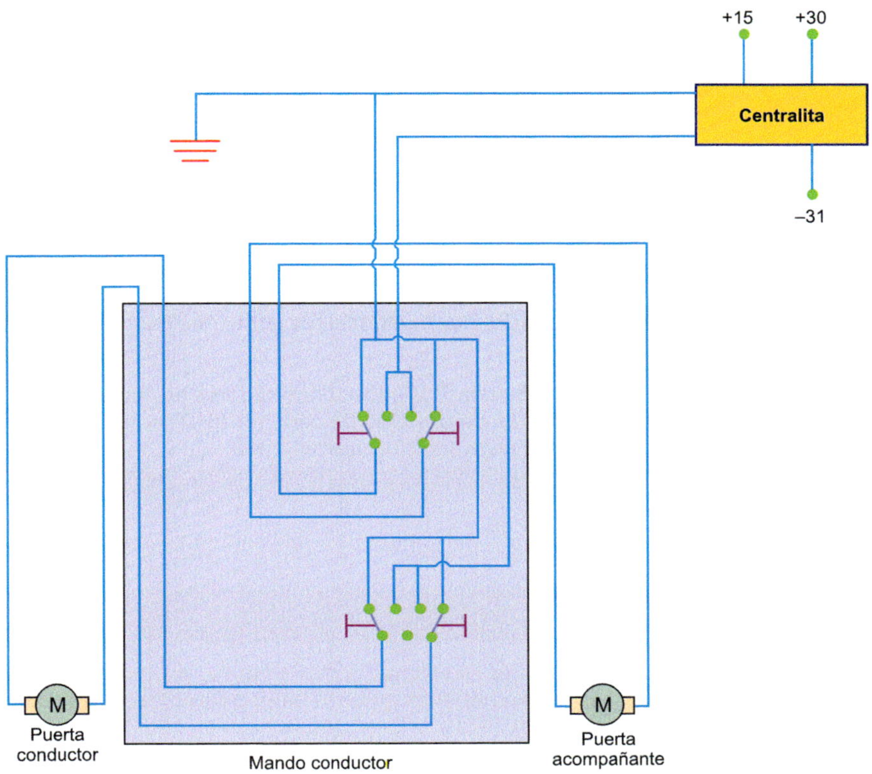

Esquema 7.9. Elevalunas de conductor y pasajero delantero controlados por el mando del conductor.

En este vehículo mostrado en el Esquema 7.9, el conductor cuenta con un mando para controlar su cristal y otro para controlar el del pasajero. Ambos mandos reciben positivo y negativo común desde una unidad de control. Se observa cómo el funcionamiento es idéntico al de los circuitos anteriores.

EJEMPLO 7.11

Esquema con centralita electrónica de elevalunas para cada motor, la cual recibe la señal del mando y del sensor de posición del cristal, y actúa sobre el motor. Además está comunicada con otras centralitas a través de una línea CAN Confort

En el Esquema 7.10 se muestran las centralitas del elevalunas del conductor y del pasajero y la centralita de derivación del salpicadero, todas ellas en permanente comunicación a través de la red de comunicación CAN; de esta forma, el sistema ofrece la posibilidad, entre otras, de la bajada o subida de cristales, al abrir o cerrar el vehículo.

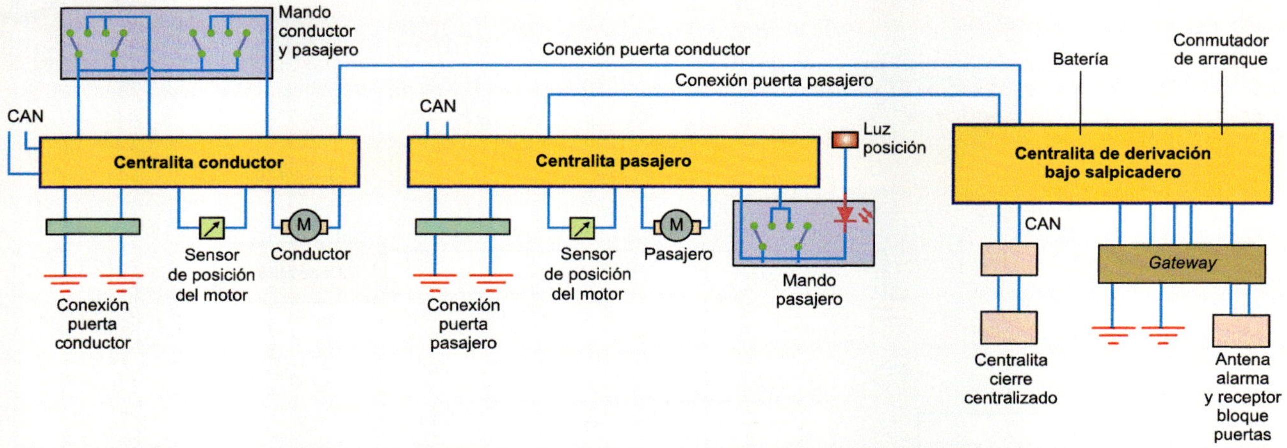

Esquema 7.10. Elevalunas de conductor y pasajero delantero controlados por centralitas electrónicas.

Cuando se acciona el interruptor del elevalunas (Esquema 7.10), los conmutadores envían una señal a la unidad de control. Esta señal, junto con la que le envían los sensores de posición de cada motor (normalmente reostatos movidos por el eje del motor o sensores Hall), polarizan el motor para subir o bajar el cristal.

EJEMPLO 7.12

Esquema de elevalunas traseros, con una centralita de elevalunas común para las ventanas traseras, comunicada a través de una red CAN con la botonera de la puerta del conductor y con la unidad de control de derivación del salpicadero

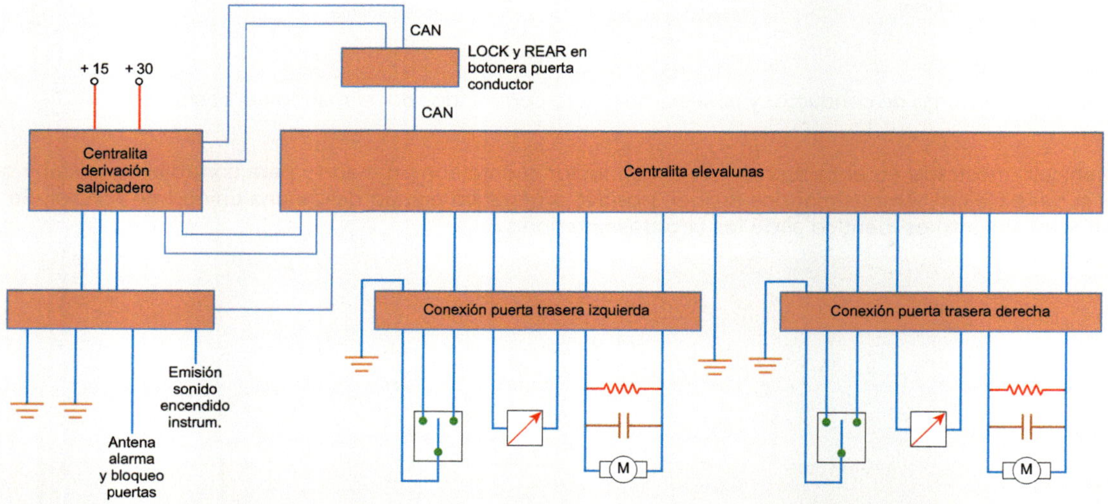

Esquema 7.11. Elevalunas de puertas traseras controlados por una única centralita electrónica de elevalunas.

Los mandos de elevalunas y el sensor de posición del motor envían una señal a la unidad de control para que actúe sobre el motor de elevalunas correspondiente. Se observa en el Esquema 7.11 cómo los mandos, el sensor y los motores están conectados a la centralita a través de una conexión en cada puerta. Se trata simplemente de un conector que añade una conexión a negativo.

La botonera del conductor incluye dos funciones: LOCK y REAR. La primera bloquea los mandos traseros, y la segunda permite, al pulsarla, controlar las ventanas traseras con el mando de elevalunas de la ventana del conductor.

Se observa en el Esquema 7.11 cómo, a través de la centralita de derivación del salpicadero, el sistema de elevalunas está comunicado con la centralita *gateway*, de forma que intercambia datos con otros sistemas como el de cierre centralizado, bloqueo de puertas o alarma.

ACTIVIDAD **Propuesta 7.9**

Une los siguientes esquemas con sus características:

Esquema 7.9	Conexión entre mando y centralita que alimenta a los motores de elevalunas a través de una red CAN Bus.
Esquema 7.10	Alimentación del motor desde el mando de elevalunas.
Esquema 7.11	Una centralita para alimentar a cada motor.

ACTIVIDAD **Propuesta 7.10**

¿Para qué sirve el sistema de antiatrapamiento? ¿Cómo ogra saber la electrónica que la ventana está atrapando un objeto?

PRÁCTICA DE TALLER

COMPROBACIÓN DE UN MANDO DE ELEVALUNAS

La comprobación de un mando de elevalunas comienza por medir la continuidad entre todos sus terminales para realizar una tabla. A partir de dicha tabla, y conociendo el esquema eléctrico del mando, es posible determinar a qué debemos conexionar cada terminal.

Comenzamos numerando los terminales del conmutador.

Figura 7.60. Mando de elevalunas y sus terminales numerados.

Después de medir la continuidad entre todos sus terminales realizamos las tablas que se detallan a continuación.

En reposo:

	1	2	3	4	5
1		X			
2					
3					
4					X
5					

Pulsado para subir el cristal:

	1	2	3	4	5
1		X			
2					
3					X
4					
5					

Pulsado para bajar el cristal:

	1	2	3	4	5
1			X		
2					
3					
4					X
5					

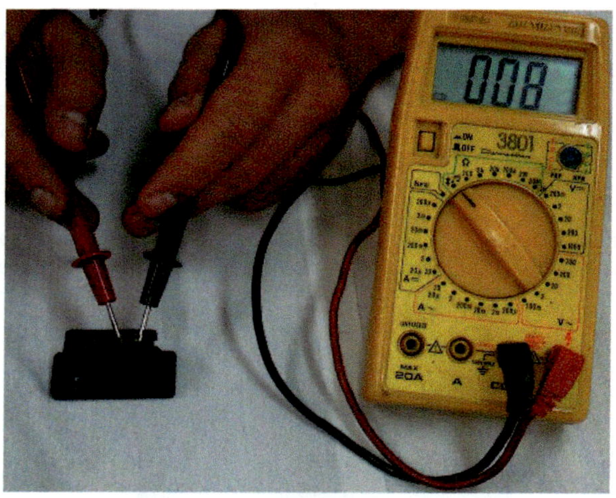

Figura 7.61. Ejemplo de medición de resistencia entre dos terminales en los que sí existe continuidad

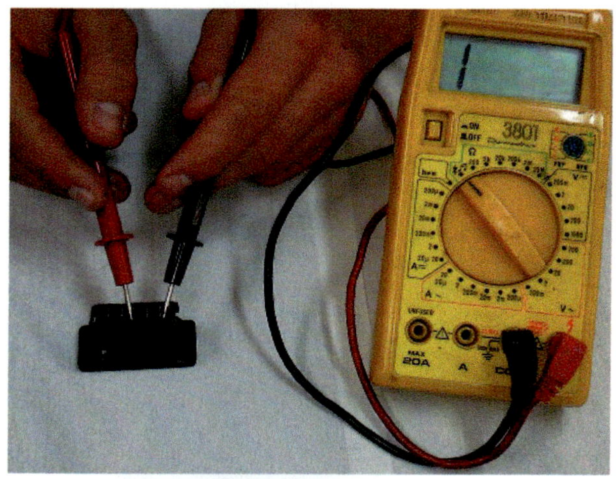

Figura 7.62. Ejemplo de medición de resistencia entre dos terminales en los que no existe continuidad.

De las tablas anteriores deducimos, basándonos en los esquemas eléctricos de elevalunas estudiados, que el esquema de este conmutador de elevalunas es el siguiente:

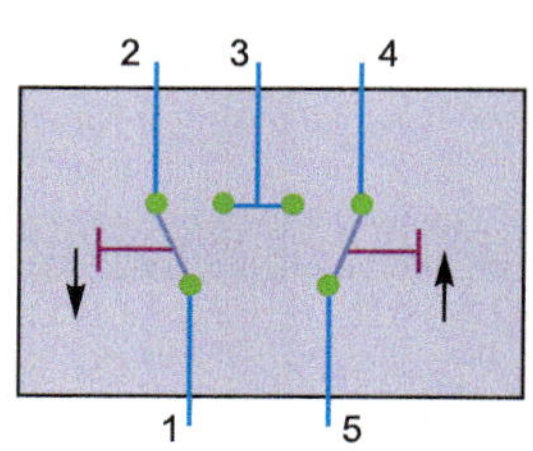

Figura 7.63. Esquema eléctrico del mando de elevalunas con la numeración de sus terminales obtenida a partir de las tablas anteriores.

PRÁCTICA DE TALLER

DESMONTAJE DE UN MOTOR DE ELEVALUNAS EN UN VEHÍCULO

Para desmontar el motor de elevalunas debemos comenzar quitando el guarnecido de la puerta. Para ello seguimos el procedimiento indicado por el manual del fabricante del vehículo.

En este caso se realizan los pasos mostrados en las siguientes figuras:

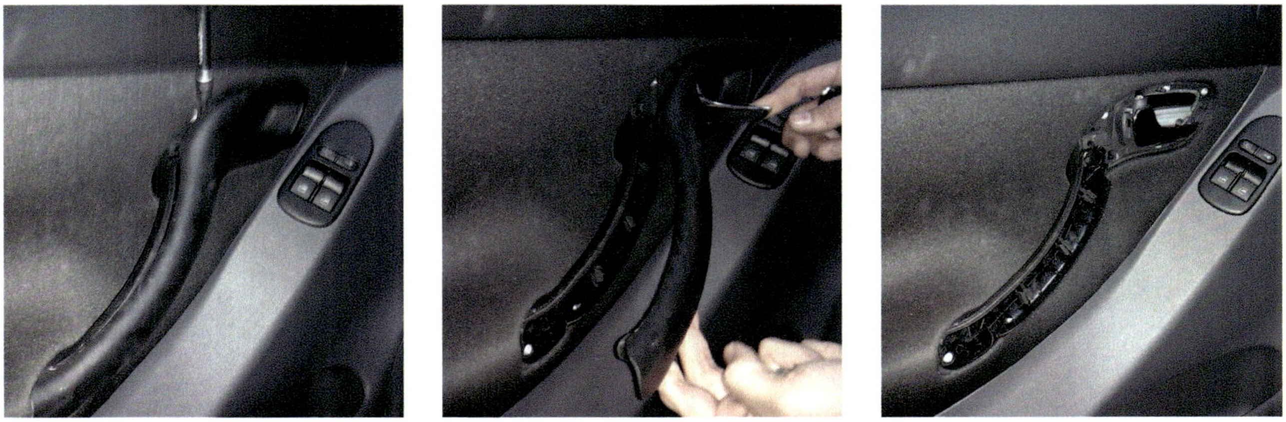

Figura 7.64. Primer paso para desmontar parte del guarnecido de la puerta.

A continuación quitamos el tornillo de unión con la puerta y tiramos del guarnecido (sujetado con grapas).

Figura 7.65. Tornillo de sujeción del guarnecido de la puerta.

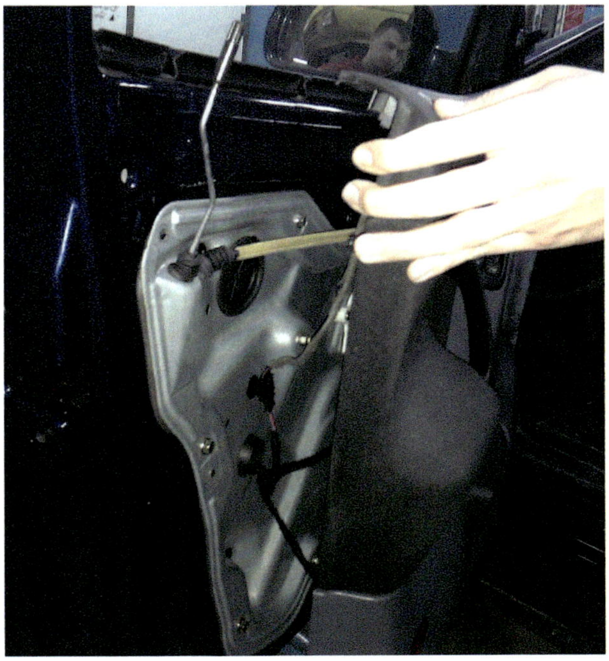

Figura 7.66. Cable de unión del tirador del cierre y otros conectores que debemos soltar para quitar el guarnecido.

Es importante no tirar con demasiada fuerza, solo la suficiente para separarlo y poder desconectar los diferentes conectores.

En la parte que estamos quitando se encuentra la centralita de la puerta, que controla los sistemas de elevalunas, cierre centralizado y espejos eléctricos. Por eso los conectores unen dicha centralita con el motor de elevalunas, el actuador del sistema de cierre centralizado y el cableado que va de la puerta al espejo eléctrico.

También se debe separar el gancho del cable que une el tirador de la puerta con el pestillo de la misma.

La parte de la puerta que hemos quitado se muestra en la Figura 7.67.

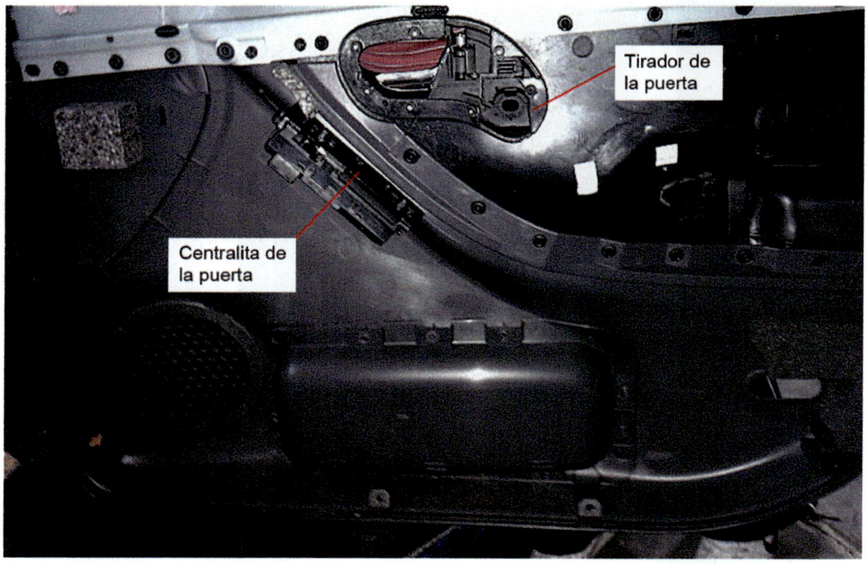

Figura 7.67. Parte interior del guarnecido que se ha extraído.

En la Figura 7.68 se observa un detalle de la centralita de la puerta.

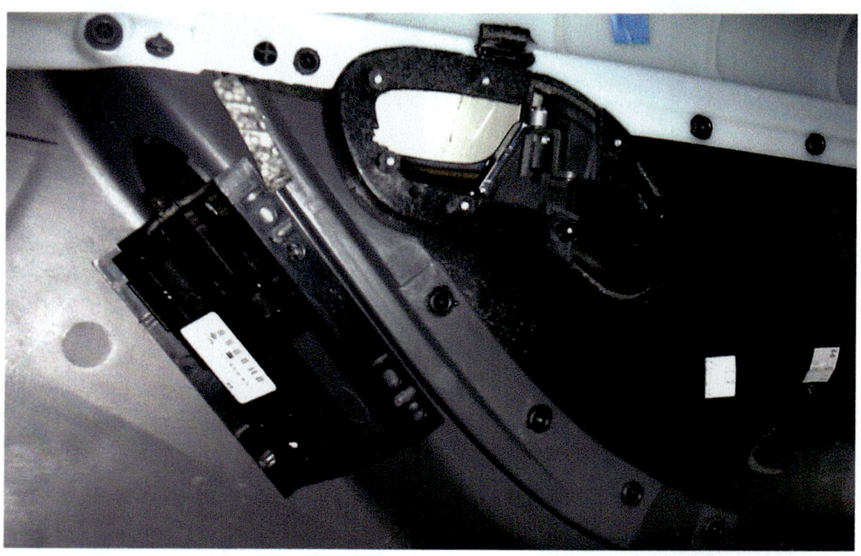

Figura 7.68. Centralita de la puerta sujeta al guarnecido.

La puerta queda como se aprecia en la Figura 7.69.

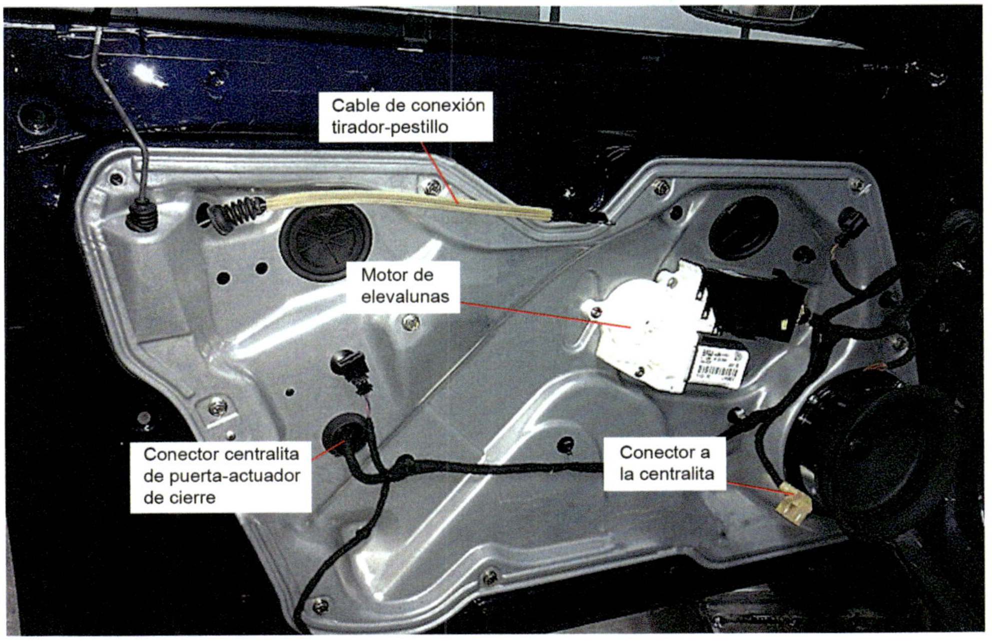

Figura 7.69. Componentes unidos a la puerta y ocultos por el guarnecido.

Quitamos los tres tornillos de unión del motor de elevalunas a la puerta.

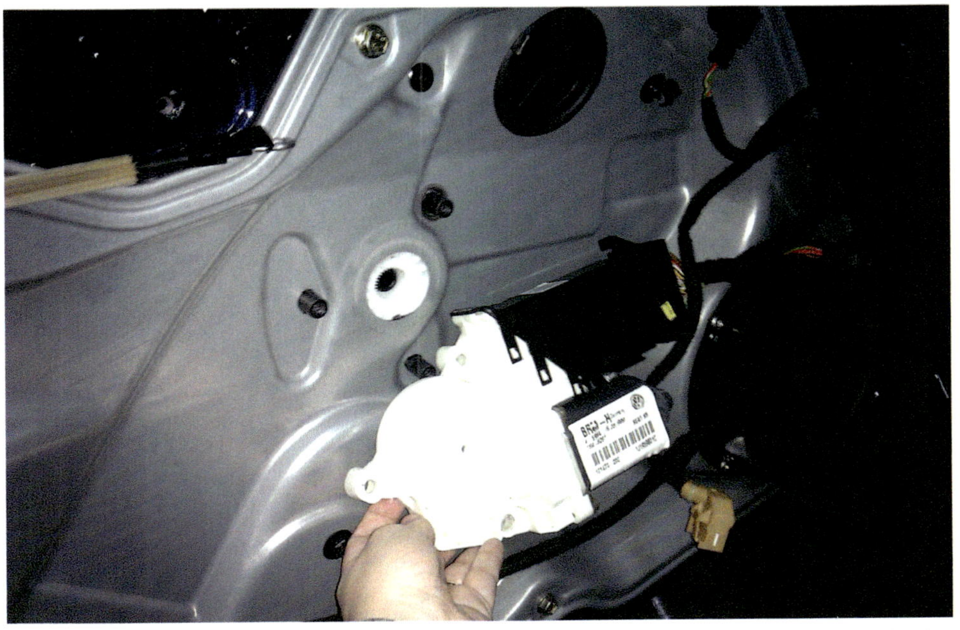

Figura 7.70. Motor de elevalunas y su correspondiente centralita electrónica.

Observamos la reductora entre el motor y el mecanismo de alzado de cristal, oculto tras el panel de la puerta.

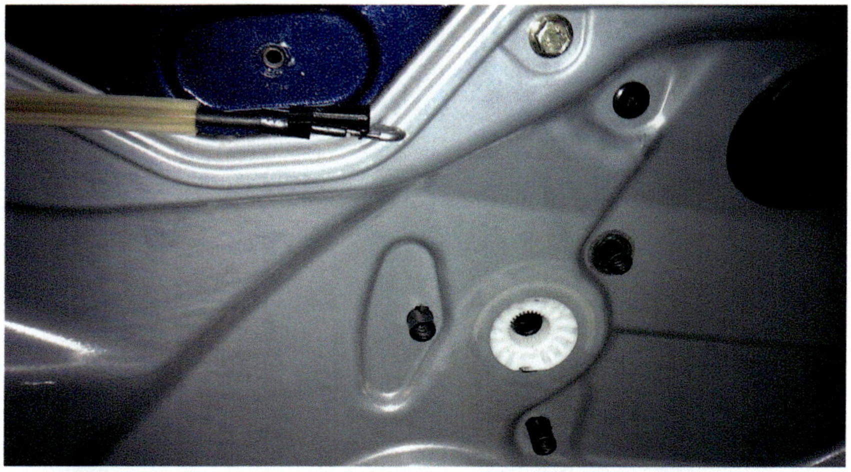

Figura 7.71. Reductora del motor de elevalunas, que se observa al desmontar el mismo.

La siguiente figura muestra en detalle el motor de elevalunas con su conector.

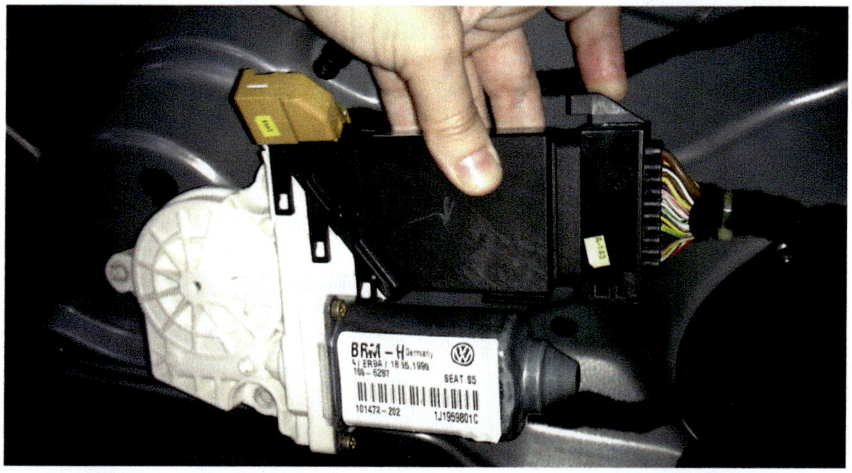

Figura 7.72. Motor de elevalunas con su centralita y conexiones.

7.3. Espejos retrovisores eléctricos

En la actualidad es obligatorio que el vehículo cuente con dos espejos retrovisores exteriores, pudiendo sustituirse uno exterior por el interior. Los espejos exteriores aumentan notablemente la visibilidad del conductor y disminuyen los riesgos de colisión durante las maniobras o adelantamientos. La utilidad de los espejos retrovisores eléctricos reside en el aumento del confort durante la conducción, ya que el conductor puede mover los espejos desde su asiento gracias a un pequeño mando. De otra forma sería necesario girar el espejo y volver al asiento del conductor para comprobar que la visibilidad es correcta, y así sucesivamente corrigiendo la posición del espejo hasta que logre su objetivo.

Figura 7.73. Actualmente es obligatoria la presencia de dos espejos retrovisores exteriores o uno exterior y otro interior.

Para lograr este movimiento eléctrico los espejos cuentan con dos motores cada uno, ofreciendo así el giro en dos ejes diferentes.

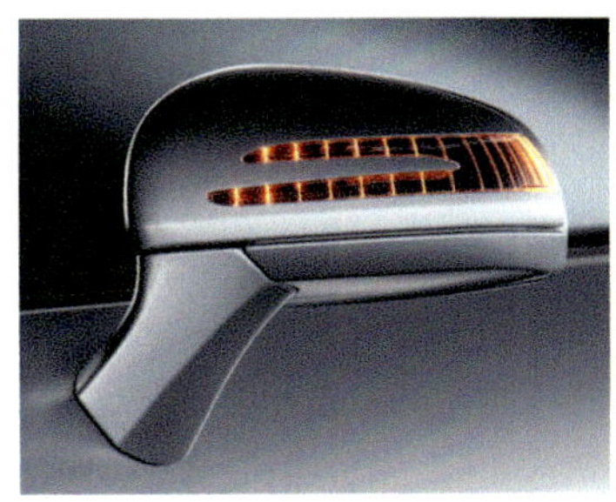

Figura 7.74. Espejo retrovisor con iluminación led.

7.3.1. Componentes

El circuito de espejos retrovisores se compone de dos motores eléctricos de corriente continua de imanes permanentes en cada espejo y un mando doble con las siguientes dos funciones:

- Seleccionar qué espejo mover (si el espejo del acompañante es eléctrico).
- Controlar el movimiento del espejo seleccionado.

El conmutador debe estar situado en un lugar accesible para el conductor y ofrece, para cada espejo, las posiciones de reposo, giro hacia arriba, giro hacia abajo, giro a la derecha y giro a la izquierda.

Figura 7.75. Conmutador de espejos eléctricos.

Muchos vehículos disponen de una centralita de gestión de los espejos, para la cual necesitan un sensor de posición de los mismos. Este puede ser un potenciómetro o un sensor Hall de posición de cada motor del espejo. Los sistemas con centralita ofrecen algunas ventajas, como las expuestas a continuación:

- Función de ayuda al aparcamiento: los espejos se regulan automáticamente durante las maniobras de aparcamiento para ofrecer una mayor visibilidad (bordillos, elementos bajos, etcétera).
- Replegamiento de los espejos al cortar el contacto del vehículo.
- Movimiento de los espejos acorde con la posición de los asientos eléctricos.

7.3.2. Esquemas eléctricos de espejos

A continuación se detallan algunos ejemplos de circuitos de espejos eléctricos.

EJEMPLO 7.13

Espejo eléctrico con dos motores controlado desde un mando eléctrico por el conductor

En el Esquema 7.12 se observan los dos motores de un espejo retrovisor. Cuando el conductor acciona el mando de la izquierda a la posición A hace girar al primer motor en una dirección, y al accionar el mismo mando a la posición B lo hace girar en sentido contrario.

Lo mismo ocurre con el mando de la derecha. En la posición C gira el otro motor en un sentido, y en la posición D gira en sentido contrario.

De esta forma el conductor controla cada movimiento del espejo independientemente.

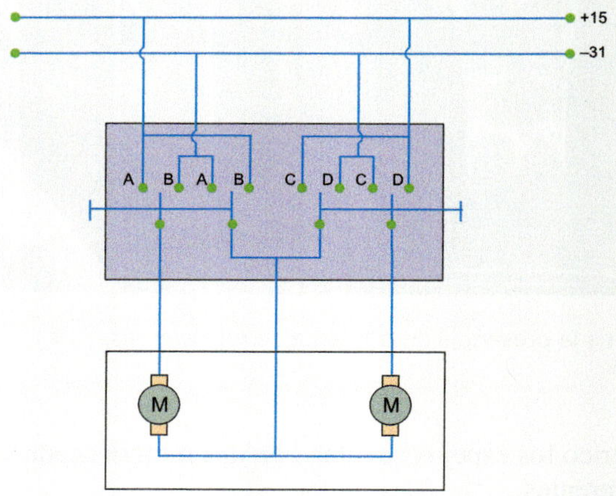

Esquema 7.12. Espejo retrovisor con dos motores eléctricos.

EJEMPLO 7.14

Circuito con dos espejos retrovisores con dos motores cada uno controlados eléctricamente por el conductor

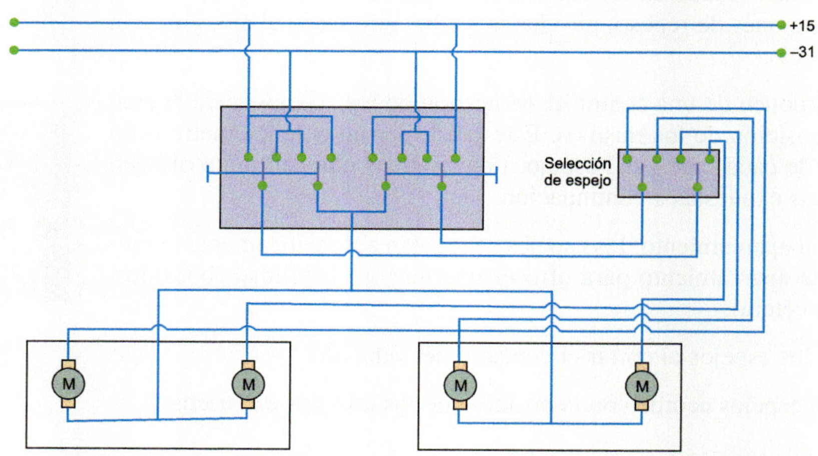

Esquema 7.13. Espejos retrovisores exteriores eléctricos.

En el Esquema 7.13 los dos motores de la izquierda mueven el espejo retrovisor exterior izquierdo, y los dos motores de la derecha el espejo derecho.

Con el mando de selección de espejo el conductor conmuta al espejo que desea mover, y una vez seleccionado mueve los dos motores de dicho espejo a través del otro mando.

En la Actividad resuelta 7.1 se muestran las diferentes posibilidades de accionamiento de los motores de los espejos.

ACTIVIDAD **Resuelta 7.1**

Dibuja todas las posibilidades de conmutación del circuito del Ejemplo 7.14 formado por dos espejos con dos motores cada uno.

Solución

- Motor 4 en movimiento:

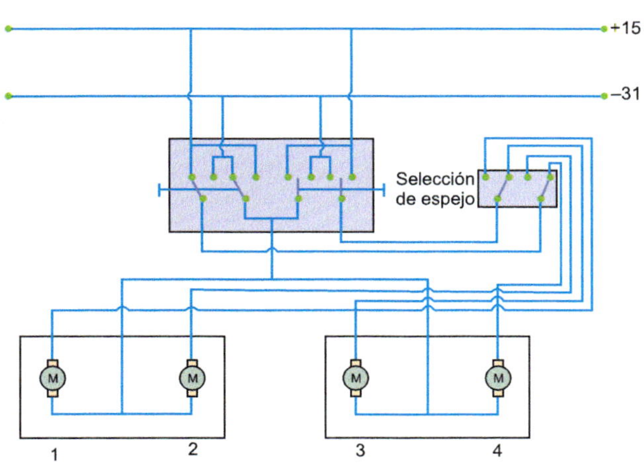

- Motor 4 en movimiento en sentido contrario:

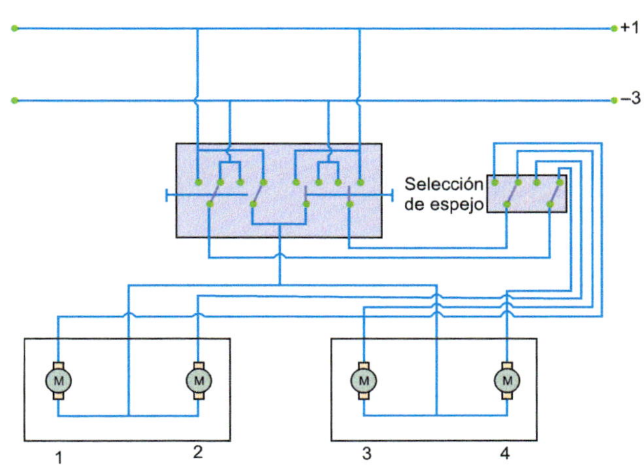

- Motor 3 en movimiento:

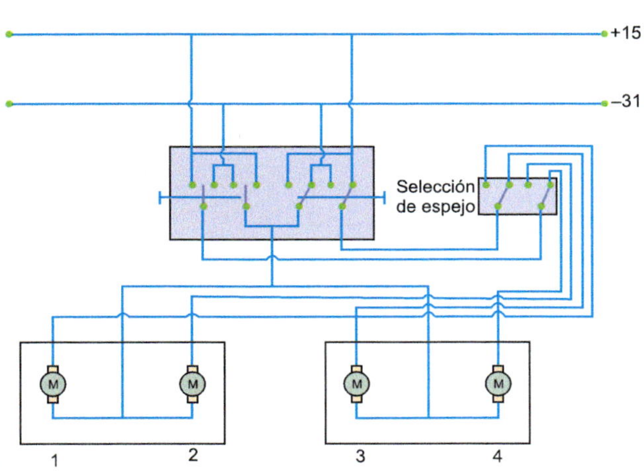

- Motor 1 en movimiento en sentido contrario:

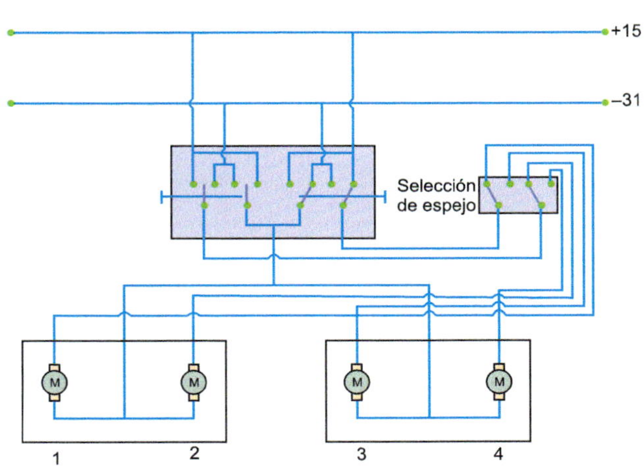

• Motor 2 en movimiento:

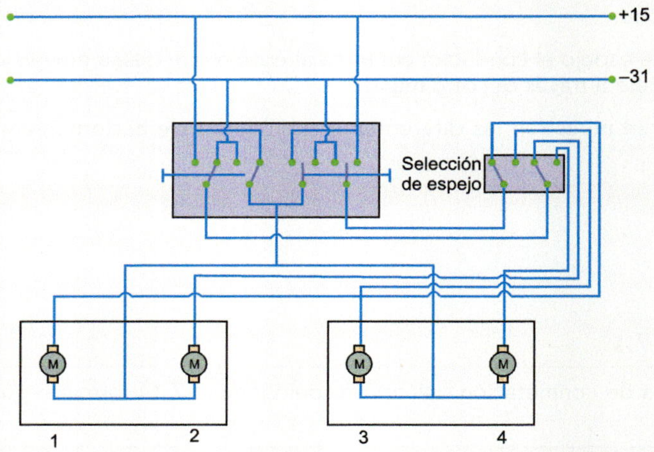

EJEMPLO 7.15

Circuito de dos espejos con dos motores cada uno. Funcionamiento similar al circuito del Ejemplo 7.14 con un diseño diferente

El conmutador A del Esquema 7.14 sirve para seleccionar el espejo a mover, y el conmutador B para elegir qué motor accionar. Si el conmutador A se acciona a la izquierda queda activado el espejo izquierdo. Entonces, cada movimiento dirigido por el conmutador B será para mover el espejo izquierdo.

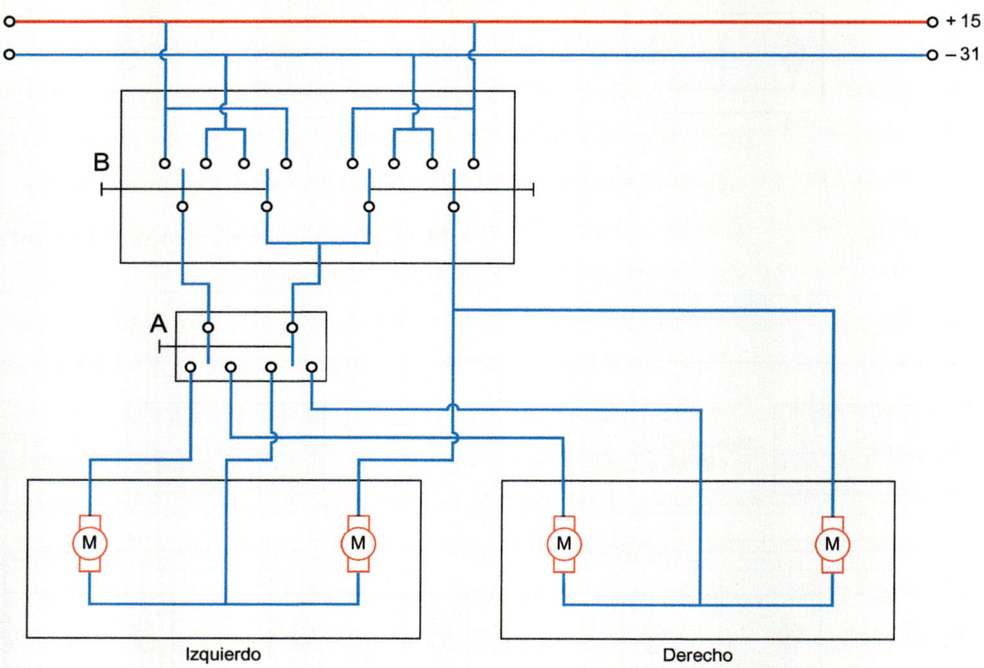

Esquema 7.14. Espejos retrovisores exteriores eléctricos.

EJEMPLO 7.16

Circuito de dos espejos con tres motores cada uno: dos para los movimientos propios del espejo y un tercero para replegar el espejo al cerrar las puertas del vehículo

En el Esquema 7.15 se encuentran las siguientes opciones de conexión:

- Mando en la posición 1: todos los motores en reposo.
- Mando en las posiciones 2 e izquierda: motor 1 en movimiento.
- Mando en las posiciones 2 y derecha: motor 4 en movimiento.
- Mando en las posiciones 3 e izquierda: motor 1 en movimiento (sentido de giro contrario a la posición 2).
- Mando en las posiciones 3 y derecha: motor 4 en movimiento (sentido de giro contrario a la posición 2).
- Mando en las posiciones 4 e izquierda: motor 2 en movimiento.
- Mando en las posiciones 4 y derecha: motor 5 en movimiento.
- Mando en las posiciones 5 e izquierda: motor 2 en movimiento (sentido de giro contrario a la posición 4).
- Mando en las posiciones 5 y derecha: motor 5 en movimiento (sentido de giro contrario a la posición 4).

El mando a distancia del retrovisor mueve en ambos sentidos y a la vez los motores 3 y 6, que son los que recogen los espejos al cerrar el vehículo y los vuelven a colocar en su posición original al abrir el vehículo.

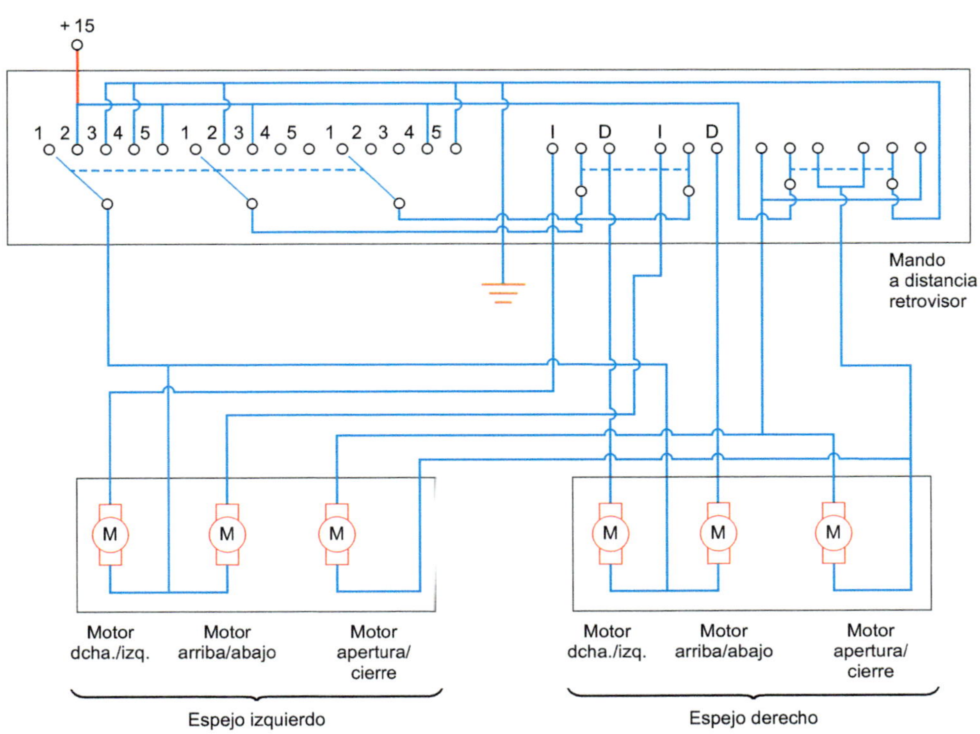

Esquema 7.15. Espejos retrovisores con tres motores cada uno.

EJEMPLO 7.17

Circuito de un espejo controlado por el mando del conductor a través de una centralita electrónica, con la opción de posicionado automático del mismo al activar la marcha atrás durante maniobras como el aparcamiento

En el Esquema 7.16 se observa cómo el mando de espejos controlado por el conductor no está conectado directamente a los motores de los espejos, sino que envía una señal eléctrica a una centralita electrónica y esta activa los motores. Para que esto ocurra la centralita necesita saber la posición de los motores en cada momento, gracias a un sensor de posición de cada motor. En el esquema los sensores están representados como potenciómetros, cuyo cursor se mueve con el eje del motor. Están conectados a la centralita dos sensores ya que el esquema cuenta con dos motores.

El interruptor de marcha atrás también envía una señal eléctrica a la unidad de control para que esta active el posicionado del espejo para una mejor maniobra de, por ejemplo, aparcamiento.

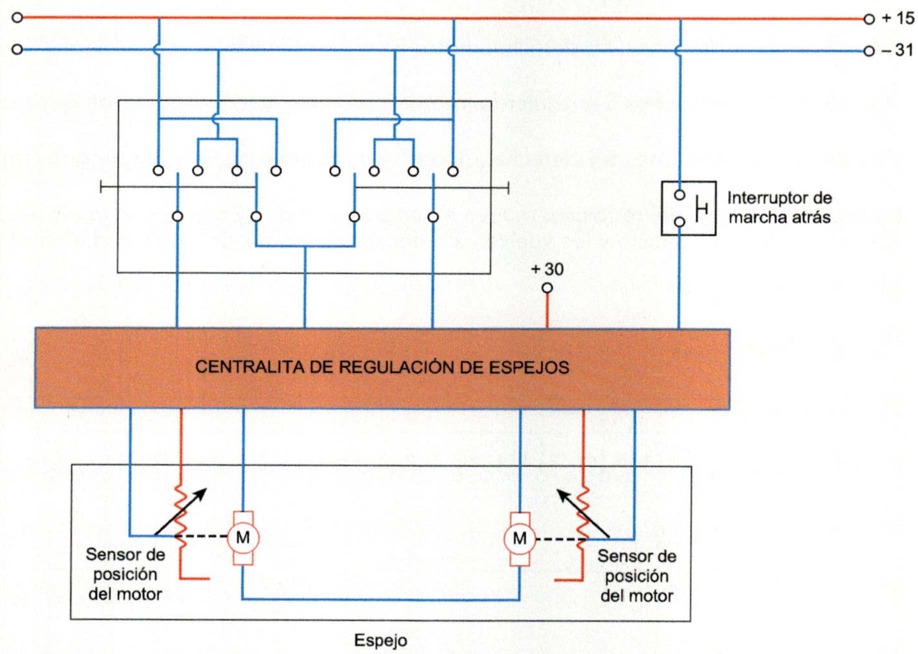

Esquema 7.16. Espejos eléctricos controlados a través de una centralita electrónica.

Recuerda que...

Varias de las mejoras de confort de los últimos años están relacionadas con los espejos eléctricos. Estos se pliegan al cerrar el vehículo o activándolos a través de un pulsador cuando el conductor lo necesite. También cambian su posición si el conductor está aparcando o circulando marcha atrás.

ACTIVIDAD **Propuesta 7.11**

¿Por qué algunos espejos eléctricos tienen dos motores y otros tienen tres motores?

ACTIVIDAD **Propuesta 7.12**

¿Por qué es necesario un potenciómetro en cada motor de un espejo eléctrico?

PRÁCTICA DE TALLER

COMPROBACIÓN DE UN MANDO DE REGULACIÓN DE ESPEJOS ELÉCTRICOS Y CONEXIÓN CON UN ESPEJO

Contamos con el conmutador de regulación de espejos retrovisores eléctricos mostrado en las siguientes figuras.

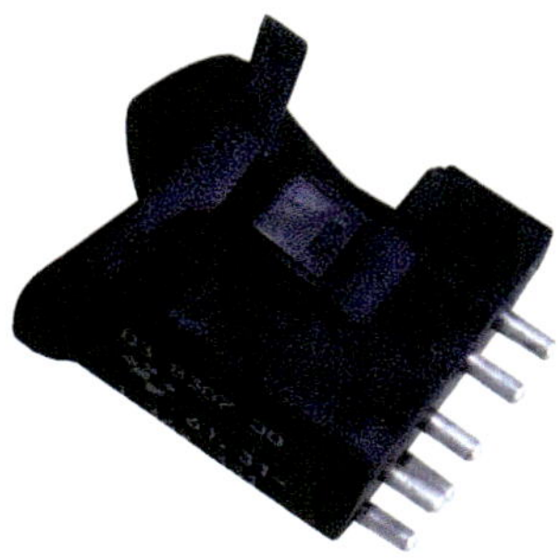

Figura 7.76. Mando de espejos eléctricos.

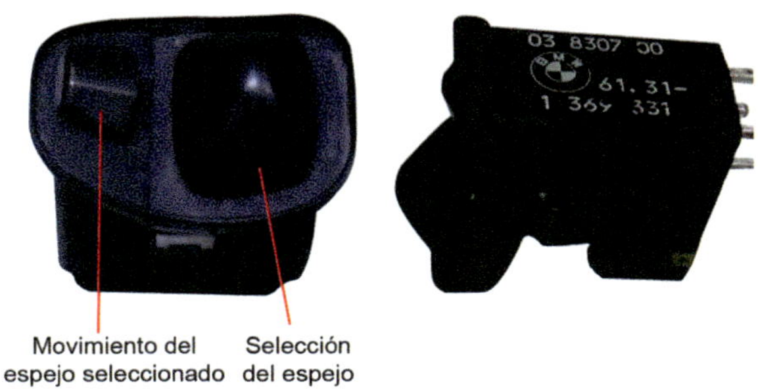

Figura 7.77. Función de cada conmutador del mando.

El conmutador tiene 6 terminales que numeramos. Realizamos una tabla para apuntar el resultado de la medición de continuidad entre todos los terminales.

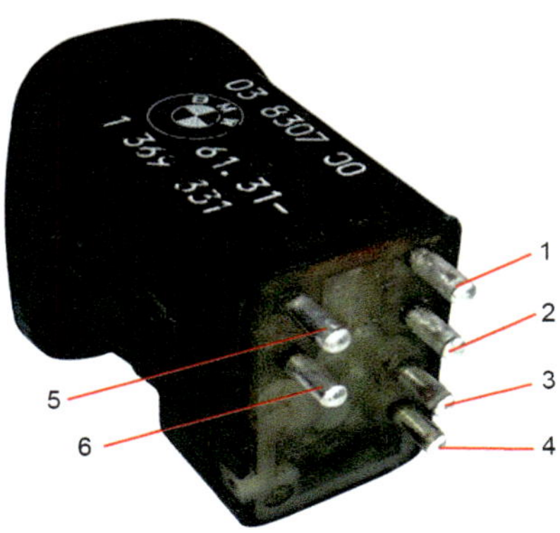

Figura 7.78. Numeración de los terminales del mando.

Figura 7.79. Medición de resistencia entre dos terminales.

Con los datos obtenidos rellenamos las siguientes tab as. Hacemos una tabla para cada posición del mando, ya que el resultado cambia en cada caso.

Con el conmutador en reposo la tabla es la siguiente:

	1	2	3	4	5	6
1		–	–	–	–	–
2			–	–	–	–
3				–	–	–
4					–	–
5						–
6						

Con el conmutador en la posición de movimiento hacia arriba, la tabla es:

	1	2	3	4	5	6
1		X	–	–	–	–
2			–	–	–	–
3				X	–	–
4					–	–
5						–
6						

Con la posición de movimiento del espejo hacia abajo, la tabla es:

	1	2	3	4	5	6
1		–	–	X	–	–
2			X	–	–	–
3				–	–	–
4					–	–
5						–
6						

Con la posición de movimiento del espejo hacia la derecha:

	1	2	3	4	5	6
1		–	–	–	–	X
2			–	–	–	–
3				–	X	–
4					–	–
5						–
6						

Con la posición de movimiento del espejo hacia la izquierda:

	1	2	3	4	5	6
1		–	–	–	X	–
2			–	–	–	–
3				–	–	X
4					–	–
5						–
6						

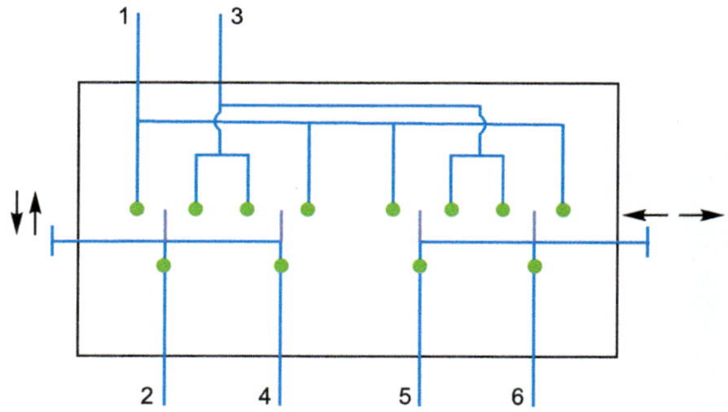

Figura 7.80. Esquema del mando de espejos de esta práctica con sus correspondientes terminales.

Y lo conectamos al motor eléctrico según el esquema eléctrico mostrado en la Figura 7.81.

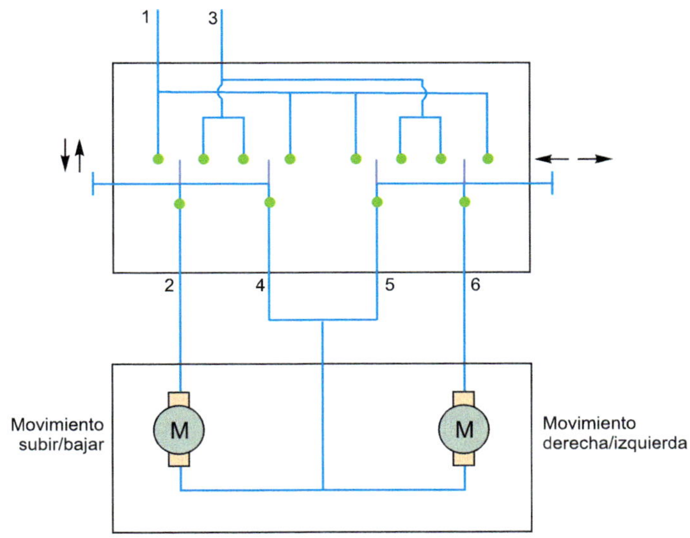

Figura 7.81. Conexión entre el mando del espejo y los motores eléctricos del espejo.

Para el replegado del espejo se utiliza otro conmutado- y otro motor.

7.4. Indicadores acústicos

El objetivo de los indicadores acústicos o claxon es advertir la presencia del vehículo en una situación de peligro. Las normas de tráfico restringen el uso de los indicadores a casos de emergencia y todos los vehículos deben contar con uno. Según la normativa no pueden emitir sonidos musicales.

7.4.1. Tipos de indicadores acústicos

Los avisadores acústicos pueden ser de dos tipos:

- Bocina de aire comprimido.
- Avisador electromagnético.

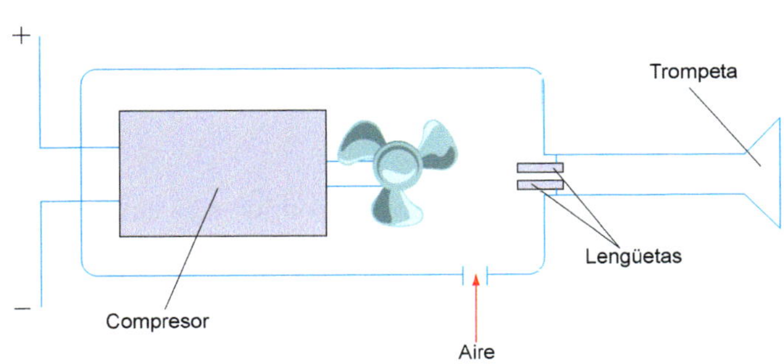

Figura 7.82. Bocina de aire comprimido.

Las **bocinas de aire comprimido** consisten en un conducto con una o dos lengüetas que, al accionar la bocina, producen una vibración, ya que se oponen al paso del aire. El sonido varía y es ampliado según la forma del difusor y la trompeta. El aire es generado por un compresor, bien desde el circuito de aire comprimido para el sistema de frenos con que cuentan algunos vehículos industriales, o desde un pequeño compresor eléctrico incorporado a la bocina o ubicado junto a ella.

Las bocinas de aire comprimido son más lentas que los avisadores electromagnéticos, pero más eficaces como avisador acústico.

Figura 7.83. Bocina electromagnética.

Figura 7.84. Tornillo de regulación de una bocina electromagnética.

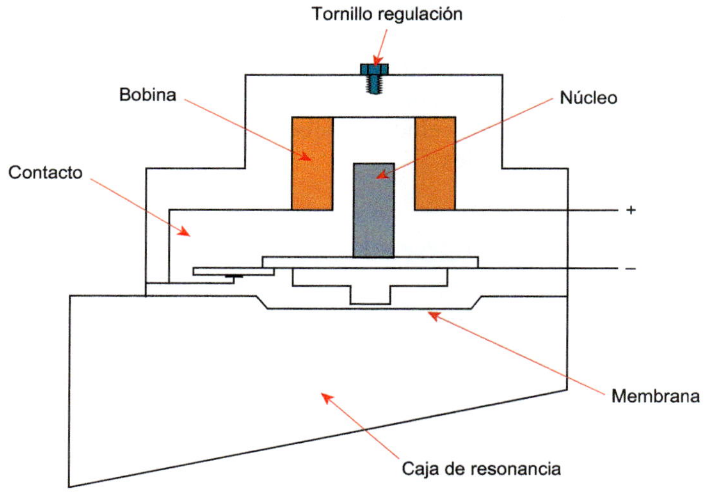

Figura 7.85. Bocina electromagnética.

Los avisadores acústicos electromagnéticos son los más empleados en turismos y motocicletas. Están formados por una bobina y una membrana elástica, que en su movimiento abre y cierra un contacto que alimenta a la bobina. Su funcionamiento es el siguiente: según se observa en la Figura 7.85, al cerrarse el contacto la bobina es atravesada por una corriente eléctrica, creando un campo magnético. Atrae entonces al núcleo que mueve a la membrana, pero en este movimiento la membrana separa los contactos, por lo que la bobina se queda sin alimentación y desaparece el campo magnético. La membrana entonces vuelve a su posición original, provocando de nuevo el cierre de los contactos y, por tanto, repitiendo el ciclo anterior. De esta forma la membrana se desplaza de manera alternativa a una alta frecuencia. Para regular su tono se actúa sobre el tornillo de regulación, el cual varía su longitud de desplazamiento, variando entonces su frecuencia.

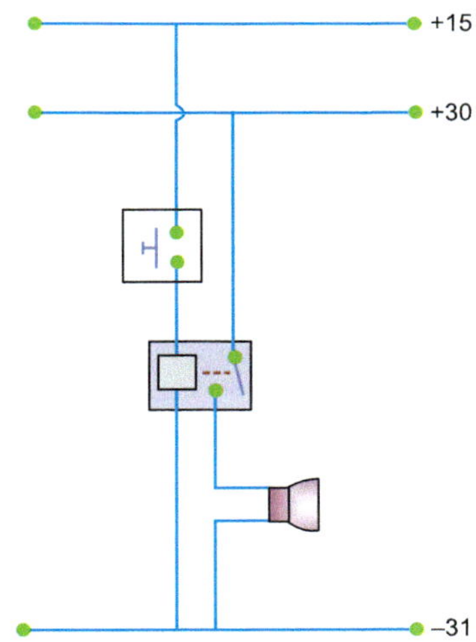

Esquema 7.17. Conexión eléctrica de un avisador acústico.

7.4.2. Esquema eléctrico de un indicador acústico

El Esquema 7.17 consta de un pulsador de claxon, un relé y una bocina. El objetivo del relé es que la intensidad que atraviesa a la bocina no pase por el pulsador, mucho más sensible a los calentamientos ocasionados por una intensidad alta.

ACTIVIDAD **Propuesta 7.13**

¿Cómo funciona una bocina de aire comprimido?

ACTIVIDAD **Propuesta 7.14**

Explica la función que cumple el relé en el esquema eléctrico simple de una bocina.

7.5. Luneta térmica

La luneta térmica es un elemento de seguridad, puesto que aumenta la visibilidad trasera del vehículo desempañando el cristal cuando la temperatura exterior es baja y existe un grado alto de humedad. Si, además, hay varios ocupantes en el vehículo, el cristal se empaña más. Esto es debido a que el calor aportado por las personas, en contacto con el cristal frío, provoca la condensación del vapor de agua del aire y esto dificulta la visibilidad. Ocurre lo mismo en el parabrisas delantero y en las ventanas, pero se emplean sistemas diferentes en cada caso.

En el caso de la luna delantera se mantiene frío el cristal con el aire acondicionado, mediante una opción antiescarcha. En el caso de la luna trasera y de los espejos retrovisores se monta en el propio cristal una resistencia eléctrica, la cual, al ser atravesada por la corriente, lo calienta por ambas caras y provoca la condensación del vapor de agua.

Figura 7.86. Resistencia de una luneta térmica.

Figura 7.87. Conmutador de luneta térmica.

Los mandos de la luneta térmica y el desempañado de espejos exteriores deben estar al alcance del conductor.

El principal problema que presenta este sistema es el consumo eléctrico que supone, especialmente cuando al conductor se le olvida apagarla. Para que no ocurra esto, la mayoría de los vehículos cuenta con un sistema temporizado por el cual la luneta se desconecta automáticamente al cabo de unos minutos.

7.5.1. Esquemas eléctricos de luneta térmica y espejos calefactados

A continuación se muestran dos ejemplos de esquemas eléctricos de luneta térmica y espejos calefactados, uno controlado directamente por el mando, y otro controlado a través de un módulo electrónico.

EJEMPLO 7.18

Circuito con relé temporizado que apaga la luneta y las resistencias de los espejos retrovisores exteriores en caso de olvido del conductor

En el Esquema 7.18 se observa un interruptor de luneta que activa un relé, el cual contiene un pequeño circuito electrónico temporizador que corta la alimentación pasado un tiempo determinado.

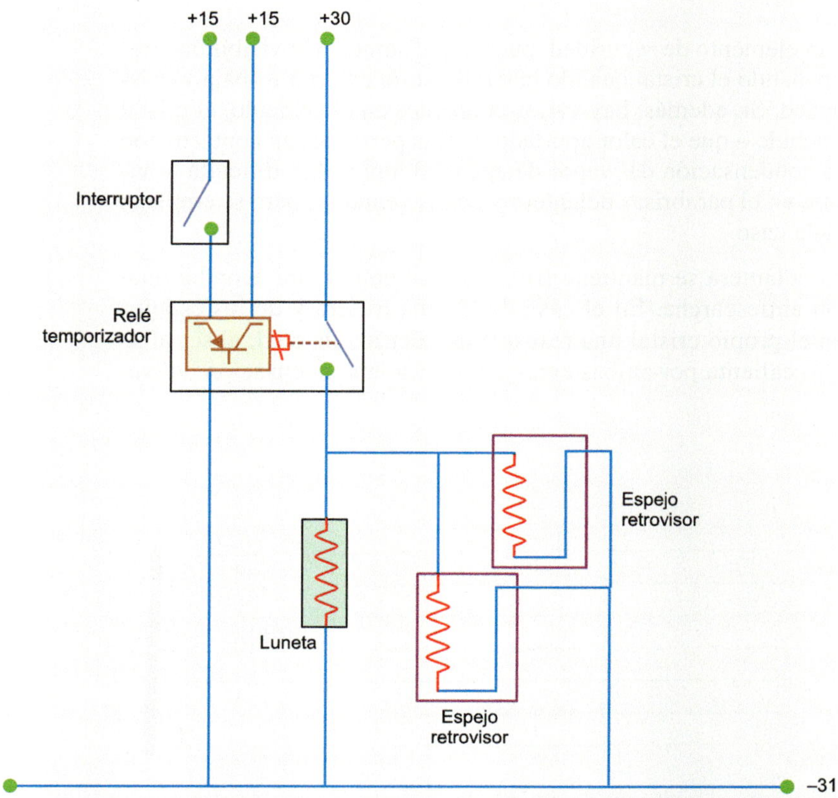

Esquema 7.18. Luneta y resistencias de espejos retrovisores exteriores temporizados.

EJEMPLO 7.19

Circuito con unidad de control electrónica

En el Esquema 7.19 el conmutador de la luneta térmica y las resistencias de los espejos retrovisores exteriores, así como la activación de los relés de luneta y espejos, dependen de la unidad de control, llamada unidad de mando reloj, debido a su función temporizadora.

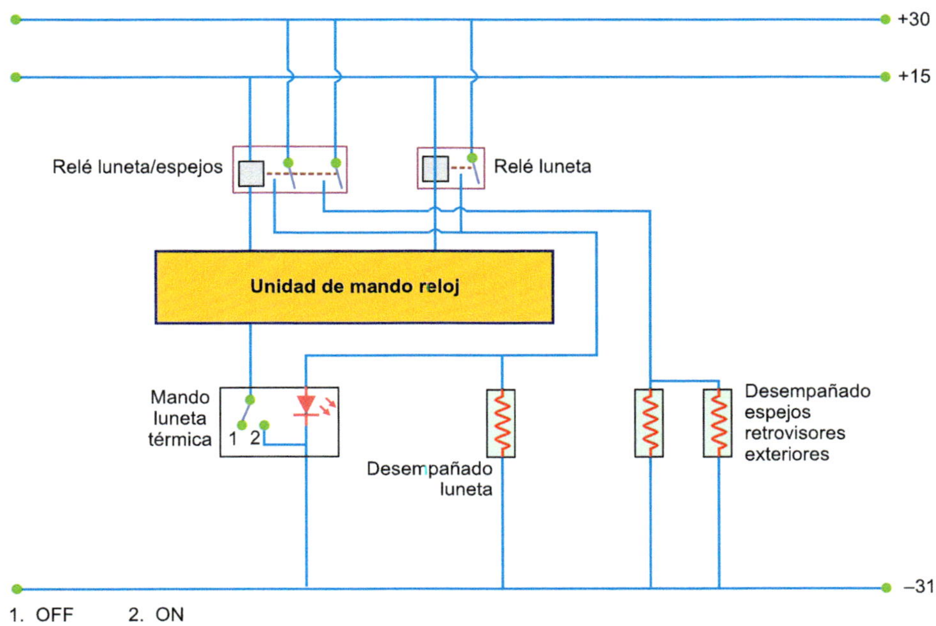

Esquema 7.19. Luneta térmica y resistencias de espejos retrovisores exteriores controlados por una centralita electrónica con función temporizadora.

7.6. Cierre centralizado

El cierre de las puertas del vehículo es un sistema imprescindible para garantizar la seguridad de los ocupantes del vehículo durante la marcha del mismo, y para que ejerza un bloqueo eficaz contra robos.

El mecanismo de cierre de cada puerta debe poder ser bloqueado y desbloqueado desde el interior y desde el exterior. Tradicionalmente el bloqueo se ha activado de forma mecánica, con llave o con tirador, cuando el cierre es individual para cada puerta. En la actualidad la mayoría de los vehículos cuenta con **cierre centralizado, que permite el bloqueo y desbloqueo de todas las puertas a la vez,** lo cual se puede realizar mediante un mando a distancia, una llave en el bombín de la puerta del conductor o desde el interior del vehículo, lo que supone sobre todo una mejora en comodidad al tiempo que evita descuidos de dejar alguna puerta abierta.

Sabías que...?

Actualmente incluso se ha dejado de montar bombín en la puerta del acompañante, debido a que casi todos los vehículos cuentan con mando a distancia para activar y desactivar el sistema.

7.6.1. Componentes

Los sistemas de cierre centralizado están compuestos por mecanismos de cierre, mecanismos de activación del sistema y actuadores.

Mecanismo de cierre

El mecanismo de cierre es un conjunto de palancas que permite el bloqueo y desbloqueo de la puerta. Estas palancas son movidas por diferentes sistemas, denominados mecanismos de activación.

El mecanismo de cierre debe cumplir las siguientes funciones:

- Ser suave.
- Garantizar que no se abra debido a vibraciones o brusquedades durante la conducción ni en caso de colisión.
- Resultar fácil de manejar en caso de accidente (para evacuar a los pasajeros).
- Ser fiable para no ser abierto por extraños cuando no hay ningún ocupante y está cerrado, o durante una circulación lenta por ciudad, evitando robos y agresiones.

El mecanismo de cierre se tiene que adaptar al tamaño existente en el vano de la puerta, por eso su forma es plana y alargada. Debe contar con dos enclavamientos por motivos de seguridad y, cerrando la puerta con un ligero golpe, esta debe quedar bloqueada.

Mecanismos de activación del sistema

La activación del mecanismo de cierre se puede realizar de las siguientes formas:

- Desde el bombín exterior.
- Desde el tirador interior de la puerta.
- A distancia.
- Desde el conmutador de bloqueo de puertas.
- Desde la unidad de control electrónica del sistema.

Desde el bombín exterior al introducir y girar la llave

Todos los vehículos disponen de esta opción aunque no tengan cierre centralizado. En los que sí cuentan con cierre centralizado todas las puertas se abren y cierran al actuar sobre el bombín de la puerta del conductor. En caso contrario se debe abrir con la llave cada una de las puertas delanteras. Al girar el bombín del conductor, este actúa sobre un conmutador que envía una señal eléctrica a la unidad de control para que intervenga sobre los actuadores de las puertas y así permitir su apertura o cierre.

Desde el tirador interior de la puerta

Este actúa de forma mecánica sobre el mecanismo de cierre, desbloqueando sus palancas.

A distancia

La mayor parte de los vehículos en la actualidad disponen de un sistema de control remoto para accionar el cierre centralizado. Las opciones que nos ofrece este dispositivo son cada vez mayores, como el empleo de sensores de proximidad o la de encender las luces de intermitencia para encontrar el vehículo en un *parking* sin abrir las puertas.

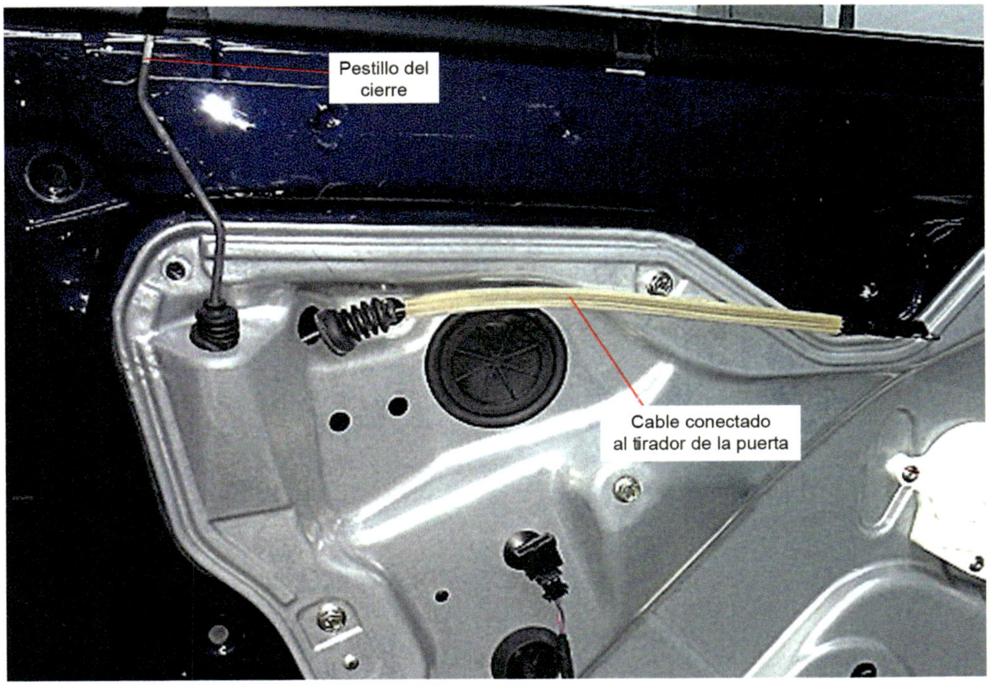

Figura 7.88. Funcionamiento del pestillo de la puerta.

Figura 7.89. Llave con control remoto del cierre.

El control remoto dispone siempre de tres componentes: un emisor, un receptor y un conjunto electrónico o unidad de control que gestiona el cierre. Para que el receptor identifique al emisor (la llave) es necesario presentarles mediante una codificación. Esta codificación se realiza en origen (al fabricar el vehículo) pero tiene que repetirse al cambiar la pila de la llave o la propia llave. Normalmente consiste en una secuencia de acciones indicadas por el fabricante, como por ejemplo entrar en el vehículo, cerrar las puertas, activar el cinturón de seguridad, cambiar de la posición I del contacto a la posición II del contacto cuatro veces durante un tiempo determinado, esperar una señal acústica, etcétera.

La comunicación entre el emisor y el receptor puede realizarse de tres formas:

- **Por infrarrojos:** el receptor recibe del emisor un haz de luz infrarroja codificada, y el microprocesador con el que cuenta envía una señal eléctrica a la centralita de cierre centralizado. El principal inconveniente de este sistema es que el emisor debe estar orientado hacia el receptor sin ningún obstáculo entre ellos, o el rayo infrarrojo no es recibido por este último. Además su alcance es muy inferior al de otros sistemas.
- **Por radiofrecuencia:** el emisor emite ondas con una frecuencia determinada también conocida por el receptor. Para evitar que esta frecuencia sea detectada por un lector de frecuencias, este sistema permite encriptaciones que siguen un algoritmo. Dicho algoritmo es un conjunto de reglas por el cual el emisor explica al receptor qué variaciones ha incorporado en la señal de apertura/cierre de la puerta que le envía en cada ocasión. Descifrar este algoritmo supone una gran dificultad para la realización de copia de llaves por parte de personas ajenas.
- **Por sensor de proximidad:** en este caso el emisor se encuentra en el vehículo y el receptor es la llave o mando a distancia. El emisor actúa también de receptor, ya que cuando detecta la presencia de la llave desbloquea los mecanismos de

Figura 7.90. Ejemplo de llave con control remoto de cierre y aviso acústico.

cierre de las puertas. Para ello el sistema cuenta con antenas en cada puerta y en el portón trasero. También tiene detectores en el interior del vehículo pues el conductor puede arrancar el mismo sin utilizar la llave, siempre que esta se encuentre dentro del radio de acción de los detectores (por ejemplo, en el bolsillo del abrigo en el asiento trasero).

La señal recibida de la llave por la antena es procesada por la centralita de cierre centralizado, comprobando que es la llave del vehículo.

Desde el conmutador de bloqueo de puertas situado en el lado del conductor

Desde un conmutador situado en el lado del conductor se puede activar el bloqueo de todas las puertas, para que ningún extraño las abra durante, por ejemplo, una conducción lenta por ciudad, por motivos de seguridad (en algunos vehículos se activa solo a partir de cierta velocidad). También es posible, desde otro conmutador, activar el denominado bloqueo para niños, que evita que las puertas traseras puedan ser abiertas desde el interior del vehículo.

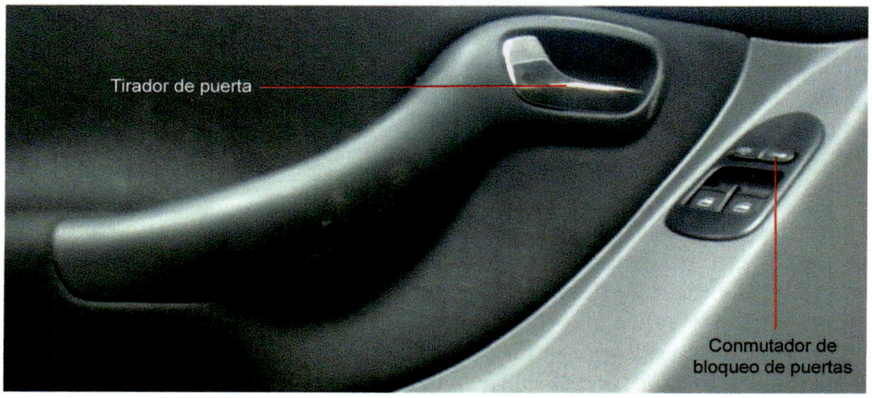

Figura 7.91. Conmutador de bloqueo de puertas en la puerta del conductor.

Desde la unidad de control electrónico del sistema de cierre

Cuando el vehículo sobrepasa una velocidad determinada (normalmente en torno a los 5 km/h), la centralita recibe este dato del sensor de velocidad del vehículo directamente desde la unidad de gestión de ABS o de control de estabilidad. En muchos vehículos la centralita activa también el desbloqueo de las puertas en caso de accidente, al recibir una señal desde la unidad de gestión del airbag y de los pretensores.

Actuadores

Los actuadores del sistema de cierre centralizado son aquellos que actúan directamente sobre las palancas del mecanismo de cierre de las puertas, a partir de una señal —normalmente eléctrica— recibida desde la centralita de cierre centralizado o desde un conmutador (accionado por el bombín de la puerta o un conmutador de bloqueo/desbloqueo).

Los actuadores pueden ser:

- Electroimanes.
- Motores eléctricos.

Electroimanes

Este sistema ha quedado obsoleto debido a su baja fiabilidad. Esto es por su alto consumo eléctrico para tener la fuerza suficiente para accionar el bloqueo. En el Esquema 7.20 se observa la disposición eléctrica de este sistema, formado por cuatro electroimanes accionados por dos conmutadores (C1 y C2), uno en cada puerta delantera. Además, otro conmutador (C4) actúa sobre todas las puertas al recibir la señal del mando a distancia y un cuarto conmutador (C3) realiza la misma función que C4 pero es accionado desde el interior del vehículo, situado en el lado del conductor.

Se observa en el Esquema 7.20 que cada puerta dispone de dos arrollamientos con una conexión común a negativo y una alimentación positiva dependiendo de la posición de los conmutadores. De esta forma un arrollamiento activa el mecanismo de cierre de la puerta (cierra la puerta) y el otro lo desactiva (abre la puerta). Al desplazarse el núcleo magnético por el paso de la corriente en la bobina, este desplaza una palanca que actúa sobre el conjunto de palancas del mecanismo de cierre.

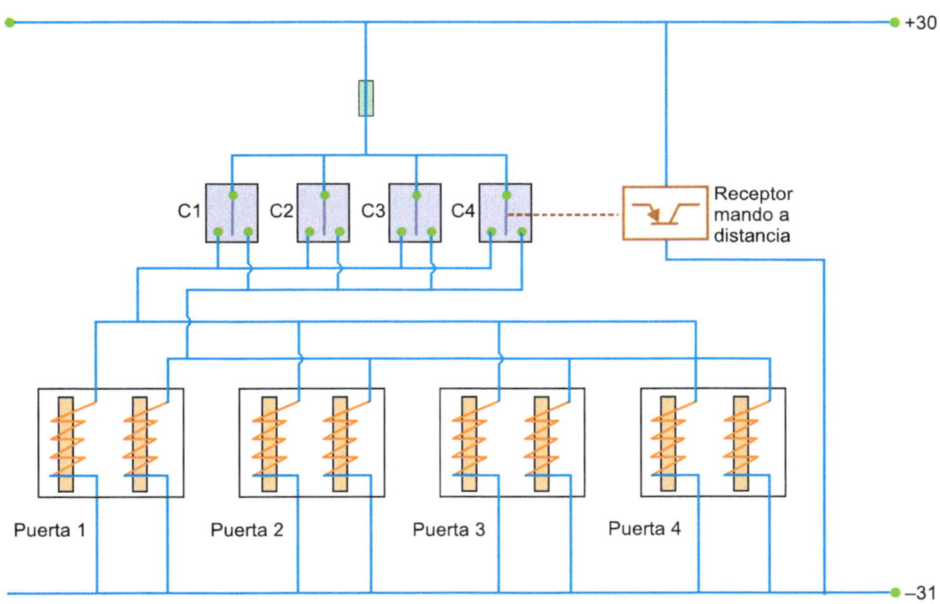

Esquema 7.20. Circuito de cierre centralizado con actuadores de electroimanes.

Motores eléctricos

Este sistema es el más empleado por su fiabilidad y su bajo consumo eléctrico. Los motores eléctricos permiten un diseño pequeño fácil de adaptar al tamaño existente en el vano de la puerta. El actuador está formado por un pequeño motor eléctrico de corriente continua y un conjunto de engranajes para aumentar la fuerza de accionamiento sobre las palancas del conjunto de cierre. Al accionar el motor se desplaza linealmente una varilla introducida en un fuelle, la cual va fijada al conjunto de palancas del mecanismo de cierre. Si se alimenta al motor con una polaridad determinada el fuelle se desplaza en un sentido, y si se cambia la polaridad el fuelle se desplaza en el otro. Esto provoca la apertura o cierre de la puerta.

En el Esquema 7.21 se observa un ejemplo de cierre centralizado con actuadores eléctricos simplificado.

Figura 7.92. Ejemplos de actuadores de cierre centralizado.

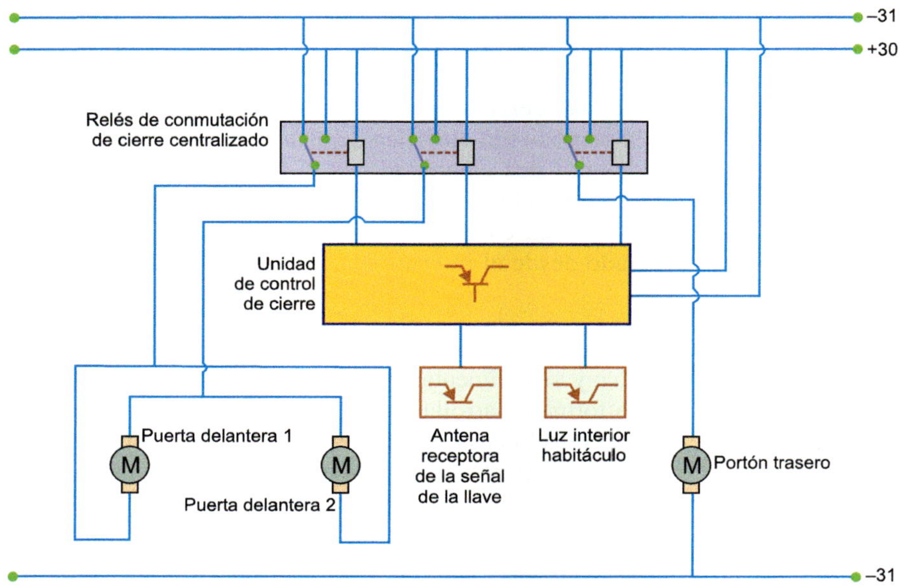

Esquema 7.21. Circuito simplificado de un sistema de cierre centralizado de un vehículo de tres puertas.

El Esquema 7.22 muestra el mismo ejemplo anterior pero incluyendo otros mecanismos de activación (bombín, tirador interior o conmutador de bloqueo) y fines de carrera en cada puerta, que informan a la centralita de la situación de la puerta.

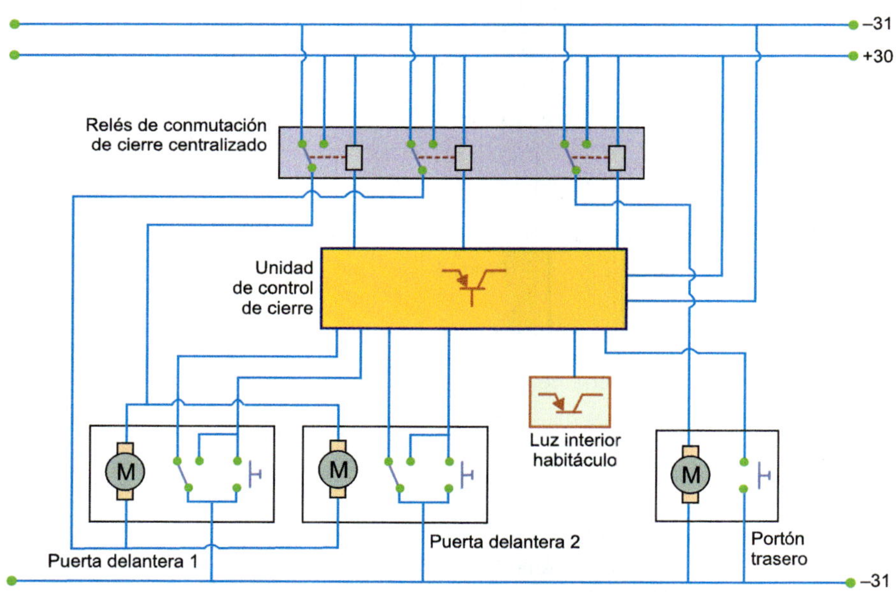

Esquema 7.22. Sistema de cierre centralizado de un vehículo de tres puertas.

7.6.2. El multiplexado en el cierre centralizado

La conexión de la centralita de cierre centralizado a una red multiplexada ofrece la posibilidad de intercambiar datos con otras centralitas, lo que facilita la interacción del sistema de cierre con otros sistemas. A continuación se muestran algunos ejemplos:

- La iluminación del vehículo se queda encendida durante un corto período de tiempo (que el usuario puede regular) al salir del vehículo y activar el cierre, así como al abrir el vehículo antes de entrar. Con esta opción se facilita el acceso al vehículo en zonas poco iluminadas.
- Las ventanas se suben al cerrar el vehículo desde el exterior, gracias a una conexión de buses entre la centralita de cierre y la de elevalunas eléctricos.
- Encendido de la luz interior del vehículo de forma temporizada al activar o desactivar el cierre centralizado.

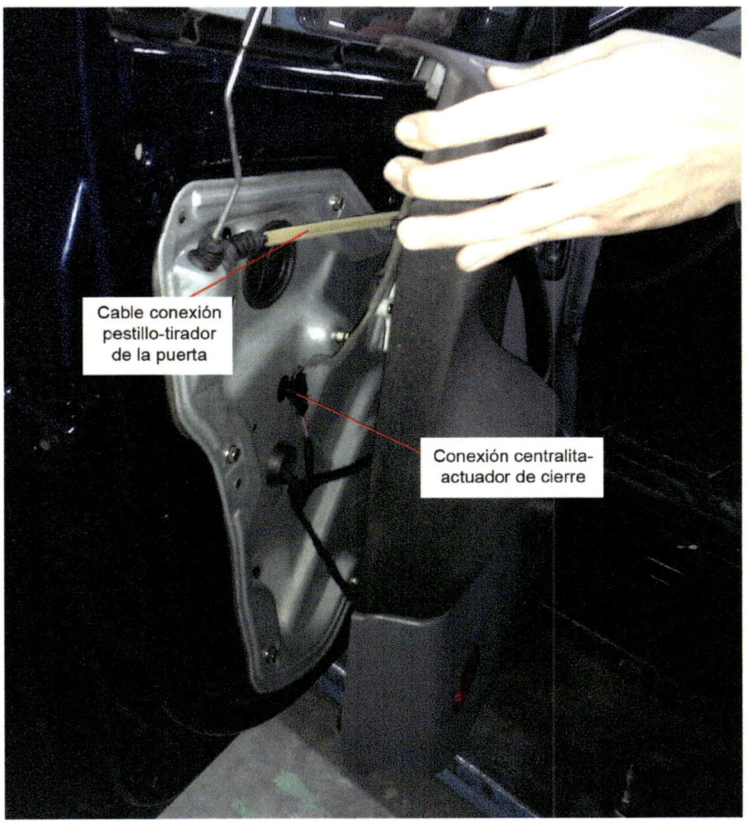

Figura 7.93. Conexión de la centralita con el actuador de cierre.

Figura 7.94. La centralita del sistema de limpiaparabrisas recibe los datos del sensor de lluvia para activar el motor y adecuar la frecuencia de barrido.

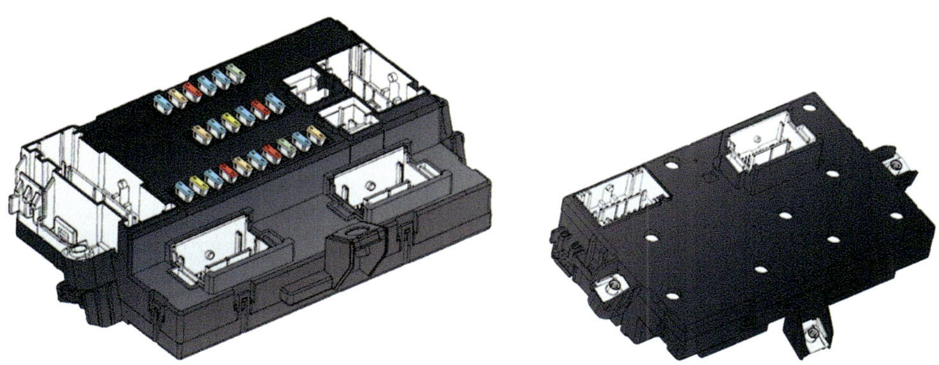

Figura 7.95. Circuito de funcionamiento de un inmovilizador.

ACTIVIDAD **Propuesta 7.15**

¿Cómo se realiza la temporización en un circuito de luneta térmica? Dibuja un esquema eléctrico para explicarlo.

ACTIVIDAD **Propuesta 7.16**

¿Qué medios puede emplear el mando a distancia para activar/desactivar el cierre centralizado?

ACTIVIDAD **Propuesta 7.17**

¿Qué es el mecanismo de cierre de un sistema de cierre centralizado?

7.6.3. Inmovilizador electrónico

El inmovilizador es un elemento de seguridad que impide el arranque del motor sin utilizar la llave o tarjeta. Los componentes de un inmovilizador son los siguientes:

- *Transponder* incorporado en la llave o tarjeta de arranque del vehículo.
- Antena receptora, situada en el lector de la llave o tarjeta.
- Centralita del inmovilizador.
- Módulo intermedio.

Además, pertenecen a este sistema la centralita de gestión de motor y la de bloqueo eléctrico de la dirección.

Al cerrar el vehículo se activa el sistema antiarranque, que no se desactiva hasta que las centralitas correspondientes reconocen y validan el código enviado por la llave, siguiendo el procedimiento mostrado en la Figura 7.96.

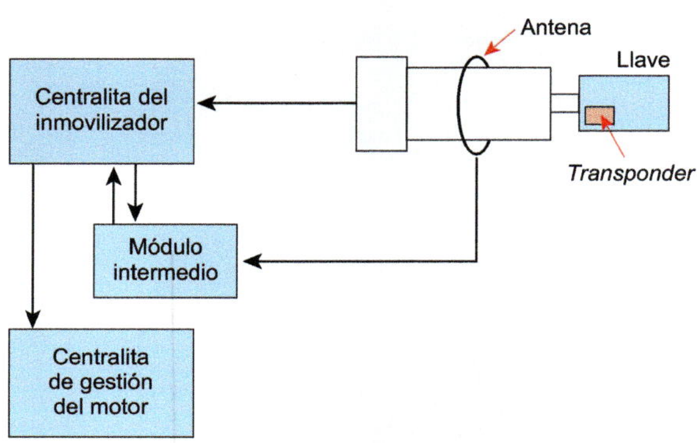

Figura 7.96. Circuito de funcionamiento de un inmovilizador.

Figura 7.97. *Smart key* de un Hyundai Santa Fe.

Cuando la antena recibe el código de la llave (de su *transponder*) lo decodifica y lo envía al módulo intermedio. Si este módulo lo reconoce, envía una señal de desbloqueo a la columna de dirección, y coteja con la centralita de gestión de motor el código (ya decodificado). Si ambas centralitas (módulo intermedio y centralita de gestión de motor) reconocen el código de la llave, entonces permiten el arranque del vehículo. Si el código no es correcto, el vehículo arranca pero el motor se para a los pocos segundos, tiempo que tardan ambas centralitas en comunicarse. El arranque tiene lugar cuando la centralita de gestión de motor desbloquea las electroválvulas de inyección, la bomba de combustible o el encendido.

El *transponder* es un módulo electrónico incorporado en la llave o tarjeta del vehículo. El código de comunicación entre el *transponder* de la llave y la antena son variables, siguiendo un algoritmo, para aumentar la seguridad. Esto significa que el código de la llave es diferente cada vez que es enviado a la antena. La antena y el módulo intermedio suelen ir integrados en un mismo elemento. Normalmente el inmovilizador tiene también la función de encender el testigo de inmovilizador y el de lectura de la llave.

Si el vehículo cuenta con sensor de proximidad para que el conductor pueda abrir/cerrar el vehículo y arrancarlo con la llave en cualquier lugar del mismo (en el bolsillo del abrigo o en una mochila en el maletero), el *transponder* envía entonces el código por radiofrecuencia, no siendo necesario que esté cerca de la antena. En estos casos, si la pila de la llave se agota, se puede utilizar introduciéndola en el lector de llave. Para detectar las señales enviadas por el *transponder* de la llave el vehículo cuenta con antenas ocultas en diferentes lugares del habitáculo. Dichas antenas se suelen encontrar en el salpicadero, consola central o asientos traseros.

La comunicación entre centralitas mediante redes multiplexadas es indispensable para el funcionamiento de este sistema, ya que la unidad de control del inmovilizador requiere de la verificación de códigos por parte de la centralita de gestión de motor, de la de desbloqueo eléctrico de la columna de dirección y de la antena receptora de la señal enviada por la llave.

Los fallos más comunes en un sistema de inmovilizador electrónico son:

- La llave está descodificada y no transmite ninguna información.
- El módulo y la llave pierden la sincronización.
- Extravío de la llave.
- Falta de pila de la llave.
- Fallo de comunicación en el bus de datos.
- Fallo eléctrico, principalmente en el cableado.
- Error en la centralita de gestión de motor.
- Fallo de *software* en la/s centralita/s implicada/s.

Figura 7.98. Botón de encendido de un sistema sin llave.

Sabías que...

El sistema Key Memory de BMW almacena tus preferencias personales en la llave del vehículo. Cada vez que utilices esa llave, ya sea con control remoto o no, se restablecen automáticamente tus preferencias: se colocan los retrovisores en la inclinación idónea, el asiento se ajusta automáticamente a tu posición favorita, el climatizador establece la temperatura interior que tú has elegido previamente, etcétera.

PRÁCTICA DE TALLER

COMPROBACIÓN Y CÁLCULO DE CONSUMOS EN CIRCUITOS DE SISTEMAS AUXILIARES DEL VEHÍCULO

Esta práctica consiste en medir el consumo del circuito desde la caja de fusibles y desde el relé para comprobar su correcto funcionamiento. Tanto si su consumo eléctrico es demasiado elevado como si, por el contrario, no hay consumo eléctrico, esto implica una avería localizada en el propio consumidor o en la instalación eléctrica.

Para activar o desactivar el circuito de limpiaparabrisas empleamos los mandos correspondientes.

Figura 7.99. Activación del limpiaparabrisas desde el mando del volante.

Abrimos la caja de fusibles y buscamos el fusible del circuito de limpiaparabrisas.

Figura 7.100. Caja de fusibles.

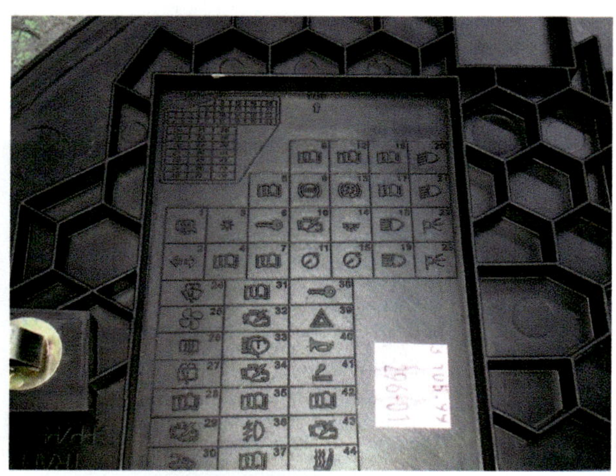

Figura 7.101. Tapa de la caja de fusibles con la numeración de cada fusible e indicación de a qué circuito pertenece.

El número y lugar que ocupa cada fusible viene indicado en el esquema correspondiente del manual del fabricante y, en muchas ocasiones, en la propia tapa de la caja de fusibles. Observamos que el fusible del circuito de limpiaparabrisas es el número 24, y lo buscamos en la caja de fusibles.

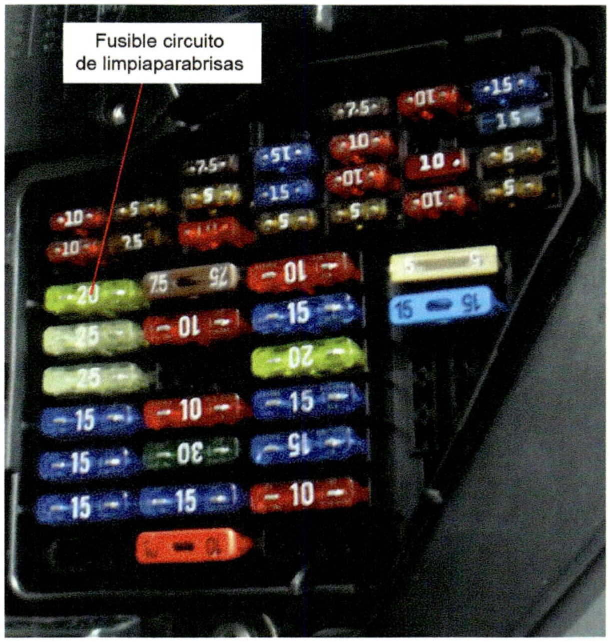

Figura 7.102. Caja de fusibles.

El siguiente paso es medir la intensidad del circuito colocando las puntas del polímetro en la ubicación del fusible y preparando el polímetro para medir intensidad. Si el circuito está correcto debemos obtener un valor de intensidad cuando el limpiaparabrisas está activado.

Figura 7.103. Medición de intensidad en la caja de fusibles.

A continuación buscamos en el esquema eléctrico del fabricante el relé de este circuito. En la caja de relés identificamos este relé y medimos la caída de tensión con el polímetro entre los terminales 85 y 86 del mismo. A continuación medimos la intensidad entre los terminales 30 y 87A.

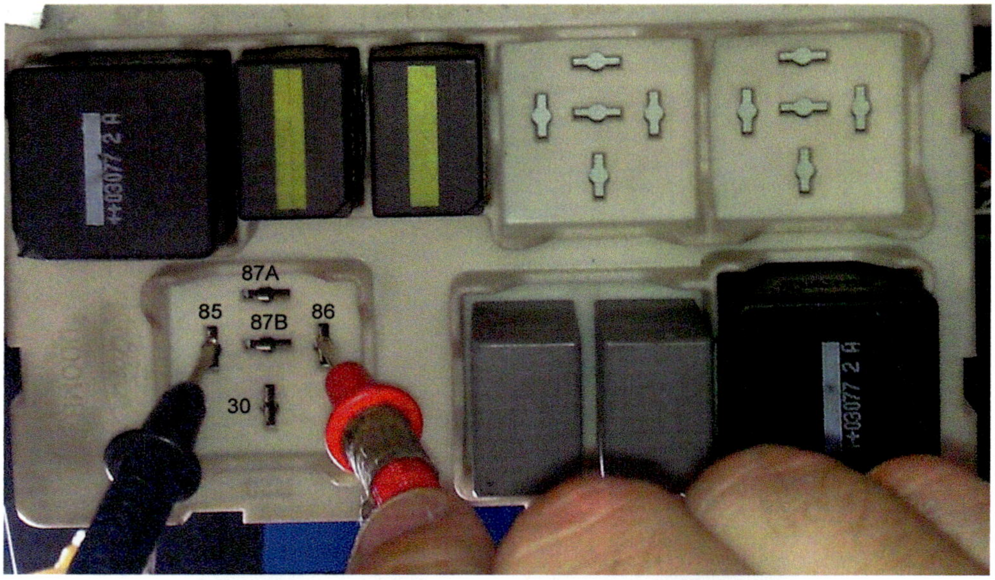

Figura 7.104. Medición en la caja de relés.

El procedimiento para la comprobación de otros sistemas eléctricos auxiliares es el mismo, midiendo en sus correspondientes fusibles y relés, cuya ubicación se indicará en el manual del fabricante.

Mapa conceptual

LIMPIA-PARABRISAS
- Componentes
- Funcionamiento
- Esquemas eléctricos

ELEVALUNAS
- Componentes
- Funcionamiento
- Esquemas eléctricos

ESPEJOS ELÉCTRICOS
- Componentes
- Funcionamiento
- Esquemas eléctricos

INDICADORES ACÚSTICOS
- Tipos
- Esquemas eléctricos

LUNETA TÉRMICA Y ESPEJOS CALEFACTADOS

CIERRE CENTRALIZADO
- Componentes
- Funcionamiento
- Esquemas eléctricos

Actividades finales

Cuestiones

7.1. Un motor de limpiaparabrisas que muestra exteriormente dos cables (sin contar con los cables del sistema de realimentación):

a) Tiene dos velocidades.

b) Tiene una velocidad.

c) Puede tener una o dos velocidades.

7.2. El captador de lluvia está formado por:

a) Un diodo emisor de luz y un módulo electrónico.

b) Un diodo emisor de luz, un fototransistor y un módulo electrónico.

c) Un diodo, un fototransistor y un módulo electrónico.

7.3. Los mecanismos del sistema de elevalunas para transformar el movimiento rotativo del motor en el movimiento lineal del cristal pueden ser:

a) De cable y envolvente, articulados y de brazos.

b) De cable y polea, articulados y de brazos.

c) De cable y polea, de cable y envolvente, articulados.

7.4. El siguiente esquema pertenece a un sistema de:

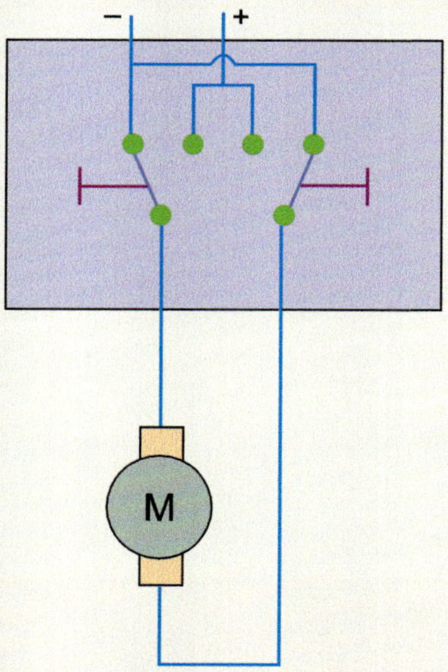

a) Elevalunas.

b) Limpiaparabrisas.

c) Cierre centralizado.

7.5. El siguiente esquema pertenece a un sistema de:

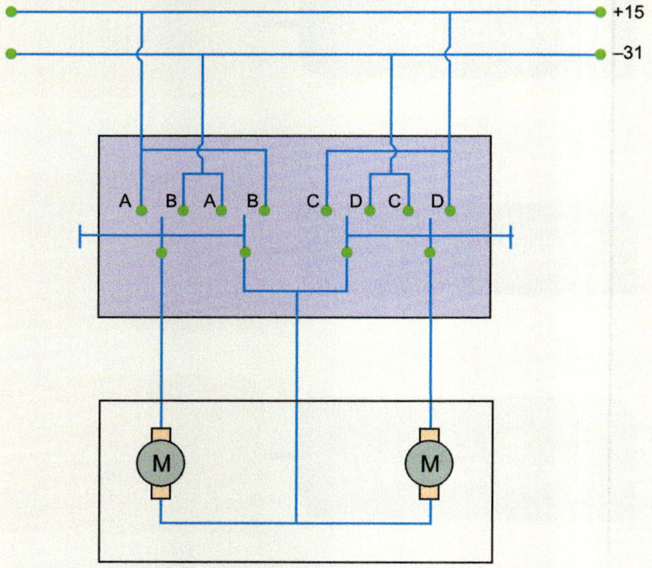

a) Espejos eléctricos con dos espejos.

b) Espejos eléctricos con un espejo.

c) Espejos eléctricos con un espejo y sistema de ayuda al aparcamiento.

7.6. Las bocinas de aire comprimido:

a) Son más lentas pero más eficaces.

b) Son más rápidas y más eficaces.

c) Son las más empleadas en turismos y motor.

7.7. La unidad de mando reloj de un circuito de luneta térmica tiene la función de:

a) Activar la luneta térmica.

b) Activar los espejos eléctricos calefactados.

c) Activar y desactivar el sistema, así como temporizar dicha activación y desactivación.

7.8. La activación del mecanismo de cierre tiene lugar desde:

a) El bombín exterior, el mando a distancia, el conmutador de bloqueo de puertas o la unidad de control electrónica del sistema.

b) El bombín exterior, el tirador interior de la puerta, el mando a distancia, el conmutador de bloqueo de puertas o la unidad de control electrónica del sistema.

c) El bombín exterior, el tirador interior de la puerta, el mando a distancia o la unidad de control electrónica del sistema.

7.9. Los sistemas del mando a distancia del cierre centralizado:

a) De infrarrojos y de radiofrecuencia el emisor debe estar orientado hacia el receptor.

b) De radiofrecuencia permite encriptaciones siguiendo algoritmos para que no sea detectada la frecuencia.

c) De proximidad cuenta con una antena para todo el vehículo.

7.10. Los actuadores de cierre son:

a) Mecánicos y eléctricos.

b) Eléctricos y electromagnéticos.

c) Mecánicos y electromagnéticos.

Responde

7.1. ¿Cómo se convierte el movimiento giratorio del motor de limpiaparabrisas en el movimiento alternativo de las escobillas sobre el cristal?

7.2. ¿Cuál es la función de la timonería?

7.3. ¿De qué tipo es un motor de elevalunas? ¿Cuántos bornes de conexión debe tener?

7.4. Explica el funcionamiento de un sistema de realimentación por anillos rozantes de un sistema de limpiaparabrisas.

7.5. ¿Qué mejoras se han conseguido con la utilización de nuevos materiales en la fabricación de las escobillas de limpiaparabrisas?

7.6. ¿Qué ocurre con la luz emitida por el diodo en un captador de lluvia?

7.7. ¿Qué tipo de motor eléctrico es el motor de elevalunas?

7.8. Nombra los tipos de mecanismos de elevalunas que conozcas.

7.9. Explica el funcionamiento del sistema antiatrapamiento.

7.10. Dibuja dos mandos de elevalunas diferentes, mostrando sus conexiones internas.

7.11. ¿Con qué otros sistemas eléctricos del vehículo puede estar en comunicación el sistema de elevalunas? Explica por qué.

7.12. ¿Cuántos motores tiene cada espejo retrovisor eléctrico? Explica por qué.

7.13. ¿Por qué son necesarios sensores de posición en los espejos retrovisores? ¿Cómo indican la posición del cristal?

7.14. Dibuja un indicador acústico de aire comprimido y nombra sus componentes.

7.15. ¿Qué función cumplen las lengüetas en el dibujo del ejercicio anterior?

7.16. Dibuja un indicador acústico electromagnético y nombra sus componentes.

7.17. ¿Qué función cumple el tornillo de regulación de una bocina electromagnética?

7.18. ¿Qué provoca el empañado de los cristales?

7.19. Indica qué objetivo tiene el relé temporizador de una luneta térmica.

7.20. Enumera los mecanismos de activación de un circuito de cierre centralizado.

7.21. Indica los medios de comunicación entre el emisor y el receptor en una activación del cierre centralizado a distancia.

7.22. ¿Qué importancia tiene el multiplexado en un sistema de cierre centralizado?

7.23. ¿Qué funciones debe cumplir el mecanismo de cierre de un sistema de cierre centralizado?

7.24. Nombra los elementos que forman un inmovilizador y dibuja un esquema de funcionamiento de dicho sistema.

7.25. ¿Dónde está ubicado el *transponder* de un inmovilizador?

7.26. ¿Qué importancia tiene el multiplexado en un inmovilizador?

7.27. Nombra cuatro averías habituales del inmovilizador.

7.28. Realiza un esquema con los elementos que forman el inmovilizador.

Realiza

7.1. ¿A qué corresponde cada cable en la siguiente figura?

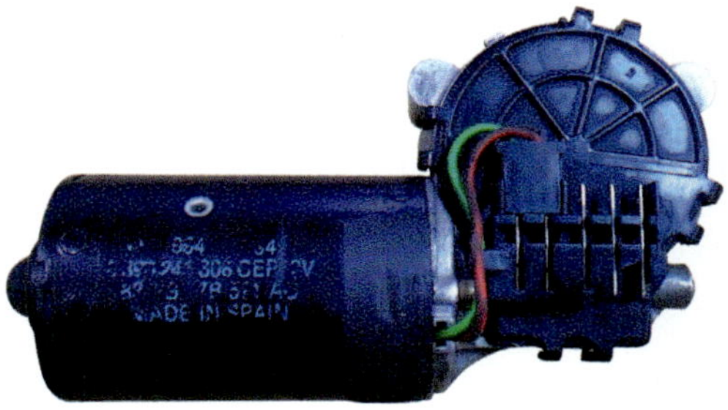

7.2. Dibuja el sistema de realimentación por anillos rozantes de un motor de limpiaparabrisas. A continuación conecta sus tres terminales con el resto del circuito (motor y mando).

7.3. Busca en libros de taller esquemas eléctricos de limpiaparabrisas y limpialunetas traseras de diferentes fabricantes. Identifica sus componentes e indica si cuentan con centralita electrónica, con sistema automático y sensor de lluvia, etcétera.

7.4. Indica qué muestra la siguiente figura y nombra sus componentes.

7.5. ¿En qué consiste la regulación de la cadencia de barrido en el siguiente circuito?

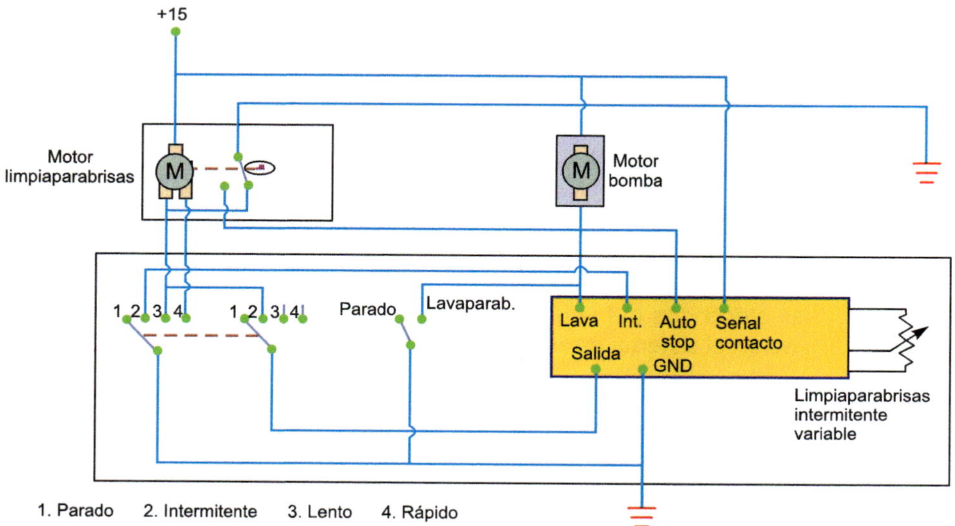

7.6. Completa el siguiente esquema de elevalunas:

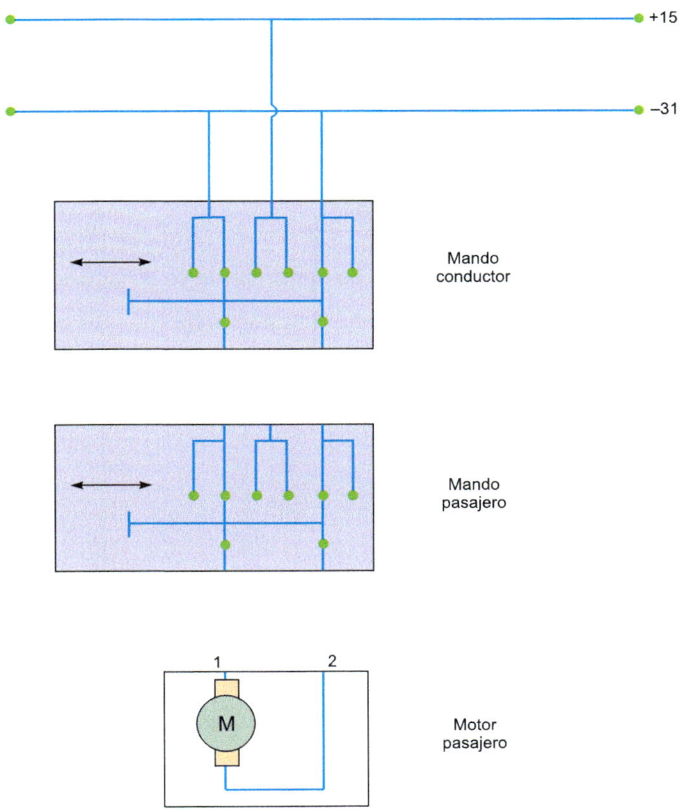

7.7. ¿Para qué utiliza la centralita principal delantera el dato de activación del interruptor de marcha atrás?

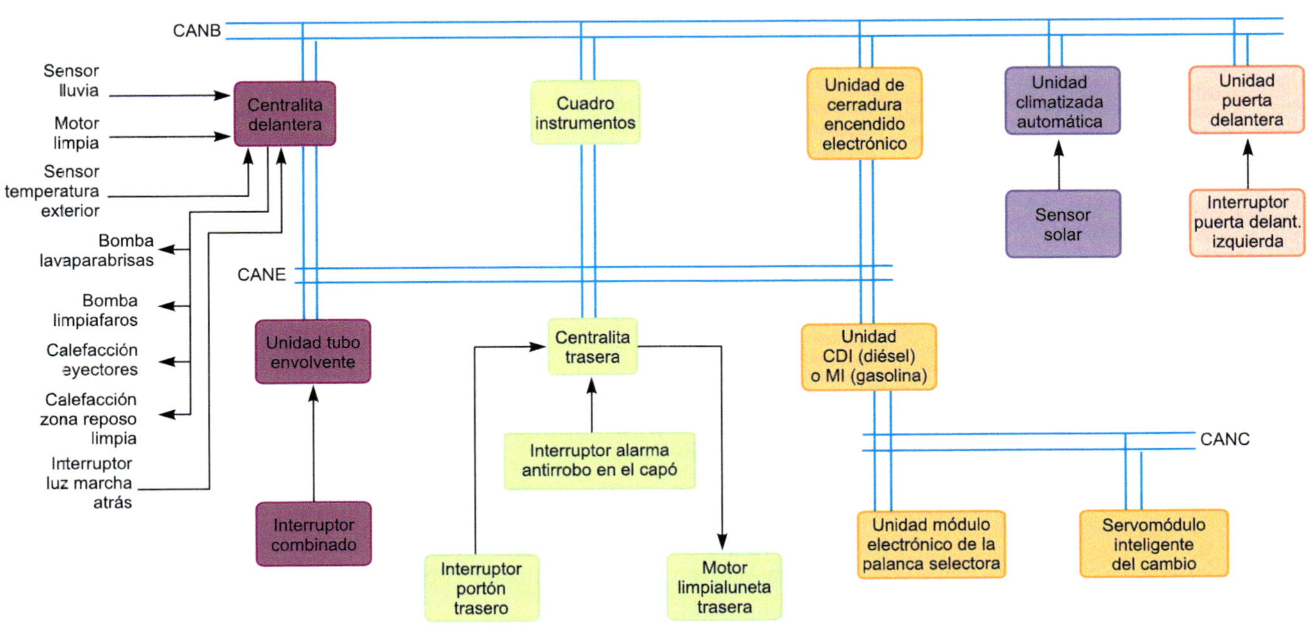

7.8. ¿A qué tipo de motor corresponde el siguiente esquema eléctrico? ¿Puede ser un motor de elevalunas? ¿Y de un limpiaparabrisas?

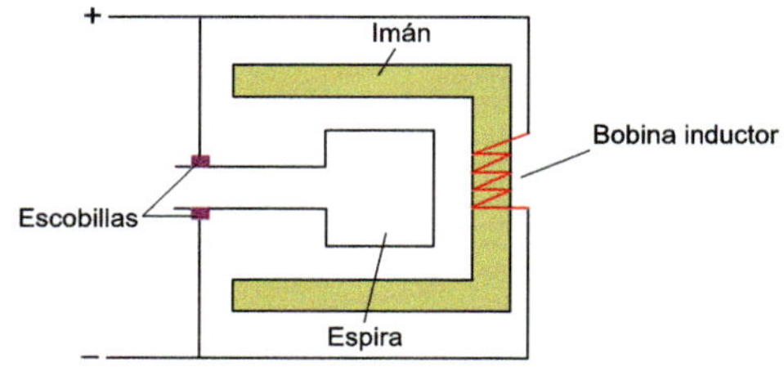

7.9. Dibuja este esquema cuando está activado y cuando posteriormente se desactiva. Explica qué ocurre.

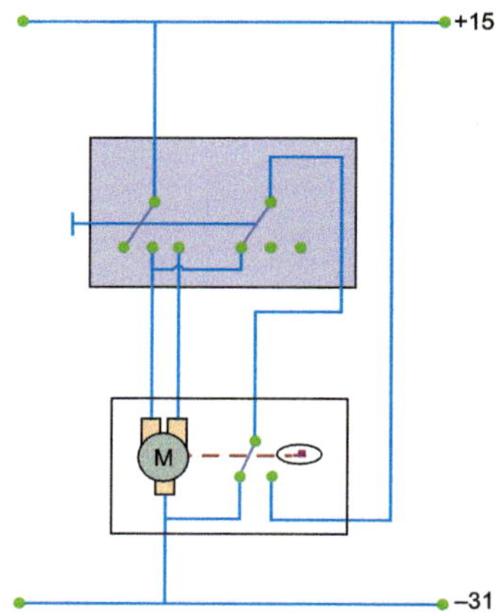

7.10. Indica la función de los sensores del siguiente circuito de elevalunas:

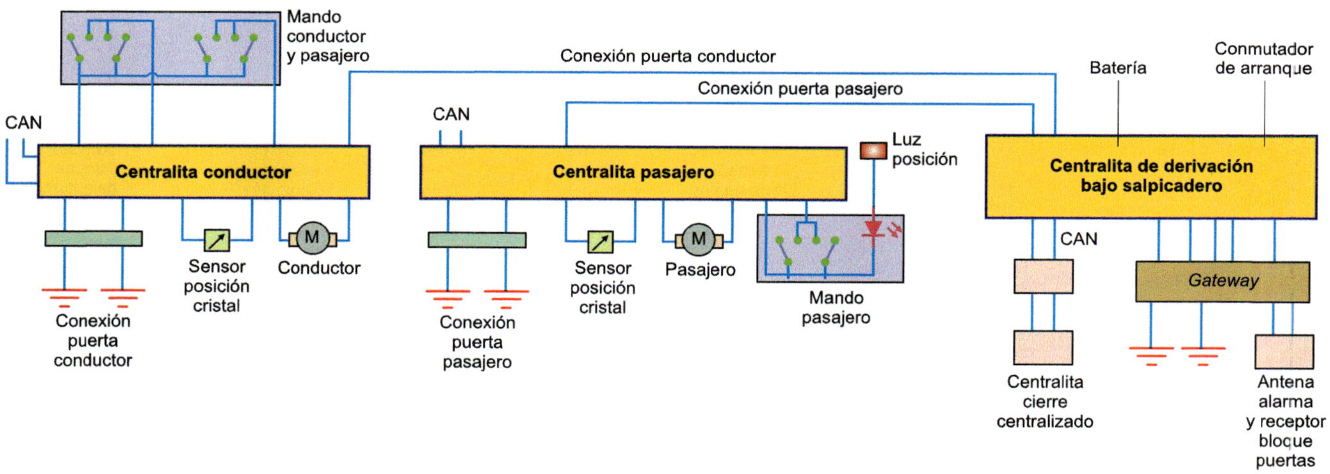

7.11. Dibuja el siguiente esquema de espejos eléctricos para:

a) Que gire el motor de la izquierda (movimiento de subida/bajada del espejo).

b) Que gire el motor de la izquierda en sentido contrario.

c) Que gire el motor de la derecha (movimiento izquierda/derecha del espejo).

d) Que gire el motor de la derecha en sentido contrario.

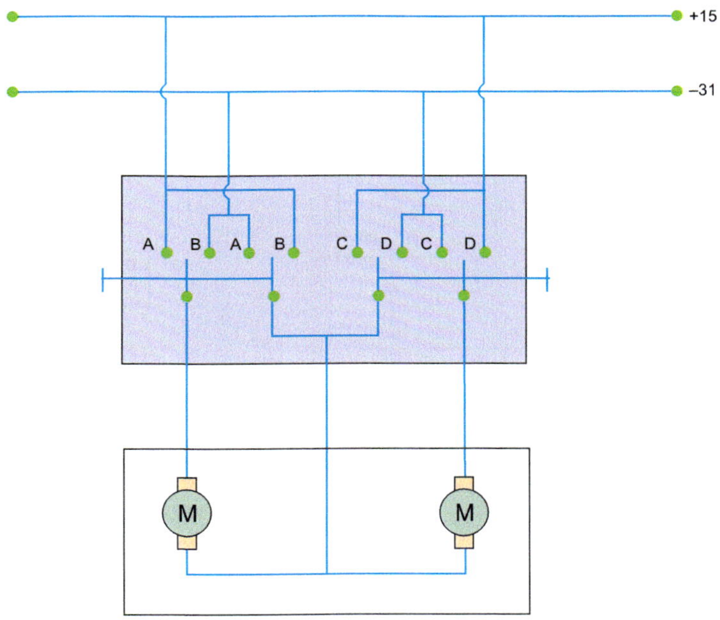

7.12. Dibuja una bocina electromagnética e indica sus componentes.

7.13. Busca algunos ejemplos más de interacción mediante redes multiplexadas del circuito de cierre centralizado con otros circuitos.

7.14. Completa el siguiente esquema para que accione el motor izquierdo del espejo derecho.

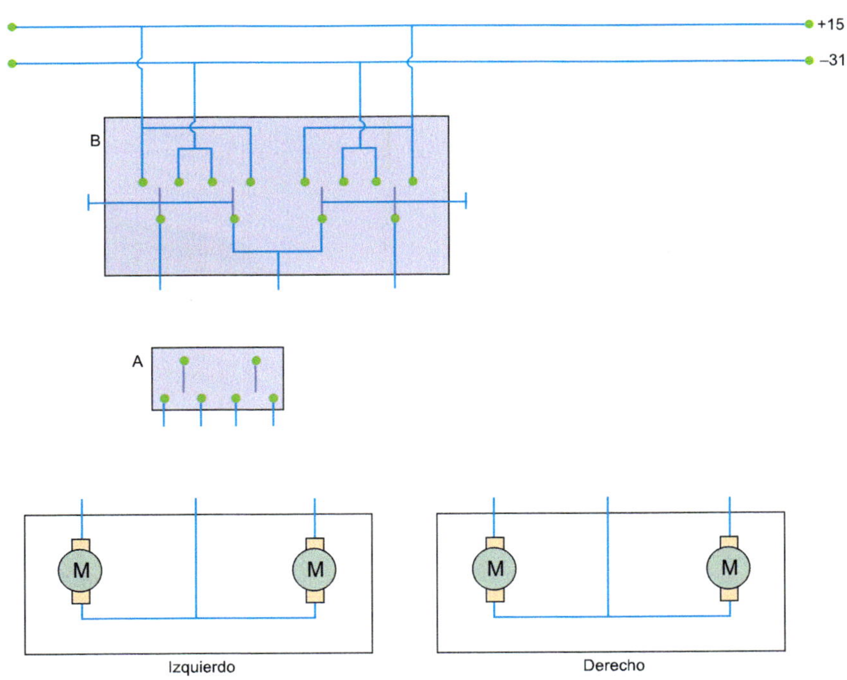

7.15. ¿Qué función cumple el sensor de posición del siguiente esquema eléctrico?

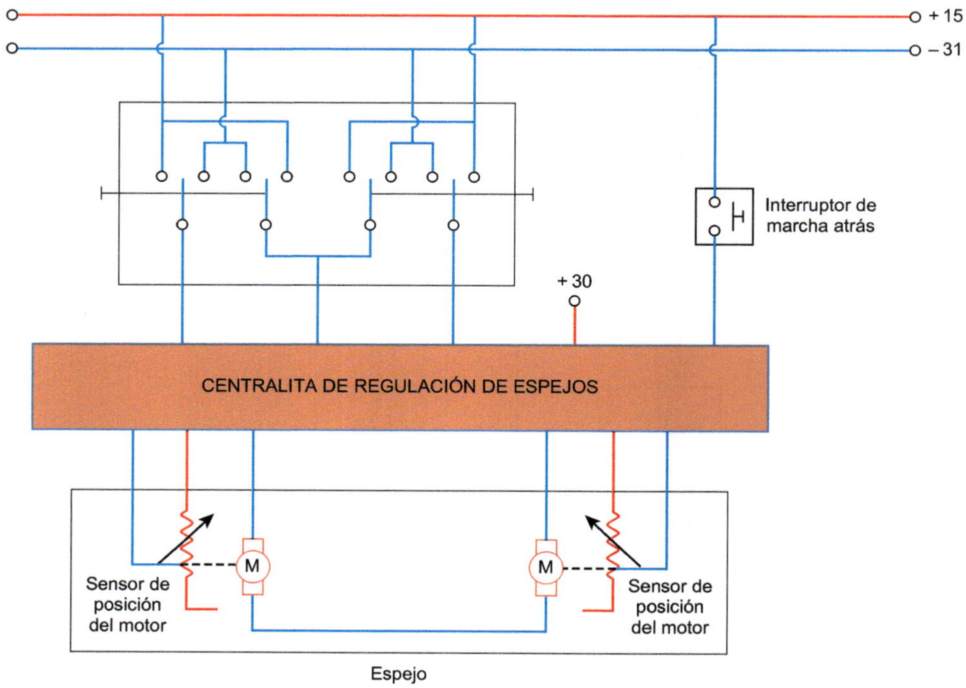

7.16. Dibuja el circuito de funcionamiento de un inmovilizador.

7.17. ¿Cómo funciona un inmovilizador con sensor de proximidad para abrir el vehículo?

7.18. Enumera los fallos más comunes en un sistema inmovilizador.

7.19. Busca distintos tipos de llaves de diferentes fabricantes de vehículos.

7.20. ¿Cómo medimos la intensidad en la caja de fusibles?

7.21. ¿A qué sistemas pertenecen los siguientes componentes?

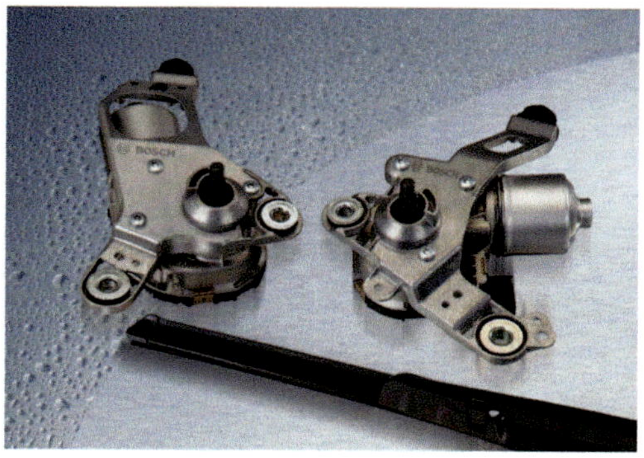

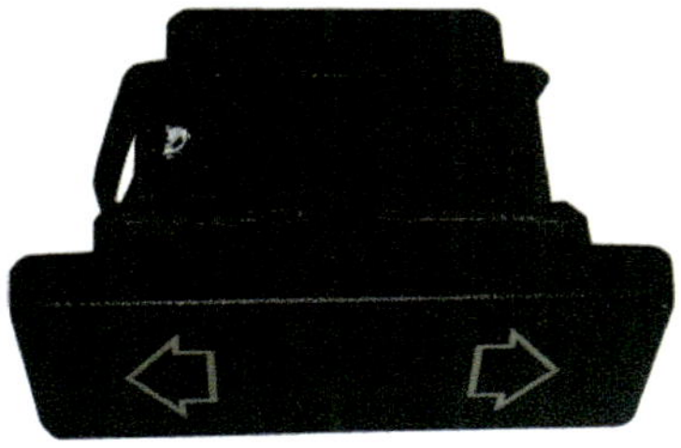

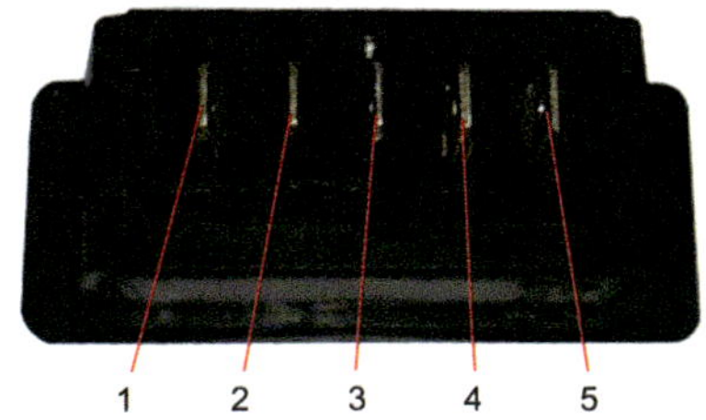
1
2
3
4
5

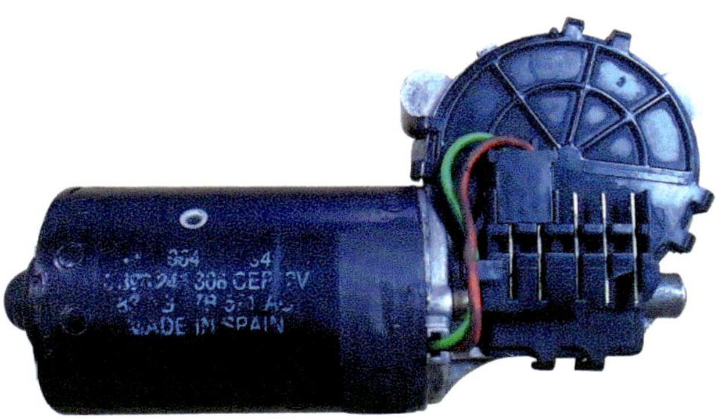

8 Circuitos de control y señalización

La función del cuadro de instrumentos es la de informar al conductor en todo momento de parámetros que le pueden resultar útiles durante la conducción, a través de testigos que se iluminan, relojes y mensajes en un *display.* Dichos parámetros afectan a la seguridad y al mantenimiento de los diferentes componentes del vehículo.

Aunque existen cuadros de instrumentos que aportan más información que otros, los parámetros más habituales son los siguientes:

- Nivel de combustible con testigo de reserva.
- Temperatura de agua del motor.
- Presión y temperatura del aceite del motor.
- Nivel de aceite.
- Nivel de líquido de frenos y testigo de freno de mano activado.
- Desgaste de pastillas de freno.
- Lámparas fundidas.
- Lámparas encendidas por olvido.
- Nivel líquido refrigerante motor.
- Cuentarrevoluciones.
- Velocímetro.

8 Circuitos de control y señalización

¿Sabes ...

...cuáles son los circuitos de información y control del vehículo, así como sus componentes y funcionamiento?

...interpretar los esquemas eléctricos de los circuitos de información y control del vehículo?

...qué es el ordenador de a bordo?

Contenidos

8.1. Tipos de indicadores

8.2. Cuadro de instrumentos

8.3. Ordenador de a bordo

8.4. *Head-Up Display*

8.5. Indicadores más habituales del cuadro de instrumentos o del ordenador de a bordo

8.6. Diagnosis del cuadro de instrumentos

Objetivos

- Conocer la constitución y el funcionamiento, los esquemas eléctricos, los sensores de información y la diagnosis de averías de:
  - Los circuitos de información y control, como indicadores de aceite, indicador de nivel de combustible, cuentarrevoluciones, cuentakilómetros, temperaturas, entre otros.
    - « Circuitos analógicos.
    - « Circuitos digitales.
    - « Indicadores ópticos.
    - « Indicadores acústicos.
  - El cuadro de instrumentos.
  - El ordenador de a bordo.

8.1. Tipos de indicadores

Los indicadores del cuadro de instrumentos pueden aportar más o menos información en función de su diseño. Algunos indicadores consisten únicamente en una luz testigo que avisa de un mal funcionamiento del sistema, nivel demasiado alto o bajo de algún circuito o de componentes desconectados. Pero también hay en el cuadro indicadores en forma de reloj que facilitan al conductor una información más detallada. Según el tipo de indicadores se pueden clasificar de la siguiente forma:

- Indicador luminoso.
- Reloj analógico.
- Reloj electrónico o *display*.
- Indicadores acústicos.

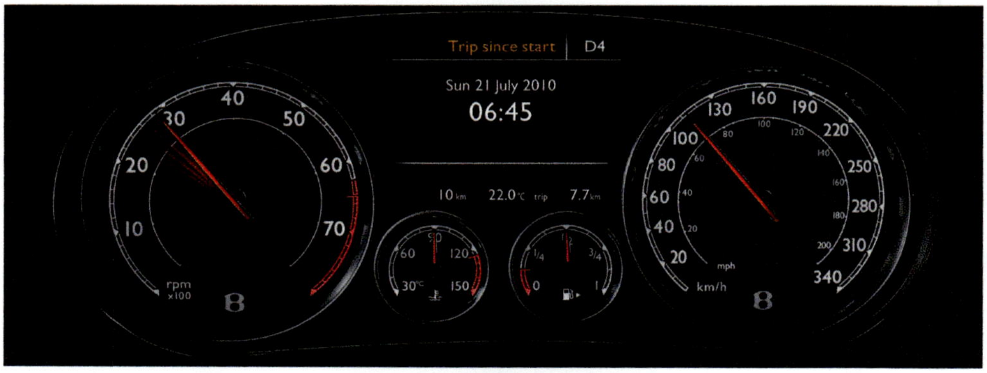

Figura 8.1. Iluminación de un cuadro de instrumentos.

Conocer la velocidad que lleva el vehículo o las revoluciones del motor es decisivo para decidir cuándo cambiar de marchas, acelerar o frenar. Pero, además, el cuadro de instrumentos avisa cuando algún sistema mecánico o eléctrico tiene un mal funcionamiento, como baja presión de aceite o una lámpara fundida. Esto ocurre al detectar, mediante un sensor o un interruptor destinado a tal fin, que algún parámetro está fuera de rango.

Figura 8.2. *Display* para facilitar información al conductor.

Indicador luminoso

Los sistemas con indicador luminoso informan al conductor únicamente cuando el valor de las magnitudes a medir está fuera de los parámetros recomendables. Una lámpara de señalización va conectada al interruptor, sensor o centralita que transmite la información.

Reloj analógico

La ventaja de estos sistemas frente a los de señalización luminosa es que ofrecen al conductor un valor numérico del parámetro que está midiendo. En el Esquema 8.1 se observa un circuito genérico de reloj indicador, formado por dos bobinas, una resistencia variable, un resorte y una aguja indicadora.

Las dos bobinas B1 y B2 reciben alimentación positiva. La bobina B1 está conectada directamente a negativo, por lo que siempre es atravesada por una misma intensidad y, por tanto, crea un mismo campo magnético. La bobina B2, sin embargo, es atravesada por una intensidad mayor o menor dependiendo del valor de la resistencia R, creando un campo magnético proporcional a dicha intensidad.

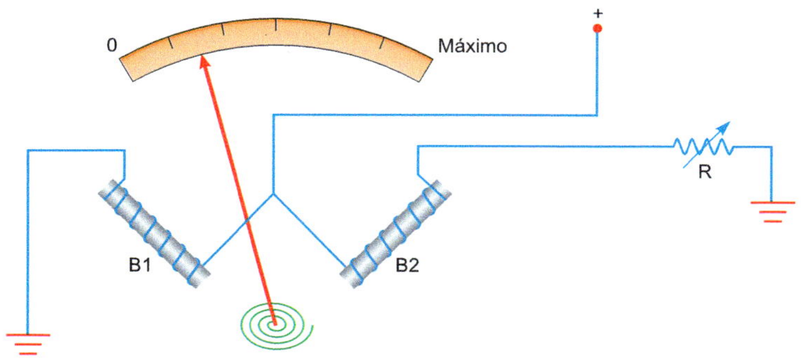

Esquema 8.1. Circuito de reloj indicador.

Dicha resistencia variable representa al sensor del sistema de control correspondiente (potenciómetro del aforador en el sistema de control de medición de combustible, resistencia NTC en el sistema de control de temperatura del líquido refrigerante del motor, etcétera).

Cuando la resistencia ofrece un valor óhmico elevado la bobina B2 será atravesada por una intensidad menor. El campo magnético de B1 es entonces mayor que el de B2, y la aguja es atraída por B1, marcando un valor cercano a 0.

Cuando la resistencia tiene un valor óhmico pequeño o cercano a cero es la bobina B2 la que cuenta con un campo magnético mayor, y la aguja será atraída hacia ese lado indicando valores cercanos al máximo.

Al dejar el indicador de recibir alimentación positiva la aguja va al punto más cercano posible a cero, gracias a la acción del resorte.

Figura 8.3. Salpicadero y cuadro de instrumentos de BMW.

En el Esquema 8.2 se muestra el circuito con una lámpara testigo que indica al conductor que el valor de la resistencia es máximo, por lo que la aguja cae cerca del cero. Esto representa, por ejemplo, un nivel mínimo de líquido refrigerante o combustible, un valor demasiado alto de temperatura, etc. Se observa que, al llegar el cursor del potenciómetro a su valor óhmico máximo, dicho cursor cierra a negativo el circuito de la lámpara testigo y esta se ilumina.

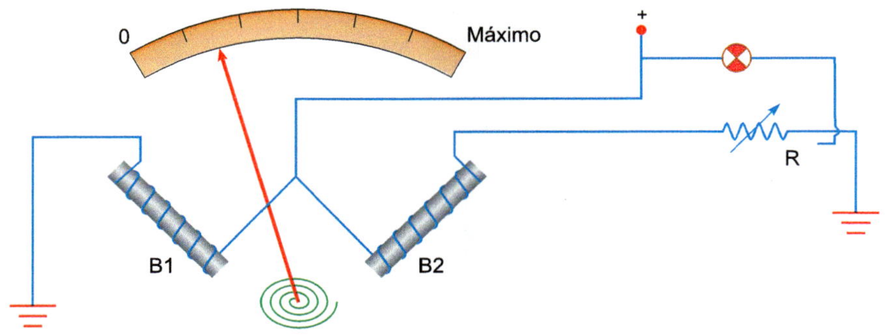

Esquema 8.2. Circuito de reloj indicador y lámpara testigo.

Reloj electrónico o *display*

En la actualidad casi todos los sistemas de control funcionan de forma digital. Esto es por la presencia, cada vez mayor, de centralitas electrónicas (incluida la del cuadro de instrumentos), así como por el empleo de pantallas para dar una información más amplia y precisa al conductor. El cuadro de instrumentos cuenta con sistemas indicadores que son, aparentemente, relojes analógicos pero, en realidad, las agujas son movidas por motores paso a paso controlados por la centralita del cuadro de instrumentos.

Sabías que...?

El diseño de los cuadros de instrumentos ha variado mucho la imagen del interior del vehículo. También las pantallas del ordenador de a bordo, que nos ofrece información muy variada sobre el consumo, distancia recorrida, parámetros por trayectos, etcétera.

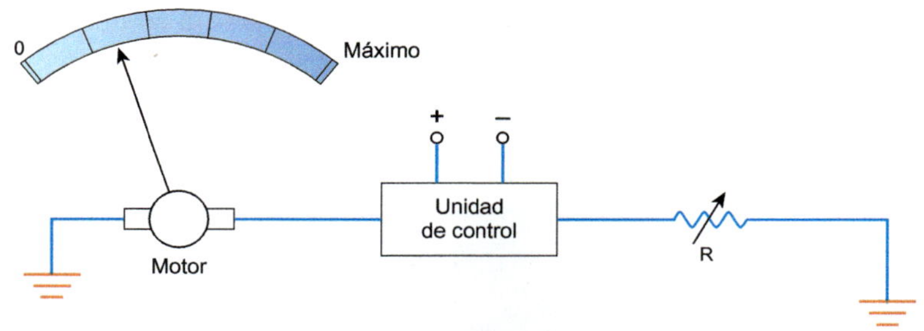

Esquema 8.3. Circuito de reloj indicador con centralita.

Indicador acústico

Los circuitos de los indicadores acústicos están formados por un relé zumbador que emite un sonido cuando algún parámetro no es el adecuado. Cada vehículo es diferente y no todos cuentan con indicador acústico para los mismos sistemas. Algunos circuitos que sí cuentan habitualmente con sonido de alerta para el conductor son el aviso de cinturón de seguridad y el olvido de luces encendidas, entre otros.

8.2. Cuadro de instrumentos

Las señales recibidas por el cuadro de instrumentos desde los distintos dispositivos de control se transmiten de forma mecánica o eléctrica. Los sistemas con medios de transmisión mecánica, como el cable, han ido desapareciendo para convertir al cuadro de instrumentos en una central totalmente eléctrica.

La ubicación del cuadro de instrumentos detrás del volante es esencial para garantizar una máxima visibilidad para el conductor, así como su iluminación para conducción nocturna. Esta se activa al encender las luces de posición, y en algunas ocasiones se puede modificar el grado de iluminación a través de un reostato.

Figura 8.4. Cuadro de instrumentos.

El diseño de los cuadros de instrumentos es muy variado dependiendo del vehículo y el fabricante. En la Figura 8.5 se detallan las distintas informaciones y avisos facilitados por un cuadro de instrumentos de Mercedes-Benz.

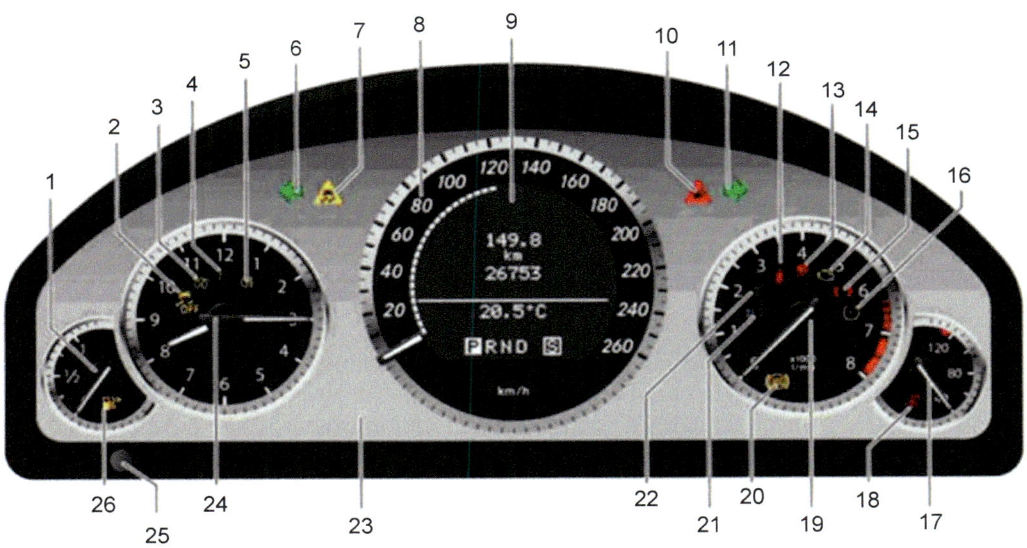

1. Indicador de nivel de combustible.
2. Testigo luminoso de advertencia ESP/ASR off.
3. Testigo de control de preincandescencia (motores diésel).
4. Testigo de control faros antiniebla.
5. Testigo de control luz antiniebla trasera.
6. Testigo de control de luz intermitente izquierda.
7. Testigo luminoso de advertencia, programa electrónico de estabilidad.
8. Tacómetro.
9. *Display* multifuncional.
10. Testigo luminoso de advertencia DISTRONIC.
11. Testigo de control de luz intermitente derecha.
12. Testigo luminoso de advertencia del cinturón de seguridad.
13. Testigo de control del sistema de retención de seguridad.
14. Testigo de control diagnóstico del motor.
15. Testigo luminoso de advertencia de líquido de frenos y freno de estacionamiento.
16. Testigo luminoso de advertencia del control de la presión de inflado de los neumáticos.
17. Indicación de la temperatura del líquido refrigerante.
18. Testigo luminoso de advertencia de la temperatura del líquido refrigerante.
19. Cuentarrevoluciones.
20. Testigo de control del sistema antibloqueo de frenos.
21. Testigo de control de la luz de carretera.
22. Testigo de control de la luz de cruce.
23. Cuadro de instrumentos.
24. Reloj analógico.
25. Regulador de luminosidad de la iluminación instrumentos.
26. Testigo luminoso de advertencia de la reserva de combustible.

Figura 8.5. Cuadro de instrumentos de Mercedes-Benz.

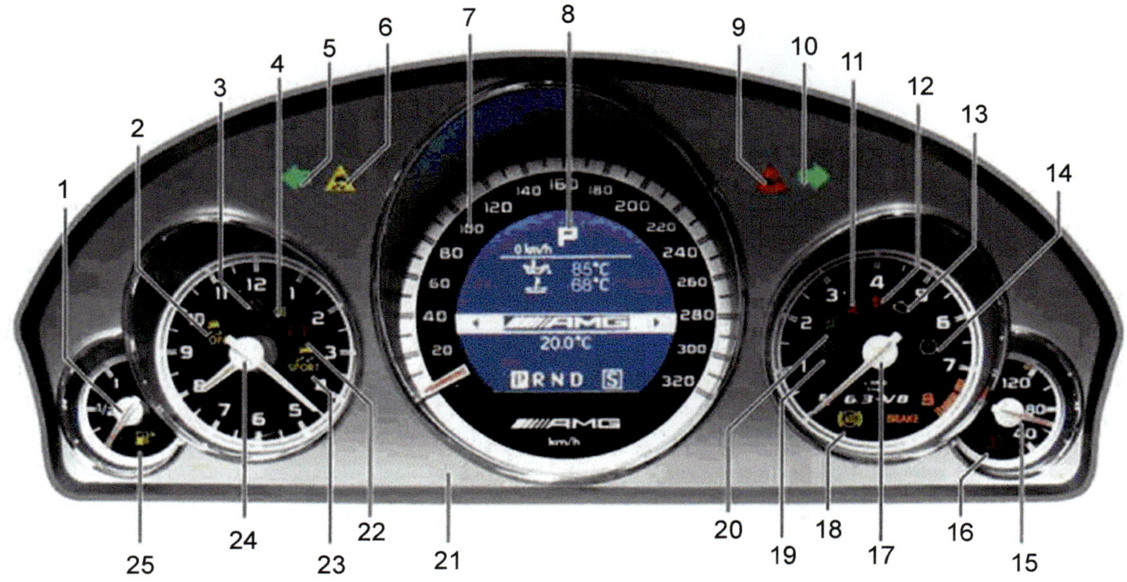

1. Indicador del nivel de combustible.
2. Testigo luminoso de advertencia ESP/ASR off.
3. Testigo de control faros antiniebla.
4. Testigo de control luz antiniebla trasera.
5. Testigo de control de luz intermitente izquierda.
6. Testigo luminoso de advertencia, programa electrónico de estabilidad.
7. Tacómetro.
8. *Display* multifuncional.
9. Testigo luminoso de advertencia DISTRONIC.
10. Testigo de control de luz intermitente derecha.
11. Testigo luminoso de advertencia del cinturón de seguridad.
12. Testigo de control del sistema de retención de seguridad.
13. Testigo de control diagnóstico del motor.
14. Testigo luminoso de advertencia del control de la presión de inflado de los neumáticos.
15. Indicación de la temperatura del líquido refrigerante.
16. Testigo luminoso de advertencia de la temperatura del líquido refrigerante.
17. Cuentarrevoluciones.
18. Testigo de control del sistema de antibloqueo de frenos.
19. Testigo de control de la luz de carretera.
20. Testigo de control de la luz de cruce.
21. Cuadro de instrumentos.
22. Testigo luminoso de advertencia de líquido de frenos y freno de estacionamiento.
23. Testigo de control ESP SPORT.
24. Reloj analógico.
25. Testigo luminoso de advertencia de la reserva de combustible.

Figura 8.6. Cuadro de instrumentos de Mercedes-Benz.

En la actualidad los cuadros de instrumentos van equipados con una centralita electrónica, la cual recibe información de diversos sensores del vehículo, normalmente a través de redes de comunicación multiplexadas desde otras centralitas. Gestiona dicha información y envía al conductor el mensaje correspondiente, mediante testigos que se iluminan, relojes, manómetros o mensajes en el *display*.

Además, algunos cuadros de instrumentos van equipados con ordenador de a bordo, el cual ofrece una información más detallada a través de uno o varios *displays*, que pueden coincidir o no con el *display* del cuadro de instrumentos.

En el Esquema 8.4 se muestra un ejemplo de redes multiplexadas. A través de líneas de buses (en este caso CAN Bus y LIN Bus) la centralita del cuadro de instrumentos recibe datos de las demás centralitas del vehículo, para así accionar los indicadores y testigos correspondientes.

En el Esquema 8.5 los sensores de medición de temperatura de agua y aceite, el conmutador de pedal de freno, el sensor de revoluciones del motor y el sensor de presión de aceite informan a la centralita del motor, la cual comunica a la centralita del cuadro de instrumentos qué testigos debe encender y cómo actuar sobre el motor del reloj.

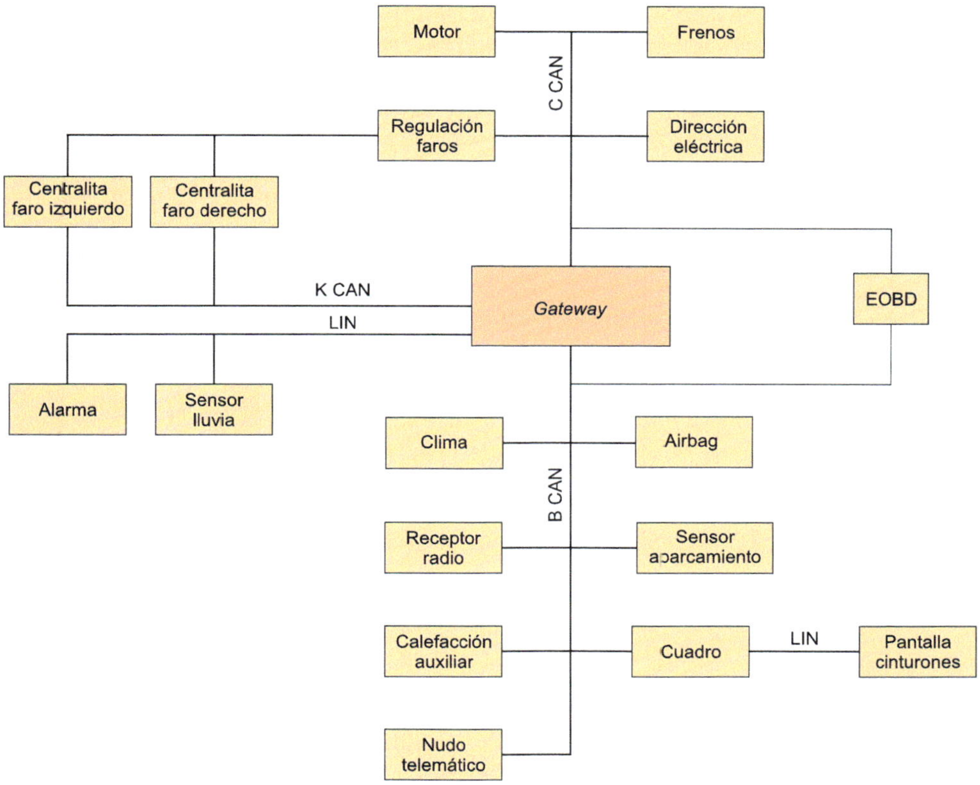

Esquema 8.4. Redes multiplexadas.

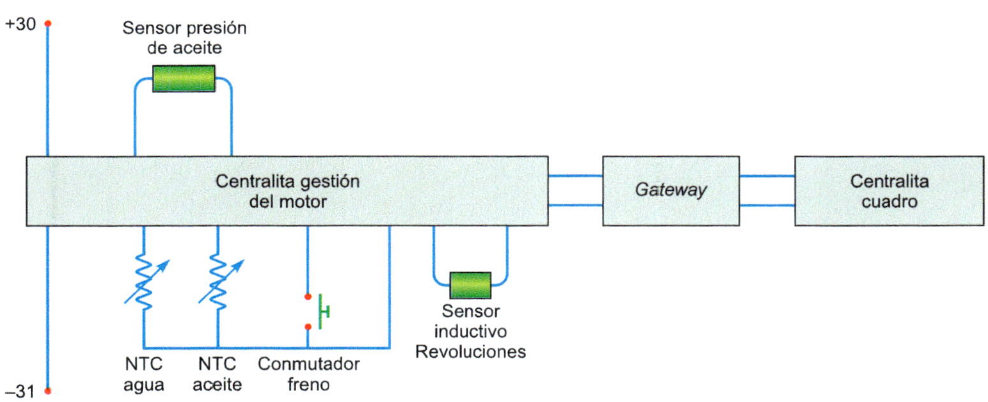

Esquema 8.5. Circuito de comunicación de sensores de la centralita del motor y la centralita del cuadro de instrumentos.

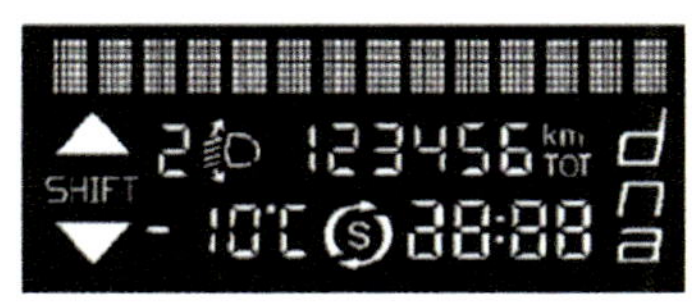

Figura 8.7. Ejemplo de pantalla de ordenador de a bordo.

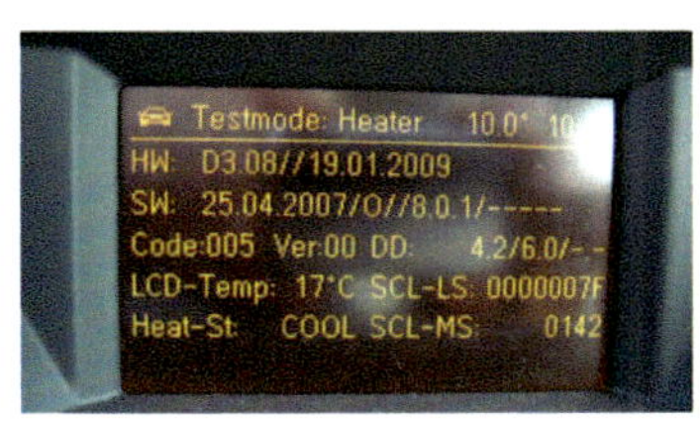

Figura 8.8. Pantalla de ordenador de a bordo con datos de temperatura exterior entre otros.

8.3. Ordenador de a bordo

El ordenador de a bordo u OBD (*On Board Computer*) es un procesador que ofrece al conductor, a través de una pantalla, una gran variedad de informaciones. Dicho procesador forma parte de la centralita del cuadro de instrumentos que controla, además, las indicaciones clásicas del cuadro, como revoluciones del motor, velocidad, temperatura del aceite, etcétera.

Sabías que...?

En algunos vehículos todoterreno, el *display* muestra datos referentes a la conducción todoterreno, como el ángulo de la dirección, la articulación de las ruedas, los ajustes de la suspensión, etcétera.

La centralita recibe datos de los distintos sensores a través de líneas de comunicación multiplexadas y mueve los motores de los indicadores de aguja o muestra la información a través de la pantalla de forma digital. También enciende los testigos de advertencia (presión baja de aceite, temperatura alta del motor, etc.). La información sigue, por tanto, el siguiente orden:

Sensores → centralitas correspondientes → CAN Bus → centralita cuadro → ordenador de a bordo

A través de un conmutador selector el conductor se mueve por un amplio menú con distintas opciones. Algunos ejemplos de la información facilitada a través de la pantalla del ordenador de a bordo son los siguientes:

- Datos de consumo.
- Autonomía (calculando consumo actual o promedio y combustible restante en el depósito).
- Velocidad media.
- Detección de puertas abiertas.
- Tiempo total de trayecto.
- Temperatura exterior (aviso de posibilidad de hielo).
- Fecha y hora.
- Información de sistemas de asistencia y ayuda a la conducción: aviso de objetos en movimiento alrededor del vehículo, aviso de rebasamiento de carril, detección de objetos en movimiento en ángulo muerto, imagen de la cámara, etcétera.
- Información de sistemas de infotenimiento: radio, manos libres, GPS, etcétera.
- Aviso de lámparas fundidas.
- Kilometraje restante para la revisión (aparece una llave).
- Información de componentes averiados.

Figura 8.9. Cuadro de instrumentos de Hyundai.

Figura 8.10. Ejemplo de un *display*.

A estas opciones se suman las propias del cuadro de instrumentos, que en muchas ocasiones son mostradas también a través de la pantalla del ordenador. El ordenador de a bordo controla la emisión de sonidos de advertencia y la iluminación del cuadro.

El ordenador de a bordo presenta, por tanto, las siguientes ventajas:

- **Conducción más económica:** gracias a que el conductor tiene acceso a los datos de consumo, consumo medio, autonomía del vehículo, combustible restante, etc., puede controlar el gasto que supone cada tipo de conducción. Además, el sistema hace recomendaciones acerca del cambio de marchas para disminuir el consumo.
- **Planificación del repostaje:** el conductor conoce la autonomía del vehículo, calculada por el ordenador a partir del consumo de los últimos kilómetros realizados.
- **Aumento de la seguridad:** viene dado por los datos de sistemas de asistencia y ayuda a la conducción, aviso de posible formación de placas de hielo, posibilidad de manejar el manos libres o la radio desde los mandos del volante (menos posibilidad de despistarse). Además, el hecho de que la información aparezca en la pantalla no obligando al conductor a desviar la mirada también supone un incremento de la seguridad.

Figura 8.11. Cuadro de instrumentos de un Range Rover.

- **Ofrece más información:** la tecnología analógica desaparece del cuadro de instrumentos para dar paso a la digital, puesto que ofrece la posibilidad de transmitir al conductor a través del *display* cualquier tipo de información o mensaje tal y como lo haría un ordenador, así como permitir al conductor que solicite al sistema cualquier tipo de información. El usuario puede modificar a su antojo el centro de mensajes del sistema y así dar prioridad a la información que más le interese: avisos internos, temperatura exterior o indicaciones del equipo de sonido o el teléfono.

En la Figura 8.12 se muestra un ejemplo de tablero de instrumentos con ordenador de a bordo de un Alfa Romeo.

Sabías que...?

Las pantallas DSTN (*Dual Scan Technology*, tecnología de doble rastreo) combinan la tecnología de una pantalla Dual DST y la técnica STN (*Supertwist Nematic*). La tecnología DST consiste en dividir la pantalla en dos mitades y producir el refresco de la imagen simultáneamente en las dos partes. STN es una técnica que aumenta el brillo que ofrece la pantalla. Las pantallas DSTN cuentan con la mitad de capacidad de ángulo de visión que las pantallas TFT y el doble de tiempo de respuesta. Dicho tiempo es el necesario para formar gráficos.

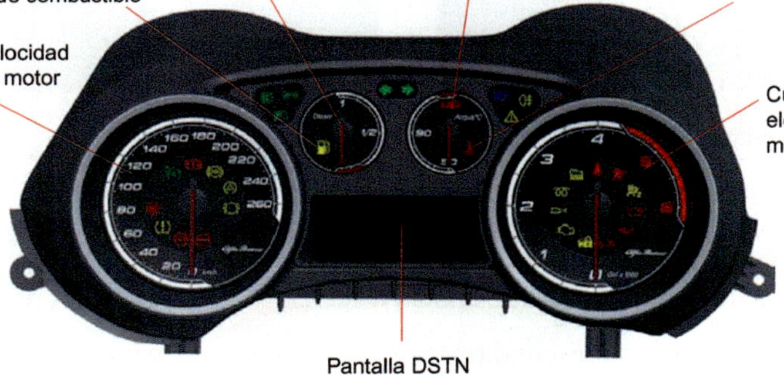

Figura 8.12. Cuadro de instrumentos de Alfa Romeo.

El cuadro de instrumentos de la Figura 8.12 ofrece además la siguiente información:

- Avisador acústico con 8 niveles de intensidad.
- Conmutador para orientación de faros, ajustes de progresión y menú de configuración.
- Conmutador con un botón para visualizar el ordenador de a bordo.
- Interfaz LIN para controlar el panel externo (pantalla SBRU).

Y la pantalla del ordenador de a bordo muestra:

- Fecha y hora.
- Odómetro y odómetro parcial.
- Nivel de aceite.
- Indicación del corrector de orientación de faros.
- Temperatura exterior y señal de peligro «hielo».
- Mensajes de: activación funciones/mantenimiento/anomalías/información/*feedback* con los correspondientes símbolos.
- Informaciones del cambio automático.
- Datos del ordenador de viaje procesados por el tablero de instrumentos con mensajes e iconos.
- Gráfico de sensores de aparcamiento traseros.
- *Service* (mantenimiento programado).
- Información de audio.
- Navegación por pictogramas.
- Informaciones Blue&Me y navegador Blue&Me.
- Modalidad de palanca Dynamic/All Weather con presión turbina y repetición numérica de la velocidad del vehículo.
- Funciones del menú de configuración y progresión.
- Logos y animaciones gráficas.
- Sugerencia de cambio de marchas para mejorar los consumos del vehículo.
- Para la versión con cambio automático se ha definido una zona dedicada a la visualización de la marcha engranada.

Figura 8.13. Pantalla táctil de un ordenador de a bordo.

Figura 8.14. Pantalla táctil de un ordenador de a bordo.

El avisador acústico señaliza:

- Alarmas/advertencias/peligros.
- Sensor de aparcamiento.
- Aviso recordatorio de uso del cinturón de seguridad.
- Luces intermitentes/luces de emergencia.
- Fin de la memorización de la configuración.
- Puertas abiertas.
- Freno de mano puesto.

Los componentes de un ordenador de a bordo son los siguientes:

- Centralita electrónica que cuenta con un procesador. Recibe información de los distintos sensores y captadores, directamente o a través de líneas multiplexadas desde otras centralitas. Procesa dicha información y envía al *display* multifuncional mensajes. El procesador calcula, gracias a un contador o reloj, datos como la velocidad media, el consumo medio o el tiempo de viaje, a partir de las señales de los sensores.
- Mandos. Los mandos del ordenador de a bordo se emplean para su conexión/desconexión y para navegar por el menú que ofrece. Dentro de este menú el conductor puede controlar los parámetros de la pantalla. El mando del ordenador suele estar en el volante o formando parte del conmutador, resultando así de gran comodidad durante la conducción.

Figura 8.15. Mando del ordenador de a bordo en un volante multifunción.

- *Display*. Normalmente pantalla TFT, LCD o DSTN que muestra los mensajes enviados desde la centralita. Algunos vehículos cuentan con más de una pantalla.

Figura 8.16. Ejemplos de imagen en un *display* de un Alfa Romeo. Se ha seleccionado la opción Trip Computer del Car Menú.

En los Esquemas 8.6 y 8.7 se muestran dos ejemplos de conexión entre sensores y centralitas para activar los testigos del cuadro de instrumentos.

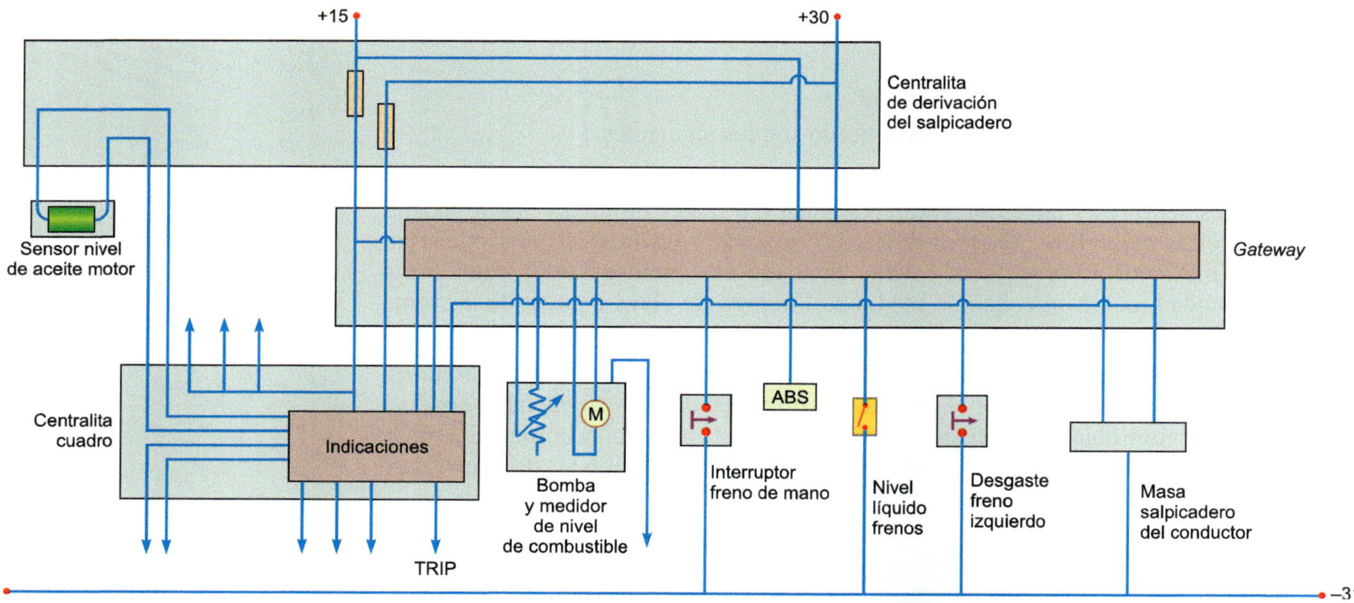

Esquema 8.6. Circuito de indicadores del cuadro de instrumentos.

En el Esquema 8.6 la centralita del cuadro de instrumentos recibe directamente la señal del sensor de nivel de aceite motor. El resto de las señales las recibe a partir de la centralita de a bordo, que suele corresponderse con la *gateway* del vehículo. Estas señales son de nivel de combustible, interruptor de freno de mano, de la centralita de ABS, del nivel del líquido de frenos y del desgaste de las pastillas de freno.

El Esquema 8.7 es muy similar, pero la centralita del cuadro de instrumentos recibe, además, directamente la señal de la palanca de mandos del cambio.

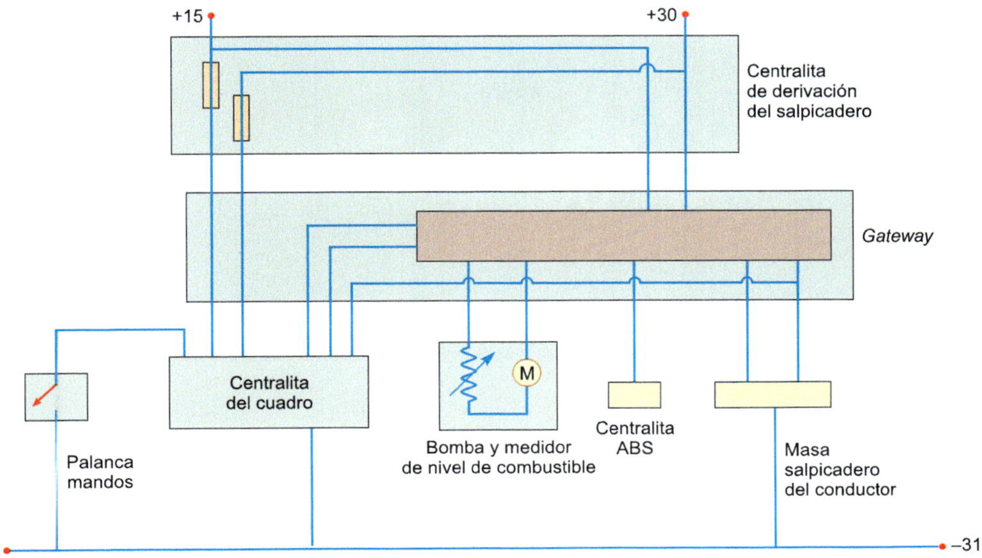

Esquema 8.7. Circuito de indicadores con ordenador de a bordo.

En el esquema eléctrico mostrado en la Figura 8.17, la unidad de gestión del motor recibe la información de los sensores de temperatura de líquido refrigerante y de pedal del acelerador. Dicha unidad envía estos datos al cuadro de instrumentos a través de la *gateway*. Se observa en la figura cómo la temperatura exterior del vehículo es medida por una sonda que envía su señal directamente al cuadro de instrumentos.

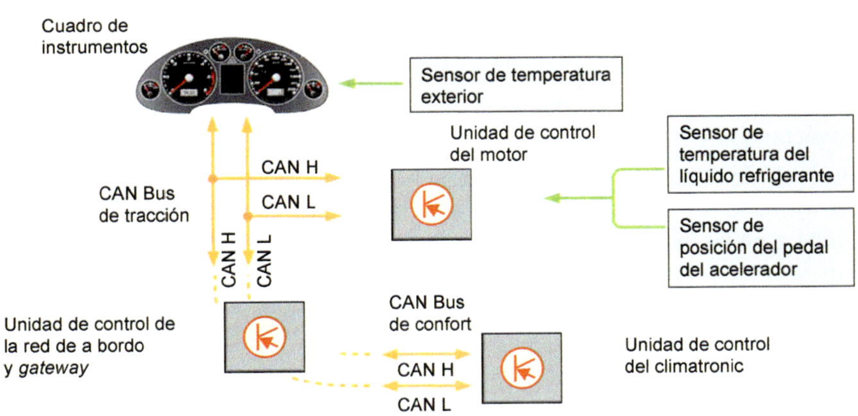

Figura 8.17. Circuito de redes multiplexadas del Seat Altea.

Sabías que...?

Las pantallas TFT están fabricadas depositando finas películas de un semiconductor y una capa de un dieléctrico sobre un sustrato soporte, que en este caso es cristal. TFT significa *Thin-Film Transistor* o transistor de película fina.

8.4. *Head-Up Display*

La proyección de imágenes en el parabrisas o sistema *Head-Up Display* (HUD) aumenta claramente el confort y la seguridad durante la conducción, evitando distracciones al volante. El conductor puede seguir las indicaciones del navegador, ver la velocidad del vehículo, revoluciones del motor, nivel de combustible, identificar señales de tráfico o conocer la distancia con el vehículo precedente, todo ello sin dejar de mirar la carretera.

Sabías que...?

El origen de los sistemas HUD se remonta a la década de los años cincuenta, cuando los aviones de combate contaban con rudimentarios sistemas que proyectaban información a la altura de la posición de los ojos del piloto, de ahí su denominación *head up display*.

Sabías que...?

El controlador iDrive de BMW permite el ajuste horizontal y vertical del *Head-Up Display* para obtener una proyección óptima. Con esta rotación de la imagen la vista del conductor se dirige en todo momento hacia la información más importante y la carretera.

Sabías que...?

El primer fabricante de vehículos que incluyó un sistema HUD fue General Motors en 1988. Lo hizo en el Oldsmobile Cutlass Supreme, un sedán de tamaño medio, y como equipamiento opcional en el Pontiac Grand Prix. En 1998 incorporó un sistema a color en el Corvette C5. Toyota, Lexus y Honda también tienen varios modelos, así como Citroën (en el C6), Audi o BMW (Serie 5, Serie 6, X3, X5).

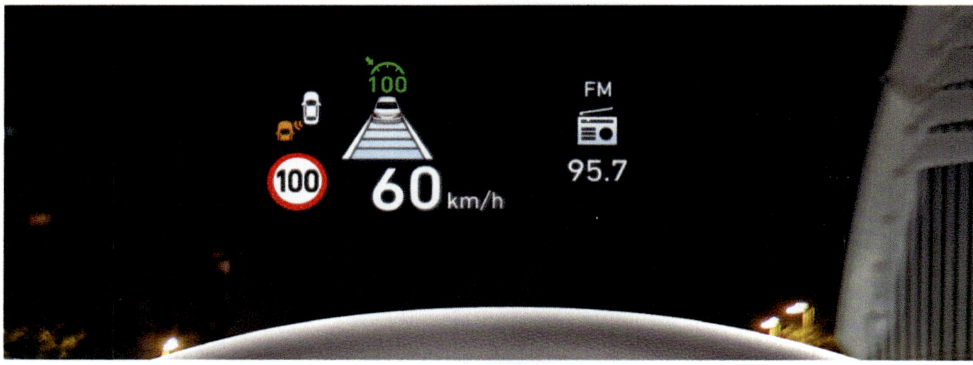

Figura 8.18. Sistema HUD.

Los componentes de un sistema HUD son tres:

- La superficie sobre la que se proyecta la imagen, llamada combinador. Esta sección de la luna o pantalla transparente móvil es tratada para mejorar la calidad de la imagen.
- El proyector, escondido detrás de la visera del cuadro de instrumentos. Originalmente se empleaban luces digitales, después se utilizaron ledes y posteriormente se empleó tecnología láser.
- El módulo electrónico, responsable de seleccionar las imágenes que proyectar a partir de los datos recibidos de diferentes centralitas.

El funcionamiento de un HUD consiste en la proyección de una imagen sobre la luna del vehículo, basándose en el principio de la reflexión de la luz sobre un vidrio. Para mejorar la imagen, y que la luz exterior no le haga perder calidad, se emplean diferentes métodos:

- Aumentar la reflectividad de la luna oscureciendo la sección en la que se va a proyectar.
- Proyectar sobre una lámina adherida al vidrio.
- Proyectar con luz polarizada sobre la superficie de la luna, también polarizada. De esta forma la luz que se proyecta en una determinada dirección queda atrapada en la luna y no traspasa el cristal (provocando el mismo efecto que un oscurecimiento de la luna) pero permitiendo que la luz proveniente de otras direcciones atraviese el cristal. Es así como la proyección no resta claridad a la visión de la carretera.
- Proyectar utilizando ledes.
- Proyectar una luz láser sobre el parabrisas, el cual está cubierto por varias películas de fósforo. El fósforo emite una luz muy vistosa al excitarse mediante un sistema láser de alta intensidad.
- Utilizar una pantalla OLED, aunque el principal inconveniente es que la transparencia de estos materiales (semiconductores de origen orgánico) es limitada.
- Proyectar sobre una pequeña pantalla transparente de policarbonato translúcido detrás del cuadro de instrumentos, que se puede ocultar si se desea.
- Proyectar la imagen por encima del extremo del capó, a unos 2 metros de distancia. Esto se consigue gracias a un espejo llamado colimador, el cual modifica el paralelismo de los rayos de luz que inciden sobre él, y como consecuencia el ojo no los percibe como procedentes del parabrisas, sino de un punto más alejado. Si ya estamos mirando al horizonte o al coche que circula delante de nosotros, los ojos no tienen que realizar ningún esfuerzo para leer la información del HUD.

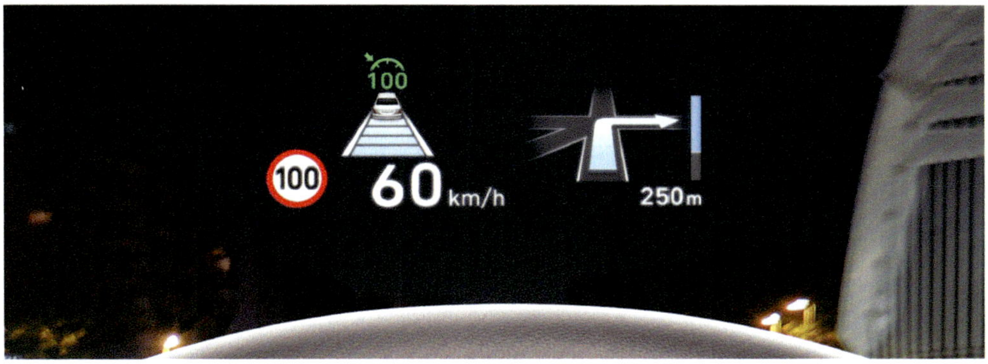

Figura 8.19. Indicaciones de velocidad y señales de tráfico en un sistema HUD.

Todos estos sistemas permiten ajustar el brillo de la imagen proyectada a las condiciones de iluminación exterior. Este ajuste puede ser manual o automático, utilizando sensores de luz.

A un vehículo que no cuenta con el sistema HUD se le puede añadir uno portátil, que suele colocarse en el salpicadero y proyecta sobre el parabrisas. Otra opción es utilizar aplicaciones para *smartphone* y colocar este en el salpicadero.

Sabías que...?

Las lentes polarizadas contienen un filtro especial que bloquea la luz reflejada y solo deja pasar la luz útil, permitiendo una visión sin reflejos y con un color y contraste naturales.

ACTIVIDAD **Propuesta 8.1**

¿Todos los vehículos con *display* cuentan con ordenador de a bordo? ¿Llevan ordenador de a bordo todos los vehículos cuyo cuadro de instrumentos contiene una centralita?

ACTIVIDAD **Propuesta 8.2**

¿Qué elementos forman el ordenador de a bordo?

ACTIVIDAD **Propuesta 8.3**

¿Por qué va colocado el cuadro de instrumentos detrás del volante?

8.5. Indicadores más habituales del cuadro de instrumentos o del ordenador de a bordo

El diseño del cuadro de instrumentos puede diferir mucho de unos vehículos a otros, dependiendo del fabricante y del modelo. Además, el cuadro puede contar con *display* u ordenador de a bordo, por lo que algunas indicaciones son mostradas al conductor a través de la pantalla o por ambos sitios.

8.5.1. Indicador de nivel de combustible con testigo de reserva

La función del indicador de nivel de combustible es informar al conductor en todo momento de la cantidad de combustible que queda en el depósito del vehículo. El Esquema 8.8 muestra un indicador analógico de nivel de combustible. Los componentes del circuito son los siguientes:

- Un flotador situado en el depósito.
- Un potenciómetro, cuya aguja se mueve con el flotador.
- Dos bobinas.
- Una lámpara testigo de reserva.

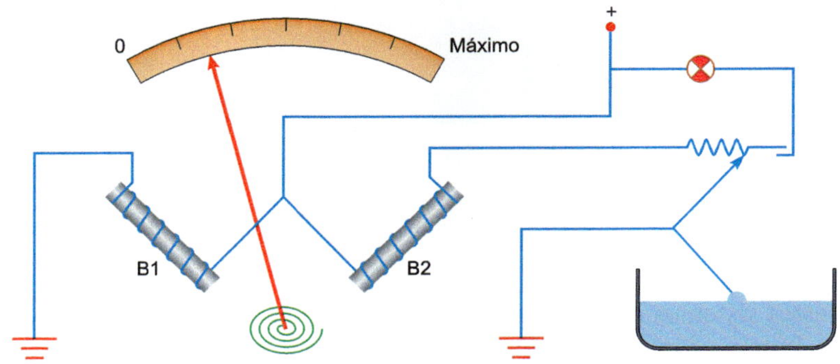

Esquema 8.8. Circuito de aforador.

Como se observa en el Esquema 8.8 el funcionamiento de este circuito es el de cualquier indicador de agujas con lámpara testigo, siendo la resistencia variable un potenciómetro cuya aguja es movida por el flotador. Al bajar el nivel de combustible en el depósito también lo hace el flotador, arrastrando consigo al cursor hacia el cero hasta que se enciende la lámpara testigo. Cuando el nivel de combustible sube el flotador lo hace con él, y el cursor del potenciómetro se mueve hacia la zona de menor resistencia.

El potenciómetro se encuentra en una estructura circular llamada aforador, sumergida en el depósito, y el flotador unido al aforador por una varilla metálica.

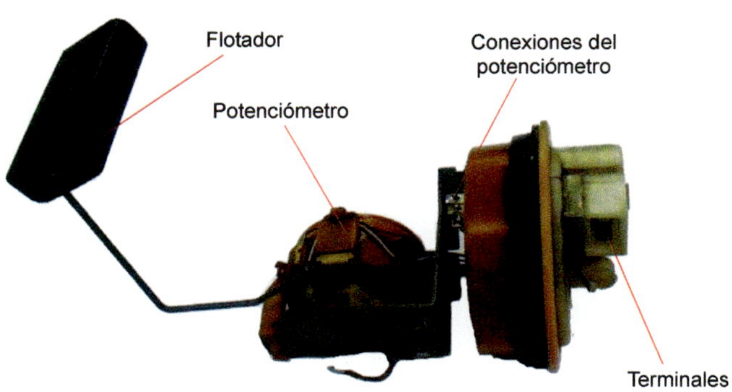

Figura 8.20. Componentes de un aforador.

Figura 8.21. Aforador.

El aforador puede tener también una estructura como la mostrada en el Esquema 8.9. En este caso el flotador se mueve linealmente y cuenta con una varilla conductora. Dicha varilla pone en contacto la alimentación positiva que llega desde la bobina con el negativo. De esta forma, al bajar el nivel de combustible, la corriente atraviesa una resistencia mayor, y al subir el flotador el circuito presenta una resistencia menor.

Como se observa en el Esquema 8.10, en los vehículos con centralita electrónica del cuadro de instrumentos la resistencia variable del aforador está conectada a la centralita, que mueve la aguja del reloj indicador con un motor paso a paso. Dicha información, junto con otras, es empleada también para calcular la autonomía del vehículo.

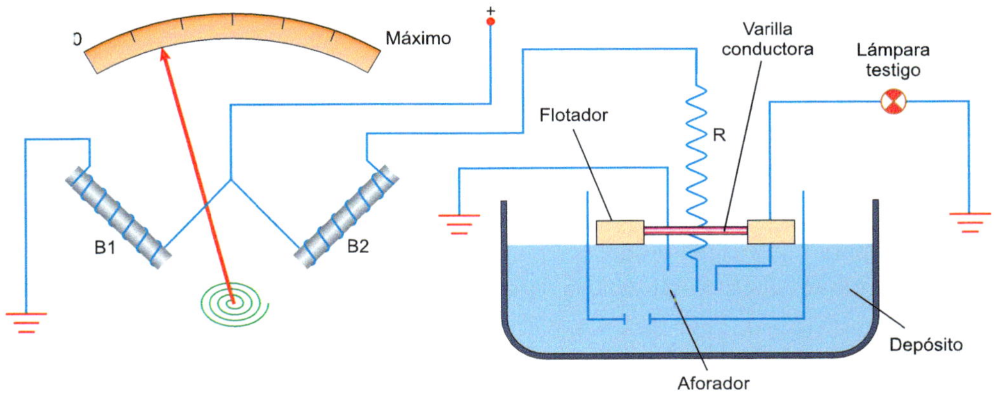

Esquema 8.9. Circuito de aforador con varilla conductora.

Figura 8.22. Reloj indicador de combustible unido a su circuito integrado correspondiente del cuadro de instrumentos.

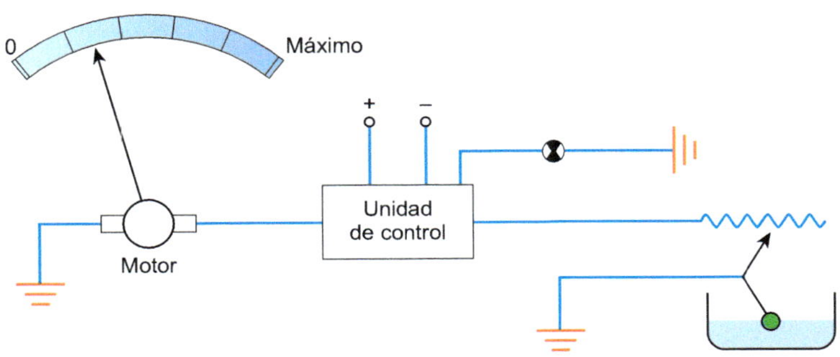

Esquema 8.10. Circuito de aforador con centralita.

ACTIVIDAD **Resuelta 8.1**

En el circuito de un indicador de combustible la bobina B1 cuenta con una resistencia de 6 Ω, y la bobina B2 con una resistencia de 12 Ω. La resistencia variable del aforador ofrece un valor máximo de 24 Ω. Calcula la intensidad que atraviesa el circuito:

a) Cuando el depósito está vacío.
b) Cuando el depósito está a la mitad.
c) Cuando el depósito está lleno.

Solución

Primero dibujamos el circuito

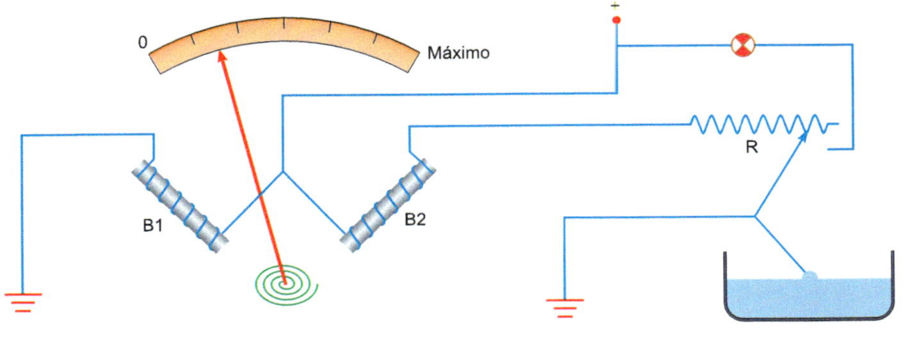

El circuito equivalente es el siguiente:

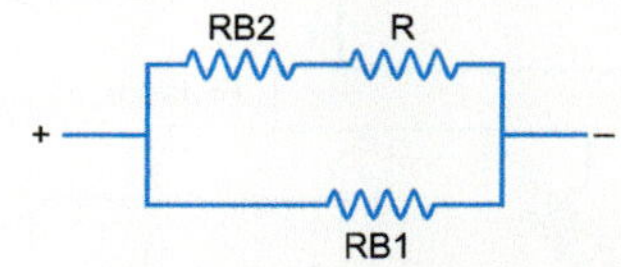

Donde RB1 y RB2 son las resistencias de las bobinas, y R es la resistencia variable del aforador.

a) Cuando el depósito está vacío la resistencia tiene un valor de 24 Ω:

$$I = V/R$$

$$R = \frac{(12 + 24) \times 6}{(12 + 24) + 6} = 5{,}14\ \Omega$$

$$I = 12/5{,}14 = 2{,}3\ \text{A}$$

b) Cuando el depósito está a la mitad, también la resistencia mide la mitad de su valor máximo, es decir, 12 Ω:

$$I = V/R$$

$$R = \frac{(12 + 24) \times 6}{(12 + 12) + 6} = 4{,}8\ \Omega$$

$$I = 12/4{,}8 = 2{,}5\ \text{A}$$

c) Cuando el depósito está lleno la resistencia del aforador tiene un valor de 0 Ω, por tanto:

$$I = V/R$$

$$R = \frac{12 \times 6}{12 + 6} = 4\ \Omega$$

$$I = 12/4 = 3\ \text{A}$$

PRÁCTICA DE TALLER

COMPROBACIÓN DE UN AFORADOR DE UN VEHÍCULO DE GASOLINA

Para la comprobación del aforador comenzamos identificando sus componentes y terminales. En las siguientes imágenes se observa el aforador sin desmontar.

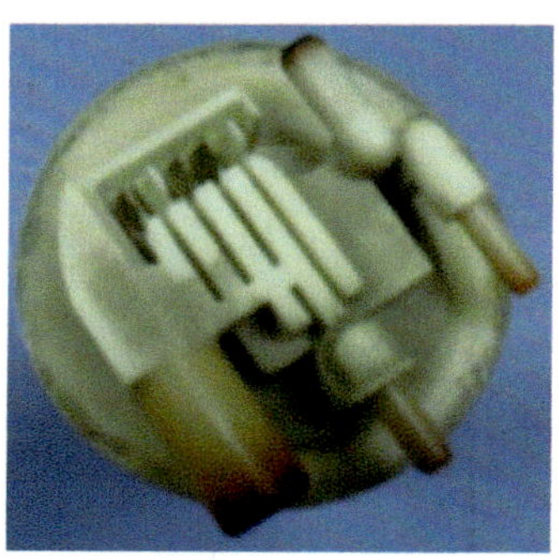

Figura 8.23. Conexiones eléctricas del aforador.

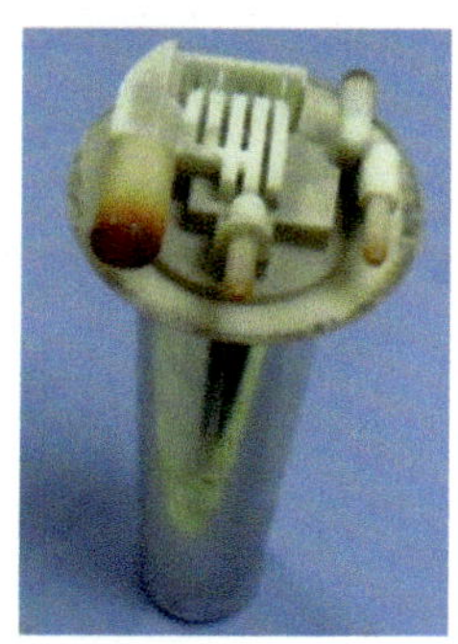

Figura 8.24. Aforador sin desmontar.

Para comprobarlo desmontamos el conjunto. Se observan en la Figura 8.25 el flotador, la resistencia variable y la barra para mantener fijo el flotador.

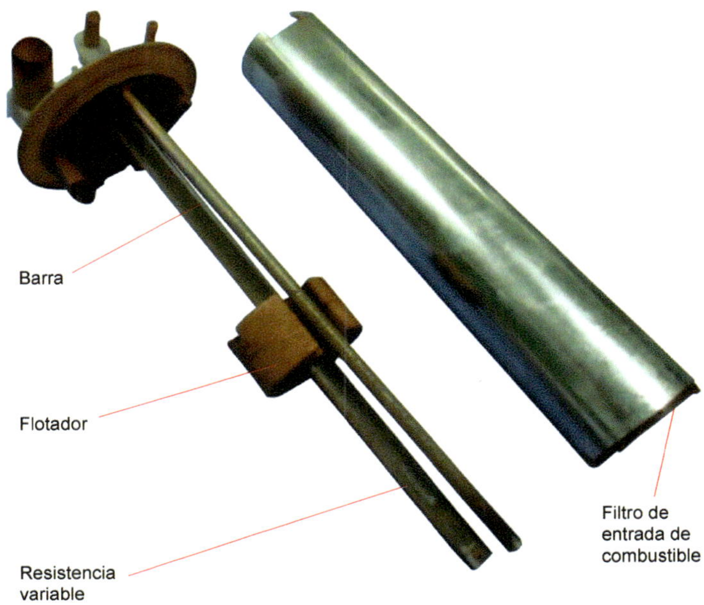

Figura 8.25. Conexiones eléctricas del aforador.

Al quitar el filtro se observa el orificio por el que entra el combustible al aforador.

Figura 8.26. Filtro del aforador.

Figura 8.27. Orificio de entrada de combustible al aforador.

Para comprobar la continuidad entre sus terminales empleamos un polímetro, tal y como muestra la Figura 8.28. La resistencia varía dependiendo de la posición del flotador.

Movemos el flotador para simular depósito vacío, medio lleno y totalmente lleno de combustible, tal y como muestran las Figuras 8.29, 8.30 y 8.31.

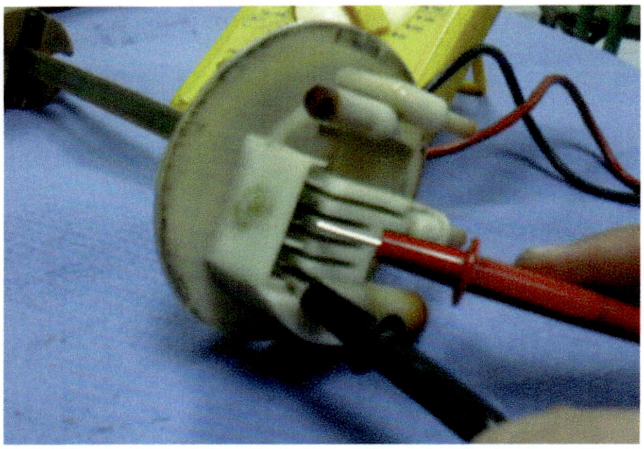

Figura 8.28. Medición de resistencia entre sus terminales.

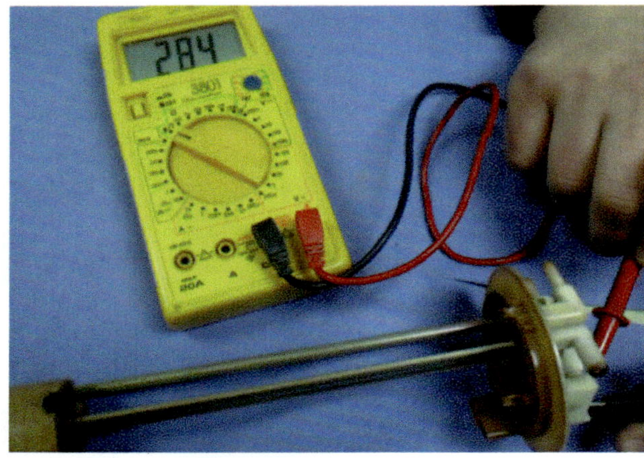

Figura 8.29. Valor de resistencia con el flotador en posición de mínimo nivel de combustible.

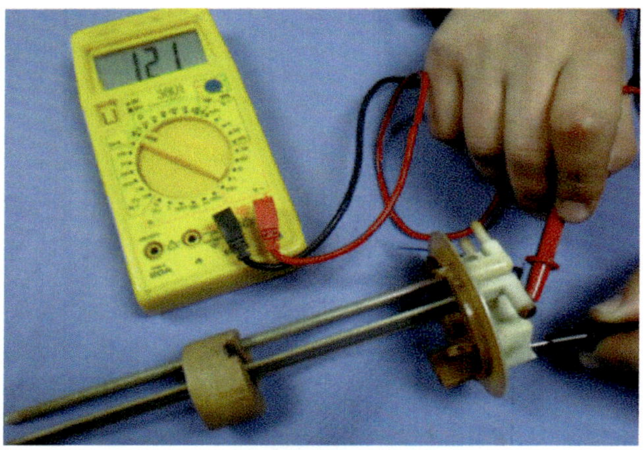

Figura 8.30. Valor de resistencia con el flotador en posición de medio llenado del depósito.

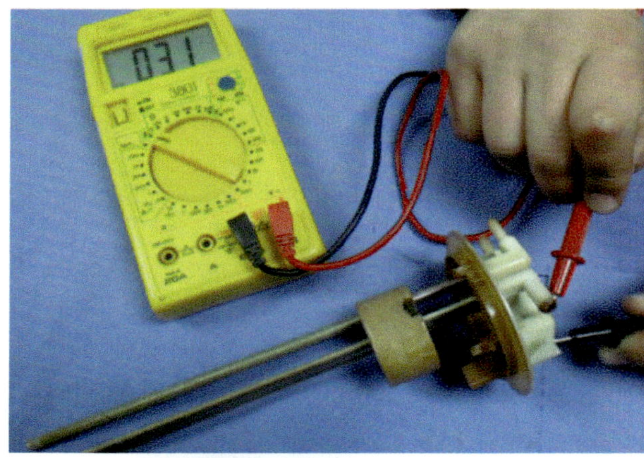

Figura 8.31. Medición de resistencia con el flotador en posición de depósito lleno.

Al ir subiendo el flotador y simulando más cantidad de combustible la resistencia va disminuyendo. Al simular el depósito lleno la resistencia es muy pequeña.

Sabías que...?

El nivel de líquido de limpiaparabrisas y lavafaros se mide con un sistema idéntico al de medición de nivel de líquido refrigerante.

8.5.2. Indicador de nivel de líquido refrigerante

El indicador de nivel de líquido refrigerante del motor informa al conductor de un nivel insuficiente de líquido en el vaso de expansión, lo que puede afectar de forma muy grave al funcionamiento del motor.

El medidor de nivel de líquido refrigerante se encuentra en el vaso de expansión o en el radiador, y está formado por los siguientes componentes:

- Un contacto REED en el fondo del depósito encapsulado en una estructura cilíndrica.
- Un flotador alrededor de dicha estructura que cuenta con un imán.

Como se observa en el Esquema 8.11, cuando el flotador baja hasta la altura del contacto REED el imán provoca el cierre de los contactos, y se ilumina entonces la lámpara testigo en el cuadro de instrumentos.

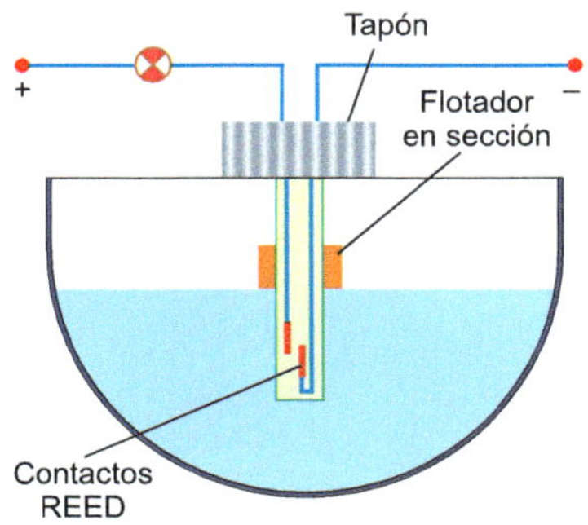

Esquema 8.11. Circuito de medición del nivel de líquido refrigerante con contactos REED.

Un contacto REED está formado por dos láminas de material ferromagnético dentro de un tubo, normalmente de vidrio y al vacío. Es un interruptor normalmente abierto, que bajo el efecto de un campo magnético cierra sus contactos, cerrando así el circuito correspondiente. Dicho campo magnético convierte a cada una de las láminas en un imán, con sus correspondientes polo norte y polo sur. De esta forma al imantarse las láminas, el polo norte de una de ellas atrae al polo sur de la otra.

Sabías que...?

Los contactos REED también se emplean en atmósferas explosivas debido a que están sellados. De esta forma, al cerrar sus contactos, no suponen un peligro. La sensibilidad de los contactos frente al campo magnético depende del material empleado para su fabricación y de su diseño.

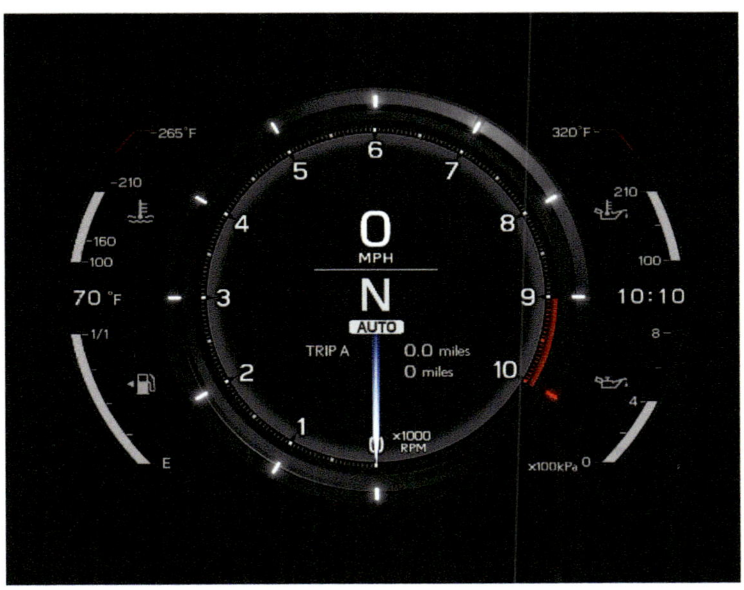

Figura 8.32. Reloj del cuadro de instrumentos con múltiples indicaciones.

8.5.3. Indicador de nivel de aceite

La importancia de la medición del nivel de aceite del circuito de engrase del motor viene dada porque, en caso de que disminuya por debajo de un límite establecido, afectaría a la presión de aceite y produciría un excesivo rozamiento de los elementos mecánicos del motor.

La medición del nivel de aceite del motor se realiza siempre con el motor parado, bien sea de forma manual o empleando un sensor eléctrico.

Figura 8.33. Varilla de medición del nivel de aceite.

Figura 8.34. Alojamiento de la varilla del nivel de aceite en el cárter.

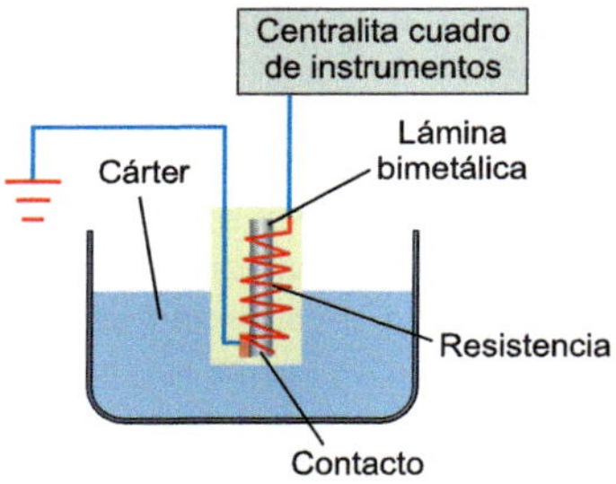

Esquema 8.12. Circuito de señalización de bajo nivel de aceite con lámina bimetálica y centralita.

Hasta hace poco la única manera de conocer el nivel de aceite era mediante una varilla alargada, sumergida en el cárter, a la que se han realizado dos marcas. Al sacar la varilla, esta debe estar manchada de aceite entre esas dos marcas.

En la actualidad, para mayor comodidad del conductor, algunos vehículos incorporan un sensor de nivel que indica este parámetro. El sensor, colocado en la propia varilla, está formado por una lámina bimetálica recorrida por una resistencia eléctrica. Tal y como se muestra en el Esquema 8.12, cuando el conductor gira la llave de contacto con el motor parado la centralita alimenta a la resistencia durante unos pocos segundos. Entonces ocurre lo siguiente:

- Si la resistencia está sumergida el calor se disipa en el aceite y la lámina bimetálica no se curva, por lo que no abre el contacto.
- Si la resistencia no está sumergida o lo está solo en parte, el calor no se disipa totalmente en el aceite. La lámina se curva y abre el circuito.

Otro tipo de sensor del nivel de aceite es el formado por un termopar sumergido en el aceite del cárter y conectado a la centralita. El termopar genera una fuerza electromotriz que depende de la diferencia de temperatura de los materiales que lo forman. Dicha fuerza electromotriz es amplificada por un circuito integrado en la centralita y, en función de los valores obtenidos, esta determina el nivel de aceite en el cárter en base a niveles de referencia que le han sido grabados previamente.

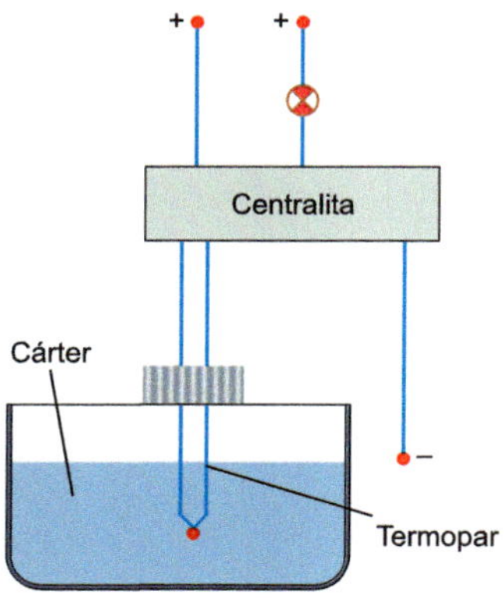

Esquema 8.13. Circuito de medición del nivel de aceite con termopar.

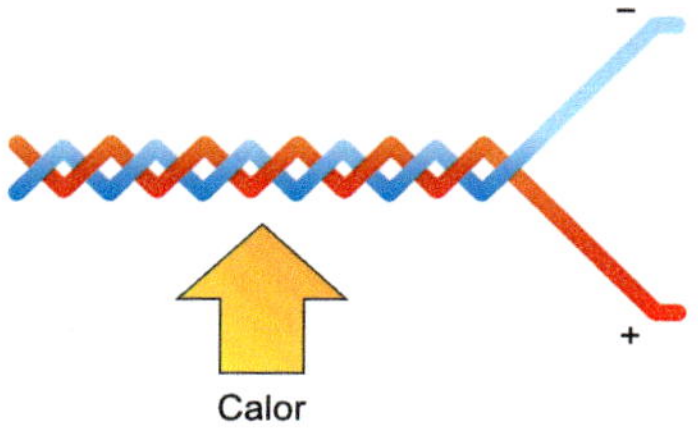

Figura 8.35. Termopar.

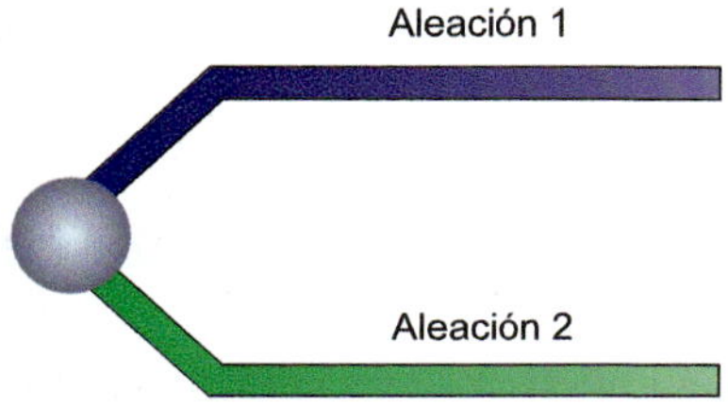

Figura 8.36. Termopar formado por dos aleaciones diferentes.

Algunos vehículos cuentan con un reloj con dos escalas, una para el nivel de aceite y otra para la temperatura. La aguja es común, ya que el circuito mide el nivel de aceite al conectar la llave de contacto sin arrancar el motor, y la temperatura del aceite durante su funcionamiento.

8.5.4. Indicador de temperatura del motor

El indicador de temperatura del motor muestra al conductor la temperatura del agua de refrigeración. La temperatura del motor no debe sobrepasar en ningún caso un valor máximo, marcado normalmente en, aproximadamente, 97 °C. Para ello los vehículos cuentan, además del reloj indicador de temperatura, con una señalización visual en el cuadro cuando se sobrepasa dicha temperatura y, en algunas ocasiones, con una señalización acústica.

El primer y segundo circuitos son idénticos, pero en el Esquema 8.14 se muestra la representación eléctrica de la NTC, y en el Esquema 8.15 su representación física.

Sabías que...

Un termopar es un sensor formado por dos metales distintos soldados. La diferencia de temperatura entre el extremo soldado y los extremos libres genera una fuerza electromotriz. A esto se le denomina efecto Seebeck. La relación entre la variación de temperatura y la fuerza electromotriz generada no es lineal.

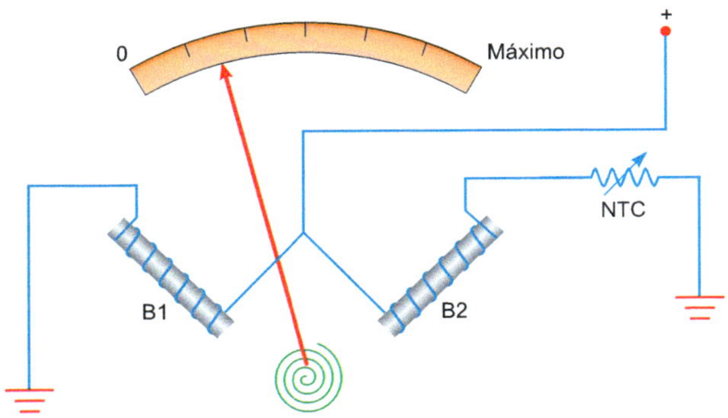

Esquema 8.14. Circuito del indicador de temperatura del motor.

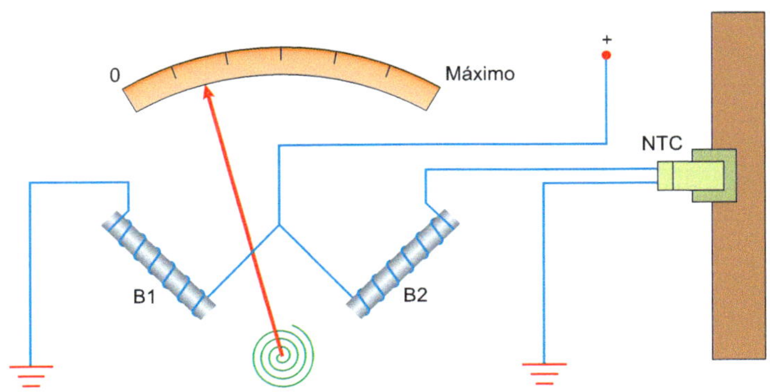

Esquema 8.15. Circuito del indicador de temperatura del motor.

El circuito de control de temperatura del motor funciona como cualquier indicador de agujas, siendo la resistencia variable una NTC colocada normalmente en la culata. Al aumentar la temperatura del motor también lo hace su líquido refrigerante, que es de donde toma el valor la NTC. El aumento de temperatura supone una disminución de la resistencia, lo que se traduce en un aumento del campo magnético en la bobina B2. La aguja del reloj es entonces atraída con más fuerza por dicha bobina y marca valores cercanos al máximo.

Figura 8.37. Pantalla del cuadro de instrumentos.

El circuito de la luz testigo de temperatura del motor, mostrado en el Esquema 8.16, utiliza un termocontacto para saber que la temperatura del líquido refrigerante ha superado un valor máximo. El termocontacto está formado por una lámina bimetálica, llamada así por estar fabricada con dos materiales de diferentes coeficientes de dilatación. Esto significa que una misma temperatura les provoca distintas dilataciones, lo que hace que la lámina se doble. Al doblarse se acerca o separa del contacto y cierra el circuito de la lámpara de control. Se emplea un termocontacto tarado a una temperatura de unos 97 °C.

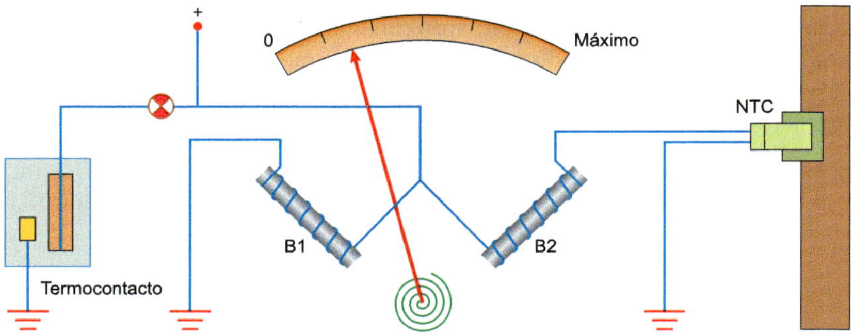

Esquema 8.16. Circuito de medición de temperatura del motor y testigo de temperatura máxima.

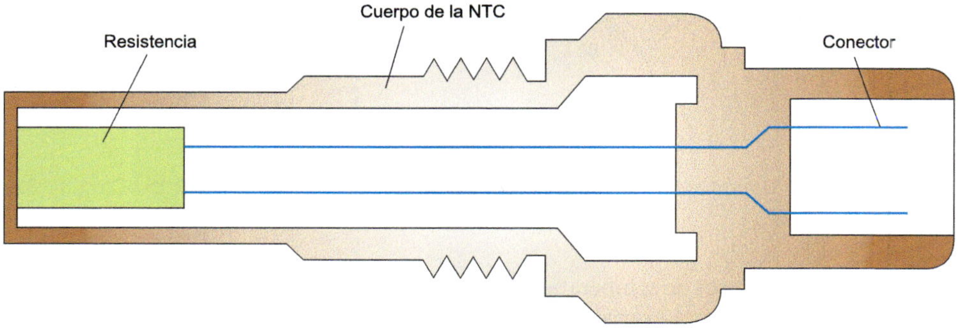

Figura 8.38. Componentes de una resistencia NTC.

Figura 8.39. Resistencia NTC.

Los cuadros de instrumentos con centralita electrónica reciben este dato de la centralita de gestión del motor. La tensión de referencia dada a la NTC por dicha centralita es de 5 V, que se divide entre la NTC y otra resistencia colocada que actúa como divisor de tensión. La centralita de gestión del motor mide las variaciones de resistencia de la NTC a partir de la caída de tensión existente en el divisor de tensión.

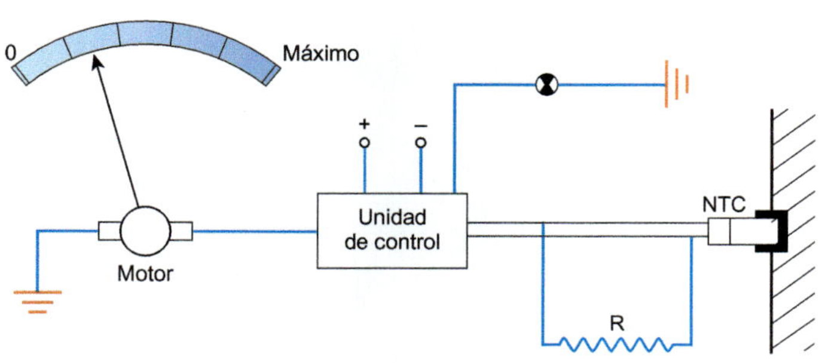

Esquema 8.17. Circuito de medición de temperatura del motor con centralita.

En los circuitos con centralita no suele haber termocontacto, pues la propia centralita sabe cuándo debe encender la lámpara testigo a partir del valor de resistencia de la NTC.

Recuerda que...

Una NTC es una resistencia variable con la temperatura. Al contrario que las PTC, las NTC aumentan su resistencia al disminuir la temperatura. La NTC empleada para medir la temperatura del agua de refrigeración tiene un valor óhmico máximo de 48 kΩ a −40 °C y de 60 Ω a 140 °C. La intensidad máxima que soporta es de 2,5 mA.

ACTIVIDAD **Propuesta 8.4**

¿Dónde va ubicado el sensor de nivel de líquido refrigerante?

ACTIVIDAD **Propuesta 8.5**

¿Qué es un termopar?

ACTIVIDAD **Propuesta 8.6**

Explica la siguiente figura:

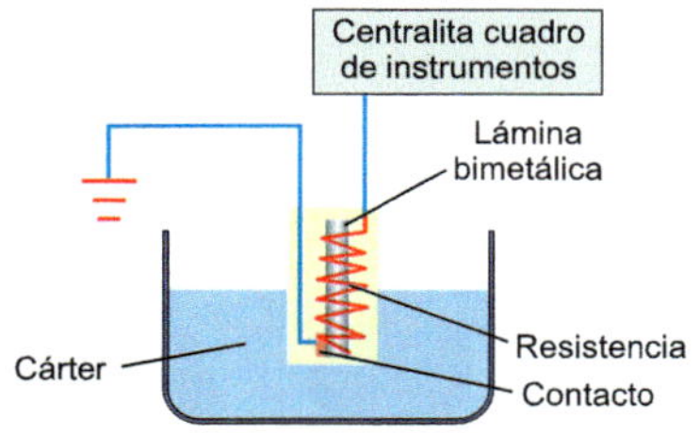

ACTIVIDAD **Propuesta 8.7**

Calcula la intensidad que atraviesa el circuito de un reloj indicador de temperatura del motor si es alimentado a 3 V por la centralita cuando su NTC ofrece los siguientes valores:

a) 800 Ω.

b) 1200 Ω.

Las resistencias de las bobinas son RB1 = 12 Ω y RB2 = 6 Ω.

8.5.5. Indicador de presión de aceite con testigo de baja presión

El objetivo de este indicador es informar al conductor en todo momento de la presión del circuito de aceite del motor, indicando cuándo es demasiado baja. Los indicadores de presión de aceite consisten en una lámpara testigo en el cuadro de instrumentos que indica al conductor que la presión de aceite está por debajo de los límites recomendados, o en una centralita electrónica que envía un mensaje al ordenador de a bordo.

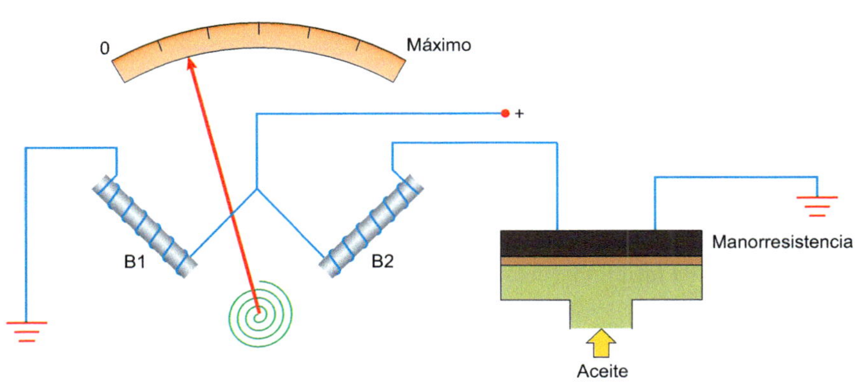

Esquema 8.18. Circuito de medición de presión de aceite con manorresistencia.

El Esquema 8.18 muestra un indicador analógico de presión de aceite del motor. Su funcionamiento es como el de cualquier sistema de control por agujas, siendo la resistencia variable una manorresistencia cuyo valor óhmico varía en función de la presión de aceite. Cuando el reloj del cuadro de instrumentos es controlado por una centralita, esta recibe la señal de presión baja de aceite desde la centralita de gestión del motor, a través de una red multiplexada.

La manorresistencia está formada por polvo de carbón que, al ser comprimido (al recibir presión), disminuye su resistencia. La manorresistencia sufre la presión del aceite a través de una membrana situada entre ambos, tal y como muestra la Figura 8.40.

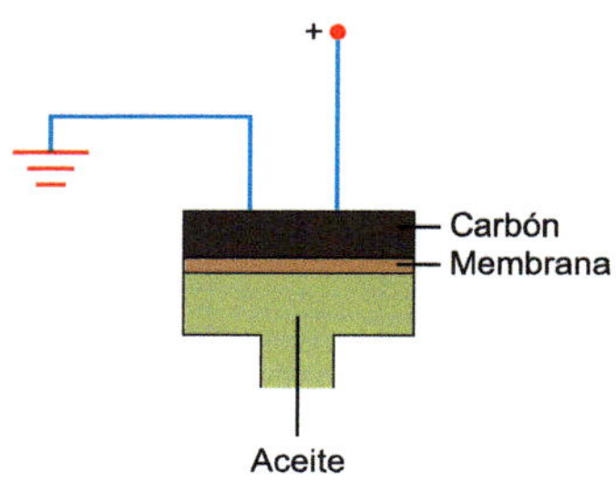

Figura 8.40. Sensor de presión de aceite.

Figura 8.41. Polvo de carbón sin comprimir. La presión ejercida sobre él es pequeña y ofrece una resistencia eléctrica alta.

Figura 8.42. Polvo de carbón comprimido. La presión ejercida sobre él es grande y ofrece una resistencia eléctrica pequeña.

Los circuitos de señalización de presión de aceite también cuentan con una lámpara testigo encargada de avisar al conductor cuando la presión del circuito es demasiado baja. El detector empleado en este circuito es un manocontacto, situado en la canalización principal del circuito de engrase, normalmente después del filtro.

El manocontacto es un interruptor que se cierra cuando la presión de aceite está por debajo del valor para el que se ha tarado. Está formado por un pulsador y un muelle, el cual cierra el contacto cuando la presión de aceite no es lo suficientemente alta para mantenerlo abierto, tal y como se observa en la Figura 8.43.

Al arrancar el motor y hasta que la presión de aceite no sube se enciende en el cuadro de instrumentos la luz de presión baja de aceite, para después apagarse con el funcionamiento normal del motor.

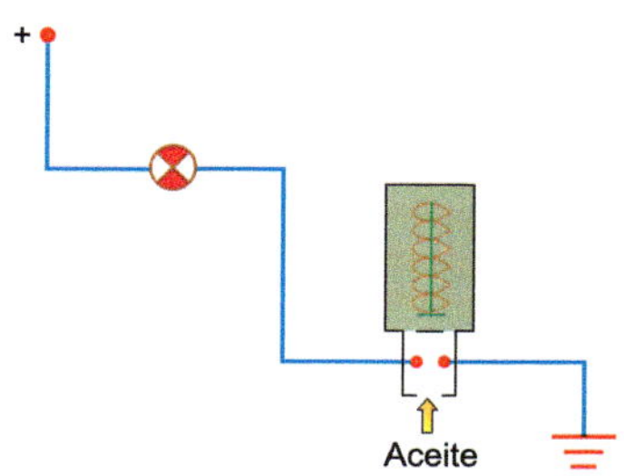

Figura 8.43. Circuito de manocontacto para testigo de baja presión de aceite.

8.5.6. Indicador de temperatura del aceite

El testigo de indicación de temperatura del aceite demasiado alta es un termocontacto formado por una lámina bimetálica sumergida en el aceite. En el Esquema 8.19 se observa un indicador de presión de aceite con manorresistencia, un manocontacto que enciende el testigo de presión baja de aceite, y un termocontacto que enciende el testigo de temperatura alta de aceite. La lámina bimetálica se dobla al aumentar su temperatura, debido a que está formada por dos materiales con coeficientes de dilatación diferentes. Cierra entonces el contacto y se ilumina la lámpara testigo.

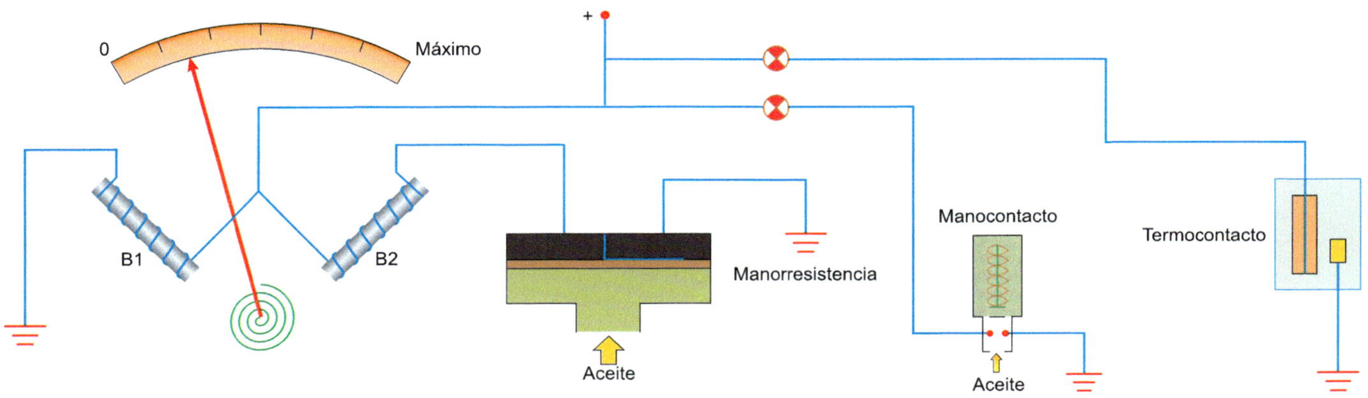

Esquema 8.19. Circuito de medición de presión de aceite, testigos de presión y temperatura alta de aceite.

En el Esquema 8.20 se muestra un circuito de medición de presión de aceite con centralita. Esta enciende la luz testigo de presión de aceite con los datos de presión de la manorresistencia, sin necesitar un manocontacto.

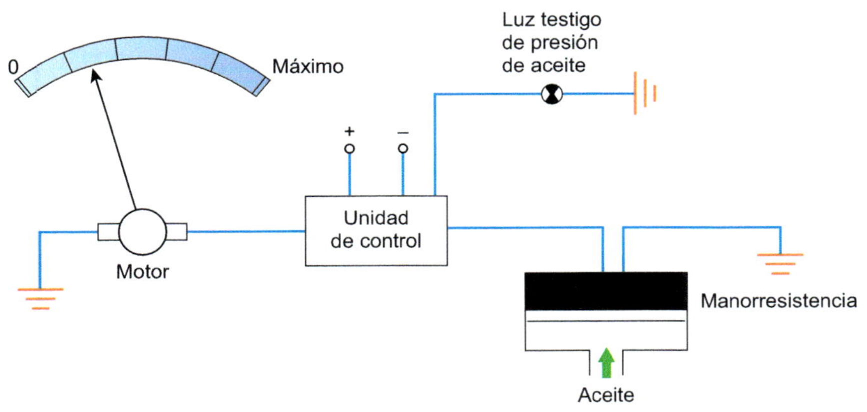

Esquema 8.20. Circuito de medición de presión de aceite con centralita.

ACTIVIDAD **Propuesta 8.8**

¿Qué es un termocontacto?, ¿y un manocontacto? Explica su aplicación a los circuitos de indicadores del vehículo.

ACTIVIDAD **Propuesta 8.9**

Busca en un vehículo o un motor su manocontacto y su resistencia NTC de temperatura del motor.

8.5.7. Indicador de velocidad

El indicador de velocidad o velocímetro informa al conductor acerca de la velocidad instantánea del vehículo. Este dato es de gran importancia para lograr una conducción segura y eficiente. Dependiendo del país los velocímetros marcan la velocidad en km/h o millas/hora.

La velocidad del vehículo se mide a partir de la velocidad de rotación de las ruedas o de una rueda dentada de la transmisión. Los velocímetros pueden ser mecánicos o eléctricos, siendo estos últimos los únicos empleados en la actualidad.

Figura 8.44. Cuadro de instrumentos con indicadores de velocidad, revoluciones, nivel de combustible y *display*.

Sabías que...

El sensor de velocidad del vehículo, ubicado en la rueda, envía los datos a la centralita de ABS, y es esta la que se encarga de compartir esta información con otras centralitas.

Los **velocímetros mecánicos** consisten en un cable flexible que va conectado, por un lado, al grupo propulsor, y por otro al indicador de velocidad. Al girar el cable lo hace la aguja, frenada por un muelle.

Posteriores a estos son los velocímetros que llevan fijado, en el extremo del indicador de velocidad, un pequeño imán. El eje de la aguja del indicador lleva fijada una pieza de aluminio en forma de dedal y, al girar la rueda de la transmisión, gira el cable, y con él el imán. La variación de campos magnéticos debida al giro del imán cerca del dedal induce en este último una tensión, la cual genera un nuevo campo magnético. De esta forma el imán arrastra al dedal y este, a su vez, a la aguja en el sentido de su rotación.

Un muelle tiende a mantener la aguja del indicador en el cero. Al aumentar la velocidad de giro del imán la aguja irá venciendo la fuerza del muelle para indicar que aumenta la velocidad. La calibración del muelle es, por tanto, fundamental para el buen funcionamiento del velocímetro.

Los **velocímetros electrónicos** están formados por un sensor de velocidad de giro de las ruedas que envía este dato a las centralitas de ABS y sistemas de control de estabilidad (ASR, ESP, etc.). Estas envían dicha información a la centralita del cuadro de instrumentos, normalmente a través de la *gateway* del vehículo. El ordenador de a bordo, además, emplea esta señal para calcular la distancia recorrida por el vehículo.

El sensor de velocidad de giro de ruedas es inductivo o magnetorresistivo, siendo más empleado en la actualidad este último.

En ambos casos el sensor está situado frente a una corona unida al cubo de rueda.

Figura 8.45. Indicador de velocidad.

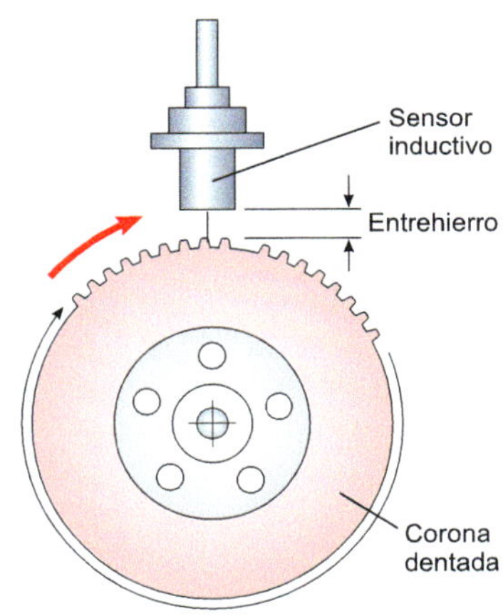

Figura 8.46. Sensor inductivo.

El sensor inductivo está formado por una bobina arrollada sobre un núcleo magnético, y se encuentra enfrentado a una corona dentada. El imán genera un campo magnético, el cual varía al girar la corona debido a la variación del entrehierro. En consecuencia la tensión inducida en la bobina también varía. El entrehierro es la distancia entre el sensor y la corona dentada, el cual será distinto si se encuentra frente a un diente o frente a un hueco. Los picos de tensión corresponden a las variaciones de campo magnético, que tienen lugar cuando el sensor pasa de estar enfrentado con un hueco a estarlo con un diente, y viceversa. Uno de los huecos de la corona es doble, y cada vez que la centralita detecta dicho hueco, transformado en una señal de tensión por la bobina, entiende que la corona ha dado una vuelta completa. De esta forma cuenta las revoluciones dadas por la corona dentada, que en este caso gira solidaria a la rueda del vehículo.

Esta variación de tensión inducida da como resultado el oscilograma mostrado en la Figura 8.47.

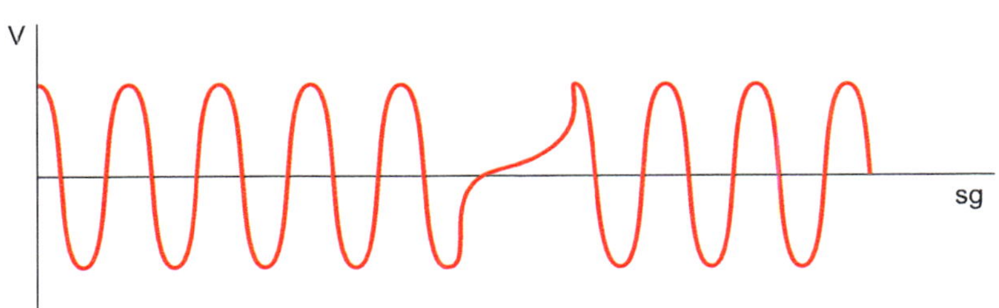

Figura 8.47. Señal de un captador inductivo.

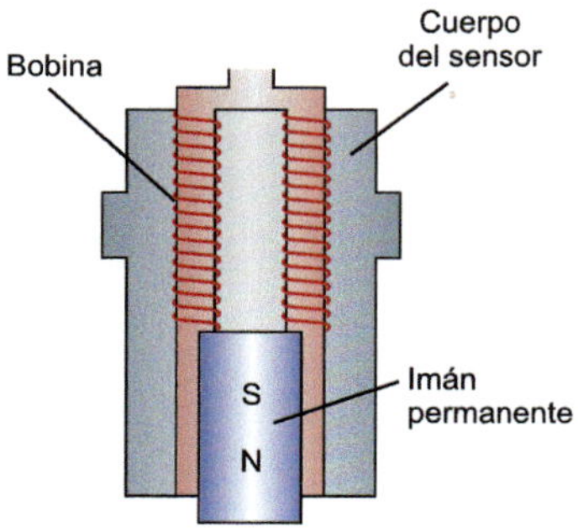

Figura 8.48. Componentes de un sensor inductivo.

La frecuencia y la amplitud de la señal de tensión alterna generada por el sensor son proporcionales a la velocidad de giro de la rueda. El entrehierro de estos sensores es de aproximadamente 1 mm, con muy pequeñas tolerancias, y su fijación debe ser muy firme para que la señal no sea alterada por vibraciones del freno.

Los sensores magnetorresistivos están formados por los siguientes componentes:

- Una corona que tiene dispuestos en su periferia unos imanes alternando su polaridad.
- Un sensor de medición del campo magnético formado por elementos Hall o magnetorresistivos.
- Un amplificador.

Al girar la corona el campo magnético al que está expuesto el sensor varía constantemente. Cada uno de los elementos que integran el sensor genera una tensión al variar el flujo magnético que lo atraviesa.

Este sensor se monta adosado al cojinete de rueda o dentro de él.

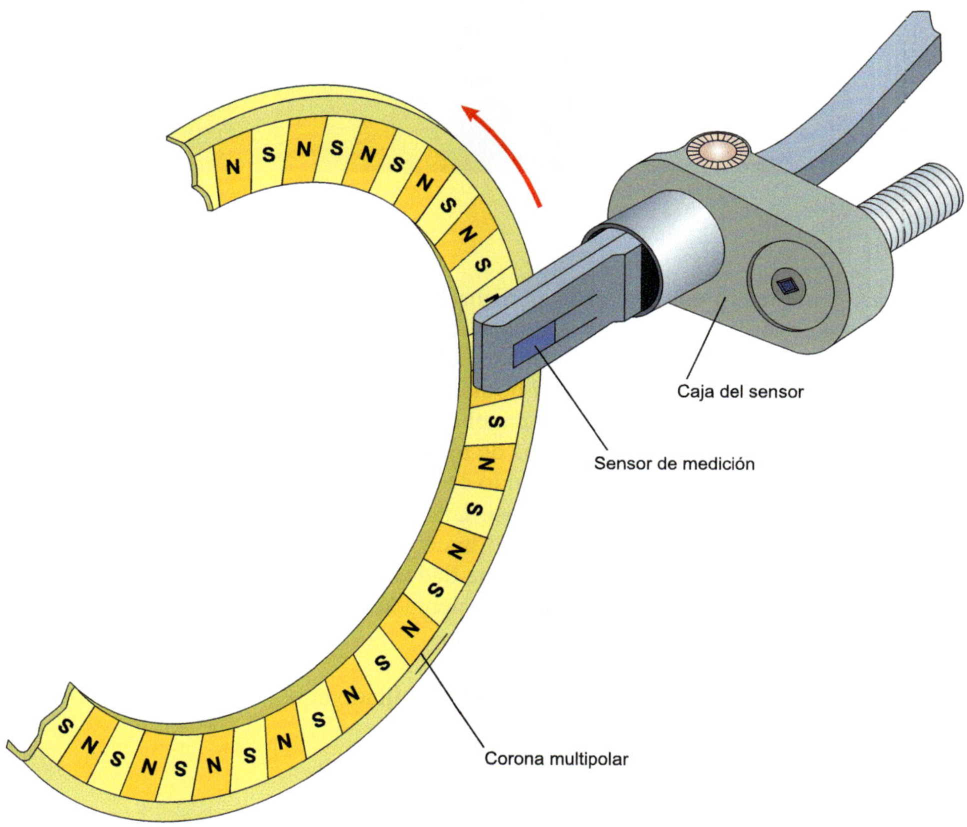

Figura 8.49. Sensor magnetorresistivo de la velocidad de la rueda.

Las ventajas del sensor magnetorresistivo frente al inductivo son las siguientes:

- La tensión derivada del giro de la rueda es independiente de la velocidad de giro de esta, permitiendo medir la velocidad de giro de la rueda hasta casi pararse.
- Permite transmitir información acerca del sentido de giro de las ruedas, lo que resulta muy útil para la función de retención en cuestas o para el navegador.

- Transmite información sobre la calidad de la señal emitida por el sensor, realizando una autodiagnosis del sistema.
- Tamaño más reducido, que permite colocar el sensor en el cojinete de rueda.

Figura 8.50. Velocímetro con bobinas y cuentakilómetros.

8.5.8. Indicador de revoluciones

La misión del cuentarrevoluciones es indicar al conductor el número de revoluciones por minuto a las que gira el motor de combustión. Este dato es crucial para realizar los cambios de marcha y para una conducción que no fuerce al motor.

Existen tres tipos de cuentarrevoluciones:

- Reloj analógico que toma la señal de impulsos de la bobina de encendido (vehículos gasolina).
- Reloj analógico que toma la señal de impulsos del alternador.
- Señal recibida desde el sensor de revoluciones del motor a través de una centralita electrónica.

Recuerda que...

El indicador de revoluciones utiliza la información del sensor ubicado en la corona del volante de inercia. Lo más habitual son los sensores inductivos y tipo Hall, utilizados también por el sistema de encendido de los motores gasolina.

Figura 8.51. Cuadro de instrumentos.

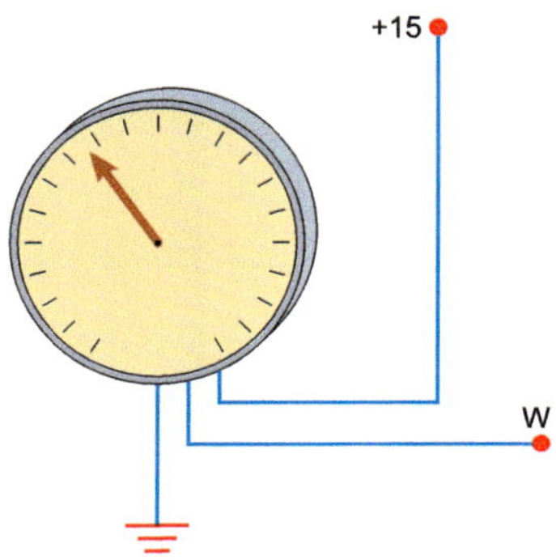

Figura 8.52. Cuentarrevoluciones conectado al terminal W de un alternador.

Los dos primeros tipos están formados por un reloj de agujas que cuenta con tres terminales conectados de la siguiente forma:

- Alimentación positiva desde llave de contacto (+15).
- Conexión a negativo (−31).
- Señal de impulsos del secundario de la bobina de encendido (vehículos gasolina) o señal desde el alternador (vehículos diésel).

La Figura 8.52 muestra un circuito de un vehículo con motor diésel. La señal que recibe el reloj viene del terminal W del alternador.

El circuito de cuentarrevoluciones más extendido en la actualidad es el que cuenta con un sensor de revoluciones del motor. Este sensor es normalmente inductivo, y envía a la centralita de gestión del motor las revoluciones medidas en el volante de inercia. Esta, a su vez, intercambia información con la centralita del cuadro de instrumentos mediante buses de datos, la cual comunica este dato al conductor a través del velocímetro o de un mensaje en el *display*. La corona dentada empleada en este sensor de revoluciones gira solidaria al volante de inercia del motor o a la palanca del cigüeñal.

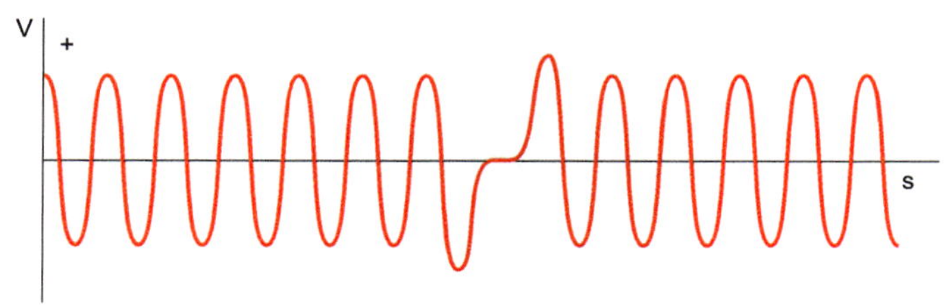

Figura 8.53. Señal de captador inductivo.

ACTIVIDAD **Propuesta 8.10**

Enumera los tipos de velocímetros que existen.

ACTIVIDAD **Propuesta 8.11**

¿Qué componentes tiene un captador inductivo de revoluciones del motor?

8.5.9. Sistemas de control de frenos

Existen diferentes sistemas de control de frenos. Estos informan al conductor, por un lado, del nivel de líquido de frenos y, por otro, del estado de las pastillas de frenos.

Indicadores del nivel de líquido de frenos y de freno de mano activado

El indicador de nivel de líquido de frenos enciende en el cuadro de instrumentos un testigo para avisar al conductor de que la cantidad de líquido de frenos restante está por debajo del límite recomendable. Dicho testigo puede ser el mismo o no que el de señalización de freno de mano activado.

El inconveniente de los sistemas que cuentan con distintos testigos para ambas señalizaciones es el poco uso que se da a la lámpara de bajo nivel de líquido de frenos. Esto implica que puede fundirse la lámpara y no detectarse en mucho tiempo.

En el Esquema 8.21 se muestra un circuito de medición del nivel de líquido de frenos. Un flotador en el depósito actúa sobre un pulsador al desplazarse. Cuando el nivel de líquido es demasiado bajo el flotador baja con él y se cierra el pulsador, por lo que queda cerrado a negativo el circuito de la lámpara testigo.

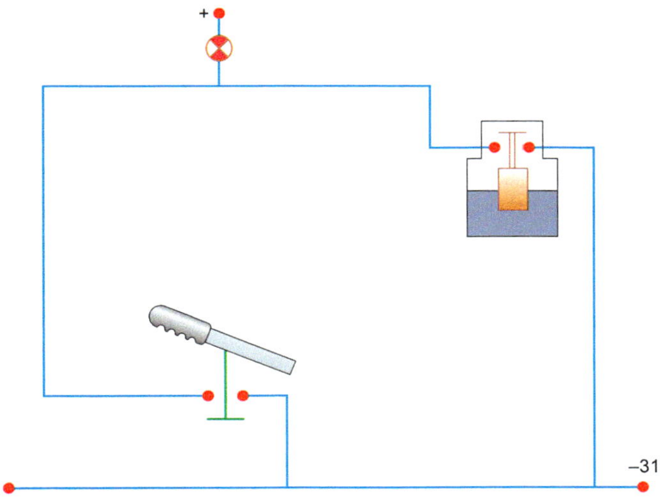

Esquema 8.21. Circuito de señalización de freno de mano activado y baja presión del líquido de frenos.

El circuito del indicador de freno de mano activado consiste en un pulsador que cierra el circuito de la lámpara a negativo cuando se activa el freno de mano.

Figura 8.54. Indicador de desgaste de las pastillas de freno.

Testigo de desgaste de las pastillas de freno

El objetivo de este sistema de control es avisar al conductor del desgaste de las pastillas de freno. Para ello las pastillas llevan en su interior un conductor eléctrico, como se observa en el Esquema 8.22. Si el espesor de las pastillas es el adecuado el hilo conductor no toca el disco, por lo que está aislado a masa. Cuando la pastilla se desgasta y queda a 2 mm de su elemento final, el testigo entra en contacto con negativo a través del disco y se ilumina el testigo.

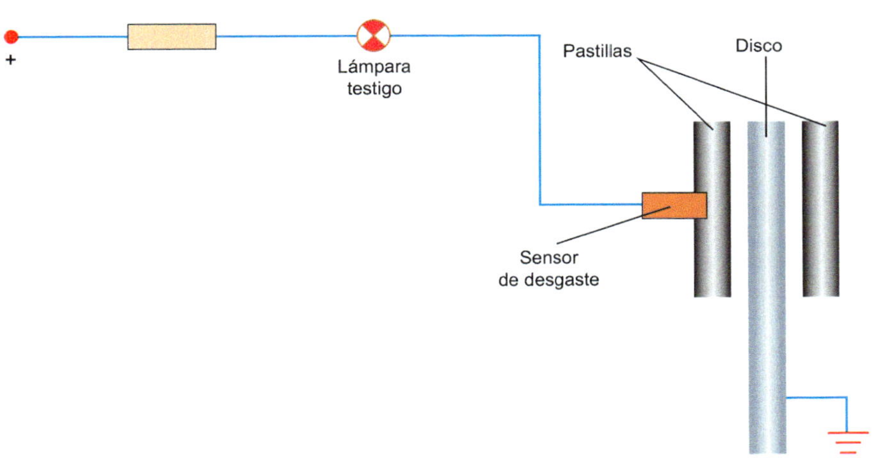

Esquema 8.22. Circuito indicador de desgaste de las pastillas de frenos.

Figura 8.55. Lámpara halógena de alumbrado.

8.5.10. Indicador de lámpara fundida

Este indicador informa al conductor cuando un fusible o una lámpara están fundidos en el circuito de iluminación. Algunos vehículos incorporan este servicio en las luces de alumbrado (cruce y carretera) y otros lo incluyen también en luces de señalización y antiniebla.

Los sistemas de indicación de lámpara fundida pueden ser de tres tipos:

- Miden la intensidad que atraviesa a la lámpara.
- Miden la intensidad que atraviesa a la lámpara con semiconductores.
- Circuito con relé de contacto REED.

Sistema de medición de la intensidad de la lámpara

Para medir la intensidad que atraviesa a la lámpara el sistema se basa en la ley de Ohm, pues mide la intensidad que atraviesa al circuito en un punto determinado empleando una resistencia.

La centralita mide la caída de tensión que tiene lugar al activar el alumbrado correspondiente en una resistencia añadida al circuito a tal fin, y a partir de ese valor conoce la intensidad que atraviesa a la resistencia. En caso de que la lámpara esté fundida, dicho valor de intensidad disminuye respecto a la normal de consumo que tiene registrada la centralita.

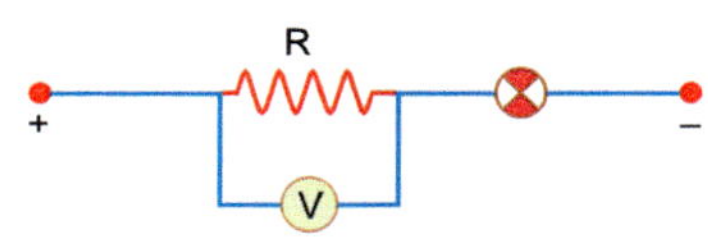

Esquema 8.23. Voltímetro midiendo la caída de tensión de una resistencia en paralelo con la lámpara.

Figura 8.56. Piloto trasero de señalización.

En el Esquema 8.24 se observa cómo el módulo electrónico mide la caída de tensión de la resistencia R a través de sus pines B y C, cuando se activa el circuito de luces a través del conmutador. El módulo sabe del accionamiento del circuito a través de su pin A. Si la intensidad calculada y que atraviesa a la resistencia es inferior a la de servicio, el módulo electrónico enciende la luz correspondiente del cuadro de instrumentos o informa a la centralita del mismo. Como cualquier módulo electrónico tiene un pin de conexión a positivo y otro a negativo.

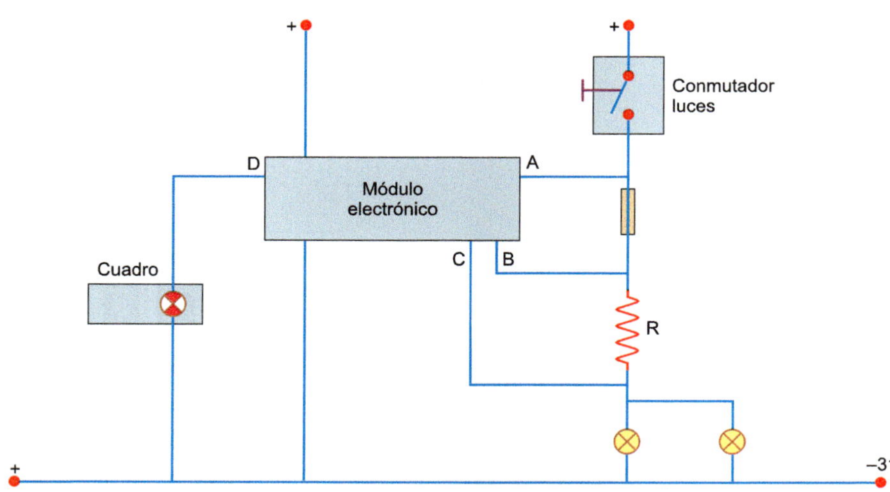

Esquema 8.24. Circuito de control de lámparas fundidas.

Recuerda que...

La ley de Ohm permite conocer la intensidad que atraviesa a cualquier elemento a partir de su caída de tensión y el valor óhmico de dicho componente.

$$V = I \cdot R$$

En el siguiente circuito, Esquema 8.25, el módulo electrónico de control de lámparas fundidas recibe señal del accionamiento de los circuitos de posición, cruce o freno a través de sus pines A, B y C. Gracias a esto el módulo sabe en qué resistencias debe medir en cada momento. Se observa cómo el sistema diferencia entre distintas lámparas de un mismo circuito.

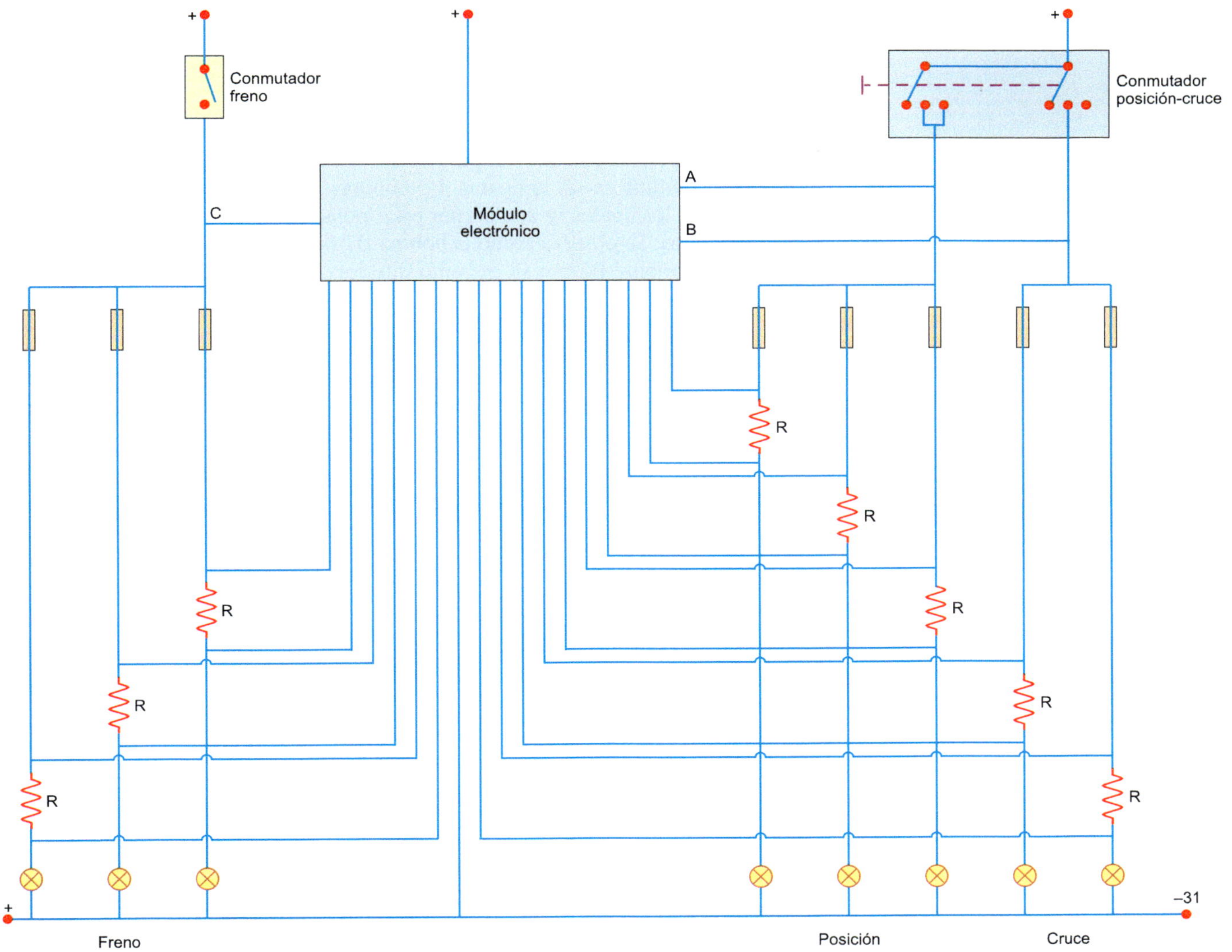

Esquema 8.25. Circuito de detector de lámpara fundida.

En los circuitos de intermitencia que cuentan con detector de lámpara fundida, este va integrado en el relé de intermitencia. La detección es realizada con dos métodos diferentes:

- Detecta la lámpara fundida por una caída de intensidad, como en el sistema visto anteriormente.
- Detecta la lámpara fundida por un aumento en las pulsaciones en la otra lámpara.

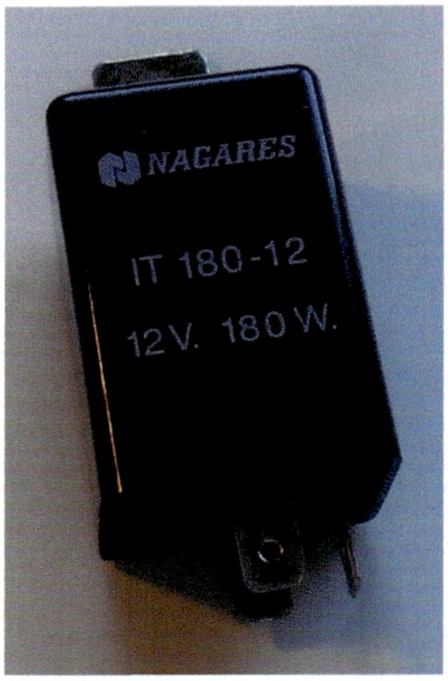

Figura 8.57. Relé de intermitencia de Nagares.

Sistema de medición de la intensidad que atraviesa a la lámpara con semiconductores

Al activar un circuito de alumbrado o señalización la unidad excita las lámparas a través de módulos con semiconductores que se encuentran en el interior de la propia unidad. De esta forma controla el consumo de corriente y detecta la existencia de una sobrecarga, un cortocircuito o una interrupción en el circuito.

Sistema con relé de contacto REED

Otro sistema empleado para el control de lámpara fundida es el formado por un relé que incluye dos bobinas y un contacto REED. Las dos bobinas están situadas alrededor del contacto y conectadas a una lámpara de cruce cada una. Se muestra en el Esquema 8.26 cómo, al iluminarse las lámparas, las bobinas son alimentadas creando sendos campos magnéticos, los cuales se anulan por estar polarizadas al contrario, y el contacto se mantiene abierto. Se observa cómo la bobina B1 tiene conexión positiva por su extremo superior y la bobina B2 por su extremo inferior.

Si una de las lámparas no se enciende los campos magnéticos no están compensados, por lo que el contacto REED se cierra y envía una señal a la centralita, la cual enciende en el cuadro de instrumentos el aviso correspondiente. El inconveniente de este circuito es que no avisa en caso de que las dos lámparas estén fundidas. Este mismo sistema se puede emplear para otras luces, como las de posición o las de freno.

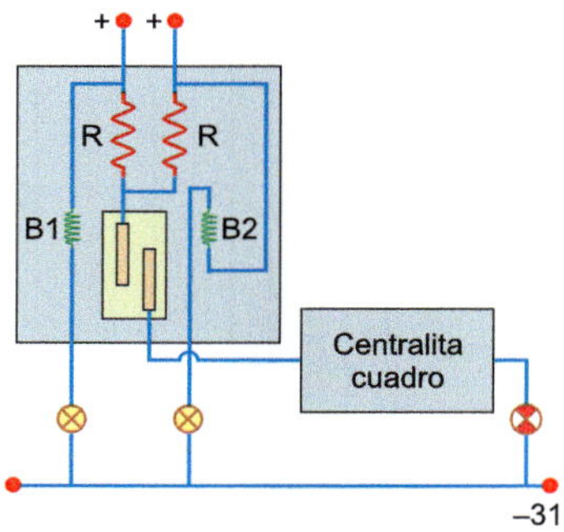

Esquema 8.26. Circuito de detección de lámpara fundida con contacto REED.

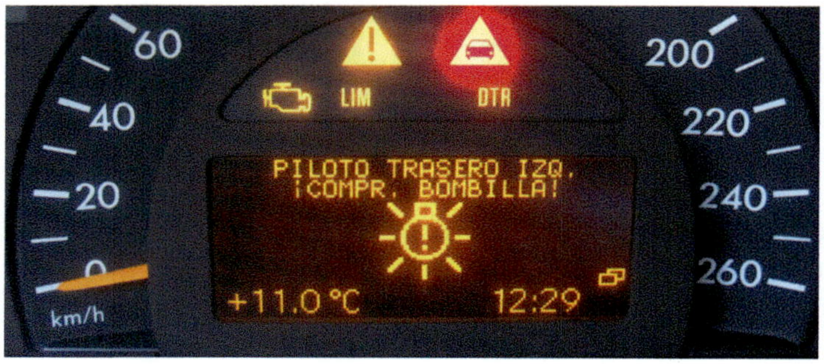

Figura 8.58. Indicación en el *display* del ordenador de a bordo de bombilla fundida.

Figura 8.59. Indicación en el *display* del ordenador de a bordo de luz de reposición activada.

ACTIVIDAD **Propuesta 8.12**

¿En qué consiste el sistema indicador de lámpara fundida? ¿Qué relación tiene con las señales PWM estudiadas en unidades anteriores?

ACTIVIDAD **Propuesta 8.13**

Dibuja un circuito de detección de lámpara fundida con contacto REED. Explica su funcionamiento.

ACTIVIDAD **Propuesta 8.14**

¿De qué centralita llega la información que activa/desactiva el testigo MIL?

8.5.11. Avisador acústico de olvido de luces

El avisador acústico de olvido de luces indica al conductor que las luces siguen encendidas en las siguientes situaciones:

- Sacar la llave del contacto del bombín.
- Abrir la puerta del conductor.

En el Esquema 8.27 el relé recibe la señal de puerta abierta del conductor, por el terminal 3 (también denominado 5), al cerrarse los interruptores. También del conmutador de luces por el terminal 2 y de la llave de contacto por el terminal 1.

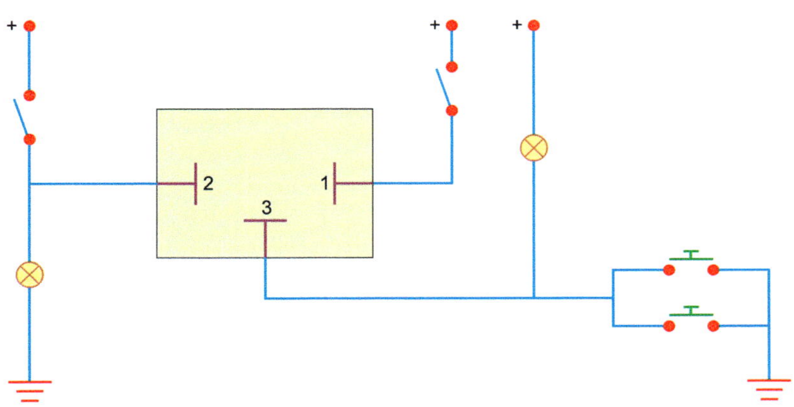

Esquema 8.27. Conexión de relé avisador de olvido de luces.

El Esquema 8.28 recibe información de puertas abiertas por los terminales 1, I, señal de conmutador de luces por L y de llave de contacto por C.

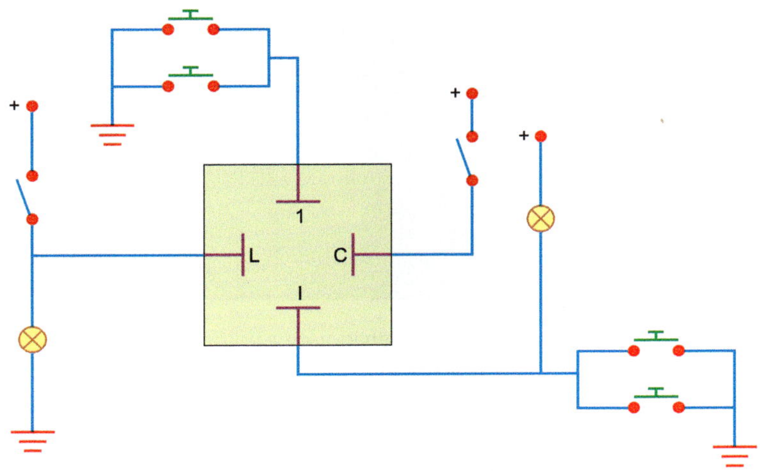

Esquema 8.28. Conexión de relé avisador de olvido de luces.

8.5.12. Detector de presión de neumáticos

El detector de presión de neumáticos es un sistema de seguridad activa. Avisa al conductor cuando la presión de una de las ruedas baja por debajo del umbral de seguridad. Los sistemas más avanzados utilizan un sensor en cada rueda, integrado en la válvula, que mide la presión del neumático y avisa si alguna de ellas desciende por debajo de un valor previamente memorizado. Un emisor dentro del módulo que contiene al sensor envía una señal de radio a la centralita y esta a su vez ilumina la luz testigo del cuadro de instrumentos para avisar al conductor de la situación. El módulo cuenta también con una batería.

Otros sistemas detectan si un neumático está desinflado o pinchado cuando su diámetro disminuye, por lo que da más vueltas la rueda pinchada o desinflada que las otras durante el mismo recorrido. Por el contrario, cuando el inflado de la rueda ha sido excesivo, su diámetro aumenta y realiza menos vueltas que las demás.

Figura 8.60. Gracias a la señal de giro de rueda de la centralita de ESP la centralita conoce el número de vueltas.

La centralita del cuadro de instrumentos conoce el número de vueltas dadas por cada rueda gracias a la señal que emiten los sensores de rueda del sistema ESP. Compara entonces las vueltas dadas por cada una de ellas y detecta si alguna gira con mayor o menor rapidez que el resto.

El aviso al conductor tiene lugar en forma de pitido y mediante indicaciones en el cuadro de instrumentos, como por ejemplo «buen estado de las ruedas», «neumático desinflado» o «neumático fuertemente desinflado». El ordenador señala en la pantalla de qué rueda se trata.

Figura 8.61. Los indicadores del cuadro de instrumentos pueden ser muchos y variados en función del modelo y fabricante del vehículo.

8.5.13. Indicador de mal funcionamiento del motor

El indicador de mal funcionamiento del motor o MIL (*Malfunction Indicator Light*) es el testigo del sistema EOBD (*European On Board Diagnostic*) del vehículo. Dicho protocolo diagnostica la unidad de control del motor para vigilar un mal funcionamiento de algunos componentes, que puede derivar en un aumento de las emisiones contaminantes.

También cumple, por tanto, la función de advertir al conductor de una avería detectada por la centralita de gestión del motor, a través de los sensores y captadores conectados a dicha centralita.

El testigo MIL es igual para todos los vehículos: diésel, gasolina y de cualquier fabricante. Cuando el testigo se enciende el motor pasa a modo degradado, permitiendo al conductor conducir hasta el taller más cercano.

8.5.14. Testigo de control de carga del alternador

El testigo de control de carga del alternador conoce el estado de carga a través del borne correspondiente, como se observa en el Esquema 8.29 correspondiente a un Seat Altea. El testigo está encendido cuando no hay tensión de carga desde el alternador. El alternador envía la señal a la centralita de la red de a bordo y esta se comunica, a través de la *gateway*, mediante líneas de CAN Bus.

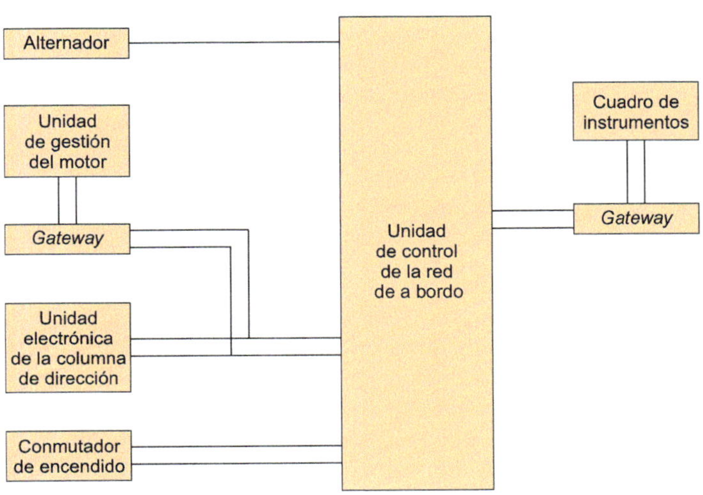

Esquema 8.29. Redes multiplexadas del sistema de vigilancia de carga del alternador.

8.5.15. Otros indicadores

En el cuadro de instrumentos se observan otros indicadores, dependiendo del vehículo y de las funciones con las que cuenta. Algunos de ellos son los siguientes:

- Testigos de luces activadas.
- Testigo de activación/desactivación ESP/ASR.
- Testigo de preincandescencia en motores diésel.
- Testigo de advertencia de activación de programa electrónico de estabilidad.
- Testigo de regulador o limitador de velocidad activado/desactivado.
- Testigo de cinturón de seguridad.
- Testigo de sistemas de retención.
- Testigo de ABS.
- Testigo de buen funcionamiento del airbag.

Sabías que...?

Cada vez más vehículos muestran los datos más importantes del cuadro de instrumentos en un HUD (*Head Up Display*). Estas pantallas proyectadas en el parabrisas permiten al conductor atender los datos de los indicadores sin desatender la carretera.

Figura 8.62. Indicación de ESP.

Cada cuadro de instrumentos es diferente dependiendo del fabricante y modelo de vehículo, por lo que se pueden encontrar, además de las señalizaciones nombradas hasta ahora, otros indicadores.

Las correspondientes centralitas de estos sistemas envían a la centralita del cuadro de instrumentos un mensaje de error. A modo de ejemplo se muestra en el Esquema 8.30 la conexión entre centralitas para que se enciendan en el cuadro los indicadores de cinturón de seguridad.

Se observa cómo los interruptores de los cinturones de seguridad cierran el circuito hacia la centralita de airbag. Esta envía la información a través de CAN Bus a la centralita pasarela o *gateway*, la cual informa a la del cuadro de instrumentos para que encienda el testigo correspondiente. En el Esquema 8.30 el interruptor del cinturón del conductor está cerrado, por lo que se enciende en verde el testigo correspondiente a este cinturón y en rojo los demás testigos. En este caso los testigos forman parte de una pantalla y la centralita del cuadro de instrumentos le envía los datos necesarios a través de una red LIN Bus. Normalmente este sistema va acompañado de una señal acústica.

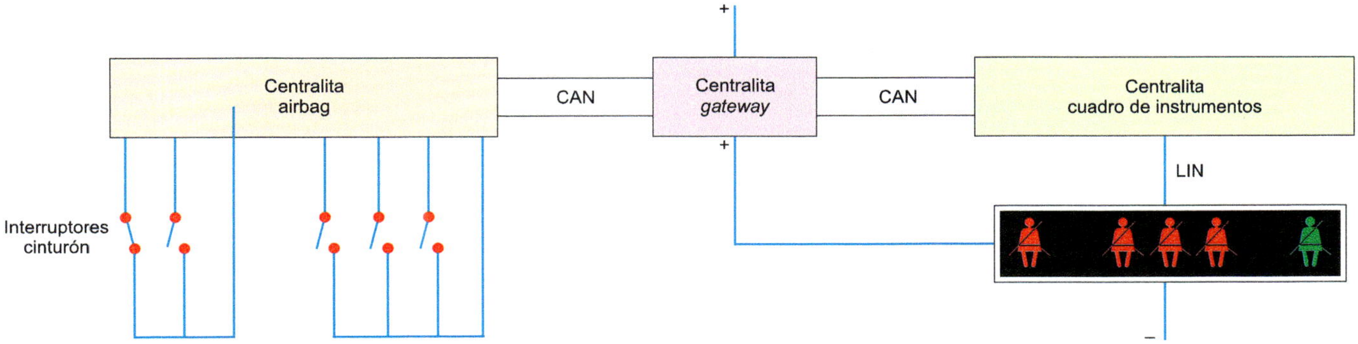

Esquema 8.30. Circuito del indicador de cinturones de seguridad activados/desactivados.

Figura 8.63. Señalización de cinturón de seguridad puesto.

PRÁCTICA DE TALLER

COMPROBACIÓN DEL INDICADOR DE TEMPERATURA DEL MOTOR

El indicador de temperatura se encuentra en el cuadro de instrumentos, en el cual encontramos también otros componentes digitales y analógicos.

Figura 8.64. Cuadro de instrumentos y su carcasa.

Figura 8.65. Relojes del cuadro de instrumentos y lámparas de señalización.

Figura 8.66. Relojes indicadores y sus respectivos motores.

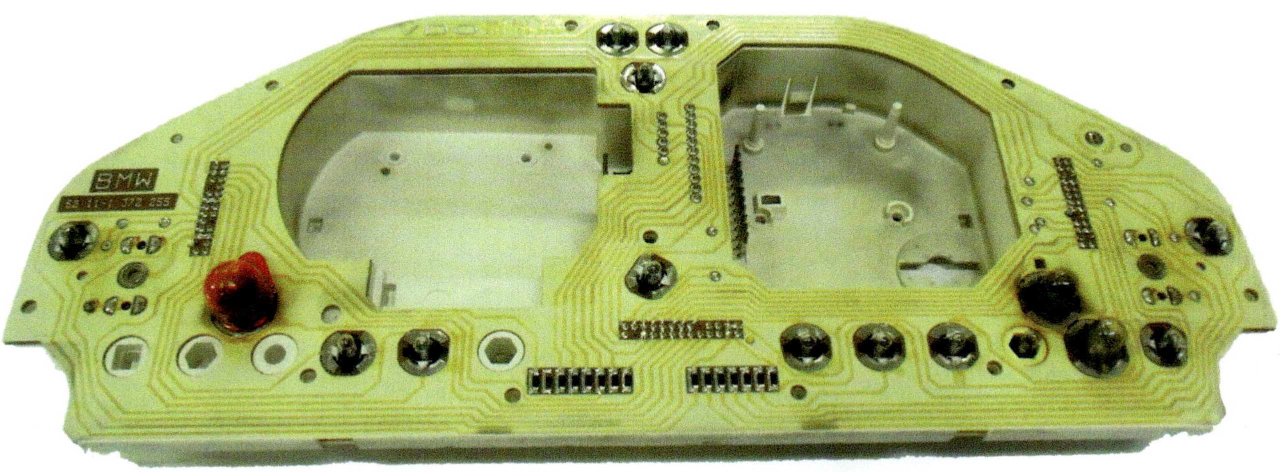

Figura 8.67. Estructura del cuadro de instrumentos sin los relojes y sus motores.

Comprobamos a continuación el indicador de temperatura del motor. Para ello identificamos sus terminales tal y como se observa en la Figura 8.68.

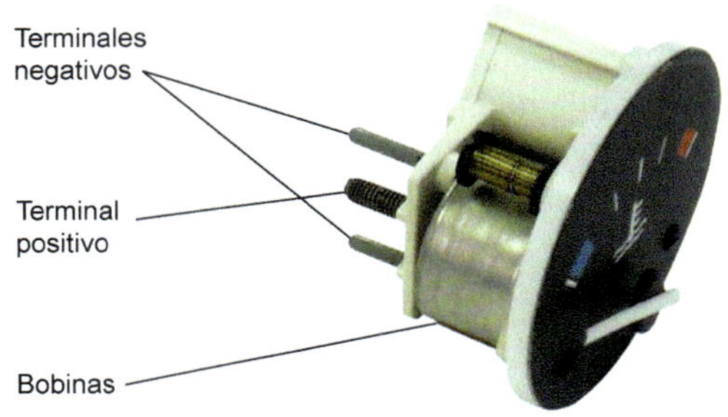

Figura 8.68. Terminales del indicador de temperatura.

Al desmontarlo observamos que es analógico, por lo que alimentaremos sus terminales de forma que la aguja se mueva hacia la bobina que estamos alimentando.

En la Figura 8.69 se observa cómo alimentar la bobina del indicador. De esta forma simulamos una temperatura máxima del motor.

Figura 8.69. Alimentación de la bobina cuando la temperatura es máxima.

Al alimentar tal y como se muestra en la Figura 8.70, la aguja marca temperatura mínima.

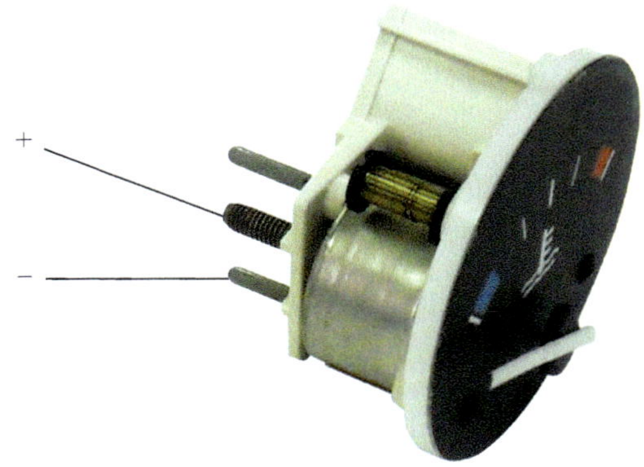

Figura 8.70. Alimentación cuando la temperatura es mínima.

8.6. Diagnosis del cuadro de instrumentos

La diagnosis de un cuadro de instrumentos varía si este tiene o no centralita. Cuando el cuadro tiene centralita su conector, que vemos al desmontarlo, cuenta con gran número de pines imposibles de verificar sin una caja de bornes. En el caso de un cuadro sin centralita la diagnosis debe realizarse circuito a circuito siguiendo el esquema eléctrico del fabricante.

8.6.1. Diagnosis de un cuadro con centralita electrónica

La diagnosis de la centralita del cuadro de instrumentos se puede realizar de dos formas:

- Empleando una máquina de diagnosis.
- Empleando una caja de bornes.

La máquina de diagnosis debe ser adecuada para el vehículo, siendo lo más común la utilización de máquinas multimarca. Al conectarla a la toma de diagnosis esta nos indicará las averías memorizadas en la centralita del cuadro, igual que ocurre con cualquier otro circuito del vehículo.

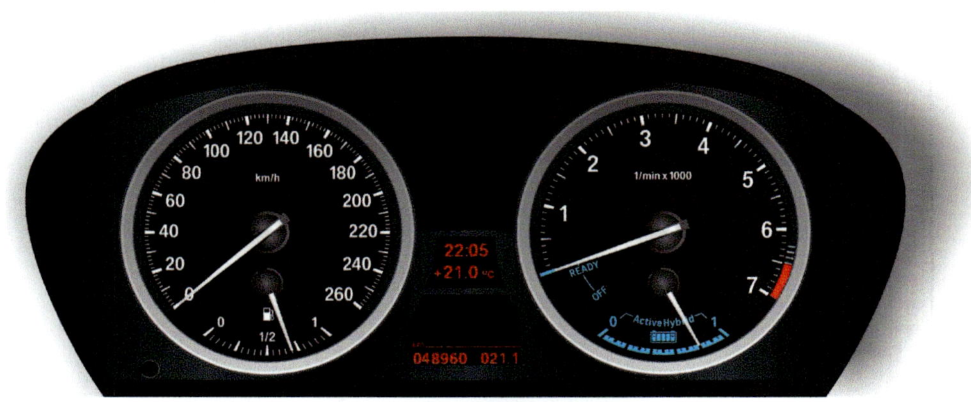

Figura 8.71. Cuadro de instrumentos con *display*.

Para el empleo de una caja de bornes se debe tener un conector adecuado para la centralita a diagnosticar, principalmente con igual número de pines. En este caso es imprescindible la utilización del esquema eléctrico del vehículo, pues de lo contrario no se puede saber a qué indicador o sistema pertenece cada pin. Para comprobar, por ejemplo, el indicador de temperatura del motor se conecta el osciloscopio en los pines correspondientes y se comprueba la alimentación del motor paso a paso que mueve la aguja del indicador. Si la señal enviada por la centralita no es correcta se tiene que comprobar el sensor de temperatura, bien *in situ* o a través de su centralita correspondiente, que en este caso es la de gestión del motor.

No es posible comprobar la señal de la NTC del motor a través de los pines de la centralita del cuadro de instrumentos pues esta información la recibe a través de un bus de datos. Sí se debe comprobar la señal de CAN Bus o similar recibida.

8.6.2. Diagnosis de un cuadro de instrumentos sin centralita electrónica

Si el cuadro de instrumentos no cuenta con centralita será necesario desmontarlo para comprobar el circuito de cada uno de los indicadores, siguiendo fielmente el esquema eléctrico del vehículo. Para desmontar el cuadro desconectamos la batería. Para comprobar los testigos se mide su resistencia, demostrando que tienen continuidad, y para comprobar un reloj indicador se debe medir la resistencia de sus bobinas. Si en el indicador del cuadro está todo correcto seguiremos el circuito que presenta avería (por ejemplo, el de presión del aceite) y comprobamos su sensor de presión y manocontacto.

Si es el cuadro de instrumentos el que presenta una avería, la forma de diagnosticarlo es comprobando las señales eléctricas que llegan al cuadro cuando estas son correctas.

Entre las averías más habituales del cuadro de instrumentos se encuentra la de las lámparas testigo fundidas.

Figura 8.72. La diagnosis de un cuadro de instrumentos sin centralita electrónica se realiza con el polímetro desmontando el cuadro. En el caso de un cuadro con centralita se emplea una máquina de diagnosis o una caja de bornes.

Mapa conceptual

CUADRO DE INSTRUMENTOS Y *HEAD UP DISPLAY* (HUD)

- Indicadores analógicos
- Indicadores digitales
- Indicadores acústicos
- Indicadores ópticos

EL ORDENADOR DE A BORDO

- Funciones
- Informaciones facilitadas
- Ventajas

CIRCUITOS DE INFORMACIÓN Y CONTROL

- Nivel de combustible con testigo de reserva
- Temperatura de agua del motor
- Presión y temperatura del aceite del motor
- Nivel de aceite
- Nivel de líquido de frenos y testigo de freno de mano activado
  - Circuitos analógicos
  - Circuitos digitales
  - Indicadores ópticos
  - Indicadores acústicos
- Desgaste de pastillas de freno
- Lámparas fundidas
- Avisador de olvido de luces
- Nivel del líquido refrigerante del motor
- Cuentarrevoluciones
- Velocímetro
- Presión de los neumáticos

Actividades finales

Cuestiones

8.1. Los tipos de indicadores son:

a) Indicador luminoso, reloj analógico, reloj electrónico o *display,* indicador acústico.

b) Indicador luminoso, reloj analógico, *display.*

c) Reloj analógico, *display,* indicador acústico.

8.2. Los cuadros de instrumentos:

a) Son lo mismo que el ordenador de a bordo.

b) No todos tienen ordenador de a bordo.

c) Todos tienen ordenador de a bordo.

8.3. Las ventajas del ordenador de a bordo son:

a) Conducción más económica, planificación del repostaje.

b) Aumento de la seguridad, ofrece más información.

c) Todas las respuestas anteriores son correctas.

8.4. ¿A qué indicador corresponde el siguiente circuito?

a) Indicador de temperatura del motor.

b) Indicador de nivel de líquido refrigerante.

c) Indicador de nivel de combustible o aforador.

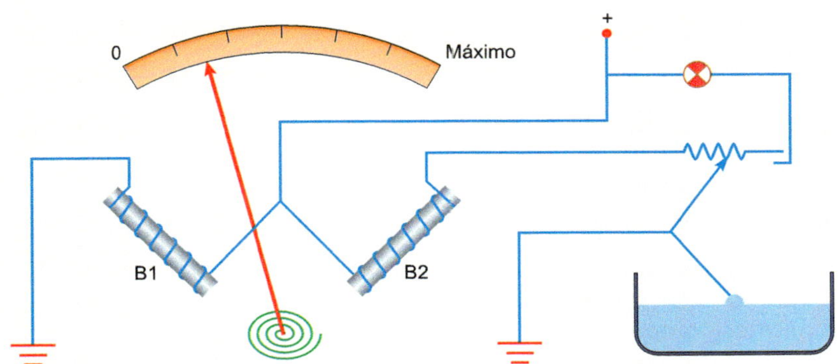

8.5. El indicador de temperatura del motor utiliza:

a) Una resistencia PTC.

b) Una resistencia VDR.

c) Una resistencia NTC.

8.6. Los velocímetros electrónicos utilizan la señal de:

a) Revoluciones del motor.

b) Velocidad de giro de las ruedas desde la centralita de ESP.

c) Velocidad de giro de las ruedas desde la centralita de ABS.

8.7. El sensor magnetorresistivo utilizado en los velocímetros va colocado:

a) Adosado al cojinete de rueda.

b) Dentro del cojinete de rueda.

c) Cualquiera de las dos opciones anteriores es cierta.

8.8. El indicador de lámpara fundida considera:

a) Cruce y carretera.

b) Antiniebla e intermitencia.

c) Cruce, carretera, señalización y antiniebla.

8.9. ¿En cuál de los siguientes sistemas no se emplean nunca contactos REED?

a) Sistema de detección de lámpara fundida.

b) Testigo de desgaste de pastillas de freno.

c) Indicador de nivel de aceite.

8.10. Para la diagnosis de un cuadro con centralita electrónica:

a) Se utiliza una máquina de diagnosis o una caja de bornes.

b) Se utiliza una caja de bornes o un polímetro.

c) Se utiliza una máquina de diagnosis o un polímetro.

Responde

8.1. ¿Puedes comprobar la señal de revoluciones del motor desde los pines de la centralita del cuadro de instrumentos? ¿Por qué?

8.2. Enumera los tipos de indicadores presentes en el vehículo.

8.3. Explica el funcionamiento de un circuito indicador con reloj analógico.

8.4. ¿Qué ventajas ofrece el ordenador de a bordo?

8.5. Escribe ocho ejemplos de la información facilitada por el ordenador de a bordo.

8.6. Nombra y explica brevemente la función de cada componente de un ordenador de a bordo.

8.7. ¿Qué dato suele recibir la centralita del cuadro de instrumentos desde la centralita de ABS?

8.8. Dibuja un circuito de aforador con centralita y explica brevemente su funcionamiento.

8.9. ¿En qué sistemas se utiliza el contacto REED?

8.10. ¿Qué es un termopar? ¿Cómo puede un termopar indicar el nivel de aceite del cárter?

8.11. ¿Qué sensor indica la temperatura del líquido refrigerante del motor? ¿Por qué es el más adecuado?

8.12. Indica las diferencias entre un circuito de medición de temperatura de motor con y sin centralita. ¿Están formados por los mismos componentes?

8.13. Explica el funcionamiento de una manorresistencia. ¿Dónde va colocado normalmente en el vehículo el sensor de presión de aceite?

8.14. Dibuja un circuito de medición de presión de aceite con centralita y nombra sus componentes.

8.15. ¿Para qué sirven el manocontacto y termocontacto de un circuito de medición de presión y temperatura del aceite?

8.16. Indica las ventajas del sensor magnetorresistivo de velocidad de rueda frente a un sensor inductivo.

8.17. ¿Dónde va colocado el sensor de desgaste de pastillas de freno?

8.18. ¿Por qué se coloca una resistencia en serie con cada lámpara del sistema de iluminación y señalización?

8.19. ¿Qué significan las siglas EOBD? ¿A qué se refieren? ¿Cuál es su testigo luminoso en el cuadro de instrumentos?

8.20. ¿De qué dos formas se puede diagnosticar un cuadro de instrumentos?

8.21. Indica las ventajas que conozcas de la utilización de pantallas HUD.

8.22. ¿Cuáles son los componentes de una pantalla HUD?

8.23. ¿Qué métodos se utilizan para mejorar la imagen de una proyección HUD sobre el combinador?

8.24. ¿Cómo funcionan los sistemas de detección de presión de neumáticos que utilizan sensores de ESP o ABS?

8.25. ¿Qué elementos forman un módulo de medición de presión de neumáticos integrado en la válvula?

Realiza

8.1. ¿A qué corresponde esta figura?

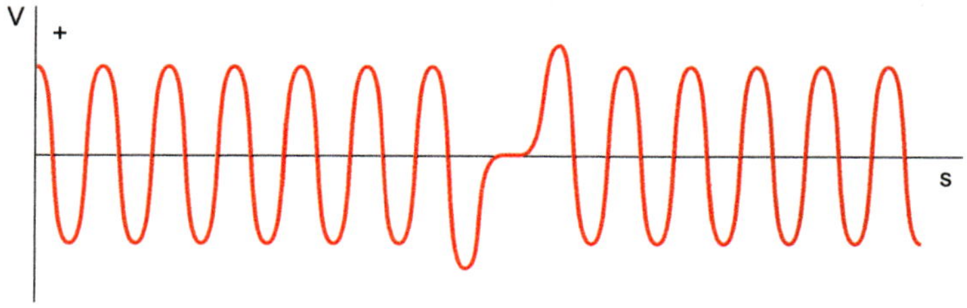

8.2. Explica el siguiente circuito.

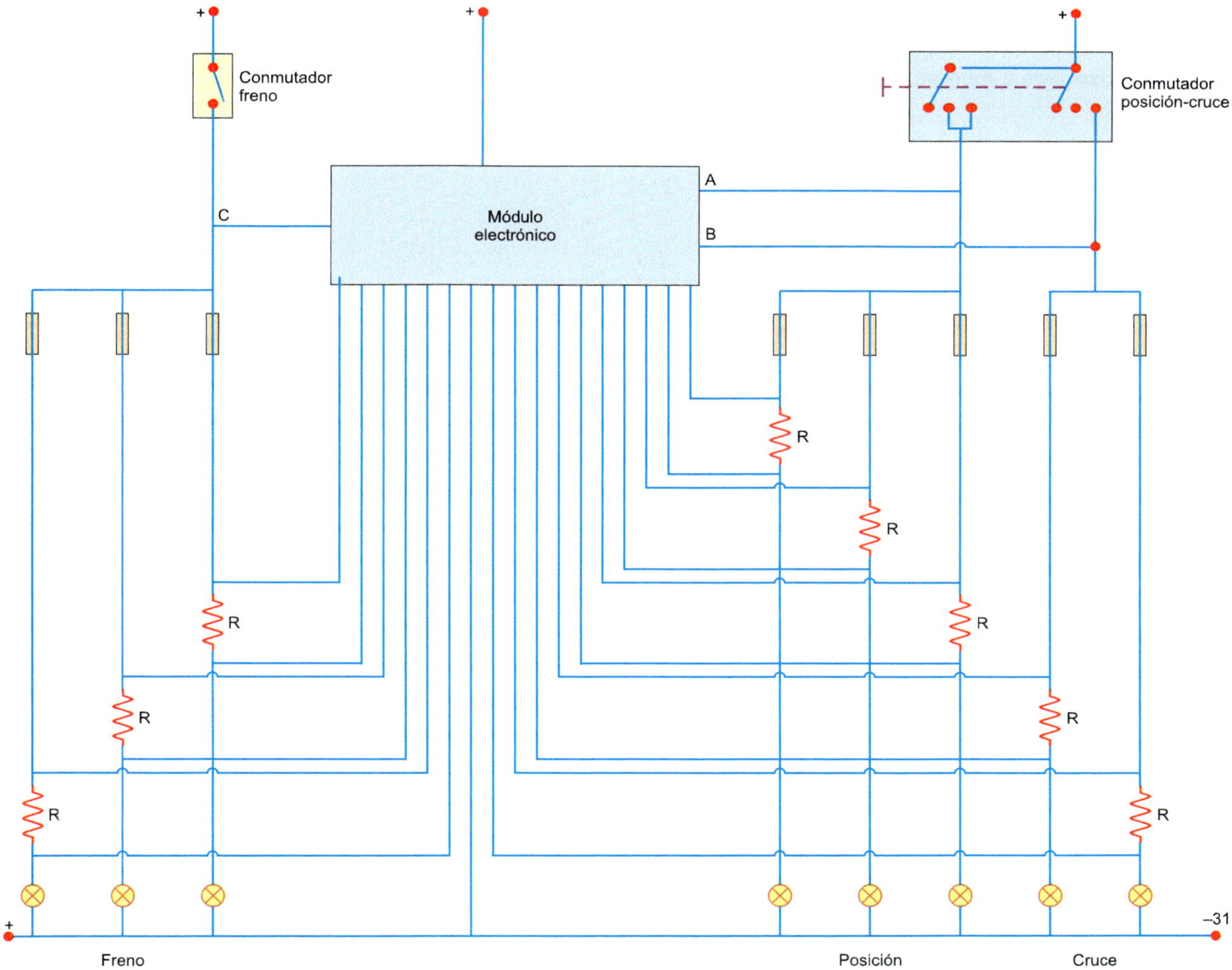

8.3. Busca en manuales de vehículos esquemas de cuadros de instrumentos y de ordenadores de a bordo. ¿Aparecen en los esquemas redes multiplexadas?

8.4. En la siguiente figura de un reloj indicador analógico dibuja cómo colocarías las puntas del polímetro para comprobar que funciona correctamente.

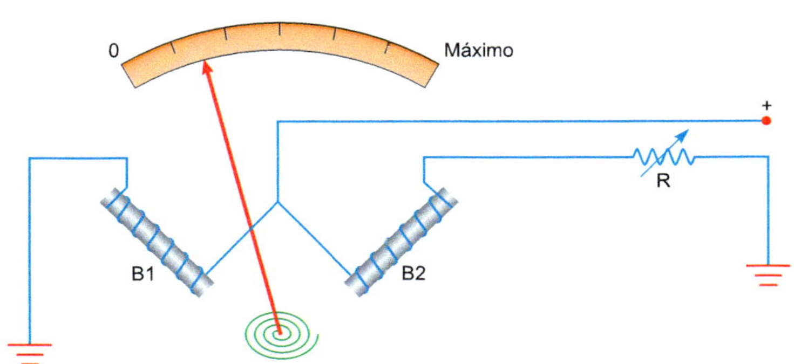

8.5. Dibuja el esquema eléctrico de los siguientes indicadores analógicos (con bobinas):

a) Aforador.

b) Indicador de temperatura del motor.

8.6. En el siguiente esquema indica qué señales puedes comprobar desde el terminal del cuadro de instrumentos y cuáles no:

a) Sensor de temperatura exterior.

b) Sensor de temperatura del motor.

c) Sensor de temperatura del habitáculo.

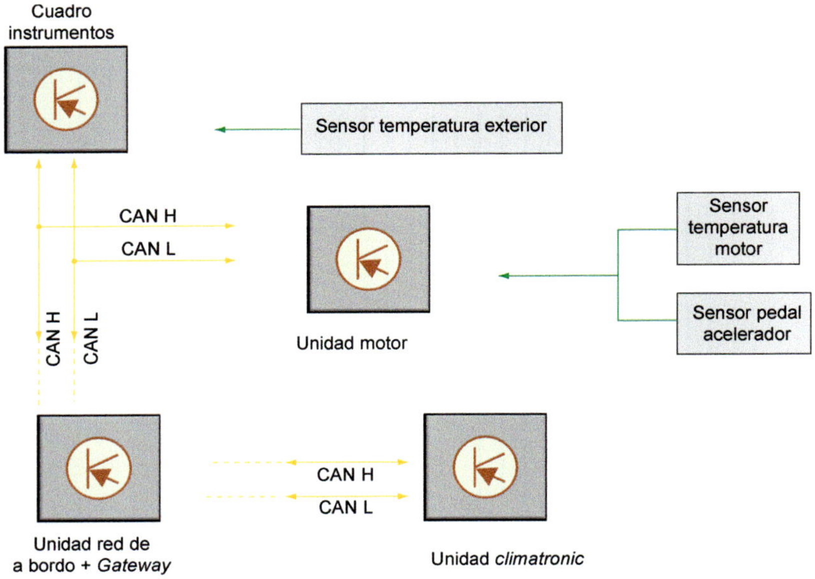

8.7. ¿A qué indicadores pertenecen los siguientes esquemas eléctricos?

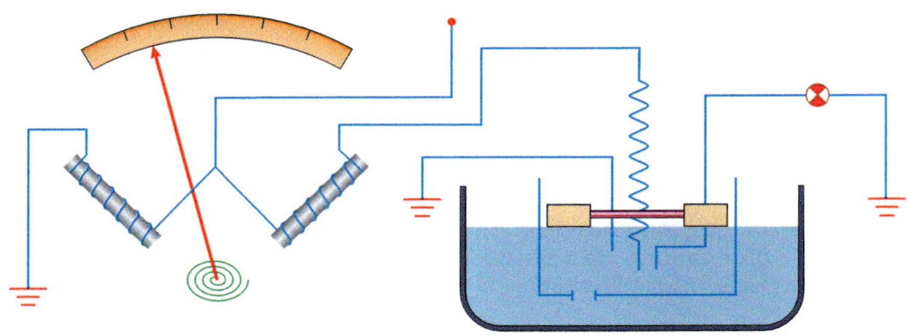

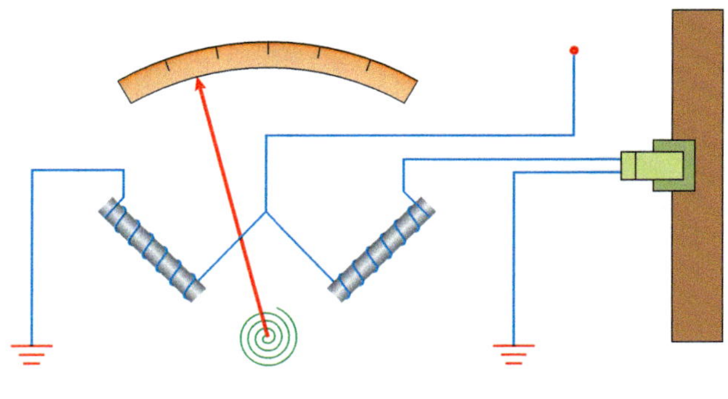

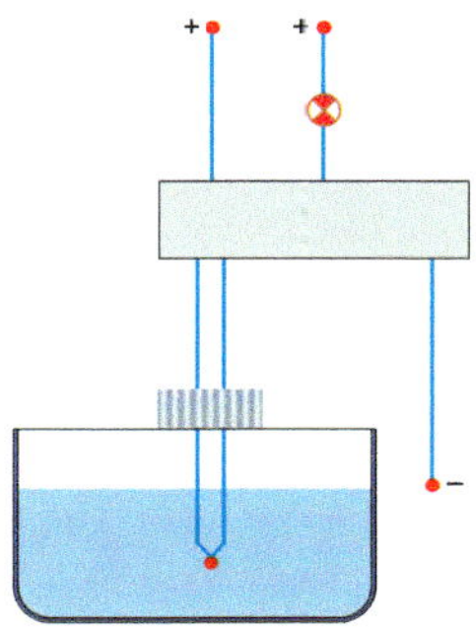

8.8. Dibuja los siguientes esquemas eléctricos con centralita:

a)

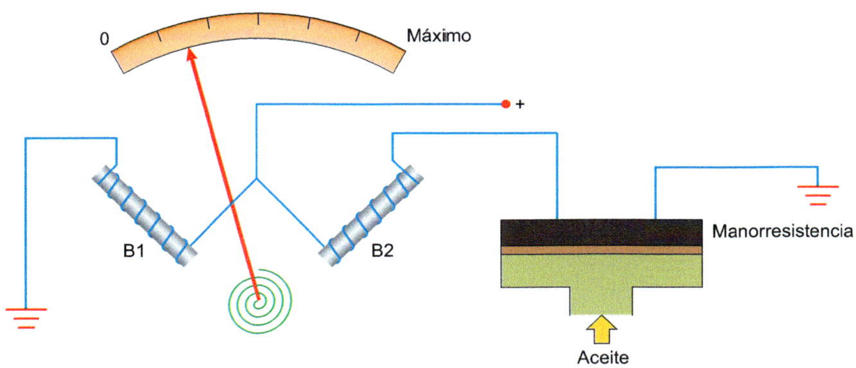

b)

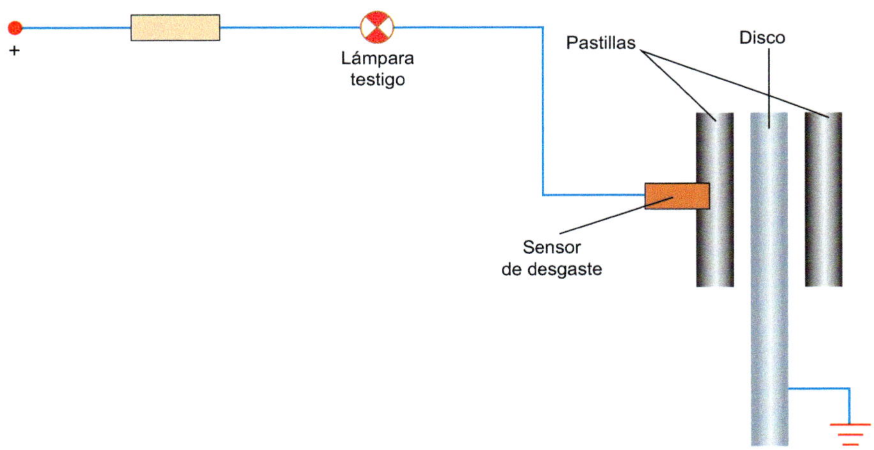

9 Sistemas avanzados de ayuda a la conducción (ADAS)

Los sistemas avanzados de ayuda a la conducción nacen de la búsqueda por parte de las autoridades y fabricantes de aumentar la seguridad y disminuir el número de accidentes de tráfico, pero no únicamente de los ocupantes del vehículo, sino también de los peatones.

Los objetivos de estos sistemas son los siguientes:

- Actuar de forma autónoma sobre el sistema de frenos en caso de colisión inminente.
- Disminuir la fatiga del conductor.
- Alertar al conductor de pérdidas de atención durante la conducción.
- Aumentar la visibilidad de marcha eliminando los ángulos muertos.
- Facilitar el aparcamiento al conductor avisando sobre la cercanía del obstáculo mediando un sistema luminoso o acústico o incluso aparcando el vehículo de una forma autónoma.

El empleo de sensores y *software* muy avanzados ha supuesto una auténtica revolución en este campo, ya que la inteligencia de los sistemas de asistencia a la conducción viene dada por la exactitud con que las centralitas del vehículo conocen lo que ocurre dentro y fuera, mediante la detección de líneas de carril, obstáculos en todo su perímetro, medición del parpadeo del conductor para determinar su fatiga, sensores de medición de distancias con los vehículos precedentes o el empleo de cámaras de vídeo. Por supuesto, los sistemas de comunicación entre centralitas del vehículo, principalmente a través de buses de datos, resultan fundamentales a la hora de desarrollar e implementar complejos sistemas de asistencia a la conducción.

9 Sistemas avanzados de ayuda a la conducción (ADAS)

¿Sabes ...

...cuáles son los sistemas de asistencia y ayuda a la conducción empleados en vehículos en la actualidad?

...la relación existente entre los sistemas de asistencia y ayuda a la conducción y las redes de comunicación del vehículo?

...interpretar la documentación técnica de los sistemas de asistencia y ayuda a la conducción?

...diagnosticar los circuitos de los sistemas de ayuda y asistencia a la conducción?

Contenidos

Objetivos

- Entender la constitución y el funcionamiento de los sistemas de asistencia a la conducción: alerta de cambio de carril involuntario, asistente para cambio de carril y detección de ángulos muertos, sistemas de prevención de colisión y atropello, detección de objetos en movimiento a bajas velocidades.
- Conocer la constitución y el funcionamiento de los sistemas de ayuda a la conducción: limitador y regulador de velocidad, regulador de velocidad activo, asistencia al aparcamiento, sistema de reconocimiento de señales de tráfico.
- Seleccionar e interpretar documentación técnica: interpretación de esquemas eléctricos de los circuitos de ayuda y asistencia a la conducción.
- Relacionar los sistemas de ayuda a la conducción con las redes multiplexadas.
- Estudiar los procesos de mantenimiento de los componentes de los sistemas de ayuda a la conducción. Ajuste de parámetros.
- Identificar síntomas y averías en los circuitos eléctricos de un sistema de ayuda a la conducción.

9.1. Introducción

Los sistemas avanzados de ayuda a la conducción integrados en el vehículo ayudan a los conductores a evitar o a mitigar un accidente, detectando la naturaleza e importancia del peligro. Dependiendo de la importancia de la amenaza, estos sistemas alertan al conductor lo antes posible de un peligro inminente, avisan al conductor si no hay reacción por su parte a la primera alerta y asisten de forma activa o, en última instancia, intervienen para prevenir el accidente o mitigar sus consecuencias.

Todos los sistemas avanzados de ayuda a la conducción, en adelante ADAS, están dotados de una serie de sensores que informan a la una unidad de control sobre las diferentes situaciones, y esta a su vez analiza y determina las acciones a realizar a través de sus actuadores.

9.2. Sensores

A continuación se nombran los sensores más habituales utilizados de los ADAS y cuáles son sus aplicaciones.

- **Radar:** regulador de velocidad activa, sistemas de prevención de colisión y atropello, asistente para cambios de carril y detección de ángulos muertos, iluminación inteligente, asistencia al aparcamiento.
- **Lidar:** regulador de velocidad activa, alerta de cambio involuntario de carril.
- **Cámara:** regulador de velocidad activa, sistemas de prevención de colisión y atropello, alerta de cambio involuntario de carril, asistente para cambios de carril y detección de ángulos muertos, asistencia al aparcamiento, reconocimiento de señales de tráfico, iluminación inteligente.
- **Ultrasonidos:** sistemas de prevención de colisión y atropello, asistente para cambios de carril y detección de ángulos muertos, asistencia al aparcamiento.
- **Infrarrojos:** alerta de cambio involuntario de carril.

Cuando la unidad de control de un sistema ADAS detecta que la información que recibe del sensor no es plausible, en función de la situación, puede decidir desactivarse temporalmente, para que sea el conductor quien decida, o tomar decisiones, siempre y cuando no pongan en entredicho la seguridad. Las causas más habituales de señales no plausibles son las siguientes:

- Fallo del sensor.
- Curva muy pronunciada.
- El vehículo irrumpe en cruce de forma muy repentina.
- Cambio de carril de forma muy repentina.
- El vehículo patina (presencia de hielo).
- Parte delantera del vehículo elevada/descendida.
- Parabrisas muy sucio, hielo, condensación, etcétera.
- Sensor descentrado.
- El vehículo precedente no refleja bien: carga en voladizo, etcétera.
- Luz muy intensa directa en el sensor.
- Condiciones meteorológicas muy adversas.
- Efecto túnel.

9.2.1. Radar

Los sensores de radar de largo alcance proporcionan información sobre la distancia y la velocidad de los objetos alrededor del vehículo. Normalmente van ubicados en los parachoques frontales y cuentan con un ángulo de apertura de hasta 40 grados y un alcance de 250 metros. Estos sensores también son empleados para otros sistemas de asistencia a la conducción, como el control de velocidad de crucero.

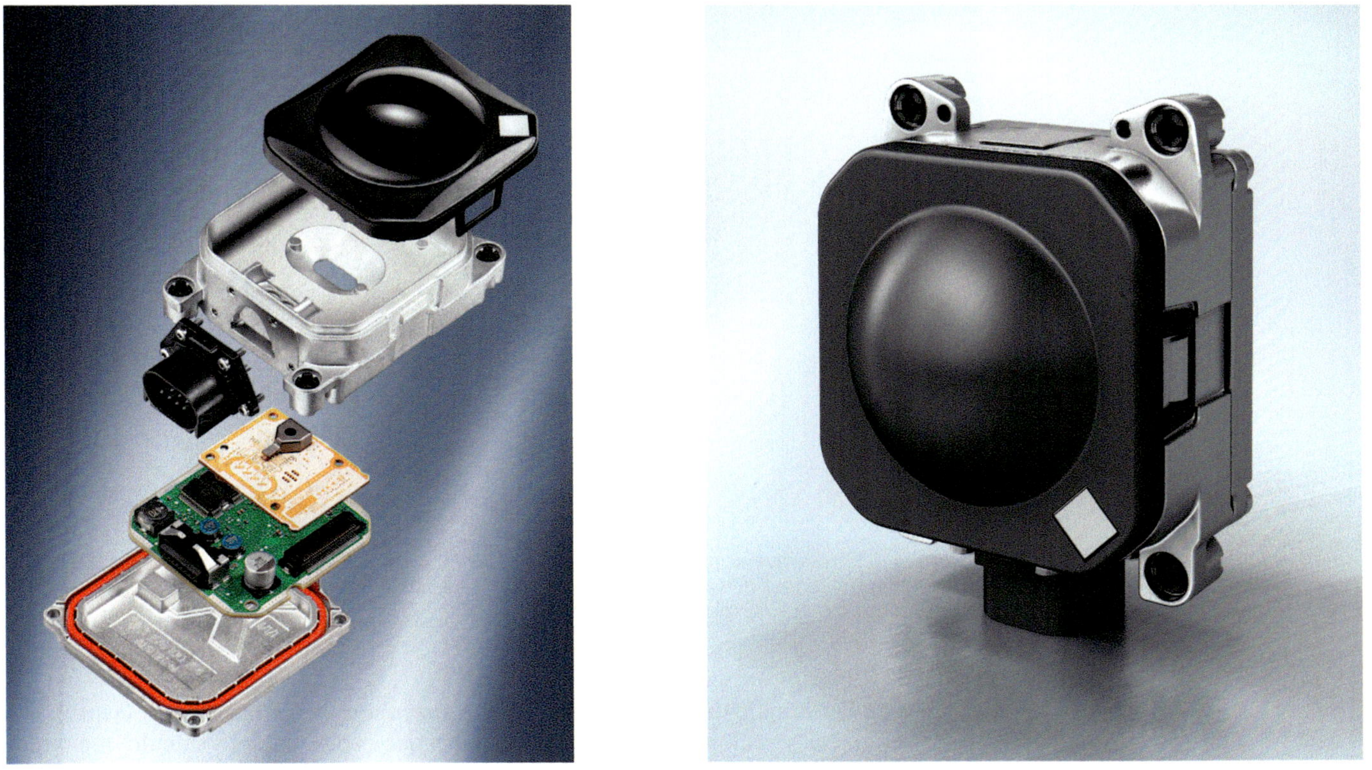

Figura 9.1. Sensor de radar.

El sistema está formado por un emisor de ondas, un receptor y una unidad de procesamiento y tratamiento de las señales del radar que, además, envía instrucciones a la centralita de alumbrado. El funcionamiento consiste en la emisión de paquetes de ondas en una banda de frecuencias de 76 a 77 GHz y con una longitud de onda de 4 mm. Estas ondas son reflejadas por los materiales metálicos y, a continuación, detectadas por el módulo receptor del radar.

Se compara la frecuencia de las señales recibidas con las emitidas, midiendo el tiempo transcurrido entre la emisión y la recepción de las ondas. Las ondas emitidas tienen diferentes frecuencias que las identifican y son enviadas en intervalos de tiempo que van entre 10 y 30 nanosegundos.

Para calcular la distancia se emplea este tiempo en relación con la velocidad de la luz, que es de 300 000 km/s, según la fórmula:

$$\text{Distancia} = \text{tiempo} \times \text{velocidad de la luz} / 2$$

Para medir la distancia entre dos objetos que están en movimiento (en este caso dos vehículos) se basa en el efecto Doppler, el cual consiste en lo siguiente:

Figura 9.2. Cámara multifunción.

- Si se reduce la distancia entre el transmisor y el objeto la frecuencia de las ondas reflejadas aumenta.
- Si aumenta la distancia entre ambos la frecuencia de las ondas reflejadas disminuye.

Figura 9.3. Inconveniente que puede presentar un sensor de radar al no detectar vehículos de menor tamaño, como la motocicleta.

Figura 9.4. Sensor de radar que detecta a otro vehículo en una curva.

Una de las principales dificultades de este sistema es reconocer, entre las muchas ondas reflejadas y recibidas por el radar, aquellas que proceden del vehículo que circula delante, y determinar si lo hace por el mismo carril. Para ello, así como para conocer la posición lateral del vehículo, se emiten ondas en diferentes direcciones. La reflexión con una intensidad de onda más fuerte indicará el punto más cercano. Para ello es necesario contar con varias antenas emisoras.

La velocidad del otro vehículo se obtiene a partir de mediciones sucesivas de la distancia.

Sabías que...?

Las ondas de radar de un vehículo con un sistema de regulación de velocidad activa no interfieren con las de otro vehículo con este mismo sistema gracias al diseño de la ubicación del sensor de radar en el vehículo. Tampoco suponen una interferencia para otras transmisiones por radar, como las empleadas por la policía o los hospitales, ya que su frecuencia es diferente.

Figura 9.5. Sensor de radar.

ACTIVIDAD **Resuelta 9.1**

¿A qué distancia se encuentra un vehículo que circula delante del nuestro si las ondas de radar tardan en regresar al sensor 45 nanosegundos?

Solución

Distancia = tiempo × velocidad de la luz / 2

Sabemos que la velocidad de la luz es 300 000 km/s.

En primer lugar transformamos los datos del ejercicio a unidades del Sistema Internacional:

45 nanosegundos = 45 × 0,000000001 = 0,000000045 segundos

300 000 km/s = 300 000 000 m/s

La distancia por tanto es:

Distancia = 0,000000045 × 300 000 000 / 2 = **6,75 metros**

Sabías que...

Según el efecto Doppler, cuando un sensor de radar que está en movimiento se va acercando a un objeto (en este caso a la calzada), la frecuencia de las ondas reflejadas será mayor que la frecuencia de las ondas emitidas por el emisor. El incremento de frecuencia será directamente proporcional a la velocidad lineal con que se mueve el sensor de radar, y de esta forma se calcula su distancia a la calzada.

Los sensores de radar deben cumplir los siguientes requisitos para funcionar de forma fiable:

- Trabajar en un rango de temperatura de −40 °C a +80 °C.
- Ser insensibles a irradiaciones electromagnéticas del exterior, como las del teléfono móvil.
- Ser insensibles a vibraciones.
- Ser resistentes a líquidos y estancos a la humedad.
- Tener poco peso.
- Ser susceptibles de regulación.

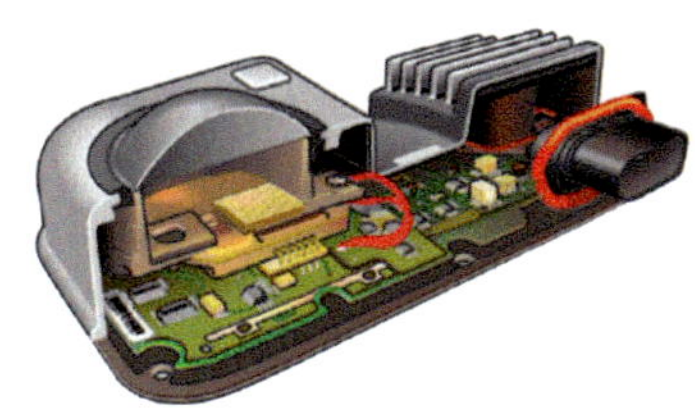

Figura 9.7. Interior de un sensor de radar.

Los sensores de radar deben ser regulados para asegurar que la posición central de los conos de haces del radar coincida exactamente con el eje longitudinal del vehículo. Si esto no ocurre la medición no sería correcta.

Figura 9.6. Ubicación del sensor de radar.

Recuerda que...

Cuando un sensor de radar tiene que detectar a otro objeto en movimiento, según el efecto Doppler, la frecuencia reflejada si el vehículo se va acercando al objeto será mayor que la enviada. La velocidad lineal del vehículo será directamente proporcional al incremento de frecuencia (entre la enviada y la recibida), y de esta forma se calcula la distancia entre el vehículo y el objeto.

Figura 9.8. Sensor láser.

9.2.2. Lidar

Con la misma ubicación en el vehículo que los sensores de radar cuentan con la ventaja de que su tamaño es menor y tienen una mayor vida útil. Los sensores de detección de obstáculos emplean un escáner láser de dos dimensiones. El emisor envía una señal láser que, al reflejarse en el vehículo que le precede, es recogida por el receptor del sensor. La señal luminosa es convertida en una señal eléctrica, y el microprocesador de la centralita puede calcular, por tanto, posición, ángulo y velocidad del vehículo que se encuentra delante.

Los sensores láser cuentan con un amplio campo de visualización gracias al empleo de espejos poligonales con superficies inclinadas distintos ángulos que permiten un escáner en dos dimensiones.

Recuerda que...

Para convertir una señal luminosa en una señal eléctrica se emplean fototransistores. Estos componentes están formados por semiconductores que tienen la propiedad de convertirse o no en conductores eléctricos dependiendo de la luz que reciben. Las señales luminosas o láser que envía el emisor provienen de diodos led de alto rendimiento luminoso, que realizan la función contraria al fototransistor: convierten una señal eléctrica en una señal luminosa.

9.2.3. Cámara

Los vehículos pueden disponer de dos cámaras, una frontal ubicada en el parabrisas a la altura del retrovisor, con un alcance de aproximadamente 80 metros, aunque podría llegar a 800 metros si dispone de la automatización de la luz de cruce y carretera, y otra trasera, normalmente de menor alcance.

La utilización del vídeo nos ofrece un alto contenido informativo con el que identificar objetos, personas, vehículos, señales de tráfico, etc. El principal problema que plantea es la necesidad de contar con un *software* muy potente, capaz de analizar imágenes y procesarlas para obtener datos de ellas. Esta es la razón por la que es muy habitual encontrar vehículos con cámara que, sin embargo, no cuentan con muchos de los ADAS estudiados en esta unidad.

Un vehículo puede tener una cámara únicamente para un sistema de iluminación inteligente y un sistema de cambio involuntario de carril, y utilizar sensores de radar para el sistema de frenada automático o sistema anticolisión y para el sistema de regulación de velocidad activa. Así mismo no contará con sistemas como el de reconocimiento de señales de tráfico. Esto es debido a que el elemento que más encarece el sistema es el *software* que analiza las imágenes, y no la cámara en sí.

Las cámaras pueden ser:

- **Mono:** tienen un único objetivo.
- **Esteoroscópicas:** tienen dos objetivos, lo que permite que se puedan tomar dos fotografías en el mismo instante de tiempo, generando así una imagen tridimensional. Una importante ventaja de estas cámaras es que se pueden emplear para medir distancias.

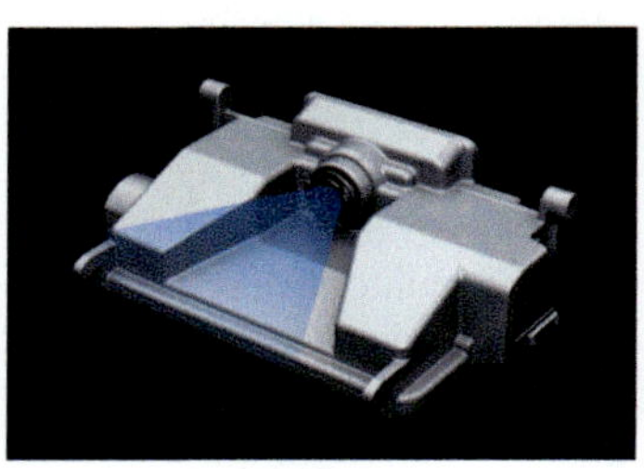

Figura 9.10. Cámara frontal.

Figura 9.9. Cámara frontal de un Hyundai Santa Fe.

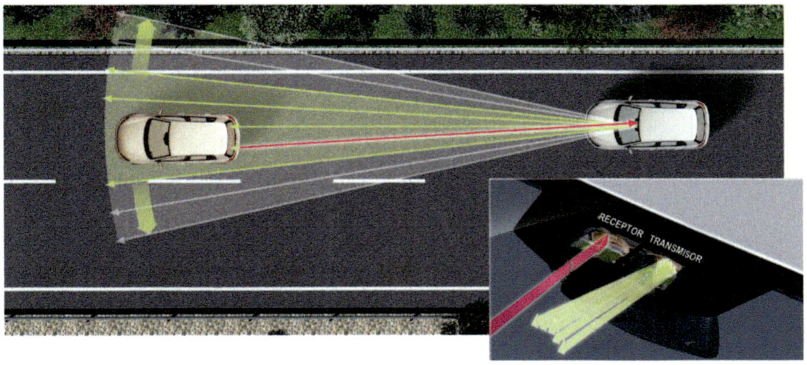

Figura 9.11. Barrido de la cámara.

9.2.4. Ultrasonidos

Los sensores por ultrasonidos tienen un gran ángulo de apertura, por eso son muy empleados en sistemas de detección de obstáculos en la carretera. Están formados por un convertidor de ultrasonidos, un circuito electrónico para la emisión y una centralita.

Cuando la centralita recibe un impulso digital para emitir, el circuito electrónico excita la membrana de aluminio del convertidor de ultrasonidos y genera vibraciones en forma de ondas ultrasónicas. La onda reflejada en el suelo es recibida en un tiempo determinado, y es así como el sistema detecta la inclinación. Una pastilla piezoeléctrica pegada a la membrana convierte la vibración en una señal analógica que la electrónica del sensor amplifica y convierte en señal digital, para que pueda ser interpretada por la centralita.

La ventaja de los sensores de ultrasonido es la relación entre su efectividad y su coste, así como el hecho de no requerir un *software* especialmente potente. Ofrecen un alcance de 1,5 metros y la mayoría de ellos está preparado para detectar obstáculos bajos y estrechos, como por ejemplo macetas. Estos sensores pueden pintarse del color del vehículo, por lo que quedan totalmente integrados en el parachoques.

Sabías que...

Los ultrasonidos son ondas con una frecuencia superior al espectro audible por el ser humano. Estas ondas rebotan fácilmente y es así como nos aportan una imagen. Son empleadas por algunos animales, como delfines o murciélagos.

9.2.5. Infrarrojos

Su funcionamiento consiste en un emisor formado por un diodo que envía señales infrarrojas hacia una superficie. Si esta superficie es clara la reflectividad será mayor que si es oscura. Un ejemplo claro de la utilización de sensores infrarrojos es para la detección de líneas blancas sobre la calzada, en el sistema de alerta de cambio involuntario de carril.

Si el vehículo cuenta con una cámara de infrarrojos, estos sensores se pueden utilizar también para la detección de objetos en la calzada por la noche. Esto es debido a que la cámara, al reflejar la luz infrarroja sobre un objeto, lo detecta. Este objeto debe irradiar calor, lo que hace que este sistema pueda dar algunos errores en entornos muy calurosos.

Figura 9.12. Sensor de infrarrojo, que contiene emisores y receptores de infrarrojos.

Figura 9.13. Sensor infrarrojo de Citroën.

Recuerda que...

Las radiaciones infrarrojas son ondas electromagnéticas con menor frecuencia que la luz visible. Son radiaciones emitidas por cualquier cuerpo que irradie calor. Los seres vivos, y muy especialmente los mamíferos, emiten una gran cantidad de radiaciones infrarrojas debido a su temperatura corporal. Pero no todas las emisiones infrarrojas son iguales, pues dependen de su longitud de onda. Nuestros ojos no pueden ver las radiaciones infrarrojas, solo las radiaciones de luz visible. En la siguiente figura podemos ver cómo varía el color de las emisiones en función de la temperatura del cuerpo material a su paso. Cada material posee una constante de resistividad.

Figura 9.16. Imagen tomada por cámaras de infrarrojos.

Recuerda que...

Los sensores infrarrojos son muy utilizados en minirrobótica para la detección de líneas en robots seguidores. Tanto el emisor como el receptor están encapsulados, formando un conjunto muy compacto y pequeño.

Figura 9.14. Sensor infrarrojo de Citroën.

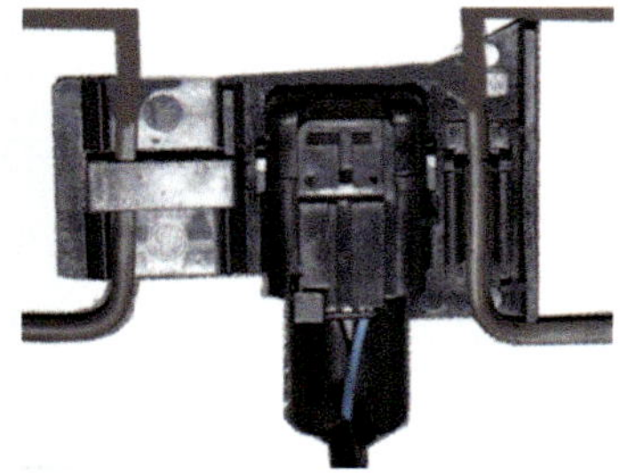

Figura 9.15. Sensor de infrarrojos, que contiene emisores y receptores de infrarrojos.

ACTIVIDAD **Propuesta 9.1**

Une los siguientes datos con su sensor de inclinación de carrocería correspondiente.

- Mecánico
- Ultrasonidos
- Radar

- Efecto Doppler
- Compresión elementos de suspensión
- Captador Hall
- Sistema con centralita
- Una membrana recibe las ondas en forma de radiación
- Emisor y receptor

9.3. Regulador y limitador de velocidad

La función del **limitador de velocidad** es la de evitar que el vehículo supere la velocidad marcada por el conductor mediante el mando del limitador, independientemente de la acción sobre el pedal del acelerador. El sistema deja de funcionar cuando el conductor actúa sobre los pedales de freno o embrague, aunque normalmente queda memorizada la velocidad marcada por el conductor.

Algunos sistemas avisan al conductor de que ha superado la velocidad límite marcada mediante un endurecimiento del acelerador, que el conductor puede superar en caso de emergencia. Otros sistemas avisan al conductor con una señal óptica o sonora.

El **regulador de velocidad** mantiene constante la velocidad marcada por el conductor sin que este actúe sobre ningún pedal. La desconexión del regulador tiene lugar cuando el conductor actúa sobre los pedales de freno, embrague o acelerador, pero en el caso del acelerador el regulador de velocidad se vuelve a activar automáticamente cuando el conductor deja de acelerar.

Ambos sistemas funcionan dentro de un rango de velocidades, entre 30 y 200 km/h aproximadamente. Dicho rango se agranda dependiendo de la generación a la que pertenece. Actualmente los limitadores y reguladores de velocidad son totalmente electrónicos.

Figura 9.17. Mandos de volante, entre los que se encuentra el regulador de velocidad.

Recuerda que...

Los sistemas de comunicación entre centralitas, bien sean buses de datos o fibra óptica, están muy presentes en los sistemas de asistencia y ayuda a la conducción, ya que estos requieren información de velocidad del vehículo, revoluciones del motor, pedales de freno, embrague, acelerador, caja de cambios, etcétera.

Los componentes de un sistema de regulación de velocidad son los mismos que los de un sistema de limitación de velocidad, pero las prestaciones y el funcionamiento son diferentes. Estos componentes son:

- Mando del limitador o regulador.
- Centralita de regulación o limitación de velocidad.
- Sistema de comunicación por buses de datos entre la centralita del sistema y otras centralitas y sensores.
- Conmutador de desconexión.

El mando se encuentra al alcance del conductor y su utilización debe ser sencilla e intuitiva. A través de estos mandos el conductor selecciona la velocidad límite a la que desea conducir o la velocidad de marcha del vehículo.

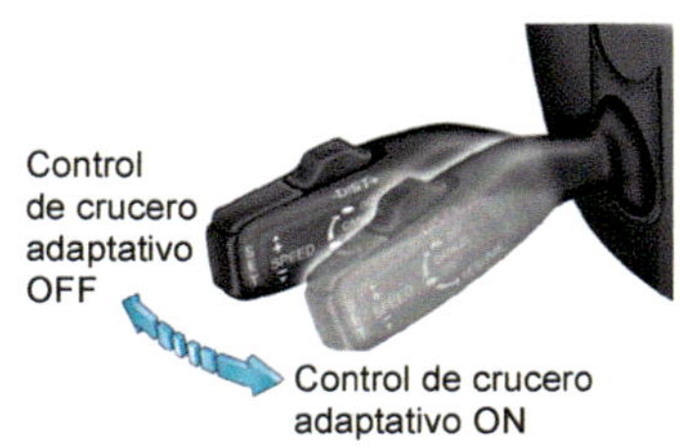

Figura 9.18. Mandos de un regulador de velocidad de Land Rover.

La centralita del sistema de limitación o regulación de velocidad está en comunicación con la centralita de gestión del motor, la cual actuará limitando la velocidad de marcha del vehículo en el caso del limitador, y manteniendo la velocidad de marcha marcada en el caso del regulador. En este último caso la dificultad reside en el mantenimiento de la velocidad marcada en cualquier situación (marcha cuesta arriba, cuesta abajo, diferentes temperaturas exteriores, etcétera).

Las centralitas de ambos sistemas reciben información de la palanca de cambios, los sensores de los pedales de freno, embrague y acelerador, sensores de velocidad de las ruedas, captador de revoluciones del motor, etc., y la unidad electrónica del motor actúa de forma autónoma sobre la mariposa de gases, para que el vehículo circule a la velocidad elegida por el conductor. A través del mando de control se puede modificar la velocidad elegida.

Todos los sistemas cuentan con una opción aparte o incluida en el mando del sistema para desconectar el limitador o el regulador de velocidad.

Figura 9.19. Esquema del funcionamiento de un sistema de limitación/regulación de velocidad.

El esquema de la Figura 9.19 representa, de forma muy simplificada, el intercambio de datos entre los distintos sensores y centralitas del vehículo que afectan al funcionamiento del limitador o regulador de velocidad.

Observamos cómo la centralita recibe información de los sensores de los pedales para saber si el conductor está actuando sobre alguno de ellos. Además conoce la velocidad del vehículo a través de los captadores de velocidad de las ruedas, y la dificultad que el motor está encontrando para mantener dicha velocidad a través del captador de revoluciones del motor. La centralita del sistema también conoce la marcha engranada y, con toda esta información, indica a la centralita de gestión del motor si debe corregir o no su actuación.

9.4. Regulación de velocidad activa

Los sistemas de regulación de velocidad activa cuentan con las funciones del regulador de velocidad y, además, mantienen en todo momento la distancia de seguridad con el vehículo precedente teniendo en cuenta, incluso, los vehículos que se incorporan desde otros carriles.

Figura 9.20. Funcionamiento de un sensor de radar de un Toyota Avensis.

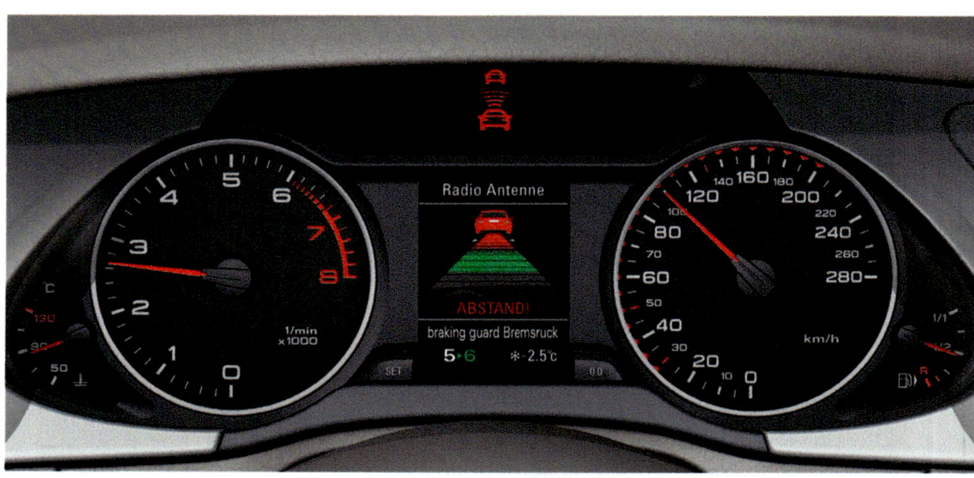

Figura 9.21. Indicación del cuadro de mandos de un sistema de regulación de velocidad activa.

Sabías que...?

Algunos ejemplos de sistemas de regulación de velocidad activa son el ACC (*Adaptative Control Cruise*) de Bosch, ADR (*Automatic Distance Regulation*) de Volkswagen o Distronic de Mercedes. Los sistemas de regulación de velocidad activa se comercializan desde el año 2003.

Figura 9.22. Funcionamiento del sistema Distronic de regulación de velocidad activa de Mercedes.

Figura 9.23. Distancia mantenida con el vehículo delantero por un Hyundai Santa Fe.

Figura 9.24. Sensor de radar.

El sistema acelera, frena y disminuye el par motor del vehículo sin que el conductor intervenga. Cuando este marca la velocidad de crucero que desea el vehículo se mantiene a esa velocidad mientras el sensor de proximidad no detecte ningún obstáculo en movimiento, refiriéndonos con obstáculo a un vehículo que circula delante a menor velocidad o un vehículo que se incorpora al carril. En ese momento la centralita actúa disminuyendo el par motor y, si es necesario, frenando para adaptarse a la velocidad del vehículo anterior y mantener así la distancia de seguridad marcada.

En el momento en que el obstáculo desaparece la centralita actúa sobre el acelerador hasta alcanzar la velocidad marcada originalmente por el conductor. El sistema queda desconectado al pisar el freno o el acelerador.

En las curvas en vías de varios carriles el sistema puede fallar, al considerar que un vehículo de otro carril se está incorporando al nuestro.

9.4.1. Componentes

Los sistemas de regulación de velocidad activa están formados por los siguientes componentes:

- Sensor de detección de objetos.
- Centralita de regulación.
- Conmutadores de selección de velocidad máxima y distancia máxima.

Sensor de detección de obstáculos

Los sensores están formados por uno o varios emisores y receptores agrupados detrás de una lente, y forman un mismo conjunto con la centralita del sistema. Pueden ser sensores de radar, sensores láser o cámaras.

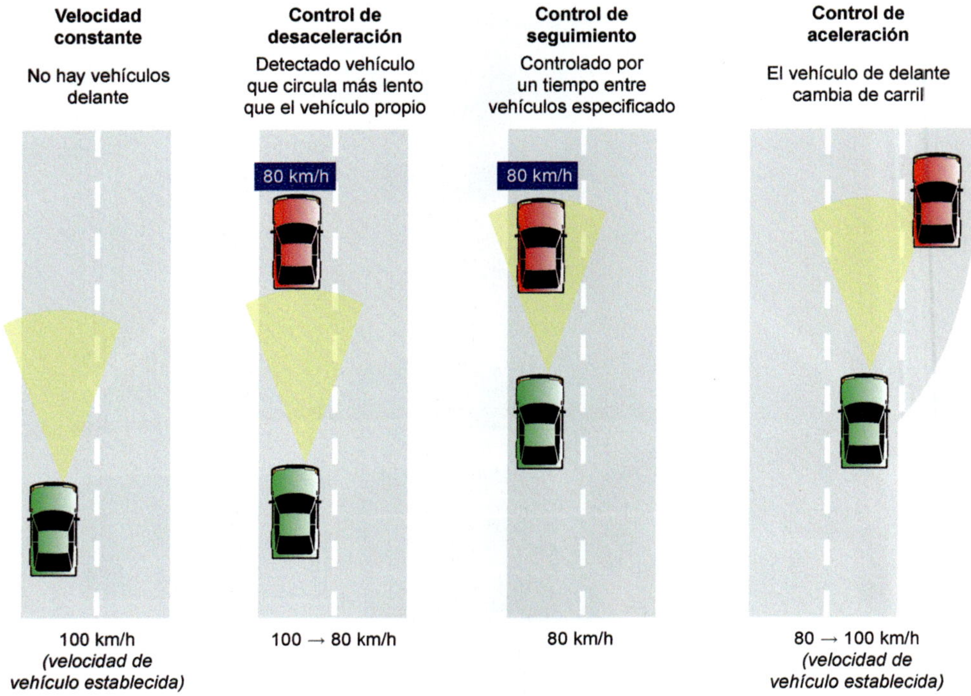

Figura 9.25. Funcionamiento de un sistema de regulación activa.

Centralita de regulación

Dentro de la misma carcasa del sensor se encuentra un microprocesador que regula e interpreta las señales enviadas y recibidas por el mismo. De estas señales obtiene la distancia, velocidad relativa y ángulo del vehículo en movimiento que se encuentra delante. Sus funciones son:

- Hacer una previsión de las condiciones del carril.
- Seleccionar el objeto relevante (posible obstáculo).
- Regular las distancias y velocidades del vehículo respecto al vehículo precedente.
- Mantener una comunicación fluida con las unidades de control del motor, servofreno y cuadro de instrumentos.
- Realizar la autodiagnosis del sistema.

La centralita se comunica a través de sistemas de buses de datos con la centralita de gestión del motor, servofreno y gestión del cambio (esta última solo si se trata de vehículos con cambio automático gestionado electrónicamente), además de los sistemas electrónicos de modulación de la frenada (en la mayoría de los casos ESP) y cuadro de mandos, desde donde el conductor controla el sistema. El sistema de regulación de velocidad activa utiliza la información enviada por diversos sensores y captadores del vehículo, como el de velocidad de las ruedas, giro del volante o velocidad de la carrocería, a través de la comunicación existente entre sus correspondientes centralitas y la del sistema. Algunos de estos sensores, incluso, se comunican directamente con los sensores de detección de obstáculos mediante otras centralitas, como ocurre con los sensores de velocidad de las ruedas y la centralita de ABS.

Figura 9.26. Barrido del sensor de detección de obstáculos.

Mandos de control del sistema

Mediante los conmutadores que forman los mandos de control del sistema el conductor selecciona la distancia que desea mantener con el vehículo precedente y la velocidad de marcha. Ambos datos son claramente indicados en el cuadro de instrumentos, mediante unas líneas que se iluminan, mediante un reloj analógico, etc. Los mandos deben ser de fácil acceso para el conductor y muy intuitivos.

El regulador de velocidad activa solo puede ser puesto en funcionamiento por el conductor a través de los mandos correspondientes, pero si el sistema detecta alguna deficiencia no permitirá ser activado, y lo mismo ocurrirá si está pisado el freno o puesto el freno de mano. Además existe un aviso óptico y otro acústico de distancia cuando se sobrepasan los límites de seguridad establecidos previamente con el vehículo precedente.

Figura 9.28. Mando de control del sistema de control de velocidad activa ADR del Volkswagen Phaeton.

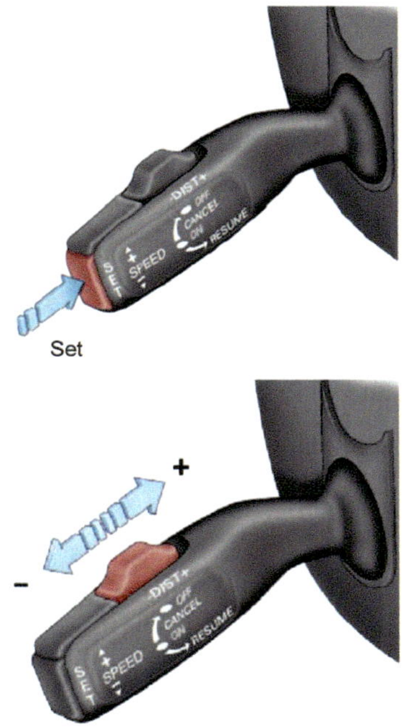

Figura 9.27. Ejemplo de mando de control de un sistema de regulación de velocidad activa.

9.4.2. Funcionamiento del sistema

El conductor indica al sistema la velocidad de marcha y la distancia de seguridad que desea mantener con el vehículo precedente a través de los mandos de control del sistema. El valor de la distancia depende de la velocidad de conducción correspondiente.

Distancia 1	Distancia 2	Distancia 3	Distancia 4

Figura 9.29. Ejemplo de señalización en la pantalla del vehículo de las distancias disponibles para ser seleccionadas por el conductor.

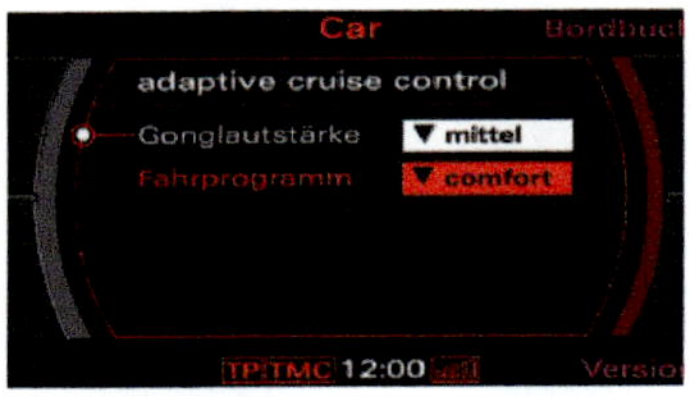

Figura 9.31. Selección del programa de conducción deseado. En este ejemplo es Dynamic, Standard y Confort.

El sistema de regulación de velocidad mantiene dicha velocidad mientras el conductor no actúe sobre alguno de los pedales. Al mismo tiempo el sensor de detección de obstáculos y el microprocesador de la centralita calculan en todo momento la distancia existente con el vehículo de delante (si los sensores han detectado algún vehículo), así como el ángulo de la posición del mismo respecto al eje central del campo de rastreo.

Figura 9.30. Funcionamiento del sensor de radar del sistema ACC de Bosch.

Figura 9.32. Aviso óptico al conductor para que asuma la conducción (sistema ACC de Bosch).

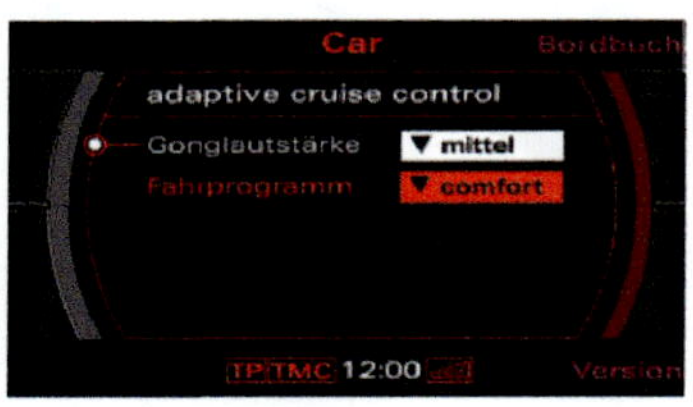

Figura 9.33. Selección de volumen de la señal acústica para que el conductor asuma la conducción (sistema ACC de Bosch).

Cuando la centralita advierte que la distancia es menor a la marcada por el conductor envía este dato a la centralita de gestión del motor, la cual comienza la desaceleración del vehículo disminuyendo el par motor. Llegados a este punto contamos con la siguiente casuística:

- La distancia de seguridad con el vehículo precedente vuelve a ser superior a la marcada por el conductor y la centralita de gestión del motor hace acelerar al vehículo hasta recuperar la velocidad de marcha indicada por el conductor inicialmente.
- La distancia de seguridad con el vehículo precedente no aumenta por encontrarse ambos coches en un atasco. El vehículo se ve obligado a circular muy pegado al de delante, y para ello es necesario que el sensor garantice la cobertura completa de la parte frontal del vehículo a muy poca distancia para identificar cualquier maniobra de este u otro vehículo que intente incorporarse al carril. Esta función del sistema de regulación de velocidad activa está limitado a una velocidad de entre 20 y 30 km/h.
- El vehículo precedente disminuye su velocidad hasta frenar. En este caso la desaceleración realizada por el motor no es suficiente, así que la centralita del sistema solicita al sistema de frenos que actúe. La frenada puede realizarse de dos maneras: mediante el mando electrónico del pedal del freno o mediante la centralita del sistema de control de estabilidad. Los sistemas de control de estabilidad del vehículo, como ESP o ASR, poseen la capacidad de activación del sistema de freno en casos de falta de estabilidad. Es importante que, conseguida la detención total del vehículo, este no siga deslizándose. Para ello el sistema mantiene activado el freno durante unos segundos y, a continuación, indica al conductor que debe hacerse cargo del control del vehículo. Si la frenada requerida supera el 30 % de la frenada máxima el sistema solicita al conductor que actúe él sobre el freno.

Figura 9.34. Sensor de radar en funcionamiento.

Algunos sistemas combinan un sistema de regulación de velocidad activa con un sistema Stop&Go, de forma que frena si el vehículo de delante se para y arranca de nuevo cuando es necesario. Si este proceso dura más de 3 segundos el conductor tiene que activar otra vez el sistema o acelerar. De esta forma la regulación de velocidad activa es también muy cómoda con tráfico lento.

En algunos sistemas, especialmente los que cuentan con Stop&Go, el navegador es empleado para ayudar a calcular la distancia de seguridad ideal. También es posible grabar ajustes de programa de conducción personalizados para ser utilizados posteriormente.

EJEMPLO 9.1

Esquema de comunicación de un sistema de regulación de velocidad activa

En la Figura 9.35 podemos observar un esquema de la comunicación por buses entre las diferentes centralitas del vehículo y la centralita del sistema de regulación de velocidad activa.

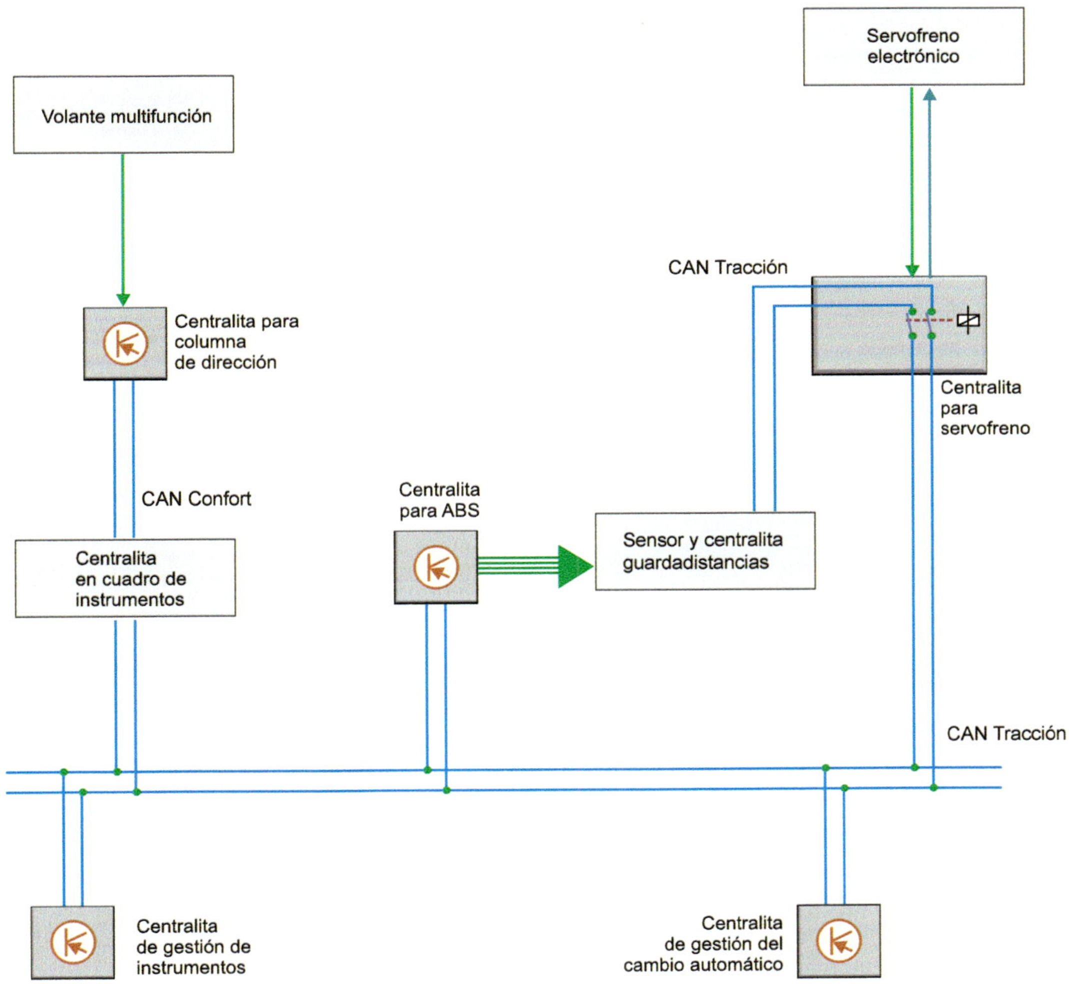

Figura 9.35. Esquema de comunicación de un sistema de regulación de velocidad activa.

En este esquema el mando del sistema, ubicado en el volante multifunción, va conectado al resto del circuito por un bus de datos. La señal del mando llega a la centralita de dirección, que la envía al resto de las centralitas a través del cuadro de instrumentos.

El sensor guardadistancias va conectado directamente a su propia centralita, la cual se comunica con la centralita de servofreno a través de un CAN Tracción, para activar el freno en caso de ser necesario. La alimentación del sensor llega directamente desde la centralita de ABS.

Las centralitas de gestión del motor y del cambio automático actúan aumentando o reduciendo la aceleración del vehículo en función de la señal enviada desde el mando del conductor y la centralita del sensor guardadistancias.

Aunque no se aprecia en el esquema, la señal enviada por el conmutador ON/OFF es transmitida a través de un cable adicional, para asegurar que el sistema será desconectado aunque el bus esté averiado.

EJEMPLO 9.2

En la Figura 9.36 se observa cómo la centralita de control de distancia está en comunicación con la de gestión del motor. Dos unidades esclavas de la de gestión del motor se encargan de recibir parte de la información de los sensores, como los de dirección y guiñada, y de enviar datos a los actuadores, como el zumbador, actuador de freno y luz de freno. La unidad de gestión del motor recibe directamente la señal del regulador de velocidad, sensor de velocidad y sensor de velocidad y freno, y envía señales a la unidad de transmisión, el *display* y el control del acelerador.

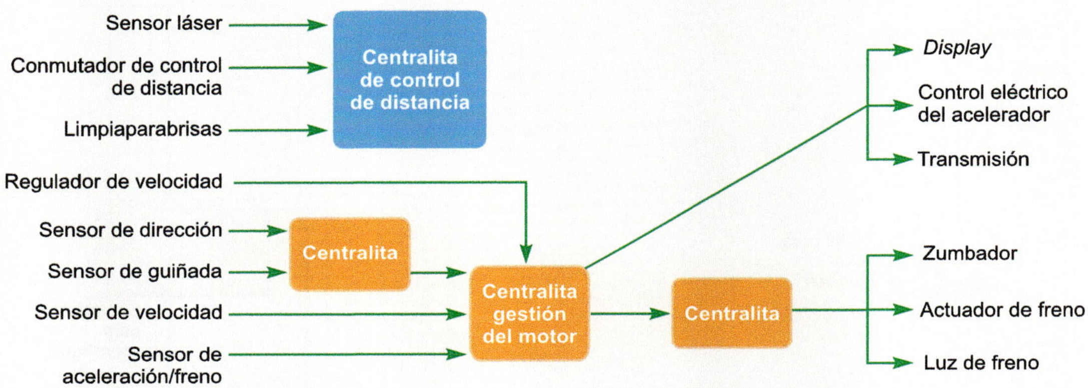

Figura 9.36. Esquema de funcionamiento de un sistema de regulación de velocidad activa.

ACTIVIDAD Resuelta 9.2

a) Indica otros sistemas que participan en el funcionamiento del sistema de regulación de velocidad activa.

b) ¿Por qué está conectada mediante buses de datos la centralita del sistema de regulación de velocidad activa a la centralita de gestión del motor?

c) ¿Dónde va colocada la centralita del sistema de regulación de velocidad activa?

Solución

a)
- Sistema de dirección, mediante la centralita de la columna de dirección.
- Centralita de gestión del motor.
- Centralita del cambio automático.
- Centralita de ABS.
- Centralita de servofreno.

b) La centralita de gestión del motor es la que determina las deceleraciones del vehículo disminuyendo el par motor. Para ello actúa sobre la electrobomba de combustible, electroválvulas de inyección, mariposa de gases, etcétera.

c) Forma un conjunto con el sensor de detección de obstáculos o sensor guardadistancias.

ACTIVIDAD **Propuesta 9.2**

¿Por qué la centralita de ABS va conectada a la centralita del sistema de regulación de velocidad activa?

ACTIVIDAD **Propuesta 9.3**

¿Qué ocurre cuando el vehículo precedente frena hasta pararse? ¿Cómo actúa el sistema de regulación de velocidad activa?

ACTIVIDAD **Propuesta 9.4**

¿Qué ocurre cuando el vehículo precedente vuelve a acelerar?

ACTIVIDAD **Propuesta 9.5**

Indica las ventajas e inconvenientes de cada tipo de sensor de proximidad o sensor de detección de obstáculos.

ACTIVIDAD **Propuesta 9.6**

¿Qué ocurre si el conductor pone en funcionamiento el sistema de regulación de velocidad activa a través del mando, y el sistema detecta alguna deficiencia?

9.4.3. Vigilancia y búsqueda de averías. Autodiagnosis del sistema

La vigilancia y búsqueda de averías en el sistema de regulación de velocidad activa es realizada por el microprocesador del sistema y por las centralitas asociadas al sistema.

La vigilancia es llevada a cabo por dos microprocesadores, los cuales realizan también un control mutuo. Esta vigilancia no solo se limita a la comprobación de defectos en los componentes del sistema, sino también a la inspección de funciones. Esta se realiza mediante unos test a la centralita del sistema y a las centralitas asociadas para comprobar la plausibilidad de los mensajes.

Cuando el sistema, durante la búsqueda de averías, detecta anomalías actúa de alguna de las siguientes formas:

- El usuario no detecta el fallo, sin embargo queda registrado en la memoria de averías. El sistema sigue permitiendo la regulación de velocidad activa.
- El sistema termina una deceleración y, a continuación, indica la avería al conductor y la registra en la memoria de averías.
- Cancelación inmediata de la regulación de velocidad activa y lo registra en la memoria de averías.

Las averías más comunes encontradas durante la búsqueda de averías son las siguientes:

- Defecto de la centralita.
- Error en la tensión de servicio.
- Exceso de temperatura.
- Desajuste del sensor de detección.
- Defecto de *hardware* del bus de datos.
- Defecto en la comunicación con las unidades de control asociadas.
- Defecto de una unidad asociada.

Recuerda que...

El sistema de regulación de velocidad activa es un ejemplo de la importancia de las redes de comunicación en el vehículo, como por ejemplo CAN Bus, FlexRay o MOST Bus. Gracias a estas redes, el sistema cuenta con la información necesaria para determinar la velocidad adecuada en cada momento y la distancia de seguridad con el vehículo delantero, intercambiando datos con diferentes centralitas.

PRÁCTICA DE TALLER

AJUSTE DE UN SENSOR DE RADAR

El ajuste del sensor de radar se debe realizar cuando se ajuste el tren de rodaje, se sustituya el sensor, o se haya recibido un golpe delantero capaz de modificar la posición del sensor.

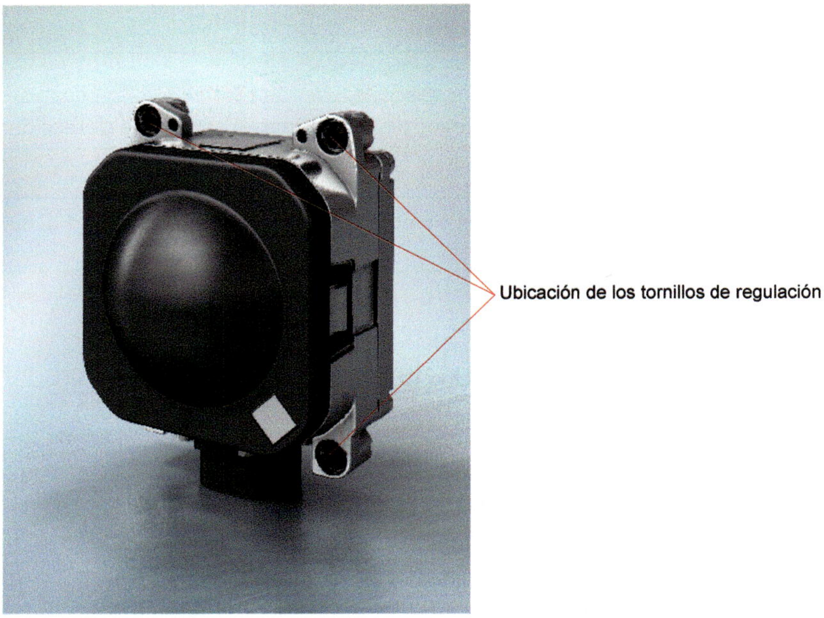

Figura 9.37. Ubicación de los tornillos de ajuste del sensor de radar.

La propia electrónica del sensor puede corregir desviaciones próximas a un grado, pero para ajustar el sensor más allá de esta desviación es necesario realizar un ajuste estático y otro dinámico.

El sensor tiene dos tornillos de sujeción, uno produce el pivotamiento del sensor en el plano horizontal y el otro en el vertical. El punto central del campo de detección del sensor debe quedar centrado en ambos planos.

Ajuste estático

Se realiza siguiendo las instrucciones del equipo de diagnosis, conectado a la toma de EOBD, y actuando sobre los tornillos de regulación del sensor nombrados anteriormente. Para ello se debe preparar el vehículo, en primer lugar, comprobando el inflado de las ruedas y la nivelación del suelo. A continuación se emplean los siguientes útiles específicos:

- Útil de centrado emisor de rayo láser en la rueda trasera.
- Útil de centrado con un orificio en la rueda delantera.
- Espejo reflector colocado a 115-125 cm del vehículo en su parte frontal.

El rayo láser emitido por el útil de la rueda trasera debe pasar por el orificio del útil de la rueda delantera e incidir en el espejo. De esta forma se coloca el espejo en el lugar adecuado, tal y como muestra la Figura 9.38.

A continuación se conecta el equipo de diagnosis y se siguen las instrucciones de cómo actuar sobre los tornillos del sensor.

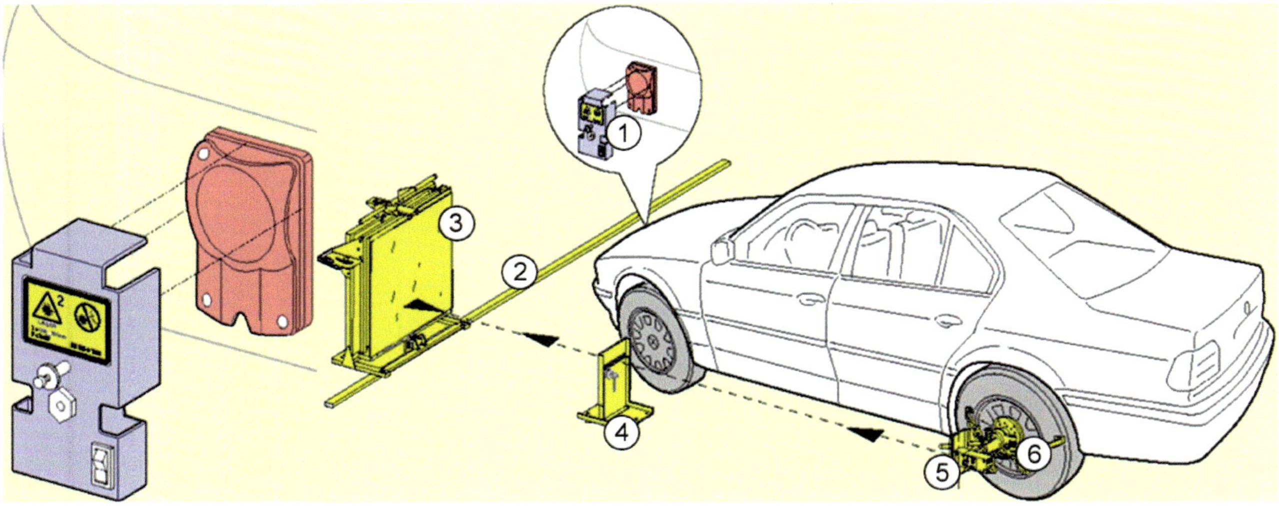

1. Cubierta del sensor
2. Raíl soporte del espejo de ajuste
3. Espejo de ajuste
4. Orificio de útil de rueda delantera
5. Láser de útil de rueda trasera
6. Adaptador de ajuste rápido

Figura 9.38. Ajuste estático de un sensor radar.

Ajuste dinámico

Este ajuste sirve como comprobación del ajuste estático. Con el equipo de diagnosis conectado a la toma de EOBD se debe realizar un recorrido por carretera. Los vehículos localizados por el radar son mostrados en el comprobador, y mediante la variación de distancia con los vehículos que van delante, el operador puede evaluar los valores indicados.

EJEMPLO 9.3

Funcionamiento de un sistema de regulación de seguridad activa

El siguiente ejemplo corresponde al sistema ADR de Volkswagen. El sistema se encuentra desactivado después de cada nuevo arranque del motor y es activado mediante el conmutador de activación ON/OFF. La distancia de seguridad es, en ese momento, la estándar del sistema. Pulsando la tecla SET, y si la velocidad del vehículo es superior a 30 km/h, queda memorizada la velocidad actual como velocidad de crucero. Dicho valor puede ser modificado pulsando repetidas veces la tecla SET.

Para desconectar temporalmente el ADR se debe pulsar la tecla CANCEL, pero la velocidad de crucero programada se conservará en la memoria y se puede recuperar mediante la tecla RES. Para variar dicha velocidad se debe pulsar repetidas veces la tecla RES, hasta un máximo de 180 km/h y un mínimo de 30 km/h. El sistema cuenta con un conmutador, GRA+ y GRA–, para variar el valor de velocidad de crucero de 10 en 10 km/h o de 1 en 1 km/h.

En el *display* de la Figura 9.41 observamos:

- Indicador del sistema ADR en color rojo en el centro.
- Diodos luminosos (ámbar) en torno al velocímetro indican la velocidad de crucero seleccionada.
- En el cuentarrevoluciones observamos un símbolo rojo de ADR que indica que el conductor debe accionar el freno.

Figura 9.39. Conmutador de un sistema ADR de Volkswagen.

Figura 9.40. Volante multifunción de Volkswagen Phaeton que incluye mandos de ADR.

En cuanto a las señales acústicas el sistema cuenta con dos: un sonido más leve cuando el ADR es desconectado y un sonido más agresivo cuando se enciende el aviso en rojo.

Figura 9.41. *Display* en el cuadro de instrumentos de un vehículo con un sistema ADR.

9.5. Sistemas de prevención de colisión y atropello

Los sistemas de prevención de colisión y atropello avisan al conductor ante la posibilidad de una colisión, aumentando el tiempo de reacción del mismo. Si la colisión es inevitable el sistema intenta disminuir los efectos de la misma.

Los distintos fabricantes realizan esfuerzos por aumentar la detección de obstáculos y disminuir el tiempo de detección, y así dar mayor margen a los actuadores. Los sistemas de prevención de colisión buscan anticiparse a los acontecimientos para así evitar accidentes.

> **Sabías que...**
>
> Algunos de los sistemas de prevención de colisión y atropello existentes son:
>
> - Pre-Crash Safety, de Toyota.
> - Pre-Safe, de Mercedes-Benz.
> - City Safety, de Volvo.
> - Forward Collision Avoidance Help System, de Nissan.

9.5.1. Componentes

Los sistemas de prevención de accidentes están dotados de un sensor y un microprocesador en la centralita.

Figura 9.42. Sistema de prevención de colisión y atropello con cámara y radar.

El sensor puede ser de radar, situado en la parte delantera del vehículo (normalmente en la rejilla frontal) o una cámara en el parabrisas, a la altura del retrovisor interior. Dicho sensor o cámara suele formar parte también de otros sistemas de asistencia a la conducción, como el sistema de regulación de velocidad activa. También se puede anticipar a una posible colisión o vuelco a través del funcionamiento de los sensores del control de estabilidad. El alcance del sistema para detectar objetos en el caso del radar es de 250 metros y en el caso de utilizar cámara es de 80 metros.

Tanto los sistemas de radar como la cámara disminuyen su fiabilidad en presencia de niebla, nieve o lluvia. En el caso de la cámara el sistema avisa al conductor de que debe limpiar el parabrisas cuando el sensor está bloqueado.

Figura 9.43. Ejemplo de detección de obstáculos de un sistema de prevención de atropello.

9.5.2. Funcionamiento

El microprocesador de la centralita analiza los datos de posición, velocidad y trayectoria del vehículo u objeto precedente, y gracias a un *software* diseñado a tal efecto determina la velocidad de frenado necesaria para evitar una colisión. Si la fuerza de frenado calculada supera un nivel determinado sin que el conductor responda, el riesgo de colisión se considera inminente. Existen, por tanto, dos posibilidades:

- El sistema determina que el accidente se puede evitar y avisa al conductor para que reaccione rápidamente.
- El sistema determina la colisión inevitable.

Si el **accidente es evitable** el conductor es avisado mediante una señal visual y acústica (unos pitidos), y es aplicada presión adicional al sistema de frenos para aumentar la fuerza de frenado cuando pise el conductor. Además se retraen los cinturones de seguridad delanteros para aumentar el efecto de los pretensores en caso de frenada muy brusca.

Recuerda que...

Toyota equipó este sistema en el «HARRIER» por primera vez en el mundo en febrero de 2003.

En el caso de una **colisión inevitable,** además de las medidas mencionadas anteriormente, el sistema frena automáticamente para reducir la velocidad del vehículo y así disminuir el efecto de la colisión.

En caso de colisión inminente y en función de la situación, la unidad de control determina algunas o todas las acciones siguientes:

- Aviso al conductor mediante el cuadro de instrumentos (óptica o acústicamente).
- Aumento de la presión de frenos y, posteriormente, activación automática de frenada.
- Activación del pretensor de los cinturones de seguridad.
- Cierre de ventanillas y techo solar.
- Colocación de los asientos en una posición mejorada para sufrir el impacto: se actúa sobre el respaldo y el ajuste longitudinal de los mismos.
- Inflado de almohadillas en asientos. Esto proporciona una mejor sujeción a los ocupantes y les ayuda a adoptar una posición más adecuada ante el impacto.
- Colocación de los reposacabezas en una posición óptima.

Para ello la centralita está comunicada con las centralitas de control de frenos, pretensores y cuadro de instrumentos, así como con el procesador de imágenes (centralita de la cámara) mediante líneas de buses, como CAN Bus o VAN Bus.

Figura 9.44. Sistema Pre Sense City de Audi para protección de peatones.

Figura 9.45. Funcionamiento del sistema City Safety de Volvo.

9.5.3. Asistente predictivo de frenada adaptativo

Dentro de los sistemas de prevención de colisión y atropello se incluye el asistente de frenada adaptativo. Estos sistemas de asistencia a la frenada tienen como objetivo ayudar al conductor durante una frenada de emergencia mediante una asistencia al freno, así como avisarle de la necesidad de frenar. El sistema se activa cuando el conductor pisa el freno a fondo y se suele combinar con sistemas de regulación de velocidad activa o de prevención de colisión y atropello, ya que comparten sensores de detección de obstáculos, bien sean de radar o cámaras.

Sabías que...?

Algunos ejemplos de asistentes predictivos de frenada son ABA (*Adaptative Brake Assist*) de BMW y Audi Braking Guard de Audi.

Figura 9.46. Funcionamiento del sistema de frenado autónomo de emergencia de Hyundai.

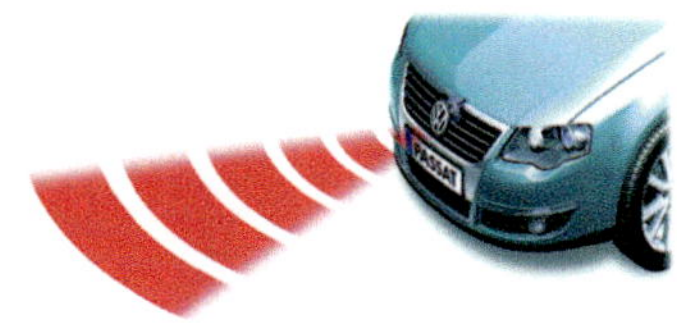

Figura 9.47. Sensor de radar delantero.

Tras un aviso óptico o visual al conductor el sistema se activa si este pisa el freno. El aviso óptico tiene lugar en el cuadro de instrumentos o en la pantalla del parabrisas. Existen diferentes avisos: el vehículo de delante va muy pegado, se nos ha cruzado un vehículo, o el de delante frena de golpe. Otros sistemas optan por una frenada de medio segundo pero de gran potencia, que decelera al vehículo unos 5 km/h, lo que supone una sacudida para el conductor, esperando que de esta forma reaccione y pise el freno.

La preparación del sistema de frenos para una frenada de emergencia tiene lugar acercando las pastillas de freno y reduciendo la presión necesaria sobre el pedal de freno (asistente hidráulico de frenada). De esta forma, cuando el conductor frena, obtiene una respuesta mucho más rápida.

Si el conductor no reacciona se pone en marcha una leve frenada automática, y si la colisión es inminente una frenada total de emergencia. Estos sistemas suponen un primer paso hacia los dispositivos de prevención de colisión y atropello.

Sabías que...?

Con el objetivo de dar una mayor protección a los peatones, la UE aprobó en noviembre de 2009 un decreto por el que todos los turismos y vehículos industriales deben estar equipados de fábrica con un sistema de asistencia a la frenada a partir de febrero de 2011.

9.6. Detección de objetos en movimiento a bajas velocidades

Existen múltiples sistemas de detección de objetos en movimiento, todos ellos complementados con sistemas de asistencia al aparcamiento. Esto es debido a que muchos de los componentes son comunes a los dos sistemas, por lo que únicamente será necesario el empleo de un *software* más avanzado.

La principal diferencia de estos sistemas frente a los de asistencia al aparcamiento es la detección de objetos y personas en movimiento alrededor del vehículo, no solo durante el aparcamiento, **sino también durante la conducción a bajas velocidades.** Dicha limitación de velocidad limita también su utilidad, reservándose a momentos como la salida de un aparcamiento, arranque del vehículo, giro en una intersección con poca visibilidad o como complemento de los sistemas de visión nocturna.

Figura 9.48. Cámara trasera.

Los componentes de un sistema de detección de objetos en movimiento son:

- Sensores de ultrasonidos o cámaras.
- Centralita con microprocesador.
- Zumbador para alertar al conductor sobre la presencia de un obstáculo en los alrededores del vehículo.
- En algunos sistemas disponen de una pantalla para mostrar al conductor la presencia de obstáculos.

En los sistemas que cuentan con pantalla, esta muestra una imagen o esquema a vista de pájaro del vehículo y su entorno.

Cuando los sensores empleados son cámaras el sistema ofrece una información más completa del entorno del vehículo requiriendo, además, un *software* adecuado para procesar las imágenes. Dichos *software* son capaces de analizar la imagen e identificar un objeto en movimiento separándolo del entorno, además de determinar si el obstáculo en cuestión es un peatón. Dependiendo de la resolución de la imagen el alcance del sistema será de entre 30 y 60 metros. Algunos sistemas ofrecen una vista de 180° de la parte frontal o posterior del vehículo pulsando un botón, gracias a las cámaras. Las cámaras están colocadas alrededor del vehículo, por ejemplo, en la rejilla frontal del radiador, los espejos retrovisores exteriores y la terminación de la matrícula.

Figura 9.49. Imagen de una cámara trasera de Lexus.

Figura 9.50. Imagen del monitor del sistema Arround View de Nissan.

9.7. Alerta de cambio involuntario de carril

Los sistemas de alerta de cambio involuntario de carril o LDW (*Lane Departure Warning*) avisan al conductor en caso de pisar la línea de limitación de carril o salirse del mismo. Combinado con la regulación de velocidad activa ofrecen, además, asistencia al conductor para que continúe dentro del carril, aplicando en algunos casos una ligera fuerza en la dirección que le fuerce a girar para no abandonar el carril. En otros el vehículo gira solo si la desviación es de un ángulo muy débil para devolverlo a su trayectoria.

El objetivo de estos sistemas es la disminución de accidentes provocados por distracciones, pérdidas de concentración, sueño, etc., pero en ningún caso sustituyen la labor del conductor. Unos sensores o cámaras detectan las líneas que limitan el carril y avisan al conductor cuando la rueda está a punto de pisarlas mediante una señal sonora, una vibración en el volante, vibración en el asiento o mensaje en el cuadro de mandos. La alarma al conductor solo actúa si no se ha puesto el intermitente, y el sistema funciona únicamente por encima de una velocidad determinada que, dependiendo del fabricante, estará entre 60 y 80 km/h. Algunos sistemas identifican por igual cualquier tipo de línea (continua, discontinua, blanca o amarilla) y otros son capaces de diferenciar entre ellas.

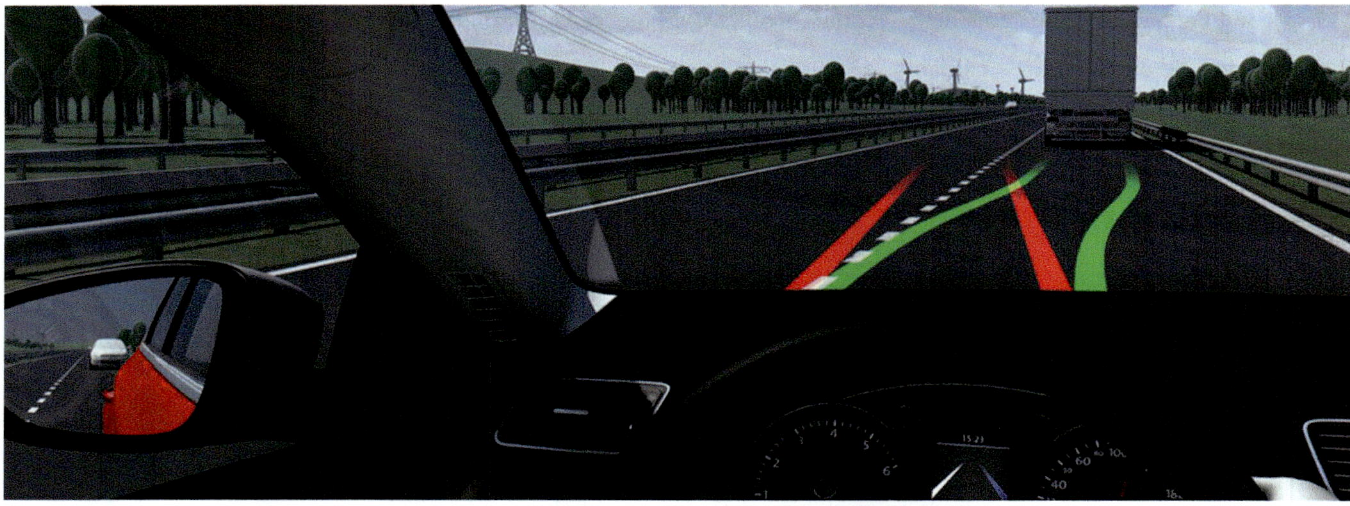

Figura 9.51. Ejemplo de funcionamiento de un sistema de alerta de rebasamiento de carril.

9.7.1. Componentes

Los sistemas de alerta de rebasamiento de carril están formados por detectores de línea, centralita, dispositivos de aviso al conductor y un interruptor de inhibición del sistema.

Detectores de línea

Existen diferentes tecnologías para detectar el cambio de carril involuntario, entre las que cabe destacar las siguientes:

- Sensores infrarrojos.
- Cámaras.
- Sensores láser.

Figura 9.52. Colocación de sensores de detección de línea en la parte frontal del vehículo

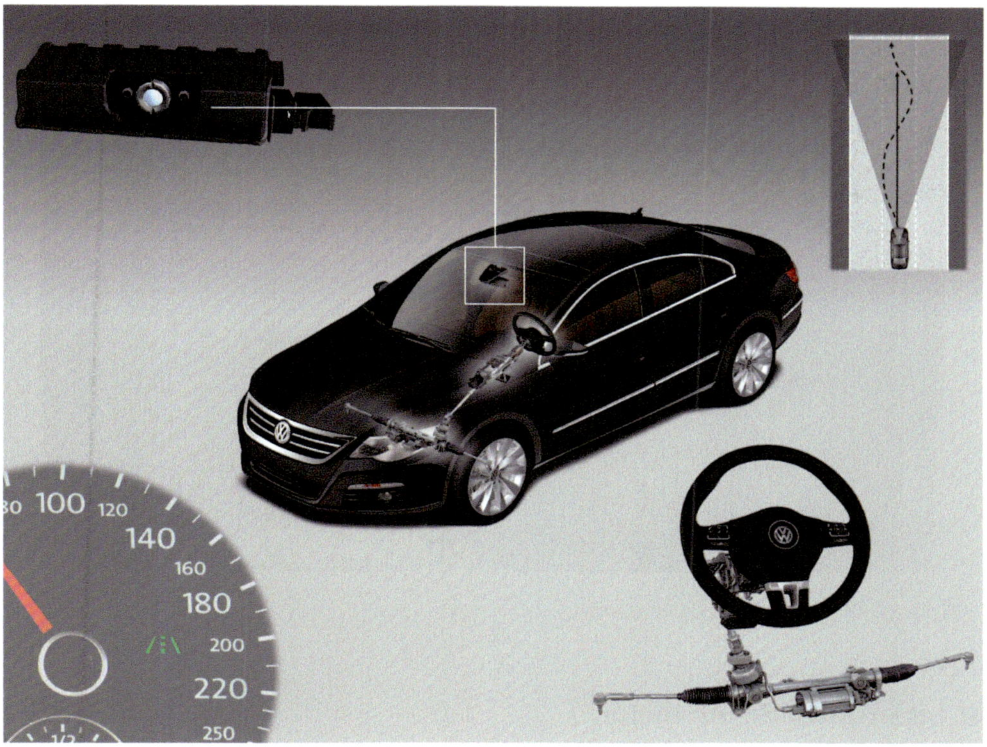

Figura 9.53. Sistema Lane Assist de Audi.

Figura 9.54. Sensor óptico reflectivo.

Unidad de control electrónico

La centralita de los sistemas de detección y alerta de rebasamiento de carril calcula en todo momento la situación y trayectoria del vehículo respecto a las líneas de delimitación de carril.

Dispositivos de aviso

Los dispositivos de aviso al conductor son diferentes en función del fabricante del sistema y del vehículo. Los más comunes son los siguientes:

- **Luz testigo:** un indicador luminoso avisa, al cambiar de color, que el vehículo está a punto de rebasar el carril. Si se mantiene en su color original indica que está vigilando. El aviso luminoso suele ir acompañado de un mensaje en el ordenador de a bordo.

- **Señal acústica:** un pitido avisa al conductor de que está abandonando incorrectamente el carril por el que circula. En algunos modelos el volumen de la señal es diferente si se pisa una línea blanca o una línea amarilla.

- **Presión en la dirección:** el conductor nota una leve dificultad en la dirección al girar en sentido contrario al adecuado para continuar dentro del carril. La presión en la dirección es muy suave, sugiriendo y no forzando al conductor a volver al carril.

- **Vibración en el asiento del conductor:** varía el tiempo de vibración y la potencia máxima y mínima de vibración. En ocasiones solo vibra el lado del asiento hacia donde el vehículo se está desviando.

Sabías que...

Audi Lane Assist va combinado con otra función por la cual, si la dirección electromecánica no detecta ningún movimiento del volante por haber quitado ambas manos de él, el conductor recibe a los pocos segundos una advertencia invitándole a poner las manos en el volante. Un pitido y una vibración sirven de advertencia.

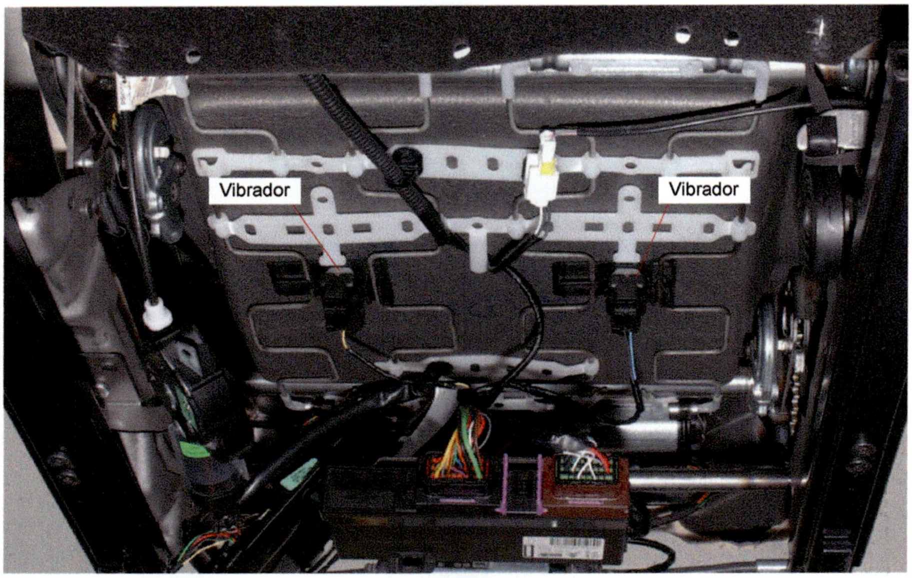

Figura 9.55. Vibradores en el asiento.

Interruptor de inhibición

Un interruptor de inhibición del sistema permite al conductor anular todas las funciones descritas para el sistema de alerta de rebasamiento de carril.

9.7.2. Funciones de asistencia para mantener el vehículo dentro del carril

Además de avisar al conductor cuando el vehículo va a pisar la línea y abandonar el carril, algunos sistemas ofrecen una asistencia para mantener al vehículo dentro del carril hasta que el conductor recupera plenamente sus facultades. Dicha asistencia se concreta de las siguientes formas:

Figura 9.56. Sistema Active Lane Assist de Audi.

- El sistema aplica una leve presión en la dirección al girar en sentido contrario al que mantiene al vehículo dentro del carril. El conductor detecta esta leve oposición de la dirección y así tiende instintivamente a mantener la dirección en posición adecuada. En algunos casos dicha presión en la dirección se traduce en que el vehículo gira prácticamente solo, especialmente si el ángulo para devolverlo a su trayectoria es muy débil.
- El sistema emplea el control electrónico de estabilidad para ayudar a mantener el vehículo dentro de la línea, aplicando presión en los frenos de la rueda adecuada.

Funcionamiento del sistema

Como se observa en la Figura 9.57 la centralita recibe información de los diferentes captadores (infrarrojos, láser o cámara según proceda) y de la velocidad del vehículo. El *software* incorporado en el microprocesador de la centralita calcula la situación del vehículo respecto a las líneas que delimitan el carril, y actúa sobre los vibradores, presión de la dirección, centralita de sistema de control de estabilidad para aumentar la presión de frenos, centralita de cuadro de instrumentos para emitir un mensaje, luz o sonido de alerta, etc., según el vehículo de que se trate.

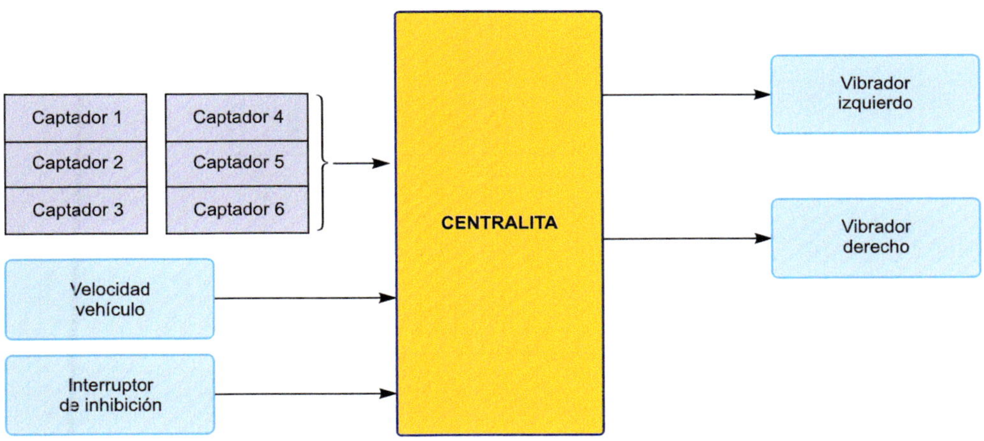

Figura 9.57. Esquema de un sistema de alerta de rebasamiento de carril con seis captadores infrarrojos y vibración en el asiento del piloto para alertar del abandono de carril.

Recordemos que, dependiendo del captador empleado, la centralita emplea un *software* diferente, obteniéndose del sistema distintos resultados. Las posibilidades al emplear una cámara son muy superiores a las del empleo de otro tipo de sensor, ya que esta permite a la centralita calcular la trayectoria que va a seguir el vehículo en los instantes siguientes, a partir de las imágenes captadas hasta ese momento.

La centralita, además, requiere la información referente a la orientación del captador. Esto es el sentido en el que está posicionado el captador respecto al sentido de marcha del vehículo, es decir, sentido delantero o trasero.

También el interruptor inhibidor del sistema está conectado a la centralita, ignorando esta los mensajes recibidos de los captadores cuando el interruptor está activado.

La señal suministrada por un captador a la centralita está sometida al protocolo LIN, y las tramas están comprendidas entre 0 y 12 V, tal y como se observa en la Figura 9.58. La Figura 9.59 muestra la señal recibida por la centralita con todos los captadores funcionando, y la Figura 9.60 con uno de los captadores desconectados.

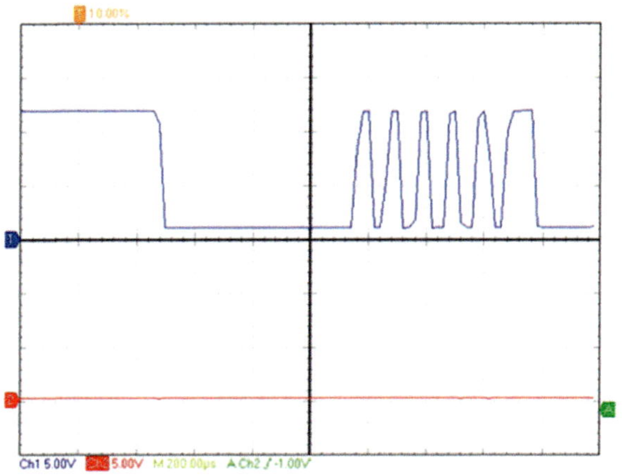

Figura 9.58. Señal LIN de comunicación entre un captador de infrarrojos y la centralita.

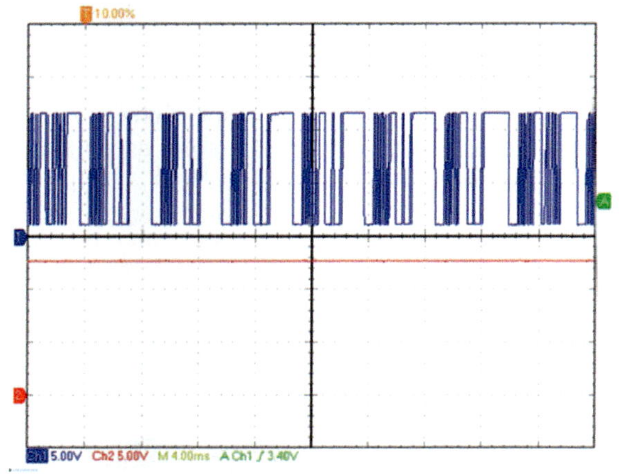

Figura 9.59. Señal LIN con todos los captadores funcionando.

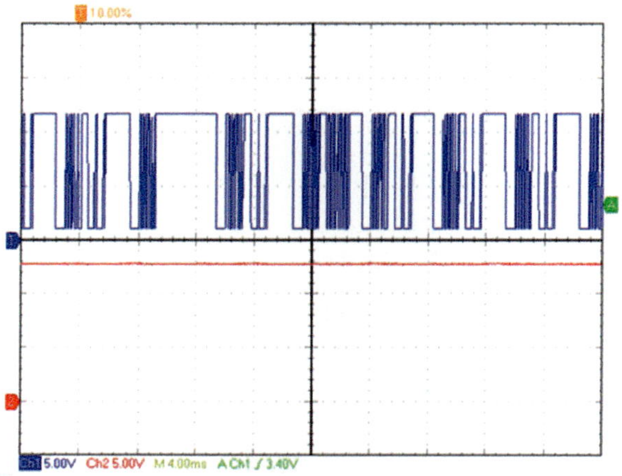

Figura 9.60. Señal LIN con un captador desconectado.

Recuerda que...

Las redes de comunicación LIN Bus son monoalámbricas, por lo que la señal obtenida es única y cuadrada, ya que varía entre dos valores. Las señales de otras redes de comunicación, como CAN Bus o VAN Bus, son también cuadradas pero bialámbricas, así que son siempre dos señales simétricas.

9.7.3. Averías del sistema de alerta por rebasamiento de carril

El sistema de alerta por rebasamiento de carril debe ser comprobado al sustituir cualquier captador o centralita del sistema, para que la centralita reconozca la posición exacta de todos los captadores. El test se realiza con un útil de diagnosis y colocando una hoja blanca bajo el captador a unos 10 cm de distancia. Se realiza el test con y sin hoja blanca.

Tabla 9.1. Averías más comunes que presenta el sistema

Información de la velocidad del vehículo no válida.	Defecto en la alimentación de la centralita.
Información de un captador no válida.	Ausencia de comunicación con la *gateway*.
Error en la comunicación en la red LIN.	Avería en la red CAN.
Conmutador averiado.	Centralita inactiva sobre la red CAN.
Vibrador izquierdo averiado.	Trama de datos incorrecta.
Vibrador derecho averiado.	Dirección incorrecta.
Defecto en la alimentación de los captadores.	Información del conmutador no válida.

ACTIVIDAD **Resuelta 9.3**

El sistema de alerta de rebasamiento de carril de un vehículo cuenta con seis sensores de infrarrojos. ¿De qué forma puede avisar al conductor el sistema de rebasamiento de carril?

Solución

Todos aquellos sistemas que impliquen, únicamente, avisar al conductor de que va a pisar la línea que delimita el carril. Estos avisos son vibración del volante, vibración de los asientos, endurecimiento leve de la dirección en sentido contrario al de recuperación del carril, aviso óptico y acústico.

ACTIVIDAD **Propuesta 9.7**

A partir del siguiente esquema de redes de comunicación de un sistema de alerta de rebasamiento involuntario de línea de un vehículo Citroën contesta:

a) ¿Cuáles son los sensores y captadores que ves en este esquema?

b) ¿Y los actuadores?

c) ¿Qué datos recibe la centralita del sistema?

d) ¿Con qué otros sistemas intercambia información la centralita del sistema? Explica por qué.

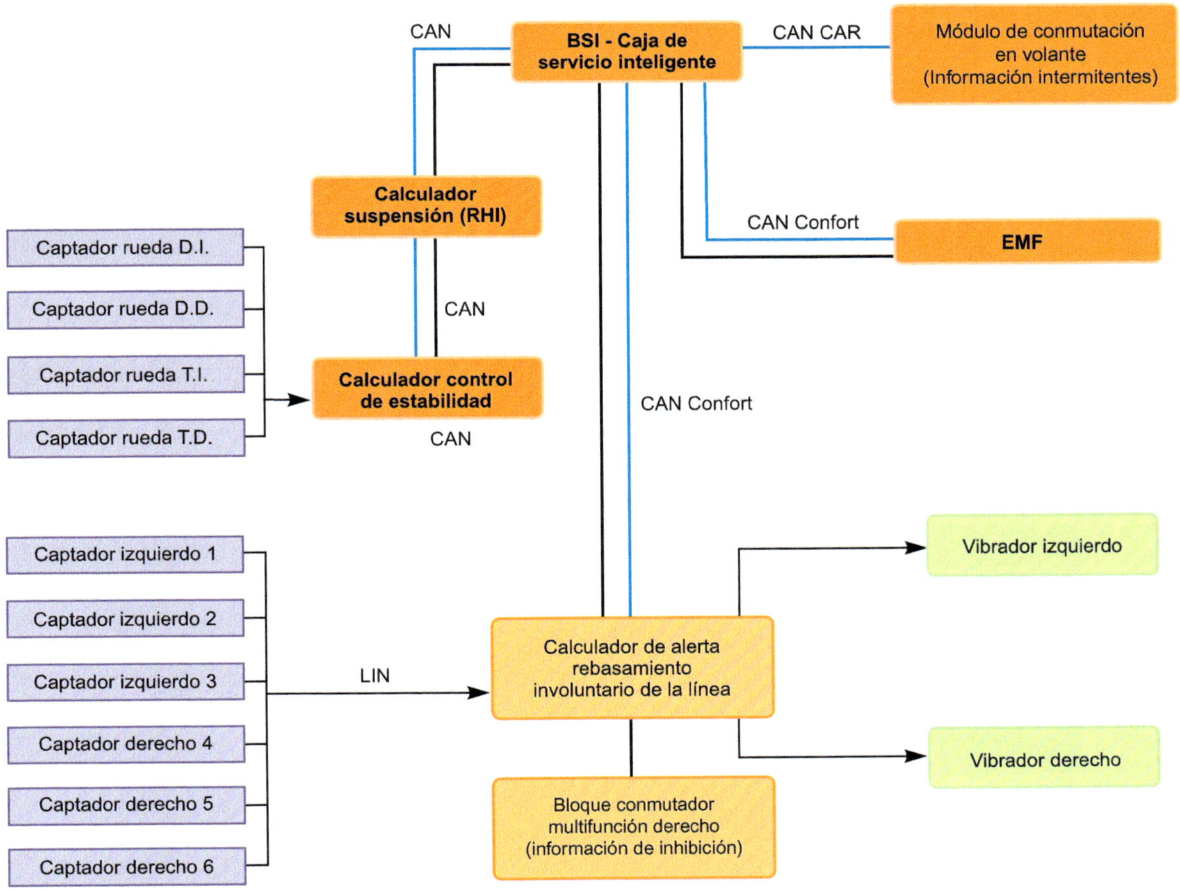

EJEMPLO 9.4

Esquema eléctrico de un sistema de cambio involuntario de carril de Audi

El sistema cuenta con una unidad maestra del sistema que recibe la señal de accionamiento del pulsador correspondiente, y está en comunicación con la unidad esclava. La unidad esclava es la que activa los testigos de advertencia de cambio de carril.

Al mismo tiempo, la unidad maestra está en comunicación con otras centralitas a través de la *gateway* del sistema, que corresponde con la interfaz de diagnóstico o toma de diagnosis. A través de la centralita de ABS recibe datos de la velocidad del vehículo, y a través de una red MOST Bus de fibra óptica envía información a la unidad de la pantalla del conductor. Otras unidades con las que intercambia datos son la de control de arranque, red de a bordo, detección de remolque o unidad principal del sistema de confort.

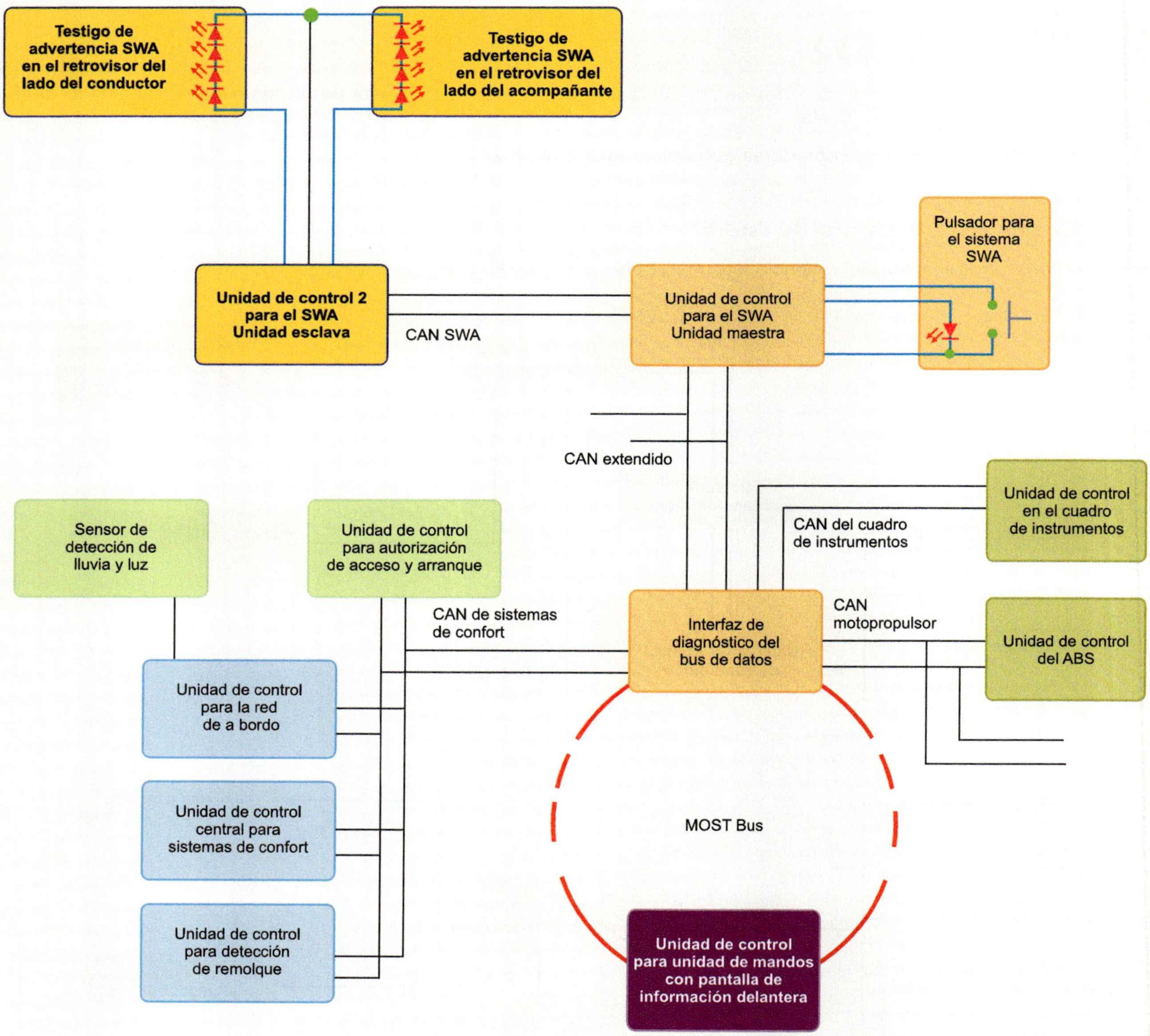

Figura 9.61. Esquema de un sistema de alerta de cambio involuntario de carril de Audi.

9.8. Asistente para cambios de carril y detección de ángulos muertos

Los sistemas de asistencia para cambio de carril y detección de ángulos muertos, como su nombre indica, tienen como objetivo avisar al conductor cuando, al disponerse a cambiar de carril, hay otro vehículo en un ángulo muerto o acercándose a gran velocidad. El sistema está activo, normalmente, entre 10 y 140 km/h, y emplea sensores de ultrasonidos u ondas de radar.

Figura 9.62. Sensor de radar empleado para diversos sistemas, entre ellos el de asistencia para cambio de carril y detección de ángulos muertos.

9.8.1. Componentes

El sistema está formado por cuatro sensores, una centralita y un sistema de aviso al conductor.

Al igual que en otros sistemas los sensores emiten una señal de ultrasonidos o radar que vuelve al sensor si detecta otro vehículo situado en su campo de acción. El sensor contiene, además del emisor de ondas, un receptor que capta la señal y la trata antes de enviarla a la centralita del sistema.

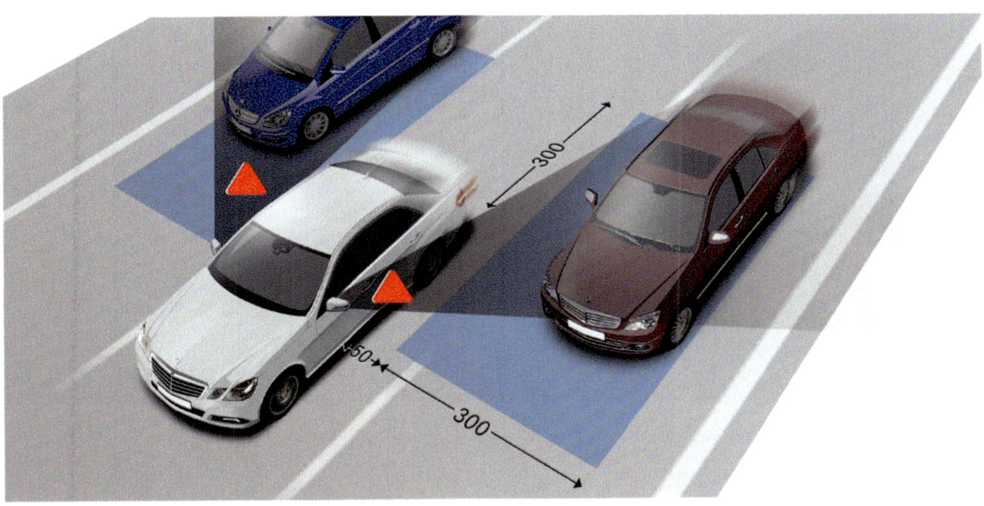

Figura 9.63. Funcionamiento de un sistema para la detección de ángulos muertos.

Los sensores están colocados en los laterales de los parachoques, dos en el delantero y dos en el trasero. Un mismo sensor es empleado para distintos sistemas de asistencia a la conducción y al aparcamiento, como la detección de peatones, etcétera.

Los sistemas de aviso al conductor son ópticos en primera instancia y, en el caso de ser necesario, acústicos. Los sistemas ópticos consisten en la activación de una luz en el retrovisor exterior del lado correspondiente al peligro. La señal acústica es un pitido.

La centralita verifica la situación y el movimiento de otros vehículos cercanos comparando las señales recibidas de los diferentes sensores laterales. A su vez envía una señal a los actuadores para avisar al conductor en el caso de comprobar que, efectivamente, otro vehículo se encuentra en el ángulo muerto o se aproxima a gran velocidad.

Sabías que...?

Nissan, Renault y Microsoft preparan un asistente virtual llamado Cortana que será capaz de detectar atascos de tráfico y ofrecer itinerarios alternativos en tiempo real. También se podrá sincronizar con la agenda del conductor para recordar sus citas.

9.8.2. Funcionamiento del sistema

El perímetro vigilado por los sensores alrededor del vehículo es de, aproximadamente, tres metros. Al detectar estos la presencia de otro vehículo lo comunican a la centralita, la cual se dispone a verificar su presencia. Para dicha verificación tiene en cuenta qué sensores han detectado al otro vehículo en primer lugar. Si ha sido alguno de los delanteros significa que el otro vehículo circula en sentido contrario, por lo que el sistema lo ignora y no emite ninguna señal de aviso. Si, por el contrario, ha sido detectado primeramente por uno de los sensores laterales traseros el sistema se mantiene alerta y avisa ópticamente al conductor. En el caso de que el conductor active el intermitente (porque no ha percibido la señal luminosa) el sistema emite, además, una señal acústica.

9.9. Sistemas de asistencia al aparcamiento

En principio, el objetivo de los sistemas de asistencia al aparcamiento es facilitar la maniobra detectando obstáculos y personas no visibles para el conductor, y midiendo la distancia de aparcamiento. El sistema también informa al conductor del nivel de dificultad de la maniobra.

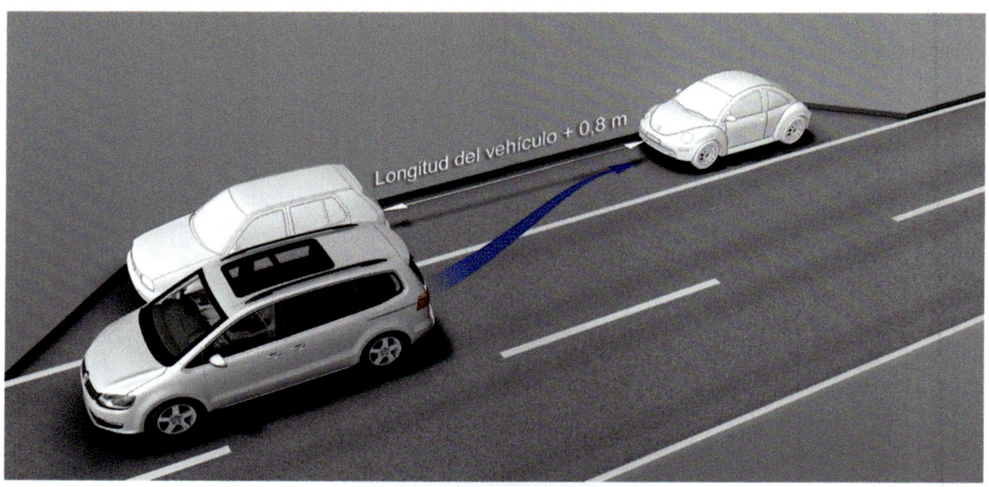

Figura 9.64. Funcionamiento de un sistema de asistencia al aparcamiento.

Pero los sistemas de asistencia al aparcamiento han ido más allá y muchos de ellos actualmente, no solo avisan al conductor de la presencia de obstáculos y distancias de aparcamiento, sino que realizan, además, la maniobra de aparcamiento automáticamente. El conductor, en algunos casos, únicamente debe pisar los pedales pero puede, en cualquier momento, retomar el control sobre la dirección del vehículo desactivando el sistema. Esto se denomina función de asistencia de la dirección. En otros casos el vehículo realiza todas las maniobras sin necesidad de que el conductor controle los pedales (el sistema acelera, frena y gira).

Figura 9.65. Sistema de asistencia al aparcamiento de Citroën.

Sabías que...?

Se comercializan kits de sistemas de asistencia al aparcamiento, como el Parkpilot de Bosch. Estos contienen instrucciones de montaje, de diagnosis, localización de averías y ajuste del volumen. Bosch ofrece sistemas de ayuda al estacionamiento desde 1994.

Los sistemas de asistencia al aparcamiento se dividen, por tanto, en aquellos que tienen función de asistencia de la dirección y aquellos que no.

9.9.1. Sistemas sin asistencia de la dirección

Son aquellos que cuentan, únicamente, con las funciones de detección de obstáculos y medición de distancia de aparcamiento.

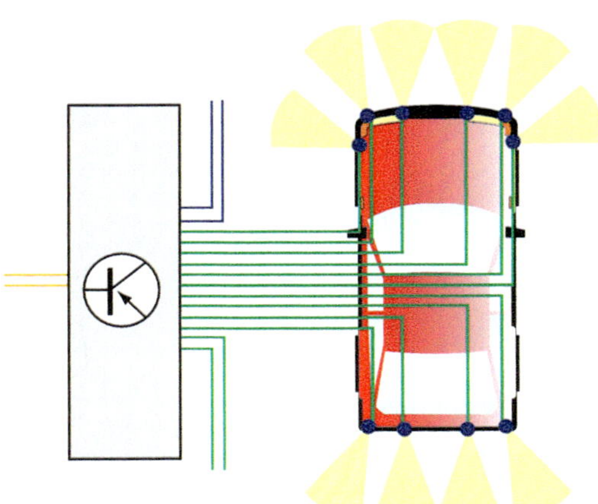

Figura 9.66. Sensores de un sistema de asistencia al aparcamiento conectados a la centralita del sistema.

Sabías que...

El sonido se propaga a una velocidad de 343 m/s a través del aire, a 1 bar de presión y a 20 °C de temperatura. La dependencia que existe entre la temperatura y la velocidad de propagación del sonido es la razón por la que en la gestión del sistema se incluye la señal del transmisor de la temperatura exterior como magnitud de corrección.

Están basados en el empleo de sensores de radar, ultrasonidos o cámaras situadas estratégicamente en el vehículo, un *software* y una pantalla. El sistema detecta obstáculos delante o detrás del vehículo, y alerta al conductor para evitar colisiones y atropellos durante el aparcamiento, siempre a menos de 20 km/h. La detección se realiza a través de los sensores, y un *software* (más o menos avanzado en función del sistema) gestiona la información aportada por los mismos.

Se alerta al conductor de la existencia de algún obstáculo en su camino a través de una pantalla o de señales acústicas realizadas por un zumbador. En función de los intervalos con que se emitan las señales acústicas la distancia al obstáculo para aparcar será menor. Cuando la secuencia de señales pasa a convertirse en una señal acústica continua, significa que no se guarda la distancia mínima de seguridad que debe existir con respecto al obstáculo.

Figura 9.67. Ejemplo de campo de acción de los sensores de un sistema de asistencia al aparcamiento.

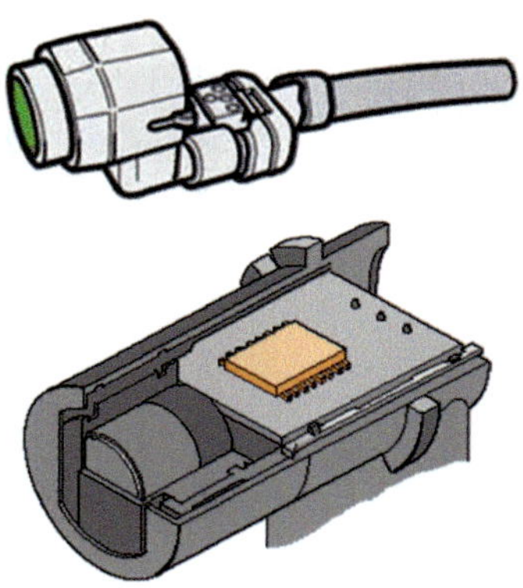

Figura 9.69. Sensor de ultrasonidos frontal o trasero.

Figura 9.68. Alcance del radar para asistencia al aparcamiento de Hyundai.

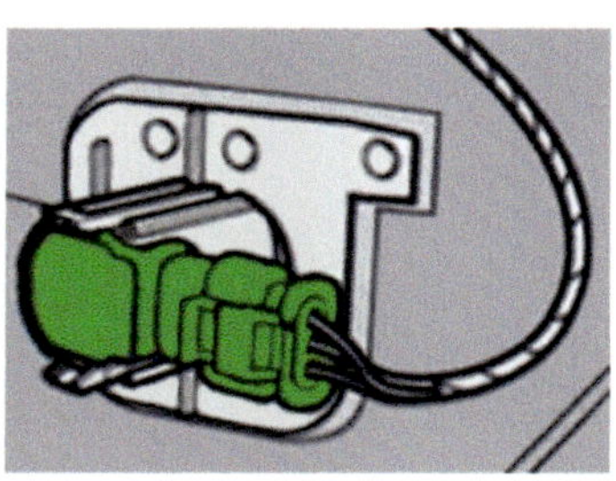

Figura 9.70. Sensor de ultrasonidos lateral.

En el caso de vehículos con enganche para remolque el sistema debe ser desconectado al enganchar el remolque, o el sistema entraría en una gran confusión.

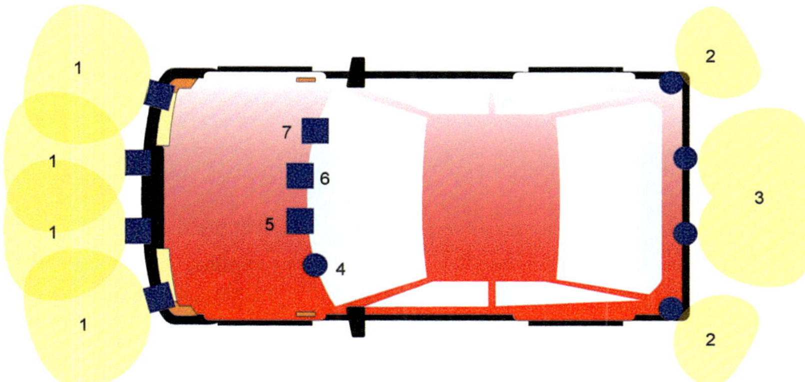

Figura 9.71. Sensores en el vehículo en un sistema de asistencia al aparcamiento.

Otros sistemas de ayuda al aparcamiento, como el Audi Parking System Advanced, cuentan con una cámara en la parte trasera (cámara de marcha atrás) y un monitor que muestra la imagen captada por la cámara.

Figura 9.72. Imagen de la cámara trasera del sistema Beep&Park de Valeo.

Figura 9.73. Sensor de aparcamiento.

9.9.2. Sistemas con asistencia de la dirección

Los sistemas que disponen de la función de asistencia al volante deben tener dirección asistida electromecánica y sistema de control de estabilidad.

Estos sistemas tienen los mismos componentes que los sistemas sin asistencia de la dirección, pero incluyen, además, sensores de radar y ultrasonidos laterales para detectar huecos para aparcar y aportar información durante el proceso de maniobra automática de aparcamiento. Todos los sensores del sistema pasan a un modo «reposo» por encima de 30 km/h. Pasados los 45 km/h se desactiva todo el sistema y hay que conectarlo de nuevo si se necesita. Los sistemas con cámara de marcha atrás cuentan con un *software* que combina la interpretación y gestión de las imágenes de la cámara y de las señales de ultrasonidos.

La centralita del sistema recoge todas las funciones nombradas hasta el momento:

Figura 9.74. Sistema de aparcamiento con asistencia de la dirección.

- Detección de obstáculos.
- Control de distancia de aparcamiento.
- Asistencia de la dirección.

Dicha centralita intercambia información con los sensores y con la centralita de tracción por buses de datos.

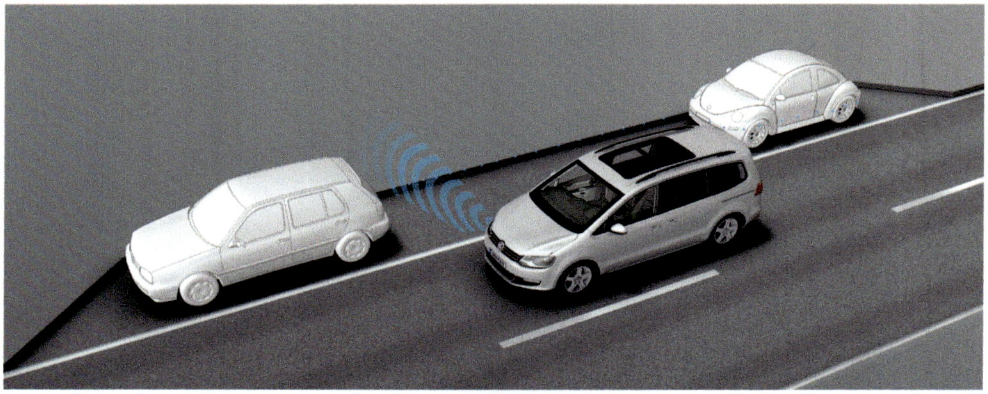

Figura 9.75. Detección y comprobación del tamaño del hueco para el aparcamiento.

Todas las funciones que ofrecen los sistemas de asistencia pueden ser desconectadas por el conductor, contando este, por tanto, con diversas posibilidades, como se detalla a continuación:

- Aparcamiento manual sin asistencia.
- Aparcamiento manual con comprobación del tamaño del hueco (gracias a los sensores de ultrasonidos laterales).

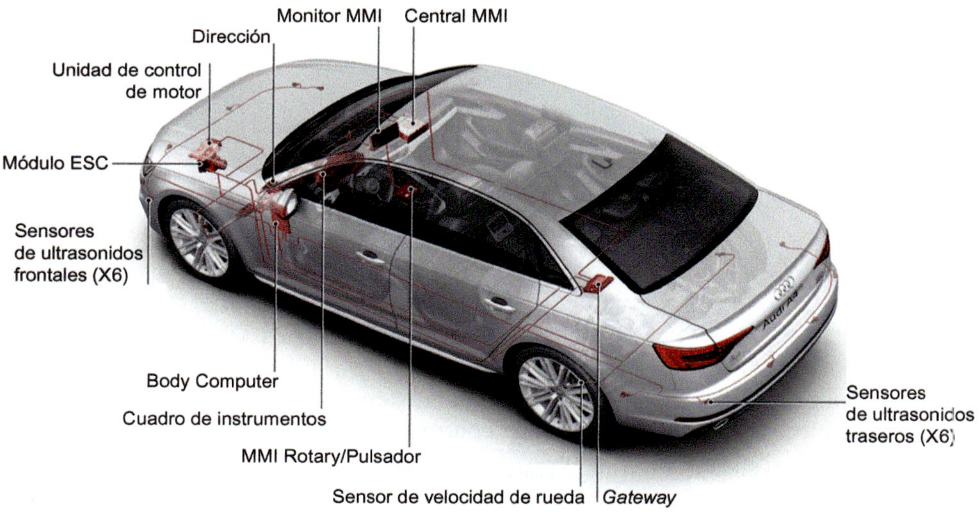

Figura 9.76. Componentes del sistema Park Assist de Audi A4.

- Aparcamiento manual con control de distancia de aparcamiento.
- Aparcamiento asistido con función de asistencia al volante (se activa, normalmente, para la derecha o la izquierda).

Sabías que...?

El hecho de que el conductor y la cámara trasera del vehículo miren en direcciones contrarias hace necesario que la imagen obtenida por la cámara sea girada 180 grados horizontalmente. Si no se realizase este giro de la imagen, la derecha de la cámara sería interpretada por el conductor como la izquierda y viceversa. Además, una lente gran angular permite que la cámara capte, en una única imagen, el área total encerrada entre ambos extremos del vehículo. La cámara se suele colocar con un ángulo hacia abajo para poder captar posibles obstáculos que se encuentren casi en el suelo.

En la opción de aparcamiento manual con comprobación del tamaño del hueco el conductor cuenta con cinco minutos para aparcar antes de que el sistema se desactive.

En todos los casos el conductor debe indicar al sistema en qué lado de la calzada desea aparcar empleando los indicadores de dirección (intermitentes).

Si se emplea la función de asistencia de la dirección, la maniobra de aparcamiento realizada por el sistema está dividida en diferentes secuencias, descritas en las Figuras 9.77, 9.78 y 9.79. En ellas el *software* del sistema recoge información de los sensores y determina, en función de una trayectoria teórica prefijada, la acción a realizar. En la pantalla el conductor puede seguir la maniobra que el sistema realiza sin tener que intervenir, y desconectarlo en caso de detectar una situación de peligro, así como disminuir la velocidad de la maniobra actuando sobre el pedal de freno.

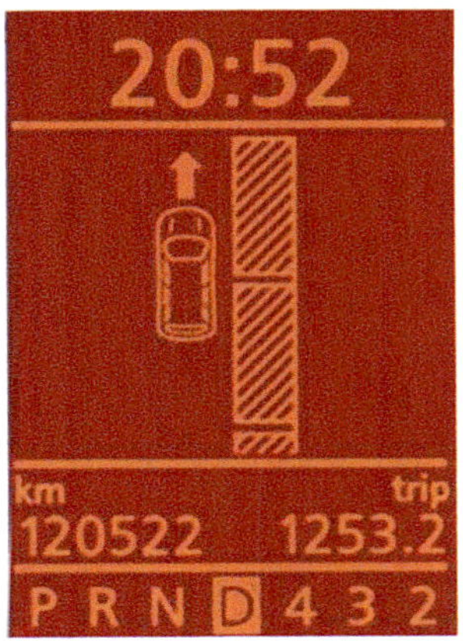

Figura 9.77. Indicación de hueco demasiado pequeño.

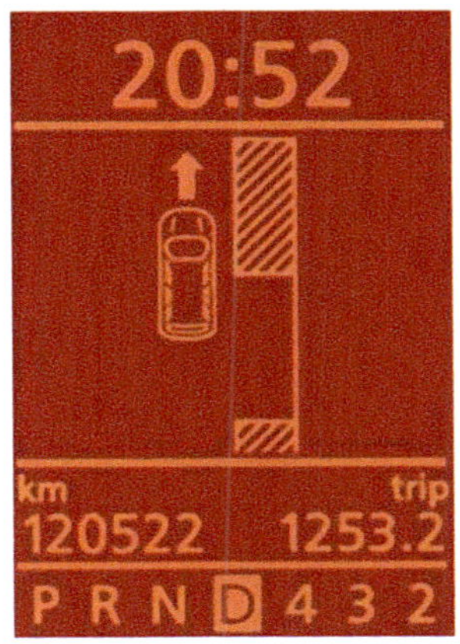

Figura 9.78. Indicación de hueco lo suficientemente grande.

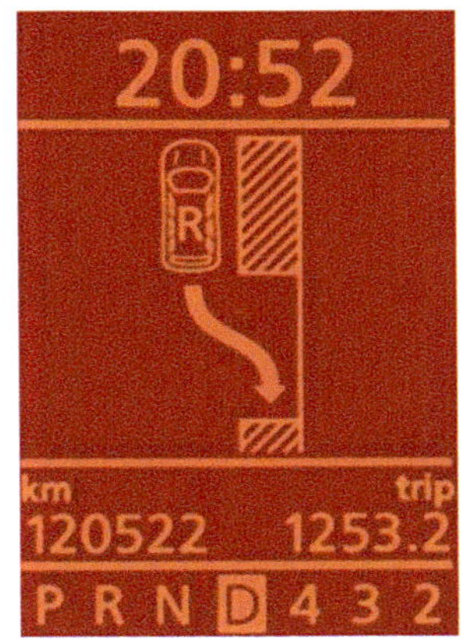

Figura 9.79. Indicación de posición adecuada del vehículo para comenzar la maniobra de aparcamiento.

Desactivación de la función de asistencia de la dirección

La función de asistencia de la dirección de los sistemas de asistencia al aparcamiento queda inhibida en los siguientes supuestos:

- Desactivación del control de estabilidad.
- Intervención del sistema de control de estabilidad.
- Vehículo con remolque.
- Velocidad superior a 10 km/h (aproximadamente, pues depende del sistema empleado).

Asimismo, la maniobra de aparcamiento se interrumpe si se cumple:

- Velocidad superior a 10 km/h durante la maniobra.
- Se excede el tiempo de maniobra permitido desde que se engrana la marcha atrás.
- El par de giro aplicado sobre el volante por el conductor supera una fuerza límite definida por el sistema.
- Se desengrana la marcha atrás.
- Se desactiva la función de asistencia al aparcamiento mediante el interruptor correspondiente.

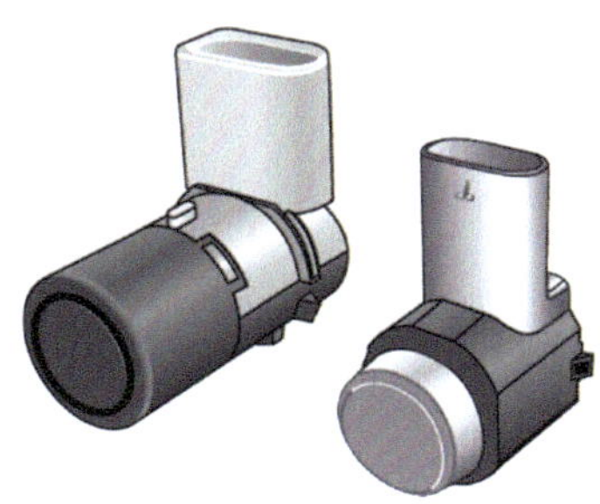

Figura 9.80. Sensor de aparcamiento empleado en Audi. La figura de la derecha muestra un sensor más evolucionado que ocupa menos espacio.

Figura 9.82. Ejemplo de utilización de un sistema de aparcamiento.

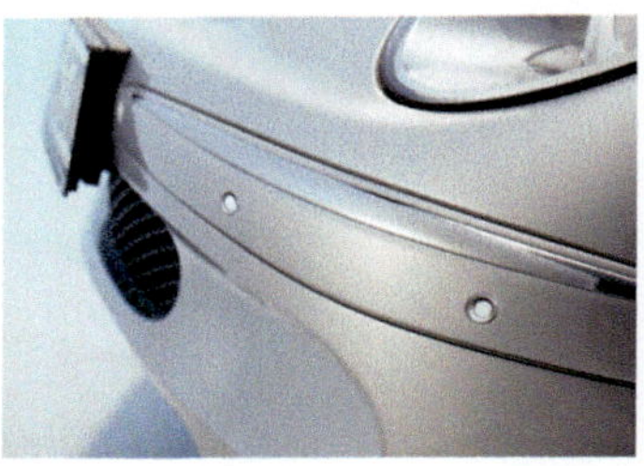

Figura 9.83. Detalle de sensores del sistema ParkPilot de Bosch.

Los sensores de ultrasonidos laterales no serán tenidos en cuenta por el sistema si ocurre que:

- La distancia lateral hasta los otros vehículos aparcados no está entre 0,5 y 1,5 metros.
- No está activado el intermitente correspondiente.
- El ángulo máximo entre el eje del vehículo y la línea de vehículos aparcados supera los 20 grados (este dato puede variar en función de la marca y el modelo).

Figura 9.81. Indicación del sistema de asistencia al aparcamiento en el cuadro de instrumentos.

9.9.3. Esquemas eléctricos de sistemas de asistencia al aparcamiento

Estos esquemas consisten, básicamente, en redes de comunicaciones entre centralitas, así como sensores y actuadores conectados a las mismas.

En el esquema de la Figura 9.84 se muestra un sistema de asistencia al aparcamiento de Audi sin asistencia de la dirección. La unidad de control del sistema recibe la señal de los sensores delanteros y traseros, y activa los avisadores acústicos que indican al conductor que se acerca a un obstáculo. Esto ocurre si el conductor ha accionado el pulsador del sistema de aparcamiento.

En la Figura 9.85 se observa el esquema de comunicación entre unidades de control de un sistema de asistencia al aparcamiento de Volkswagen. Observamos cómo participan los siguientes sistemas a través de una red CAN Confort:

- Sistema de frenos con ABS.
- Centralita de cambio automático.
- Centralita de control de arranque.
- Centralita del cuadro de instrumentos (control para la red de a bordo).
- Centralita para detección de remolque.

Además, está comunicada con la centralita de la pantalla de información del conductor o delantera, a través de una red de fribra óptica MOST Bus.

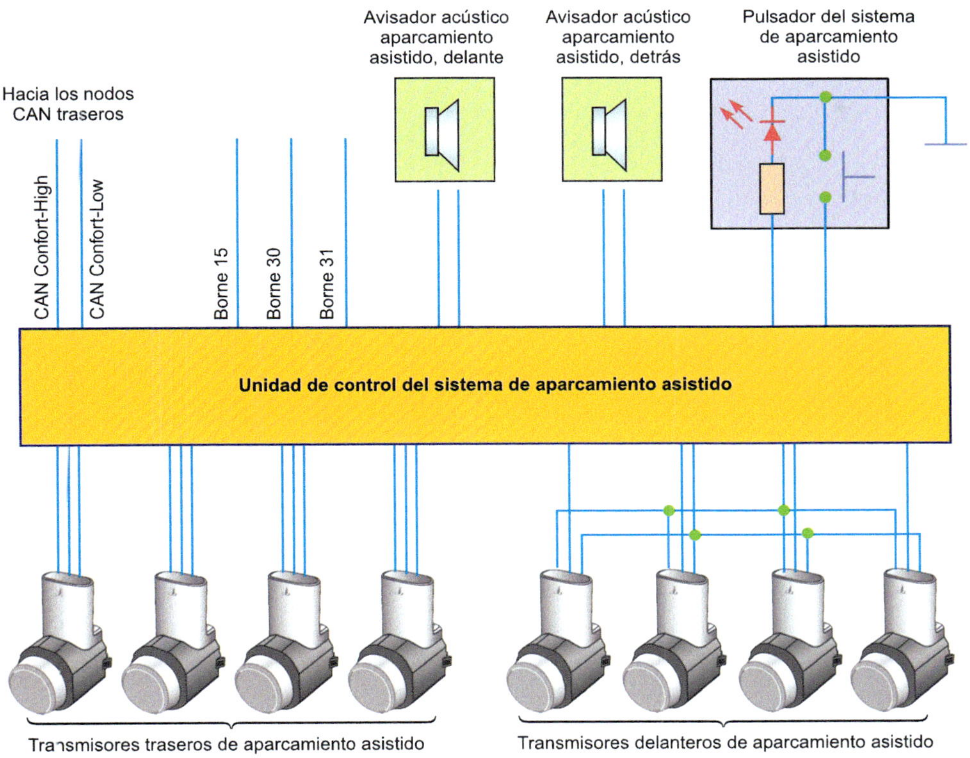

Figura 9.84. Esquema eléctrico de un sistema de asistencia al aparcamiento de Audi.

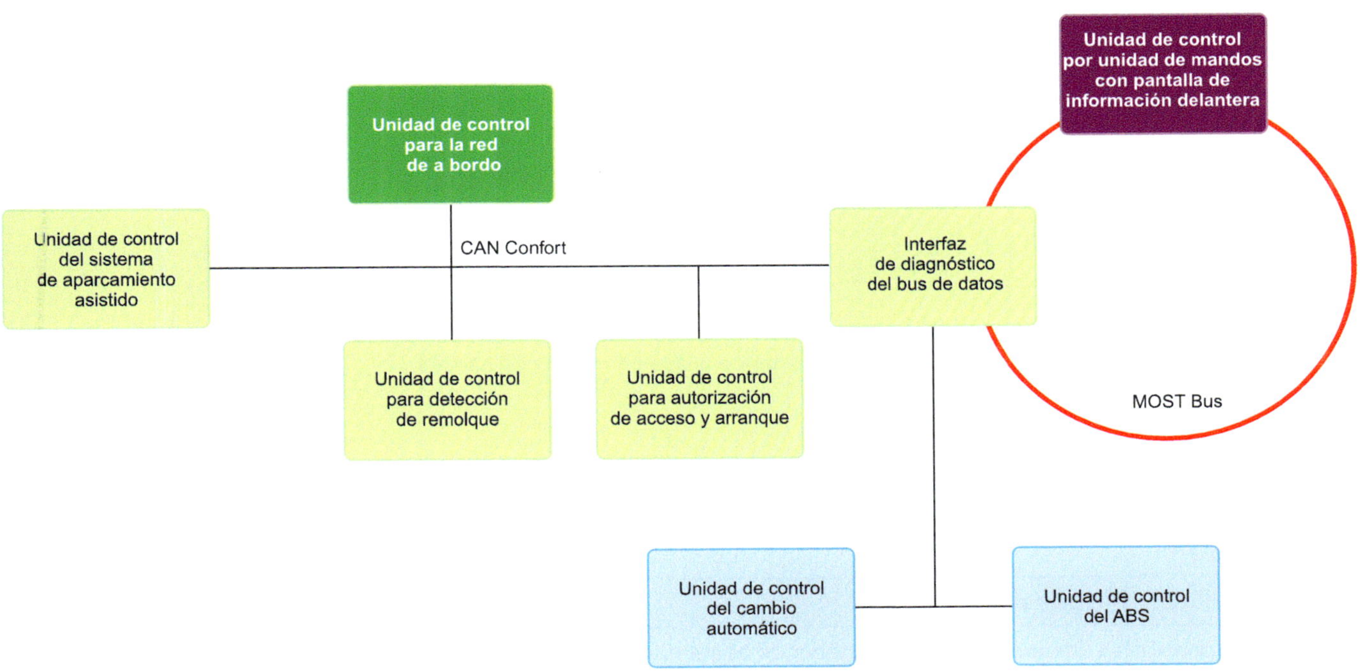

Figura 9.85. Esquema de buses del sistema de asistencia al aparcamiento de Volkswagen.

En la Figura 9.86 se muestra una red de comunicación entre unidades de control para el funcionamiento de un sistema de asistencia al aparcamiento con cámara trasera. A la red CAN Confort de la Figura 9.85 se añade la unidad del sistema de la cámara que recibe la señal de la misma y la envía al receptor de televisión y a la unidad de la pantalla de información del conductor.

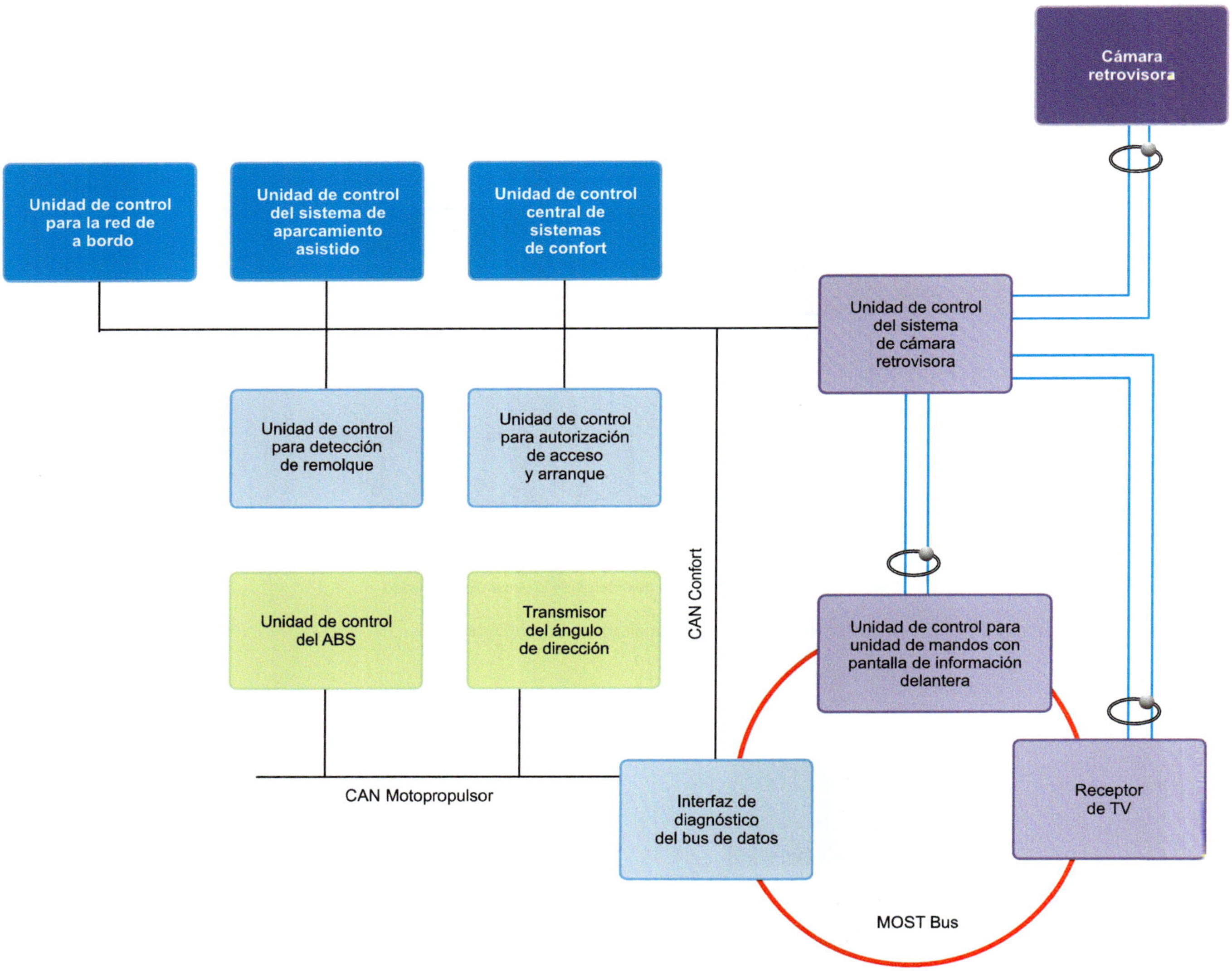

Figura 9.86. Esquema de buses de un sistema de asistencia al aparcamiento con cámara.

ACTIVIDAD **Propuesta 9.8**

¿Por qué las ondas enviadas y recibidas por un sensor de radar no se confunden con otras ondas, como las de la radio por ejemplo?

ACTIVIDAD **Propuesta 9.9**

Indica las principales diferencias entre un sistema de asistencia al aparcamiento con asistencia de la dirección y uno sin asistencia de la dirección.

9.10. Sistemas de reconocimiento de señales de tráfico

Los sistemas de reconocimiento de señales de tráfico o TSR (*Traffic Sign Recognition*) disponen de una cámara, normalmente empleada también en sistema de aviso de cambio de carril, y en algunas ocasiones en sistemas de regulación de velocidad activa o de prevención de colisión y atropello.

Si el vehículo supera el límite de velocidad marcado por la señal que ha captado la cámara, el sistema muestra esa señal en la pantalla como advertencia, al igual que si se trata de una señal de prohibición.

Figura 9.87. Señales de tráfico en el *display* del cuadro de instrumentos.

El *software* empleado, al igual que en otros sistemas que emplean cámaras como sensores, consigue localizar y aislar de la imagen tomada por la cámara la señal de tráfico, sin confundirla con otros objetos como árboles, vehículos, peatones, etcétera.

Figura 9.88. Sistema de reconocimiento de señales de tráfico con la cámara Opel Eye, de Opel.

Los sistemas de detección de señales de tráfico son capaces de leer señales a 100 metros de distancia y detectan tanto señales fijas como variables (por ejemplo, luminosos de led). La limitación del sistema se encuentra en los casos de baja visibilidad o sombra por parte de otros vehículos o árboles, ya que la cámara no es capaz de reconocer las señales en estas circunstancias.

Sabías que...?

Los **sistemas telemáticos de asistencia a la conducción** ofrecen diversas funciones de gran utilidad como, por ejemplo, la realización de una llamada automática a los servicios de emergencia en caso de accidente o a servicios de asistencia en carretera. El vehículo tiene una tarjeta SIM como la de los teléfonos móviles capaz de realizar una llamada automática. En el caso de que los airbags se desplieguen se realiza la llamada y se indica, gracias al GPS, la posición exacta del vehículo.

9.11. Asistente para atascos de tráfico

El asistente para atascos de tráfico (*Traffic Jam Assistant*) tiene como objetivo la conducción más relajada y menos cansada durante un atasco. Para mantener la distancia de seguridad con el vehículo de delante se emplea el sistema ACC (velocidad de crucero adaptativa). El vehículo va frenando en caso necesario, según la información recibida por la unidad de control desde el radar frontal o cámara, hasta llegar a detenerse por completo si fuese necesario.

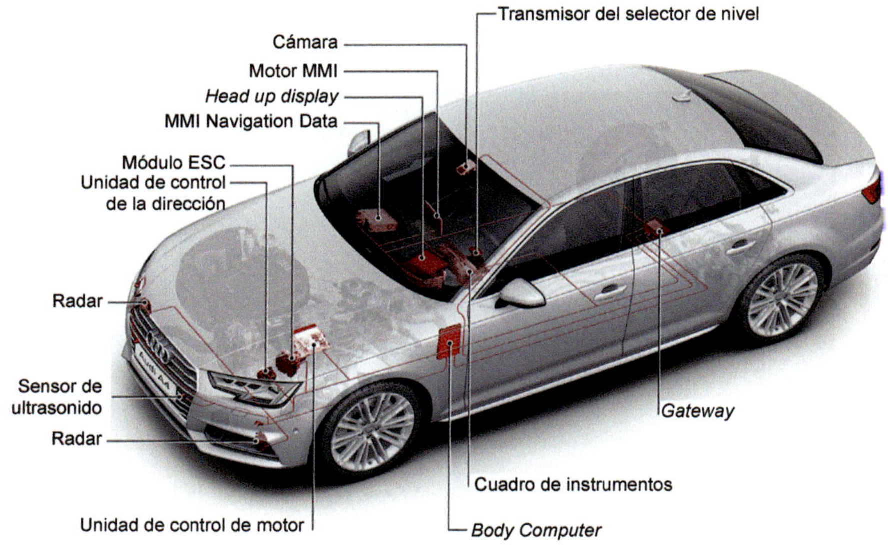

Figura 9.89. Componentes de un asistente para atascos de tráfico de un Audi A4.

Para que este sistema funcione es imprescindible que el vehículo cuente con cambio automático para poder adaptar el cambio a la velocidad del vehículo. También debe contar con un sistema de cambio involuntario de carril, para que el vehículo se mantenga dentro de su carril. Las líneas del carril se detectan gracias a la cámara frontal, en lo alto del parabrisas.

Figura 9.90. Funcionamiento de un asistente para atascos de tráfico.

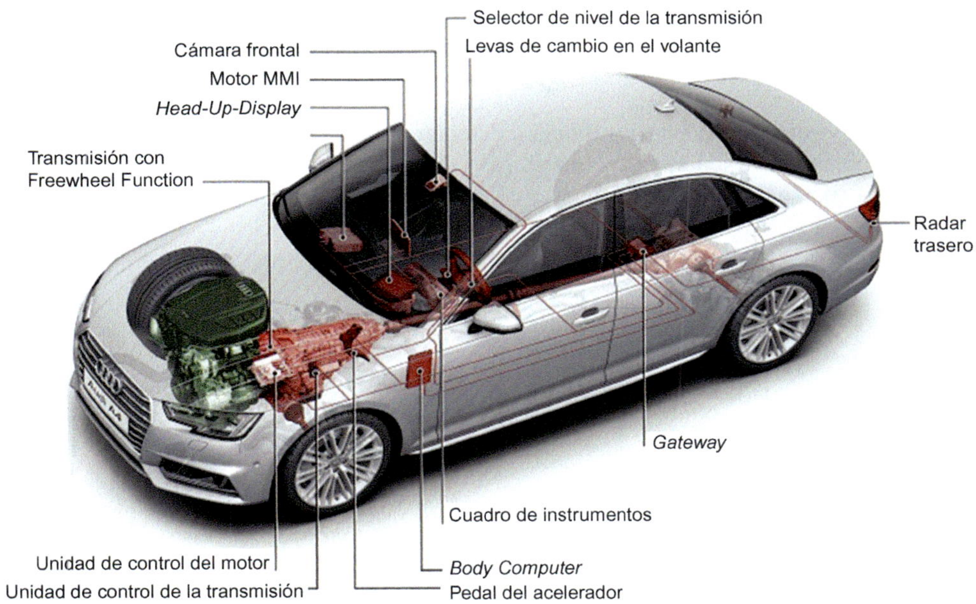

Figura 9.91. Componentes de un asistente predictivo de eficiencia de Audi A4.

Sabías que...?

El **asistente predictivo de eficiencia** ayuda a realizar una conducción más eficiente, adaptando la velocidad a la topografía, límites de velocidad y tráfico. Para ello necesita conocer información del navegador, del detector de señales de tráfico y del sistema de velocidad de crucero adaptativo. El vehículo se adapta a las curvas, glorietas, intersecciones, entradas o salidas de poblaciones, etc. Cuando el conductor activa el ACC se pone en funcionamiento este sistema.

9.12. Sistemas de detección de la fatiga del conductor

Los sistemas de detección de la fatiga reconocen los indicios de cansancio, sueño o falta de concentración en el conductor, y le alertan para que descanse. La fatiga que produce un trayecto largo o la monotonía de un viaje por carretera pueden ser desencadenantes de una pérdida de control del vehículo.

La detección de la fatiga tiene lugar de dos formas bien diferenciadas:

- Analizando los parámetros de conducción.
- Analizando el rostro del conductor.

Los **parámetros de conducción** son analizados durante los primeros minutos y empleados por el sistema para realizar un perfil de conducción, que será diferente para cada conductor. Este perfil es comparado con los parámetros obtenidos de diferentes sensores, como el empleo de intermitentes, ángulo de giro del volante (sensor especial o de la dirección servoeléctrica), velocidad del vehículo, cambio de marchas correcto, empleo de los pedales, no realizar cambios involuntarios de carril, etc. Para que dicho análisis sea más exacto el sistema tiene en cuenta factores externos como un viento fuerte o la posibilidad de hielo en la calzada.

Sabías que...?

En una conversación, los interlocutores parpadean una media de 22 veces por minuto. Cuando alguien lee, la frecuencia de este parpadeo se produce 12 a 15 veces por minuto. Pero cuando se está sentado delante del ordenador, los ojos parpadean menos de cinco veces por minuto.

El **análisis del rostro del conductor** se basa, principalmente, en el comportamiento de sus ojos. Los ojos son la parte de la cara que más claramente muestra la fatiga, mediante su movimiento y la frecuencia de pestañeo. Dos microcámaras de infrarrojos, dirigidas a los ojos del conductor, graban permanentemente. Al ser infrarrojas no es necesaria una buena visibilidad dentro del habitáculo. Existen dos análisis paralelos por parte de la centralita del sistema:

Figura 9.94. Funcionamiento de la cámara de infrarrojos de parpadeo o movimiento de ojos.

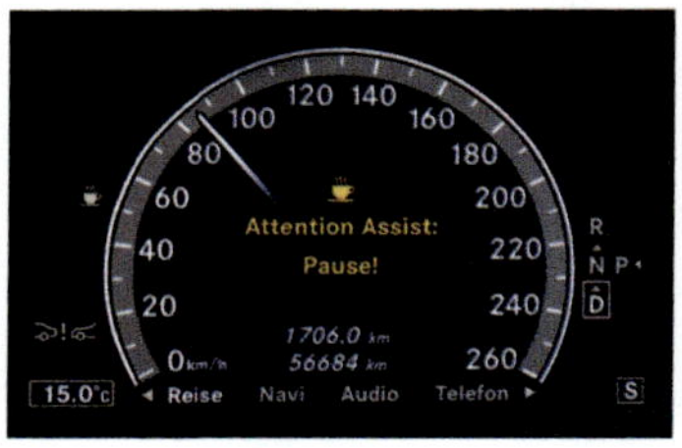

Figura 9.95. Aviso al conductor de la necesidad de realizar una pausa.

- La **frecuencia de parpadeo** ayuda a detectar signos de cansancio y somnolencia. El conductor es avisado y, si pasado un tiempo continúa igual, es alertado acústicamente.

- El **movimiento de los ojos** ayuda a detectar signos de distracción. El sistema detecta que la mirada se desvía hacia los lados y cuenta el tiempo que tarda en volver a fijarse en el frente.

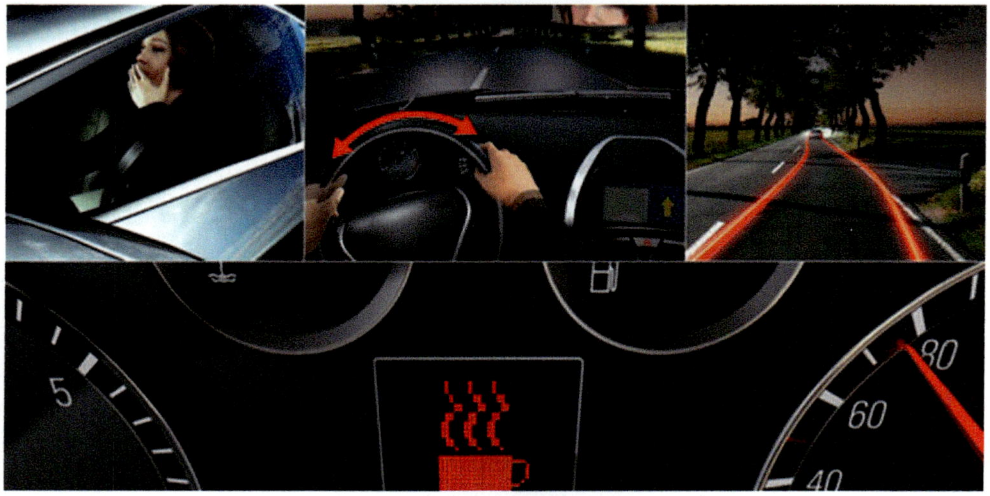

Figura 9.92. Funcionamiento del sistema de detección de la fatiga mediante las correcciones de trayectoria. *(Cortesía de Bosch).*

En ambos casos existen distintos niveles de alerta para el conductor. Un primer aviso, normalmente mediante un mensaje o señalización visual. Un segundo aviso acústico, que irá incrementando su intensidad si la situación de fatiga o distracción del conductor no mejora. En cualquier caso el sistema puede ser desconectado mediante un interruptor.

Figura 9.93. Sensores de los diferentes sistemas de ayuda y asistencia a la conducción de Audi.

Sabías que...?

El microsueño es un estado derivado de la fatiga. La falta de luz, la monotonía y el agotamiento llevan a este estado, que no siempre conlleva tener los ojos cerrados, ya que también se refiere a un estado en el que el cerebro procesa muy lentamente lo que ven los ojos.

EJEMPLO 9.5

Ubicación en el vehículo de los componentes de los sistemas de ayuda y asistencia a la conducción

La Figura 9.96 muestra la ubicación de los componentes de los múltiples sistemas de ayuda y asistencia a la conducción del Volkswagen Touareg.

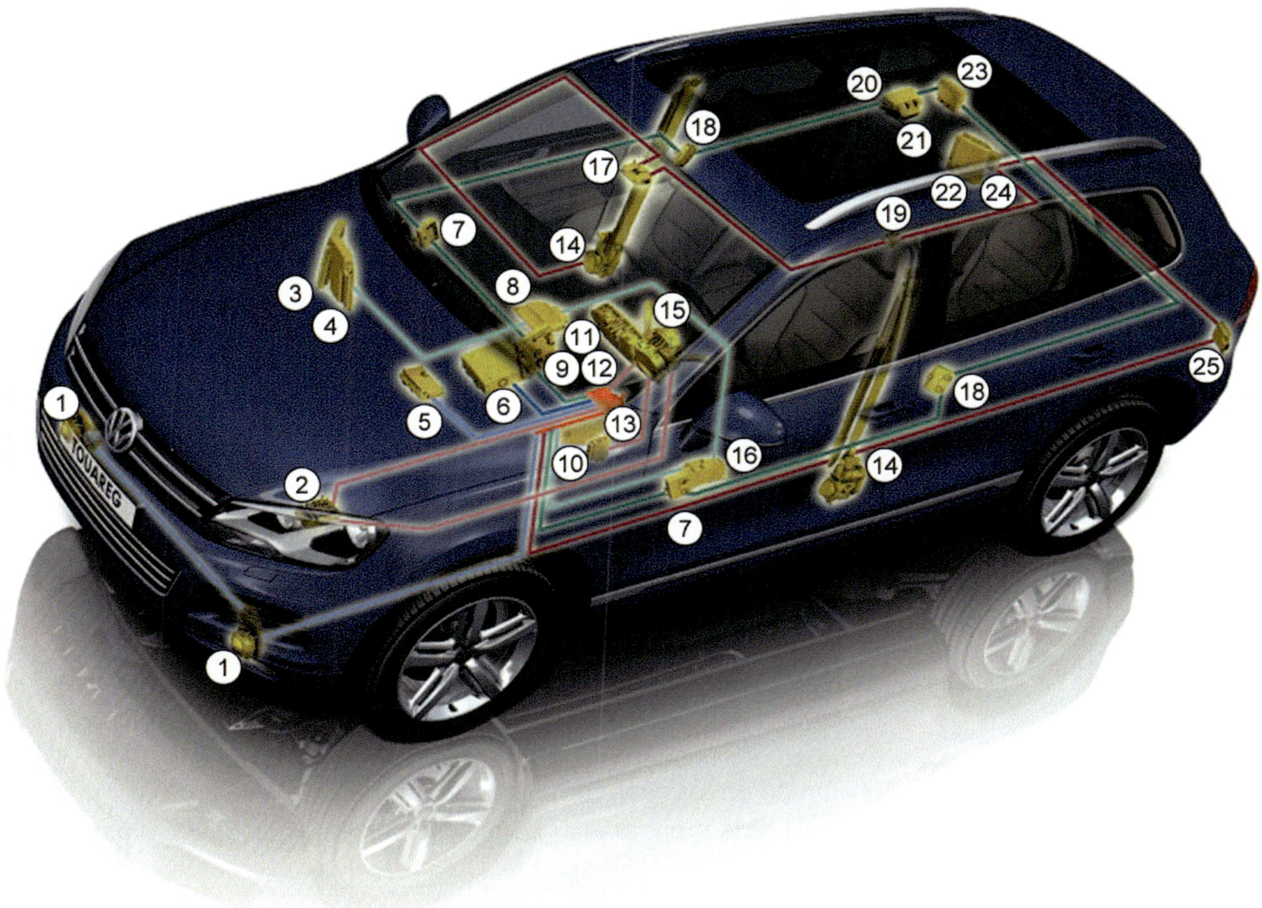

1. Sensor de radar.
2. Circuito de frenos.
3. Centralita maestra de gestión del motor.
4. Centralita esclava de gestión del motor.
5. Procesador de imagen.
6. Unidad de control principal.
7. Centralita de puerta delantera.
8. Centralita de asistente de cambio de carril involuntario.
9. Centralita BCM1.
10. Centralita de control de distancia de aparcamiento.
11. Cuadro de instrumentos.
12. *Gateway.*
13. Centralita BCM2.
14. Centralita de pretensor.
15. Volante multifunción.
16. Unidad de control de airbag.
17. Unidad de control de cámara.
18. Centralita de puerta trasera.
19. Sensor de campo.
20. Centralita de remolque.
21. Unidad de freno de mano.
22. Sistema de control de nivel.
23. Función remolque.
24. Centralita esclava de asistente de cambio de carril involuntario.
25. Centralita maestra de asistente de cambio de carril involuntario.

Figura 9.96. Ubicación de componentes de algunos sistemas de ayuda a la conducción.

Mapa conceptual

SENSORES
- Radar
- Lidar
- Cámara
- Ultrasonido
- Infrarrojos

REGULADOR Y LIMITADOR DE VELOCIDAD
- Componentes
  - Mando del limitador o regulador
  - Centralita de regulación o limitación de velocidad
  - Sistema de comunicación por buses de datos entre la centralita del sistema y otras centralitas y sensores
  - Conmutador de desconexión

REGULADOR DE VELOCIDAD ACTIVA
- Componentes
  - Sensor (radar o cámara)
  - Microprocesador de la centralita

SISTEMAS DE PREVENCIÓN DE COLISIÓN Y ATROPELLO
- Componentes
  - Sensor (radar o cámara)
  - Microprocesador de la centralita
- Asistente predictivo de frenada adaptativo

DETECCIÓN DE OBJETOS EN MOVIMIENTO A BAJAS VELOCIDADES
- Componentes
  - Sensores de ultrasonidos o cámaras
  - Centralita con microprocesador.
  - Zumbador para alertar al conductor sobre la presencia de un obstáculo en los alrededores del vehículo
  - Pantalla para mostrar al conductor la presencia de obstáculos

ALERTA DE CAMBIO INVOLUNTARIO DE CARRIL
- Componentes
  - Detectores de línea
  - Unidad de control electrónico
  - Dispositivos de aviso

ASISTENTE PARA CAMBIOS DE CARRIL Y DETECCIÓN DE ÁNGULOS MUERTOS
- Componentes
  - Cuatro sensores
  - Centralita
  - Sistema del aviso al conductor

SISTEMAS DE ASISTENCIA AL APARCAMIENTO
- Sistemas sin asistencia de la dirección
- Sistemas con asistencia de la dirección

SISTEMA DE RECONOCIMIENTO DE SEÑALES DE TRÁFICO

ASISTENTE PARA ATASCOS DE TRÁFICO

SISTEMAS DE DETECCIÓN DE LA FATIGA DEL CONDUCTOR

Actividades finales

Cuestiones

9.1. La desconexión definitiva del regulador de velocidad ocurre cuando el conductor:

a) Actúa sobre el freno o el embrague.

b) Actúa sobre el freno o el acelerador.

c) Actúa sobre el embrague o el acelerador.

9.2. ¿Cuál de las siguientes afirmaciones sobre el regulador de velocidad activa es falsa?

a) La velocidad de crucero marcada por el conductor se mantiene mientras el sensor de proximidad no detecte ningún obstáculo en movimiento.

b) La velocidad de crucero marcada por el conductor se mantiene en cualquier caso, a no ser que este actúe sobre freno, embrague o acelerador.

c) En caso de no mantenerse esta velocidad la centralita disminuye el par motor y frena si fuese necesario.

9.3. En los sistemas de asistencia al aparcamiento:

a) El conductor puede retomar el control sobre la dirección del vehículo siempre que lo desee en los sistemas con asistencia de la dirección.

b) El conductor puede retomar el control sobre la dirección del vehículo siempre que lo desee.

c) El conductor no puede retomar el control sobre la dirección del vehículo.

9.4. ¿Cuál de las siguientes afirmaciones es verdadera?

a) Algunos sistemas de ayuda al aparcamiento cuentan con una cámara trasera.

b) Todos los sistemas de ayuda al aparcamiento cuentan con sensores de infrarrojos.

c) Todos los sistemas de ayuda al aparcamiento cuentan con sensores de radar.

9.5. La centralita del sistema de asistencia al aparcamiento recoge las siguientes funciones:

a) Detección de obstáculos.

b) Control de distancia de aparcamiento.

c) Las dos respuestas anteriores son correctas.

9.6. Los sensores empleados para el reconocimiento de señales de tráfico son:

a) Una cámara y sensores de radar.

b) Sensores de radar e infrarrojos.

c) Una cámara.

9.7. El sistema de alerta de rebasamiento de carril:

a) Cuenta con un interruptor de inhibición que anula todas sus funciones.

b) Para anular sus funciones el conductor debe pisar el embrague.

c) Cuando el conductor acelera se anula el sistema.

9.8. Los sistemas de alerta de rebasamiento de carril con asistencia para mantener el vehículo dentro del carril:

a) Únicamente informan al conductor mediante señales acústicas, visuales, vibración del volante, etcétera.

b) Emplean el sistema de control de estabilidad.

c) Emplean el sistema de control de estabilidad y actúan sobre la dirección.

9.9. En los sistemas de prevención de colisión y atropello:

a) Tanto si el accidente es evitable como inevitable el sistema se limita a avisar al conductor.

b) Si el accidente es inevitable el sistema frena automáticamente.

c) Las dos respuestas anteriores son correctas.

9.10. Los sistemas de detección de fatiga del conductor:

a) Analizan el rostro del conductor (parpadeo, gestos, etcétera).

b) Analizan su modo de conducción.

c) Analizan su modo de conducción o el rostro del conductor.

Responde

9.1. ¿En qué consiste el sistema de regulación de velocidad activa? ¿Qué ventajas nos ofrece frente a otros sistemas de regulación de velocidad convencionales?

9.2. ¿Cómo actúa el sistema de regulación de velocidad activa cuando detecta una anomalía?

9.3. ¿Qué dos ajustes se deben realizar a un sensor de radar? ¿En qué casos se debe realizar dicho ajuste?

9.4. ¿Es lo mismo un sistema de asistencia a la conducción que uno de ayuda a la conducción? Explica la diferencia.

9.5. ¿Cómo funciona un sensor de ultrasonidos? ¿Qué ventajas ofrece?

9.6. ¿Cuándo queda inhibida la función de asistencia a la dirección en un aparcamiento asistido?

9.7. Nombra al menos tres unidades de control con las que debe estar en contacto la unidad del sistema de asistencia al aparcamiento. Justifica tu respuesta.

9.8. ¿Qué función realiza el *software* del sistema de reconocimiento de señales de tráfico?

9.9. ¿De qué tipo son los detectores de línea de un sistema de alerta de cambio involuntario de carril?

9.10. ¿Cuáles son las ventajas e inconvenientes del empleo de cámaras en los sistemas de ayuda y asistencia a la conducción?

9.11. ¿Cuál es el objetivo de un asistente predictivo de frenada adaptativa? ¿Cómo funciona?

9.12. ¿Mediante qué dispositivos avisa al conductor el sistema de alerta de cambio involuntario de carril?

9.13. ¿Cuándo se debe comprobar el sistema de alerta de rebasamiento involuntario de carril?

9.14. Nombra los componentes de un sistema de asistencia para cambio de carril y detección de ángulos muertos.

9.15. ¿Dónde suelen ir colocadas las cámaras de un sistema de cámara 360°?

9.16. Explica el objetivo de los sistemas de prevención de colisión y atropello.

9.17. ¿Cómo actúa un sistema de prevención de colisión y atropello cuando el accidente es evitable?

9.18. ¿Cómo actúa un sistema de prevención de colisión y atropello cuándo el accidente es inevitable?

9.19. ¿Cómo funciona el análisis de los ojos del conductor en un sistema de detección de la fatiga?

9.20. ¿Qué otros parámetros, además del análisis del rostro del conductor, puede utilizar un sistema de detección de fatiga?

Realiza

9.1. Haz un esquema indicando de qué sensores recibe información la unidad de control del sistema de alerta de cambio involuntario de carril y los actuadores a los que pone en funcionamiento.

9.2. ¿A qué sistema corresponde la siguiente señal? ¿Qué indica?

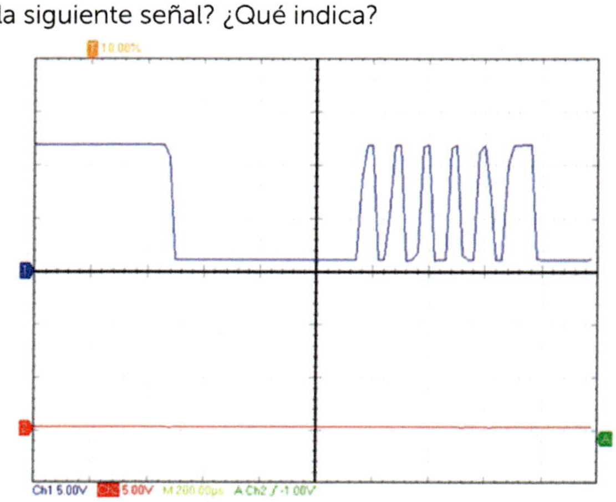

9.3. Busca en manuales de fabricantes esquemas eléctricos de sistemas de ayuda y asistencia a la conducción. Obtén de los esquemas eléctricos sensores y captadores del sistema, así como otras centralitas que estén en comunicación con el sistema.

9.4. Señala en la siguiente figura los útiles empleados durante el ajuste de un sensor de radar.

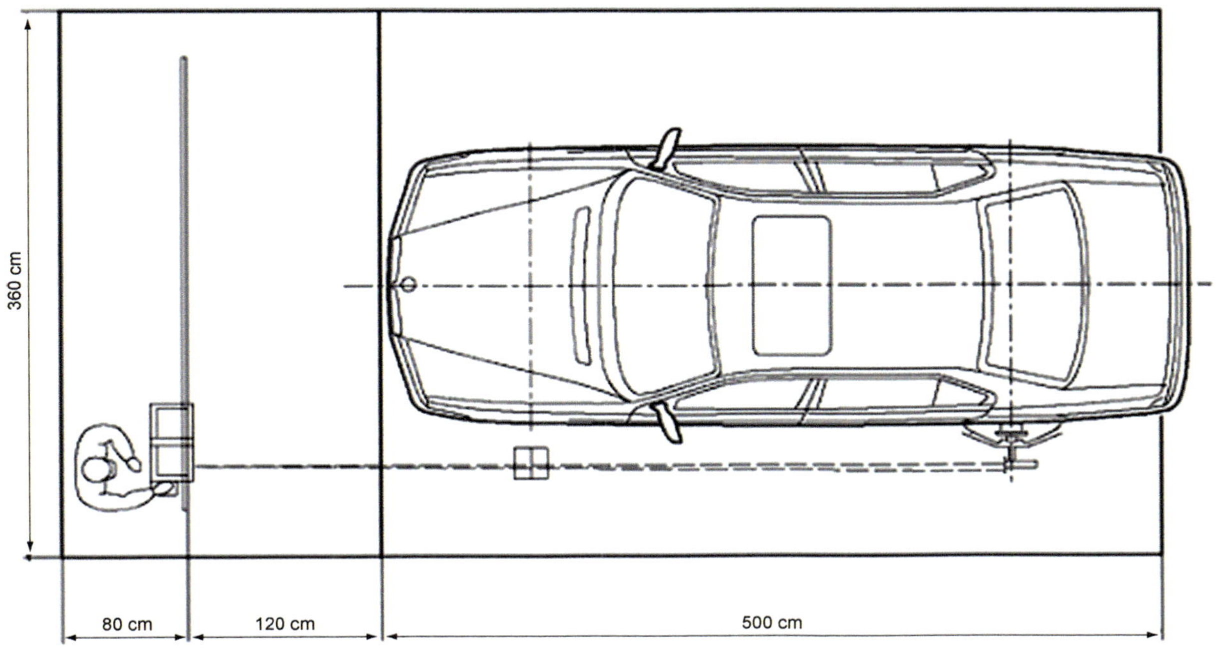

10 Vehículos eléctricos

La necesidad de una movilidad menos contaminante ha llevado en los últimos años al desarrollo de diferentes tecnologías que utilizan energías alternativas a las derivadas del petróleo. En esta unidad se recogen los vehículos que funcionan, al menos en parte, con energía eléctrica. Se clasifican en vehículos híbridos y vehículos eléctricos de batería. Los tipos que se explican son:

- Microhíbridos.
- Híbridos suaves.
- Híbridos puros (en paralelo, en serie y en serie/paralelo).
- Híbridos enchufables.
- Eléctricos de batería.
- Con pila de hidrógeno.

La utilización de circuitos de alta tensión obliga a la incorporación en los vehículos de medidas de seguridad, para el técnico electromecánico y para el usuario del vehículo. También se debe conocer la legislación existente acerca de estos vehículos, que se encuentra en continua revisión.

10 Vehículos eléctricos

¿Sabes ...

... cuántos tipos de vehículos eléctricos existen?

... qué componentes forman los diferentes tipos de vehículos eléctricos?

... qué sistemas de seguridad incluyen los vehículos eléctricos para proteger de la alta tensión?

... qué legislación regula la fabricación, el mantenimiento y la carga de los vehículos eléctricos?

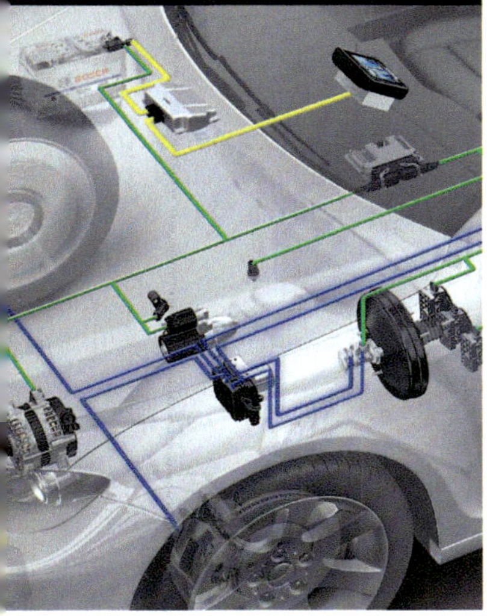

Contenidos

Objetivos

- Conocer las características de los vehículos eléctricos, así como las principales diferencias con los vehículos de combustión térmica.
- Distinguir los diferentes tipos de vehículos eléctricos: híbridos, eléctricos de batería y *fuel cell*.
- Comprender el esquema eléctrico y mecánico de los diferentes tipos de vehículos eléctricos.
- Estudiar las características y el funcionamiento de los componentes de los vehículos eléctricos: baterías de litio, níquel y sodio; convertidor de corriente; motor eléctrico/generadores.
- Aprender el funcionamiento del sistema *start&stop* y de la frenada regenerativa.
- Identificar los sistemas de seguridad en el vehículo eléctrico para proteger al técnico de mantenimiento y a los usuarios del vehículos de los riesgos derivados del circuito de alta tensión.
- Saber la normativa relativa a los vehículos eléctricos.

10.1. Introducción y clasificación de los vehículos eléctricos

Por todos es conocido el gran esfuerzo que los fabricantes de vehículos realizan desde hace años para disminuir al máximo las emisiones contaminantes en pro del medio ambiente y para cumplir la cada vez más estricta normativa marcada por todos los países. El vehículo eléctrico, en todas sus modalidades, es ya un hecho en el mercado por ser la solución más eficaz para reducir esas emisiones. Como se estudia en esta unidad existen muchos tipos diferentes de vehículos eléctricos, englobados en dos grandes grupos: híbridos y eléctricos de batería.

Figura 10.1. Vehículo híbrido de Volkswagen.

Los **vehículos híbridos** son aquellos que se pueden impulsar con un motor de combustión interna (gasolina o gasoil) o con un motor eléctrico. Los **vehículos eléctricos** de batería son aquellos que solo se impulsan con energía eléctrica utilizando para ello un motor.

Entre los vehículos eléctricos existen vehículos que disponen de alta o de baja tensión. Se considerará como alta tensión los valores por encima de 60 V en corriente continua y superiores a 30 V en corriente alterna (valor eficaz).

Sabías que...

Según el reglamento europeo R100 norma ECE se considera alto voltaje a la tensión de corriente continua con valores comprendidos entre 60 V y 1500 V. En corriente alterna a la tensión entre 30 V y 1000 V como valor eficaz (RMS). La norma alemana VDE es más estricta que la norma ECE, considerando alta tensión los voltajes superiores o iguales a 48 V en corriente continua, y superiores o iguales a 25 V en corriente alterna.

Figura 10.2. Componente de un vehículo eléctrico.

Tabla 10.1. Ventajas e inconvenientes de los vehículos eléctricos híbridos y de batería

Ventajas de los vehículos híbridos frente a los de propulsión convencional	Ventajas de los vehículos híbridos frente a los eléctricos de batería	Inconvenientes que presentan los vehículos híbridos frente a los convencionales
• Menor consumo de combustible. • Disminución de las emisiones contaminantes. • Propulsión más eficaz, gracias al aprovechamiento de la energía cinética que se genera durante las retenciones y frenadas, y a la utilización de ambos motores (térmico y eléctrico) en conjunto o individualmente para optimizar el rendimiento.	• Utilización de baterías con menor capacidad (más pequeñas y de menor coste). • Mayor autonomía. • Mayor oferta de puntos de repostaje. • Repostaje más rápido.	• Mayor complejidad en el diseño y las reparaciones. • Precio más elevado. • Vehículos más pesados • Mayor complejidad en la reparación al tener baterías de alta tensión, lo que implica mayores medidas de seguridad y formación.
Ventajas de los vehículos eléctricos de batería frente a los convencionales e híbridos (aunque estos últimos en menor medida)		**Inconvenientes de los vehículos eléctricos de batería frente a los convencionales e híbridos**
• Cero emisiones. • Muy poco mantenimiento, al no tener cambios de aceite, filtros, etcétera. • Pocas averías mecánicas, ya que no cuentan con motor de combustión, embrague o caja de cambios. • Motores eléctricos muy eficientes. • Mayor suavidad y menos ruido, lo que aporta confort a la conducción. • Movilidad a menor coste, aunque siempre dependerá del precio de la electricidad. • Utilización de la frenada regenerativa o aprovechamiento de la energía cinética de la frenada. • Bonificaciones y ventajas fiscales al tratarse de vehículos de cero emisiones.		• Precio de venta más elevado. • Menor autonomía. • Pocos puntos de carga. • Requiere de varias horas de carga.

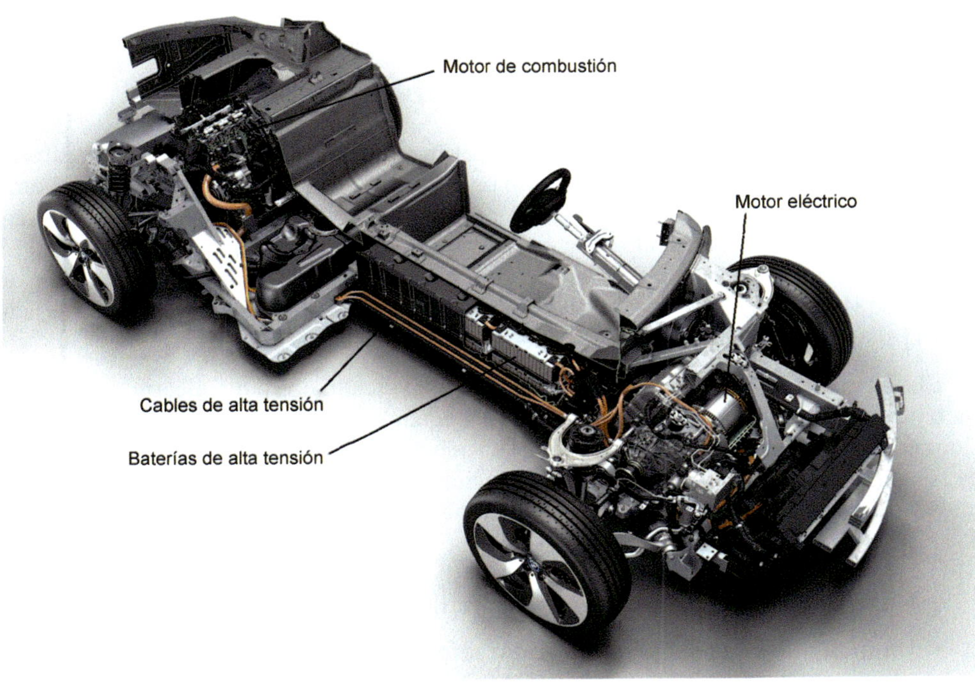

Figura 10.3. Componentes de un vehículo eléctrico híbrido.

10.1.1. Tipos de vehículos eléctricos

Atendiendo a la siguiente clasificación, existe una gran variedad de vehículos, que en mayor o menor medida tienen asistencia eléctrica para su movilidad:

- Microhíbrido (µHEV).
- Híbrido suave o *mild-hybrid (mHEV).*
- Híbrido o *full-hybrid* (HEV): paralelo, serie, serie/paralelo.
- Eléctrico de autonomía extendida (REEV).
- Híbrido enchufable (PHEV).
- Eléctrico de batería (BEV).
- Híbrido de pila de combustible (FCHV).

10.2. Vehículos microhíbridos (µHEV)

Los vehículos microhíbridos o µHEV (*micro Hybrid Electric Vehicle)* no incorporan ningún sistema de tracción eléctrico. En estos vehículos sumamos al motor de combustión interna una o varias de las siguientes opciones:

- Sistema *start&stop.*
- Sistema de recuperación de energía cinética o frenada regenerativa.
- Placas fotovoltaicas.

El objetivo de este sistema es reducir el consumo de combustible y las emisiones de CO_2, sobre todo durante la conducción en ciudad. Esta reducción llega hasta el 15 %. No utilizan alta tensión, aunque sí existen especificaciones de seguridad para ellos. No superan los 5 kW de potencia. Utilizan baterías AGM.

10.2.1. Microhíbridos con sistema *start&stop*

En los vehículos con sistema *start&stop* el motor de combustión interna se para al detener el vehículo, poner la caja de cambios en punto muerto y levantar el pie del embrague, y vuelve a arrancar al pisar el embrague. Esto ocurre, por ejemplo, en un semáforo en rojo. En los vehículos con cambio automático el sistema se activa cuando el vehículo está totalmente parado y el pedal de freno pisado. El motor vuelve a arrancar cuando se levanta el pie del pedal de freno. En ambos casos, el conductor puede desactivar el sistema pulsando el botón *start&stop.*

El sistema *start&stop* no se activa cuando existe un alto consumo eléctrico o la batería baja de unos mínimos preestablecidos. Así, aunque se cumplan las condiciones anteriormente mencionadas, el motor térmico se vuelve a poner en marcha cuando el circuito de frenos baja de una presión mínima establecida, cuando la temperatura de turbo supera unos valores preestablecidos o cuando la batería baja de determinados niveles de carga.

Los **componentes** de un sistema *start&stop* son:

- Una batería de gel de características eléctricas mejoradas.
- Un motor de arranque y un alternador reforzados.
- Un módulo de gestión del motor de arranque y del alternador, que puede ir integrado en la centralita de gestión del motor.

- Una centralita *start&stop* que recibirá información del embrague, la velocidad del vehículo, las revoluciones del motor y el estado de carga de la batería (con el motor parado los sistemas eléctricos siguen recibiendo alimentación, lo que puede suponer un agotamiento de la batería). También controlará el consumo de energía al ralentí.

Todos estos componentes se pueden ver en la Figura 10.4 que muestra un sistema *start&stop* de Bosch.

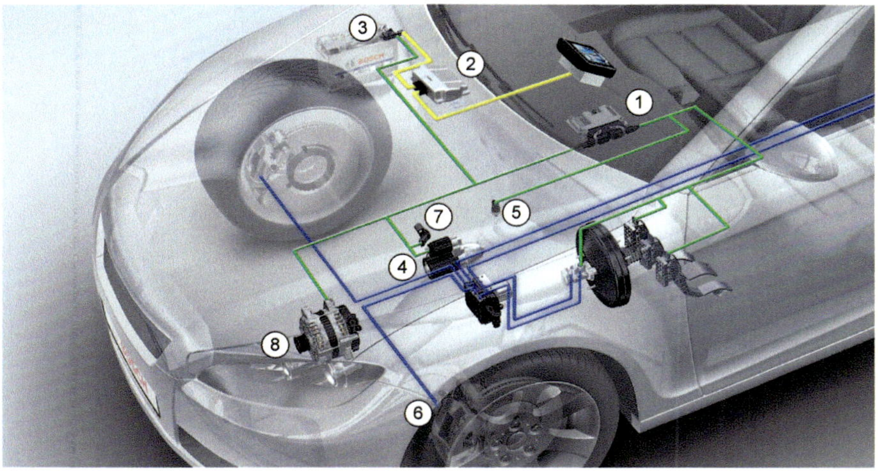

Figura 10.4. Sistema *start&stop* de Bosch.

El alternador del sistema, además de cargar la batería, actúa como un motor eléctrico apoyando al motor de combustión en las aceleraciones y durante los arranques en semáforos o atascos.

Algunos vehículos cuentan con un conjunto de condensadores que pueden proporcionar hasta 5 voltios extra a la batería. Una de sus aplicaciones es la de soportar hasta cinco arranques consecutivos. El conjunto de condensadores se recarga en unos segundos durante la marcha del vehículo.

Sabías que...

La tecnología e-HDi de PSA, desarrollada desde 2010, cuenta con un sistema *start&stop* para sus vehículos diésel e-HDI que utiliza un alternador reversible. Este alternador (de Valeo, que denomina a este sistema i-StARS) recupera energía de las deceleraciones y está gestionado por una centralita. Su potencia es de 2,2 kW y permite hasta 600 000 puestas en marcha. El motor se pone en marcha un 40 % más rápido que con un sistema con motor de arranque reforzado, pudiendo arrancarlo en 400 milisegundos. En vez de contar con un motor de arranque reforzado, en los e-HDi (tecnología microhíbrida) es el alternador el que arranca al motor después de paradas muy cortas (280 milisegundos o 400 milisegundos en condiciones difíciles). La potencia máxima eléctrica de este alternador es de 2,2 kW (3 CV). Una ventaja que ofrece frente a los sistemas con motor de arranque reforzado es que puede re-arrancar con el vehículo en movimiento, así como detener el motor con velocidades de entre 8 (para cambio automático) y 20 (para cambio manual) kilómetros por hora. De esta forma se llega al semáforo en completo silencio. El sistema cuenta además con una caja de cambios con largos desarrollos y un freno regenerativo (frenada regenerativa), que convierte parte de la energía cinética en energía eléctrica para el alternador. Esta energía es acumulada por el sistema eBooster.

10.2.2. Microhíbridos con sistema de recuperación de energía cinética (frenada regenerativa)

Recuerda que...

La energía cinética, E_c, es la forma de energía mecánica asociada al movimiento de un cuerpo. La fórmula de la energía cinética de un cuerpo de masa m que lleva una velocidad v es:

$$E_c = 1/2\ mv^2$$

La masa se mide en kg, la velocidad en m/s y la E_c en julios.

Existen muchas formas de transformar la energía cinética que se genera durante la frenada en otras formas de energía. En los vehículos microhíbridos esa energía se transforma en eléctrica, y lo hace a través del alternador, tal y como se verá a continuación. Este sistema se denomina KERS (*Kinetic Energy Recovery System*).

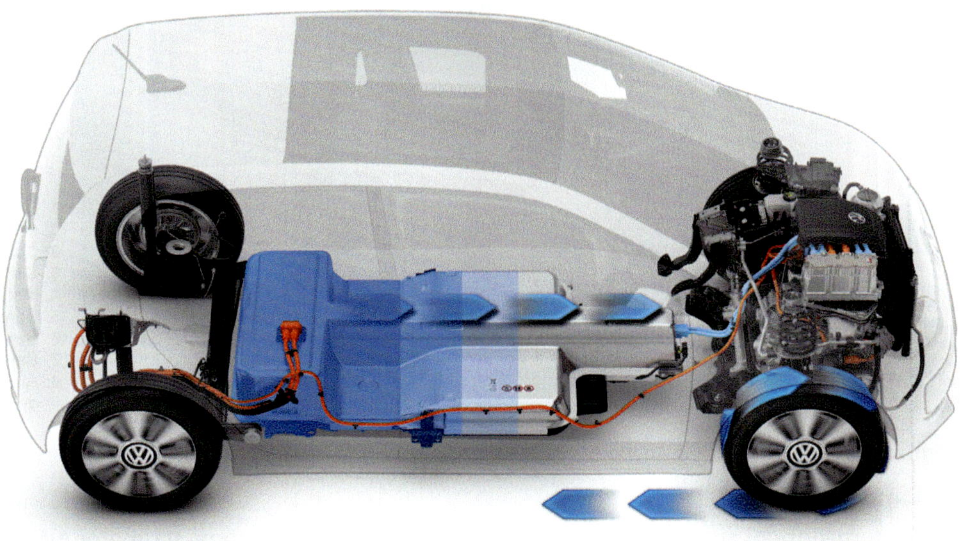

Figura 10.5. KERS. Vehículo Volkswagen.

Cuando un vehículo circula cuesta abajo por una carretera el conductor dejará de acelerar e, incluso, comenzará a frenar, ya que el vehículo se acelera. Esta aceleración del vehículo se debe a que se transforma su energía potencial (la que se debe a su masa y a la gravedad) en energía cinética (la que se debe a su masa y a la velocidad que tiene). El objetivo del sistema de frenada regenerativa es aprovechar esa energía cinética y transformarla en energía eléctrica. En condiciones normales la energía cinética se disipa en forma de calor al pisar el freno. Sin embargo, este dispositivo permite recuperar esta energía y almacenarla en una batería. Para ello, cuando el conductor frena lo primero que ocurre es que el generador ofrece una resistencia que frena al vehículo, a la vez que utiliza ese giro para generar energía eléctrica. De esta manera sustituye la pérdida de calor provocada por los frenos del vehículo por una generación de energía eléctrica. En los vehículos de Fórmula 1 esa energía almacenada es utilizada por el piloto cuando lo estime oportuno pulsando un botón en el volante.

ACTIVIDAD **Resuelta 10.1**

Calcula la energía cinética de un camión de 10 toneladas si circula a 80 km/h.

Solución

80 km/h = 80 000 m/3600 s = 22,23 m/s.

10 toneladas = 10 000 kg.

Ec = 1/2 × 10 000 × 22,23 = 111 150 julios.

ACTIVIDAD **Resuelta 10.2**

Calcula el trabajo necesario para acelerar al camión de la Actividad resuelta 10.1 hasta alcanzar los 110 km/h.

Solución

110 km/h = 110 000 m / 3600 s = 30,56 m/s.

$W = E_{c2} - E_{c1}$ = 1/2 × 10 000 (30,56 – 22,23) = 41 650 julios.

ACTIVIDAD **Propuesta 10.1**

Calcula la energía cinética de un automóvil de 800 kg cuando circula a 100 km/h. ¿Cuánto disminuye su energía cinética cuando circula a 60 km/h?

ACTIVIDAD **Propuesta 10.2**

Calcula el trabajo realizado durante la frenada del automóvil de la Actividad propuesta 10.1.

10.2.3. Microhíbridos con placas solares fotovoltaicas

La potencia eléctrica aportada por este sistema es bastante pequeña, pero permite ir cargando la batería lentamente y ayuda a alimentar a pequeños consumidores del vehículo. Una de sus ventajas es que puede producir energía eléctrica incluso con el vehículo parado. Esto obliga a la utilización de acumuladores para almacenar la energía que no se utiliza en el momento. La tensión que generan oscila entre 24 V y 36 V.

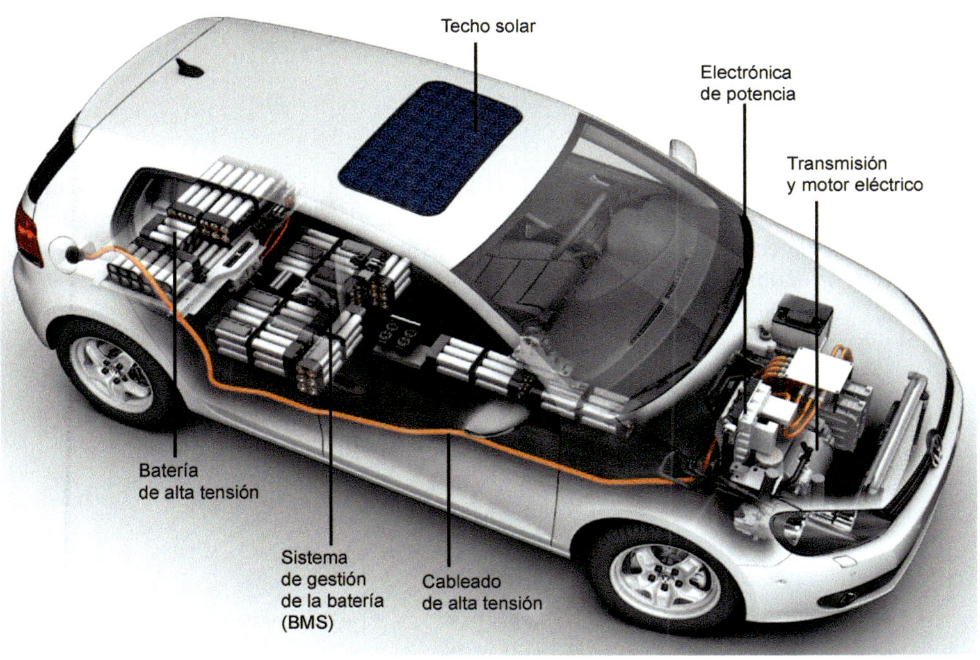

Figura 10.6. Vehículo eléctrico de Volkswagen con placas fotovoltaicas.

Las placas solares fotovoltaicas absorben la luz, convirtiendo unas partículas llamadas fotones en electricidad, gracias a un material semiconductor llamado silicio. La capa más exterior es un vidrio transparente que deja pasar la luz, y está preparado para soportar las inclemencias meteorológicas y para proteger a las celdas solares. La celda solar, fabricada de silicio, absorbe la radiación electromagnética en forma de luz y emite electrones. Los conectores deben ser seguros y resistentes a los rayos UV.

10.3. Vehículos híbridos en paralelo

La principal característica de los vehículos híbridos en paralelo es que los dos motores (térmico y eléctrico) pueden impulsar al vehículo, juntos o por separado. Estos vehículos incluyen un sistema *start&stop* y frenada regenerativa.

En los vehículos híbridos en paralelo el motor/generador puede funcionar tanto como motor para impulsar al vehículo, como generador para cargar las baterías. En el primer caso siendo alimentado por las baterías y en el segundo caso utilizando las retenciones y las frenadas (frenada regenerativa).

Figura 10.7. Esquema de un vehículo eléctrico híbrido de Volkswagen.

Cuando se solicita una gran potencia, el vehículo será impulsado por ambos motores, el térmico y el eléctrico. En estas circunstancias, el sistema intentará minimizar el uso del motor de combustión para reducir el consumo y la contaminación. El motor de combustión se acopla y desacopla de la transmisión mediante un embrague.

Figura 10.8. Disposición de los elementos de un vehículo híbrido de Mercedes-Benz.

Pueden encontrarse diferentes disposiciones de los componentes que conforman el sistema de propulsión de un vehículo híbrido en paralelo. En la Figura 10.9 se puede observar cómo el motor eléctrico/generador se encuentra junto a la transmisión, pero no junto al motor de combustión. Esta disposición es la más sencilla si se parte de un motor no híbrido convencional. Los componentes que encontramos son: motor de combustión interna, depósito de combustible, transmisión (formada por embrague, diferencial y caja de cambios), motor eléctrico/generador, convertidor y batería de alta tensión. Los elementos que corresponden al circuito de alta tensión son el motor eléctrico/generador, el convertidor y la batería de alta tensión. En la misma figura se ven en negro las líneas que indican la transmisión mecánica, y en naranja las que indican el cableado eléctrico de alta tensión.

El convertidor es un transformador de corriente continua (de la batería) a corriente alterna trifásica (del motor eléctrico), y viceversa.

En la Figura 10.10 se observa una configuración en la que el motor eléctrico incorpora el embrague y se encuentra situado entre el motor de combustión y la transmisión. En la Figura 10.11 se aprecian los componentes de un conjunto motor eléctrico-embrague.

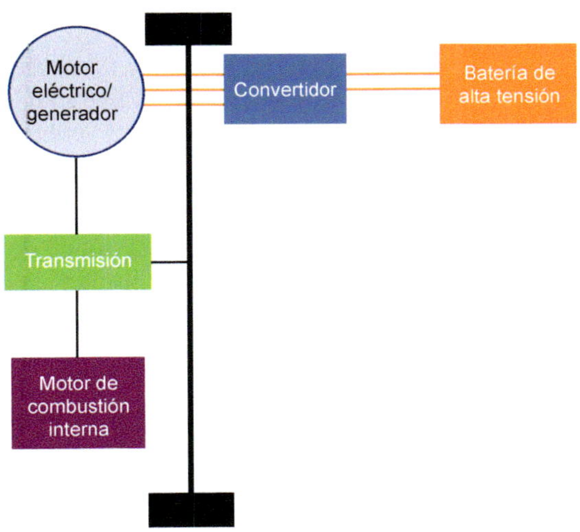

Figura 10.9. Esquema híbrido en paralelo.

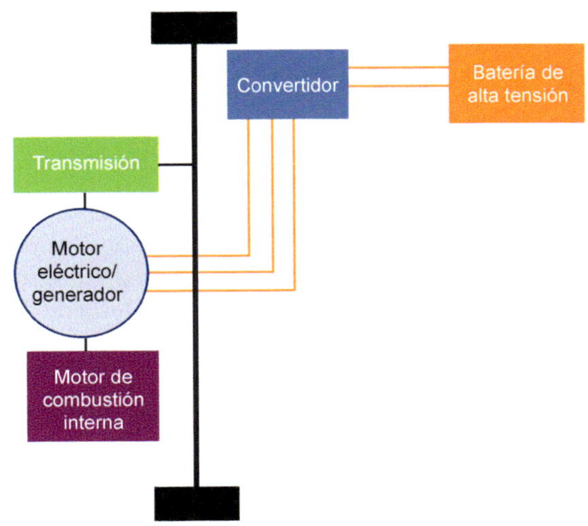

Figura 10.10. Otra configuración para un esquema híbrido en paralelo.

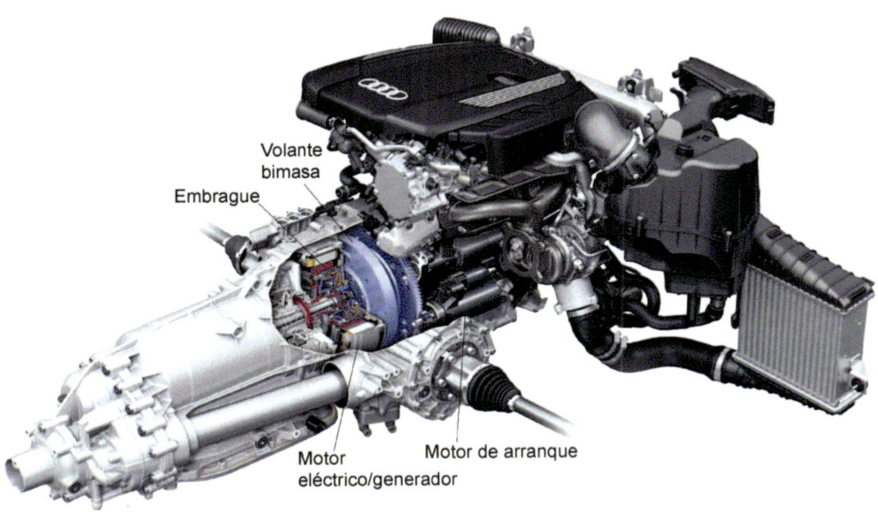

Figura 10.11. Conjunto de propulsión híbrida de Audi.

Figura 10.12. Motor eléctrico/generador de Audi con rotor con 32 imanes permanentes. Estátor con 24 bobinas.

10.4. Vehículos híbridos suaves o *mild-hybrids*

Los vehículos híbridos suaves o mHEV (*Mild Hybrid Electric Vehicle*) son vehículos híbridos en paralelo; tanto el motor térmico como el eléctrico van conectados directamente a la tracción y pueden mover al vehículo. Sin embargo, en los híbridos suaves el motor eléctrico es una asistencia al motor térmico, y nunca puede impulsar al vehículo por sí solo.

Otra característica de los híbridos suaves es que no superan los 15 kW de potencia. Al igual que sucede en los microhíbridos es un sistema de bajo voltaje, ya que trabaja por debajo de 60 V. Este sistema va acompañado del sistema de recuperación de energía durante la frenada (frenada regenerativa).

Estos sistemas cuentan con una batería de baja tensión, normalmente de 48 V, que almacena la energía cinética recuperada de la frenada y la energía proporcionada por el motor/generador (alternador). Este motor/generador también funciona como motor eléctrico que aporta potencia al motor de combustión cuando este lo necesita, como por ejemplo durante una aceleración o en el arranque en un semáforo. El arranque en frío corre a cargo de la batería de 12 V y de un motor de arranque, pero una vez arrancado el sistema de 48 V es el que se encarga de arrancar y parar el motor de combustión. El motor/generador actúa como motor de arranque para arranques en frío. Durante la marcha del vehículo el motor de combustión se ocupará de la propulsión del vehículo y de la carga del motor/generador, que a su vez cargará a la batería de 48 V.

La batería de 48 V está formada por 12 celdas de 3,75 V cada una. El sistema de gestión de batería mide la intensidad, la tensión y la temperatura; estima el estado de carga de la batería; realiza un balance de energía de las celdas y calcula los límites de potencia. La batería de 48 V va acompañada de un ventilador, un sistema de gestión de la batería, un conjunto de relés de potencia y un transformador.

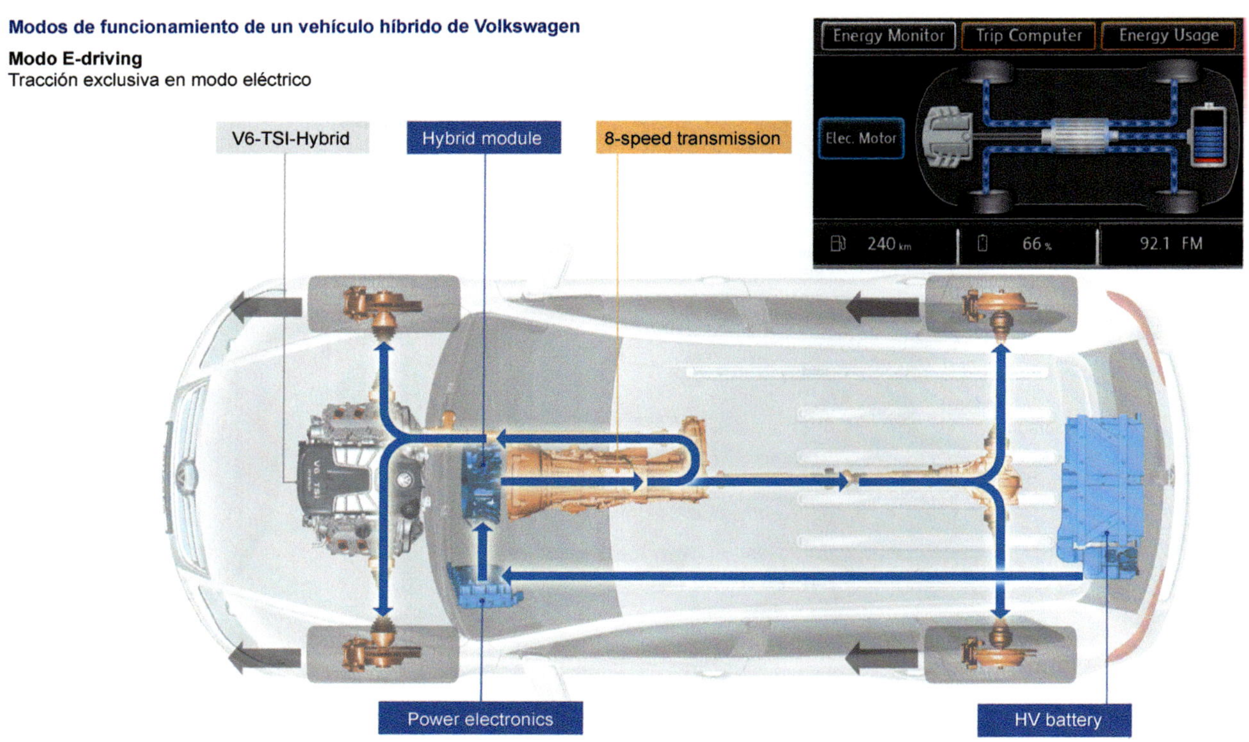

Figura 10.13. Modos de funcionamiento de un vehículo híbrido Volkswagen. *(Continúa ▸)*

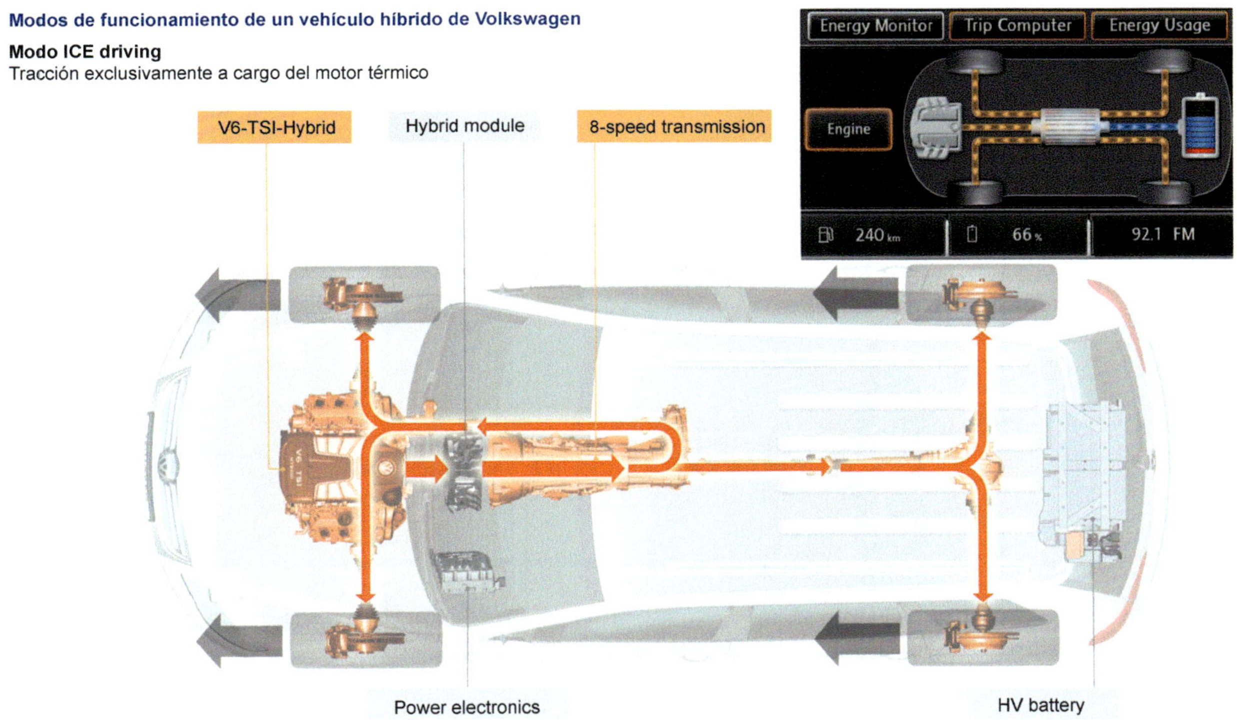

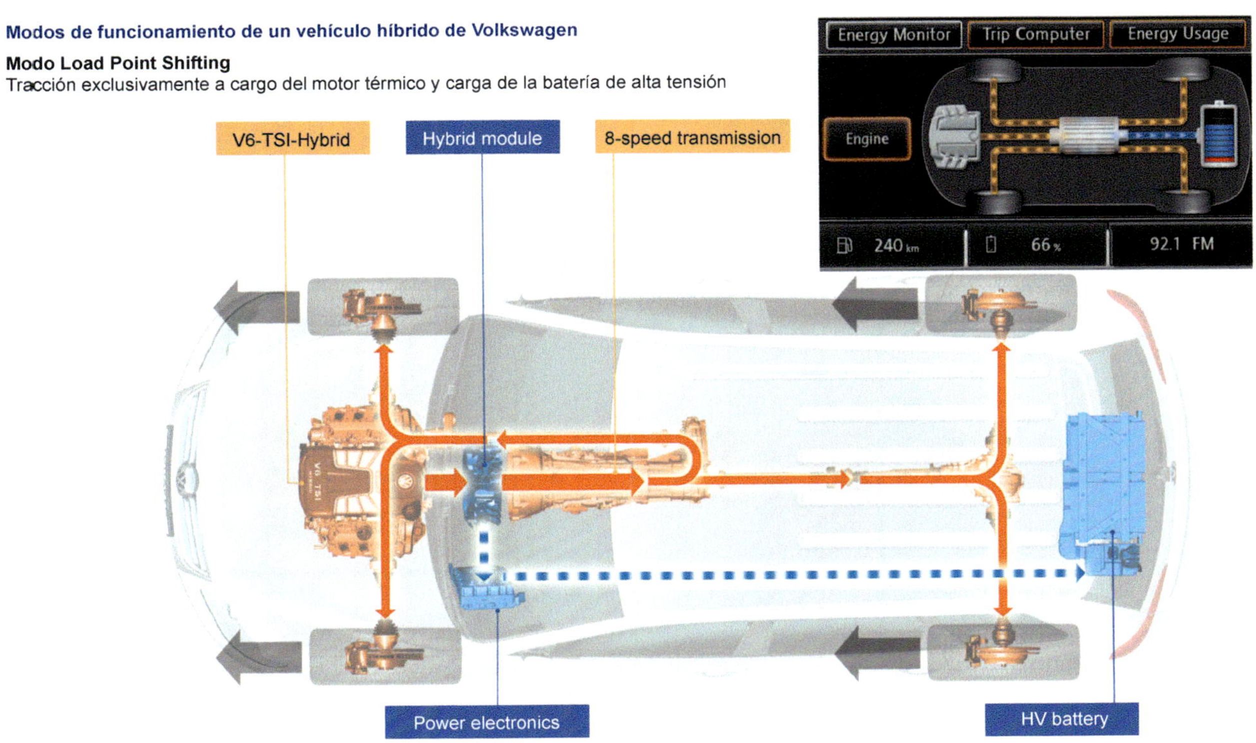

▸ **Figura 10.13.** Modos de funcionamiento de un vehículo híbrido Volkswagen. *(Continúa ▸)*

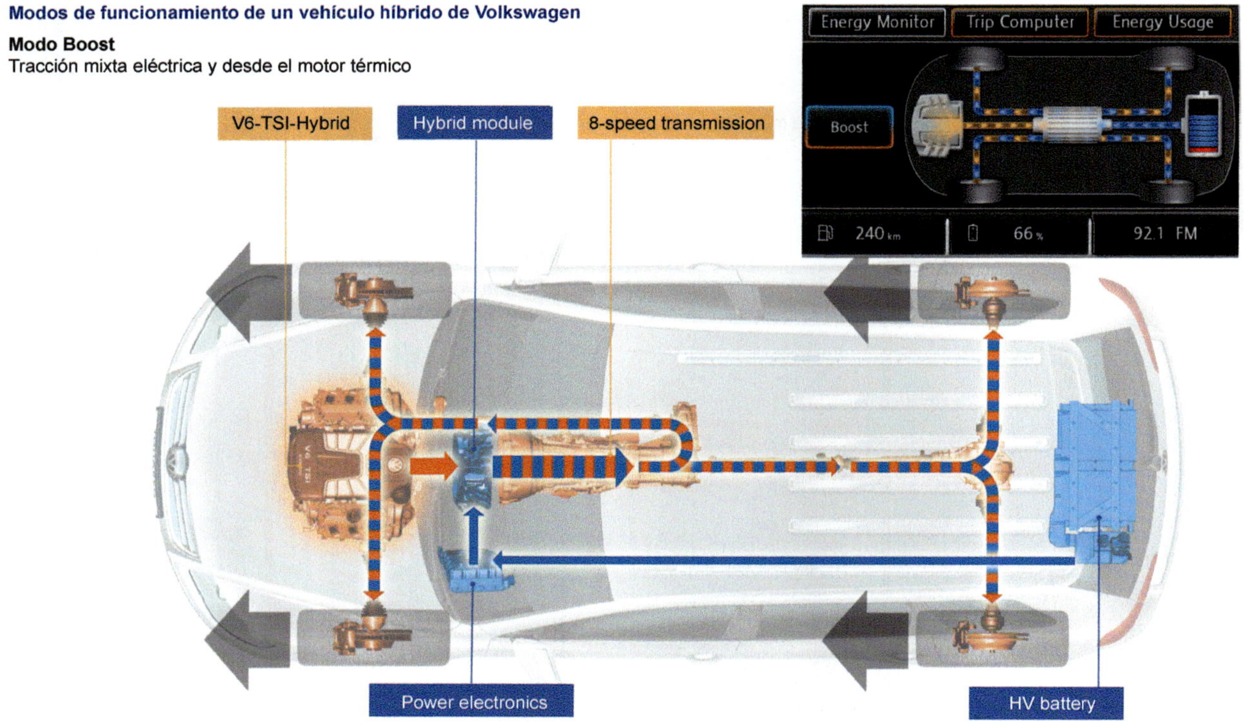

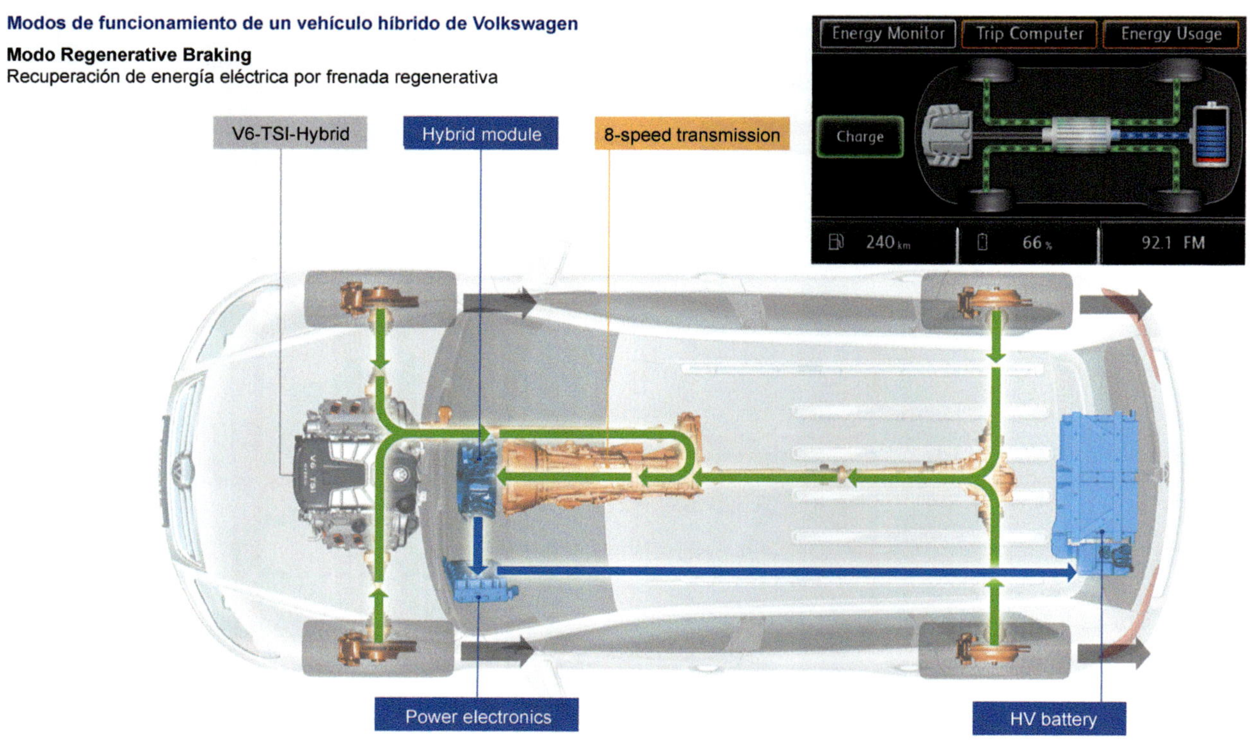

Figura 10.13. Modos de funcionamiento de un vehículo híbrido Volkswagen.

10.5. Vehículos híbridos en serie

En los vehículos híbridos en serie el motor de combustión no participa en la tracción del vehículo, ya que la realiza completamente el motor eléctrico. La función del motor de combustión es mover un generador que alimenta a las baterías de alta tensión. El motor térmico solo se pone en funcionamiento cuando baja la carga de las baterías, y a un régimen constante (el mínimo necesario para cargar las baterías, con el menor consumo de combustible posible y, por tanto, menores niveles de contaminación). Estos vehículos emplean alta tensión y la capacidad del depósito de gasolina suele ser muy pequeña.

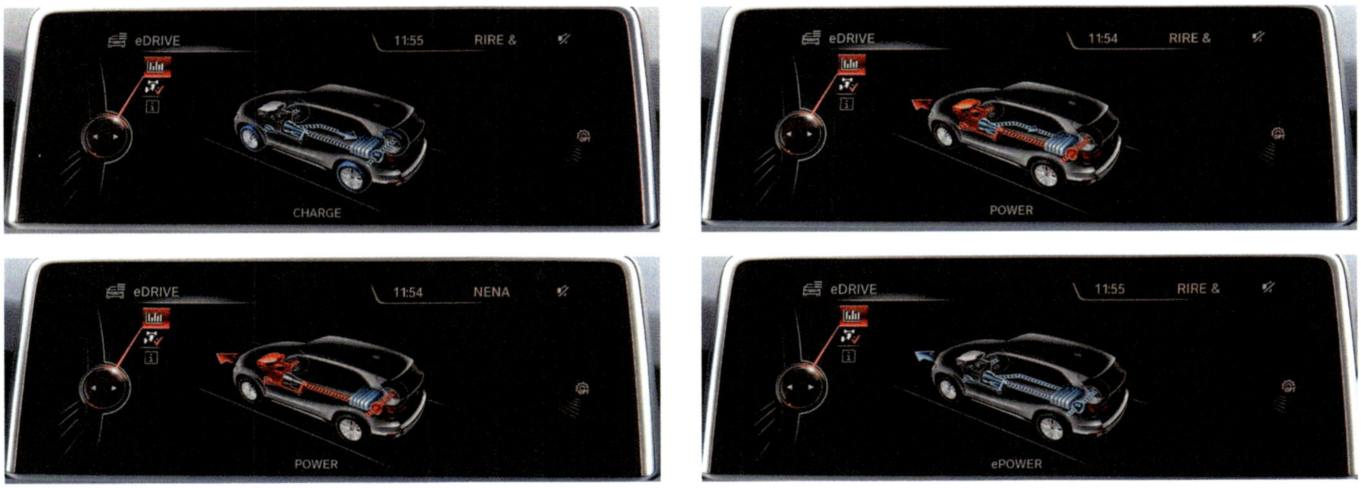

Figura 10.14. Indicaciones en el cuadro de instrumentos durante la conducción de un BMW híbrido.

En la Figura 10.15 se pueden ver los componentes necesarios para el movimiento de un vehículo híbrido en serie. El motor de combustión mueve el generador que alimenta a la batería de alta tensión. Entre ellos hay un convertidor, para transformar la corriente alterna trifásica del generador en corriente continua para la batería. El vehículo es impulsado por el motor eléctrico/generador, que transmite la potencia a las ruedas. Este motor eléctrico es alimentado por la batería de alta tensión a través de un convertidor de tensión. En la figura se representan en negro la transmisión de energía mecánica y en naranja los cables de transmisión eléctrica de alta tensión.

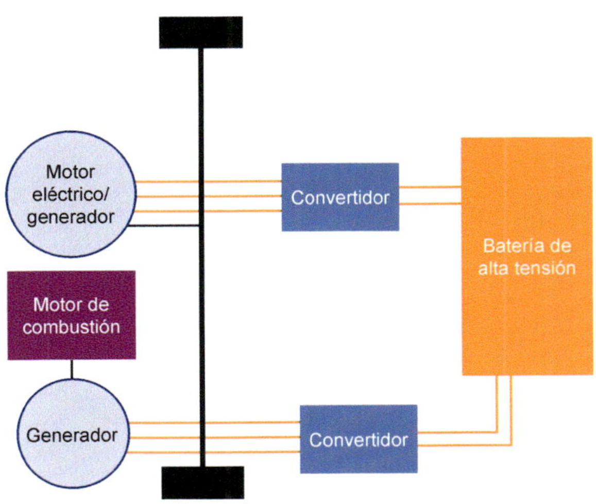

Figura 10.15. Esquema híbrido en serie.

Una ventaja de los híbridos en serie es que, al igual que los vehículos eléctricos de batería, no disponen de embrague ni caja de cambios. Los vehículos híbridos en serie también disponen del sistema de recuperación de energía cinética o frenada regenerativa para alimentar a la batería de alta tensión. Estos vehículos también disponen de un transformador o convertidor de corriente alterna trifásica a corriente continua.

ACTIVIDAD **Propuesta 10.3**

Nombra los tipos de vehículos eléctricos e indica si son híbridos y si pueden ser enchufables.

ACTIVIDAD **Propuesta 10.4**

En la clasificación realizada en la Actividad propuesta 10.3 indica qué tipo de vehículo:

- No dispone de tracción eléctrica.
- No dispone de tracción mecánica.
- Dispone de tracción eléctrica y mecánica.

10.6. Vehículos eléctricos de autonomía extendida (EREV)

Los vehículos eléctricos de autonomía extendida o EREV (*Extended Range Electric Vehicle*) son vehículos híbridos en serie en los que el funcionamiento del motor térmico es mínimo. Se trata de vehículos eminentemente eléctricos que cuentan con el apoyo puntual del motor térmico para mover al generador de corriente. Estos vehículos son siempre enchufables, es decir, cuentan con un enchufe para alimentar a las baterías desde la red eléctrica.

Figura 10.16. Motor eléctrico de un vehículo híbrido de autonomía extendida.

EJEMPLO 10.1

Estas son algunas de las características de un vehículo híbrido de autonomía extendida:

1. Carga de las baterías de alta tensión desde la red eléctrica doméstica, ya que cuenta con un enchufe.
2. Las baterías se descargan durante la conducción, lo que activa al motor térmico para que mueva al generador. El generador cargará las baterías de alta tensión para que sigan alimentando al motor eléctrico que actúa sobre la tracción.
3. Ci-culación del vehículo con las baterías totalmente cargadas. Alimentan al motor eléctrico que transmite su potencia a las ruedas.
4. Utilización del freno por parte del conductor, no actuando en primera instancia sobre el sistema de frenos convencional si no sobre el generador, que ofrece una resistencia a la tracción provocando una deceleración. El generador convierte la energía cinética provocada por la frenada en energía eléctrica.

Sabías que...

Hyundai utiliza la unidad HSG (*Hybrid Starter & Generator*) para arrancar el motor térmico y cargar la batería cuando sobra potencia del motor. También para acelerar la fase de calentamiento del motor térmico, entre otras cosas. Con este segundo motor el sistema puede comportarse como híbrido en serie, en paralelo o ambas cosas a la vez.

10.7. Vehículos híbridos serie/paralelo

Estos vehículos incluyen un sistema híbrido en paralelo y un sistema en serie en el mismo vehículo. El sistema tiene tres modos de funcionamiento:

- **Como vehículo eléctrico:** propulsión 100 % eléctrica con el motor térmico parado.
- **Como vehículo híbrido en serie:** la propulsión corre a cargo del motor eléctrico pero el motor de combustión se pone en marcha cuando es necesario para que el generador alimente a las baterías de alta tensión.
- **Como vehículo híbrido en paralelo:** cuando el estado de las baterías es bajo el motor de combustión impulsa a las ruedas delanteras.

Figura 10.17. Vehículo eléctrico híbrido en serie/paralelo.

Para poder llevar a cabo los tres modos de funcionamiento, el vehículo dispone de un embrague que conecta o desconecta el motor térmico cuando las condiciones lo requieren.

Sabías que...

Un vehículo híbrido serie/paralelo es el Mitsubishi Outlander PHEV. Cuenta con un motor térmico de 4 cilindros en línea de 121 CV y 2 litros. Tiene dos tomas para enchufar el vehículo a la red eléctrica, una a 230 V (en 5 horas) y otra a 340 V (en media hora). Para la circulación en descensos tiene un botón con hasta cinco niveles de selección para recargar las baterías utilizando la energía cinética durante la frenada.

10.8. Vehículos híbridos enchufables (PHEV)

Los vehículos híbridos enchufables o PHEV (*Plug in Hybrid Electric Vehicle*) son vehículos híbridos en paralelo, en serie o serie/paralelo que disponen de un enchufe para cargar las baterías de alto voltaje directamente de la red eléctrica. En España la carga se realiza a 230 V/50 Hz, y se deben tener en cuenta tres factores:

- La potencia, que determina el tiempo de carga.
- La información que intercambia con el vehículo que carga.
- Las tomas de carga.

Figura 10.18. Seat León E-Hybrid (híbrido enchufable). El grupo motopropulsor consta de un motor de gasolina 1,4 l TSI de 110 kW, un motor de propulsión eléctrica y un cambio automático DSG de seis marchas denominado ODD.

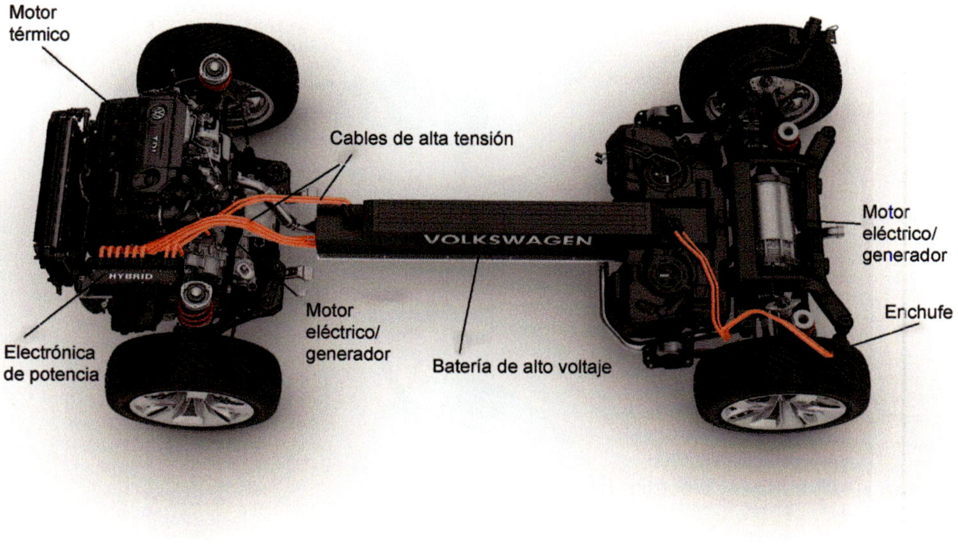

Figura 10.19. Componentes de un vehículo híbrido.

Tomas de carga

Las tomas de carga más comunes en Europa son:

- **Tipo 2 o Mennekes:** carga en corriente alterna monofásica o trifásica. Válido para carga lenta y carga semirrápida.
- **Combinado (CCS) o Combo 2:** carga en corriente continua o corriente alterna. Válido para carga lenta, carga semirrápida y carga rápida.

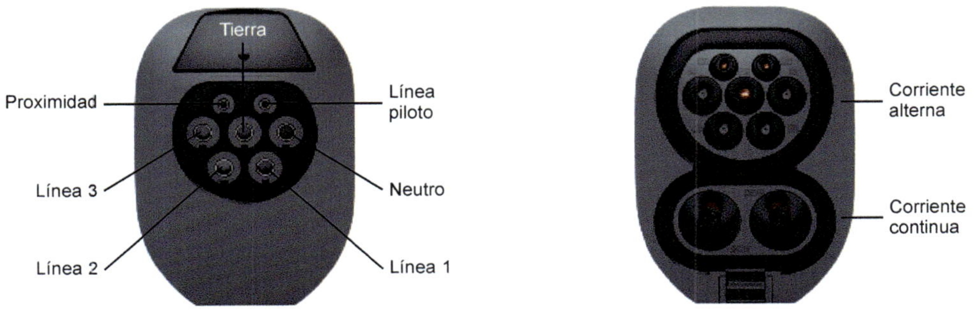

Figura 10.20. Tomas de carga de vehículo híbrido.

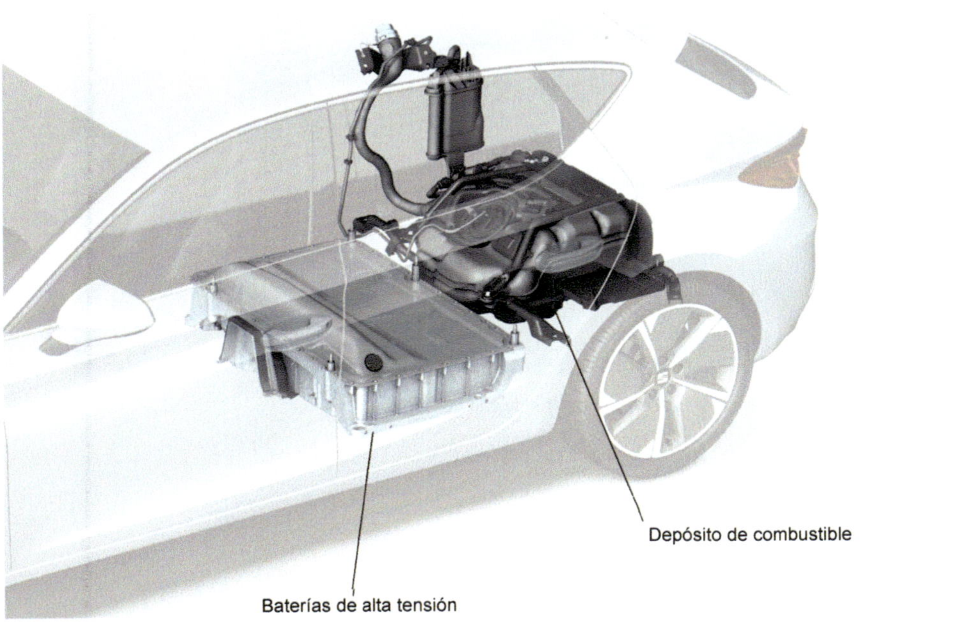

Figura 10.21. Seat León híbrido.

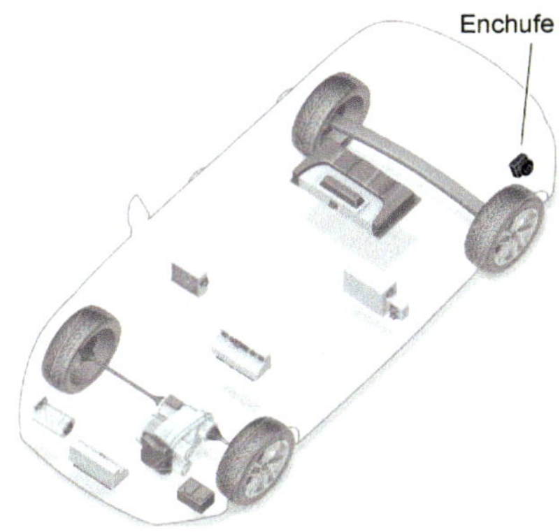

Figura 10.22. Ubicación del enchufe.

Modos de carga

Existen diferentes modos de carga dependiendo de la potencia a la que se realice la carga. Esos modos de carga son los siguientes:

- **Superlenta:** duración entre 10 y 12 horas. Intensidad máxima empleada de 10 A. Potencia de carga máxima de 2,2 kW.
- **Lenta:** duración entre 6 y 8 horas. Intensidad máxima empleada de 16 A. Potencia de carga de 3,7 kW.

- **Semirrápida:** duración entre 1 y 4 horas. Intensidad entre 30 y 80 A en monofásica, y de 32 A en trifásica. Potencia de carga en monofásica de 7 a 18 kW, y en trifásica a 22 kW.
- **Rápida:** duración entre 30 y 40 minutos. Intensidad entre 33 y 90 A en corriente alterna trifásica, y entre 100 y 150 A en corriente continua. Potencia de carga en corriente alterna trifásica de 44 a 60 kW, y en corriente continua entre 50 y 60 kW.
- **Ultrarrápida:** duración entre 10 y 40 minutos. Intensidad de 250 A en corriente alterna trifásica, y de 400 A en corriente continua. Potencia de carga en trifásica de 220 kW, y en continua de 240 kW.

Figura 10.23. Cuadro de instrumentos de un Seat León E-Hybrid.

ACTIVIDAD
Propuesta 10.5

¿Qué componentes conoces necesarios para enchufar un vehículo eléctrico a la red doméstica?

ACTIVIDAD
Propuesta 10.6

¿Qué tomas de carga conoces para poder enchufar un vehículo eléctrico a la red doméstica?

10.9. Vehículos eléctricos de batería (BEV)

Los vehículos eléctricos de batería o BEV (*Battery Electric Vehicle*) tienen una tracción totalmente eléctrica y no tienen motor térmico, ni siquiera para apoyar al motor eléctrico ni para mover al generador que alimenta a la batería.

En la Figura 10.25 se observan los componentes de un sistema de tracción de un motor eléctrico. Las baterías de alta tensión son alimentadas desde la red eléctrica. Un convertidor transforma la corriente alterna de la red en corriente continua para la batería. El motor eléctrico es alimentado desde las baterías de alta tensión a través de otro convertidor, que en este caso transforma la corriente continua de las baterías en corriente alterna trifásica para alimentar el motor eléctrico y en corriente de baja tensión para cargar la batería de 12 V utilizada para los circuitos eléctricos auxiliares del vehículo. El motor eléctrico es también un generador, que aprovecha la energía cinética en la frenada para obtener energía eléctrica, gracias al KERS. En la Figura 10.25 se representan en negro las transmisiones mecánicas y en naranja las conexiones eléctricas.

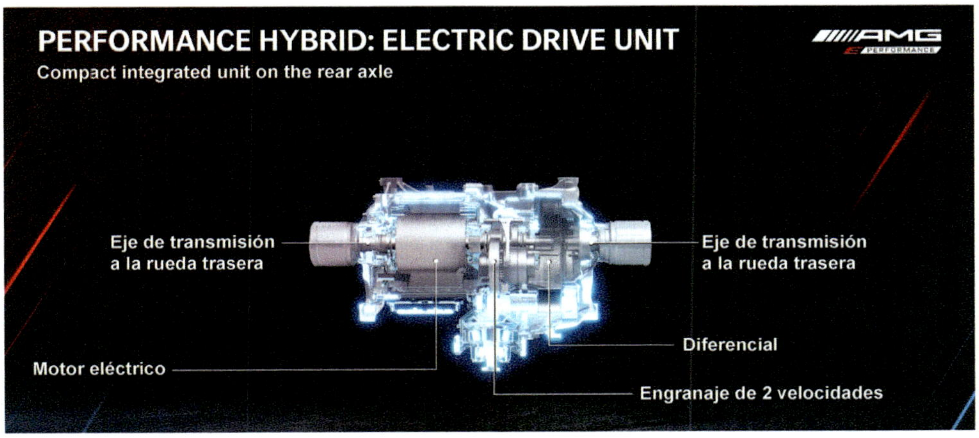

Figura 10.24. Transmisión y motor eléctrico de un vehículo Mercedes-Benz.

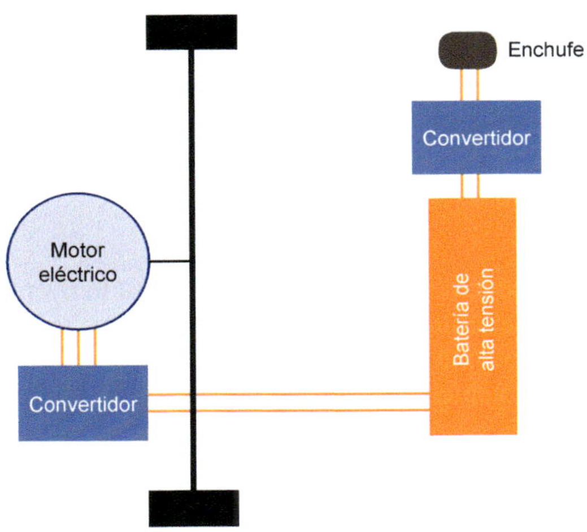

Figura 10.25. Esquema de un vehículo eléctrico.

La autonomía de un vehículo eléctrico de batería viene definida por la capacidad de las baterías de alta tensión y por el consumo eléctrico del motor. También influye para que el vehículo cumpla con las expectativas y las necesidades del conductor el tiempo necesario para cargar la batería a través del enchufe. Normalmente, estos vehículos requieren cargas de entre 8 y 10 horas, aunque siempre cuentan con una opción de carga rápida para casos de urgencia de unos 20 minutos.

10.10. Vehículos con pila de combustible (FCEV)

Los vehículos con pila de combustible se denominan también vehículos con pila de hidrógeno, vehículo eléctrico de hidrógeno o FCEV (*Fuel Cell Electric Vehicle*). En estos vehículos la tracción es totalmente eléctrica, ya que no cuentan con motor de combustión. La energía eléctrica para alimentar al motor se genera en una pila de hidrógeno. Como se observa en la Figura 10.26, un depósito almacena hidrógeno a alta presión

(700 bares) y se puede rellenar en estaciones de servicio. El depósito está fabricado en polímero reforzado con fibra de carbono (CFRP), ubicado en un armazón realizado en aluminio. Puede almacenar alrededor de cinco kilogramos de hidrógeno y cada vehículo suele incluir varias unidades.

Durante el funcionamiento, un regulador de presión disminuye la presión del hidrógeno para enviarlo a la pila. Las celdas de la pila utilizan el hidrógeno y el aire para generar electricidad y agua.

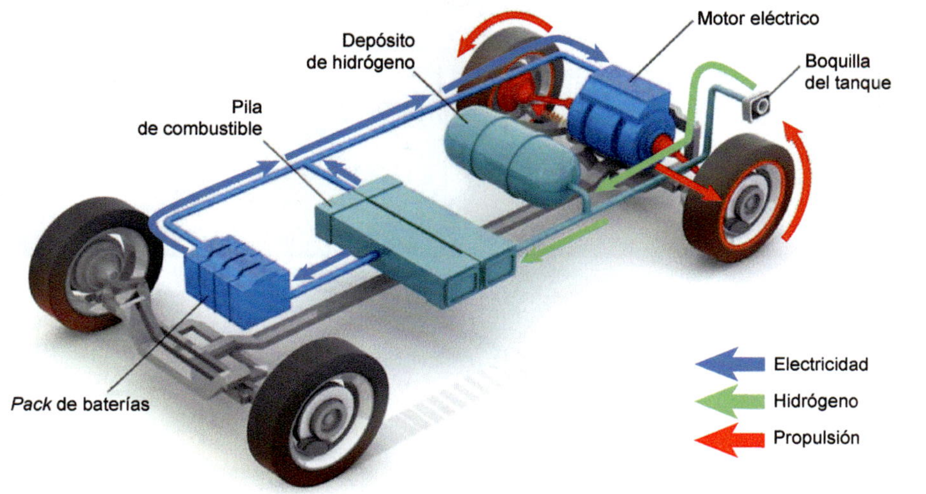

Figura 10.26. Estructura de un vehículo *fuel cell.*

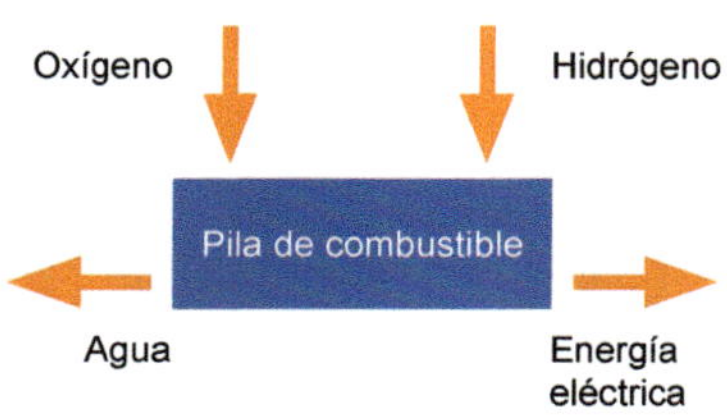

Figura 10.27. Esquema de transformación de energía química en eléctrica en una pila de combustible.

La pila de hidrógeno produce corriente continua de alta tensión, que posteriormente es convertida en corriente alterna trifásica en un convertidor o transformador para alimentar al motor eléctrico y adapta los valores de tensión para alimentar a la batería de 12 V que también incluye el vehículo para los circuitos eléctricos auxiliares.

El proceso químico que tiene lugar dentro de la pila se denomina **electrólisis inversa,** y consiste en la oxidación del hidrógeno gracias al oxígeno del aire. El hidrógeno pierde entonces los electrones y se genera una corriente eléctrica.

La pila de hidrógeno está formada por estos componentes:

- **Un ánodo:** el hidrógeno que llega se disocia en protones y electrones. Los electrones van a un circuito externo produciendo energía.
- **Un cátodo:** a dónde son conducidos los protones desde el ánodo. Aquí, las moléculas de oxígeno reaccionan con los protones del hidrógeno formando agua.
- **Electrólito:** permite el paso de protones del hidrógeno al cátodo y separa los electrones para forzarles a ir hacia el circuito externo.

La reacción química en el ánodo es la siguiente:

$$H_2 \rightarrow 2H^{++}\ 2e^-$$

(el hidrógeno se disocia en protones y electrones)

La reacción química en el cátodo es:

$$\tfrac{1}{2}O_2 + 2H^+ \rightarrow H_2O$$

La reacción química global es:

$$H_2 + \frac{1}{2}O_2 \rightarrow H_2O$$

Los vehículos de pila de combustible, al igual que todos los vehículos eléctricos que se han estudiado, cuentan con un KERS.

La pila de combustible está formada por celdas, con un voltaje en cada una de entre 0,6 V y 0,8 V. La pila ofrece una tensión de entre 230 V y 360 V. Un elemento que la acompaña es el ventilador o turbocompresor, que fuerza la entrada de aire en las células para devolver el hidrógeno no utilizado al ánodo. Este proceso requiere de bajas temperaturas, por lo que el sistema tiene un circuito de refrigeración.

Las ventajas de estos vehículos son su rápida recarga, al contrario que los vehículos eléctricos de baterías, y que se trata de un sistema cero emisiones si el hidrógeno se obtiene a partir de energías renovables. Sin embargo, el precio y la escasez de puntos de recarga hacen que no esté muy extendido. Otro inconveniente es que el hidrógeno es un gas muy volátil y altamente inflamable, lo que hace muy peligrosa su manipulación.

Sabías que...

Hyundai lleva apostando por el sistema *fuel cell* desde los años 90. En el año 2000 desarrolló el primer vehículo con pila de combustible, y en 2013 comenzó la fabricación en cadena del Tucson de pila de combustible. En 2020 comenzó la producción en cadena del primer camión comercial de pila de combustible.

10.11. Acumuladores de energía eléctrica de alto voltaje

En un vehículo eléctrico es fundamental tener un buen sistema de almacenamiento de energía eléctrica; estos son los acumuladores. Normalmente se trata de baterías, pero también pueden ser condensadores.

Durante el periodo de descarga, tiene lugar una reacción química en su interior a partir de la cual se consigue energía eléctrica, y durante el periodo de carga la reacción química se produce a la inversa. Los condensadores, sin embargo, están formados por placas que se cargan positiva o negativamente hasta alcanzar su capacidad máxima, y luego se descargan al conectarlos a un circuito, ya que las placas negativas ceden electrones y las placas positivas los reciben.

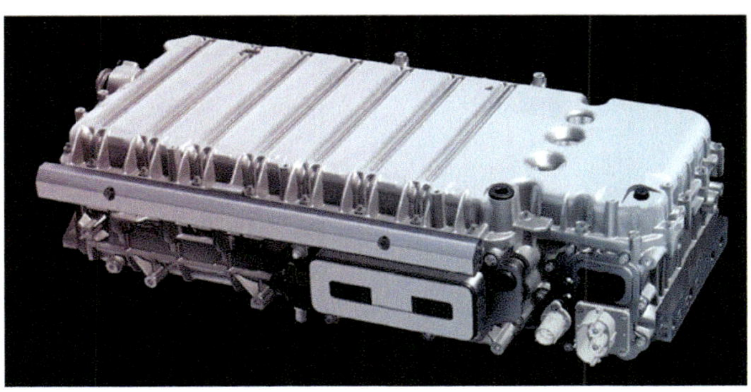

Figura 10.28. Batería de alta tensión de Mercedes-Benz.

En los vehículos eléctricos existen dos tipos de baterías, las convencionales de 12 V que se utilizan exclusivamente para alimentar los sistemas auxiliares del vehículo (iluminación, luneta térmica, limpiaparabrisas, etc.), y las baterías que alimentan al motor eléctrico que propulsa el vehículo; estas últimas con mucho mayor voltaje y capacidad.

Los principales inconvenientes que presentan las baterías de alto voltaje son los siguientes:

- Coste elevado, debido a la dificultad para obtener los materiales empleados en su fabricación.
- Alta contaminación en su fabricación y en su reciclado.
- Peso elevado.
- Necesidad de reservar un gran espacio para su ubicación.
- No hay soluciones para su tratamiento como residuo.

Las soluciones a los inconvenientes que presenta la utilización de estas baterías pasan por:

- Reducir la cantidad de litio, cobalto o níquel. La manera más eficaz es utilizar materiales reciclados.
- Reciclar correctamente las baterías.
- Investigar nuevas tecnologías para el almacenamiento de la energía eléctrica.

Actualmente se utilizan dos tipos de baterías en los vehículos eléctricos: de litio y de níquel-metalhidruro.

10.11.1. Baterías de litio

Estas baterías pertenecen a la tecnología de iones de litio, y actualmente son las más usadas. Cada celda ofrece una tensión de, aproximadamente, 3,6 V y la densidad de energía de estas baterías está entre 100 y 260 Wh/Kg. La densidad de carga de una batería es su capacidad para contener una carga en referencia a su masa, y se mide en Wh/Kg. El objetivo es conseguir la mayor capacidad con la menor masa posible. Las características de una batería de iones de litio depende del tipo de aleación de litio empleada, variando su vida útil, voltios por celda y su densidad de carga.

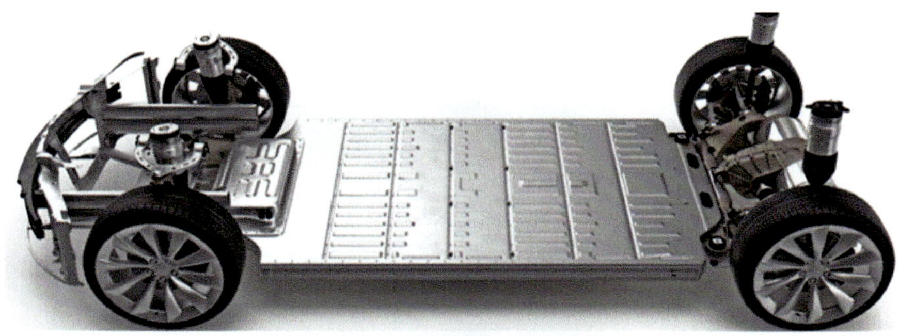

Figura 10.29. Batería de iones de litio de un Tesla Model S.

Las aleaciones de litio que se pueden encontrar son:

- **Titanato ($Li_4Ti_5O_{12}$):** se trata de un compuesto inorgánico formado por óxidos de titanio. Su vida útil va de 3000 a 7000 ciclos de funcionamiento.
- **Hierro y fosfato ($LiFePO_4$):** su vida útil es de 2000 ciclos de funcionamiento.
- **Óxido de manganeso ($LiMn_2O_4$):** su vida útil va de 300 a 700 ciclos de funcionamiento.
- **Níquel, manganeso y óxido de cobalto ($LiNiMnCoO_2$):** también denominada NMC. Su vida útil va de 1000 a 2000 ciclos de funcionamiento.

- **Óxido de cobalto ($LiCoO_2$):** su vida útil va de 500 a 1000 ciclos de funcionamiento.
- **Níquel, cobalto y óxido de aluminio ($LiNiCoAlO_2$):** su vida útil es de 500 ciclos de funcionamiento.

Las aleaciones anteriores son empleadas en el cátodo. El ánodo de las baterías de litio es de grafito, que es una variedad cristalográfica del carbono.

Existen baterías de litio polímero, que se caracterizan porque su electrólito es seco, con un aspecto similar al plástico.

Las principales ventajas de las baterías de iones de litio son su alta densidad de carga, poco peso, alto voltaje por celda, sin efecto memoria, durante toda la descarga el voltaje casi no varía, baja autodescarga y larga vida útil. Sus principales inconvenientes son el alto coste, el mal comportamiento a bajas temperaturas y el riesgo de explosión a altas temperaturas.

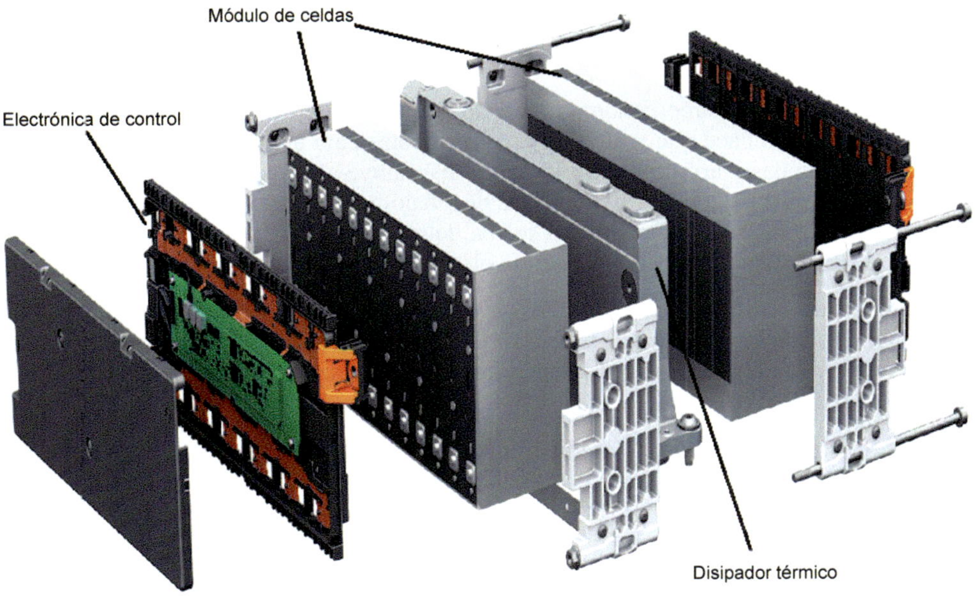

Figura 10.30. Batería de iones de litio.

Sabías que...?

BMW, Hyundai y Renault utilizan un compuesto formado por la aleación níquel-manganeso-óxido de cobalto (NMC por sus siglas en inglés), mientras que Tesla utiliza una mezcla de níquel-cobalto-óxido de aluminio (NCA).

10.11.2. Baterías de níquel

Las baterías de níquel han sido poco a poco relegadas por las de litio. Existen dos tipos de baterías de níquel:

- **Níquel-cadmio (NiCd):** 40-60 Wh/Kg. Su coste medioambiental es alto por la utilización de cadmio. Vida útil por encima de las 1500 recargas.
- **Níquel-metalhidruro:** 60-100 Wh/Kg. Vida útil de 400 recargas.

Ambas ofrecen 1,2 V por celda, siendo su voltaje menor que el de las baterías de iones de litio. Las baterías de níquel tienen problemas de efecto memoria y son muy sensibles a las bajas temperaturas. Su capacidad, en ambos casos, disminuye con cada recarga, lo cual es otro importante inconveniente.

10.11.3. Supercondensadores

La energía eléctrica también se puede almacenar en condensadores con altas capacidades y densidades de energía. Los condensadores electroquímicos de doble capa o EDLC (*Electric Double-Layer Capacitor*), también llamados supercondensadores, ofrecen una capacidad miles de veces mayor que la de los condensadores electrolíticos de alta capacidad (hasta 5000 °F) y pueden alcanzar densidades de energía de hasta 30 Wh/kg.

Para obtener una mayor capacidad es necesario aumentar el área de las placas del condensador, para lo cual se incrementa la rugosidad y la porosidad del material con que se fabrican. Actualmente, estas capas se fabrican de carbono, pero se está estudiando la posibilidad de utilizar grafeno, por su gran porosidad.

Al igual que los condensadores electrolíticos, están formados por placas positivas y negativas, separadas entre sí por un material dieléctrico (aislante). Las placas positivas y negativas pueden cargarse y descargarse si el condensador está conectado a un circuito con una fuente de alimentación. En el caso de los supercondensadores en vehículos eléctricos, estos se cargan gracias al KERS, al generador o a la red eléctrica a través del enchufe. Una vez cargados se descargarán alimentando al motor eléctrico, previa adaptación de su tensión.

Una ventaja de los supercondensadores frente a las baterías es su velocidad de carga y descarga. Esto hace que sean muy recomendables para una conducción por ciudad, con muchas paradas y arranques. Su vida útil disminuye al aumentar la capacidad, pero aun así está en torno a 20 años sin pérdidas de tensión. Otra ventaja de los supercondensadores frente a las baterías es que no sufren deterioro en los ciclos de carga y descarga. Sin embargo, acumulan menos energía eléctrica que las baterías.

De todo ello se deriva que es habitual la utilización de baterías y supercondensadores conjuntamente en vehículos eléctricos. Las baterías acumulan más energía durante más tiempo, y los condensadores pueden aportar más energía en momentos puntuales con mayor rapidez.

Además, ofrecen un impacto medioambiental mucho menor que el de las baterías, ya que los elementos que se utilizan para su fabricación los hacen más sostenibles.

ACTIVIDAD **Propuesta 10.7**

Copia y completa la tabla siguiente:

Tipo de batería	Voltaje	Voltaje por celda	Densidad de energía
Batería de 12 V			
Batería de litio			
Batería de níquel			

ACTIVIDAD **Propuesta 10.8**

¿Qué es una batería de iones de litio de polímero?

10.12. Motores y generadores en los vehículos eléctricos

Como ya se ha citado anteriormente, la propulsión de la mayoría de los vehículos eléctricos se produce a través de un motor eléctrico. De esta manera, nos encontramos con que el motor eléctrico/generador tiene los siguientes modos de funcionamiento:

- En los vehículos eléctricos de batería:
  - Como motor eléctrico, alimentado por la batería de alto voltaje, para transmitir movimiento a las ruedas.
  - Como generador de corriente al aprovechar la energía cinética de la frenada (KERS). Esto es así en todos los vehículos eléctricos que se han estudiado.
- En los vehículos híbridos y microhíbridos:
  - Como motor eléctrico durante la conducción para asistir al motor de combustión en los vehículos con sistema *start&stop*.
  - Como motor de arranque en aquellos vehículos con *start&stop* y en algunos *mild-hybrids*.
  - En todos los vehículos eléctricos híbridos al conmutar de una propulsión de motor térmico a una propulsión eléctrica.

Figura 10.31. Motor eléctrico y diferencial de un vehículo BMW eléctrico.

10.12.1. El motor/generador actúa como generador de corriente

El principio en el que se basa el funcionamiento de cualquier motor o generador de corriente es el de la inducción de Faraday. Aplicado a los motores/generadores consiste en que en cualquier bobina afectada por una variación de campo magnético exterior se induce una fuerza electromotriz creando un voltaje o diferencia de potencial. También se sabe que alrededor de cualquier bobina atravesada por una corriente se crea un campo magnético y, si esta bobina está en movimiento, este campo magnético será variable. Si se acerca otra bobina a ese campo magnético variable, se inducirá en ella una tensión alterna.

En el caso del generador de corriente o alternador la bobina del rotor recibe una alimentación eléctrica a la vez que gira, por lo que creará un campo magnético variable a su alrededor. Si se acercan a la bobina del rotor las bobinas del estátor, agrupadas en tres fases desfasadas 120° entre ellas, se inducirá en cada una de las fases una corriente alterna, como se aprecia en la Figura 10.32. De esta manera la tensión obtenida de las bobinas del estátor será corriente alterna trifásica (por contar con tres fases). Sus componentes son el estátor y el rotor.

- **Estátor:** está formado por varios bobinados dispuestos de forma circular alrededor del rotor. Los bobinados están conectados mediante tres fases con el módulo de potencia.
- **Rotor:** está compuesto por varios pares de imanes permanentes que están enfrentados al estátor.

El número de bobinados del estátor y el número de imanes del rotor varían en función del vehículo.

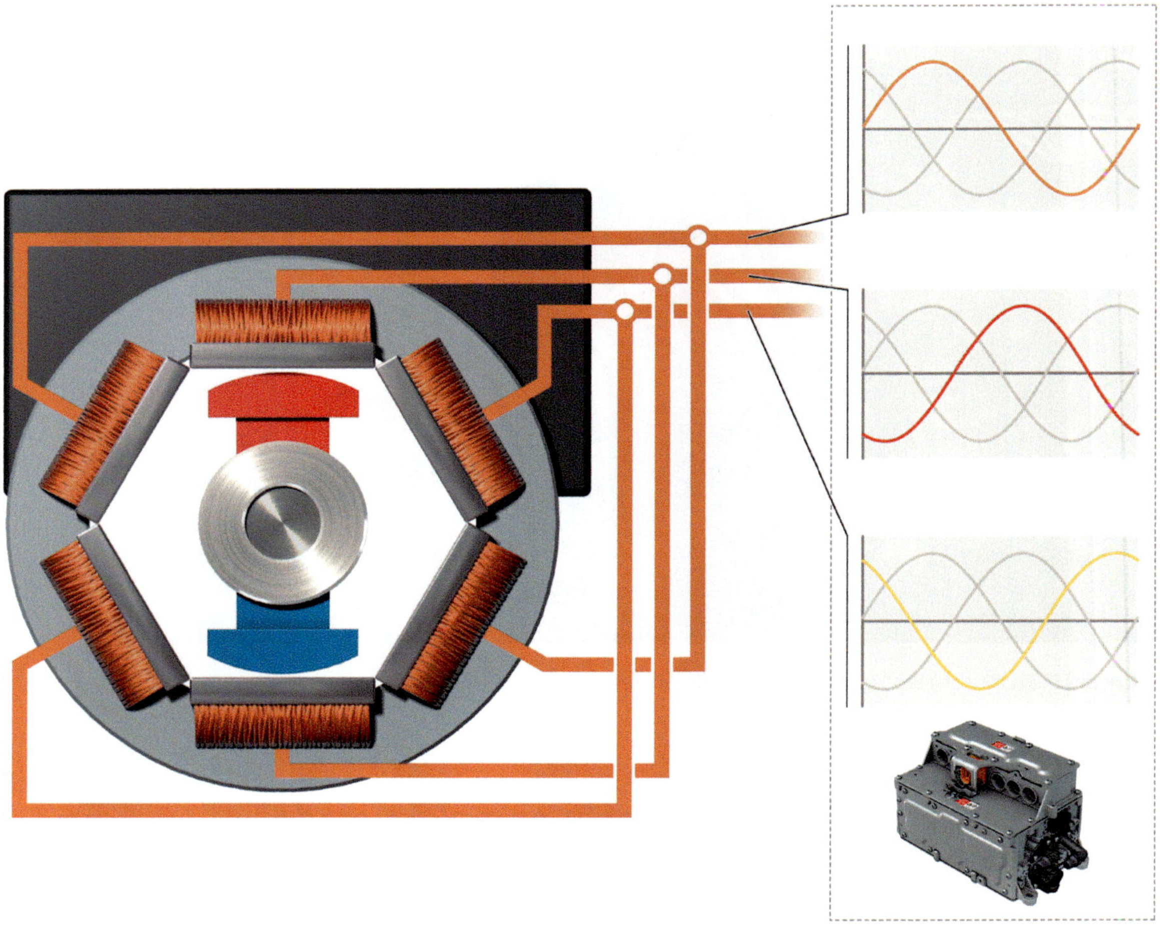

Figura 10.32. Salidas de corriente alterna del generador.

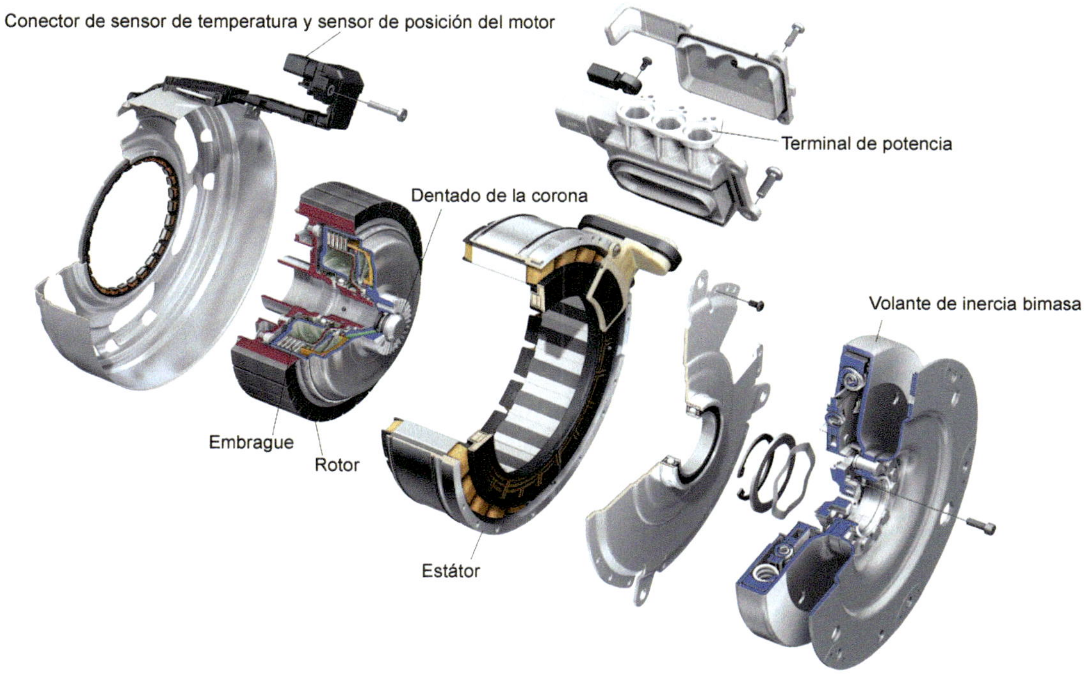

Figura 10.33. Componentes de un motor eléctrico generador de Audi.

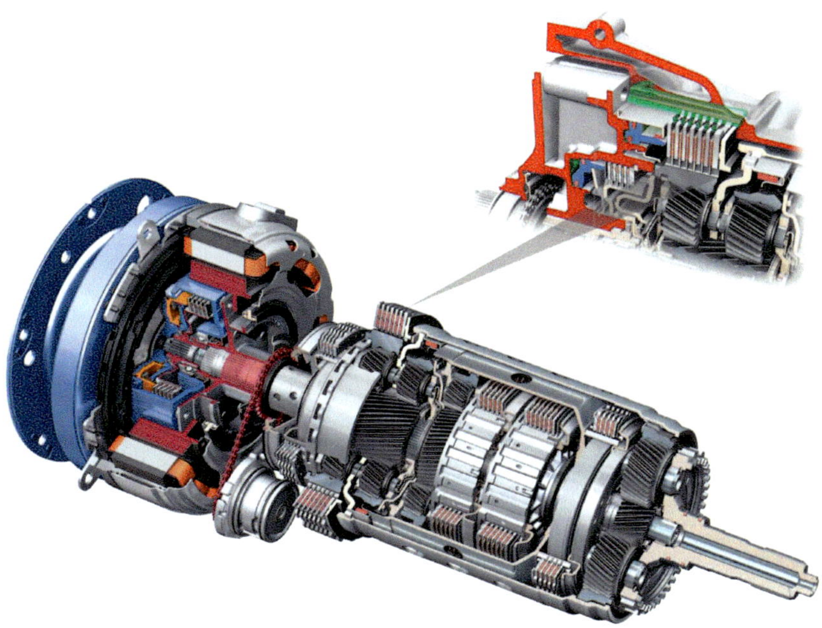

Figura 10.34. Motor eléctrico generador de Audi.

10.12.2. El motor/generador actúa como motor eléctrico

Existen dos tipos de motores eléctricos para propulsar vehículos eléctricos: monofásicos y trifásicos.

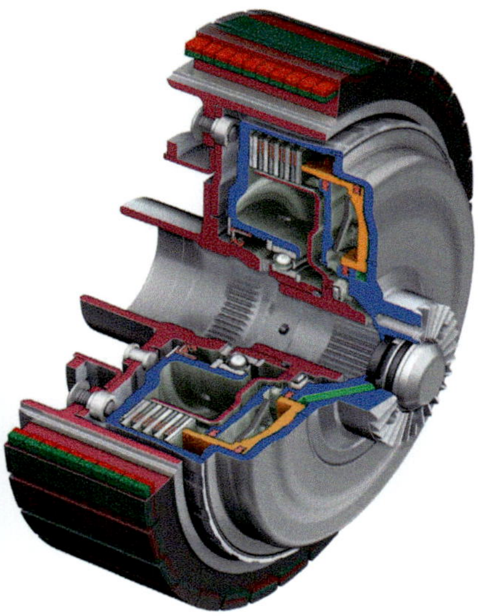

Figura 10.35. Rotor de un motor eléctrico generador de Audi.

Los **motores eléctricos monofásicos** se utilizan en sistemas por debajo de 60 V, es decir, que no se consideran de alta tensión. Las bobinas del inductor (estátor) reciben una única corriente alterna. Suelen tener varias bobinas conectadas en serie.

Los **motores eléctricos trifásicos** son los más empleados. Las bobinas están agrupadas en tres fases, y cada cable de fase recibe una corriente alterna. La conexión de las tres fases puede ser en estrella o en triángulo. La conexión en estrella proporciona una mayor tensión, mientras que la conexión en triángulo proporciona una mayor intensidad.

Los **motores eléctricos de corriente alterna** utilizados en vehículos eléctricos pueden ser de dos tipos: síncronos y asíncronos.

Motores síncronos

Se denominan **motores síncronos o de imanes permanentes** porque la velocidad del rotor debe estar sincronizada con la frecuencia de las tres fases del estátor. Esto se consigue gracias a un sensor que indica la posición exacta y la velocidad del rotor.

Son los motores más utilizados. Tienen un rotor móvil con imanes permanentes y el estátor está formado por tres bobinas inductoras, desfasadas 120°, cada una de las cuales recibe una señal de corriente alterna. El campo magnético variable producido por cada una de las tres bobinas del estátor atrae o repele a los imanes del rotor, provocando su giro.

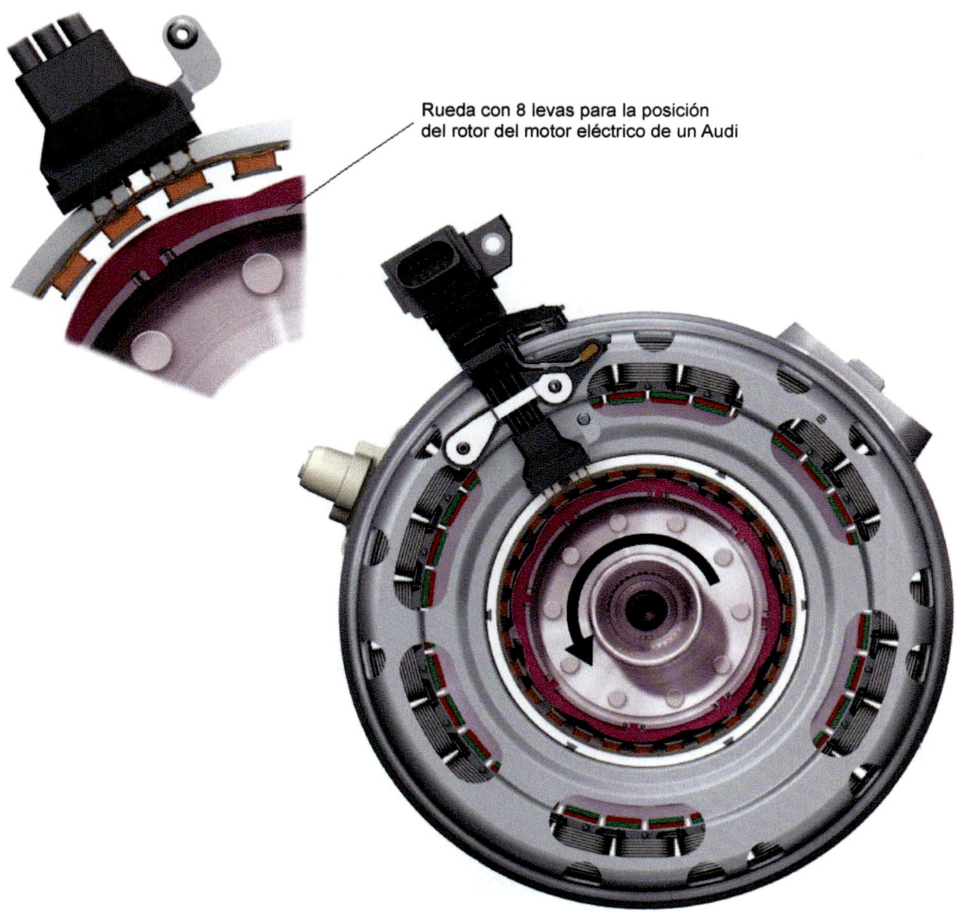

Figura 10.36. Sensor de posición del rotor de un motor eléctrico de Audi.

Motores asíncronos

Los **motores asíncronos o de inducción** se caracterizan porque el giro del rotor no corresponde a la velocidad de giro del campo magnético producido por el estátor. Funcionan según el principio de inducción mutua de Faraday. La velocidad del rotor nunca alcanza a la del campo magnético y, de esta forma, los magnetismos nunca se pueden alinear para que el rotor siga girando. Este fenómeno se conoce con el nombre de deslizamiento.

Pueden ser de dos tipos: de anillos rozantes y de jaula de ardilla. Estos últimos son los utilizados en los vehículos eléctricos. Se denominan así por el diseño del rotor, tal y como se observa en las Figuras 10.37 y 10.38.

El campo magnético variable de las bobinas del estátor inducen una tensión en el rotor, que produce su propio campo magnético. La interacción de los campos magnéticos producidos por los bobinados del estátor y del rotor produce un par en el rotor de jaula de ardilla.

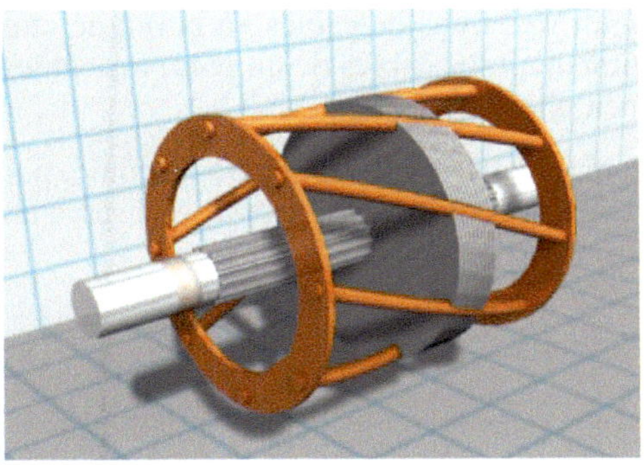

Figura 10.37. Estructura de un rotor de un motor asíncrono de jaula de ardilla.

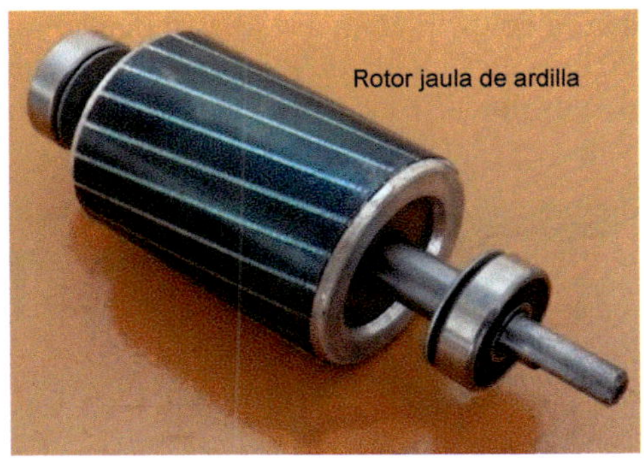

Figura 10.38. Rotor de un motor asíncrono de jaula de ardilla.

ACTIVIDAD **Propuesta 10.9**

Indica los modos de funcionamiento de un motor/generador en un vehículo eléctrico de baterías.

ACTIVIDAD **Propuesta 10.10**

Realiza un esquema de clasificación de los motores eléctricos de corriente alterna.

10.13. Convertidor o transformador de corriente

Este conjunto electrónico es llamado de diferentes formas según el fabricante del vehículo. El convertidor o transformador cumple tres funciones:

- Convertir la corriente continua de la batería en corriente alterna trifásica para alimentar al motor eléctrico.
- Convertir la corriente alterna trifásica del generador de corriente para que pueda utilizarse para cargar la batería. Este proceso consiste en rectificar la corriente alterna, tal y como se muestra en la Figura 10.39.
- Convertir la corriente continua de la batería de alta tensión en corriente continua de baja tensión para cargar la batería que alimenta a los circuitos eléctricos auxiliares del vehículo.

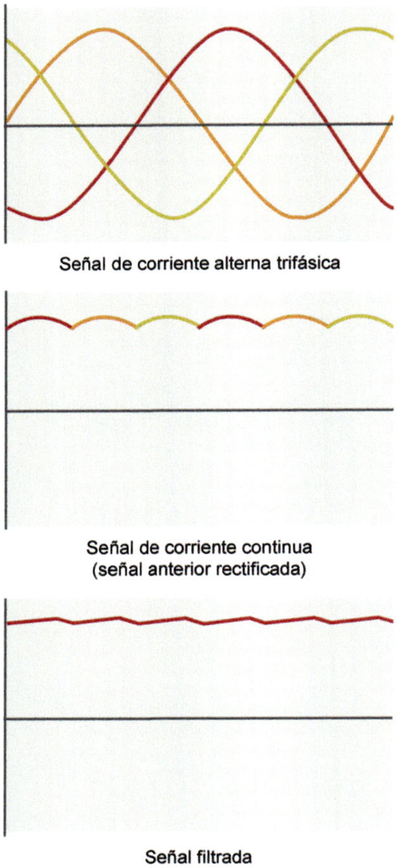

Figura 10.39. Cambio de señales de corriente alterna a continua en un convertidor de tensión.

Figura 10.40. Seat denomina al convertidor «módulo de alta potencia» y este va conectado al circuito de líquido refrigerante para mantener la temperatura óptima.

10.14. Cableado y conectores de un vehículo eléctrico

El cableado y los conectores del circuito de alta tensión de un vehículo eléctrico son elementos fundamentales para la seguridad. Deben cumplir características eléctricas, como un correcto aislamiento y apantallamiento, y estéticas, como el color, que en el caso del cableado es naranja. Hay diferentes tipos de cableado dependiendo de la finalidad de este, y existe un conector para cada tipo de cable.

10.14.1. Cableado

Para alimentar los circuitos auxiliares del vehículo se recurre a una instalación eléctrica con las mismas características que la de los vehículos convencionales; además, los vehículos eléctricos disponen de otra instalación de alta tensión, que se caracteriza por ser de color naranja. En ella se pueden distinguir tres tipos de cables en la red de alto voltaje, en función de los componentes que alimentan: los cables de un polo, los cables de dos polos, y los cables de dos polos con línea piloto.

Los cables de un polo se utilizan para los componentes de mayor potencia como, por ejemplo, el motor eléctrico o el compresor del aire acondicionado. Como se observa en la Figura 10.41 las capas que forman los cables de un polo son:

- Primer aislamiento (naranja).
- Apantallamiento.
- Segundo aislamiento (gris).
- Conductor de cobre.

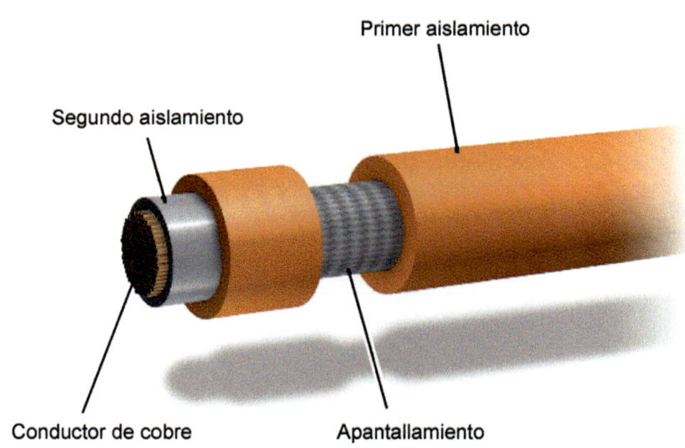

Figura 10.41. Cable de un polo de alta tensión.

Los cables de dos polos se utilizan para transportar corriente continua y alimentan los componentes con una única instalación. Como se ve en la Figura 10.42 las capas que forman los cables de dos polos son:

- Primer aislamiento (naranja).
- Apantallamiento.
- Segundo aislamiento (rojo o negro en función de la polaridad del cable).
- Conductor de cobre.

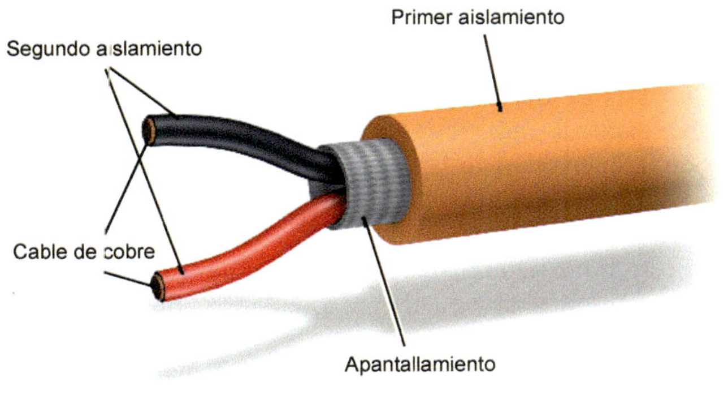

Figura 10.42. Cable de dos polos de alta tensión.

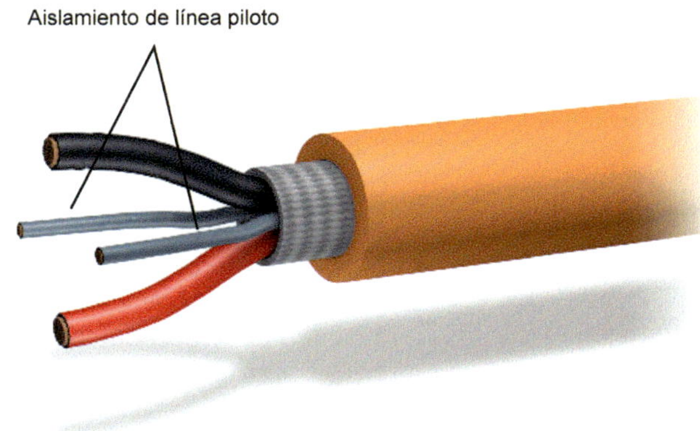

Figura 10.43. Cable de dos polos de alta tensión con línea piloto.

Los cables de dos polos con línea piloto son, como se muestra en la Figura 10.43, cables de dos polos a los que se añaden dos cables con un aislamiento gris para la línea piloto.

La línea piloto debe comprobar que los componentes de la red de alta tensión están correctamente conectados. Se trata de una conexión en serie de los componentes de la red de alta tensión con un cable de baja tensión; esto se lleva a cabo a través de los conectores y cables de dos polos con línea piloto. Cuando existe una anomalía en la línea piloto, se desconecta la batería de alto voltaje y la red de alto voltaje se queda sin tensión.

10.14.2. Conectores

Los conectores de alta tensión corresponden a los cables que se acaban de estudiar en el apartado anterior. En las Figuras 10.44 a 10.46 se muestra la forma que tienen los conectores para los diferentes tipos de cables de alta tensión.

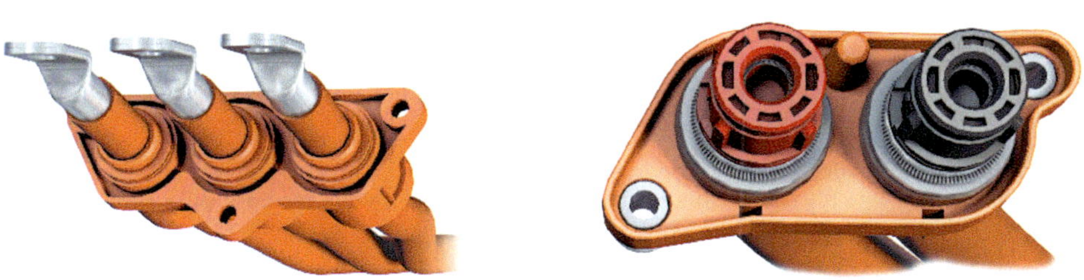

Figura 10.44. Conector de un polo.

Figura 10.45. Conector de dos polos con línea piloto.

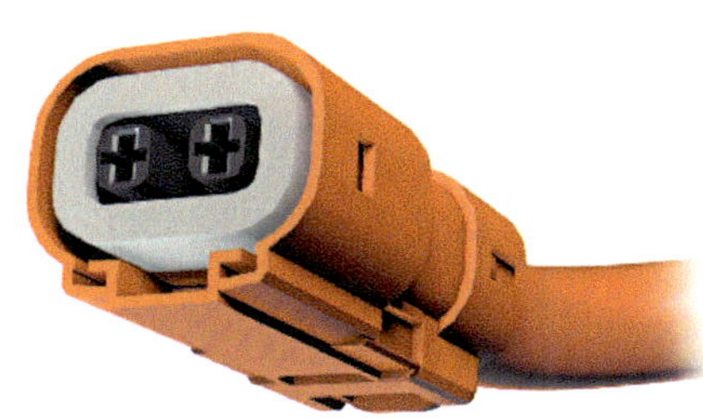

Figura 10.46. Conector de dos polos.

10.15. Normas de seguridad

Las consecuencias que se derivan de estar bajo los efectos de alta tensión están en función de su voltaje, el tiempo de exposición, la intensidad de la corriente y de la frecuencia (cuanto más baja sea la frecuencia, más peligrosa será la tensión de corriente alterna), entre otras. Los efectos de la intensidad de la corriente dependen del tiempo de exposición y son distintos los ocasionados por corriente alterna a los ocasionados por corriente continua. La corriente continua descompone los tejidos, que pueden provocar una intoxicación que no se manifiesta inmediatamente. La corriente alterna provoca en el cuerpo humano vibraciones en la musculatura y en el corazón. Ambas pueden provocar la muerte si no se actúa adecuadamente.

Tabla 10.2. Dispositivos de seguridad disponibles en los vehículos con alta tensión

Dispositivo de seguridad	Actuación
Detector de fuga eléctrica de la batería	Corta la alimentación de alta tensión si la intensidad de entrada al sistema de tracción del vehículo y la intensidad de salida son diferentes.
Conector de mantenimiento	Desconecta la batería de alta tensión del resto de la red para poder manipular cualquier componente sin riesgo. Lo hace a través de los relés de seguridad.
Captador de intensidad o sensor de corriente de la batería	Mide la intensidad en el cable de alimentación de alta tensión. Trabaja como una pinza amperimétrica utilizando un sistema Hall que funciona con dos valores, 0 V y 5 V. Cada uno de estos valores corresponde con la entrada o salida de intensidad a la batería. Tiene tres terminales: alimentación positiva, negativo y señal.
Relés de seguridad	Tienen como finalidad conectar y desconectar la batería de alto voltaje del resto de la red de alto voltaje. En posición de reposo, los relés están abiertos. Esto significa que, en reposo, la red de alto voltaje permanece sin tensión. Al conectar el encendido, cierran y conectan la batería con la red de alto voltaje para alimentar los componentes. Suelen ser tres y son accionados por la unidad de control en los siguientes supuestos: • Si se supera la carga normal de la batería. • Cuando la temperatura de la batería es más alta o baja de unos valores preestablecidos. • En caso de impacto del vehículo. El vehículo dispone de otros dos relés de potencia cuya función es la de gestionar la carga rápida. Van conectados uno en la alimentación positiva y otro en la negativa de la batería.
Fusibles	Aíslan el motor eléctrico/generador, el compresor de climatización, la calefacción y el cargador.
Línea piloto	Consiste en la conexión en serie de los componentes de la red de alta tensión mediante un cable de baja tensión. Los conectores de la red de alta tensión incluyen la línea piloto. Cuando existe una anomalía en la línea piloto, se desconecta la batería de alta tensión.
Separación entre la red de 12 V y la red de alta tensión	Su objetivo es el de evitar daños en los componentes de la red de 12 V en caso de producirse un cortocircuito en la red de alta tensión. Separa la red de 12 V y la red de alta tensión; para ello, todos los componentes de la red de alta tensión están conectados por positivo y negativo mediante cables específicos para cada polaridad.

Para manipular un vehículo eléctrico es necesario haber recibido una formación específica adecuada y tener la acreditación de capacitación en materia de alta tensión. Existen determinadas reglas de seguridad que deben respetarse, como las que se citan a continuación:

- Antes de realizar una actuación sobre el vehículo, es necesario cortar las líneas eléctricas que estén ubicadas en la zona y esperar al menos 10 minutos antes de proceder a realizar ninguna manipulación.
- Asegurarse de la ausencia de tensión siguiendo las indicaciones del fabricante. Para ello es imprescindible utilizar un voltímetro adecuado y guantes de seguridad específicos.
- Retirar la llave de servicio de tal forma que otras personas no autorizadas no puedan acceder a ella directamente o por accidente.

- Colocar un dispositivo sobre el conector de mantenimiento para que no pueda ser activado accidentalmente.
- Señalizar con claridad el lugar de trabajo.

Todos los vehículos eléctricos disponen de sistemas de seguridad, que garantizan tanto la seguridad de los técnicos que reparan el vehículo como la de los usuarios.

10.16. Legislación relacionada con los vehículos eléctricos

La normativa relativa a los vehículos eléctricos es muy amplia, a nivel nacional y a nivel europeo. Algunas normas importantes son:

- Real Decreto 265/2021: modificación de la Reglamentación General sobre Vehículos en la referente a la gestión del final de la vida útil de los mismos.
- Reglamento Electrotécnico para Baja Tensión (REBT).
- UNE-EN 17128/2020: vehículos ligeros motorizados para el transporte de personas y mercancías e instalaciones relacionadas y no sujetos a homologación para uso en carretera. Vehículos eléctricos ligeros personales (PLEV). Requisitos de seguridad y métodos de ensayo (Ratificada por la Asociación Española de Normalización en enero de 2021.)
- UNE-EN 15194/2018: Ciclos. Ciclos con asistencia eléctrica. Bicicletas EPAC.
- Real Decreto-ley 15/2018, de medidas urgentes para la transición energética y la protección de los consumidores: elimina la figura del sector de carga que se recogía en la Ley del Sector Eléctrico (encargado único de proveer y vender energía eléctrica destinada a la recarga de VE).
- Real Decreto 1053/2014: se aprueba una nueva Instrucción Técnica Complementaria (ITC) BT 52 «Instalaciones con fines especiales. Infraestructura para la recarga de vehículos eléctricos», del Reglamento Electrotécnico para Baja Tensión, aprobado por Real Decreto 842/2002, de 2 de agosto, y se modifican otras instrucciones técnicas complementarias del mismo.
- Directiva 2014/94/UE del Parlamento Europeo y del Consejo: relativa a la implantación de una infraestructura para los combustibles alternativos.
- Real Decreto 216/2014: se establece la metodología de cálculo de los precios voluntarios para el pequeño consumidor de energía eléctrica y su régimen jurídico de contratación, en que se encuentra la del vehículo eléctrico.
- Real Decreto 647/2011: se regula la actividad de gestor de cargas del sistema para la realización de servicios de recarga energética.
- Ley 19/2009: de medidas de fomento y agilización procesal del alquiler y de la eficiencia energética de los edificios. Se evita la necesidad de una votación a la hora de instalar un punto de recarga en un garaje comunitario por parte de un vecino.
- Directiva 2009/33/CE del Parlamento Europeo y del Consejo relativa a la promoción de vehículos de transporte por carretera limpios y energéticamente eficientes.
- Reglamento (CE) 443/2009 del Parlamento Europeo y del Consejo: se establecen normas de comportamiento en materia de emisiones de los turismos nuevos como parte del enfoque integrado de la Comunidad para reducir las emisiones de CO_2 de los vehículos ligeros.

Tabla 10.3. Principales normas europeas

Norma	Descripción de la norma
ISO 4165 (2001)	Conexiones eléctricas. Conexión doble polo.
ISO 6469-1	Especificaciones de seguridad. Parte 1: Recarga del sistema de almacenamiento de energía en el interior del vehículo.
ISO 6469-2	Especificaciones de seguridad. Parte 2: Operación segura del vehículo y protección ante posibles fallos.
ISO 6469-3	Especificaciones de seguridad. Parte 3: Protección de las personas contra peligros eléctricos.
ISO 8713	Vehículos eléctricos. Vocabulario.
ISO/DIS 12405-1 (2008)	Vehículos eléctricos. Especificaciones para el testeo de baterías de litio. Parte 1: Aplicaciones de potencia.
ISO 15118-1	Protocolo de comunicación entre los vehículos eléctricos y la red eléctrica. Parte 1: Definiciones y casos.
ISO 15118-2	Protocolo de comunicación entre los vehículos eléctricos y la red eléctrica. Parte 2: Requerimientos de redes y protocolo de aplicación.
ISO 16750-5	Condiciones ambientales para el testeo del equipamiento eléctrico y electrónico en vehículos eléctricos.
ISO/DIS 26262	Seguridad funcional.
ISO/DIS 26262-2	Seguridad funcional. Parte 2: Gestión.
ISO/DIS 26262-3	Seguridad funcional. Parte 3: Fase de concepto.
ISO/DIS 26262-8	Seguridad funcional. Parte 8: Apoyo a los procesos.
IEC 60034-1 (2004)	Máquinas eléctricas rotativas. Parte 1: Clasificación y rendimiento.
IEC 60038	Voltajes estándar IEC.
IEC 60068	Test medioambiental. Parte 1: Guía para realizar ensayos a equipamiento eléctrico en diferentes condiciones ambientales.
IEC 60364-4-42	Instalaciones de pequeño voltaje, protecciones para la seguridad y ante efectos térmicos.
IEC 60364-4-43	Construcción de las instalaciones de bajo voltaje. Parte 4-43: Protecciones para la seguridad y contra las sobrecorrientes.
IEC/TR 60783	Cableado y conectores para vehículos eléctricos.
IEC 61000-3-2	Compatibilidad electromagnética (EMC). Parte 3-2: Límites para las emisiones de corriente armónicas.
IEC 61000-4-5	Compatibilidad electromagnética (EMC). Parte 4-5: Técnicas de testeo y medidas.
IEC 61000-6-1	Compatibilidad electromagnética (EMC). Parte 6-1: Inmunidad para ambientes residenciales, comerciales e industriales.
IEC 61000-6-3	Compatibilidad electromagnética (EMC). Parte 6-3: Emisiones para ambientes residenciales, comerciales e industriales.
IEC 61851	Sistema de recarga para vehículos eléctricos.
IEC 61851-21	Sistema de recarga para vehículos eléctricos. Parte 21: Requerimientos para la conexión AC/DC.
IEC 61851-21-2	Sistema de recarga para vehículos eléctricos. Requerimientos para EMC en el sistema de recarga externa.
IEC 61851-22	Sistema de recarga para vehículos eléctricos. Parte 22: Estación de recarga (AC) para vehículos eléctricos.
IEC 61892-3 Ed.1.0 (2001)	Baterías secundarias para la propulsión de los vehículos eléctricos. Parte 3: Rendimiento y test de durabilidad.
IEC 62196	Bases, clavijas, conectores de vehículo y entradas de vehículo. Carga conductiva de vehículos eléctricos.
IEC 62281 (2004)	Seguridad de las baterías de litio durante el transporte.
IEC 62660-2	Baterías secundarias para vehículos eléctricos. Parte 2: Test de fiabilidad y durabilidad para las celdas de ion-litio.
SAE J1711	Prácticas recomendadas para la medida de las emisiones en vehículos híbridos e híbridos enchufables.
SAE J1715	Vehículos eléctricos híbridos y vehículos eléctricos. Terminología.
SAE J166 (2005)	Prácticas recomendadas en los sistemas de baterías en los vehículos eléctricos e híbridos, integración del test de choque.

Norma	Descripción de la norma
SAE J1797 (1997)	Prácticas recomendadas para el empaquetado de los módulos de baterías.
SAE J1798 (1997)	Prácticas recomendadas para calcular el rendimiento de los diferentes módulos de baterías.
SAE J2288 (1997)	Test de ciclo de vida para baterías de vehículos eléctricos.
SAE J2288 (2008)	Sistema de baterías. Directrices de funcionamiento.
SAE J23802 (2009)	Test de vibraciones en vehículos eléctricos de baterías.
SAE J2464	Vehículos híbridos y eléctricos. Sistema de recarga de energía. Test de seguridad y durabilidad.
SAE J2894-2	Requerimientos para la conexón de los cargadores en vehículos eléctricos. Métodos de test.
SAE J2907	Métodos para el cálculo de la potencia nominal en motores de propulsión eléctrica y subsistemas electrónicos.
SAE J2908	Métodos para el cálculo de la potencia nominal en vehículos híbridos eléctricos y vehículos eléctricos.
SAE J2929	Especificaciones de seguridad para vehículos eléctricos e híbridos que utilizan baterías de litio recargables.
SAE J2950	Prácticas recomendadas para el transporte y manejo de los sistemas de recarga de energía.
SAE J2974	Informe técnico sobre el reciclaje de baterías.
SAE J2984	Identificación de los sistemas de transporte para el reciclaje de baterías.
ECE 101 Revisión 2 Anexo 7	Método para la medida del consumo energético en vehículos con propulsión eléctrica.
ECE 101 Revisión 2 Anexo 9	Método para la medida del consumo energético en vehículos híbridos.
EN 13444-1 (2001)	Vehículos de carretera propulsados eléctricamente. Medición de las emisiones de vehículos híbridos. Parte 1: Vehículos híbridos eléctrico-térmicos.
EN 13447 (2001)	Terminología de los vehículos propulsados eléctricamente.
EN 1821-1	Medición del comportamiento en carretera. Parte 1: Vehículos eléctricos puros.
EN 1821-2	Medición del comportamiento en carretera. Parte 1: Vehículos híbridos.
EN 1986-1 (1997)	Medición del rendimiento energético. Vehículos eléctricos puros.
EN 1986- 2 (2001)	Vehículos de carretera propulsados eléctricamente. Medición de los rendimientos energéticos. Parte 2: Vehículos híbridos eléctrico-térmicos.
EN 1987-1 (1197)	Requerimientos específicos de seguridad. Parte 1: Almacenamiento de energía en el interior del vehículo.
EN 1987-2 (1997)	Vehículos de carretera propulsados eléctricamente. Requisitos específicos de seguridad. Parte 2: Medidas de seguridad funcional y protección contra los fallos.
EN 1987-3 (1998)	Vehículos de carretera propulsados eléctricamente. Requisitos específicos de seguridad. Parte 3: Protección de usuarios contra los peligros eléctricos.
EN 50272-1	Requisitos de seguridad para las baterías e instalaciones de baterías. Parte 1: Información general de seguridad.
EN 61180-1	Técnicas de test de alto voltaje para el test de equipamiento de pequeño voltaje. Parte 1: Definición, test y procedimiento.
EN 61180-2	Técnicas de ensayo de alta tensión para equipos de baja tensión. Parte 2: Equipos de ensayo.
UL 1642 (2005)	Baterías de litio
UL 2202	Equipamiento para el sistema de recarga de los vehículos eléctricos.
UL 2231	Normas para los sistemas de protección personal para los vehículos eléctricos.
UL 2251	Normas de seguridad para conectores, receptáculos y adaptadores para vehículos eléctricos.
UL 2280	Baterías para el uso en vehículos eléctricos.
UL 2734	Conectores para el uso en sistemas de recarga en el interior del vehículo.
UL 458A	Inversores y convertidores de potencia para vehículos eléctricos terrestres.
VDE 0122	Equipamiento eléctrico para vehículos eléctricos.

Mapa conceptual

TIPOS DE VEHÍCULO ELÉCTRICO

- Microhíbridos
  - *Start&stop*
  - KERS
  - Placas fotovoltaicas
- Híbridos paralelo
- *Mild Hybrids*
- Híbridos serie
- Eléctricos de autonomía extendida
- Híbridos serie/paralelo
- Híbridos enchufables
- Eléctricos de batería
- Pila de combustible

COMPONENTES DE UN VEHÍCULO ELÉCTRICO

- Acumuladores de energía de alto voltaje
  - Baterías de litio
  - Baterías de níquel
  - Supercondensadores
- Motores y generadores
- Convertidor o transformador de corriente

CABLEADO Y CONECTORES

MEDIDAS DE SEGURIDAD

LEGISLACIÓN

Actividades finales

Cuestiones

10.1. ¿Qué significan las siglas KERS?

a) *Kinetic Energy Recovery System*.

b) Kinetic Electric Rear System.

c) *Kinetic Electric Recovery System*.

10.2. ¿Cómo se denominan las partículas absorbidas por las placas solares fotovoltaicas?

a) Electrolúmenes.

b) Fotones.

c) Células eléctricas de luz.

10.3. Los vehículos microhíbridos pueden contar con los sistemas:

a) Arranque en frío, KERS y placas solares.

b) *Start&stop*, KERS y placas solares.

c) *Start&stop*, ABS y placas solares.

10.4. El voltaje de las baterías de los vehículos híbridos suaves suele ser de:

a) 24 V.

b) 12 V.

c) 48 V.

10.5. Los vehículos eléctricos de autonomía extendida cuentan con:

a) Un motor térmico que funciona la mayor parte del tiempo.

b) Un motor térmico que apoya puntualmente al motor eléctrico.

c) No tienen motor térmico.

10.6. Un híbrido serie/paralelo:

a) Cuenta con un sistema en paralelo y un sistema en serie en el mismo vehículo.

b) No cuenta con un sistema en paralelo ni con uno en serie.

c) A veces cuenta con un sistema en paralelo y a veces con un sistema en serie, dependiendo del fabricante.

10.7. Una carga rápida se puede realizar en:

a) Corriente continua.

b) Corriente continua o corriente alterna.

c) Corriente alterna.

10.8. El ánodo de una batería de iones de litio está formado por:

a) Carbono.

b) Litio.

c) Plomo.

10.9. ¿Cómo se denomina el proceso químico que tiene lugar en una pila de hidrógeno?

a) Electrólisis.

b) Electrólisis inversa.

c) Electrólisis negativa.

10.10. El estátor de un motor/generador de un vehículo eléctrico está formado por:

a) 4 bobinas.

b) 3 bobinas.

c) 8 bobinas.

Responde

10.1. Indica las ventajas e inconvenientes de los vehículos híbridos frente al vehículo convencional.

10.2. Indica las ventajas e inconvenientes del vehículo híbrido frente al vehículo eléctrico de batería.

10.3. Enumera las ventajas y los inconvenientes de los vehículos eléctricos de batería frente a los vehículos híbridos y convencionales.

10.4. Nombra los tipos de vehículos eléctricos e indica si son híbridos y si pueden ser enchufables.

10.5. En la actividad anterior indica qué tipo de vehículos eléctricos trabajan con alta tensión.

10.6. ¿Qué elementos se utilizan en los vehículos microhíbridos para sumar su potencia al motor térmico?

10.7. Indica el nombre de los componentes que se aprecian en la siguiente figura:

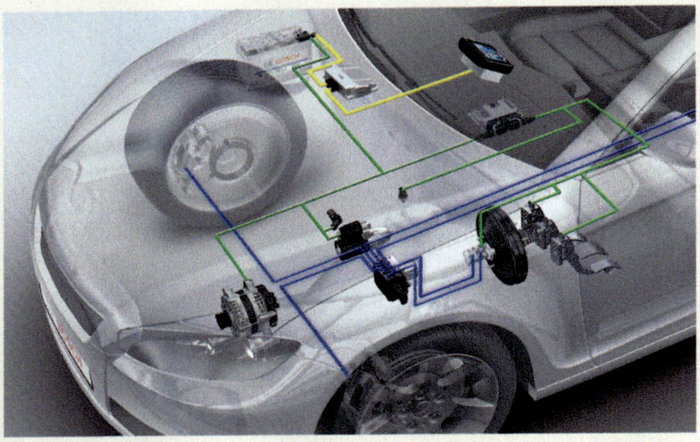

10.8. ¿Qué funciones cumple una centralita *start&stop*?

10.9. Completa las siguientes frases:

- El KERS convierte la energía ________________ en energía ________________.
- La tensión generada por las placas solares es de ________________ voltios.
- Las placas solares convierten ________________ en energía ________________ gracias a un material llamado ________________.

10.10. ¿Para qué sirve la capa más exterior de una placa solar?

10.11. Indica las principales diferencias entre un vehículo híbrido en paralelo y un vehículo híbrido en serie.

10.12. Indica las características que conozcas de las baterías de 48 V de un *mild-hybrid*.

10.13. ¿Qué es un vehículo de autonomía extendida?

10.14. ¿Qué modos de funcionamiento tiene un vehículo híbrido serie/paralelo?

10.15. Nombra los tipos de enchufes que se utilizan en Europa para cargar un vehículo. Explica las diferencias entre ellos.

10.16. Indica las características de un depósito de hidrógeno de un vehículo *fuel cell*.

10.17. Describe y explica las reacciones químicas en el ánodo y el cátodo de una pila de combustible.

10.18. Enumera las ventajas y los inconvenientes de la utilización del hidrógeno en el vehículo eléctrico.

10.19. ¿Qué tipos de baterías encontramos en un vehículo eléctrico?

10.20. Especifica los inconvenientes y las soluciones a esos inconvenientes de las baterías de alta tensión.

10.21. En una batería de litio el ánodo es de ________________________________.

10.22. Nombra los tipos de baterías de iones de litio que conozcas en función de la aleación empleada para su fabricación.

10.23. ¿Qué es un supercondensador? ¿En qué se diferencia de una batería convencional?

10.24. Indica los modos de funcionamiento de un motor/generador de un vehículo híbrido.

10.25. ¿Qué funciones cumple el convertidor o transformador de corriente?

10.26. Indica los tipos de conectores de alta tensión de un vehículo eléctrico.

Realiza

10.1. Calcula el trabajo realizado en la frenada por un vehículo que pasa de 120 km/h a 80 km/h si su masa es de 1200 kg.

10.2. ¿A qué tipo de vehículo eléctrico corresponde el siguiente esquema?

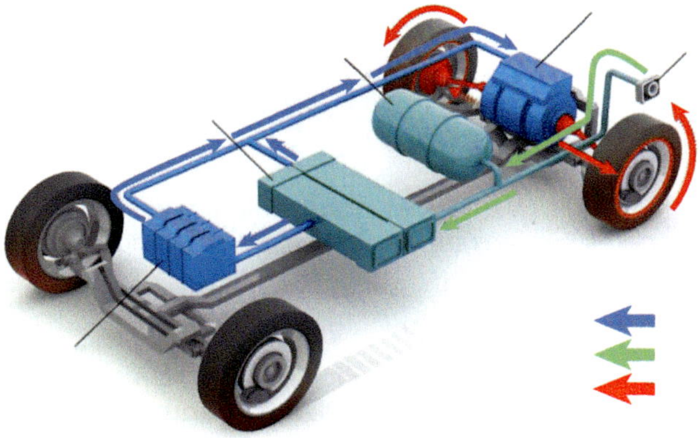

10.3. Indica a qué tipo de vehículo híbrido corresponden los siguientes esquemas:

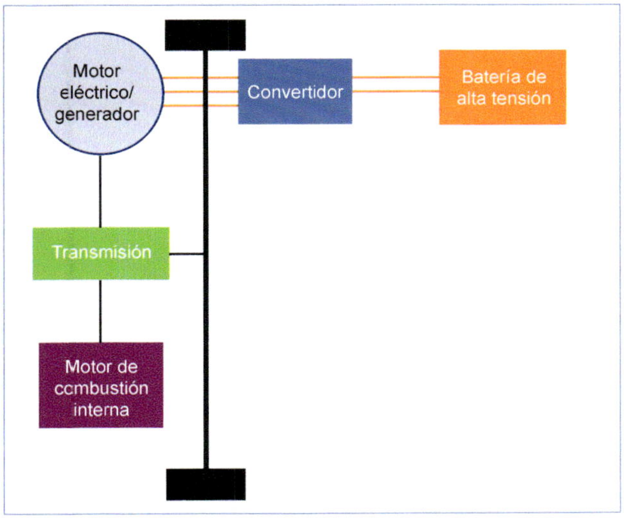

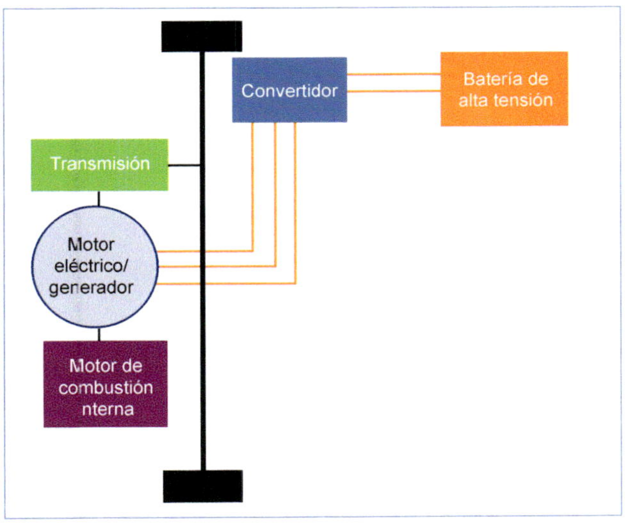

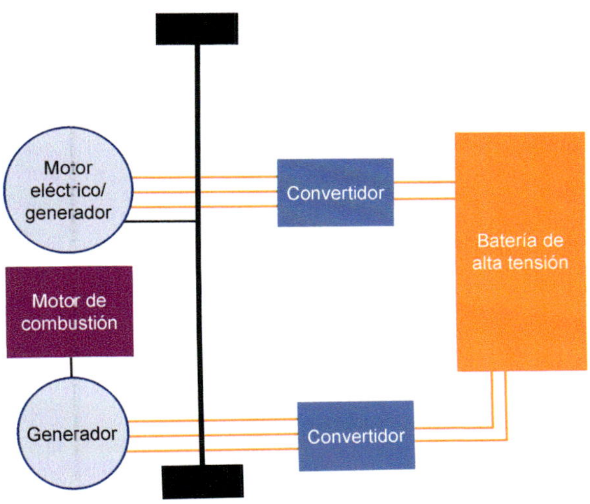

10.4. ¿A qué tipo de vehículo corresponden las siguientes figuras?

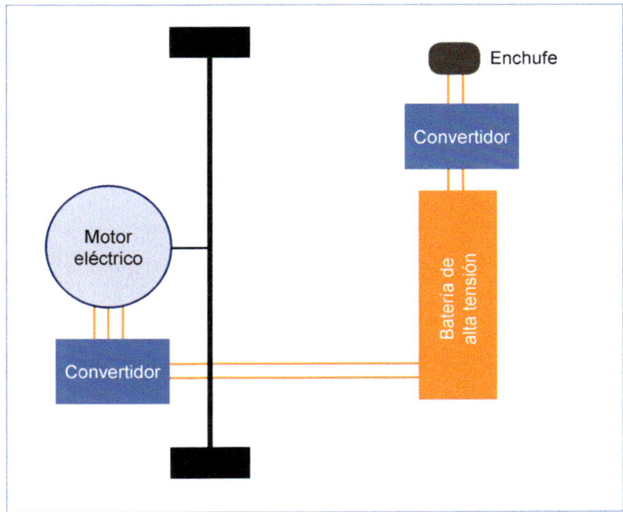

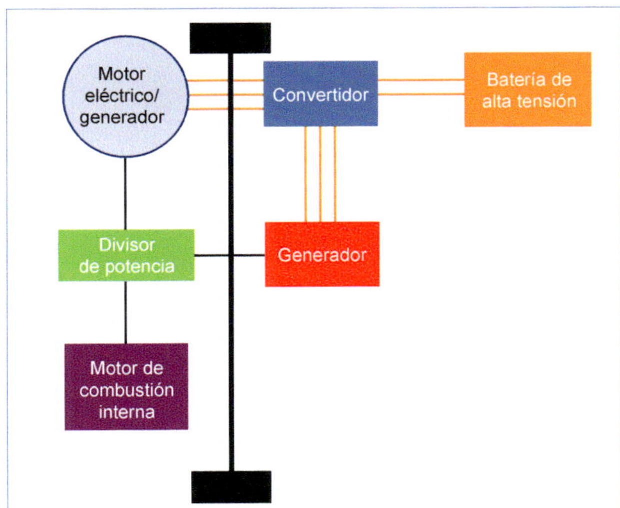

10.5. ¿A qué elementos corresponden las siguientes figuras?

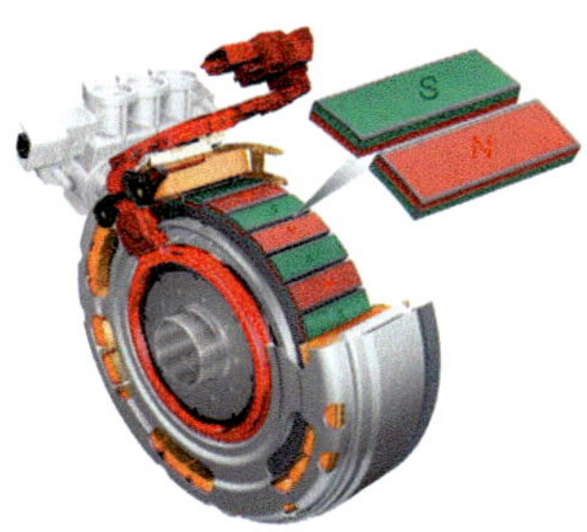

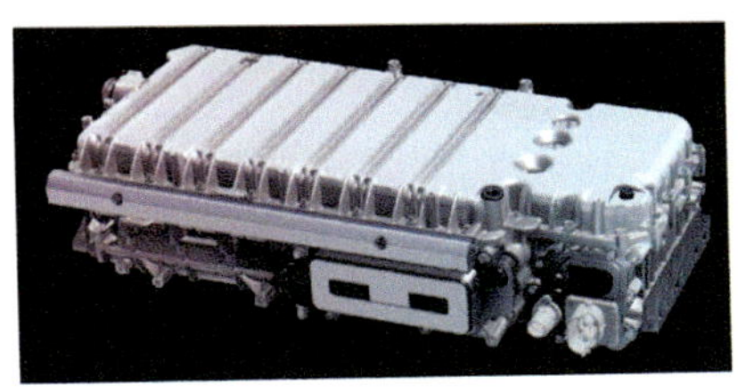

10.6. Une con flechas:

Cable de 1 polo	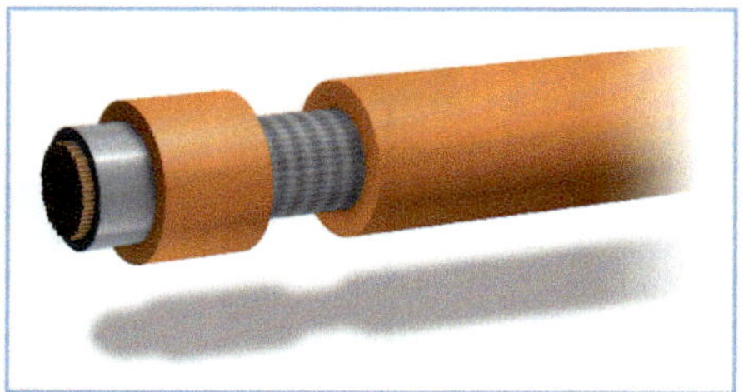
Cable de 2 polos	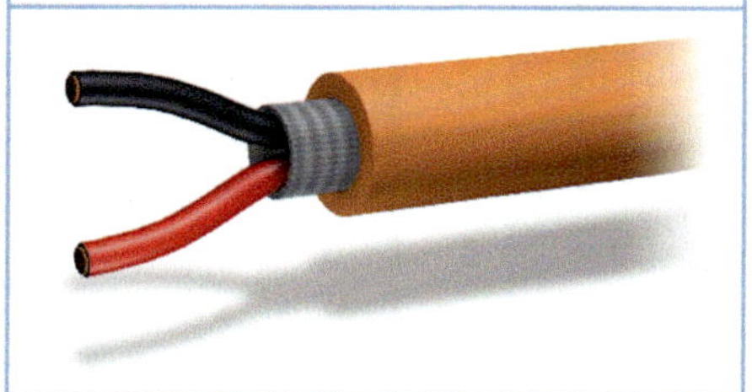
Cable de 2 polos con línea piloto	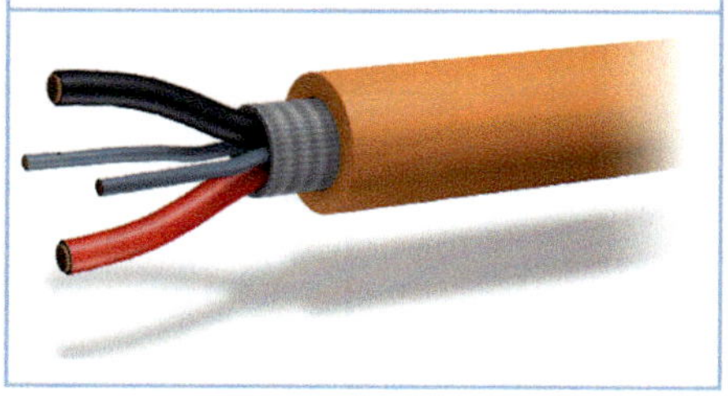

10.7. Explica las siguientes señales eléctricas. ¿A qué corresponden?

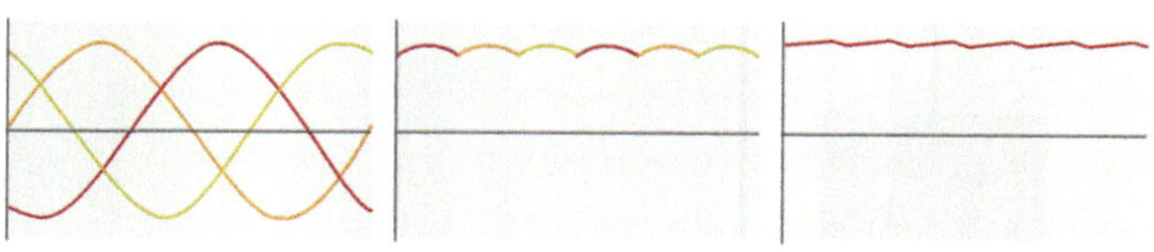

10.8. Indica el nombre de los componentes de las siguientes figuras:

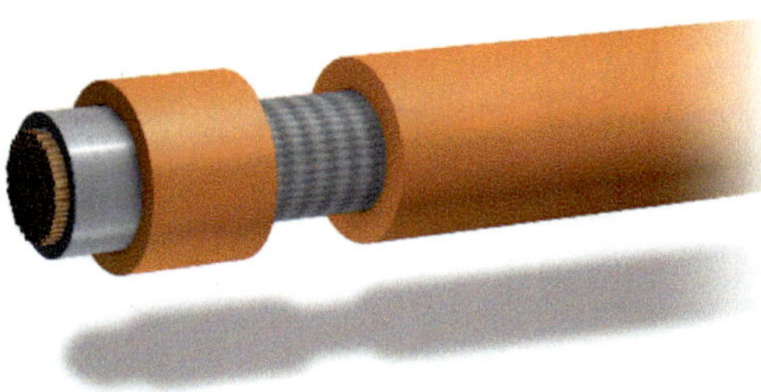

10.9. Une con flechas:

Conector de cable de 1 polo	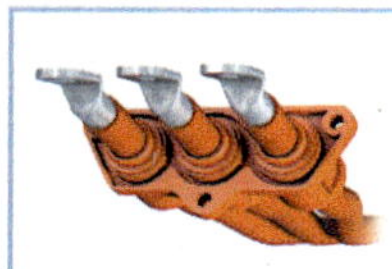 
Conector de cable de 2 polos	
Conector de cable de 2 polos con línea piloto	 

10.10. ¿A qué motor corresponde el siguiente rotor?